TÜBINGER GEOGRAPHISCHE STUDIEN

Herausgegeben von

D. Eberle * H. Förster * G. Kohlhepp * K.-H. Pfeffer

Schriftleitung: H. Eck

Heft 135

zugleich

TÜBINGER BEITRÄGE ZUR GEOGRAPHISCHEN LATEINAMERIKA-FORSCHUNG

Herausgegeben von Gerd Kohlhepp

Heft 23

Martina Neuburger

Pionierfrontentwicklung im Hinterland von Cáceres (Mato Grosso, Brasilien)

Ökologische Degradierung, Verwundbarkeit und kleinbäuerliche Überlebensstrategien

Mit 70 Abbildungen und 5 Tabellen

2002

Im Selbstverlag des Geographischen Instituts der Universität Tübingen

ISBN 3-88121-064-4
ISSN 0932-1438

Die Deutsche Bibliothek – CIP-Einheitsaufnahme

Bibliografische Information der Deutschen Bibliothek
Die Deutsche Bibliothek verzeichnet diese Publikation in der Deutschen Nationalbibliografie; detaillierte bibliografische Daten sind im Internet über http://dnb.ddb.de abrufbar.

Zeeb-Druck, 72070 Tübingen

Vorwort

Hätte mir jemand zu Beginn meines Studiums gesagt, daß ich eines Tages eine mehrere hundert Seiten dicke Doktorarbeit verfassen würde, ich hätte diese Idee durch heftiges Kopfschütteln weit von mir gewiesen. Ich, die ich fest daran glaubte, daß den Menschen in der Dritten Welt geholfen werden könnte und müßte, dachte eher an einen Arbeitsplatz in der Entwicklungszusammenarbeit. Durch mein Studium und - ganz besonders - durch meine Arbeit als wissenschaftliche Hilfskraft in den verschiedensten Projekten am Forschungsschwerpunkt Lateinamerika wuchs allerdings mein Interesse für Ursachen, Zusammenhänge und Wirkungsmechanismen in Entwicklungsländern bald über meinen praktischen Tatendrang hinaus. Neben Prof. Dr. Gerd Kohlhepp waren es vor allem Dr. Reinhold Lücker und PD Dr. Martin Coy, die meine wissenschaftliche Neugierde weckten. Bei den Feldarbeiten zu meiner Diplomarbeit in der Pantanalregion Brasiliens machte ich schließlich die ersten eigenständigen Gehversuche in der empirischen Forschung. Nach eineinhalb Jahren Datenerhebung in Brasilien und vielen Wochen und Monaten der Ausarbeitung ist die Doktorarbeit nun fertig, und es bleibt den Leserinnen und Lesern überlassen darüber zu urteilen, ob es mir gelungen ist, wenigstens einen kleinen Teilaspekt der Realität in der Dritten Welt zu erfassen.

Eine der schönsten Begleitumstände meiner Forschungsarbeiten waren die langen Aufenthalte in Brasilien und die daraus entstandenen Freundschaften. Schon während meines Studiums hatte ich die Möglichkeit gehabt, ein Jahr in Rio de Janeiro zuzubringen. In der Zeit der Feldarbeiten für die Doktorarbeit wohnte ich mit meiner Familie in der sympathischen Kleinstadt Cáceres in Mato Grosso. Überall haben wir Freunde gefunden, die uns im anfänglich ungewohnten Alltag unterstützten und uns die brasilianische Lebensart näher brachten. Damit ist Brasilien ein klein bißchen wie ein zweites Zuhause geworden.

Vielen Menschen bin ich zu Dank verpflichtet, allen voran Prof. Dr. Gerd Kohlhepp, der die Arbeit betreut und mich in meinem Tun immer unterstützt hat. Prof. Dr. Heinrich Pachner danke ich für die freundliche Übernahme des Zweitgutachtens, Prof. Dr. Thomas Krings für die Begutachtung meiner Arbeit als dritter im Bunde. Auch meinen Kolleginnen und Kollegen in Tübingen und Cuiabá möchte ich für die freundschaftliche Zusammenarbeit bei der gemeinsamen Bewältigung des Projektalltages danken. Dipl. Geogr. Martin Pöhler hat für meine Doktorarbeit aus einer schier unendlichen Fülle von statistischen Daten in dankenswerter Weise zahlreiche Karten erstellt, Tobias Schmitt und der hiesige Institutskartograph Günter Koch haben diese schließlich für die Drucklegung graphisch aufbereitet. Die Übersetzung der Zusammenfassung ins Englische hat mein Kollege Martin Vogel, ins Portugiesische Rogério Rodrigues Mororó übernommen. Ihnen allen möchte ich herzlich danken. Einen ganz besonderen Dank möchte ich an PD Dr. Martin Coy richten, der die gesamte Zeit über die Arbeit interessiert begleitet und mich immer wieder aus diversen Krisen-'Löchern' herausgeholt hat.

Auch den 'Beforschten' sei an dieser Stelle gedankt. Bei der Datenerhebung traf ich bei ihnen immer auf viel Offenheit und Interesse für meine Arbeit. Mit viel Geduld und Ausdauer ertrugen die Siedler im Hinterland von Cáceres sowie die Angestellten bei den verschiedensten Behörden und Institutionen meine Fragen.

Das wichtigste aber bleibt, meiner Familie - meinem Mann Johann Wiedergrün und meiner Tochter Sophia - ganz herzlich zu danken. Sie haben sich in den vielen Jahren meiner wissenschaftlichen Qualifikation mit Geduld und Verständnis auf die familiären Begleitumstände meiner Doktorarbeit eingestellt, mich nach Brasilien begleitet und zahlreiche Tage, Wochen und Monate ohne mich zugebracht. Auch meine Eltern verdienen ein Wort des Dankes für ihre langjährige Unterstützung.

Schließlich bleibt der technisch-administrative Teil: Die vorliegende Doktorarbeit entstand im Rahmen des bilateralen Forschungsprojektes "Sozio-ökonomische Struktur und ihre umweltbeeinflussende Dynamik im Einzugsgebiet des Oberen Rio Paraguai", das vom Forschungsschwerpunkt Lateinamerika am Geographischen Institut der Universität Tübingen gemeinsam mit der Forschungsgruppe *Núcleo de Estudos Rurais e Urbanos* (NERU) der Bundesuniversität Mato Grosso in Cuiabá (UFMT) von 1991 bis 1998 durchgeführt wurde. Es ist Bestandteil des SHIFT-Programms (*Studies on Human Impacts on Forests and Floodplains in the Tropics*) unter dem deutsch-brasilianischen Regierungsabkommen über die wissenschaftlich-technologische Zusammenarbeit mit finanzieller Förderung des deutschen Bundesministeriums für Bildung, Wissenschaft, Forschung und Technologie (BMBF - 0339371A/B) sowie der brasilianischen Forschungsförderungsbehörde *Conselho Nacional de Desenvolvimento Científico e Tecnológico* (CNPq).

Tübingen im Juli 2002 Martina Neuburger

Inhaltsverzeichnis

Verzeichnis der Abbildungen

Verzeichnis der Tabellen

I Allgemeine Einführung

1 Einführung in die Fragestellung

Angesichts weltweit wachsender Umweltprobleme, die inzwischen über ihre lokale und regionale Bedeutung hinaus auch eine globale Dimension - Treibhauseffekt, Ozonloch etc. - erhalten haben, steht in der aktuellen internationalen entwicklungspolitischen Diskussion die natürliche Umwelt im Mittelpunkt des allgemeinen Interesses. Die Geldgeber - seien es einzelne Industrieländer, die G7-Staaten oder die Weltbank - legen zunehmend den Maßstab ökologischer Nachhaltigkeit an die zu finanzierenden Projekte und Programme als Kriterium für die Mittelvergabe an (HEIN 1993, KOHLHEPP 1995a). Dabei geht es nicht nur um den Schutz und die Erhaltung noch intakter Ökosysteme, sondern ebenso um das Entwicklungspotential und die angepaßte Nutzung beziehungsweise Nutzbarmachung bereits degradierter Räume.

Die Problematik der Umweltdegradierung gerade in diesem Zusammenhang ist bereits seit langem einer der vieldiskutierten Bereiche in der geographischen Entwicklungsforschung. Anfang der 70er Jahre konzentrierten sich die wissenschaftlichen Arbeiten dazu im wesentlichen auf die Trockengebiete dieser Erde, wo verheerende Hungerkatastrophen in Afrika auf das Phänomen der Desertifikation aufmerksam gemacht hatten (MENSCHING 1990). Hier wurde erstmals die menschliche Nutzung in einen direkten Zusammenhang mit der Degradierung von Ökosystemen gebracht und als entwicklungspolitisches Problem erkannt. Darüber hinaus wurde in dramatischer Weise deutlich, daß Umweltprobleme nicht nur auf gesellschaftliche und politische Ursachen zurückgehen, sondern auch gravierende sozioökonomische Folgen wie beispielsweise Hunger, Flucht und Krieg haben.

Mit der massiven Abholzung der Wälder Südostasiens und der zunehmenden Bedrohung des amazonischen Tieflands rückten in den 80er Jahren dann die tropischen Regenwaldgebiete stärker in den Mittelpunkt der Entwicklungsforschung. Entgegen der in den 60er Jahren noch vorherrschenden Annahme von der unermesslichen Fruchtbarkeit dieser Regionen wurde zwei Jahrzehnte später die "ökologische Benachteiligung der Tropen" herausgestellt (WEISCHET 1980, WEISCHET & CAVIEDES 1993). Dabei galten - und gelten bis heute - insbesondere die Feucht- und Waldklimate als labile, gegenüber agrarischer Nutzung äußerst empfindliche Ökosysteme. Die bereits in den 60er Jahren eingeleiteten, staatlich getragenen und geförderten Kolonisationsprojekte in Amazonien - nicht nur Brasilien, auch Ecuador, Kolumbien und Peru trieben die Besiedlung dieser Region voran - mußten daher zu raschen Degradierungserscheinungen führen (KOHLHEPP & WALSCHBURGER 1987, KOHLHEPP 1989a, KOHLHEPP 1998b, BECKER 1996, ARAGÓN 1994). Die Folgen dieser Entwicklung waren weniger Hunger und Krieg als vielmehr die Abwanderung der Siedlerfamilien und somit die Verlagerung der Pionierfronten immer weiter in das amazonische Tiefland hinein (COY 1988, COY & NEUBURGER 1999, BECKER 1990a, KOHLHEPP 1987a). Die damit zusammenhängende Ausbreitung degradierter Räume - in den 80er Jahren wurden weltweit jährlich rund 16,7 Millionen Hektar tropischer Wälder vernichtet (WELTBANK 1992, S. 7) - stellt in neuerer Zeit eine besondere Herausforderung für die Entwicklungszusammenarbeit dar.

Diese und ähnlich gelagerte Problembereiche der raschen Umweltdegradierung in den unterschiedlichsten Regionen und Ökosystemen der Erde stehen in der wissenschaftlichen Diskussion von Natur- und Gesellschaftswissenschaften gleichermaßen bereits seit mehreren Jahren unter dem Themenkomplex der Mensch-Umwelt-Beziehungen im Vordergrund. In ihrer Eigenschaft als eine beide Forschungsrichtungen integrierende Wissenschaft setzt sich auch die Geographie zunehmend mit der Analyse der Umweltbeeinflussung durch den Menschen auseinander. Die Wiederbelebung des humanökologischen Ansatzes (siehe dazu GLAESER & TEHERANI-KRÖNNER 1992), die Zunahme umweltgeschichtlicher Untersuchungen (einführend JÄGER 1994) und der Bedeutungszuwachs der Nachhaltigkeitsdebatte (zum Beispiel HEIN 1993) zeigen dies sehr deutlich. Es wird dabei immer wieder betont, daß der Mensch einen Teil seiner Umwelt bildet und deshalb in seinen Aktionen, aber auch in seiner Wahrnehmung, nicht getrennt von ihr analysiert werden kann. Durch diese direkten Wechselbeziehungen kann Umweltdegradierung - also eine Umweltkrise - als Ausdruck, Ursache und Folge von sozioökonomischen Ungleichgewichten - also von gesellschaftlichen Krisen - betrachtet werden.

Die Politische Ökologie als neuer Forschungsansatz in den Sozialwissenschaften ergänzt diese Überlegungen zum Verhältnis Mensch-Umwelt durch höchst relevante Aspekte der Macht und der Verfügungsrechte. Die Vertreter der Politischen Ökologie gehen davon aus, daß die ungleiche Verteilung von Macht gerade in Entwicklungsländern, wo extreme Verzerrungen in diesem Bereich herrschen, die Zugangsmöglichkeiten einzelner sozialer Gruppen zu sozioökonomischen, politischen und ökologischen Ressourcen bestimmt (BLAIKIE & BROOKFIELD 1987f, BRYANT & BAILEY 1997, PEET & WATTS 1996b). Dieser Erklärungsansatz bietet somit ein analytisches Instrumentarium, um die Frage nach den politischen und machtstrukturellen Bestimmungsfaktoren bei der Wahl von menschlichen nicht nachhaltigen Nutzungsformen im jeweiligen Ökosystem zu klären.

In der Analyse der Mensch-Umwelt-Beziehungen allgemein wird im Hinblick auf die Degradierung der natürlichen Umwelt durch den Menschen unter Anwendung der Stichworte Widerstandsfähigkeit (*resilience*) und Empfindlichkeit (*sensitivity*) versucht, unterschiedliche Ökosysteme anhand ihres Verhaltens bei menschlicher Nutzung zu typisieren (einführend MANSHARD & MÄCKEL 1995). So kann ein Ökosystem auf menschliche Eingriffe beispielsweise rasch degradieren ohne jegliche Regenerationsmöglichkeit oder aber - als das andere Extrem - sich rasch wieder erholen bei ohnehin langsamer bzw. kaum spürbarer Degradierung. In diesem Zusammenhang - gleichsam als sozioökonomisches Gegenstück - werden die Bestimmungsfaktoren der Verwundbarkeit (*vulnerability*) von Personen und Bevölkerungsgruppen gegenüber ökologischer Degradierung analysiert (einführend WISNER 1993). Mit dieser Problematik setzt sich in den letzten Jahren auch die Geographie im Rahmen der Katastrophen- und *hazard*-Forschung verstärkt auseinander. Das Hauptaugenmerk liegt dabei in der Untersuchung von Hunger- bzw. Dürrekatastrophen in Afrika, aber auch in anderen Erdteilen (siehe zum Beispiel BOHLE 1992a und b, IBRAHIM 1992 und KRINGS 1992), wobei die Bedeutung sozioökonomischer und kultureller Ursachen und Faktoren im Vordergrund der Analyse steht. Der Begriff der Kritikalität (*criticality*) dient schließlich als Bindeglied zwischen sozioökonomischen und ökologischen Aspekten der Mensch-Umwelt-Beziehungen (KASPERSON, R.E. et al. 1995). Er definiert aus dem Grad der Verwundbarkeit einer Gesellschaft und dem ökologischen Degradierungsstadium einer Region die politischen Reaktionsmöglichkeiten und -notwendigkeiten, um einen Zusammenbruch des Systems und damit eine Katastrophe abzuwenden.

Im Bereich der sozialwissenschaftlichen Analyse steht der Begriff der Verwundbarkeit im Zentrum des Interesses. Er enthält sowohl die Dimension der Betroffenheit und Regenerationsfähigkeit als auch die der Handlungs- und Reaktionsmöglichkeiten einer Bevölkerungsgruppe gegenüber ökologischen Krisensituationen. Er kann sich aber auch auf die Verwundbarkeit gegenüber sozioökonomischen und politischen Veränderungen, die eine entsprechende Krise hervorrufen, beziehen. Neben Armut und sozio-politischer Stellung in der Gesellschaft beeinflussen auch Geschlecht, kulturelle Identität, Religion und ähnliches den Grad der Verwundbarkeit.

Obwohl Armut und Verwundbarkeit nicht einfach gleichgesetzt werden können, besteht zweifellos ein enger Zusammenhang zwischen beiden Begriffen, da die Handlungsspielräume von besonders ressourcenschwachen, armen Gruppen sicherlich sehr viel geringer sind als von sozial besser gestellten. In einer Krisensituation geraten deshalb arme Bevölkerungsschichten sehr schnell in existentielle Notlagen oder erleiden zumindest gravierende Einkommenseinbußen beziehungsweise starke Einschnitte in ihren bisherigen Lebensstandard. Mit Hilfe von unterschiedlichen Überlebensstrategien versuchen die Betroffenen, diese Bedrohung ihrer Lebensgrundlage zu überwinden, wobei häufig eine unangepaßte oder langsame Bewältigung der Krise mangels Optionen zu noch höherer Verwundbarkeit führt. Besonders katastrophen- und krisenanfällig sind daher marginalisierte Bevölkerungsgruppen in ökologisch bereits degradierten Räumen (WISNER 1993).

Die wissenschaftliche Diskussion um die Begriffe Umweltdegradierung und Verwundbarkeit stützt sich häufig auf Studien aus dem ländlichen Raum. Dort nämlich führt in der Regel unangepaßte landwirtschaftliche Nutzung zur Degradierung der natürlichen Umwelt. Angesichts der weltweiten Modernisierung landwirtschaftlicher Anbaumethoden und Arbeitsverhältnisse, die meist in Landflucht und Verstädterung münden, ist parallel dazu häufig eine sozioökonomische Degradierung im ländlichen Raum feststellbar. Bei diesen Verdrängungsprozessen, die in Entwicklungsländern in besonders massiver Form ablaufen, gehören Kleinbauern als meist ressourcenschwache, verwundbare Gruppe eindeutig zu den Verlierern, deren Reaktionsmöglichkeiten durch mannigfaltige Faktoren eingeschränkt werden.

2 Aufbau der Arbeit

Vor dem Hintergrund dieser wissenschaftlichen Diskussion wird in der vorliegenden Arbeit das Hinterland von Cáceres (Mato Grosso, Brasilien) als Fallbeispiel untersucht. Die Region, im Mittelwesten Brasiliens nahe der bolivianischen Grenze gelegen, bietet die Möglichkeit, die komplexen Wechselwirkungen zwischen der Degradierung der natürlichen

Umwelt und der Verwundbarkeit von marginalisierten Gruppen, hier Kleinbauern, darzustellen. Das Hinterland von Cáceres wurde auf staatliche Initiative hin in den 50er und 60er Jahren für die Besiedlung erschlossen und durchlief bis in die heutige Zeit verschiedene Phasen der Pionierfrontentwicklung, die in Teilräumen aufgrund unterschiedlicher Kolonisationsstrategien - klein-, mittel- und großbetrieblich - und verschiedener Akteure - staatlich, halbstaatlich und privat - kleinräumig differenziert abliefen und allgemeine Degradierungserscheinungen hervorriefen. Kleinbäuerliche Familien, die ursprünglich in der Erschließungsphase die Region prägten, aber zu den besonders verwundbaren Gruppen zählten und noch immer zählen, wurden im Laufe der Jahrzehnte zunehmend aus der Region verdrängt oder in wenige Überlebens- bzw. Rückzugsräume zurückgedrängt. Die in der Region verbliebenen Kleinbauern versuchen mit Hilfe der unterschiedlichsten Überlebensstrategien, ihre Existenz mittel- und langfristig zu sichern.

Anhand dieser Beispielregion werden die folgenden zwei eng miteinander verflochtenen Themenkomplexe bearbeitet. Zunächst steht die Pionierfrontentwicklung in der Region im Vordergrund, wobei sozioökonomische Ursachen und Faktoren des Strukturwandels von besonderem Interesse sind. Es wird der Frage nachgegangen, ob und aus welchen Gründen Pionierfrontentwicklung häufig mit ökologischen und sozioökonomischen Degradierungserscheinungen einhergeht. Mit den Begriffen von *sensitivity*, *resilience* und *criticality* soll im ersten Teil abschließend versucht werden, den Grad und die Art der Degradierung in der Region zu charakterisieren und auf der Basis der vorangegangenen historischen Analyse Perspektiven und Entwicklungschancen herauszuarbeiten.

Im zweiten Teil der Arbeit stehen die Kleinbauern als besonders verwundbare Bevölkerungsgruppe im Mittelpunkt der Untersuchung. Anhand von drei ausgewählten, kleinbäuerlich geprägten Siedlungen wird gezeigt, welchen sozioökonomischen und ökologischen Krisensituationen die Familien im Laufe der historischen Entwicklung ausgesetzt waren. Anhand einer Analyse auf Haushaltsebene können Aussagen zu Bestimmungsfaktoren und Wirkungszusammenhängen von sozioökonomischer und ökologischer Verwundbarkeit gemacht und die unterschiedlichen Handlungslogiken und Überlebensstrategien der betroffenen Familien auf ihre Nachhaltigkeit und ihr Entwicklungspotential hin überprüft werden.

Abschließend werden in der Zusammenschau der erarbeiteten Ergebnisse allgemeine Wechselwirkungen von Umweltdegradierung und Verwundbarkeit dargestellt und in die bisherige theoretische Diskussion eingebettet. Dies bietet im Anschluß daran die Grundlage für die Beurteilung der Anwendungsmöglichkeiten solcher Begrifflichkeiten in der Entwicklungszusammenarbeit.

3 Methodische Vorgehensweise

Zwei Forschungsaufenthalte von einmal 18 (September '95 bis Februar '97) und einmal drei Monaten (September bis November '97) dienten zur Datenerhebung für die vorliegende

Arbeit, wobei rund zwölf Monate der Sammlung von Materialien zur gesamten Region gewidmet waren. Dabei stellte sich die Erhebung historischer Daten vor allem aus der Zeit der Erschließung als besonders schwierig dar. Karten, Pläne und Register der verschiedenen Kolonisationsprojekte waren, sofern sie überhaupt je existierten, verloren gegangen. Zur Rekonstruktion des Erschließungshergangs dienten deshalb im Sinne der Methodik der *oral history* Gespräche und Intensivinterviews mit Vertretern oder Angestellten der Kolonisationsfirmen und mit Siedlern, die bereits in der Anfangsphase in die Region gekommen waren (VOGES 1987, THOMPSON, P. 1992, SPUHLER et al. 1994, BOHNSACK 1999). Außerdem wurden bereits vorhandene Daten und Materialien bei den verschiedensten Institutionen zusammengetragen, die Aufschluß über den Strukturwandel der letzten Jahrzehnte gaben. Zahlreiche Expertengespräche bei Präfekturen, lokalen und regionalen Agrarberatungsbehörden, Veterinärinstituten und Interessenvertretungen beispielsweise von Landarbeitern und Landlosen boten in Ergänzung dazu eine gute Datenbasis für die Charakterisierung der aktuellen Situation in der Region. Anhand einer nahezu flächendeckenden Erkundung des Untersuchungsgebietes konnten zusätzlich die wichtigsten sozioökonomischen und ökologischen Faktoren wie beispielsweise dominierende Flächennutzung, Besitzgrößenstruktur, Degradierungsgrad und Erosionserscheinungen, aber auch funktional- und sozialräumliche Gliederung einzelner Klein- und Kleinststädte kartiert werden.

Diese Regionalanalyse diente als Basis für die Auswahl der drei Siedlungen, die als Fallbeispiele analysiert wurden. Jeweils drei Monate standen für die Bearbeitung einer Fallstudie zur Verfügung. Je nach Bedeutung für die jeweilige Untersuchung konnten Datenerhebung und Expertengespräche in der Präfektur, bei Interessenvertretungen und lokalen Behörden erste spezifische Informationen liefern. Bei anschließenden Gesprächen mit Siedlern, die schon seit der Siedlungsgründung in der Region leben, Lehrern, Pfarrern und anderen *opinion leaders* wurden historische Entwicklungen und die wichtigsten aktuellen Problembereiche des sozioökonomischen Strukturwandels und der heutigen Krisensituation in den einzelnen Siedlungen erfaßt und, wo es sich anbot, kartiert. Die Anwendung eines, auf der Basis dieser Ergebnisse erarbeiteten und auf den jeweiligen Fall angepaßten halbstandardisierten Befragungsverfahrens (siehe dazu FRIEDRICHS 1980 und HANTSCHEL & THARUN 1980) gewährleistete die Vergleichbarkeit zwischen den einzelnen Fallbeispielen. Darüber hinaus vertieften intensive Befragung und Begleitung einzelner Familien die Kenntnisse über allgemeine Zusammenhänge, über ihre Verwundbarkeit sowie über ihre Handlungslogiken und Überlebensstrategien. Bei der Studie über die Frauenvereinigung von Rancho Alegre gewannen entsprechend der anders gelagerten Untersuchungsvoraussetzungen bei der Arbeit mit Frauen teilnehmende Beobachtung und freie Gespräche eine größere Bedeutung im Methodenmix (DIEZINGER et al. 1994, HAUSER-SCHÄUBLIN 1985, SCHULTZ 1993, SCHÄFER 1993, MAAßEN 1993). Mit Hilfe der vollständigen Exploration jeder Siedlung konnten Flächennutzung, Siedlungsstruktur und Umweltdegradierung ergänzend kartiert werden. Die anschließende Auswahl weniger Familien, mehrmalige intensive Interviews, Betriebskartierungen und teilnehmende Beobachtung dienten zur Veranschaulichung der je nach Fallstudie differenziert zu betrachtenden Problembereiche und zur Analyse ihrer spezifischen Komplexität.

Begleitend zur Erhebung von Daten zur Region und zu den einzelnen Fallbeispielen wurden über Besuche bei bundesstaatlichen Behörden, überregionalen Interessenvertretungen, Bibliotheken und Archiven in Cuiabá Informationen und Materialien zu regionalen und überregionalen Rahmenbedingungen gesammelt. Eine Reise in andere Bundesstaats-Hauptstädte Brasiliens - São Paulo, Rio de Janeiro, Brasília, Belém und Goiânia - diente zur Sammlung weiterführender Literatur und zum Austausch mit brasilianischen Wissenschaftlern, die zu ähnlichen Themenbereichen arbeiten.

Der in der vorliegenden Arbeit insgesamt angewendete Methodenmix erlaubte eine vielseitige Materialien- und Datensammlung, die je nach Problemlage an die jeweilige Fallstudie angepaßt wurde. Nur so war eine umfassende Analyse der komplexen Themenbereiche von Pionierfrontentwicklung und Umweltdegradierung in der Untersuchungsregion einerseits und Verwundbarkeit und Überlebensstrategien von Kleinbauern andererseits möglich.

II Theoretische Überlegungen

Die sich in der wissenschaftlichen Beschäftigung mit den weltweit zunehmenden Umweltproblemen immer mehr durchsetzende Erkenntnis, daß rein naturwissenschaftlich orientierte Modelle nur über einen begrenzten Erklärungsgehalt verfügen und entsprechende Lösungsansätze nicht zu befriedigenden Ergebnissen führen, veranlaßt eine wachsende Zahl von Wissenschaftlern der unterschiedlichsten Disziplinen dazu, unter dem Stichwort der Mensch-Umwelt-Beziehungen ökologische Degradierungserscheinungen mit sozioökonomischen und politischen Prozessen in Beziehung zu setzen. Dabei verdienen vor allem problemorientierte Ansätze besondere Beachtung. Dies äußert sich nicht zuletzt darin, daß die Interdisziplinarität in der wissenschaftlichen Diskussion an Bedeutung gewinnt und sowohl auf Tagungen als auch in Publikationen die Verbindung zwischen Natur- und Sozial- bzw. Geisteswissenschaften herzustellen versucht wird (MANSHARD 1998, STEINER 1997). Neben der Entstehung neuer Teildisziplinen im universitären Fächerspektrum wie beispielsweise Umweltgeschichte (siehe beispielsweise JÄGER 1994, KONOLD 1996, JOCKENHÖVEL 1996) oder Ethnobiologie (siehe hierzu POSEY & BALÉE 1989, POSEY & OVERAL 1990) wächst die Zahl von Studiengängen und Forschungseinrichtungen, die sich mit Fragen der Wechselbeziehungen zwischen Mensch und Natur auseinandersetzen (WEIZSÄCKER 1996).

1 Mensch-Umwelt-Beziehungen als Forschungsgegenstand der Geographie

Die Geographie ihrerseits als eine beide - naturräumlich-ökologische und sozioökonomisch-politische - Aspekte integrierende Wissenschaft, kann auf eine lange Tradition in der Erforschung der Mensch-Umwelt-Beziehungen zurückblicken. Bereits vor der Institutionalisierung der Geographie als wissenschaftliche Disziplin an den Universitäten erstellten Forschungsreisende wie beispielsweise Alexander von Humboldt umfassende Darstellungen über Mensch und Natur in der Neuen Welt, um den Erwartungen der Leser zu genügen, die sich mit Hilfe der Reiseberichte ein Bild von den Kolonialreichen zu machen suchten (BECK, H. 1982, HUMBOLDT o.J.). Mit der Etablierung der Geographie als Wissenschaft wurden die noch vorwiegend deskriptiven Studien vertieft und auf eine theoretische Basis gestellt. Dabei ging die um die Jahrhundertwende vorherrschende Lehre des Umweltdeterminismus von einer Festlegung der Produktionsweisen, ja sogar der soziokulturellen Verhaltensweisen und der psychischen Konstitution des Menschen durch physisch-geographische und naturräumliche Faktoren aus (BARGATZKY 1986, S. 24). Nachdem diese Thesen durch zahlreiche Fallstudien widerlegt worden waren, setzte sich in den 20er Jahren als Gegenposition das Konzept des Possibilismus durch, das die rein passive, allenfalls begrenzende Funktion des Naturraumes für die Entfaltung des Menschen in den Vordergrund stellte. Beide theoretischen Ansätze zogen sich durch die vorwiegend länderkundlich orientierten Forschungen in der Geographie des beginnenden 20. Jahrhunderts. Die Diskussion um 'Landschaft' und 'Landschaftstypen', um 'Kulturräume' bzw. 'Kulturerdteile', um das länderkundliche Schema von Hettner (HETTNER 1927) gewann an Bedeutung, und auch der von Waibel eingeführte Begriff der Wirtschaftsformation (WAIBEL 1928) ist in dieser Tradition zu sehen. Allen Ansätzen gemein ist der Versuch, einen bestimmten Raumausschnitt der Erde möglichst in all seinen Facetten zu erfassen und zu charakterisieren. In den Studien stand allerdings die Beschreibung naturräumlicher Rahmenbedingungen meist neben der Abhandlung sozioökonomischer sowie kultureller Faktoren, ohne daß analytisch eine direkte Verbindung zwischen den verschiedenen 'Sphären' hergestellt worden wäre. Als diese Ansätze in den 70er Jahren in die Krise gerieten, wendete sich die Geographie vorwiegend problemorientierten Studien jeweils begrenzt auf einzelne Teildisziplinen zu. Mit der zunehmenden Spezialisierung der einzelnen Wissenschaftler und im Zuge der institutionellen Trennung der Physischen von der Anthropogeographie an zahlreichen Universitäten verlor die Geographie allerdings die Untersuchung der Beziehungen zwischen Bio- bzw. Geosphäre und Anthroposphäre - ihren ureigensten Forschungsgegenstand also - aus den Augen (GEIST 1992). Damit ging die Rechtfertigungskrise der Geographie als Wissenschaft einher, die in einer Welt, in der zunehmend Spezialisten in Wirtschaft wie Politik gefragt waren, auch berechtigt schien.

Erst in neuerer Zeit gewinnt der integrative Aspekt der Geographie wieder an Bedeutung, so daß in all ihren Teildisziplinen die Beschäftigung mit den Wechselwirkungen zwischen Mensch und Natur bzw. Umwelt wieder stärker in den Vordergrund tritt (FLITNER 1998). Dabei erfahren vor allem die Malthus'schen Thesen und der Begriff der Tragfähigkeit im Zuge der internationalen Diskussion um die wachsenden globalen Umweltprobleme eine Wiederbelebung, wobei diese Begrifflichkeiten allerdings der Komplexität der Problematik nicht gerecht werden können. Ökologische Krisensituationen werden auf die Verschlechterung des Verhältnisses von Bevölkerungszahl zu Agrarland bzw. potentiell bebaubarem Land zurückgeführt, ohne die kleinräumige Differenzierung und die unterschiedlichen Landnutzungsformen in einer Region zu berücksichtigen oder die politischen und sozioökonomischen Hintergründe in die Analyse mit einzubeziehen (MANSHARD 1998). Wie im Jahr 1994 die UN-Bevölkerungskonferenz in Kairo gezeigt hat, werden trotz dieser grundlegenden Zweifel bis heute Berechnungen zur Tragfähigkeit der Erde angestellt und politische Ziele daraus abgeleitet, auch wenn sich inzwischen die Erkenntnis durchgesetzt hat, daß die weitverbreitete Armut in Entwicklungsländern zu den Hauptursachen von Umweltzerstörung gehört (COHEN 1995, MESSNER & NUSCHELER 1996, SOMMER 1994).

Neben dieser meist auf die Probleme in Entwicklungsländern beschränkten Diskussion bemüht sich die Geographie um eine allgemeine theoretische Grundlegung für die Untersuchung der Mensch-Umwelt-Beziehungen. Sie bedient sich dabei unterschiedlicher theoretischer Konzepte aus anderen wissenschaftlichen Disziplinen (HEINRITZ 1999). Zum einen ist hier die Anthropologie zu nennen, in der bereits in den 50er Jahren mit der Begründung der Kulturökologie kulturelle und umweltbezogene Aspekte gesellschaftlicher Entwicklungen berücksichtigt und beiden Sphären - Kultur und Natur - durch ihre Interaktion innovative bzw. innovationsfördernde Wirkungen zugeschrieben wurden (TEHERANI-KRÖNNER 1992, S. 35f). Im Kulturmaterialismus als einer Weiterführung der Kulturökologie wird Kulturwandel als Anpassungsprozeß dargestellt, in dem kulturelle Phänomene und Wirtschaftsweisen die Populationskontrolle, die Subsistenz und die Erhaltung des Ökosystems zum Ziel haben (MORAN 1994, HARRIS 1989, CHRUSCZ 1992). Damit wird ein wechselseitiges Beziehungsgeflecht zwischen Mensch und Umwelt konzeptualisiert, das auch in die Geographie im Zuge der Diskussion um Entstehung und

Potential angepaßter Nutzungsformen in den unterschiedlichsten Ökosystemen sowie um das Ethnowissen bestimmter Bevölkerungsgruppen Eingang gefunden hat (siehe zum Beispiel KRINGS 1992, MÜLLER-BÖKER et al. 1998, MÜLLER-BÖKER 1995).

Eng mit den kulturökologischen Ansätzen der Anthropologie verbunden werden in der Geographie zunehmend Konzepte aus der Soziologie rezipiert und in den eigenen Forschungszusammenhang gestellt. Insbesondere die Humanökologie, die bereits in den 20er und 30er Jahren an US-amerikanischen Universitäten diskutiert wurde, findet hierbei Eingang in geographische Fragestellungen. Während in der humanökologischen Forschung in der ersten Hälfte dieses Jahrhunderts noch biologistische Konzepte überwogen, die die Funktionsweise sozioökonomischer und kultureller Strukturen und Prozesse mit biologisch-ökologischen gleichsetzten, verknüpfen Vertreter dieser Forschungsrichtung seit den 70er und 80er Jahren die immer wichtiger werdende Diskussion um Umweltprobleme mit humanökologischen Ansätzen und stellen Mensch-Umwelt-Beziehungen in einem systemtheoretisch begründeten Wirkungsgefüge von Individuum, Gesellschaft und Natur dar, in dem sich individuelle Handlungsmuster, gesellschaftliche Rahmenbedingungen und ökologische Prozesse wechselseitig bedingen (GEIST 1992, GLAESER & TEHERANI-KRÖNNER 1992, STEINER 1997). Gerade dieses Spannungsverhältnis wird auch in der Geographie anhand empirischer Fallstudien, aber auch weiterführender theoriegeleiteter Überlegungen, insbesondere in akteurs- und handlungsorientierten Arbeiten wie beispielsweise in der Diskussion um die Begriffe 'Regionalbewußtsein', 'räumliche Identität' und 'Lebenswelt', zunehmend thematisiert (EISEL 1992, WEICHHART 1990 und 1992, COY 1997, BLOTEVOGEL et al. 1989).

Wachsende Beachtung in der Geographie findet in den letzten Jahren der aus der Politischen Ökonomie hervorgegangene Ansatz der Politischen Ökologie. Während sich die Politische Ökonomie basierend auf neomarxistischen Fragestellungen zunächst mit politischen und wirtschaftlichen Machtkonstellationen beschäftigte, integriert sie seit den 80er Jahren zunehmend ökologische Aspekte in ihre Analysen. Ökologische Prozesse, insbesondere die der *land degradation*, werden dabei auf ihre Wechselwirkung mit politisch-ökonomischen Strukturen hin untersucht (BLAIKIE & BROOKFIELD 1987f). Diese Konzepte haben unter dem Stichwort der 'Verfügungsrechte' auch Eingang in die Geographie gefunden und wurden im Sinne eines akteursorientierten Ansatzes durch die Begriffe 'Verwundbarkeit' und 'Überlebensstrategien' erweitert (GEIST 1992, KRINGS 1994a, BOHLE 1998).

Durch die parallel durchgeführten Analysen zur gleichen Thematik, die in den unterschiedlichen Fachdisziplinen anhand der genannten Konzepte bearbeitet und erforscht wird, ergeben sich zahlreiche Überschneidungsbereiche, die eine Zusammenführung der jeweiligen Forschungsergebnisse nahelegen. Dies wird gerade in den letzten Jahren im Zuge der Stärkung interdisziplinären Arbeitens und Forschens trotz einiger anfänglich bestehender Berührungsängste - vor allem zwischen Geistes- bzw. Sozialwissenschaften und Naturwissenschaften - in gemeinsamen Tagungen, Diskussionen und Publikationen versucht (siehe beispielsweise MALONEY 1998b, GLAESER & TEHERANI-KRÖNNER 1992, WEHRT 1996).

In der Geographie allgemein und insbesondere in der geographischen Entwicklungsforschung gewinnt der Ansatz der Politischen Ökologie zunehmend an Bedeutung, da gerade in den Ländern der Dritten Welt die Wechselwirkungen zwischen sozioökonomisch und politisch höchst disparitären Strukturen und ökologisch extrem labilen Naturräumen eine Eigendynamik entwickelt haben, die häufig in ökologische, aber auch sozioökonomische, politische und kulturelle Degradierungsprozesse münden (GEIST 1992, BRYANT & BAILEY 1997). Angesichts dieser Problematik bieten politisch-ökologische Konzepte das geeignete Instrumentarium zur Analyse vorherrschender Faktoren- und Konfliktkonstellationen in ökologischen und sozioökonomischen Krisen.

2 Entstehung und Bedeutung politisch-ökologischer Konzepte in der Diskussion um Ursachen und Folgen der Umweltdegradierung

Die Entstehungsgeschichte der Politischen Ökologie als Forschungsrichtung geht mit der erstmaligen Nennung des Begriffes durch WOLF (1972) bis in die 70er Jahre zurück. Diese erste Welle der ‚Politisierung der Umwelt' (PEET & WATTS 1996a, S. 4), die als Vorläufer der eigentlichen Ideen der Politischen Ökologie gelten kann, war allerdings noch geprägt von neomalthusianischen Grundgedanken, wobei in pessimistischen Prognosen die unmittelbar bevorstehende Weltkatastrophe auf die Variablen Bevölkerungswachstum und Konsumniveau reduziert wurde (MEADOWS et al. 1972). Auch die Geographie beteiligte sich insbesondere im Rahmen der Entwicklungsforschung an dieser erneuten Diskussion mit Hilfe des Begriffes der Tragfähigkeit teilweise mit genauen Berechnungen von sogenannten kritischen Bevölkerungsdichten einzelner Regionen (MANSHARD & MÄCKEL 1995, MANSHARD 1998).

Bereits Ende der 70er und in besonderem Maße Anfang der 80er Jahre gerieten diese Überlegungen sowie die weitgehend apolitischen Ansätze der Human- und Kulturökologie ins Kreuzfeuer der Kritik (DURHAM 1995, GEIST 1992). Vor allem die meist mit Ressourcenkriegen und ethnischen Konflikten verbundenen Hungerkrisen in Afrika und die Entstehung einer von der breiten Öffentlichkeit getragenen Öko-Bewegung in Europa machten die politische Dimension von Umweltgefährdung, -degradierung und -zerstörung deutlich. Parallel zur zunehmenden Politisierung der Umweltdiskussion beschäftigten sich auf der wissenschaftstheoretischen Ebene die Geistes- und Sozialwissenschaften im Rahmen postmoderner Fragestellungen mit der 'produzierten' und sozial bzw. kulturell 'konstruierten' Natur (FLITNER 1998). Auch Politische Ökonomie und *radical geography* entdeckten die Umwelt als wichtige Determinante für Entwicklungsprozesse vor allem in Ländern der Dritten Welt und verbanden ihre neomarxistischen Thesen mit den Ansätzen der Kultur- und Humanökologie (GEIST 1992, DURHAM 1995, BRYANT & BAILEY 1997).

Insbesondere die Politische Ökonomie, teilweise auch die Humangeographie, bemühten sich um die Weiterentwicklung der Politischen Ökologie. Im Umfeld der dependenztheoretischen Diskussion wurden in einer ersten Phase der Diskussion um politisch-ökologische Fragestellungen Anfang der 80er Jahre vor allem die strukturellen Merkmale von

Umweltkrisen in Entwicklungsländern betont. In der zweiten Hälfte der 80er Jahre entwickelte sich daraus unter anderem die neue Forschungsrichtung der Katastrophen- und *hazard*-Forschung, die sich in einer zweiten Entwicklungsphase der Politischen Ökologie stärker mit der lokalen Sphäre und der Haushaltsebene sowie mit Fragen der Handlungsrationalität beschäftigte und die Elemente Wissen, *gender* und Macht in die Analysen integrierte. Seit den 90er Jahren schließlich treten die Folgewirkungen der Globalisierung stärker in den Vordergrund des Interesses, so daß vor allem versucht wird, die Verbindung verschiedener Maßstabsebenen - der lokalen, regionalen, nationalen und globalen - herzustellen.

Auch die Naturwissenschaften beteiligen sich zunehmend an der Bearbeitung von Fragestellungen aus dem Bereich der Politischen Ökologie. Bereits in den 70er Jahren hatte sich die Diskussion um Faktoren und Prozesse der Umweltzerstörung in einem umfassenden Paradigmenwechsel niedergeschlagen (CRONON 1993, HOLLING 1980). Betrachtete die Ökologie noch bis in die 60er Jahre hinein Ökosysteme als statisch, in deren stabilem Stadium, dem sogenannten Klimax, der Mensch lediglich einen Störfaktor darstellt, so mußte sie in den 70er Jahren anhand langfristiger Meßreihen erkennen, daß selbst in 'ungestörten' Ökosystemen Prozesse innerhalb eines dynamischen Gleichgewichts ablaufen (BUSCH-LÜTY & DÜRR 1996). In den naturwissenschaftlichen Disziplinen wird deshalb zunehmend versucht, anthropogene Veränderungen in die Ökosystemanalyse einzubinden, indem die unterschiedlichen Reaktionen bzw. die Reaktionsfähigkeit der natürlichen Umwelt auf bestimmte menschliche Einflüsse untersucht werden. Darüber hinaus integrieren die Naturwissenschaften in den letzten Jahren politische Aspekte in ihre Studien in dem Maße, in dem die Politik verstärkt Lösungsansätze für die wachsenden Umweltprobleme fordert (EDEN & PARRY 1996b).

Die Entstehung der Politischen Ökologie aus den unterschiedlichsten Fachdisziplinen erklärt ihre theoretisch-methodische Vielfalt, die gleichzeitig eines der größten Probleme dieser Forschungsrichtung darstellt (EDEN 1996b, GEIST 1992). Vor allem aus den Naturwissenschaften werden Bedenken laut, ob es überhaupt möglich sei, natur- und gesellschaftswissenschaftliche Ansätze zu integrieren, um dem Anspruch der Politischen Ökologie gerecht werden zu können, zumal die institutionalisierte an Einzelfächern orientierte Spezialisierung die Entwicklung eines neuen disziplinübergreifenden Instrumentariums erschwert.

Entsprechend dieses noch ungelösten Problems verfolgen die einzelnen Fachrichtungen unterschiedliche Herangehensweisen in der Analyse von Mensch-Umwelt-Beziehungen im allgemeinen und von Umweltdegradierung im besonderen. Jedoch gehen alle von der Grundannahme aus, daß ökologische Degradierung Ausdruck, Folge und Ursache von menschlicher Nutzung und - damit verbunden - von gesellschaftlichen Strukturen und Prozessen ist. In diesem Wirkungsgefüge sind sozioökonomische und politische Faktoren sowie ihre Dynamik für Art und Umfang der Umweltzerstörung verantwortlich. Gleichzeitig wirkt sich die Veränderung der Natur auf die Gesellschaft aus. Die ökologischen Implikationen menschlicher Nutzung für den Naturraum hängen demgegenüber von den

Eigenschaften des jeweiligen Ökosystems, von seiner Empfindlichkeit und Widerstandsfähigkeit, ab. Während sich die Sozialwissenschaften in diesem Zusammenhang vorwiegend mit dem erstgenannten Fragenkomplex gesellschaftlicher Strukturen auseinandersetzen, kommt den Naturwissenschaften die Aufgabe zu, die ökologisch-physischen Prozesse zu untersuchen.

2.1 Der Beitrag der Naturwissenschaften

Unter dem Stichwort der Ökosystemforschung setzen sich die verschiedensten naturwissenschaftlichen Disziplinen - nicht zuletzt die Physische Geographie - mit den Bestimmungsfaktoren der Reaktionen von Ökosystemen auf menschliche Einflüsse auseinander (PFEFFER 1988, MEURER & BUTTSCHARDT 1997). Dabei bauen die allgemeinen Aussagen über diejenigen Charakteristika von Naturräumen, die die ökologischen Prozesse bei äußeren Einwirkungen erklären, auf Erkenntnissen der Grundlagenforschung auf (BUSCH-LÜTY & DÜRR 1996). Sie besagen einerseits, daß dynamische Gleichgewichte wie beispielsweise die Erde zwar ineffizienter und unberechenbarer, gleichzeitig aber flexibler und anpassungsfähiger sind. Lediglich die völlige Ausschaltung bzw. Entfernung von Komponenten, die als Gegenkräfte zu anderen Kräften im System wirken, führt zur Destabilisierung. Trotz dieser prinzipiellen Robustheit können andererseits - dem Grundgedanken der Chaostheorie folgend - allerkleinste Einflüsse von außen das gesamte Gleichgewicht zum Zusammenbruch bringen (GOUDIE 1994).

Entscheidend für die Reaktion von Ökosystemen, die als eben solche dynamische Gleichgewichte aufgefaßt werden, sind sowohl die Beschaffenheit, Intensität und Komplexität von Wechselbeziehungen zwischen den einzelnen Teilkomponenten als auch die räumliche Heterogenität eines Ökosystems und seine *dynamic variability*, also die Variationsbreite der ökologischen Faktoren wie beispielsweise Niederschläge, Winde etc. (HOLLING 1980). Prinzipiell sind dabei einfach strukturierte Systeme, in denen die Einzelelemente in geringerem Maße miteinander in direkter Wechselwirkung stehen, stabiler als komplexe. Offene Systeme, die in Form von *input* und *output* einen intensiven Austausch mit anderen Systemen unterhalten, sind einem besonders großen Risiko gegenüber äußeren Einflüssen ausgesetzt. Dasselbe gilt für Bereiche, in denen die Erneuerungs- und Umbildungsprozesse sehr langsam ablaufen wie beispielsweise in Seen, wo negative Effekte über einen sehr langen Zeitraum hinweg ohne Ausgleich akkumuliert werden.

Evolutorisch bedingt können Ökosysteme mit einer hohen *dynamic variability*, wie beispielsweise Wüsten, flexibler auf äußere Einwirkungen reagieren, da sich Flora und Fauna an extreme und plötzliche Veränderungen ihrer Umwelt angepaßt haben. Insgesamt sind kleinräumig heterogen strukturierte Ökosysteme relativ stabil, da im Falle negativer Einflüsse die einzelnen Teilbereiche unterschiedlich stark betroffen sind und so die Regenerationsfähigkeit des Gesamtsystems erhalten werden kann. Die Reaktion eines natürlichen Systems hängt auch von Art und Umfang der äußeren Einwirkungen ab: Das Größenverhältnis zwischen Einflußfaktor und Gesamtsystem ist dabei ebenso entscheidend wie die Verortung in der Gesamtstruktur. Setzt nämlich die Veränderung an einer Komponente an, die in komplexer direkter Wechselbeziehung und durch Rückkopplungseffekte mit einer Vielzahl anderer Komponenten verbunden ist, so kann ein zunächst geringfügiges *event* zu einem Kollaps des Systems führen (GOUDIE 1994, HOLLING 1980).

Um diese vielfältigen Bestimmungsfaktoren zusammenzufassen und darauf aufbauend Ökosysteme nach ihrer Reaktion auf unterschiedliche menschliche Nutzungsformen zu charakterisieren, werden die Begriffe *sensitivity*, *resilience* und *fragility* verwendet (MANSHARD & MÄCKEL 1995). Dabei ist unter *sensitivity* die Empfindlichkeit eines Ökosystems gegenüber äußeren Einflüssen zu verstehen. Das heißt, je empfindlicher ein Ökosystem ist, desto größer ist die Veränderung, der es insgesamt oder eine seiner Komponenten bei einer bestimmten menschlich verursachten Störung unterliegt (KASPERSON, R.E. et al. 1995, THOMAS 1998). Während also die *sensitivity* eines Naturraumes Aufschluß darüber gibt, wie intensiv er genutzt werden kann, ohne eine wesentliche Veränderung in ihm hervorzurufen, bezieht sich der Begriff der *resilience* auf die Widerstandsfähigkeit bzw. Pufferkapazität eines Ökosystems. Ein System mit hoher Widerstandsfähigkeit kann auch bei starken Störungen und äußeren Einflüssen das eigene dynamische Gleichgewicht erhalten oder sogar davon 'profitieren' und einen neuen Gleichgewichtszustand erreichen (HOLLING 1980, KASPERSON, R.E. et al. 1995, TURNER II & BENJAMIN 1994).

Die Kombination aus Empfindlichkeit und Pufferkapazität ergibt schließlich die *fragility* eines Ökosystems. Die Fragilität wird definiert als "the sensitivity of a particular ecosystem to human-induced perturbations and its resilience to such perturbations" (KASPERSON, R.E. et al. 1995, S.10). Sie ist einerseits abhängig von den inhärenten Eigenschaften des Ökosystems, andererseits wird sie durch die vorherrschenden Landnutzungsformen sowie durch Intensität und Frequenz der jeweiligen Nutzung bestimmt (DENEVAN 1989). Ökosysteme können also nicht an sich fragil sein, sondern werden es erst durch eine bestimmte menschliche Nutzung, vor allem aber durch Mißmanagement (GOW 1989). Die Fragilität eines Ökosystems bezeichnet damit eine latente biophysikalische Qualität, die bei menschlicher Nutzung zum Tragen kommt. Besonders fragile Naturräume reagieren dabei auch bei geringfügiger Nutzung - als Ausdruck ihrer hohen *sensitivity* - mit extrem starken Veränderungen, die auch unter Einsatz aufwendigster Managementmethoden - aufgrund der niedrigen *resilience* des Ökosystems - nicht behoben werden können. Sogenannte 'optimale' Naturräume hingegen weisen selbst bei langfristiger intensiver Nutzung keine oder nur geringe Veränderungen auf (MANSHARD & MÄCKEL 1995).

In der Diskussion um diese Begrifflichkeiten werden immer wieder die tropischen Ökosysteme, insbesondere die immerfeuchten Regenwälder, als besonders fragile ökologische Bereiche hervorgehoben, nicht zuletzt aufgrund der in den letzten Jahrzehnten immer deutlicher werdenden Schäden, die die unterschiedlichsten menschlichen Nutzungsformen in diesen Gebieten hervorgerufen haben (MANSHARD & MÄCKEL 1995, KELLMAN & TACKABERRY 1997, THOMAS 1998). Gerade tropische Regenwälder zeichnen sich durch eine hohe *fragility* aus, da durch die vergleichsweise geringe räumliche Heterogenität und die niedrige *dynamic variability* der klimatischen Verhältnisse das Ökosystem nur begrenzt Streßfaktoren kompensieren kann. Darüber hinaus kann durch die komplexen Wechselbeziehungen, die zwischen den einzelnen Komponenten dieser Ökosysteme bestehen, die Beeinflussung eines Elementes bereits zur Störung des gesamten Systems führen (TURNER II & BENJAMIN 1994, NORTCLIFF 1998, BECK, L. et al. 1997). Dies gilt allerdings nicht bei kleinräumigen Störungen über einen kurzen Zeitraum hinweg - zu denken ist etwa an die Effekte des *shifting cultivation* -, da die vorherrschenden dynamischen Erneuerungsprozesse innerhalb des Regenwald-Ökosystems in Form einer extrem hohen Biomassenproduktion diese Art der Vegetationszerstörung relativ rasch wieder ausgleichen können (MALONEY 1998a).

Die Frage nach *sensitivity*, *resilience* und *fragility* von Naturräumen allgemein wird begleitet von der Diskussion um die Begriffe Degradierung, Natur- bzw. Landnutzungspotential und - aus agrargeographischer Sicht - Tragfähigkeit. Dabei ist ökologische Degradierung, ähnlich wie beim Konzept der Fragilität, nur im Zusammenhang mit menschlicher Nutzung zu verstehen. Degradierung bezeichnet einen Prozeß, in dem die Nutzungsmöglichkeiten eines bestimmten Naturraumes eingeengt und sein Potential sowie seine natürliche Reproduktions- und Regenerationsfähigkeit reduziert werden (EDEN 1996b, TURNER II & BENJAMIN 1994, MANSHARD & MÄCKEL 1995). Die Folge ist eine Beeinträchtigung menschlicher Aktivitäten, die im Extremfall prohibitiven Charakter - wie beispielsweise im Falle von *badland*-Bildung - annehmen kann (ARGENT & O'RIORDAN 1995). Degradierungerscheinungen können in unterschiedlicher Reichweite - lokal, regional, kontinental und global - wirken, wobei der Wirkungsmaßstab weit über den der Ursachen hinaus gehen kann (SIMMONS 1997). Neben dieser räumlichen Dimension von Umweltdegradierung ist auch eine zeitliche Komponente zu berücksichtigen, da ökologische Probleme in unterschiedlichen Zeitabständen auftreten - alltäglich, periodisch, episodisch etc. - und länger oder kürzer nachwirken (BRYANT & BAILEY 1997).

Hauptproblem in der wissenschaftlichen Auseinandersetzung ist die Frage nach der Meßbarkeit von Degradierung, da genaue Meßergebnisse nur in kleinräumigen Untersuchungen erzielt werden können, die aber keine Extrapolation auf größere Regionen zulassen (STOCKING 1987, SIMMONS 1997, TURNER II & BENJAMIN 1994, PARRY 1996). Gleichzeitig erschwert die hohe Variabilität bestimmter Ökosysteme - beispielsweise in Trockenräumen - die analytische Trennung von natürlichen Schwankungen einerseits und Degradierungsphänomenen andererseits. In der Diskussion um den Begriff der ökologischen Degradierung wird in neuerer Zeit vor allem in Agronomie und Agrargeographie die Frage nach Nutzungspotential und Tragfähigkeit eines Naturraumes erneut aufgeworfen. Allerdings sind bisher die Ergebnisse trotz hoch komplexer Berechnungen nur von begrenzter Aussagekraft geblieben, zumal in den entsprechenden Analysen politische und ökonomische Faktoren keine Berücksichtigung fanden. Auch der Versuch, kleinräumige Differenzierungen und technologische Standards der Nutzungsformen in die Tragfähigkeitsdiskussion einzubeziehen, konnte den implizit geodeterministischen Ansatz dieser Konzepte nicht überwinden (CHAMBERS 1994, KRINGS 1994a, MANSHARD & MÄCKEL 1995, THOMPSON, M. 1997, MANSHARD 1998, TURNER II et al. 1993, SIEFKE 1994).

Aufgrund dieser Problematik soll in der vorliegenden Arbeit keine Aussage über Potential oder Tragfähigkeit der Untersuchungsregion an sich gemacht werden. Vielmehr werden ökologische Degradierungsprozesse in ihrer Wechselwirkung mit sozioökonomischen und politischen Entwicklungen analysiert. Der Definition von BLAIKIE & BROOKFIELD (1987f) und MANSHARD & MÄCKEL (1995) folgend, wird ökologische Degradierung deshalb als ein Prozeß verstanden, in dem sich ein Ökosystem oder eine seiner Komponenten derart verändert, daß die anfängliche bzw. vorherige Nutzung nicht mehr aufrechterhalten werden kann und durch eine neue, wirtschaftlich und sozial - also hinsichtlich seiner Produktivität, der Arbeitskräfteabsorption etc. - 'schlechter' ausgestattete ersetzt werden muß. Das heißt, daß mit der ökologischen Degradierung auch eine sozioökonomische einhergeht. Die Abschätzung von Degradierungserscheinungen erfolgt somit anhand von sozioökonomischen Prozessen, die in der Region beobachtbar sind. In diesem Sinne wird der Versuch unternommen, die Bedeutung ökologischer Degradierung, die auch von den dort lebenden Menschen als solche wahrgenommen und in ihre Handlungslogik einbezogen wird, für die Veränderung der Nutzungsformen abzuschätzen. Daß in diese Analyse in starkem Maße auch sozioökonomische und politische Faktoren eingehen müssen, ist selbstredend und unerläßlich, um nicht die Wirkung ökologischer Prozesse auf gesellschaftliche Strukturen in geodeterministischer Weise zu hoch zu bewerten.

2.2 Politisch-ökologische Ansätze zur Erklärung struktureller Ursachen von Umweltdegradierung

Die konzeptionelle Einbeziehung politischer und gesellschaftlicher Prozesse in die Untersuchung der Wechselbeziehungen zwischen dem Menschen und seiner natürlichen Umwelt entspricht denjenigen Ansätzen der Politischen Ökologie, die sich primär mit den strukturellen Ursachen von Umweltdegradierung auseinandersetzen. Basierend auf den Grundannahmen, daß Raum, Natur und Landschaft gesellschaftlich produzierte Gebilde sind, deren Interpretationsbreite von sozio-kulturellen und wirtschaftlichen Faktoren sowie von Erfahrungen, Traditionen und Bedürfnissen abhängen, daß sie aber gleichzeitig den konkreten lokal-regionalen Rahmen für Entscheidungen und Handlungen von Akteuren bilden, gehen die Vertreter der Politischen sowie der Humanökologie davon aus, daß der Mensch durch die Naturaneignung - also durch Nutzung und Veränderung der Natur - seine eigenen Lebensgrundlagen - seine Umwelt - modifiziert und somit das Spektrum möglicher Naturaneignung wiederum verändert (MATHEWSON 1998, ESCOBAR 1996, GURUNG 1994, BLAIKIE 1995, GEIST 1992). Diese teilweise widersprüchlichen Wechselbeziehungen zwischen Mensch und Natur sind vor allem in traditionellen Gesellschaften in direkter und unmittelbarer Weise wirksam, da dort noch lokale Akteure und Institutionen die Interaktionsformen mit der Umwelt bestimmen. In modernen Gesellschaften, in denen Kommunikation und soziale Beziehungen immer mehr anonymisiert und distanziert ablaufen, tritt dieses Wirkungsgefüge in den Hintergrund, und staatliche bzw. andere externe Akteure determinieren Art und Umfang der Naturaneignung lokaler Gruppen. Diese erhält somit eine strukturell-politische Dimension (WERLEN 1997a, BRYANT & BAILEY 1997). Durch das bestehende Spannungsfeld zwischen traditionellen und modernen Lebensformen unterliegen die Beziehungen zwischen Mensch und Natur einem historischen Wandel, so daß darüber hinaus die zeitliche Dimension als entscheidender Faktor in die politisch-ökologische Analyse eingehen muß (GEIST 1992).

Möglichkeiten und Grenzen der Naturaneignung werden von formellen und informellen Institutionen, von Macht und Wissen der einzelnen Gruppen bestimmt (PAINTER 1995). Da Gesellschaften keine homogenen Gebilde darstellen, ergeben sich aus dem Widerstreit von Interessen für die jeweiligen Akteure differenzierte Möglichkeiten der Naturaneignung (DURHAM 1995). Die Macht, verstanden als "ability of an actor to control his own interaction with the environment and the interaction of other actors with the environment" (BRYANT & BAILEY 1997, S. 39), spielt dabei eine zentrale Rolle, wobei die ungleichen Machtstrukturen durch Konflikte und Kooperationen zwischen den beteiligten Akteuren - Staat, Zivilgesellschaft, Wirtschaft etc. - zustande kommen. Im disparitären Machtgefüge, das in Entwicklungsländern häufig in besonders ausgeprägter Form vorhanden ist, werden auf den unterschiedlichsten, gleichzeitig aber eng miteinander verwobenen Ebenen politische Entscheidungen gefällt, die die Nutzungsmuster einzelner Personen und Gruppen beeinflussen (siehe Abb. 1). Der Wandel politischer Zielsetzungen schlägt sich dabei in den Wechselbeziehungen Mensch-Umwelt nieder. So trugen beispielsweise in der Vergangenheit auf der nationalstaatlichen Ebene agrarpolitische Maßnahmen im Zuge der Grünen Revolution dazu bei, daß sich als neue Form der Naturaneignung kapitalintensive hochtechnologische Produktionsformen in zahlreichen Entwicklungsländern durchsetzten, während ressourcenschwache kleinbäuerliche Gruppen dem Konkurrenzdruck unterlagen und den Zugang zu fruchtbarem Land verloren (siehe Beispiele aus Brasilien COY & LÜCKER 1993, aus Indien BOHLE 1989, 1999 und SCHOLZ, U. 1998a). In neuerer Zeit stehen demgegenüber Begriffe wie Strukturanpassung, Deregulierung und nachhaltige Entwicklung zumindest auf der Diskursebene im Mittelpunkt des politischen Interesses. Im Zusammenhang zunehmender Globalisierungstendenzen verliert der Nationalstaat allerdings an Macht und Kontrolle, und lokale Akteure - NGOs, *grassroots movements* etc. - gewinnen neben den *global players* - multinationale Konzerne, Weltbank, IWF etc. - als politische Entscheidungsträger an Einflußmöglichkeiten (BRYANT & BAILEY 1997, EDEN 1996a).

Politische Machtstrukturen hängen mit der Verteilung wirtschaftlicher Macht zusammen. Beide stellen die entscheidenden Komponenten im Wirkungsgefüge Mensch-Umwelt dar. Da gesellschaftliche Gruppen insbesondere in Entwicklungsländern in den unterschiedlichsten Formen mit dem Staat und anderen politischen Akteuren - durch Korruption, Klientelismus etc. - verbunden sind, erwachsen politische Handlungen nie neutralen, objektiven Entscheidungsfindungsprozessen[1]. Dabei verfügen meist wirtschaftlich potente Gruppen über zahlreiche Möglichkeiten der Einflußnahme auf Staat, Regierung oder Gemeindeverwaltung, so daß die Handlungslogik politischer Instanzen meist den Inter-

1 In der Politikwissenschaft wird in diesem Zusammenhang das Konzept der Staatsautonomie gerade hinsichtlich politischer Strukturen und Prozesse in Staaten der Dritten Welt besonders kontrovers diskutiert (siehe dazu NORDLINGER 1987, ELSENHANS 1989, EVANS 1992, zu Lateinamerika ANGLADE & FORTIN 1990).

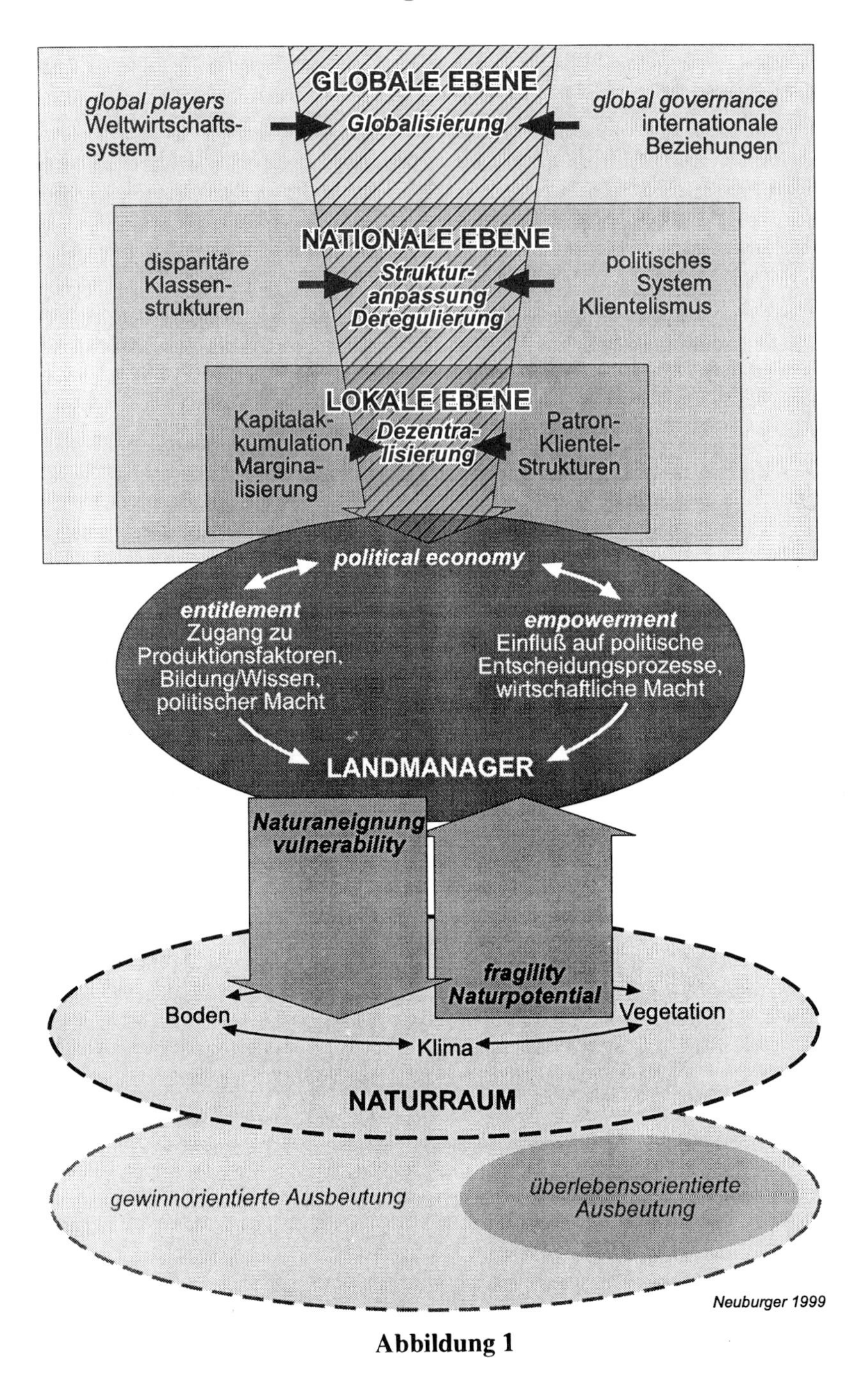
Politische Ökologie der Dritten Welt
GLOBALE EBENE
global players
Weltwirtschafts-system
Globalisierung
global governance
internationale Beziehungen
NATIONALE EBENE
disparitäre Klassen-strukturen
Struktur-anpassung
Deregulierung
politisches System
Klientelismus
LOKALE EBENE
Kapitalak-kumulation
Margina-lisierung
Dezentra-lisierung
Patron-Klientel-Strukturen
political economy
entitlement
Zugang zu Produktionsfaktoren, Bildung/Wissen, politischer Macht
empowerment
Einfluß auf politische Entscheidungsprozesse, wirtschaftliche Macht
LANDMANAGER
Naturaneignung
vulnerability
fragility
Naturpotential
Boden
Vegetation
Klima
NATURRAUM
gewinnorientierte Ausbeutung
überlebensorientierte Ausbeutung
Neuburger 1999

Abbildung 1

essen der wirtschaftlichen Eliten folgt und sich - nach neomarxistischer Interpretation - im kapitalistischen System vor allem auf wirtschaftliches Wachstum und Gewinnmaximierung konzentriert (BRYANT & BAILEY 1997, BLAIKIE & BROOKFIELD 1987c). Die ökonomisch dominanten Gruppen, die eine schnellere Umsetzung dieser Ziele ermöglichen und gleichzeitig den Staatsklassen - sofern sie nicht ohnehin mit diesen identisch sind - einen höheren politischen, teilweise auch wirtschaftlichen Nutzen garantieren, können darauf aufbauend ihre wirtschaftliche Vormachtstellung untermauern und sich die ökologisch privilegierten Naturräume sichern, deren Ausbeutung hohe Gewinne verspricht.

Ökonomische Strukturen sind aber nicht nur Ergebnis politischer Kämpfe und Interessenkonflikte, sondern auch Ausdruck der Verteilungsmechanismen im jeweiligen Wirtschaftssystem (WATTS & PEET 1996, DURHAM 1995). Dabei verlaufen besonders in Entwicklungsländern, die aufgrund ihres kolonialzeitlichen Erbes sozioökonomisch extrem disparitäre Strukturen aufweisen und in spezifischer Weise in die Weltwirtschaft integriert sind, Kapitalakkumulation und Verarmung als parallele sich gegenseitig bedingende Prozesse ab. Aus diesen Verteilungskämpfen ergeben sich ungleiche Wirtschaftsstrukturen, in denen der Ressourcenzugang der unterschiedlichen gesellschaftlichen Gruppen definiert wird. Wirtschaftliche Macht bzw. Kapital entscheidet dabei über die für die jeweilige Gruppe mögliche Verfügbarkeit von Land und von weiteren für die Naturaneignung entscheidenden Ressourcen wie beispielsweise Technologie, staatliche Fördermittel oder Bildung. Marginalisierte Gruppen in ländlichen wie in städtischen Regionen haben nur einen sehr eingeschränkten Zugang zu Land oder - allgemeiner ausgedrückt - zu Raum sowohl in quantitativer als auch qualitativer Hinsicht, so daß sie meist auf kleinsten Parzellen bzw. in engem Wohnraum in räumlich marginale Gebiete - Stadtrand, Pionierfront etc. - und ökologisch fragile Zonen - Hanglagen, geringe Bodenfruchtbarkeit etc. - abgedrängt werden und über keine gesicherten Besitzverhältnisse - Eigentumstitel, Miet- bzw. Pachtverträge - verfügen.

Da gerade Armutsgruppen nur geringe Handlungsspielräume haben, müssen sie häufig zur Überlebenssicherung Strategien anwenden, die das ohnehin fragile Ökosystem stark schädigen[1]. Somit führen gerade die aufgezeigten Verdrängungsprozesse zu beschleunigter Degradierung, so daß vor allem in Entwicklungsländern Armut[2] zunehmend zu einem der Hauptfaktoren für Umweltzerstörung wird (GUPTA 1998, MANSHARD & MÄCKEL 1995, GOW 1989, BLAIKIE & BROOKFIELD 1987b, DICKENSON et al. 1996). Armut wiederum ist Folge von politischen Polarisierungsprozessen und - aus radikal neomarxistischer Sicht - logische Konsequenz der weltweiten Ausweitung des Kapitalismus, so daß in politisch-ökologischen Konzepten von Natur bzw. Umwelt als *politicised environment* gesprochen wird (BRYANT & BAILEY 1997, WATTS & PEET 1996, BLAIKIE & BROOKFIELD 1987b).

---

1 Hier klingt bereits das Konzept der Verwundbarkeit an, das in Kapitel II.3 ausführlich besprochen wird.

2 Auf die Problematik der Definition von Armut soll hier nicht näher eingegangen werden. Siehe dazu zusammenfassend UNDP 1997, NUSCHELER 1995b, FRIEDMANN 1992, YAPA 1996b und 1997, SHRESTHA 1997. Zum Verhältnis zwischen Armut und Verwundbarkeit siehe BLAIKIE et al. 1994, LOHNERT 1995, BOHLE 1993, VARLEY 1994, CANNON 1994.

In neuerer Zeit stehen dabei vor allem die Auswirkungen der Globalisierung, durch die periphere Regionen in einer spezifischen Weise in den Weltmarkt integriert werden, im Vordergrund des Interesses. Der Zusammenhang zwischen globalen Prozessen und lokalen Nutzungssystemen ist geprägt von den die Gesellschaft fragmentierenden Globalisierungseffekten, als deren Resultat funktional auf die globalen Strukturen ausgerichtete Bereiche territorial überlebensorientierten Gruppen gegenüberstehen. Während die in globale Strukturen eingebundenen Akteure - beispielsweise Sojaproduzenten und Viehzüchter in Brasilien (REMPPIS 1998, COY 2000) - ihre Handlungslogik und damit ihre Nutzungsformen an die Erfordernisse des Weltmarktes anpassen und expandieren, geraten die marginalisierten Gruppen durch die Deregulierung der Märkte zunehmend unter Druck und müssen mit geeigneten Bewältigungsstrategien ihr Überleben sichern. In beiden Fällen verstärken die globalen Veränderungen die Degradierungserscheinungen, da im ersten Fall die Einführung hochmechanisierter Nutzungsformen die gewinnorientierte Ausbeutung der Umwelt steigert und im zweiten Fall wachsende Armut eine Wahl von Produktionsweisen erzwingt, die keine Rücksicht auf die langfristige Erhaltung der Reproduktionsfähigkeit der Natur zulassen. Neben diesen umweltzerstörerischen Effekten sind allerdings auch Prozesse zu beobachten, die auf den Erhalt der natürlichen Ressourcen ausgerichtet sind. Unter dem Stichwort der nachhaltigen Entwicklung im allgemeinen und des Klimaschutzes im besonderen werden häufig aufgrund politischer Entscheidungen auf globaler Ebene Naturschutzgebiete in von Zerstörung bedrohten Ökosystemen ausgewiesen[1]. Dies ist nicht nur Ausdruck eines wachsenden Umweltbewußtseins, sondern auch Folge der zunehmenden Inkorporation der Natur als Produktionsfaktor - vor allem als genetisches Reservoir - in das kapitalistische System - die steigende Zahl von Fällen der Biopiraterie zeigen dies deutlich (ESCOBAR 1996, PASCA 1998, BECKER 1994, SANTOS, L. Garcia dos 1994).

Gerade die zunehmenden Globalisierungstendenzen der letzten Jahre machen für die wissenschaftliche Analyse von ökologischer Degradierung deutlich, daß Umweltzerstörung in ein komplexes Wirkungsgefüge ökologischer, sozioökonomischer und politischer Prozesse eingebunden ist, in dem sowohl horizontale - zwischen einzelnen Sektoren und gesellschaftlichen Bereichen - als auch vertikale Vernetzungen - zwischen lokaler, regionaler, nationaler und globaler Ebene - bestehen (siehe allgemein DANIELZYK & OßENBRÜGGE 1993, zur Entwicklungsforschung RAUCH 1996, GEIST 1994). Diese Komplexität der Wechselbeziehungen muß unter Berücksichtigung historischer Entwicklungen und räumlicher Differenzierungen in die politisch-ökologische Analyse eingehen.

1 Besonders in Entwicklungsländern entstanden unter dem Schlagwort *debt for nature* zahlreiche Naturschutzgebiete (siehe dazu JAKOBEIT 1992). Das internationale Pilotprogramm zum Schutz der tropischen Regenwälder Brasiliens, das im wesentlichen von den G7-Ländern finanziert wird, sei hier als weiteres Beispiel für die wachsende Bedeutung globaler Akteure im Bereich des Umweltschutzes in Ländern der Dritten Welt genannt (KOHLHEPP 1998a).

3 Verwundbarkeit als akteursorientierter Ansatz zur Erklärung von Umweltdegradierung

Die Ergebnisse von zahlreichen politisch-ökologischen Analysen, die anhand konkreter Fallbeispiele den Wirkungszusammenhang von naturräumlichen Degradierungsprozessen und gesellschaftlichen Strukturen untersuchten, zeigten, daß die Handlungslogik des Landnutzers von zentraler Bedeutung für die Form der Naturaneignung ist, die wiederum Art und Umfang der daraus resultierenden Umweltveränderung bzw. -degradierung bestimmt (BLAIKIE & BROOKFIELD 1987b, GEIST 1992). Auch die begrenzten Erfolge der grundbedürfnisorientierten Entwicklungspolitik und der Selbsthilfeprojekte in Entwicklungsländern legten den Gedanken nahe, daß die Handlungsrationalität von Armutsgruppen nicht den Prinzipien des *homo oeconomicus* folgt, sondern von miteinander verbundenen sozio-kulturellen und politischen Motivationen abhängt. Reduktionistische Interpretationen des Zusammenhangs von Armut und Umweltdegradierung und die häufig daraus abgeleitete einseitige Schuldzuweisung an die eigentlichen 'Opfer' konnten diesem komplexen Wirkungsgefüge nicht gerecht werden (CHAMBERS 1994, THOMPSON, M. 1997). Aufgrund dieser Erkenntnisse werden politisch-ökologische Fragestellungen zunehmend mit handlungstheoretischen Ansätzen bearbeitet. Die meist lokal-regionale Verortung von Degradierungserscheinungen und die Hinwendung zum Akteursbezug impliziert in der Forschung somit die Anwendung vorwiegend empirischer Datenerhebungsmethoden (BLAIKIE & BROOKFIELD 1987e, GEIST 1992, BRYANT & BAILEY 1997, HEWITT 1997).

Auch allgemein gewinnt die handlungstheoretische Betrachtungsweise in den verschiedenen Teildisziplinen der Anthropogeographie an Bedeutung. Insbesondere WERLEN (1997b) hat darauf hingewiesen, daß durch die aktuellen Globalisierungstendenzen Menschen und menschliches Handeln zunehmend räumliche Entankerung erfahren. Mit diesem Bedeutungsverlust des Raumes als physisch-materielle Bedingung des Handelns kann auch in der Geographie der konkrete Raum nicht mehr einziger Forschungsgegenstand bleiben. Die Geographie muß vielmehr von einer Raumwissenschaft zu einer Wissenschaft des Handelns bezüglich des Raumes werden. Vertreter der Gegenposition verteidigen den konkreten Raum als zentrale Forschungskategorie und betonen seine Bedeutung als situative Bedingung des Handelns (WIRTH 1999, BLOTEVOGEL et al. 1989).

Die Übertragung dieser umstrittenen theoretischen Konzepte auf die aktuellen Tendenzen in den Entwicklungsländern erfordert die Berücksichtigung von zwei Aspekten: Erstens sind die Länder der Dritten Welt nur in Teilbereichen fragmentarisch in globale Prozesse eingebunden. Insbesondere marginalisierte Gruppen peripherer Regionen bleiben von diesen Entwicklungen in der Regel ausgeschlossen und sind nur indirekt - beispielsweise durch erhöhten Konkurrenzdruck, Strukturanpassungsmaßnahmen und Deregulierung - betroffen. Die bereits bekannten Verdrängungsmechanismen verstärken bzw. beschleunigen sich im Zuge der Globalisierung lediglich und werden unberechenbarer bzw. von lokalen und regionalen Akteuren nicht mehr beeinflußbar. Die Bereiche, die nicht in globale Prozesse direkt eingebunden sind - also die der Exklusion -, behalten dabei im wesentlichen ihre territorial überlebensorientierte Ausrichtung bei.

Zweitens ist in ländlichen Regionen der Dritten Welt der Naturraum vor allem für ressourcenschwache Gruppen als physisch-materielle Rahmenbedingung ihres Handelns von ungleich größerer Bedeutung als beispielsweise für Akteure im ländlichen Raum von Industriestaaten oder gar in Städten. Sozioökonomisch und politisch ungünstige Faktoren, teilweise auch mangelndes Wissen über das jeweilige Ökosystem, hindern solche Gruppen häufig daran, den ihnen zur Verfügung stehenden Naturraum in angepaßter Form zu nutzen. Die daraus resultierende Degradierung schränkt ihren Handlungsspielraum noch weiter ein und zwingt sie im Zusammenspiel mit anderen Faktoren zur erneuten Änderung der Naturaneignung.

Genau an diesem Punkt setzt die Politische Ökologie an. Im Sinne handlungsorientierter Forschung gilt ihr Interesse nicht nur den oben dargelegten strukturellen Ursachen von Umweltzerstörung, sondern auch - und dies in zunehmendem Maße - dem Wirkungsgefüge Landnutzer - Umweltdegradierung (BLAIKIE & BROOKFIELD 1987b). Ökologische Degradierung wird dabei als lokaler Prozeß verstanden, der erst dann zum Tragen kommt, wenn er als solcher vom jeweiligen *land manager* wahrgenommen wird und eine Reaktion erfordert (BRYANT & BAILEY 1997, GEIST 1992). Die Perzeption der Akteure bzw. Akteursgruppen hängt von Wertvorstellungen und Funktionszuweisungen - seien sie ökonomischer, sozialer, mythischer oder ästhetischer Art -, also von der sozio-kulturellen Produktion von Natur, ab (YAPA 1996a). Die Perzeption von Umweltveränderung als Degradierung hängt davon ab, ob und inwieweit die Überlebenssicherung oder auch der Lebensstandard des *land managers* durch die jeweiligen ökologischen Prozesse bedroht ist. Das heißt, Degradierung wird nur dann als solche wahrgenommen, wenn der Naturraum den jeweiligen menschlichen Anforderungen - auch nicht-ökonomischer Art - nicht mehr genügt oder gar das Überleben des Landnutzers und seiner Familie nicht mehr gewährleistet. Dies gilt in besonderem Maße für solche Gruppen, deren Existenz aufgrund sehr geringer - wenn überhaupt vorhandener - Handlungsspielräume bereits bei geringfügigen Degradierungserscheinungen, zum Beispiel in Form von Produktivitätsverlusten, gefährdet ist. Je nach Betroffenheit des jeweiligen *land managers* nimmt dieser also die Umweltveränderung wahr, die gegebenenfalls eine Reaktion erzwingt. Die so entstandene krisenhafte Situation erfordert meist eine zumindest kurzfristige Modifikation der bisherigen Lebens- und Wirtschaftsweise, um die Folgewirkungen der ökologischen Prozesse zu kompensieren.

Im Zusammenhang mit der Frage nach der Betroffenheit bzw. Anfälligkeit des Landnutzers gegenüber solchen ökologisch verursachten Krisen wird in der Politischen Ökologie vom Begriff der Verwundbarkeit gesprochen. Das Konzept der *vulnerability* entstammt der Katastrophen- bzw. *hazard*-Forschung, einer interdisziplinär angelegten Forschungsrichtung, die in den 80er Jahren entstand, als die Ursachen der Hungerkrisen und der Desertifikationsprozesse in Afrika nicht mehr primär in ökologischen Ereignissen gesucht wurden, sondern ihr ursächlicher Zusammenhang mit sozioökonomischen und politischen

Strukturen mehr Beachtung fand (HEWITT 1997). Auch die großen Unterschiede in den sozialen Auswirkungen, die die Erdbeben in Italien, San Francisco, Afghanistan, Armenien und in der Türkei hatten, zeigten, daß vor allem strukturell-gesellschaftliche Faktoren für das Ausmaß einer Katastrophe verantwortlich sind (GEIPEL 1994, PALM 1994, DAVIS, M. 1999). Besonders plastisch wurde dies auch in jüngster Zeit beim 'Jahrhunderthochwasser' an der Oder: Ein und dasselbe ökologische Ereignis hatte äußerst unterschiedliche Folgeschäden unter verschiedenen sozioökonomischen Bedingungen - nämlich in Deutschland und Polen. Parallel zur wissenschaftlichen Diskussion wird deshalb auch in der Politik die Bedeutung der Krisen- und Katastrophenprävention unter Berücksichtigung gerade der sozioökonomischen und politischen Rahmenbedingungen erkannt. Sowohl die entsprechenden neuen Leitlinien der bundesdeutschen Entwicklungspolitik als auch die Erklärung der 90er Jahre zur Internationalen Dekade für die Vorbeugung von Naturkatastrophen (International Decade for Natural Disaster Reduction - IDNDR) durch die UNO zeigen dies (siehe verschiedene Beiträge in E+Z 1999a und 1999b, siehe die einzelnen Beiträge in GEOGRAPHISCHE RUNDSCHAU (1994), insbesondere WISCHNEWSKI 1994).

Entsprechend seines Ursprungs in der Katastrophenforschung wurde der Verwundbarkeits-Begriff zunächst auf die sozialen Folgen ökologischer Ereignisse - Dürren, Erdbeben, Überschwemmungen etc. - beschränkt, in neuerer Zeit aber ausgedehnt und auf die Risikoanfälligkeit eines Individuums oder einer Personengruppe gegenüber Krisensituationen allgemein angewendet. Demnach wird Verwundbarkeit als "combination of factors that determine the degree to which someone's life and livelihood is put at risk by a discrete and identifiable event in nature or in society" (BLAIKIE et al. 1994, S. 9) definiert. Krisen oder gar Katastrophen sind in diesem Zusammenhang als Ereignisse zu verstehen, die durch ein sich ins Negative steigerndes Wechselspiel zwischen sozioökonomischen und/oder physisch-ökologischen Risikofaktoren zustandekommen und Verluste - materielle wie soziale oder mentale - zur Folge haben (VARLEY 1994, LOHNERT 1995, HEWITT 1997). Führen diese Prozesse zu einer Verknappung von Ressourcen, die für das Überleben oder für den Erhalt des Lebensstandards einer bestimmten Gruppe notwendig sind, so erzwingen die wachsenden Streßfaktoren eine Reaktion der Betroffenen und führen dann zur Katastrophe, wenn die verfügbaren Strategien nicht mehr ausreichen, um die Krisensituation zu bewältigen (BOHLE 1999, KEENAN & KRANNICH 1997). Dabei hängt die Wirkung von Krisen zum einen davon ab, welche Bereiche der Überlebenssicherung einer bestimmten Gruppe in welchem Ausmaß von der Krise betroffen sind. Zum anderen ist ihre zeitliche Dimension entscheidend: Je nach Frequenz ihres Auftretens, nach dem Zeitpunkt des Einsetzens, nach Entfaltungszeit und Dauer der Nachwirkungen können Krisen Ressourcen, die zum Krisenmanagement wichtig sind, binden und so langfristig zu schwerwiegenden Verlusten führen (BLAIKIE et al. 1994).

Aufgrund der daraus resultierenden zeitlichen Veränderung von Risikofaktoren und verfügbaren Krisenbewältigungsstrategien wird für die Analyse eines Krisenverlaufs zwischen alltäglicher oder Basisverwundbarkeit und akuter Verwundbarkeit unterschieden (LOHNERT 1995, WISNER 1993, BOHLE 1993, MUSTAFA 1998). Dabei bezieht sich erstere auf die langfristige, strukturell-systemimmanent bedingte *vulnerability* einer Person bzw.

Gruppe, der alltäglich verfügbare Überlebensstrategien entsprechen, während die akute Verwundbarkeit auf kurzfristig wirkende meist systemexterne Ursachen zurückzuführen ist, die den Einsatz zusätzlicher Bewältigungsstrategien erfordert, um eine Destabilisierung bestehender sozioökonomischer Strukturen zu verhindern. Dabei unterliegt Verwundbarkeit - insbesondere die alltägliche - zeitlichen Veränderungen. *Coping strategies* sind dann 'ungeeignet', wenn sie zwar zur kurzfristigen Überwindung einer bestimmten Krisensituation beitragen, die Basisverwundbarkeit aber erhöhen und langfristig das Gegenteil bewirken. Vor allem Personen oder Gruppen, die bereits in der Alltagsbewältigung alle verfügbaren Ressourcen zur Erhaltung des Status quo nutzen müssen, laufen Gefahr, in Krisen durch die Anwendung 'falscher' Strategien ihre Verwundbarkeit gegenüber erneuten Krisen aus Mangel an Alternativen zu vergrößern.

Entstehung und Ausprägung von Krisen sind aufgrund der Ungleichverteilung von Risikofaktoren und Bewältigungsstrategien zeitlich, räumlich und gruppenspezifisch differenziert zu betrachten (BOHLE 1994 und 1998). Daraus ergeben sich häufig auf den verschiedenen Ebenen - auf Personen-, Haushalts-, Dorf- bzw. Stadt- und Regionsebene - sehr unterschiedliche Verwundbarkeiten, wobei der Grad der *vulnerability* einer Ebene keine Rückschlüsse auf den der anderen Ebenen zuläßt (WISNER 1993, VARLEY 1994, CANNON 1994). Neben den lokalen ökologischen Rahmenbedingungen sind sozio-kulturelle und politisch-ökonomische Strukturen sowie die Einbindung von Individuen bzw. Gruppen in dieselben zu berücksichtigen (HEWITT 1997, CANNON 1994).

Zur Analyse dieser komplexen Zusammenhänge werden drei Dimensionen von Verwundbarkeit unterschieden. *Vulnerability* ist dabei zu verstehen als eine Kombination aus Betroffenheit bzw. Risikoträchtigkeit, Resistenz bzw. Reaktionsmöglichkeit und Regenerationsfähigkeit bzw. Widerstandsfähigkeit (BOHLE 1994, LOHNERT 1995, KASPERSON R.E. et al. 1995, HEWITT 1997). Die Dimension der Betroffenheit, auch *exposure* genannt, bezeichnet diejenige Eigenschaft einer Person bzw. einer Gruppe, die das Risiko, einen Verlust infolge eines Ereignisses zu erleiden, bestimmt. Das heißt, je größer die Risikoträchtigkeit einer Gruppe ist, desto stärker leidet sie unter der Einwirkung eines bestimmten Ereignisses und desto wahrscheinlicher ist das Eintreten eines solchen. So gehört beispielsweise die Bevölkerung einer in extremer Hanglage errichteten Marginalsiedlung zu den besonders risikoanfälligen Gruppen, da die Wahrscheinlichkeit eines Erdrutsches vor allem nach starken Regenfällen, wie sie in den Tropen häufig auftreten, sehr groß ist und die Bewohner durch dieses Naturereignis unter Umständen das Leben, zumindest aber ihr gesamtes Eigentum verlieren. Völlig anders stellt sich die Risikoanfälligkeit von traditionellen Flußanrainer-Gemeinden beispielsweise in Amazonien oder im Pantanal dar. Die höhergelegenen Bereiche der Flußauen, der Siedlungsraum der sogenannten *ribeirinhos*, wird zwar regelmäßig überschwemmt - das heißt, das Risiko ist sehr hoch. Allerdings werden die Verluste durch die angepaßte Bauweise sehr gering gehalten, da nur der Lehm, der auf ein Grundgerüst aus Stangen und Ästen aufgetragen ist, bei Hochwasser gelöst und weggeschwemmt wird, während das fest verankerte Grundgerüst die Überschwemmung schadlos übersteht. Nach dem Abfließen des Wassers kann der Lehm mit geringem Aufwand wieder erneuert werden (siehe als Beispiel NEUBURGER 1995).

Als zweite Dimension von Verwundbarkeit ist die Reaktionsfähigkeit zu nennen. Sie bezeichnet die Fähigkeit einer Person bzw. einer Gruppe, auf die Folgewirkungen eines Ereignisses zu reagieren. Je größer also die Resistenz ist, desto variantenreicher und wirksamer sind die verfügbaren Bewältigungsstrategien der Betroffenen. Im Falle von Erdbebenopfern beispielsweise, die durch dieses Naturereignis ihren Wohnraum verloren haben, ergeben sich unterschiedliche Reaktionsmöglichkeiten je nach betroffener Bevölkerungsgruppe. Einige können mit Hilfe ihrer Einbindung in ein soziales Netzwerk - durch Verwandtschaft, Vereins- bzw. Kirchenzugehörigkeit etc. - auf dortigen Wohnraum zumindest zeitweilig ausweichen, andere Betroffene nutzen, wenn ausreichend Finanzmittel vorhanden sind, eine bezahlte Unterbringung - Hotel, andere Mietwohnung etc. - während wieder andere auf staatliche Hilfsmaßnahmen - wenn diese überhaupt vorhanden sind - zurückgreifen müssen (HEWITT 1997).

Die dritte Dimension von Verwundbarkeit schließlich ist die Regenerationsfähigkeit, auch *resilience* genannt. Sie umschreibt die Fähigkeit einer Person bzw. einer Gruppe, sich nach einer Krisensituation wieder zu erholen und den der Krise vorausgegangenen Zustand wieder herzustellen bzw. ihn sogar zu verbessern. Brasilianische Sojaproduzenten, die 1996 durch einen Einbruch des Weltmarktpreises von Soja in eine schwere Verschuldungskrise gerieten, konnten beispielsweise den Staat durch massiven politischen Druck dazu bewegen, finanzielle Unterstützung für eine Umschuldungsaktion zu gewähren. Darüber hinaus erreichten sie mit Hilfe von Investitionen in neue Produktionstechniken und Anbauprodukte sowohl eine höhere Rentabilität als auch eine größere Risikostreuung, konnten damit also ihre wirtschaftliche Situation wieder herstellen oder sogar verbessern.

Die Bandbreite der genannten Beispiele deutet darauf hin, daß der Grad der Verwundbarkeit einer Person bzw. einer Gruppe, von einer Vielzahl von Faktoren abhängt, die wiederum eng miteinander verwoben sind (siehe Abb. 2). Neben wirtschaftlichen, sozialen und ökologischen Komponenten sind auch technologische, kulturelle, institutionelle und politisch-ideologische Bestimmungsvariablen für Verwundbarkeit zu nennen (HEWITT 1997). Dabei ist die wirtschaftliche Situation der Akteure zweifellos von großer Bedeutung für Betroffenheit, Reaktions- und Regenerationsfähigkeit. Der ökonomische Aspekt bezieht sich auf die quantitative und qualitative Verfügbarkeit von materiellen Ressourcen wie Kapital, Land, Technologie, Arbeitsplatz bzw. Einkommen etc., aber auch auf den Zugang zu Krediten und anderen staatlichen Unterstützungsmaßnahmen. Im ländlichen Raum ist darüber hinaus die Erreichbarkeit des Marktes von großer Relevanz für die wirtschaftliche Stellung eines Produzenten. Eng damit verknüpft ist die Frage der Produktionsformen und der technologischen Standards. Die Möglichkeit, bestimmte Technologien in der Landwirtschaft anzuwenden hängt von der Kaufkraft der jeweiligen Person bzw. Gruppe ab. Entscheidend kann aber auch sein, inwieweit die entsprechende Technologie in der Region verfügbar ist und ob der Produzent das dazu notwendige Know-how hat. Diese wirtschaftlich-technologischen Faktoren beeinflussen sowohl die Betroffenheit einer Person bzw. Personengruppe gegenüber bestimmten Krisensituationen - zum Beispiel Verfall der Produktpreise, Produktivitätsrückgang - als auch ihre Handlungsspielräume und Regenerationsmöglichkeiten.

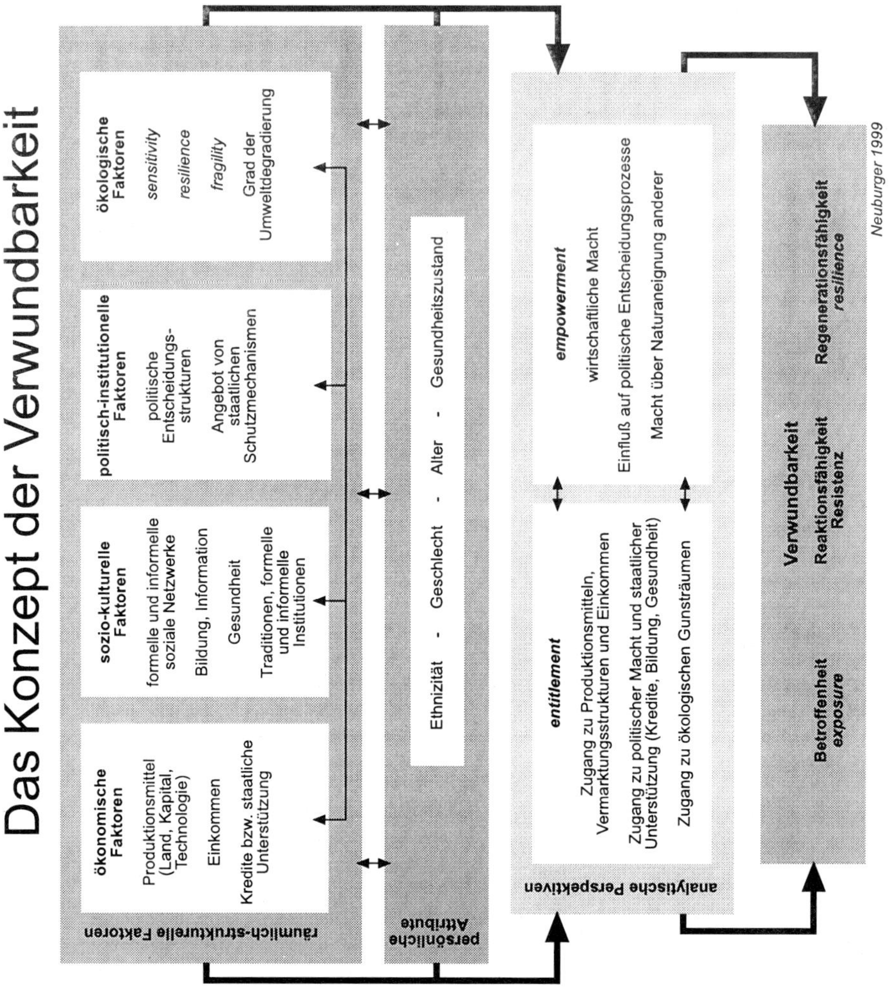

Das Konzept der Verwundbarkeit

räumlich-strukturelle Faktoren

ökonomische Faktoren
Produktionsmittel (Land, Kapital, Technologie)
Einkommen
Kredite bzw. staatliche Unterstützung

sozio-kulturelle Faktoren
formelle und informelle soziale Netzwerke
Bildung, Information
Gesundheit
Traditionen, formelle und informelle Institutionen

politisch-institutionelle Faktoren
politische Entscheidungs-strukturen
Angebot von staatlichen Schutzmechanismen

ökologische Faktoren
sensitivity
resilience
fragility
Grad der Umweltdegradierung

persönliche Attribute
Ethnizität - Geschlecht - Alter - Gesundheitszustand

analytische Perspektiven

entitlement
Zugang zu Produktionsmitteln, Vermarktungsstrukturen und Einkommen
Zugang zu politischer Macht und staatlicher Unterstützung (Kredite, Bildung, Gesundheit)
Zugang zu ökologischen Gunsträumen

empowerment
wirtschaftliche Macht
Einfluß auf politische Entscheidungsprozesse
Macht über Naturaneignung anderer

Verwundbarkeit
Betroffenheit ***exposure***
Reaktionsfähigkeit Resistenz
Regenerationsfähigkeit ***resilience***

Neuburger 1999

Abbildung 2

Diese wirtschaftlich-technologischen Elemente von Verwundbarkeit sind eng mit soziokulturellen Faktoren verknüpft. Insbesondere der Zugang zu Bildung bzw. Wissen ist für die wirtschaftliche Stellung einer Person bzw. einer Gruppe - sei es durch bestimmte Qualifikationen für den Arbeitsmarkt, sei es durch Kenntnisse über angepaßte Nutzungsformen von Ökosystemen - entscheidend (SIMMONS 1997, VARLEY 1994). Als weiterer sozialer Einflußfaktor, der alle drei Dimensionen von Verwundbarkeit beeinflussen kann, ist der Zugang zu Gesundheitseinrichtungen bzw. zu Dienstleistungen im Gesundheitsbereich. Von entscheidender Bedeutung insbesondere für Reaktions- und Regenerationsmöglichkeiten von Personen oder Gruppen ist das Bestehen und Funktionieren sozialer Netzwerke. Formelle wie informelle soziale Beziehungen spielen vor allem für Armutsgruppen eine große Rolle in der Krisenbewältigung, da sie dadurch das Defizit an materiellen Ressourcen zumindest teilweise ausgleichen können (IBRAHIM et al. 1993). Aus diesem Grund erhöht rascher gesellschaftlicher Wandel häufig die Verwundbarkeit dieser Gruppen, da traditionelle Sicherungssysteme durch die sozialen Umwälzungen nicht mehr funktionieren (BOHLE 1993 und 1994). Andererseits können kulturell begründete Reglementierungen und Institutionen auch eine einengende Wirkung auf Handlungsspielräume haben. Traditionen, religiöse Bestimmungen und ethnisch-kulturelle Vorgaben - das indische Kastenwesen sei nur als ein Beispiel genannt - verhindern die Wahl von traditionell nicht vorgesehenen Strategien, indem sie beispielsweise die Nutzung bestimmter Räume oder die Veränderung der bisherigen Arbeitsteilung tabuisieren.

Die politisch-institutionellen Faktoren von Verwundbarkeit treten im wesentlichen in Form von politischer Ohnmacht zutage (HEWITT 1997). Geringe Einflußmöglichkeiten verwundbarer Gruppen erhöhen für diese das Risiko, daß politische Entscheidungen entgegen ihren Interessen gefällt werden und so Krisensituationen hervorrufen. Gleichzeitig verringert eingeschränkte politische Macht auch die Bandbreite möglicher Handlungsspielräume zur Bewältigung von Krisen. In nahezu allen Gesellschaften mit monetarisierten Wirtschaftsformen hängt politische Ohnmacht unmittelbar mit wirtschaftlicher Macht bzw. Armut zusammen (LAZO 1993, KISHK 1993). Darüber hinaus sind häufig soziale Faktoren wie Bildung bzw. Analphabetismus, Zugang zu Information etc. für die fehlenden Einflußmöglichkeiten verantwortlich. Die direkt mit politischen Machtstrukturen zusammenhängenden institutionellen Rahmenbedingungen von Krisen determinieren ebenfalls die Verwundbarkeit von Personen bzw. Gruppen (CANNON 1994, KISHK 1993, BOHLE 1993, HEWITT 1997). Insbesondere das staatliche Angebot von Schutzmechanismen - sei es gegenüber Naturkatastrophen oder gegenüber Verarmung - sowie der Zugang zu diesen entscheiden über Reaktions- und Regenerationsfähigkeit von verwundbaren Gruppen, die eine Krise nicht mehr aus eigener Kraft überwinden können.

Schließlich sind ökologische Faktoren zu nennen, die den Grad der Verwundbarkeit bestimmter Gruppen beeinflussen (BOHLE 1993 und 1994, BLAIKIE et al. 1994, CANNON 1994, HEWITT 1997). Die naturräumlichen Rahmenbedingungen ihres Lebensraumes, insbesondere die Fragilität des Ökosystems gegenüber den jeweiligen gesellschaftlichen Erfordernissen sowie der Grad der Umweltveränderung bzw. -degradierung, entscheiden sowohl über die Risikoträchtigkeit als auch über die Handlungsspielräume der entsprechenden Gruppen. Dabei ist zu berücksichtigen, daß gerade der Zugang zu "optimalen" Regionen (MANSHARD & MÄCKEL 1995, S. 32) häufig den wirtschaftlichen Eliten vorbehalten bleibt und Armutsgruppen in marginale, ökologisch fragile Räume abgedrängt werden.

Unterschiedliche Grade von Verwundbarkeit innerhalb einer Gesellschaft erklären sich aus der differenzierten Kombination dieser Faktoren, die in vielfältiger Weise die Ausprägung der drei Dimensionen von *vulnerability* definieren. Bestimmte Attribute gesellschaftlicher Gruppen oder einzelner Personen wie Ethnizität, Geschlecht, Alter und Gesundheitszustand können diese Unterschiede entscheidend überprägen (WISNER 1993, CANNON 1994, BLAIKIE et al. 1994, HEWITT 1997). Ob und inwieweit solche Eigenschaften von Bedeutung sind, hängt aber im wesentlichen von gesellschaftlich-kulturellen Rahmenbedingungen ab. So entscheidet beispielsweise die Zugehörigkeit zu einer bestimmten ethnischen Gruppe nur in rassistischen Gesellschaften über die wirtschaftliche, soziale und politische Stellung einer Person. Besondere Beachtung verdient die Situation von Frauen, da für sie in den meisten Gesellschaften durch die ideologisch oder religiös begründete geschlechtspezifische Rollenzuschreibung der Zugang zu öffentlichem Raum, zu wirtschaftlicher Selbständigkeit und zu politischer Aktivität eingeschränkt und somit ihre Verwundbarkeit erhöht wird (siehe dazu die Ausführungen in Kapitel V.4).

Aufgrund der Vielschichtigkeit des Verwundbarkeitsbegriffes, die seine analytische Handhabung erschwert, wurden unterschiedliche Ansätze zu seiner Konzeptualisierung entwickelt (BOHLE 1994, LOHNERT 1995). So definieren Vertreter humanökologischer Untersuchungen Verwundbarkeit als ein Ungleichgewicht zwischen menschlicher Nutzung bzw. gesellschaftlichen Anforderungen an die Natur einerseits und zur Verfügung stehenden Ressourcen bzw. natürlicher Basis andererseits. Als Weiterentwicklung des Tragfähigkeitskonzeptes werden hier die ökologischen Aspekte von Verwundbarkeit hervorgehoben. Humanökologische Ansätze definieren somit Verwundbarkeit im wesentlichen als Risiko einer Person oder Gruppe, von ökologischer Degradierung betroffen zu sein und dadurch Verluste zu erleiden. Die politischen und ökonomischen Ursprünge von diesen Ungleichgewichtszuständen im Mensch-Umwelt-Gefüge können diese Ansätze jedoch nicht erklären.

Der *empowerment*-Ansatz hebt gerade diesen Aspekt politischer Machtstrukturen hervor (FRIEDMANN 1992). Verwundbarkeit wird als Ohnmacht interpretiert. Verwundbare Gruppen haben demnach keinen oder nur einen sehr eingeschränkten Einfluß auf politische Entscheidungsprozesse. Sie haben aber auch nicht das Selbstvertrauen bzw. die notwendigen Ressourcen wie beispielsweise Finanzmittel, frei verfügbare Zeit und Informationen über politische Regelmechanismen, um mit Hilfe zivilgesellschaftlicher Eigenorganisation ein politisches Druckmittel zu schaffen. Aufgrund dieses Mangels an Macht und Einfluß steigt ihr Risiko, durch politische Entscheidungen, die zur Bedienung anderer einflußreicher Interessen gefällt werden, negativ betroffen zu sein und Verluste zu erleiden. Gleichzeitig bleibt ihnen die politische Einflußnahme als Handlungsstrategie verwehrt, etwa um in Krisensituationen staatliche Unterstützungsmaßnahmen zu aktivieren.

Sehr ähnliche Schwerpunkte setzen Analysen des *entitlement*-Ansatzes, die die Verbindung zwischen Verwundbarkeit und wirtschaftlichen Machtstrukturen hervorheben, wobei *vulnerability* als eingeschränkter Zugang zu wirtschaftlichen Ressourcen, sozialen Netzwerken und politischer Macht verstanden wird (HEWITT 1997). Gleichermaßen entscheidend sind dabei formelle wie informelle Verfügungsrechte, also Institutionen im weitesten Sinne, die auf den unterschiedlichsten Maßstabsebenen wirksam sind. Während auf staatlicher Ebene vor allem formale Rechts- und Gesetzesvorschriften zum Tragen kommen und den Zugang zu politischer Macht, aber auch zu Landtiteln oder Vermarktungsstrukturen bestimmen, sind auf kommunaler und lokaler Ebene häufig parallele - erstere überlagernde, teilweise ihnen entgegengesetzte - informelle Bestimmungen wie Sitten, Normen und Traditionen von Bedeutung. Abhängig von der verfügungsrechtlichen Ausstattung einer Person oder einer Gruppe gestaltet sich der Grad ihrer Verwundbarkeit.

Die Frage nach dem Zusammenhang zwischen Verwundbarkeit und politischen sowie wirtschaftlichen Machtstrukturen wird in Ansätzen der Politischen Ökonomie mit der Analyse gesellschaftlicher Makrostrukturen verbunden. Die vorherrschenden historisch entstandenen Produktions- und Ausbeutungsverhältnisse sowie die daraus resultierenden Konflikte und Marginalisierungsprozesse werden für die Verwundbarkeit von Personen und Gruppen verantwortlich gemacht (BLAIKIE et al. 1994). Die politisch-ökonomische Betrachtungsweise setzt sich demnach stärker mit den strukturellen Ursachen gruppenspezifisch differenzierter *entitlement*- und *empowerment*-Prozesse auseinander. Die Kapitalakkumulation einerseits - unabhängig ob auf lokaler, nationaler oder globaler Ebene - und die Verarmung der davon ausgeschlossenen Gruppen andererseits entscheidet über politische Macht und Verfügungsrechte und legt somit die Verwundbarkeit der einzelnen Akteure fest.

Die dargestellte Komplexität des Verwundbarkeitskonzeptes verdeutlicht das Anliegen dieses Ansatzes, ein möglichst vielschichtiges Instrumentarium für die Untersuchung von Krisensituationen und ihren Folgewirkungen zu entwickeln. Dementsprechend kann es in der vorliegenden Arbeit nicht darum gehen, ausschließlich **einen** Ansatz in der Analyse der Fallstudien anzuwenden. Es soll vielmehr der Versuch unternommen werden, problemorientiert im Kontext der einzelnen Fallbeispiele sozio-kulturelle, politisch-ökonomische und ökologische Faktoren sowie strukturelle Ursachen und Folgen von Verwundbarkeit herauszuarbeiten.

4 *Criticality* als Konzept zur Integration von gesellschaftlicher Verwundbarkeit und ökologischer Fragilität

Im Zuge des Bedeutungszuwachses interdisziplinärer Forschung wurde die Notwendigkeit erkannt, Fragen gesellschaftlicher Verwundbarkeit mit ökologischer Fragilität zu verknüpfen. Aufbauend auf die Diskussion um die Konzepte von *vulnerability* und *fragility* werden deshalb in den letzten Jahren unter dem Stichwort der *criticality* zunehmend die Wechselbeziehungen zwischen ökologischer Degradierung und sozioökonomischer *dete-*

rioration thematisiert (KASPERSON, R.E. et al. 1995). Der Begriff stammt zwar aus den 80er Jahren, als mit Hilfe der Erstellung von sogenannten *red data maps* die ökologischen Gefährdungsgebiete der Erde identifiziert wurden. Allerdings blieben die Diskussionen bis in die erste Hälfte der 90er Jahre in geozentrisch bzw. anthropozentrisch orientierten Interpretationen verhaftet und unterschieden sich nicht wesentlich von den Begrifflichkeiten der Fragilitäts- bzw. Verwundbarkeitskonzepte. Geographen der Clark University in Worcester (USA) begründeten schließlich das Konzept der *criticality*, indem sie beide Blickrichtungen in einem regionalen Ansatz miteinander verknüpften. Dabei wird für eine Region *criticality* wie folgt definiert:

> "A region would enter a state of criticality if environmental change undermined the productive activities that sustain its population to the point that the costs of substitution for essential inputs from outside can no longer be sustained and no feasible societal responses exist that are capable of mitigating the ongoing degradation or sustaining the same level or quality of habitation." (KASPERSON, R.E. et al. 1995, S. 18)

Für die Kritikalität einer Region ist demnach entscheidend, wie weit die Umweltdegradierung bereits fortgeschritten ist, welche Auswirkungen sie auf Wohlstand und Lebensqualität der dort lebenden Bevölkerung hat und inwieweit noch Möglichkeiten bestehen, durch den Einsatz von Managementmethoden eine langfristige menschliche Nutzung der Region zu ermöglichen (MANSHARD & MÄCKEL 1995). Während in die Analyse der Umweltdegradierung das Konzept der *fragility* einfließt, kommt in der Untersuchung ihrer sozioökonomischen Auswirkungen das Konzept der Verwundbarkeit zum Tragen. Für die Beurteilung von Managementmethoden und der Wahrscheinlichkeit ihrer Umsetzung schließlich sind einerseits die Eigenschaften des Ökosystems - *sensitivity* und *resilience* - zu berücksichtigen, andererseits müssen auch die sozio-politischen und ökonomischen Faktoren der Anwendung geeigneter Strategien, der sogenannten *response systems*, einbezogen werden.

In den Wechselwirkungen zwischen Umweltdegradierung und gesellschaftlicher Wohlfahrt - *wealth* und *well being* - ist entscheidend, daß nicht alle Elemente eines Ökosystems für die Aufrechterhaltung menschlicher Nutzung notwendig sind. Abhängig von den vorherrschenden Wirtschaftsstrukturen und politischen Konstellationen kann Umweltdegradierung auch Reichtum ermöglichen. Allerdings ist dann die langfristige menschliche Nutzung infragegestellt (TURNER II et al. 1995). Gleichzeitig muß bei der Analyse von *criticality* berücksichtigt werden, daß unterschiedliche Gruppen in verschiedenen Stadien der Umweltdegradierung unterschiedlich davon betroffen sind (KASPERSON, R.E. et al. 1995). Dies macht auch die Betrachtung des zeitlichen Verlaufs ökologischer und gesellschaftlicher Veränderungen, die sogenannten *regional trajectories*, notwendig.

Basierend auf diesen Prämissen beschränken die Begründer des *criticality*-Konzeptes seine Anwendung auf eine Region mittlerer Größe - beispielsweise von der Größenordnung Amazoniens -, in der relativ einheitliche naturräumliche und sozioökonomische Bedingungen herrschen sollen. Sie definieren zur Beurteilung des regionalen Kritikalitätszustandes vier verschiedene Stadien (TURNER II et al. 1995, S. 524):

- **Umweltkritikalität** (*environmental criticality*): Sie bezeichnet die ökologische Situation, in der zwar die aktuelle menschliche Nutzung nicht mehr möglich ist, in der nur noch sehr begrenzte Möglichkeiten des Managements bestehen.

- **Umweltgefährdung** (*environmental endangerment*): Sie ist dann erreicht, wenn die Fortsetzung der aktuellen Nutzungsform die mittelfristige Beibehaltung dieser Nutzung gefährdet, aber noch Adaptions- und Reaktionsmöglichkeiten vorhanden sind.

- **Umweltverarmung** (*environmental impoverishment*): Sie ist zu verstehen als Stadium, in dem langfristig die Vielfalt menschlicher Nutzung eingeschränkt wird.

- **Umweltnachhaltigkeit** (*environmental sustainability*): Sie bezeichnet die Situation, in der die andauernde menschliche Nutzung möglich ist und spätere Wahlmöglichkeiten nicht eingeschränkt werden.

Trotz des prinzipiell regional orientierten Ansatzes muß berücksichtigt werden, daß Regionen keine geschlossenen Systeme - weder ökologisch, noch ökonomisch und politisch - darstellen (TURNER II et al. 1995). Die ökologische Degradierung einer Region kann von externen Akteuren ausgehen. Ebenso können Umweltkosten externalisiert werden. Darüber hinaus wächst im Zuge zunehmender Globalisierungstendenzen die Bedeutung der interregionalen und internationalen Verflechtungen auf wirtschaftlicher und politischer Ebene. Insbesondere in der Analyse der *response systems* ist es deshalb unerlässlich, die Einflußfaktoren auf unterschiedlichen Maßstabsebenen zu berücksichtigen (KASPERSON, R.E. et al. 1995).

In der Beurteilung der *criticality* einer Region ist die Untersuchung der *response systems* von entscheidender Bedeutung, denn von ihrer Funktionsfähigkeit hängt die Korrektur von Degradierungsprozessen ab. Politische und wirtschaftliche Strukturen sowie kulturelle Faktoren bestimmen dabei über Entscheidungsfindungsprozesse und damit über Art und Geschwindigkeit der Reaktion auf ökologische Bedrohung (TURNER II et al. 1995). Grundproblem dabei ist, daß *response*-Aktivitäten meist nur sehr langsam umgesetzt werden, da entweder die Umweltdegradierung zu spät erkannt wird, der politische Wille fehlt oder der Handlungsspielraum der Betroffenen bzw. der potentiellen Akteure eingeengt ist. Bei derartigen gesellschaftlichen Konstellationen erreicht eine Region vor allem bei rasch ablaufender Degradierung in fragilen Ökosystemen in nur kurzer Zeit das Stadium der Umweltkritikalität.

Aufgrund der vielschichtigen Konzeption von *criticality* eignet sich dieser Ansatz besonders zur Analyse von Umweltproblemen in der Dritten Welt. Gerade dort nämlich treffen häufig historisch gewachsene sozioökonomisch und politisch extrem disparitäre Strukturen, besonders verwundbare Armutsgruppen und fragile Ökosysteme aufeinander.

Darüber hinaus ist die Funktionsfähigkeit der verfügbaren *response systems* meist gestört durch korrupt-klientelistische Staatsstrukturen und die Einbindung der Entwicklungsländer als Peripherie in globale Abhängigkeitsstrukturen. Mit dem angebotenen Instrumentarium der *criticality* können in der Analyse eben dieser ungleichen Strukturen zeitlich, räumlich und gruppenspezifisch differenzierte Aspekte integriert werden und die Verflechtungen der unterschiedlichen Maßstabsebenen Berücksichtigung finden.

5 Pionierfrontentwicklung und kleinbäuerliche Verwundbarkeit in der Dritten Welt: Ansätze aus der Politischen Ökologie

In der wissenschaftlichen Beschäftigung mit politisch-ökologischen Ansätzen hatte die Auseinandersetzung mit Fragestellungen der Entwicklungsforschung fachspezifisch unterschiedliche Bedeutung. Während sich die Studien der Geschichts-, Politik- und Wirtschaftswissenschaften zum Wechselspiel zwischen Umwelt und Gesellschaft weitgehend auf die Industrieländer konzentrierten und noch heute konzentrieren, stehen in der Anthropologie bzw. Ethnologie sowie in der Geographie bereits seit den 60er Jahren immer auch die Länder der Dritten Welt im Mittelpunkt des Interesses (BRYANT & BAILEY 1997). Trotz der in den letzten Jahren angesichts globaler Prozesse besonders kontrovers geführten Diskussionen um Sinn und Unsinn der Entwicklungsforschung[1] zeigen die spezifischen Charakteristika der Umweltprobleme in den Ländern der Dritten Welt die Notwendigkeit einer gesonderten Betrachtung (GEIST 1992). Noch heute ist das Erbe der in der Kolonialzeit entstandenen Strukturen in den aktuellen sozioökonomischen und politischen Disparitäten zu erkennen, die sowohl die Mensch-Umwelt-Beziehungen in den Entwicklungsländern als auch das Verhältnis zwischen Erster und Dritter Welt prägen. Auch das Ausmaß der Armut als Folge dieser historischen Prozesse nimmt dort Formen an, die eine qualitative Unterscheidung von Ursachen und Folgen der Umweltprobleme in Industrie- und Entwicklungsländern rechtfertigen (YAPA 1996a, MANSHARD & MÄCKEL 1995, HEIN 1998).

Okologische Schäden sind zwar in Industrieländern ebenso beobachtbar, jedoch ist das Ausmaß der Umweltzerstörungen in den Ländern der Dritten Welt ungleich größer, was wiederum mit einem entsprechend komplexen für Entwicklungsländer spezifischen Ursachengefüge zusammenhängt. Die politisch-ökonomischen Rahmenbedingungen, die die Stellung der Drittwelt-Länder in der Weltwirtschaft charakterisieren, werden in den letzten zwei Jahrzehnten geprägt von zunehmenden Globalisierungsprozessen in Wirtschaft und Politik. Tendenziell gehören die Entwicklungsländer zwar zu den Verlierern der Globalisierung, die den Entscheidungen der *global players* ungeschützt ausgeliefert sind. Allerdings wirken sich dort die parallel zu den globalisierenden Tendenzen beobachtbaren Fragmentierungsprozesse in besonders gravierender Form aus (WÖHLCKE 1987, HEIN

1 Über die Auseinandersetzung um die Frage, ob in einer globalisierten Welt noch von Entwicklungsländern gesprochen werden kann, siehe MENZEL 1992, NUSCHELER 1995b, BOECKH 1993 und HUNTINGTON 1996.

1998)[1]. Eng in die globalen Strukturen eingebundene Bereiche und Akteure stehen marginalisierten Bereichen gegenüber. Dabei führt die Deregulierung und Durchökonomisierung auf der globalen Ebene dazu, daß zum einen die sowieso schon hoch verschuldeten Staaten der Dritten Welt in eine zunehmende Finanzkrise geraten, die ihren Handlungsspielraum immer weiter einengt und sie zu Austerität - beispielsweise in Form von Einsparungen im Sozialwesen - und bedingungsloser Wirtschaftsförderung - zum Beispiel durch Umweltdumping - zwingt (WÖHLCKE 1987, MULDAVIN 1997, ALTVATER 1992). Zum anderen profitieren die dortigen wirtschaftlichen Gewinner durch ihre Einbindung in die globalisierten Bereiche und betreiben eine profitorientierte Produktionssteigerung mit nahezu ausschließlicher Ausrichtung auf den Weltmarkt.

Unter diesen Entwicklungen leiden vor allem die von der Globalisierung ausgeschlossenen Akteure, die im Kampf um den Zugang zu den knappen Ressourcen - seien es Land bzw. landwirtschaftliche Gunsträume oder soziale Infrastruktur, aber auch Wohlstand im weitesten Sinne - unterliegen. Gerade sie, die durch diese Verdrängungs- und Marginalisierungsprozesse selbst zu Tätern der Umweltzerstörung werden, leiden gleichzeitig auch in starkem Maße unter den Folgen der ökologischen Degradierung (HEIN 1998, WÖHLCKE 1995, TURNER II et al. 1993). Diese Konflikte um Verfügungsrechte, die sich in den Ländern der Dritten Welt häufig zu gewaltsamen Konflikten entwickeln, stellen für die marginalisierte Mehrheit der beteiligten Akteure einen Versuch dar, das bloße Überleben zu gewährleisten. Diese existentielle Dimension der Ursachen und Folgen von Umweltzerstörung trifft in Industrieländern nur in den wenigsten Fällen zu. Dort sind vielmehr steigende Konsumbedürfnisse und unzureichendes Umweltbewußtsein die bereits langfristig wirkenden Ursachen von ökologischer Degradierung (WÖHLCKE 1987).

In diesem Kontext werden gerade in neuerer Zeit die Ursachen und Folgen der Vernichtung großräumiger Biotope und der Übernutzung von Ökosystemen im Zuge politisch-ökologisch orientierter Entwicklungsforschung thematisiert. Neben Studien zum Zusammenhang zwischen Desertifikation und Hungersnöten vorwiegend im afrikanischen Raum bildet die Beschäftigung mit der sogenannten Regenwaldproblematik einen Schwerpunkt der wissenschaftlichen Diskussionen. Dabei stehen insbesondere die Länder Südostasiens, seit den 80er Jahren auch Afrika und vor allem Lateinamerika im Mittelpunkt des Interesses[2]. In allen Fallstudien wird dabei hervorgehoben, daß bereits in der historischen Entwicklung der einzelnen Länder die Ursachen der Umweltzerstörung angelegt wurden. Insbesondere die Orientierung auf den Weltmarkt bzw. die Ausrichtung der Wirtschaft auf

---

1 Zu den Hauptelementen von Globalisierung, Regionalisierung und Fragmentierung allgemein siehe DANIELZYK & OßENBRÜGGE 1996, KRÄTKE 1995, NUHN 1997; zur Einbindung Lateinamerikas und Brasiliens in die Globalisierungsprozesse siehe SANTOS M. et al. 1993 und 1994, SCARLATO et al. 1993.

2 Studien zu dieser Thematik mit unterschiedlichen regionalen Schwerpunkten siehe KELLMAN & TACKABERRY 1997, READING et al. 1995, MENSCHING 1990 und 1993, HEBEL 1995, HAFFNER 1995, WÖHLCKE 1995, BOHLE 1992a und 1994, GEIST 1994, SCHLICHTE 1994, KRINGS 1998, BRAUNS & SCHOLZ 1997, GEIST 1998, NUDING & ELLENBERG 1998, NUHN 1998, KOHLHEPP 1989e und 1998a, FEARNSIDE 1993, COY 1995a.

die Bedürfnisse der Industrieländer - vor allem hinsichtlich bergbaulicher Rohstoffe sowie land- und forstwirtschaftlicher Produkte - bestimmen noch heute die Einbindung der Entwicklungsländer in globale Strukturen und befördern die Ausbeutung der nationalen Ressourcen ohne Rücksicht auf die sozialen und ökologischen Folgen. Dabei werden insbesondere die bestehenden Interessenkoalitionen zwischen den wirtschaftlichen und politischen Eliten in Industrie- und Entwicklungsländern, die den Bedürfnissen der marginalisierten Gruppen gegenüberstehen, für die räumlich und zeitlich differenziert ablaufenden Degradierungsprozesse verantwortlich gemacht. Diese Interessenkonflikte resultieren wiederum aus den endogenen Strukturen in den Ländern der Dritten Welt, die ihrerseits ebenfalls zum kolonialen Erbe gehören und die als Ursachen für die flächenhafte Zerstörung der tropischen Wälder angeführt werden, wobei sowohl die Rolle des Staates als auch disparitäre Machtstrukturen von besonders großer Bedeutung sind.

Im Zusammenhang der vorliegenden Arbeit stehen vor allem Entstehung, Verlagerung und Entwicklung von Pionierfronten im Vordergrund - Phänomene also, die einen wichtigen Aspekt der Regenwald zerstörenden Prozesse darstellen und die insbesondere in Südostasien und Lateinamerika in den letzten Jahrzehnten zu einer rasanten Dezimierung der Waldbestände beigetragen haben (siehe Abb. 3). So wird weltweit rund 1 % der tropischen Regenwälder jährlich gerodet (CORLETT 1995, S. 159). Allgemein werden bei der Diskussion um die Rolle der Pionierfronten bei der Vernichtung derart ausgedehnter Waldgebiete verschiedene Zielsetzungen unterschiedlicher Akteursgruppen differenziert, die in der Regel räumlich, zeitlich und funktional eng miteinander verknüpft sind (MANSHARD & MÄCKEL 1995, RUDEL 1993, MERTINS 1991, SCHOLZ, U. 1998b): Neben der Holzextraktion, die sowohl der Brennmaterialbeschaffung für den Eigenbedarf von Haushalten als auch kommerziellen Zwecken dienen kann, sind die Ausdehnung der land- bzw. forstwirtschaftlichen Nutzfläche - zur kleinbäuerlich-subsistenzorientierten oder zur großbetrieblich-marktorientierten Produktion -, der Bergbau und die Erweiterung von städtisch-industriell genutzten Bereichen zu nennen (NORTCLIFF 1998, MANSHARD & MÄCKEL 1995, EDEN 1996c, SALATI et al. 1990). In dieser Aufzählung zeichnet sich bereits die Vielschichtigkeit der Regenwaldproblematik im allgemeinen und der Pionierfrontentwicklung im besonderen ab.

Die ökologischen Folgen der Zerstörung dieser großräumigen Biotope, ihr Ausmaß und ihre Dauerhaftigkeit, hängen von der Art der Rodung und der späteren Nutzung ab (KELLMAN &TACKABERRY 1997, READING et al. 1995, FEARNSIDE 1986, LEDEC & GOODLAND 1989, MORAN 1994, THOMAS 1998). Dabei reichen die Effekte der Waldzerstörung von der *badland*-Bildung auf lokaler Ebene bis hin zu Klimaveränderungen auf globaler Ebene[1]. Den dargestellten Effekten der Regenwaldzerstörung und der weitreichenden ökologischen Degradierung dieser Gebiete liegt ein komplexes Gefüge von sozioökono-

---

1 Siehe dazu im Einzelnen Studien von ZECH 1997, BRUENIG 1991, MCGUFFIE et al. 1998, LEDEC & GOODLAND 1989, SALATI et al. 1990, CORLETT 1995, GRAINGER 1996, EDEN 1996c, MANSHARD & MÄCKEL 1995, KELLMAN & TACKABERRY 1997, LIEBEREI et al. 1998, MORAN 1994, BRAUNS & SCHOLZ 1997.

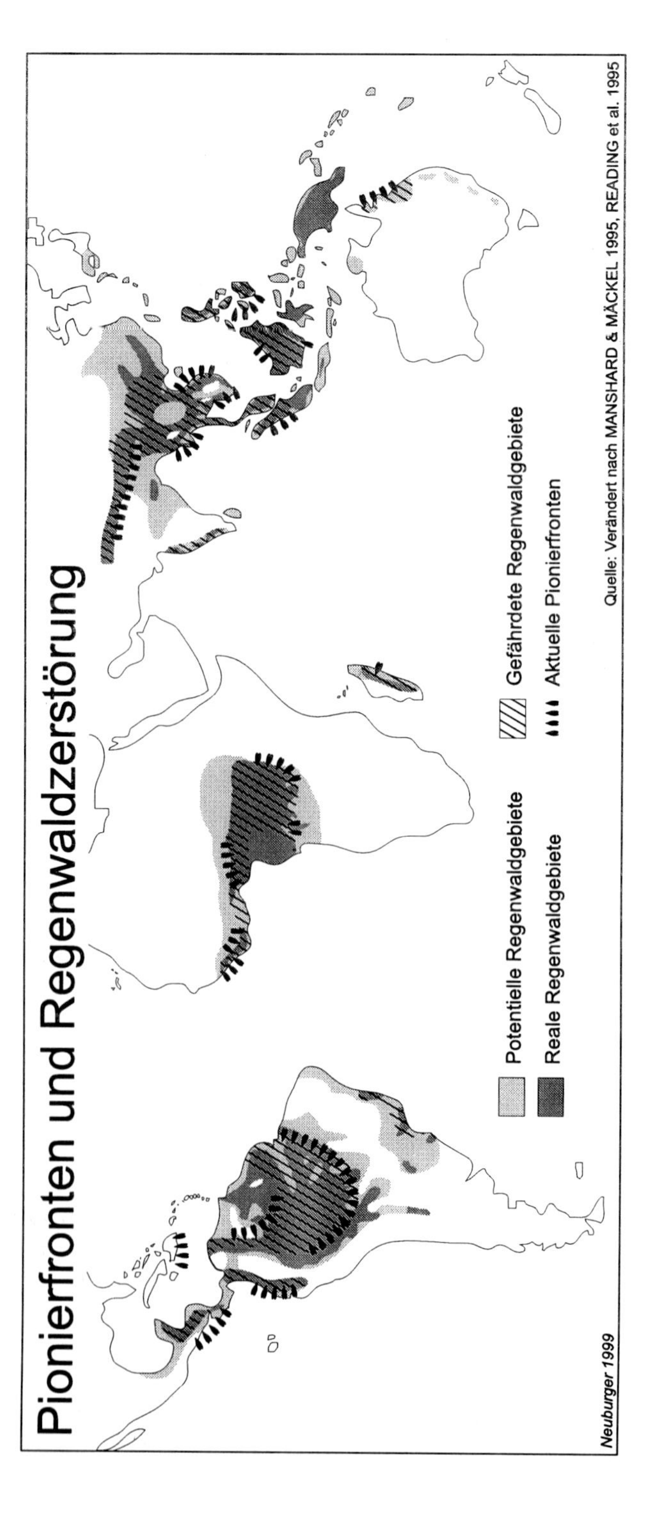
Pionierfronten und Regenwaldzerstörung
Potentielle Regenwaldgebiete
Reale Regenwaldgebiete
Gefährdete Regenwaldgebiete
Aktuelle Pionierfronten
Quelle: Verändert nach MANSHARD & MÄCKEL 1995, READING et al. 1995
Neuburger 1999

Abbildung 3

mischen und politischen Wechselwirkungen zugrunde, das im folgenden näher beleuchtet wird. Insbesondere Ursachen und Folgen von Prozessen der inneren Differenzierung und ökologischen sowie sozioökonomischen Degradierung an Pionierfronten finden dabei Berücksichtigung.

5.1 Pionierfrontentwicklung und Degradierung: Antworten der Politischen Ökologie

In der Geographie gehört die Beschäftigung mit dem Phänomen der Pionierfront zu den traditionellen Forschungsinhalten. Dabei stehen im deutschsprachigen Raum bereits seit dem Beginn der *frontier*-Forschung in den 20er und 30er Jahren des 20. Jahrhunderts neben der historischen Betrachtung der germanischen Landnahme und des mittelalterlichen Landesausbaus in Mitteleuropa - gleichsam als Ausgangspunkt der weltweiten Pionierfront - auch die Pionierzonen der Neuen Welt - als 'letzte' *frontier* (DICKENSON 1995) - im Vordergrund des Interesses[1]. Anhand von Untersuchungen in Südostasien, Nord- und Südamerika wurden Definitionsfragen diskutiert und Faktoren der sozioökonomischen Prozesse an neu sich formierenden Pionierfronten erörtert.

Trotz der im Laufe der Jahrzehnte entstandenen Fülle von verwendeten Begriffen[2] lassen sich einige Charakteristika von Pionierfrontgebieten nennen, die allen Konzepten zugrundeliegen. So werden Pionierfronten als Grenzräume zwischen Vollökumene und An- bzw. Semiökumene definiert, in denen eben diese Grenze zugunsten der Vollökumene linien- oder inselhaft verschoben wird (NITZ 1976, RUDEL 1993, FRIEDMANN 1996). Diese Zonen der aktiven Neulanderschließung zeichnen sich durch eine eigene Entwicklungsdynamik aus, die geprägt ist vom Aufeinandertreffen verschiedener regionsfremder Akteure, aus deren widerstreitenden Interessen sich Raumnutzungskonkurrenzen und -konflikte ergeben, die wiederum zur inneren Differenzierung der Pionierfronten beitragen (COY 1988, FOWERAKER 1981, EHLERS 1984). Der wenig konsolidierten Sozialstruktur entspricht ein wirtschaftlich gering differenziertes Spektrum von Aktivitäten. Auch ein hierarchisch gegliedertes Siedlungsnetz ist meist nur in Ansätzen zu erkennen und unterliegt starken Wandlungsprozessen. Dies gilt in der Regel auch für Gebiete der gelenkten

---

1 Als Klassiker der Untersuchung der Kulturlandschaftsentwicklung für den mitteleuropäischen Raum gelten die Arbeiten von GRADMANN 1901a und b, der sich vorwiegend mit dem Erschließungsgang im Zusammenhang mit den naturräumlichen Gegebenheiten beschäftigte und daraus die umstrittene Steppenheide-Theorie ableitete, und SCHLÜTER 1952, der vor allem unterschiedliche Typen von Ortsnamen als Indikator für die zeitliche Abfolge der Besiedlung Mitteleuropas verwendete. Als Vertreter der historisch-genetischen Siedlungsforschung in neuerer Zeit sei stellvertretend NITZ (siehe ausgewählte Beiträge in NITZ 1994) genannt, der sich vor allem mit der Entstehung von Plansiedlungen im Mittelalter auseinandergesetzt hat. Aus der Fülle der frühen Untersuchungen neuweltlicher Pionierfronten seien beispielhaft die Studien von SCHMIEDER 1928, WAIBEL 1939 und PFEIFER 1935 genannt.

2 Siehe eine Zusammenstellung dazu in COY 1988, S. 18. In der vorliegenden Arbeit werden im folgenden die Begriffe Pionierfront und *frontier* synonym verwendet.

Neulanderschließung mit planerisch vorgegebenen Siedlungsplätzen und -hierarchien, da sich die Siedlungsstruktur in den Folgejahren der Erschließung häufig entgegen der Planung entwickelt. Den sozioökonomischen Prozessen an aktiven Pionierfronten entsprechen ökologische Veränderungen, wobei die Naturlandschaft der Anökumene die Umwandlung in eine Kulturlandschaft erfährt. Der davon betroffene Naturraum wird damit zu einem sozialen Konstrukt, dessen Charakteristika mit der Art der Naturaneignung durch den Menschen und mit den gegenüber ihm gestellten gesellschaftlichen Anforderungen zusammenhängen.

Der Entstehung von Pionierfronten - das heißt der räumlichen Expansion der Ökumene - können unterschiedliche Motivationen zugrunde liegen, die sich je nach den einzelnen Akteuren zeitlich und räumlich überlagern - dies führt meist zu Konflikten -, aber auch aufeinander folgen können (DICKENSON et al. 1996). Die spezifische Konstellation in der jeweiligen Region prägt die spätere Entwicklung. Bei der Erschließung 'neuer' Räume stehen meist wirtschaftliche Zielsetzungen im Vordergrund der Aktivitäten, durch die die Inwertsetzung bisher für die nationale Wirtschaft unproduktiver Räume erreicht wird. Zu nennen ist hier vor allem die Steigerung der landwirtschaftlichen Produktion beispielsweise zur Versorgung einer wachsenden Bevölkerung oder aber zur Förderung der wirtschaftlichen Entwicklung in der Regel durch die Erhöhung des Exports (EHLERS 1984). Auch kann Neulanderschließung zur Nutzung bzw. Ausbeutung von Ressourcen wie Bodenschätze, Holz - im Falle von Pionierfronten in Waldgebieten - oder Wasser - zum Beispiel für die Energiegewinnung oder für die Wasserversorgung - dienen (JEPMA 1995, FRASER 1998).

Die Ausdehnung des Siedlungsraumes - etwa zur Entlastung dicht besiedelter Regionen - kann als eine weitere eher sozial motivierte Verschiebung der Siedlungsgrenze genannt werden. Dabei übernimmt die Pionierfrontregion meist die Funktion eines 'sozialen Sicherheitsventils', indem dort vor allem ökonomisch und politisch schwache Gruppen einen Zufluchts- und Rückzugsraum finden. Religiöse Aspekte - beispielsweise Suche und Sicherung des 'Gelobten Landes', aber auch die Missionierung Andersgläubiger - können ebenfalls die Basis der Neulanderschließung bilden, wie in der Vergangenheit die Siedlungsgründungen der unterschiedlichsten religiösen Gruppen - beispielsweise der Jesuiten, Hutterer, *amisch*, Mennoniten und Quäker - in Lateinamerika und vor allem in den USA oder gegenwärtig die Ansiedlung von israelischer Bevölkerung in Palästina zeigen (HENNESSY 1978, STAGL 1991).

Diese wirtschaftlichen, sozialen und religiösen Motivationen sind in der Realität meist verbunden mit geostrategischen Zielsetzungen. Häufig dienen erstere gar dazu, die wahren politischen Hintergründe von Erschließungsmaßnahmen zu verschleiern. So standen beispielsweise im öffentlichen Diskurs der Militärregierungen Brasiliens und Indonesiens die Armutsbekämpfung - durch Verteilung von Land an Landlose - und die wirtschaftliche Inwertsetzung - durch Umwandlung der Regenwälder in Ackerland - bei der Erschließung Amazoniens bzw. der indonesischen Außeninseln im Vordergrund. Von mindestens ebenso großer Bedeutung für die politischen Akteure war es allerdings, die Staatsgrenzen zu sichern und die Kontrolle über das gesamte Staatsgebiet zu gewährleisten - insbesondere der nur schwer kontrollierbaren, meist nicht seßhaften indigenen Gruppen[1]. Darüber hinaus sollte die Erschließung von Neuland den sozialen und politischen Spannungen in den durch große Disparitäten gekennzeichneten ländlichen Herkunftsgebieten der Migranten entgegenwirken und die Legitimationsdefizite der Militärregierungen durch wirtschaftlichen und sozialen Erfolg ausgleichen (FEARNSIDE 1986, JEPMA 1995).

Die Analyse von unterschiedlichen Akteurs- und Motivationskonstellationen an Pionierfronten sowie von sozio-politischen und ökonomisch-strukturellen Rahmenbedingungen für ihre Entwicklung stand vor allem in den Studien der 70er und 80er Jahre im Vordergrund. Anstoß dazu gaben die zu dieser Zeit äußerst konflikt- und gewaltreich ablaufenden Prozesse der *frontier*-Entstehung in Lateinamerika und Südostasien (HENNESSY 1978, SCHMINK & WOOD 1984, SCHOLZ, U. 1992, COLCHESTER 1986b). Insbesondere das große finanzielle Engagement der Weltbank bei staatlich geplanten Projekten der Agrarkolonisation in Brasilien und Indonesien war umstritten[2]. Die wissenschaftlichen Arbeiten dienten zum einen der Konflikt- und Prozessanalyse und bildeten zum anderen die empirische Grundlage für die Konzeptualisierung und theoretische Diskussion des Pionierfront-Begriffes. Sie verdeutlichten die Vielschichtigkeit und Komplexität der sozioökonomischen Prozesse und Strukturen in solchen Räumen, woraus sich eine Fülle von Erklärungsansätzen und Typisierungsversuchen ergab[3]. Neben der Unterscheidung nach den vorherrschenden Produktionsweisen an Pionierfronten - Subsistenz bzw. überlebensorientiert, Marktproduktion bzw. gewinnorientiert, Spekulation etc. (siehe beispielsweise in COY 1996b, DICKENSON 1995, MUELLER 1992, SAWYER 1990, POWELL 1996) - wurde auch die Art der Einbindung von *frontier*-Gebieten in die übergeordneten politisch-ökonomischen Strukturen - Expansion und Rückzug der Pionierfront, nicht- bzw. prä-kapitalistische und kapitalistische, demographische und ökonomische *frontier* etc. (siehe beispielsweise in MARTINS, J. de Souza 1997a, SAWYER 1984) - zur Differenzierung und Erklärung von beobachtbaren Prozessen herangezogen. Schließlich dienten auch ökologische - beim Begriff der *hollow frontier* (siehe dazu MARGOLIS, M. 1977, GOODLAND & IRWIN 1975) - und verfügungsrechtliche Aspekte - bei der Definition der *closing frontier* (siehe dazu SCHMINK 1981, SCHMINK & WOOD 1992) - der Charakterisierung von Pionierfronten.

Neben ihrem Beitrag zur theoretischen Diskussion um die unterschiedlichen *frontier*-Konzepte zeigten die detaillierten empirischen Studien aber auch, daß die Verwendung des Begriffes der Pionierfront als Ausdehnung der Ökumene in die Anökumene äußerst problematisch ist, zumal die vermeintlich unbesiedelten Räume der Anökumene von indige-

---

1 Ähnliche geostrategische Überlegungen lagen auch den Maßnahmen zur Ansiedlung von Nomaden in Afrika und Zentralasien zugrunde (SCHOLZ, F. 1995).

2 Zur Rolle der Weltbank allgemein siehe RICH 1998, zu ihrer Bedeutung im brasilianischen Amazonasgebiet siehe KOHLHEPP 1987a, COY 1988. Zur Auseinandersetzung um die Unterstützung der staatlichen Erschließungsaktivitäten in Indonesien siehe COLCHESTER 1986a, DAVIS, G. 1988.

3 Eine kurze Zusammenfassung der unterschiedlichen Konzepte bieten COY 1988 und FRIEDMANN 1996.

nen Gruppen bereits jahrhundertelang teilweise intensiv bewirtschaftet worden waren. Insbesondere in neuerer Zeit werden die Zweifel am Pionierfront-Begriff erhärtet durch die zunehmend erkennbaren Auswirkungen von Globalisierungsprozessen in *frontier*-Regionen. Es wird dabei hervorgehoben, daß die fragmentierenden Effekte in peripheren Gebieten ein zeitliches und räumliches Nebeneinander von unterschiedlichen historischen sozioökonomischen Prozessen - einer Gleichzeitigkeit von Ungleichzeitigem - bewirken, für deren Erklärung das *frontier*-Konzept keine Bedeutung mehr hat (CLEARY 1993 und 1994, SINGER 1994, MARTINS, J. de Souza 1997a, HURTIENNE 1998, ELAZAR 1996).

Trotz dieser berechtigten Kritik wird in der vorliegenden Arbeit am Pionierfront-Begriff festgehalten allerdings nicht im einfachen Sinne der Expansion der Ökumene. Vielmehr wird die *frontier* im Sinne der Politischen Ökologie als Überschneidungsbereich von unterschiedlich in die übergeordneten politisch-ökonomischen Strukturen eingebundenen Produktions- und Wirtschaftsweisen verstanden, die durch ihre verschiedenen Naturaneignungsstrategien in differenzierter Form auf ihre ökologische Umwelt wirken. Es wird also nicht Naturlandschaft in Kulturlandschaft umgewandelt, sondern ein von einer bestimmten Naturaneignung lokal agierender Akteure geprägter Raum wird durch eine andere, in diesem Raum neuartige Naturnutzung in völlig unterschiedlicher Form von neu in die Region eindringenden Akteuren verändert. Entscheidend dabei ist die extrem komplexe dynamische, meist phasenhafte Expansion eines Gesellschafts- und Wirtschaftsmodells - in der Regel des kapitalistischen Akkumulationsregimes - auf Kosten eines anderen - meist eines nicht- oder präkapitalistischen. Im Zusammenhang der vorliegenden Arbeit stehen deshalb insbesondere die Wechselbeziehungen zwischen den sozialen und politisch-ökonomischen Prozessen einerseits und den ökologischen, aber auch sozioökonomischen Degradierungserscheinungen an Pionierfronten andererseits im Vordergrund der Analyse. Darauf aufbauend wird der Frage nachgegangen, ob und inwiefern *frontier*-Entwicklung in jedem Falle in einer solchen Degradierungsphase 'enden' muß bzw. wie sich die Differenzierung einzelner Pionierfrontregionen oder auch die kleinräumige Differenzierung innerhalb eines *frontier*-Gebietes erklären läßt.

Auch wenn bisherige Studien zur *frontier*-Problematik nur selten politisch-ökologische Erklärungsansätze explizit anwenden und umgekehrt auch Fallstudien der Politischen Ökologie sich selten auf die Untersuchung von Pionierfronten konzentrieren[1], zeigt die Verknüpfung beider Forschungsrichtungen - nämlich die der Pionierfront-Forschung und die der Politischen Ökologie - einige neue Zusammenhänge für die Analyse von Degradierungserscheinungen in *frontier*-Regionen auf. Dabei sind sowohl strukturelle als auch akteursorientierte Aspekte, wie sie in der Politischen Ökologie differenziert werden, zu nennen (siehe dazu auch Kapitel II.2.2 und II.3).

---

1 In den bisherigen Untersuchungen zur Pionierfrontentwicklung werden die ökologischen Degradierungserscheinungen zwar erwähnt und als eine der Ursachen für die sozioökonomische Degradierung erkannt, allerdings werden sie nur selten theoretisch-konzeptionell in die Analyse einbezogen. Die wenigen existierenden Studien, die dies versuchen, beziehen sich meist auf Amazonien (SCHMINK & WOOD 1986, SMITH et al. 1995a, RUDEL 1993) oder Südostasien (BROOKFIELD et al. 1990 und 1995).

Bei der Analyse politisch-ökonomischer und sozialer Strukturen betont die Politische Ökologie die Einbindung eines Raumausschnittes in unterschiedliche Wirkungsebenen. Die nationalen und globalen Rahmenbedingungen zeigen im spezifischen Fall der Pionierfrontentwicklung eine besondere Wirkung, da *frontier*-Regionen zu den gesellschaftlichen und wirtschaftlichen Peripherien zählen, die meist ökologische Ungunsträume darstellen (BRYANT & BAILEY 1997, BECKER 1990a, COY 1988, SCHMINK & WOOD 1986). Sie repräsentieren somit Gebiete, deren Entwicklung vorwiegend von außen gesteuert wird und deren Ressourcen je nach Bedarf der Zentren abgezogen bzw. genutzt werden (Beispiele aus verschiedenen Entwicklungsländern siehe SCHMINK & WOOD 1984, SCHWARTZ 1995, BROOKFIELD et al. 1990, KRINGS 1998, GEIST 1998). Gerade deshalb handelt es sich bei Pionierfrontregionen um Gebiete mit häufig hoher *criticality*. Die Gefahr von rücksichtsloser Ausbeutung und ungeeigneter Nutzung ist in solchen Gebieten besonders groß, da einerseits regionsexterne Akteure von der lokalen ökologischen Degradierung nicht betroffen sind und andererseits die im Zuge der Erschließung in die Region eingewanderten Akteure meist nur über mangelhafte Kenntnisse des lokalen Ökosystems verfügen. Eine derartige Ausbeutung fragiler Naturräume, wie sie Pionierfronten in der Regel darstellen, führt zu rascher ökologischer Degradierung (BROOKFIELD et al. 1995)[1]. Gleichzeitig sind staatliche Kontrollinstanzen, die eine angepaßte Nutzung fördern könnten, und andere *response systems*, die auf Umweltzerstörung reagieren könnten, gar nicht oder nur sehr rudimentär vorhanden.

Aus allen Erdteilen der Welt lassen sich für unterschiedliche historische Zeiträume unzählige Beispiele für die Funktionsweise regionsexterner Einflüsse an der Pionierfront nennen. Sowohl die Erschließungsmaßnahmen am Aralsee (LÉTOLLE & MAINGUET 1993, LEWIS 1992, GLAZOVSKY 1995) oder die Kohle- und Erölförderung in Sibirien, die von der russischen Regierung in der Nachkriegszeit vorangetrieben wurde (SPIESS 1980, ZUMBRUNNEN 1990) als auch die Agrarkolonisationsprogramme in den südostasiatischen Staaten Malaysias, der Philippinen und Indonesiens (COY 1980, BROOKFIELD et al. 1990, LOPEZ 1987, SCHOLZ, U. 1992) gehören dazu. Ebenso die Erschließung des nordamerikanischen Westens (TURNER 1966, PFEIFER 1935, HENNESSY 1978, WAECHTER 1995) oder die Ausbeutung der Rohstoffe Amazoniens (BECKER 1990a, KOHLHEPP 1991, PICHÓN 1992, PICHÓN & MARQUETTE 1996, COSTA, J.M. Monteiro da 1994, HALL 1997, OLIVEIRA, A. Umbelino de 1995a) - Erdöl, Erze, Holz, Kautschuk etc. - und seine wirtschaftliche Inwertsetzung durch die Ausdehnung der landwirtschaftlichen Nutzfläche (siehe die verschiedenen Beiträge in SCHMINK & WOOD 1984) zählen zu den Fällen außengesteuerter Entwicklung in *frontier*-Gebieten. Trotz der Verschiedenheit der Beispiele ist ihnen gemeinsam, daß regionsexterne Akteure - seien es national bzw. international agierende

1 Dies gilt auch für Pionierfrontregionen, in denen der Gesamtanteil der Rodung wie beispielsweise in Amazonien noch relativ gering ist, da sich die geschädigten Bereiche meist entlang von Erschließungsstraßen konzentrieren und große zusammenhängende degradierte Flächen bilden, so daß sie sich nur sehr langsam, wenn überhaupt, regenerieren können (BECKER 1990a). Eine Einschätzung des *criticality*-Grades für Gesamt-Amazonien, wie sie SMITH et al. (1995b) und TURNER II et al. (1995) vornehmen, erscheint deshalb als äußerst problematisch.

privatwirtschaftliche Unternehmen oder der Staat - sowohl die räumliche als auch die zeitliche Entwicklung bestimmen. Ihre Motivationen liegen meist auf wirtschaftlicher - im Falle der Privatwirtschaft steht in der Regel die Gewinnmaximierung im Vordergrund - oder auf politischer Ebene - im Falle staatlicher Akteure sind es häufig geostrategische und entwicklungspolitische Ziele. Da der Aufwand für jede Art von Aktivitäten in peripheren Gebieten aufgrund der mangelhaften Infrastruktur meist höher ist als in bereits erschlossenen Regionen, muß der wirtschaftliche wie politische Nutzen besonders groß sein (CHAMPION 1983). Dies schließt in der Regel eine Berücksichtigung ökologischer Aspekte aus, da die ökologische Degradierung an der Pionierfront für regionsexterne Akteure zunächst keine kurzfristigen direkten Kosten verursacht. Diese kommen erst dann zum Tragen, wenn der Staat sie durch gesetzliche Regelungen - etwa durch Auflagen und Besteuerung - an die Akteure zurückgibt oder die Akteure sich selbst - beispielsweise aus Imagegründen - zum Umweltschutz verpflichten.

Gerade diese Internalisierung von Umweltkosten ist für Entwicklungsländer besonders schwierig, da sie aufgrund ihrer prekären Finanzlage, ihrer Außenverschuldung und ihrer Abhängigkeit vom Weltmarkt darauf angewiesen sind, daß einerseits die Privatwirtschaft hohe Gewinne erzielt und so dem Staat entweder Steuereinnahmen und Devisen zur Verfügung stehen (siehe Beispiele in KRINGS 1998, HURST 1990, GEIST 1998, BECKER 1990b, MARTINE 1991, FALESI 1991, KELLMAN & TACKABERRY 1997). Andererseits müssen die Staaten der Dritten Welt die Kosten für die Erschließung peripherer Räume möglichst gering halten, um ihre finanzielle Misere nicht noch zu verschärfen. Im Falle von Agrarkolonisationsprojekten stehen somit nicht ausreichend finanzielle Mittel zur Verfügung, um durch umfangreiche ökologische Untersuchungen die Auswahl der Siedlungsgebiete nach der jeweiligen naturräumlichen Eignung vorzunehmen, so daß häufig Gebiete ausgesucht werden, die für die vorgesehene landwirtschaftliche Nutzung ungeeignet sind. Dieser Effekt wird noch verstärkt durch die meist geostrategische Motivation der Maßnahmen, die eine Ortswahl nach rein ökologischen Kriterien ausschließt (MORAN 1989)[1]. Diese Faktoren, die mit der historischen Entwicklung und der spezifischen Einbindung der Entwicklungsländer in das Weltwirtschaftssystem zusammenhängen, führten in der Vergangenheit zwangsläufig zu einer rücksichtslosen Ausbeutung des Naturpotentials der Peripherie und somit zu einer raschen ökologischen Degradierung in Pionierfrontregionen.

Dieser Regelmechanismus, der in politisch-ökologischen Analysen zu den strukturellen Faktoren von Umweltzerstörung in Entwicklungsländern immer wieder betont wird (BLAIKIE & BROOKFIELD 1987f, BLAIKIE 1995, BRYANT & BAILEY 1997), unterliegt in neuerer Zeit allerdings einem qualitativen Wandel. Waren es in der Kolonialzeit die

---

1 Sowohl die Agrarkolonisation im brasilianischen Amazonien als auch die Erschließung der indonesischen Außeninseln sind Beispiele für mangelhafte Planung und Ausführung sowie für die geopolitische Motivation des Staates (für Brasilien siehe KOHLHEPP 1979 und 1987a, COY 1988, MACHADO 1987, MIRANDA, M. 1990; für Indonesien siehe SCHOLZ, U. 1992, BUDIARDJO 1986, OTTEN 1986, KEBSCHULL 1984, ARNDT 1988).

sogenannten Mutterländer und danach, noch bevor sich in den Drittweltländern ein starker Staat bilden konnte, vor allem privatwirtschaftliche Unternehmen[1], die die Entwicklung im Land - auch an der Pionierfront - bestimmten und die Umwelt rücksichtslos ausbeuteten, so trat nach dem Zweiten Weltkrieg mit der Konsolidierung staatlicher Strukturen der Staat als Akteur an der Peripherie auf[2], allerdings ebenfalls mit wirtschaftlichen und politischen Zielsetzungen, die eine Berücksichtigung von Umweltkosten nicht zuließen. Erst in den letzten 15 Jahren, als die globale Dimension der Umweltzerstörung in Entwicklungsländern - sowohl hinsichtlich der Veränderung des Weltklimas als auch im Hinblick auf die wachsenden Umweltflüchtlingsströme (NUSCHELER 1995a, WÖHLCKE 1995, DÜRR 1995) - deutlich wurde, gewinnt der Umweltschutz auch in peripheren Regionen an Bedeutung. Die Veränderung der entwicklungspolitischen Schwerpunkte der Weltbank und der Auflagen für die Vergabe internationaler Kredite sind ein Zeichen für diesen Wandel, der auf einen besseren Ressourcenschutz und ein umweltschonenderes Wirtschaften hoffen läßt. Gleichzeitig haben sich damit auch die Akteure verändert: Es sind nun nicht mehr nur der Nationalstaat und die Privatwirtschaft, die den Regeln der Weltwirtschaft folgend in die Entwicklung der Peripherie eingreifen, sondern immer häufiger treten internationale Institutionen - insbesondere die Weltbank - als regionsexterne Akteure auf, die den Umweltschutz zumindest im Diskurs als vorrangiges Ziel behandeln. Sie gehen Koalitionen mit regionsinternen Akteuren - beispielsweise mit NGOs und Interessenverbänden - ein und erreichen so eine neue Planungsqualität, die die Einbeziehung regionaler ökologischer Kosten ermöglicht (BECKER 1994, HURTIENNE 1994, CASTELLANET et al. 1997, KOHLHEPP 1992 und 1998a, HALL 1997).

Allerdings sind dadurch spontane Prozesse, die durch die Erschließungsmaßnahmen ausgelöst wurden, kaum zu steuern. Weder Migrantenströme noch informelle Tätigkeiten wie beispielsweise illegaler Goldabbau oder Holzeinschlag, die immer weiter in periphere Regionen vorrücken, oder die Expansion gewinnorientierter Landwirtschaft können dadurch gestoppt werden. Für diese regionsinternen Akteure sowie für die Mehrzahl der regionsexternen greifen nach wie vor die Zwänge der nationalen Wirtschafts- und Gesellschaftstrukturen und im Zuge der Globalisierung in zunehmendem Maße auch die Regeln der Weltwirtschaft. Pionierfrontregionen dienen somit nach wie vor nicht nur als Reserveflächen - Land, Bodenschätze etc. - für die 'zentralen' meist kapitalistischen Ökonomien, sondern auch als Überlebensräume für die gesellschaftlich marginalisierten Gruppen. Die ökologischen Folgen der Funktionalisierung eines peripheren Raumausschnittes ergeben sich aus der jeweiligen strukturell bedingten gewinn- bzw. überlebensorientierten Ausbeutung des Naturraums (SCHMINK & WOOD 1986).

---

1 Eine Übersicht dazu bietet DICKENSON et al. 1996. Unterschiedliche Beispiele siehe GEIST 1998, DEAN 1996, KOHLHEPP 1987a, FRANCO 1995, BROOKFIELD et al. 1990.

2 Dies war jeweils in unterschiedlichen historischen Zeiträumen sowohl in den USA (PFEIFER 1935) als auch in den lateinamerikanischen (KOHLHEPP 1987a) und süostasiatischen Staaten (ARNDT 1988) zu beobachten. Demgegenüber fehlt aufgrund sehr schwach ausgeprägter Staatsstrukturen auf dem afrikanischen Kontinent eine dezidierte staatliche Erschließungspolitik der jeweiligen nationalen Peripherien fast völlig.

Die gewinnorientierte Ausbeutung basiert auf einem Gesellschafts- und Wirtschaftsmodell, das auf wirtschaftliches Wachstum ausgerichtet ist. In politisch-ökologischen Analysen wird dabei meist auf den Kapitalismus und seine inhärent expansiven Eigenschaften verwiesen. Entscheidend dabei ist, daß in Pionierfrontregionen Land und Ressourcen scheinbar frei zur Verfügung stehen. Verfügungsrechtliche Institutionen etwa von indigenen und anderen traditionellen Gruppen bleiben meist unberücksichtigt[1]. Gerade die Existenz unterschiedlicher Zugangsrechte zu Land und Ressourcen ist aber für die Art der Nutzung und ihre Wirkung auf den Naturraum entscheidend (FEITELSON 1997). Solange billiges Land verfügbar ist oder Konzessionen für die Nutzung bzw. Ausbeutung von Ressourcen leicht - etwa mit Hilfe klientelistischer Strukturen - erworben werden können, ist die rücksichtslose Ausbeutung mit raschem Produktivitätsrückgang und der darauffolgende Erwerb von Neuland kostengünstiger als die schonende Nutzung oder die Investition in Bodenkonservierungsmaßnahmen. In *frontier*-Regionen kommt es deshalb nach einer kurzen Boomphase zur Stagnation und raschen Abwanderung. Die ökologische Degradierung und, ihr folgend, die sozioökonomische ist also vorprogrammiert (BLAIKIE & BROOKFIELD 1987c, RUDEL 1993).

Im Falle der überlebensorientierten Ökonomien, die sich in Pionierfrontregionen bilden, stehen andere Faktoren im Vordergrund. Marginalisierte Gruppen, die aus den wirtschaftlichen Zentren durch wirtschaftlich mächtigere Gruppen verdrängt werden und keine Überlebenschance mehr sehen, ziehen sich in Räume zurück, in denen sie sich den dortigen Regelmechanismen - beispielsweise die Erwirtschaftung von monetärem Einkommen zum Erwerb von überlebensnotwendigen Produkten - entziehen können. In diesen Überlebensräumen ist der Konkurrenzdruck nicht so groß, da es sich um ökologisch und sozioökonomisch marginale Regionen handelt (BRYANT & BAILEY 1997, RUDEL 1993). An der Pionierfront nutzen die verdrängten Gruppen die 'freie' Verfügbarkeit von Land und Ressourcen und die meist völlige Absenz von staatlichen Kontrollinstanzen, die das Leben in der Informalität - beispielsweise als Goldgräber - oder gar in der Illegalität - im Drogengeschäft (siehe dazu MÜLLER, P.M. 1999) - erlauben. Dabei können auf ihre Überlebenssicherung orientierte *land manager* häufig aus Kapitalmangel keine Rücksicht auf den Naturraum nehmen, obwohl dies gerade für die von ihnen genutzten ökologisch fragilen Bereiche notwendig wäre. Gleichzeitig leiden sie unter der besonders rasch voranschreitenden ökologischen Degradierung ihres Umfeldes, da sie bereits bei geringem Produktivitätsrückgang, der an der Pionierfront aufgrund der wenig gefestigten Sozialstruktur auch nicht durch soziale Netzwerke aufgefangen werden kann, unter das Niveau der Existenzsicherung fallen und in andere - ländliche oder städtische - Überlebensräume abwandern müssen (BRYANT & BAILEY 1997). Auch hier geht also die ökologische Degradierung mit der sozioökonomischen einher.

Sowohl die dargestellte gewinn- als auch die überlebensorientierte Ausbeutung stellen zwei Extremformen der Handlungsstrategien von Akteuren an Pionierfronten dar. In ihrer

1 Dies galt vor allem für das indonesische Transmigrasi-Programm (siehe DAVIS, G. 1988, COLCHESTER 1986b, FRASER 1998). Beispiele aus Amazonien siehe PASCA 1998, RAMOS, A. 1991.

Reinform sind sie nur selten vertreten. Im Sinne des Bielefelder Verflechtungsansatzes verläuft auch in *frontier*-Regionen die Grenze zwischen Markt- und Subsistenzproduktion, zwischen Gewinn- und Überlebensorientierung mitten durch einen Haushalt oder gar durch eine einzige Person (EVERS 1987, RAUCH 1996). Es zeigt sich also, daß die Untersuchung der Handlungsrationalität der Akteure von ebenso großer Relevanz für die Erklärung der Entwicklungen an der Pionierfront ist wie die Analyse struktureller Faktoren. In diesem Sinne steht in den neueren Ansätzen der Politischen Ökologie der *land manager* im Vordergrund der Studien zu ökologischen Degradierungserscheinungen, wobei das Konzept der Verwundbarkeit zur Analyse seiner Handlungsstrategien dient (siehe die allgemeinen Ausführungen in Kapitel II.3). Unter der Vielzahl der Akteure in *frontier*-Regionen stellen Kleinbauern eine besonders verwundbare Gruppe dar, die zu den eher der Überlebensökonomie zuzurechnenden *land managern* zählt und die für die Pionierfrontentwicklung eine große Bedeutung hat. Gleichzeitig leiden kleinbäuerliche Familien ungleich stärker unter den naturräumlichen Degradierungsprozessen an der Pionierfront als andere Akteure, da ihr Überleben einerseits auf der landwirtschaftlichen Produktion basiert und andererseits ihre Existenzsicherung durch eine eventuelle Produktivitätsminderung unmittelbar betroffen ist. Kleinbäuerliche Gruppen stehen deshalb im folgenden im Vordergrund des Interesses.

5.2 Kleinbauern: Verwundbarkeit und Überlebensstrategien der *land manager* in degradierten Räumen

Obwohl Einigkeit darüber besteht, daß bäuerliche bzw. kleinbäuerliche Betriebe in den agrarisch geprägten Regionen der Welt zu den wichtigsten Betriebstypen gehören (ANDREAE 1983, DOPPLER 1994), so ist die Definition und Abgrenzung dieses agrarsozialen Begriffes umstritten. Aufgrund der großen Bedeutung sozio-kultureller Elemente bei der Definition dieses landwirtschaftlichen Betriebstyps findet der Begriff Bauer bzw. *peasant*[1] häufig in der Soziologie und Anthropologie Anwendung trotz der Problematik seines historisch-ideologisch geprägten Charakters (KEARNEY 1996, BERDICHEWSKY 1979, PLANCK & ZICHE 1979, als Klassiker siehe WOLF 1966). In der agrargeographischen Literatur wurden landwirtschaftliche Betriebe bisher vorwiegend nach eher ökonomisch-technischen Kriterien wie Produktionsrichtung bzw. -zweig, Produktionsziel, Bodennutzung, Betriebssystem, Betriebsgröße und ähnlichem gegliedert (BORCHERDT 1996, SICK 1993, SPIELMANN 1989, ANDREAE 1983). Im Zuge der human- und politisch-ökologischen Forschungen wird der Begriff *peasant* allerdings in neuerer Zeit auch vermehrt in die geographische Diskussion aufgenommen, da gerade soziale und kulturelle Faktoren bei der Untersuchung von Mensch-Umwelt-Beziehungen von besonderer Relevanz sind.

1 Der englische Begriff *peasant* entspricht im Deutschen eher dem Begriff des Kleinbauern im Gegensatz zum Großgrundbesitzer bzw. Großbauern oder Farmer bzw. landwirtschaftlichen Unternehmer (WOLF 1966, BERDICHEWSKY 1979). Im folgenden werden deshalb die Begriffe *peasant* und Kleinbauer synonym verwendet.

Die definitorische Unschärfe des Begriffes Bauer bzw. *peasant* ergibt sich unter anderem aus der weltweit extrem großen Fülle von unterschiedlichen Typen bäuerlicher Betriebe. Trotz dieser Unterschiede, die sich allein schon aus der räumlichen Distanz und der jeweiligen historischen Entwicklung, den sozioökonomischen, politischen und ökologischen Rahmenbedingungen erklären, lassen sich einige gemeinsame Charakteristika herausarbeiten, die bei allen bäuerlichen bzw. kleinbäuerlichen Gruppen zutreffen. Sie zeichnen sich durch folgende Merkmale aus:

- durch ein familistisches Agrarsystem mit fließenden Übergängen zur tribalistischen bzw. Stammes- und Sippenlandwirtschaft (PLANCK & ZICHE 1979, SICK 1993),

- durch die begrenzte Verfügbarkeit von Land und Kapital - quantitativ und qualitativ (ELLIS 1988, SPIELMANN 1989, SICK 1993, ANDREA 1983),

- durch die fast ausschließliche Nutzung von Familien- und Haushaltsangehörigen als Arbeitskräfte (SPIELMANN 1989, ELLIS 1988) sowie

- durch die sozio-kulturell, teilweise auch religiös bedingt große Bedeutung von Familie und Dorfgemeinschaft in der Handlungsrationalität (WOLF 1955, WAGLEY & HARRIS 1955, BERDICHEWSKY 1979, KEARNEY 1996).

Bereits in der Darstellung der sozioökonomischen und kulturellen Aspekte kleinbäuerlicher Lebensformen wird deutlich, daß es sich keineswegs um eine homogene agrarsoziale Gruppe handelt, die sich klar von anderen abgrenzen läßt. Vielmehr sind die Übergänge zwischen den einzelnen Akteursgruppen im ländlichen Raum fließend, und selbst die Gruppe der Kleinbauern weist eine große Variationsbreite auf (RAUCH 1996). Sowohl die Schwerpunkte der Produktion - so zum Beispiel Produktionsziel und Produktionszweig - als auch die Ausstattung mit Land und Kapital - quantitativ und qualitativ - sowie die religiös-kulturelle Verankerung der Familien und die jeweiligen Bestimmungsfaktoren der Handlungsrationalität - ökonomisch, sozial, kulturell etc. - können sehr stark variieren.

Dies trifft insbesondere in Gesellschaften zu, in denen traditionell bzw. indigen geprägte Lebensweisen mit modern beeinflußten Produktionsformen zusammentreffen (DICKENSON et al. 1996, WOLF 1991)[1]. Gerade in Entwicklungsländern, in denen die historischen Einflüsse von Kolonialismus und Imperialismus noch heute im direkten raum-zeitlichen Nebeneinander von sogenannten Ureinwohnern, europäisch-stämmigen Einwanderern und - in einigen Ländern - von ehemals versklavten ethnischen Gruppen[2] spürbar sind, weist

1 Zur kontroversen Diskussion um den Dualismus der Begriffe 'traditionell' und 'modern' und seine aktuelle Bedeutung im Konzept der *peasantry* siehe KEARNEY 1996. An dieser Stelle kann nicht vertiefend darauf eingegangen werden.

2 Während die europäischen Kolonialmächte vor allem afrikanische Sklaven nach Lateinamerika gebracht hatten, zwang die japanische Regierung vorwiegend Chinesen zur Sklavenarbeit in den südostasiatischen Kolonien.

die Gruppe der Kleinbauern eine große Vielfalt auf, denn die Kolonialmächte hatten in ihren Kolonien nicht nur ethnisch äußerst heterogene Gesellschaften hinterlassen. Sie prägten auch eine extrem ungleiche Agrarstruktur, mit der die Entwicklungsländer bis heute zu kämpfen haben. Vor allem in Lateinamerika, wo die koloniale Ausbeutung sehr viel weiter ins Landesinnere reichte als dies beispielsweise in Afrika und Südostasien geschah, bestimmen extreme sozioökonomische Gegensätze die aktuelle Entwicklung des ländlichen Raumes (siehe Abb. 4). Dies drückt sich nicht zuletzt in der disparitären Bodenbesitzstruktur aus, in der - dazu gibt es leider nur Schätzungen - ein kleiner Teil von in der Regel extensiv bewirtschafteten Großbetrieben über weit mehr als die Hälfte der landwirtschaftlichen Nutzfläche verfügt.

Somit wird die oben bereits erwähnte Verwundbarkeit kleinbäuerlicher Gruppen in den Entwicklungsländern durch spezifische sozioökonomische und politisch-ökologische Rahmenbedingungen geprägt. Die *vulnerability* dieser agrarsozialen Gruppen steht in engem Zusammenhang mit ihrer Marginalisierung innerhalb extrem disparitärer Agrarstrukturen. Kleinbauern gehören in den Ländern der Dritten Welt meist zur Armutsbevölkerung des ländlichen Raumes, die auf rund 700 Millionen Menschen geschätzt wird, wovon wiederum etwa zwei Drittel in ökologisch gefährdeten Regionen leben (URFF et al. 1999, UNDP 1997, KATES & CHEN 1993). Dies weist bereits auf zwei zentrale Aspekte der spezifischen Verwundbarkeit kleinbäuerlicher Familien hin. Aus ihrer gesellschaftlichen Position heraus sind sie in ökonomischer Hinsicht einem starken Konkurrenzdruck ausgesetzt, wobei sie im Interessenkonflikt mit anderen gesellschaftlichen Gruppen häufig unterliegen. Dies hängt eng damit zusammen, daß sie einerseits über ein geringes ungesichertes Einkommen sowie über sehr wenig bzw. qualitativ - ökonomisch wie ökologisch - minderwertiges Land verfügen und andererseits die Verfügungsrechte über dieses Land nicht oder nur unzulänglich geregelt sind. Das Risiko, ihre Existenzgrundlage im Widerstreit mit wirtschaftlich mächtigeren Gruppen - etwa im Kampf um Marktanteile oder in Form von Landkonflikten - zu verlieren, ist deshalb sehr groß (BLAIKIE et al. 1994, DICKENSON et al. 1996, BRYANT & BAILEY 1997). Ergebnis ist häufig die Verdrängung kleinbäuerlicher Familien, die gezwungen sind, in periphere Rückzugsräume - beispielsweise in die randstädtischen Armenviertel[1] oder an Pionierfronten - auszuweichen, die sich meist durch noch größere räumliche Marginalität und ökologische Fragilität auszeichnen. Das heißt, daß durch ungünstige ökonomische Voraussetzungen - wie etwa unzureichende Vermarktungsstrukturen - die Gefahr der erneuten Verdrängung und damit die Verwundbarkeit steigt. Gleichzeitig führt die raschere Degradierung des Naturraums zu Produktivitätsrückgang und Einkommensverlust - ein Prozeß, der kleinbäuerliche Familien aufgrund ihres geringen wirtschaftlichen Spielraums in ihrer Überlebenssicherung existenziell bedrohen kann.

---

1 Eine der Hauptursachen für die hohen Verstädterungsraten und das starke Wachstum der städtischen Armut in Entwicklungsländern - insbesondere in Lateinamerika - sind gerade diese Verdrängungsprozesse im ländlichen Raum (DICKENSON et al. 1996, BÄHR & MERTINS 1995).

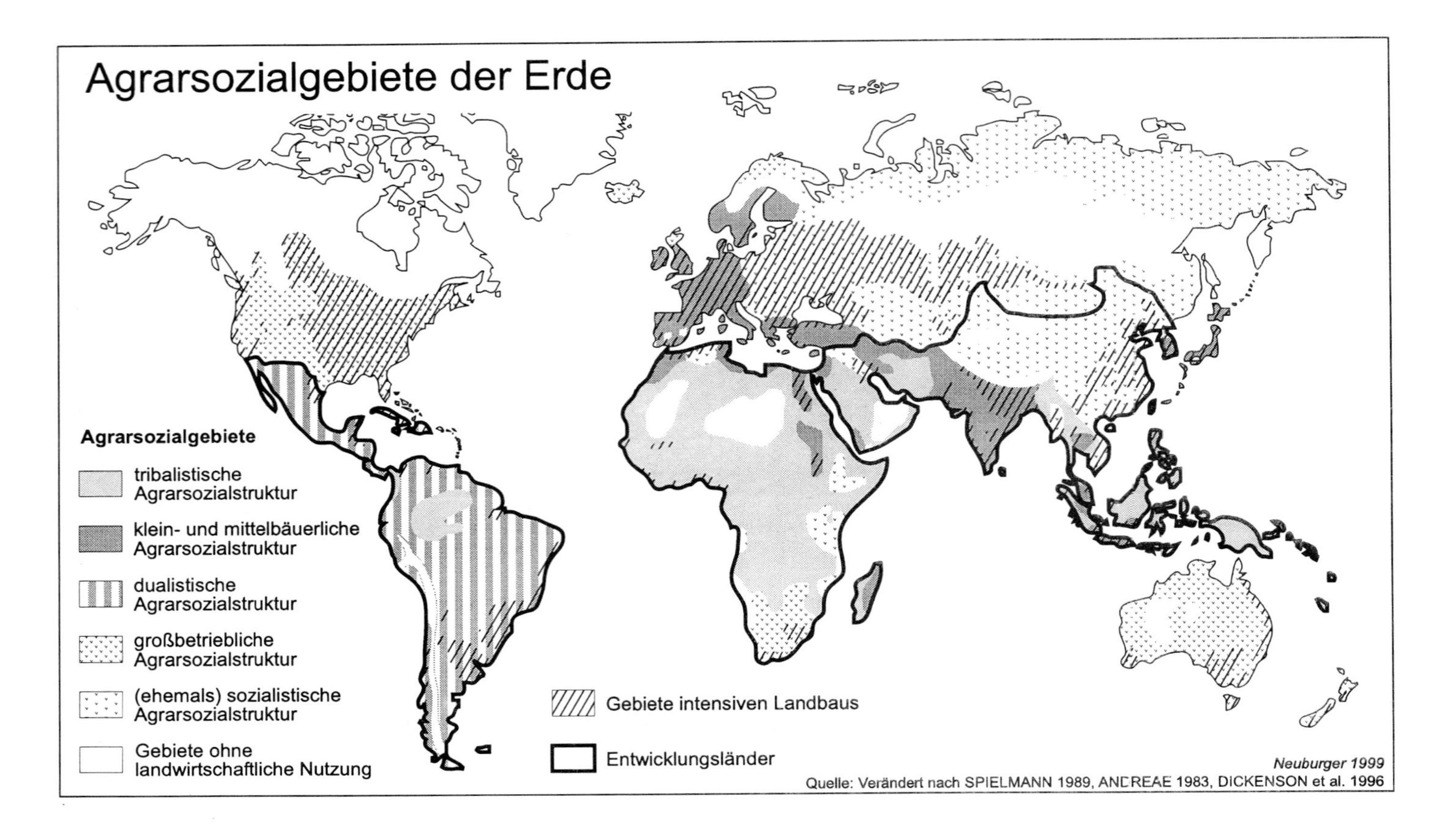
Agrarsozialgebiete der Erde
Agrarsozialgebiete
tribalistische Agrarsozialstruktur
klein- und mittelbäuerliche Agrarsozialstruktur
dualistische Agrarsozialstruktur
großbetriebliche Agrarsozialstruktur
(ehemals) sozialistische Agrarsozialstruktur
Gebiete ohne landwirtschaftliche Nutzung
Gebiete intensiven Landbaus
Entwicklungsländer
Neuburger 1999
Quelle: Verändert nach SPIELMANN 1989, ANDREAE 1983, DICKENSON et al. 1996

Abbildung 4

Die *vulnerability* von Kleinbauern in der Dritten Welt gegenüber solchen ökonomischen und ökologischen Krisensituationen geht einher mit ihrer politischen Recht- und Machtlosigkeit. Durch die Interessenkoalitionen zwischen wirtschaftlichen und politischen Eliten erhalten die kleinbäuerlichen Familien kaum politischen Schutz gegenüber den dominierenden Gruppen - auch nicht, wenn sie sich formal im Recht befinden - oder Unterstützung durch die staatliche Agrarpolitik. Letztere setzt sich vielmehr die Förderung von Marktproduktion und die Exportsteigerung zum Ziel, was die kleinbäuerliche, wenig kapitalintensive und meist subsistenzorientierte Landwirtschaft in der Regel nicht leisten kann (DICKENSON et al. 1996). Das Risiko, von agrarpolitischen Entscheidungen in negativer Weise betroffen zu sein, auch wenn dies von den Entscheidungsträgern politisch nicht unbedingt gewünscht ist, erhöht sich noch durch die geringe Präsenz marginalisierter Gruppen in den politischen Entscheidungsstrukturen der jeweiligen Staaten. So werden häufig agrarpolitische Maßnahmen beschlossen, ohne die Auswirkungen auf kleinbäuerliche Betriebe zu berücksichtigen.

In den Modernisierungs- und Globalisierungsprozessen der letzten Jahrzehnte geraten die kleinbäuerlichen Gruppen immer stärker unter Druck (DICKENSON et al. 1996). Durch die Modernisierung der Produktionsformen auch im kleinbäuerlichen Milieu, durch die größere Mobilität und Flexibilität, die auch von Kleinbauern verlangt wird, werden traditionelle soziale Netzwerke und Großfamilienstrukturen ge- oder gar zerstört (BOHLE 1993). Gerade sie stellen aber für die kleinbäuerlichen Familien eines der wichtigsten Sicherungssysteme in Krisensituationen dar. Darüber hinaus werden die traditionellen ländlichen Gruppen zunehmend in die expandierenden modernen Gesellschafts- und Wirtschaftsstrukturen eingebunden. Zuvor reine Subsistenzbetriebe benötigen durch die Integration in regionale und nationale Wirtschaftskreisläufe plötzlich monetäre Einkünfte, um in den neuen Strukturen bestehen zu können, aber auch um ihre neu entstandenen Bedürfnisse zu befriedigen. Da gerade diese Gruppen aufgrund ihres häufig völlig andersgearteten kulturellen Hintergrundes große Schwierigkeiten haben, sich an die Anforderungen der modernen gesellschaftlichen Strukturen anzupassen, verarmen sie zunehmend[1]. Die *vulnerability* kleinbäuerlicher Gruppen steigt dadurch in neuerer Zeit im allgemeinen immer weiter an.

Diese eher sozio-kulturelle Verwundbarkeit wird überlagert von den Folgen der zunehmenden Deregulierung und dem damit verbundenen Abbau staatlicher Schutzmechanismen (ANDA 1996). Insbesondere die Deregulierung des Grundnahrungsmittelsektors[2] betrifft vor allem die kleinbäuerlichen Familien in doppelter Hinsicht. Da in den meisten Entwicklungsländern die Nahrungsmittelproduktion vorwiegend von Kleinbauern getragen

---

1 Die Schicksale zahlreicher indigener Gruppen in Lateinamerika und Südostasien zeigen die gravierenden Auswirkungen dieser sozio-kulturellen Entwurzelung sehr deutlich (siehe dazu zum Beispiel RICARDO 1996, SARASOLA 1992).

2 Hier ist vor allem die Abschaffung von Mindestpreisen und Abnahmegarantien für die Produzenten sowie von Höchstpreisen für die Konsumenten zu nennen.

wird, erleiden sie durch den Wegfall der Mindestpreisregelungen und durch die Marktöffnung gravierende Einkommensverluste, geraten rasch an die Grenze der Rentabilität und unterliegen im Preiskampf mit nationalen oder gar internationalen Großproduzenten. Gleichzeitig erhöhen sich durch den Anstieg der Konsumentenpreise die Lebenshaltungskosten für solche kleinbäuerlichen Betriebe, die ihren Schwerpunkt im *cash crop*-Anbau haben und auf den Kauf von Lebensmitteln angewiesen sind. Diese Entwicklung stellt besonders für diejenigen Betriebe eine Bedrohung dar, die einen großen Teil ihrer Einkünfte für die Grundversorgung der Familie benötigen. Ähnliche Effekte hat auch die sogenannte Verschlankung des Staates und der Abbau von sozialen Einrichtungen bzw. die Berechnung von staatlichen Versorgungsleistungen - insbesondere im Bildungs- und Gesundheitsbereich - nach Rentabilitätskriterien und damit ihre Verteuerung. Häufig wird durch solche Maßnahmen die Nutzung dieser Infrastruktureinrichtungen für Kleinbauern unerschwinglich. Die Unterversorgung vor allem im Gesundheitsbereich ist besonders gravierend, da damit die Gefahr von Erkrankungen in der Familie steigt und somit die Aufrechterhaltung der Produktion gefährdet ist. Auch damit erhöht sich also die Verwundbarkeit kleinbäuerlicher Familien (BOHLE 1993, IBRAHIM et al. 1993, KISHK 1993).

Im Bereich der Produktion sind eher indirekte, jedoch nicht weniger gravierende ökonomische Folgen der Modernisierungs- und insbesondere der Globalisierungsprozesse zu spüren. Die zunehmende Mechanisierung der Produktion und die weitgehende Liberalisierung der Weltmärkte führt auch in den Entwicklungsländern zur Expansion der modernisierten, meist exportorientierten Landwirtschaft. Mit der damit verbundenen räumlichen Ausdehnung der Produktionsflächen treten die auf den nationalen und globalen Markt ausgerichteten Betriebe in direkte Konkurrenz mit den Kleinbauern um den Produktionsfaktor Boden. Die daraus resultierenden Verdrängungsprozesse, die bereits seit Jahrzehnten - wenn nicht gar Jahrhunderten - in den Entwicklungsländern zu beobachten sind, erhalten durch die zunehmende Einbindung der modernisierten Bereiche in globale Strukturen eine neue Qualität. Die Marginalisierungsprozesse beschleunigen sich nicht nur, sie werden auch unberechenbarer und weniger steuerbar. Konnten marginalisierte Gruppen in den Ländern der Dritten Welt zuvor wenigstens über klientelistische Kanäle und durch politischen Druck den Staat zu gewissen Schutzmaßnahmen zwingen, so verliert im Globalisierungsprozeß der Staat selbst an Autonomie und steht den von wenigen *global players* gesteuerten Prozessen vergleichsweise machtlos gegenüber. Mit der Machtlosigkeit der kleinbäuerlichen Gruppen, mit der Zerstörung ihrer Rückzugsräume und der damit verbundenen beschleunigten Verdrängung in ökonomische und ökologische Ungunsträume erhöht sich ihre Verwundbarkeit zusätzlich.

Unter diesen Rahmenbedingungen treten in kleinbäuerlich geprägten Regionen sozioökonomische sowie ökologische Degradierungsprozesse ein, die in ihrer Kombination die Verwundbarkeit von Kleinbauern beeinflussen. Die Verdrängung kleinbäuerlicher Familien drückt sich in ihrer Abwanderung aus, was bis zur fast völligen Entleerung des ländlichen Raumes führen kann. Damit lösen sich die sozialen Netzwerke der in der Region verbleibenden Familien auf. Darüber hinaus verliert der von den Kleinbauern bisher getragene Produktionssektor an Bedeutung[1], so daß auch die dazu gehörenden Zuliefer- und Vermarktungsstrukturen zusammenbrechen. Produktion und Vermarktung werden dadurch erschwert. In ökologischer Hinsicht kann diese Form der sozialen und ökonomischen Degradierung je nach Ausgangssituation verschiedene Folgen haben. Einerseits kann mit der Abwanderung die Extensivierung der Produktion verbunden sein, die eine Regeneration des jeweiligen Ökosystems zuläßt. Eine Degradierung der naturräumlichen Potentiale tritt andererseits dann ein, wenn durch die Abwanderung und den damit verbundenen Arbeitskräftemangel aufwendige Instandhaltungsmaßnahmen für Terrassen oder Bewässerungsanlagen nicht mehr aufrecht erhalten werden können (PEARCE et al. 1990, MÜLLER, P.M. 1993) oder wenn Kleinbauern durch den Konkurrenzdruck gezwungen sind, ihre Produktion kurzfristig zu erhöhen ohne Rücksicht auf die ökologischen Folgeschäden. Unter dieser ökologischen Degradierung leiden die kleinbäuerlichen Familien mittel- und langfristig durch Produktivitätsrückgang und Einkommensverlust, was wiederum ihre Verwundbarkeit empfindlich erhöht.

Den dargestellten Folgen der Modernisierung und Globalisierung, der Marginalisierung und Degradierung versuchen die Kleinbauern mit den unterschiedlichsten Bewältigungs- und Überlebensstrategien zu begegnen. Auf eine Bedrohung ihres bisherigen Lebensstandards oder, im Extremfall, ihres Überlebens reagieren sie mit den ihnen zur Verfügung stehenden *coping strategies*. Ganz allgemein gesprochen beinhaltet dies zweierlei: Zum einen die Wahrnehmung der Bedrohung - was nicht unbedingt das Wissen um die Ursachen mit einschließt - und zum anderen das geplante Handeln mit dem Ziel, die Bedrohung abzuwenden bzw. die Folgen zu kompensieren. Die Planung der Strategie entspricht aber nicht einer freien und objektiven Wahl von Handlungsmöglichkeiten, sondern sie unterliegt der subjektiven Handlungsrationalität des Akteurs und wird durch gesellschaftliche, politisch-ökonomische und ökologische *constraints* eingeschränkt, die gleichzeitig in die Wahrnehmung des handelnden Individuums eingehen (BOHLE 1998, BÜCHNER 1991).

Unter diesen Gesichtspunkten zeichnen sich kleinbäuerliche Überlebens- und Bewältigungsstrategien durch bestimmte Charakteristika aus (RAUCH 1996, HEWITT 1997, BRYANT & BAILEY 1997). Meist handelt es sich dabei um hochkomplexe, stark diversifizierte und vielfach kombinierte Strategien dynamischer Akteursgruppen, die sich als extrem flexibel und anpassungsfähig erweisen (BOHLE & ADHIKARI 1998, HERBON 1993, SPITTLER 1994, POHLE 1992, ADAMS & MORTIMORE 1997, RABEARIMANANA et al. 1994). Dabei besteht ein Hauptziel der *coping strategies* von Kleinbauern - ähnlich wie bei anderen Armutsgruppen - darin, jedwede Art von Risiko in der Überlebenssicherung so gering wie möglich zu halten, da nahezu alle verfügbaren Ressourcen bereits für die Alltagsbewältigung benötigt werden. Die Risikominimierung wird in der Regel durch Risikostreuung und Diversifizierung erreicht. So setzen sich beispielsweise die monetären Einkünfte kleinbäuerlicher Betriebe häufig aus den unterschiedlichsten Quellen - landwirtschaftliche Produktion, Lohnarbeit häufig mehrerer Familienmitglieder, Verkauf weiter-

1 Die Betriebe, die in der Region dann dominieren, stützen sich meist auf völlig andere Produktionszweige, die sich auf dafür spezifische Vorleistungsgüter und Vermarktungsstrukturen stützen.

verarbeiteter Produkte etc. - zusammen. In Krisensituationen wird die Diversifizierung meist noch erhöht oder die kriselnde Einkommensquelle durch eine andere ersetzt. Diese Möglichkeit hängt allerdings entscheidend von den wirtschaftlichen Rahmenbedingungen - von der Arbeitsmarktlage - einerseits und von den jeweiligen persönlichen *constraints* - beispielsweise von der Bildung bzw. Berufsqualifikation - andererseits ab. Gerade in Entwicklungsländern bieten diese Bereiche für kleinbäuerliche Überlebensstrategien besonders ungünstige Voraussetzungen, die sich - wie oben bereits dargestellt - in neuerer Zeit sogar noch verschlechtern, so daß die Aufnahme von Aktivitäten im informellen Sektor oder gar in der Illegalität notwendig ist (TEKÜLVE 1997).

Je nach sozioökonomischer und politischer Situation können aber auch innovative Reaktionen nach sorgfältiger Prüfung ihres Risikopotentials die geeigneten Strategien zur Krisenbewältigung darstellen (RAUCH 1996, TEKÜLVE 1997, ADAMS & MORTIMORE 1997, BEBBINGTON 1997). Bieten die bisherigen Sicherungssysteme nicht mehr den notwendigen Schutz gegenüber Krisen, suchen Kleinbauern nach neuartigen Formen der Überlebenssicherung, die häufig innovative Elemente enthalten. So eröffnen sich für kleinbäuerliche Akteure insbesondere im Rahmen der Globalisierung neue Handlungsspielräume. Sowohl der Rückzug des Staates aus Gesellschaft und Wirtschaft als auch die Umstrukturierung der Wirtschaftskreisläufe lassen Nischen entstehen, die auch für kleinbäuerliche Betriebe erschließbar sein können. Gleichzeitig werden globale Märkte erreichbarer, so daß sich selbst Kleinbauern darin integrieren können[1]. Die hohen erzielbaren Gewinne dürfen allerdings nicht darüber hinweg täuschen, daß diese Strategien durch die damit verbundenen neuen Abhängigkeitsverhältnisse große Risiken bergen, die die Verwundbarkeit kleinbäuerlicher Gruppen erhöhen.

Neben diesen Bewältigungsstrategien, die dem wirtschaftlichen Bereich zuzuordnen sind, haben besonders soziale *coping strategies* für die Kleinbauern eine große Bedeutung. Zur Krisenbewältigung sowohl in der Produktion - beispielsweise bei Einkommenverlusten - als auch in der Reproduktion - beispielsweise im Falle von Krankheit - aktivieren kleinbäuerliche Gruppen ihre sozialen Netzwerke, mit denen individuelle Probleme durch kollektive Aktivitäten gelöst werden (DICKENSON et al. 1996). Das häufig hochkomplexe Geflecht sozialer Beziehungen, die meist auf Verwandtschaft, Freundschaft, Religion und ähnlichem basieren, folgen in der Regel den Prinzipien des Austauschs - Hilfeleistungen wie Güter - und der Reziprozität[2]. Dabei sind für kleinbäuerliche Gruppen formelle Kooperationen wie Kooperativen - als wirtschaftlicher Zusammenschluß - politische Interessenvertretungen bzw. Verbände, Selbsthilfeorganisationen, Kirchen, Vereine und Parteien von großer Bedeutung (siehe Beispiele in HOLMÉN & JIRSTRÖM 1994b, WELCH 1996, WOODHOUSE et al. 1997, NITSCH 1992). Darüber hinaus bilden informelle Netzwerke - insbesondere die Nachbarschaftshilfe - für Armutsgruppen, die über sehr geringe

---

1 Beispiele dazu siehe in BACKHAUS 1997 und STAMM 1997.

2 Siehe Beispiele dazu in WEIL 1989, TEKÜLVE 1997, BOLAND 1997 und verschiedene Beiträge in ENTWICKLUNG + LÄNDLICHER RAUM 1999.

ökonomische Ressourcen verfügen, ein wichtiges Element der Überlebenssicherung und erleichtern die Alltagsbewältigung. Gerade in plötzlich auftretenden Krisensituationen können solche Sicherungssysteme schnell und flexibel ohne etwaigen bürokratischen Aufwand und ohne lange Wege aktiviert werden. Da diese Kooperationen formell wie informell der intensiven Pflege bedürfen - beispielsweise durch die Teilnahme an Versammlungen, durch Geschenke, Feste etc. - bestimmen sie einen großen Teil der Handlungsrationalität kleinbäuerlicher Gruppen sowohl im Alltag als auch in Krisensituationen. Der Erhalt dieser Netzwerke hat dabei häufig eine größere Bedeutung als der objektiv und unmittelbar feststellbare wirtschaftliche Nutzen einer Handlung. Dies wird häufig bei der Umsetzung von Projekten in der Entwicklungszusammenarbeit übersehen und die scheinbare Irrationalität der Zielgruppe fälschlicherweise kulturell begründet (CHAMBERS 1994, RAUCH 1996, THOMPSON, M. 1997, KREUZER 1997, BOHLE & ADHIKARI 1998, JANSEN 1998, BRAUN 1996, CRAWSHAW 1993).

Der Zusammenbruch traditioneller Familienstrukturen und sozialer Netzwerke sowie der zunehmende Rückzug des Staates aus den sozialen Versorgungsleistungen erhöhen die Bedeutung dieser sozialen Sicherungssysteme, die von den kleinbäuerlichen Familien besonders in degradierten Regionen, in denen Abwanderung und Landflucht die alten Strukturen gestört haben, wieder neu aufgebaut werden müssen. Im Zuge der Globalisierung und dem damit verbundenen Bedeutungszuwachs der lokalen Ebene erhalten die Organisationsformen der Armutsgruppen in den Entwicklungsländern eine neue Qualität. Sie werden zunehmend als direkte Ansprechpartner von internationalen Hilfsorganisationen und NGOs entdeckt, so daß mit ihrer Hilfe auch kleinbäuerliche Gruppen Ressourcenquellen der globalen und - indirekt - auch der nationalen Ebene erschließen können (DICKENSON et al. 1996, BRYANT & BAILEY 1997, HOLMÉN & JIRSTRÖM 1994a).

Über diese wirtschaftlichen und sozialen Aspekte hinaus enthalten die kleinbäuerlichen *coping strategies* auch ökologische Zielsetzungen. So sind ihre Handlungen in der Regel auf einen langfristigen Ressourcenerhalt ausgerichtet, da das ihnen zur Verfügung stehende Land ihre Existenzgrundlage darstellt. Schutzmaßnahmen und schonender Umgang mit den natürlichen Ressourcen stehen deshalb im Vordergrund. Allerdings setzen solche Verhaltensweisen die genaue Kenntnis des lokalen Ökosystems voraus (siehe als Beispiele KRINGS 1992, POHLE 1992, JANSEN 1998). Gerade dieses ist aber in Gesellschaften, in denen die Kleinbauern durch Verdrängung immer wieder zum Standortwechsel gezwungen sind, nur unzureichend vorhanden. Das ressourcenschonende Handeln verändert sich auch, wenn - wie so häufig in den Ländern der Dritten Welt - die Landrechte nicht abgesichert sind und sich dadurch die Investition in langfristig wirksame Verbesserungen - hier sind beispielsweise Terrassierungen und Bewässerungsanlagen zu nennen - nicht lohnen.

Greifen weder soziale noch wirtschaftliche Überlebensstrategien, die in Krisensituationen den Verbleib in einer bestimmten Region ermöglichen, so sind die kleinbäuerlichen Familien gezwungen abzuwandern. Entscheidend dabei ist die räumliche Verteilung des Ressourcenzugangs. Kleinbauern, deren Zugang zu Ressourcen sich verringert, wandern in Gebiete ab, in denen die Verfügbarkeit von Land und Einkommen, von Gesundheits- und

Bildungsinfrastruktur auch für Armutsgruppen besser ist (BLAIKIE et al. 1994). Landflucht und Abwanderung zählen deshalb zu den wichtigsten Strategien von Kleinbauern in Entwicklungsländern. Sowohl Pionierfronten als auch die städtischen Armutsviertel sind dabei die Hauptzielgebiete kleinbäuerlicher Familien (SYDENSTRICKER & TORRES 1992).

Auch wenn Kleinbauern in ihrem Handeln den Zielen der Risikominimierung bzw. -streuung, der Kooperation und dem Ressourcenerhalt folgen, so ist die Wahl ihrer Überlebensstrategien durch eine Vielzahl von *constraints* eingeschränkt. Während die Verortung kleinbäuerlicher Gruppen in den übergeordneten Wirtschafts- und Gesellschaftsstrukturen von Entwicklungsländern ihre Handlungsfreiheit im Widerstreit mit anderen gesellschaftlichen Gruppen stark einschränkt, bieten religiös-kulturelle Institutionen zwar meist kollektive Sicherungssysteme, schränken aber die freie Wahl von Entscheidungen durch Tabus ebenso ein. Die jeweils spezifische Kombination von *coping strategies* ergibt sich aus den daraus resultierenden Einschränkungen und der persönlichen Wahrnehmung des jeweiligen Akteurs, die wiederum kulturell beeinflußt sein kann (RAUCH 1996, Beispiele dazu siehe STADEL 1995, BOLAND 1997, JANSEN 1998). Diese *constraints* zwingen die kleinbäuerlichen Familien häufig dazu, in Krisensituationen Bewältigungsstrategien anzuwenden, die für die langfristige Abwendung der Bedrohung ungeeignet sind und damit ihre alltägliche Verwundbarkeit erhöhen (CHAMBERS 1994, THOMPSON, M. 1997). Dies gilt vor allem dann, wenn in der Folge einer Krise all diejenigen Ressourcen für die Alltagsbewältigung gebunden werden, die für die Überbrückung einer eventuell erneut eintretenden Krise notwendig wären, denn dann stehen keine Reserven mehr zur Verfügung (BOHLE 1993). Dieser rasch existenzbedrohende Ausmaße annehmende Prozeß ist besonders bei kleinbäuerlichen Familien zu beobachten, die unter zunehmenden wirtschaftlichen Druck geraten - entweder durch Einkommenseinbußen oder durch eine wachsende Zahl von Haushaltsmitgliedern - und aufgrund fehlender Einkommensalternativen die Produktion auf dem ihnen zur Verfügung stehenden Land intensivieren müssen. Dabei ist gerade die begrenzte Größe des verfügbaren Landes verbunden mit ungünstigen ökologischen Gegebenheiten und geringen Kapitalreserven von großer Bedeutung. Die Betriebe haben in der Regel keine Möglichkeit, im Falle des Absinkens der Produktivität auf Reserveflächen auszuweichen oder angemessene Bodenkonservierungsmaßnahmen durchzuführen. Zur Sicherung des Lebensunterhalts sind sie deshalb gezwungen, die Nutzung zu intensivieren und eine steigende ökologische Degradierung in Kauf zu nehmen, in deren Folge die Produktivität sinkt, so daß die Verwundbarkeit der Familien ansteigt.

Verwundbarkeit und Überlebensstrategien von Kleinbauern sind an Pionierfronten und in den daraus hervorgehenden degradierten Räumen von charakteristischen Prozessen und Strukturen geprägt (DICKENSON et al. 1996, LISANSKY 1990, SCHMINK & WOOD 1992, RUDEL 1993, MOUGEOT & LÉNA 1994). In der Anfangsphase einer Pionierfront bestehen die wirtschaftlichen Probleme vor allem in unklaren Landbesitzregelungen und in fehlenden Vermarktungsstrukturen, die sich zwar im Laufe der Konsolidierung verbessern, sich aber durch wirtschaftliche Stagnation und Abwanderung zuungunsten der Kleinbauern verändern. Soziale Netzwerke, die zu Beginn der Erschließung noch nicht bestehen, können von den kleinbäuerlichen Familien nur sehr schwer aufgebaut werden und geraten durch die später massive Landflucht in Gefahr, sich wieder aufzulösen. Auch die Versorgungsinfrastruktur befindet sich zu Beginn der *frontier*-Entwicklung erst im Aufbau, so daß vor allem die Verwundbarkeit im Bereich der Reproduktion - dies betrifft insbesondere die Frauen (siehe ausführlich dazu Kapitel V.4) - hoch ist. Der allmähliche Ausbau der Gesundheits- und Bildungseinrichtungen verbessert die Situation zwar kurzfristig, mit den neuesten Privatisierungstendenzen und der zunehmenden Entleerung des ländlichen Raumes werden diese Verbesserungen allerdings rasch wieder aufgehoben. Selbst in ökologischer Hinsicht zeichnet sich die Pionierfront-Situation durch besondere Ungunstfaktoren aus, da das lokale naturräumliche Umfeld für die Siedler unbekannt und ihr Wissen über das Ökosystem der Herkunftsgebiete nur begrenzt anwendbar ist (BERLIN 1989, LEDEC & GOODLAND 1989). Auch die in der Regel rasch einsetzenden Degradierungserscheinungen erhöhen die Verwundbarkeit der Kleinbauern. Die *vulnerability* von kleinbäuerlichen Familien an Pionierfronten stellt sich aufgrund der dargestellten Rahmenbedingungen als hoch im Vergleich zu Kleinbauern in anderen Regionen dar, wobei sie sich in den unterschiedlichen Phasen der *frontier*-Entwicklung verändert.

Die Überlebensstrategien von Kleinbauern im Laufe der Pionierfrontentwicklung unterliegen dementsprechend ähnlichen Differenzierungen (LISANSKY 1990). Als eine der wichtigsten Bewältigungsstrategien ist die Abwanderung an neue Pionierfronten oder in städtische Zentren zu nennen. Darüber hinaus versuchen Kleinbauern durch Diversifizierungs- und Intensivierungsmaßnahmen ihre wirtschaftliche Basis zu stärken bzw. zu sichern, während durch klientelistische Beziehungen und Nachbarschaftshilfe soziale Netzwerke aktiviert werden. Die jeweils spezifische Kombination von Bewältigungsstrategien unterliegt in Pionierfrontregionen, insbesondere wenn bereits Degradierungserscheinungen zutage treten, zahlreichen *constraints*, die von den oben erwähnten *frontier*-Strukturen bestimmt werden (MOUGEOT & LÉNA 1994).

Basierend auf diesen Grundannahmen wird in der vorliegenden Arbeit davon ausgegangen, daß kleinbäuerliche Familien in *frontier*-Regionen in spezifische sozioökonomische und politisch-ökologische Strukturen eingebunden sind, die ihre Verwundbarkeit und die entsprechenden Überlebensstrategien prägen. Insbesondere die Veränderungsprozesse dieser Konstellation stehen hier im Mittelpunkt des Interesses.

6 Die Fragestellungen im einzelnen

Vor dem Hintergrund der oben dargelegten theoretischen Diskussion stellt sich die vorliegende Arbeit die Aufgabe, die erörterten Konzepte miteinander zu verknüpfen und anhand empirischer Studien zu überprüfen. Als Untersuchungsregion wurde das Hinterland von Cáceres im brasilianischen Bundesstaat Mato Grosso gewählt, das in den 50er und 60er Jahren durch staatliche und private Träger erschlossen wurde und seitdem eine charakteristische Entwicklung als *frontier*-Region durchlaufen hat. Bei der Regionalanalyse steht zunächst die Frage nach den sozioökonomischen, politischen und ökologischen Bestimmungsfaktoren der Pionierfrontentwicklung im Vordergrund, die anhand politisch-ökologischer Erklärungsansätze untersucht wird. Folgende Problemstellungen finden dabei Berücksichtigung:

- Hauptaugenmerk wird auf die Untersuchung der Wechselwirkungen zwischen sozioökonomischen und politischen Entwicklungen einerseits und ökologischen Veränderungen an der Pionierfront andererseits gelegt. Dabei wird vor allem der Frage nachgegangen, ob und inwieweit wachsende ökologische und sozioökonomische Degradierungserscheinungen im Laufe der Pionierfrontentwicklung einen zwangsläufigen Prozeß darstellen, der sich mit politisch-ökologischen Ansätzen erklären läßt. Dazu werden im Sinne regionaler *trajectories* die Faktoren der unterschiedlichen Ebenen - regional, national und international - unter Berücksichtigung ihrer historischen Entwicklung analysiert.

- Darüber hinaus werden die regionsinternen Prozesse untersucht, die zu einer kleinräumigen inneren Differenzierung in der *frontier*-Region führen. Dabei stehen bevölkerungs, siedlungs- und agrargeographische Fragen der räumlichen Entwicklung im Vordergrund, in die die regionsspezifischen naturräumlichen Grundlagen einbezogen werden.

- Schließlich wird in einer Zusammenführung der Ergebnisse aus der Regionalanalyse die *criticality* in der *frontier*-Region abgeschätzt. Dabei gehen in die historische Rückschau kleinräumig differenzierte sozioökonomische, politische und ökologische Strukturen und Prozesse ein, die eine Abschätzung der Funktionsfähigkeit regionaler *response systems* erlauben.

In einem zweiten Schritt werden auf der Basis der Regionalanalyse detaillierte Fallstudien zu Verwundbarkeit und Überlebensstrategien kleinbäuerlicher Gruppen durchgeführt. Dazu wurden drei kleinbäuerliche Siedlungen in der Region ausgewählt, die aufgrund jeweils spezifischer sozioökonomischer und naturräumlicher Ausgangsbedingungen historisch unterschiedliche Entwicklungen durchlaufen haben. Bei den Analysen, die auf Erhebungen in diesen Siedlungen verbunden mit Studien zu einzelnen Haushalten basieren, stehen folgende Fragestellungen im Vordergrund:

- Zunächst wird die Frage erörtert, wie sich Kleinbauern in die spezifischen Wirtschafts- und Gesellschaftsstrukturen an der Pionierfront einordnen und welchen Bedeutungswandel diese agrarsoziale Gruppe im Rahmen der *frontier*-Entwicklung erfährt. Dabei sind besonders die soziokulturellen und politisch-ökonomischen Differenzierungsprozesse innerhalb dieser scheinbar homogenen Gruppe von Interesse.

- Auf der Basis der daraus abgeleiteten Charakterisierung kleinbäuerlicher Familien werden die Bestimmungsfaktoren ihrer Verwundbarkeit herausgearbeitet. Anhand der einzelnen Fallstudien wird die zeitliche Veränderung der *vulnerability* im Zusammenhang mit Pionierfrontentwicklung und damit verbundenen sozioökonomischen und ökologischen Degradierungsprozessen aufgezeigt und analysiert.

- In einem weiteren Schritt stehen die Überlebensstrategien der einzelnen kleinbäuerlichen Gruppen im Vordergrund der Analyse. Anhand detaillierter Untersuchungen werden die Dynamik der Krisensituationen sowie die Einflußfaktoren, die in die Handlungsrationalität der jeweiligen Familien bzw. Personen eingehen, aufgezeigt. Handlungsspielräume und *constraints* werden dabei in besonderem Maße berücksichtigt.

- Schließlich wird der Frage nachgegangen, ob und inwiefern die analysierten Überlebensstrategien Ansatzpunkte bieten, die im Sinne einer nachhaltigen Entwicklung in regionalplanerische Maßnahmen umgesetzt werden können.

Diese Fragestellungen werden im folgenden anhand der erwähnten Fallstudien erörtert. In Kapitel III werden zunächst die nationalen Rahmenbedingungen in Brasilien untersucht, um danach in Kapitel IV die empirischen Ergebnisse der Regionalanalyse darzustellen. Darauf aufbauend steht in Kapitel V die Untersuchung der einzelnen kleinbäuerlichen Siedlungen im Vordergrund. In Kapitel VI werden schließlich die Ergebnisse der empirischen Studien mit den aufgezeigten theoretischen Konzepten verknüpft und zusammengefaßt.

III Pionierfrontentwicklung und kleinbäuerliche Gruppen: Der brasilianische Kontext

Für die Verknüpfung der dargestellten theoretischen Konzepte und ihre empirische Überprüfung bieten die Pionierfrontregionen Brasiliens ein geradezu ideales Forschungsobjekt. Dies liegt zum einen darin begründet, daß seit der europäischen Eroberung immer Landnahme und Erschließung die prägenden Elemente in der historischen Entwicklung Brasiliens waren, wobei die phasenhafte Ausdehnung des Herrschaftsgebietes der Europäer und später der Neobrasilianer in den Siedlungsraum der indigenen Gruppen hinein immer auch mit der großflächigen Zerstörung der natürlichen Vegetation - der *mata atlântica*, des *cerrado* sowie der tropischen Regenwälder - einherging (siehe GUSMÃO 1990). Zum anderen spielten - und spielen noch heute - kleinbäuerliche Gruppen eine zentrale Rolle in der Entwicklung der brasilianischen Pionierfronten, die sich durch rasche innere Differenzierungsprozesse und eine damit verbundene Verlagerung in immer peripherere Regionen auszeichnen.

Durch die historisch beobachtbare *frontier*-Entwicklung in Brasilien, die in zahlreichen wissenschaftlichen Arbeiten ausführlich belegt ist, kann der Wandel der jeweiligen soziopolitischen und ökonomischen Bestimmungsfaktoren von Strukturen und Prozessen an Pionierfronten dargestellt und in Beziehung zu den ökologischen Veränderungen gebracht werden. Darüber hinaus bietet die Untersuchung einer ursprünglich kleinbäuerlich geprägten *frontier* - wie sie das Hinterland von Cáceres darstellt - die Möglichkeit, die zeiträumliche und sozioökonomische Differenzierung unterschiedlicher *peasant*-Gruppen in den verschiedenen Phasen der Pionierfrontentwicklung zu analysieren.

Dazu werden im folgenden zunächst die Bedeutung von Pionierfronten im brasilianischen Kontext dargestellt sowie Ursachen und Faktoren des sozioökonomischen Strukturwandels mit ökologischen Degradierungsprozessen in Beziehung gesetzt. Der Lokalisierung und Typisierung der wichtigsten *frontier*-Regionen in Brasilien folgt dann die detaillierte Darstellung der Bedeutung von Kleinbauern in der historischen Entwicklung. Die dominanten sozioökonomischen Prozesse und Strukturen, in die die unterschiedlichen kleinbäuerlichen Gruppierungen eingebunden sind, werden ebenso untersucht wie die Strategien und Organisationsformen zum Schutz vor zunehmenden Marginalisierungstendenzen.

1 Pionierfrontentwicklung und ökologische Degradierung in Brasilien: Ein Überblick

Die aktuelle regionale Differenzierung Brasiliens ist geprägt von der Entstehung und Verlagerung von Pionierfronten, deren Entwicklung sich in den einzelnen historischen Phasen durch eine jeweils spezifische Kombination sozioökonomischer und ökologischer Faktoren und Prozesse sowie durch bestimmte Formen der Naturaneignung auszeichnet (CARREIRA & GUSMÃO 1990). Vor der Landung der Portugiesen im Jahr 1500 besiedelte eine Vielzahl indigener Gruppen das heutige brasilianische Staatsgebiet (GUIDON 1992, ROOSEVELT 1992). Sie nutzten vor allem die sich über die Hochlandbereiche im Landesinneren erstreckenden Savannengebiete der *cerrados*, da diese sich aufgrund ihrer relativ offenen Vegetationsformationen und ihres Artenreichtums an großen Säugetieren besonders für den Ackerbau und die Jagd eigneten (DEAN 1996). Die Übergangsbereiche zwischen *cerrado*- und Waldgebieten boten dabei einen idealen Siedlungsraum, da neben der Nutzung der Savannen zusätzlich das Sammeln von Früchten und die Extraktion anderer Waldprodukte - etwa zur Herstellung von Schmuck und Geräten - möglich war. Über die historische Entwicklung der Siedlungs- und Nutzungsformen der indigenen Gruppen in vorkolumbischer Zeit ist wenig bekannt. Es wird allerdings angenommen, daß die *cerrado*-Gebiete die historisch ersten Lebensräume der brasilianischen Ureinwohner darstellten. Weiterhin wird davon ausgegangen, daß durch das Anwachsen der Bevölkerung die vorhandenen natürlichen Ressourcen knapp und dadurch übernutzt wurden - einige Tierarten wurden sogar vollständig ausgerottet. Die Verlierer der daraus erwachsenden Konflikte um die knappen Ressourcen mußten - gleichsam in einer Art indigener Pionierfront - in die Wälder abwandern. Dort entwickelten sie die an die naturräumlichen Grundlagen angepaßte Nutzungsform des *shifting cultivation*. Dieser Brandrodungsfeldbau stellte ein komplexes System dar, in dem beispielsweise neben dem eigentlichen Anbau in Kleinstparzellen durch die Verteilung von Samen der verschiedensten Nutzpflanzen entlang von Fußwegen sogenannte Ressourceninseln angelegt wurden[1]. Durch diese Form der Naturaneignung entstanden in Amazonien Vegetationsinseln mit anthropogen beeinflußter Artenzusammensetzung sowie kleinste Flächen von Sekundärwald, die sich aber aufgrund der niedrigen Nutzungsfrequenz wieder vollständig regenerieren konnten.

In den Küstenwäldern der *mata atlântica* wird von einer sehr viel höheren Bevölkerungsdichte und damit einer intensiveren Nutzung ausgegangen, so daß die Europäer bei der Erschließung des brasilianischen Küstenstreifens einen relativ lichten Sekundärwald vorfanden, der mit einem dichten Netz von Pfaden durchzogen war (DEAN 1996). Trotz aller Unterschiede zwischen den einzelnen indigenen Gruppen war ihre Form der Naturaneignung zum einen charakterisiert durch die regelmäßige Verlegung der Siedlungen und ein damit verbundenes kollektives Bodenverfügungsrecht ohne jegliche Art von Privateigentum. Zum anderen bestimmten ausschließlich die lokalen Akteure entsprechend ihrer Bedürfnisse über Art und Umfang der Ausbeutung der natürlichen Ressourcen, die auf die langfristige Erhaltung dieser Existenzgrundlage ausgerichtet war.

1.1 Die Erschließung in der Kolonialzeit: Brasilholz, Zuckerrohr und Gold

Mit der Ankunft der Europäer veränderte sich diese Faktorenkonstellation und damit die Form der Naturaneignung völlig. Allerdings beschränkte sich der Einfluß der Portugiesen in den ersten Jahrzehnten zunächst auf kleine Gebiete an der Küste in der Umgebung der heutigen Städte Recife, Salvador, Porto Seguro und Rio de Janeiro, da der südamerikanische Kontinent für die portugiesische Krone lediglich als Zwischenstation auf dem damals viel wichtigeren Seeweg nach Indien von Interesse war (siehe Abb. 5). Bald entdeck-

---

1 Diese Form der Naturaneignung kann noch heute bei den Kayapó in Amazonien beobachtet werden (POSEY 1987).

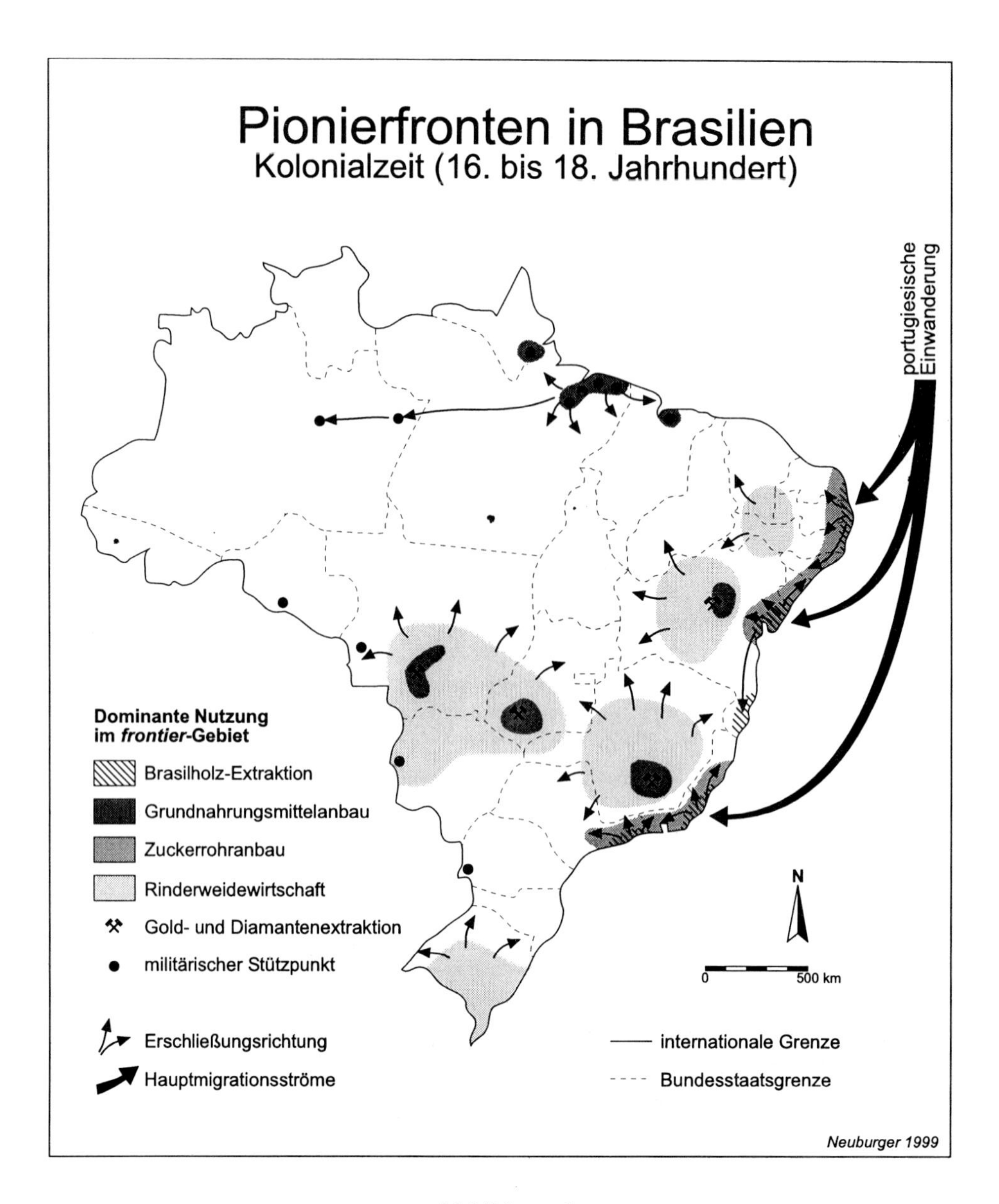
Pionierfronten in Brasilien
Kolonialzeit (16. bis 18. Jahrhundert)
portugiesische Einwanderung
Dominante Nutzung im *frontier*-Gebiet
Brasilholz-Extraktion
Grundnahrungsmittelanbau
Zuckerrohranbau
Rinderweidewirtschaft
Gold- und Diamantenextraktion
militärischer Stützpunkt
Erschließungsrichtung
Hauptmigrationsströme
N
0
500 km
internationale Grenze
Bundesstaatsgrenze
Neuburger 1999

Abbildung 5

ten die portugiesischen Siedler aber das Brasilholz als exportierbares Produkt der Küstenwälder, das durch den daraus gewinnbaren roten Farbstoff in der boomenden europäischen Textilindustrie reißenden Absatz fand. Aufgrund der mühsamen Fällmethode mit Äxten und der langen Transportwege nach Europa erreichte die Zerstörung der Wälder trotz der großen Nachfrage einen relativ geringen Umfang von schätzungsweise 6.000 km² - eine Fläche, die allerdings ausreichte, um den portugiesischen König zu ersten Schutzmaßnahmen zu veranlassen, da bereits eine Ausrottung der Brasilholz-Bestände befürchtet wurde (DEAN 1996). Die erlassenen Gesetze waren allerdings wirkungslos, so daß bald darauf das *pau brasil* tatsächlich ausgerottet war.

Viel größere Waldflächen fielen dem Anbau von Zuckerrohr, dem zweiten wichtigen Exportprodukt der portugiesischen Kolonie, zum Opfer (CARREIRA & GUSMÃO 1990). Da die portugiesische Kolonialmacht - im Gegensatz zur spanischen Krone - in den ersten zwei Jahrhunderten ihrer Herrschaft keine Bodenschätze fand, mußten die hohen Ausgaben für die Sicherung der südamerikanischen Kolonie wenigstens durch ihre landwirtschaftliche Inwertsetzung gerechtfertigt werden. Dazu vergab die portugiesische Krone häufig mehrere Quadratkilometer große Lehen, sogenannte *sesmarias*, an Adelige und verdiente Militärs mit dem Auftrag, diese gewinnbringend zu bewirtschaften (SILVA, L. Osorio 1996). Gleichzeitig unterteilte sie zur Sicherung der politischen Kontrolle das ihr durch den Vertrag von Tordesillas zustehende Gebiet in streifenförmige *capitanias*, die von Gouverneuren regiert wurden (HANDELMANN 1987, FURTADO 1975). Durch das feudalistisch organisierte System der *sesmarias* bestanden keinerlei private Eigentums-, sondern lediglich Nutzungsrechte, die bei Nichtnutzung wieder an die Krone zurückfielen. Die Gefahr, eine *sesmaria* bei extensiver Nutzung wieder an die Kolonialmacht zu verlieren, veranlaßte die Vasallen dazu, die wirtschaftliche Inwertsetzung möglichst rasch voranzutreiben (DEAN 1996).

Durch die wachsende Nachfrage nach Zucker auf dem europäischen Markt erwies sich bald das aus Asien stammende Zuckerrohr als geeignetes *cash crop*. Es zeichnete sich durch eine extrem hohe Produktivität aus auch ohne Düngung und Bewässerung, wie es zum Beispiel auf Madeira und in São Tomé notwendig war. In der zweiten Hälfte des 16. Jahrhunderts expandierte deshalb die Anbaufläche von Zuckerrohr auf Kosten der *mata atlântica* besonders an der nordöstlichen und an der südöstlichen Küste Brasiliens. Für die Bewältigung der Arbeit auf den Pflantagen und bei der Verarbeitung des Zuckerrohrs wurden Sklaven aus den portugiesischen Kolonien Afrikas importiert (DEAN 1996, SILVA, L. Osorio 1996).

In der Anfangsphase der Kolonialzeit bedeutete dies, daß zwei völlig regionsfremde Gruppen - nämlich die portugiesischen Vasallen und die afrikanischen Sklaven - die Form der Naturaneignung bestimmten. Aus Mangel an Kenntnissen über das lokale Ökosystem war es ihnen unmöglich, mit den natürlichen Ressourcen schonend umzugehen (FAUSTO 1996). Dies lag auch nicht in ihrem Interesse. Das Ziel der Landbesitzer war es vielmehr, den maximalen Gewinn bei möglichst geringem Aufwand aus dem ihnen jeweils zur Verfügung stehenden Lehen zu ziehen ohne Rücksicht auf eventuelle ökologische Folgeschäden. Ein Rückgang der Produktivität, der durch die zunehmende Degradierung der Bodenqualität meist nach wenigen Jahren einsetzte, diente für die Beantragung eines neuen Lehens bei der portugiesischen Krone sogar als Begründung für die Notwendigkeit der Ausdehnung der landwirtschaftlichen Nutzfläche. Bereits in der kolonialen Phase der brasilianischen Entwicklung hatte demnach die relativ freie Verfügbarkeit von Land[1] eine verheerende Wirkung auf den Naturraum.

Der Zuckerrohranbau hatte über seine eigentlichen Anbaugebiete hinaus weitreichende Folgewirkungen. Der mit seiner Expansion verbundene Bevölkerungszuwachs machte es notwendig, die Grundnahrungsmittelproduktion zu erhöhen (CARREIRA & GUSMÃO 1990). Diese wurde von kleinbäuerlichen Familien getragen, die sich entweder aus seßhaft gemachten *índios*[2], aus portugiesischen Immigranten oder Mestizen rekrutierten. Als Pächter, die den Leibeigenen im europäischen Feudalsystem sehr ähnlich waren, bauten die Kleinbauern Lebensmittel an und hielten Kleinvieh sowohl zur Subsistenz als auch zum Verkauf auf den Zuckerohrplantagen. Sie nutzten dazu meist die vom Zuckerrohranbau offengelassenen Flächen, so daß sich dort die natürliche Waldvegetation kaum regenerieren konnte. Darüber hinaus wurden die umliegenden Waldgebiete gerodet, um den Bedarf an Brennholz in den Zuckermühlen selbst und den mittlerweile entstandenen Ziegeleien zu decken. Die Rinderhaltung zur Versorgung der *engenhos* mit Zug- und Transporttieren, mit Leder, Sehnen und Fleisch war mit dieser kleinbäuerlichen Landwirtschaft nicht vereinbar, da aufgrund der fehlenden Zäune das Vieh die ackerbauliche Produktion schädigte (DEAN 1996, DANTAS et al.1992). Deshalb breitete sich die vorwiegend großbetrieblich organisierte Viehhaltung in den Savannengebieten des Hochlandes - vor allem im *sertão* - aus, wo auch die natürliche Vegetation ideale Weidebedingungen bot.

Diese räumliche Expansion der portugiesischen Besiedlung, die bis zum Ende des 17. Jahrhunderts auf rund 65.000 km² geschätzt wird, war von den politischen Zielsetzungen Portugals bestimmt, seine Macht auf dem Weltmarkt - durch Brasilholz und Zucker - auszubauen und seinen Reichtum zu vergrößern (DEAN 1996). Dazu wurde zunächst das indigene Bodenrecht auf brutalste Weise - durch Sklaverei, systematische Vertreibung und Ausrottung - gebrochen und durch ein neues ersetzt, das zwar noch immer kein Privateigentum vorsah, jedoch das Verfügungsrecht auf einen räumlich weit entfernten Staat übertrug. Die Form der Naturaneignung wurde somit bestimmt von einem externen - der

---

1 Die Verfügungsrechte der Ureinwohner, die damals als tierähnliche Geschöpfe angesehen wurden, hatten für die Kolonialherren nur insofern eine Bedeutung als sie die indigene Bevölkerung, wenn diese sich nicht ihren Besitzansprüchen und Anweisungen unterordnete, vertreiben oder ausrotten mußten, um das Land frei nutzen zu können (DANTAS et al. 1992, SILVA, L. Osorio 1996).

2 Die indigene Bevölkerung wurde in Dörfern, die in der Regel unter der Verwaltung katholischer Ordensleute stand, angesiedelt. Nach damaliger Vorstellung befanden sich die *índios* als Heiden in einem unheilvollen Zustand, dem sie zu ihrem eigenen Schutz nur durch die Annahme des christlichen Glaubens entgehen konnten. Diese 'zivilisierten' *índios* erhielten gewisse Sonderrechte und konnten nicht versklavt werden (siehe dazu DANTAS et al. 1992, DEAN 1996, PERRONE-MOISÉS 1992).

portugiesischen Krone - und regionsfremden lokalen Akteuren - den portugiesischen Vasallen und den afrikanischen Sklaven. Die Verdrängung der indigenen Bevölkerung weit ins Landesinnere hinein ermöglichte zwar in ökologischer Hinsicht die Regeneration der von diesen bis in die Anfänge der Kolonialzeit genutzten *mata atlântica*. Allerdings schädigte die portugiesisch-stämmige Bevölkerung einerseits die von ihnen genutzten Küstenbereiche viel langfristiger durch die Brasilholzextraktion und den Zuckerrohranbau und andererseits die Savannen des Hochlandes durch die Viehhaltung.

Bereits im Laufe des 17. Jahrhunderts geriet das portugiesische Herrscherhaus in eine verheerende Finanzkrise, die mit dem Verlust eines großen Teils der asiatischen Kolonien und mit dem erbitterten Konkurrenzkampf um den europäischen Zuckermarkt - inzwischen hatten sich die Antillen als größte Zuckerproduzenten auf dem Weltmarkt etablieren können - einherging (FAUSTO 1996). Die portugiesische Krone erhöhte deshalb den Druck auf die noch verbleibenden Kolonien mit dem Ziel, die Gewinne daraus noch weiter zu erhöhen. Dies galt besonders für Brasilien. Dort wurden zahlreiche Expeditionen tief in das noch unbekannte Landesinnere durchgeführt, da der Mythos vom Eldorado große Edelmetall- und Diamantenvorkommen versprach (FAUSTO 1996, CARVALHO, S.M. Schmuziger 1992). Schließlich, zu Beginn des 18. Jahrhunderts, wurden die sogenannten *bandeirantes* in den Gebieten der heutigen Bundesstaaten Mato Grosso, Goiás, Minas Gerais und Bahia fündig (siehe Abb. 7).

Die Lagerstätten vor allem in Minas Gerais waren so umfangreich, daß ihr Ruf in Europa etwa 450.000 bis 600.000 portugiesische Migranten nach Brasilien lockte (DEAN 1996, FAUSTO 1996). Dies hatte gravierende Folgen für den Naturraum. Neben den unmittelbaren Schäden, die durch den Untertagebau in Minas Gerais und besonders durch den Tagebau in den übrigen Abbaugebieten hervorgerufen wurden, fielen die Wälder des Umlandes dem hohen Holzbedarf für den Stollenbau, für die städtischen Konstruktionen - diese waren zu jener Zeit aufgrund des großen Reichtums besonders prunkvoll - und für die Brennholzversorgung der wachsenden Bevölkerung zum Opfer. Gleichzeitig mußte die Bevölkerung mit Lebensmitteln versorgt werden, so daß die Flächen für Ackerbau und Viehzucht stark ausgeweitet wurden (CARREIRA & GUSMÃO 1990). Gerade in der Umgebung der Bergbaugebiete hatte die ackerbauliche Nutzung extrem gravierende ökologische Folgen, da die meist hügeligen Gebiete sehr erosionsanfällig waren. Und auch nach der Erschöpfung der Lagerstätten konnte sich das Ökosystem nicht regenerieren - im Gegenteil: Die ehemaligen Minenarbeiter sowie die *garimpeiros* - die Gold- und Diamantenschürfer - gingen zu Ackerbau und Viehzucht über, so daß sich die Rodungsflächen sogar noch ausdehnten (DEAN 1996).

Die Sicherung der hohen Gewinne aus dem Gold- und Diamantenhandel setzte voraus, daß die Kontrolle über die Abbaugebiete in den Händen der portugiesischen Krone blieb. Dies war umso fraglicher als die Lagerstätten in Goiás und Mato Grosso jenseits der *Linha de Tordesillas* im spanischen Herrschaftsbereich lagen. Zur Absicherung ihres Territoriums gegen die Spanier, die über den Río de la Plata von Süden und über die Anden von Westen her vordrangen, investierte die portugiesische Kolonialmacht in die Errichtung von Grenzsiedlungen entlang der Flüsse Rio Amazonas, Rio Paraguai und Rio Mamoré. Darüber hinaus förderte sie die Ausdehnung der extensiven Rinderhaltung, die sich sowohl im Süden als auch im Mittelwesten bis an die heutige brasilianische Staatsgrenze vorschob. Der Vertrag von Madrid besiegelte schließlich 1750 den so entstandenen Grenzverlauf und ordnete das Amazonasgebiet endgültig dem portugiesischen Herrschaftsgebiet zu (KOHLHEPP 1987a, CARVALHO, S.M. Schmuziger 1992).

Die Geschicke Brasiliens in den drei Jahrhunderten der Kolonialgeschichte wurden also von Portugal aus bestimmt - einem Land, das seinerseits in das politische und wirtschaftliche Machtgefüge Europas eingebunden war. Die Größe und das wirtschaftliche Potential des Kolonialreiches sollte dabei die wirtschaftliche und politische Stellung Portugals gegenüber anderen Kolonialmächten in Europa sichern. Der Erschließung des brasilianischen Territoriums - eine Art koloniale Pionierfront -, die einherging mit der Verdrängung der lokalen indigenen Gruppen, lag deshalb im wesentlichen eine wirtschaftliche Motivation zugrunde (MARTINS, J. de Souza 1997a). Die maximale Ausbeutung der Kolonie und die dadurch ermöglichte Kapitalakkumulation im Mutterland - alle Werte und Güter, die nicht zur direkten Überlebenssicherung der dortigen Bevölkerung dienten, wurden nach Portugal transferiert - standen im Vordergrund aller Aktivitäten. Darüber hinaus hatten auch geostrategische Zielsetzungen eine große Bedeutung. Das Territorium wurde mit Siedlungsgründungen vor allem in Grenzlage gesichert. Beide Motivationen, wirtschaftliche wie politische, waren mit dem Interesse der portugiesischen Krone verbunden, die räumliche Ausdehnung von Besiedlung und Nutzung möglichst rasch voranzutreiben. Die praktisch freie Verfügbarkeit von Land trug dazu in entscheidendem Maße bei.

Diese Akteurs- und Motivationskonstellation implizierte eine Form der Naturaneignung, die der vorherigen indigenen völlig konträr entgegenstand: Externe und regionsfremde Akteure hatten das Ziel, die frei verfügbaren und scheinbar unbegrenzten natürlichen Ressourcen zu ihren Zwecken rücksichtslos auszubeuten. Eine Ausnahme bildeten lediglich die religiösen Siedlungsgründungen und Nutzungsformen der katholischen Missionare sowie die der kleinbäuerlichen Siedler, der sogenannten *caboclos*, die sich mit den *índios* vermischten und ihre Lebensweise zumindest teilweise übernahmen. Beide entzogen sich der unmittelbaren Kontrolle der portugiesischen Krone und waren somit nicht in die übergeordneten Machtstrukturen eingebunden.

1.2 Die Unabhängigkeit und die Zeit der Ersten Republik

Die Kolonialzeit endete mit der von politischen Unruhen begleiteten Unabhängigkeitserklärung von Brasilien und der Ausrufung des Kaiserreiches im Jahr 1822. In den nun folgenden Jahrzehnten etablierte sich der Kaffee als Hauptexportprodukt Brasiliens (FAUSTO 1996, FURTADO 1975). Dieser Siegeszug des Kaffees setzte sich auch in der Zeit der Ersten Republik (1889 - 1930) fort. Er war verbunden mit einer enormen Expansion der landwirtschaftlich genutzten Fläche im Südosten des Landes, wobei sich der Kaffeeanbau vom Umland Rio de Janeiros ausgehend über das Rio-Paraíba-Tal nach Norden,

Osten und Westen ausbreitete (siehe Abb. 6). Den Trägern dieser Expansion, den sogenannten Kaffeebaronen, standen bei der Ausdehnung der Anbauflächen keinerlei Hindernisse im Weg, denn nach der Unabhängigkeit Brasiliens blieb die Frage der *sesmarias* lange Zeit ungeklärt. Auch die Beendigung dieser Rechtsunsicherheit im Jahr 1850 mit der Umwandlung von Lehen in private Eigentumstitel und der Verfügung, daß ungenutztes Land als *terra devoluta* vom Staat käuflich zu erwerben sei, änderte faktisch nichts an der Landnahme, da die geringe Präsenz des Staates an der Kaffee-*frontier* keinerlei Kontrolle ermöglichte (SILVA, L. Osorio 1996).

Diese praktisch völlig unbegrenzte Verfügbarkeit von Land - indigene und andere traditionelle Gruppen, die noch in den Wäldern lebten, wurden nach bisheriger Praxis mit Waffengewalt vertrieben oder als Sklaven gefangen genommen - prägte auch beim Kaffeeanbau die Form der Naturaneignung (DEAN 1996). Die Kaffeebarone folgten der Produktionslogik, möglichst hohe Gewinne - nicht Kapitalakkumulation, sondern der Konsum von Luxusgütern aus Europa war ihr Ziel - mit möglichst geringem Aufwand zu erwirtschaften. Dies bezog sich sowohl auf die Auswahl des Saatguts nach Qualitätskriterien als auch auf die Sorgfalt bei Anbau und Ernte insbesondere hinsichtlich der langfristigen Erhaltung der Bodenqualität. So bemühten sich die Landeigentümer nicht, geeignete Anbaumethoden im Herkunftsgebiet des Kaffees - das äthiopische Hochland - in Erfahrung zu bringen und nachzuahmen, um Produktivität und Qualität zu verbessern. Statt Schattenbäume zu erhalten praktizierten sie weiterhin die aus dem Zuckerrohranbau bekannte Brandrodungsmethode und zerstörten damit große Flächen Primärwald. Auch wurden die Kaffeestrauchreihen senkrecht zum Hang angeordnet - damit waren die Sklaven bei ihrer Arbeit leichter zu kontrollieren - und die Bereiche unter den Sträuchern zur Erleichterung der Erntearbeiten von Vegetation freigehalten.

Insbesondere im stark hügeligen Hinterland von Rio de Janeiro führte diese Anbaumethode bereits nach wenigen Jahren zu Erosion und Produktivitätsrückgang. Da auch hier jegliche Form des Bodenschutzes aufwendiger und teurer war als die Erschließung von Neuland, verlagerten die Kaffeebarone die Anbauflächen immer weiter ins Landesinnere hinein (MARGOLIS, M. 1977). Diese Expansion wurde noch beschleunigt durch den Generationswechsel in den Eigentümerfamilien, da nicht das jeweilige familieneigene Land zwischen den Nachfahren aufgeteilt, sondern für jedes junge Familienmitglied ein zusätzliches ebenso großes Grundstück an der *frontier* erschlossen wurde. Durch das Anwerben europäischer Einwanderer für die Arbeit in der Kaffeepflanzungen konnte auch der wachsende Arbeitskräftebedarf weitgehend gedeckt werden, so daß der flächenhaften Expansion des Kaffeeanbaus weder bodenrechtliche Regelungen noch ein hemmender Arbeitskräftemangel im Wege standen.

Der Staat, geschwächt durch die zahlreichen politischen Unruhen im Land, hatte keinerlei Möglichkeit diese unkontrollierte Entwicklung aufzuhalten. Außerdem war auch er daran interessiert, die Exporte rasch zu steigern, da sich Brasilien bereit erklärt hatte, für die Anerkennung seiner Unabhängigkeit durch England - damals von zentraler Bedeutung im weltpolitischen Geschehen - einen Teil der Schulden Portugals zu übernehmen. Darüber

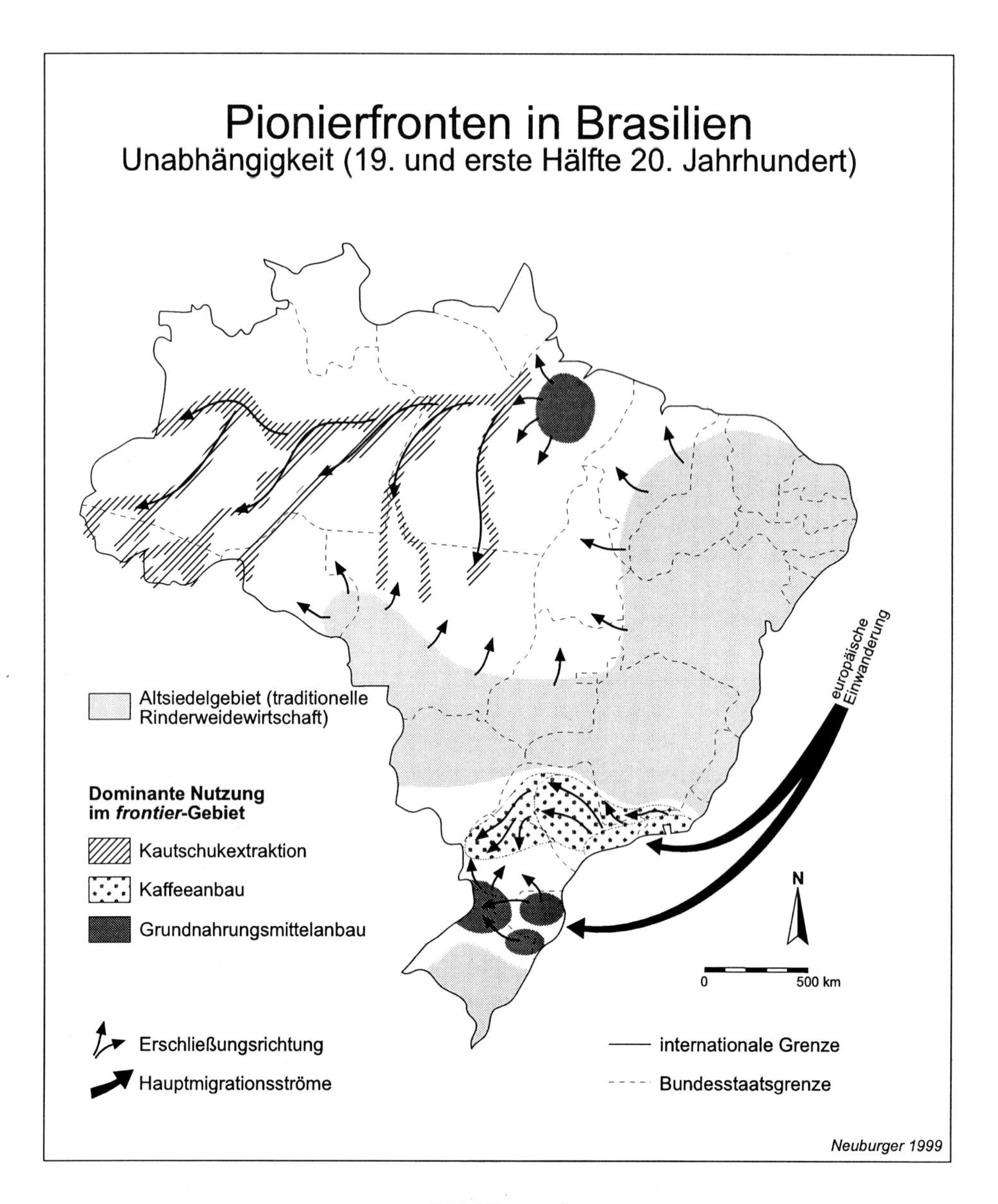
Pionierfronten in Brasilien
Unabhängigkeit (19. und erste Hälfte 20. Jahrhundert)
Altsiedelgebiet (traditionelle Rinderweidewirtschaft)
Dominante Nutzung im *frontier*-Gebiet
Kautschukextraktion
Kaffeeanbau
Grundnahrungsmittelanbau
europäische Einwanderung
N
0 500 km
Erschließungsrichtung
Hauptmigrationsströme
internationale Grenze
Bundesstaatsgrenze
Neuburger 1999

Abbildung 6

hinaus mußten die Kosten für den Import europäischer Luxuswaren und für die mit der Reichsgründung notwendig gewordene Diplomatie gedeckt werden. Außerdem setzten sich die brasilianischen Eliten mit der staatlichen Unabhängigkeit das Ziel, in möglichst kurzer Zeit das wirtschaftliche und industrielle Niveau der europäischen Staaten zu erreichen. Der Staat förderte deshalb die Kaffeeproduktion und investierte hohe Summen in den Ausbau des Eisenbahnnetzes in den Anbaugebieten, um eine rasche Vermarktung zu garantieren. Zusätzlich schuf er Anreize, das durch den Kaffee erwirtschaftete Kapital in den städtisch-industriellen Sektor zu investieren, so daß bereits Anfang des 20. Jahrhunderts deutliche Industrialisierungs- und Verstädterungstendenzen zu erkennen waren (SILVA, S. 1986).

Der Kaffeeanbau, der bis in die 60er Jahre des 20. Jahrhunderts hinein in einer phasenhaften räumlichen Verlagerung den Norden Paranás, den *Norte Novíssimo*, erreichen sollte, unterlag in den folgenden Jahrzehnten starken Schwankungen, die von den im Rahmen der Entwicklung des Weltmarktes wechselnden politischen Strategien der Zentralregierung abhingen (FONSECA, M. Pinto da 1980, KOHLHEPP 1975, 1982 und 1989b). Heute hat sich der Kaffeeanbau auch aufgrund der hohen Wahrscheinlichkeit von Frostschäden auf einige Kerngebiete in São Paulo zurückgezogen. Vor allem die westlichsten Kaffeeregionen unterlagen seit den 70er Jahren einem enormen wirtschaftlichen und sozialen Strukturwandel hin zu einer Dominanz von Rinderweidewirtschaft und Sojaanbau (KOHLHEPP 1990, MARTINE 1987). Die sozialen und politischen Auswirkungen dieser regionalen Prozesse im Südosten Brasiliens sollten über viele Jahrzehnte hinweg eine große Bedeutung für die Erschließung Amazoniens haben.

Die Entwicklungen der Anfangsphase des Kaffeeanbaus in postkolonialer Zeit - Kaffeeexpansion, Bevölkerungswachstum, Verstädterung und Industrialisierung - beschleunigten die Rodungen, die von der gleichzeitig wachsenden Holzindustrie - Mitte des 19. Jahrhunderts gab es 53 Sägewerke in São Paulo - getragen wurden (DEAN 1996, MONBEIG 1984). Trotz der Veränderung der Akteursebene - die portugiesische Krone wurde durch die brasilianische Regierung ersetzt - verringerte sich der Ausbeutungscharakter der Nutzungsformen nicht, da die freie Verfügbarkeit von Land und Arbeitskräften sowie die fehlende staatliche Kontrollinstanz die problemlose Substitution degradierter Ressourcen durch die Erschließung neuer Ressourcen ermöglichte. Aufgrund der Interessenkoalitionen zwischen politischen und wirtschaftlichen Eliten - die Kaffeebarone hatten inzwischen die Zuckerbarone in den politischen Entscheidungszentralen abgelöst - griff der Staat in diese Ressourcenplünderung nicht ein (CARREIRA & GUSMÃO 1990). Lediglich wenn überlebensnotwendige Ressourcen damit gefährdet wurden, verordnete er Schutzmaßnahmen wie beispielsweise im direkten Umland der damaligen Hauptstadt Rio de Janeiro. Exzessive Rodungen der *mata atlântica* für den Anbau von Kaffee hatten die Trinkwasserversorgung der Stadt, die aus den umliegenden Hügeln gespeist wurde, bedroht, so daß Dom Pedro II bereits Mitte des 19. Jahrhunderts Aufforstung und Schutz dieser Wälder, aus denen später der noch heute bestehende Stadtwald *Floresta da Tijuca* entstand, anordnete - eine Maßnahme, die eine weit entfernte Kolonialmacht nie durchgeführt hätte (DEAN 1996).

Parallel zu der großbetrieblich strukturierten Kaffee-*frontier* entstand im Süden Brasiliens eine weitere allerdings stark kleinbäuerlich geprägte Pionierfront (KOHLHEPP 1975). Die kaiserliche Regierung warb im kriselnden Europa um Siedler, um auf den Flächen, die noch nicht von der großbetrieblichen Viehhaltung okkupiert wurden, mit Hilfe geplanter staatlich und privat getragener Agrarkolonisation ein selbständiges Bauerntum zu etablieren, das zum einen die wachsenden Städte mit Nahrungsmitteln versorgen, zum anderen aber auch die rebellischen Südprovinzen stärker an die Zentralregierung binden sollte (LÜCKER 1986)[1].

Die ersten Kolonisationsversuche von Wolga-Deutschen in den Gebieten der *campos limpos*, den Niedergrassteppen, schlugen fehl, da die Siedler aus ihren Herkunftsgebieten, in denen russische Schwarzerden vorherrschten, nur den Ackerbau ohne Düngereinsatz kannten, der sich für die sandigen nährstoffarmen Böden Paranás in keinster Weise eignete (KOHLHEPP 1969). Ein Großteil der Siedler wanderte nach Argentinien oder in die USA ab. Die Kolonisationstätigkeiten wurden dennoch nicht aufgegeben, sondern weiter nach Westen in die Waldgebiete verlagert, wo man schließlich auf gute Böden stieß. Die dafür angeworbenen Kolonisten deutscher und italienischer, teilweise auch slawischer Herkunft gründeten, wie sie es aus ihrer Heimat kannten, landwirtschaftliche Mischbetriebe mit einer intensivierten Form der Landwechselwirtschaft - unter Verwendung von Düngergaben - auf der Basis des Rodungsfeldbaus. Entsprechend ihrer sozio-kulturellen Herkunft aus dem kleinbäuerlichen Milieu war ihr Produktionsziel vor allem die Sicherung der Subsistenz und die langfristige Erhaltung ihrer Existenzgrundlage, also der Produktivität des Bodens. Dabei konnten sie die ihnen bekannten Produktionsformen verbunden mit einigen von der lokalen Bevölkerung erlernten Techniken anwenden, da die naturräumliche Ausstattung der Siedlungsgebiete der europäischen sehr ähnlich war (MÜLLER, J. 1984). Somit entwickelte sich trotz großer Landreserven[2] eine das Ökosystem schonende subsistenzorientierte Art der Naturaneignung, obwohl sie von regionsfremden Akteuren getragen wurde.

Dies konnte aber nicht verhindern, daß das hohe natürliche Bevölkerungswachstum verbunden mit der dort üblichen Realteilung den Bevölkerungsdruck in einer Region, in der es neben der Landwirtschaft keine Einkommensalternativen gab, derart erhöhte, daß die Ausdehnung der landwirtschaftlichen Flächen weiter nach Westen notwendig wurde (LÜCKER 1986, BRUMER et al. 1993). Die südlichen Bundesstaaten sowie einige private Träger - teilweise Privatpersonen und bäuerlich-religiöse Vereine - führten deshalb Ende

1 Auch im Südosten, im Hinterland des Küstensaums, entstanden einige staatlich und privat gelenkten kleinbäuerlichen Kolonisationsgebiete (siehe dazu STRUCK 1992a und 1992b)

2 Politisch-ökonomische Annahmen, daß an Pionierfronten frei verfügbares Land allein die rücksichtslose Ausbeutung der naturräumlichen Ressourcen bedingen würde, sind deshalb zu kurz gegriffen. Wie das Beispiel Südbrasilien zeigt, haben sozio-kulturelle Faktoren eine große Bedeutung (siehe zum Beispiel Südbrasilien WAIBEL 1955 und KARP 1987). Darüber hinaus entscheidet auch die Einbindung der *frontier*-Region und der Akteure in die übergeordneten Gesellschafts- und Wirtschaftsstrukturen über die Art der Naturaneignung.

des 19. Jahrhunderts kleinbäuerliche Kolonisationsprojekte durch, so daß mit dem zweiten Generationswechsel nach rund siebzig Jahren eine Verlagerung der *frontier* und damit die weitere Zerstörung der *mata atlântica* zu beobachten war.

Diese Entwicklung sollte sich bis in die 50er und 60er Jahre des 20. Jahrhunderts fortsetzen. Ab den 70er Jahren mit der nahezu vollständigen Erschließung des brasilianischen Südens unterlag die Region jedoch ähnlichen Prozessen wie die ehemaligen Kaffeegebiete des Südostens. Mit der wachsenden Bedeutung des Soja- und Weizenanbaus setzte in der Landwirtschaft eine Modernisierungswelle ein, die verheerende soziale und ökologische Folgen hatte. Insbesondere die massive Abwanderung aus diesen Regionen sollte später die Entwicklung Amazoniens entscheidend prägen (siehe LOPES 1981, KOHLHEPP 1989c, MESQUITA 1990, SILVA, S. Tietzmann 1990 sowie verschiedene Beiträge in MARTINE & GARCIA 1987).

Neben den Erschließungsprozessen in den küstennahen Regionen entwickelte sich im Laufe des 19. Jahrhunderts eine extraktive *frontier* in Amazonien. Mit der Erfindung des Vulkanisier-Verfahrens und der späteren boomartigen Entwicklung der Automobilindustrie in Europa wurde der Kautschuk - der harzähnliche Saft des im Amazonas-Gebiet heimischen Hevea-Baumes (*Hevea brasiliensis*) - zu einem der wichtigsten Exportprodukte Brasiliens (KOHLHEPP 1987a, HURTIENNE & NITSCH 1987). Diese Form der Naturaneignung war sicherlich sehr gut an das Ökosystem angepaßt, da die Nutzung der Ressourcen sein naturräumliches Potential nicht zerstörte. Allerdings brachte sie in sozialer Hinsicht eine extreme Polarisierung der Gesellschaft mit sich. Die Kautschukzapfer - in ihrer Mehrzahl Einwanderer aus dem von Dürren geplagten Nordosten - lebten in völliger Isolation und waren durch die Arbeitsorganisation im sogenannten *aviamento*-System von den lokalen und regionalen Zwischenhändlern vollständig abhängig. Auch diese Nutzungsform baute somit auf die rücksichtslose Ausbeutung - in diesem Fall - der Humanressourcen auf. Sie hatte nur deshalb keine zerstörerische Wirkung auf den Naturraum, da die gewinnbringenden Ressourcen - die Kautschukbäume - nur in begrenztem Maße vorhanden waren und ihre Zerstörung das Versiegen dieser lukrativen Einkommensquelle bedeutet hätte, so daß ihre langfristige Erhaltung gewährleistet sein mußte. Der Zusammenbruch des brasilianischen Kautschukhandels lag in weltwirtschaftlichen, nicht in ökologischen oder politischen Ursachen begründet: Die englischen Kolonien Südostasiens konnten Kautschuk nämlich erfolgreich in ihren Plantagen anbauen und deshalb sehr viel billiger produzieren[1].

In der postkolonialen Geschichte Brasiliens lassen sich demnach drei verschiedene Pionierfronttypen definieren, die sich jeweils durch eine spezifische Form der Naturaneignung und der damit verbundenen Naturveränderung bzw. -zerstörung, durch die jeweilige Akteurskonstellation sowie durch die gesellschaftliche und wirtschaftliche Einbindung in die übergeordneten Strukturen auszeichnen. Die großbetrieblich geprägten Pionierfronten des

1 Siehe zu den historischen Einzelheiten des Kautschukbooms in Amazonien KOHLHEPP 1987a, SILVEIRA 1993, MACHADO 1997, OVIEDO & ROUX 1996.

Nordostens und Südostens hatten mit dem Anbau von Exportprodukten - Zuckerrohr und Kaffee, beides für die europäischen Märkte bestimmt - und einer gewinnorientierten ausbeuterischen Wirtschaftsweise, die von auf Luxuskonsum ausgerichteten Akteuren getragen wurde, verheerende Folgen für das jeweilige Ökosystem. Die geringere Einbindung in Weltmarktstrukturen, subsistenzorientierte Produktionsweisen, kleinbäuerliche Traditionen und schonende Ressourcennutzung prägten demgegenüber die *frontier*-Regionen des Südens. Schließlich ist noch die extraktive Pionierfront Amazoniens zu nennen, die trotz Integration in den Weltmarkt und gewinnorientierter Nutzung in ökologischer Hinsicht keine dauerhaften Schäden verursachte. Weder der Grad der Weltmarktintegration, noch die Vertrautheit der Akteure mit dem jeweiligen Ökosystem sind demnach allein ausschlaggebend für die Einflüsse auf die natürliche Umwelt. Vielmehr scheinen auch die unterschiedlichen Zielsetzungen und Handlungsrationalitäten, die die Naturaneignungsstrategien der *land manager* bestimmen, von entscheidender Bedeutung zu sein.

1.3 Das 20. Jahrhundert im Zeichen der Erschließung und wirtschaftlichen Inwertsetzung Amazoniens

Die Zeit des *Estado Novo* ab den 30er Jahren, die durch die 15-jährige Militärdiktatur unter Getúlio Vargas geprägt war, leutete ein neues Kapitel in der Erschließung des brasilianischen Territoriums ein. Die Agraroligarchie hatte sich mit dem wirtschaftlich prosperierenden städtisch-industriellen Bürgertum verbündet und bildete die neue politische Elite, die mit der Unterstützung des städtischen Proletariats durch die Revolution von 1930 die Macht erobern konnte (DAYRELL 1974, SKIDMORE 1982). Die politischen Umwälzungen gingen einher mit tiefgreifenden wirtschaftlichen Krisen im ländlichen Raum, die enorme soziale Spannungen nach sich zogen. Durch Überproduktion, Preisverfall und Weltwirtschaftskrise stagnierte der Kaffeeanbau, so daß im Südosten des Landes ein großes Heer von Kaffeepächtern ihre Arbeit verlor. Gleichzeitig führte die Umstrukturierung des Zuckerrohranbaus im Nordosten, die von europäischen Kapitalgesellschaften getragen wurde, zu einer Freisetzung von Arbeitskräften in diesem Sektor (RÖNICK 1986). Die sozialen Spannungen im ländlichen Raum stiegen deshalb zunehmend und lösten eine Landflucht aus, die ihrerseits aufgrund der begrenzten Arbeitskräfteabsorption in der aufkeimenden Industrie die soziale Misere in den Städten - insbesondere in den Metropolen Rio de Janeiro und São Paulo - verschärfte.

Die populistische Militärregierung unter Getúlio Vargas geriet dadurch unter einen bedrohlichen Legitimationsdruck, dem sie mit einer nationalistisch geprägten Ideologie begegnete, die zwei zentrale Komponenten enthielt: zum einen das Ziel, den Nationalstaat durch die Inkorporation bzw. Kooptation möglichst aller gesellschaftlicher Gruppen politisch zu stärken und zum anderen die Erklärung der wirtschaftlichen und sozialen Entwicklung des Landes zur nationalen Aufgabe. Zu dieser Ideologie des *desenvolvimentismo* gehörte auch die Integration der peripheren Regionen in die nationale Wirtschaft (MACHADO 1997). Dies galt vor allem für Amazonien, das damals als menschenleerer Raum betrachtet wurde, dessen wirtschaftliches Potential für die nationale Entwicklung inwertzusetzen, dessen Grenzen zu sichern und gegen die Nachbarstaaten zu verteidigen seien. Mit der Verkündung des *Marcha para Oeste* - des Marsches nach Westen - definierte der brasilianische Präsident deshalb 1938 ein neues nationales Entwicklungsziel, das bis Ende der 80er Jahre Bestand haben sollte. Er befriedigte damit nicht nur die geostrategischen Bedürfnisse des nun erstarkenden Nationalstaates, sondern konnte auch den marginalisierten ländlichen Gruppen eine neue Existenzgrundlage versprechen (BERTRAN 1988).

Allerdings blieben die tatsächlichen Aktivitäten des Staates weit hinter den politischen Zielsetzungen zurück (SANTOS, J.V. Tavares dos 1993). Neben der Gründung von Bundesterritorien, sogenannter *Territórios Federais*, der Einrichtung zahlreicher Behörden - die wohl wichtigste war die *Fundação Brasil Central* - und der Verabschiedung entsprechender Gesetze wurden Anfang der 40er Jahre lediglich drei staatliche kleinbäuerliche Kolonisationsprojekte, sogenannte *Colônias Agrícolas Nacionais*, in den heutigen Bundesstaaten Mato Grosso do Sul, Goiás und Maranhão implementiert und einige tausend Familien aus den nordöstlichen Krisengebieten angesiedelt (siehe zum Beispiel DAYRELL 1974). Auch den Bundesstaaten gestand die Zentralregierung mehr Autonomie in der Umwandlung ungenutzten Staatslandes, der *terras devolutas*, in Privateigentum zu. Sowohl die bundesstaatlichen Regierungen als auch Munizipien sowie vom Bundesstaat beauftragte private Kolonisationsfirmen führten Siedlungsprojekte unterschiedlichster Größenordnungen vor allem in den wenig erschlossenen Gebieten der Randbereiche Amazoniens durch (COY & LÜCKER 1993). So entstanden kleinere Siedlungskerne in direkter Nachbarschaft zu den *Colônias Agrícolas Nacionais* und im Süden des heutigen Mato Grosso, im Umland von Cáceres und Rondonópolis (BERTRAN 1988) (siehe Abb. 7). Entsprechend der zögerlichen Erschließungstätigkeit beschränkten sich auch die Rodungen auf diese räumlich eng umgrenzten Gebiete.

Diese Pionierfront der 40er und 50er Jahren stellte die noch eher zaghaften Anfänge einer Erschließungs- und Inwertsetzungspolitik dar, die wenige Jahrzehnte später zu den gravierenden sozioökonomischen und politisch-ökologischen Umwälzungen in Amazonien führen sollte, für die diese Region in neuerer Zeit international eine traurige Berühmtheit erlangt hat (SAWYER 1984, MARTINS, J. de Souza 1987, FOWERAKER 1981, MUELLER 1992, DICKENSON 1995, SCHMINK & WOOD 1992). Zum ersten Mal in der Geschichte Brasiliens entstand eine Pionierfront, die neben geostrategischen und wirtschaftlichen Zielen explizit die soziale Entlastung der Krisenregionen des Nordostens und Südostens erreichen sollte, also als Sicherheitsventil - als *válvula de escape* - funktionalisiert wurde.

Dies schlug sich auch in den dominierenden Formen der Naturaneignung nieder. Aufgrund der kleinbäuerlichen Struktur der Kolonisationsprojekte herrschten hier nicht gewinnorientierte, sondern vielmehr überlebensorientierte Ausbeutungsmuster vor. Die Entwicklung der Siedlungsgebiete litt unter den ungünstigen Rahmenbedingungen ihrer Implementierung. Die geringe Erfahrung der staatlichen Stellen mit der Einrichtung von Agrarkolonisationsprojekten und ihre schlechte finanzielle und infrastrukturelle Ausstattung waren zum Teil für ihren Mißerfolg verantwortlich. Auch die in der Siedlungsplanung erfahrenen Kolonisationsfirmen aus dem Süden und Südosten Brasiliens scheiterten in vielen Fälle,

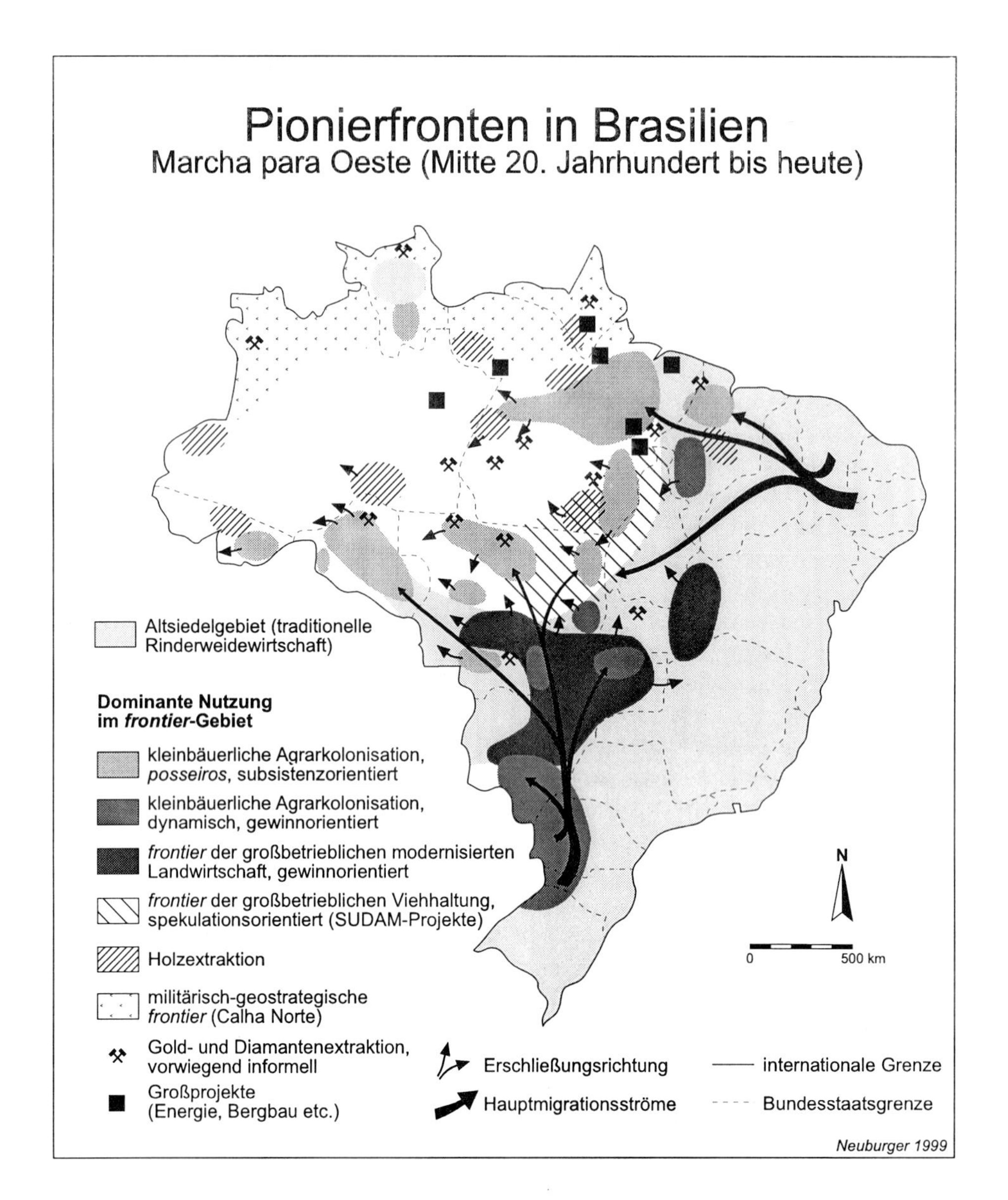

Pionierfronten in Brasilien
Marcha para Oeste (Mitte 20. Jahrhundert bis heute)
Altsiedelgebiet (traditionelle Rinderweidewirtschaft)
Dominante Nutzung im frontier-Gebiet
kleinbäuerliche Agrarkolonisation, posseiros, subsistenzorientiert
kleinbäuerliche Agrarkolonisation, dynamisch, gewinnorientiert
frontier der großbetrieblichen modernisierten Landwirtschaft, gewinnorientiert
frontier der großbetrieblichen Viehhaltung, spekulationsorientiert (SUDAM-Projekte)
Holzextraktion
militärisch-geostrategische frontier (Calha Norte)
Gold- und Diamantenextraktion, vorwiegend informell
Großprojekte (Energie, Bergbau etc.)
Erschließungsrichtung
Hauptmigrationsströme
internationale Grenze
Bundesstaatsgrenze
N
0
500 km
Neuburger 1999

Abbildung 7

da die Eignung der naturräumlichen Voraussetzungen überschätzt wurde. Darüber hinaus waren bei der Auswahl der Siedlungsgebiete häufig die Bedürfnisse der in den Bundesstaaten bereits etablierten Eliten ausschlaggebend. Diese konnten sich die ökologischen Gunsträume sichern, während sie für die staatliche Kolonisation, bei der nichts zu verdienen war - die Grundstücke wurden an die landlosen Familien verschenkt -, Regionen vorsahen, die für die Landwirtschaft weitgehend ungeeignet waren. Die wirtschaftlich und politisch dominierenden Gruppen machten sich in den *frontier*-Gebieten damit selbst die ineffektive Präsenz und Kontrolle des Staates für ihre spekulativen Zwecke zunutze, verkauften mehrfach ein und dasselbe Grundstück oder verfügten über Land, das ihnen rein rechtlich gar nicht gehörte. Politisch-ökonomische Machtkonstellationen gepaart mit klientelistischen Strukturen bestimmten also über Erfolg und Mißerfolg des jeweiligen Kolonisationsprojektes (SAWYER 1984, LOUREIRO 1992).

Die kleinbäuerlichen Siedler, denen das lokale Ökosystem völlig unbekannt war, blieben häufig ohne gesicherten Landtitel auf sich selbst gestellt und waren gezwungen, die meist viel zu kleinen Grundstücke zur Überlebensicherung zu übernutzen. Produktivitätsrückgang, Landkonzentrationsprozesse und Abwanderung waren eine logische Konsequenz dieser Entwicklung in fast allen Siedlungsgebieten (COY & LÜCKER 1993, DAYRELL 1974). Die zunehmende ökologische und sozioökonomische Degradierung zeigte sich dabei vor allem in der Umwandlung von Ackerland, das von kleinbäuerlichen Familien bestellt wurde, in Weiden der mittel- und großbetrieblichen Rinderweidewirtschaft - ein Prozeß, der auch als *pecuarização* bezeichnet wird und noch heute in den aktuellen *frontier*-Regionen beobachtet werden kann (MORAN 1991, DIEGUES 1993, MESQUITA 1989, LISANSKY 1990, MOUGEOT & LÉNA 1994).

Nach dieser ersten Phase der zögerlichen Besiedlung der Randbereiche Amazoniens und mit der Gründung eines demokratischen Staates im Jahr 1945 führten die häufigen politischen Wechsel der Zentralregierung zu einem Stillstand der Erschließungspolitik. Die politischen Probleme der jungen Demokratie schwächten den Staat und lenkten die Aufmerksamkeit von der amazonischen Region ab (SKIDMORE 1982). Erst 1960 mit der Einweihung der neuen Bundeshauptstadt Brasília gewann der *Marcha para Oeste* wieder an Bedeutung. Dies hing insbesondere mit den politischen Rahmenbedingungen der 60er Jahre zusammen. Durch langanhaltende gravierende Kaffeekrisen und wiederholte Dürrenkatastrophen bisher unbekannten Ausmaßes wurden sowohl im Südosten als auch im Nordosten weitere Arbeitskräfte freigesetzt (siehe dazu KOHLHEPP 1975, RÖNICK 1986). Darüber hinaus wurden traditionelle Teil- und Arbeitspachtverhältnisse in der Landwirtschaft, die den Landlosen eine - wenn auch auf niedrigem Niveau anzusiedelnde - Existenzgrundlage über das ganze Jahr hinweg gesichert hatten, aufgelöst und häufig Pächter durch Saisonarbeiter oder Tagelöhner ersetzt.

Die damit einhergehenden sozialen Spannungen, die Organisation der Landlosen und Kleinbauern in den sogenannten *ligas camponesas* und die mit immer mehr Nachdruck hervorgebrachten Forderungen nach einer Agrarreform veranlaßten die Militärs schließlich dazu, die Macht in Brasilien zu ergreifen (MARTINS, J. de Souza 1990). Um ihrem Versprechen, das Land aus dem politischen und wirtschaftlichen Chaos zu befreien, gerecht zu werden und um die aufgebrachten ländlichen Massen zu beschwichtigen, wurde die Erschließung Amazoniens in Angriff genommen. Sie sollte dazu dienen, diesen 'leeren Raum' - die *grandes vazios* - einerseits für die nationale Wirtschaft und Entwicklung inwertzusetzen und andererseits für die Landlosen - die 'Menschen ohne Land', die *homens sem terra* - als Siedlungsraum - im 'Land ohne Menschen', der *terra sem homens* - zur Verfügung zu stellen (HECHT 1984, COY 1988). Damit wurde die Agrarreform scheinbar überflüssig, die gegen die Widerstände der Landoligarchie ohnehin nicht durchsetzbar gewesen wäre und auch nicht im Interesse der Machthaber lag (KOHLHEPP 1979).

Die ideologisch mit den Schlagworten des *desenvolvimentismo* und der nationalen Sicherheit untermauerte Strategie zur Erschließung Amazoniens wurde in den 60er und verstärkt in den 70er Jahren mit einem ganzen Bündel von Maßnahmen umgesetzt (COSTA, J.M. Monteiro da 1979, PANDOLFO 1994, KOHLHEPP 1987b, MACHADO 1987, BECKER 1990a). Von zentraler Bedeutung war dabei der Ausbau des Straßennetzes mit zahlreichen Nord-Süd- und Ost-West-Achsen, das die amazonische Region mit den wirtschaftlichen Zentren des Landes verband. Sie dienten als Entwicklungskorridore und Ausgangspunkte für die Besiedlung, die einerseits durch staatlich gelenkte Agrarkolonisationsprojekte im Rahmen des Programms der Nationalen Integration (PIN - *Programa de Integração Nacional*), andererseits durch die staatliche Förderung von Investitionen des nationalen und internationalen Kapitals in große Rinderweidebetriebe sowie durch die Ausweisung von regionalen Entwicklungspolen und Freihandelszonen erreicht werden sollte. Diese staatlichen Maßnahmen wurden in sehr unterschiedlicher Weise von den einzelnen Zielgruppen wahrgenommen. Während beispielsweise die Investoren der großen Viehwirtschaftsbetriebe vorwiegend aus Spekulationsgründen in Amazonien tätig wurden und somit die Flächen nach der Rodung nur sehr extensiv - wenn überhaupt - nutzten, kamen die in den Kolonisationsprojekten angesiedelten Landlosen und Kleinbauern in die Region, um sich eine neue Existenz aufzubauen[1]. Das dadurch entstandene Mosaik völlig unterschiedlicher Nutzungsformen in Amazonien entsprach einem kleinräumig differenzierten Muster ökologischer Degradierungserscheinungen, in dem sich überlebensorientierte und spekulations- bzw. gewinnorientierte Ausbeutungsformen gegenüberstanden.

Die staatlich initiierten Entwicklungen lösten ungeahnte spontane Prozesse in Amazonien aus, die sich größtenteils der Kontrolle des Staates entzogen. Die Hoffnung der kleinbäuerlichen Familien auf eine Verbesserung ihrer wirtschaftlichen Situation in den staatlichen Kolonisationsprojekten wurde in den meisten Fälle bitter enttäuscht, da auch hier wie in den Siedlungsprojekten der 40er und 50er Jahre naturräumliche Ungunstfaktoren, planerische Mängel und politisch-ökonomische sowie klientelistische Strukturen die subsistenz-

---

1 Zu unterschiedlichen Aspekten der staatlich initiierten Erschließungsprozesse in Amazonien siehe die Beiträge in KOHLHEPP & SCHRADER 1987. Zur staatlichen Kolonisation siehe MORAN 1984, COY 1988, KOHLHEPP 1976, VALVERDE 1989, WESCHE 1981, WOOD & SCHMINK 1981. Zur Bedeutung von staatlich geföderten Privatinvestitionen siehe HECHT 1984, POMPERMAYER 1984, OLIVEIRA, A. Umbelino de 1995a, JEPMA 1995, BECKER 1990b, LOUREIRO 1992.

orientierte Wirtschaftsform der Siedler zum Scheitern verurteilten und sie zur Abwanderung in die Städte oder in neue *frontier*-Gebiete zwangen (siehe Beispiele dazu in KOHLHEPP 1987a, COY 1988, COY & FRIEDRICH 1998, HENKEL 1994, CASTRO et al. 1994, SMITH et al. 1995a).

Die Migrationsströme immer weiter nach Amazonien hinein und die damit verbundene Verlagerung der *frontier* wurde noch beschleunigt durch die spontane Zuwanderung vor allem aus dem Süden und Südosten Brasiliens. Die Migranten folgten dabei den Versprechungen der Regierung und der Mund-zu-Mund-Propaganda von Verwandten oder Bekannten, die bereits in die amazonischen Regenwaldgebiete gewandert waren (PERDIGÃO & BASSEGIO 1992, VELHO 1984, ARAGÓN 1986). Dabei zeigt die heutige Zusammensetzung der Bevölkerung in den Bundesstaaten des Mittelwestens und Nordens, daß die große Mehrzahl der Migranten aus dem krisengeschüttelten Nordosten sowie - zu einem sehr viel größeren Teil - aus den sich modernisierenden Gebieten des Südens und Südostens stammt (siehe Abb. 8). Dabei kamen die *nordestinos* nur in seltenen Fälle direkt aus den brasilianischen Dürregebieten. Meist waren sie in einer ersten Etappe in die zuvor florierenden Kaffeegebiete des Südostens gewandert, um von dort in mehreren Etappen schließlich in die amazonischen *frontier*-Regionen zu gelangen. Dementsprechend stieg in den letzten drei Jahrzehnten die Migrationsbevölkerung insbesondere in Mato Grosso und Rondônia stark an und bestimmt dort noch heute die Bevölkerungsstruktur (WOOD & WILSON 1984, AJARA 1989, BARCELLOS & COSTA 1991).

Die Migrationsströme übertrafen die Kapazität der staatlichen Kolonisationsprojekte bei weitem, so daß sich die Siedler in illegalen Landbesetzungen als *posseiros* entlang der neuen Straßentrassen und in der Nähe der Kolonisationsprojekte niederließen. Diese spontane Landnahme verbunden mit der geringen Präsenz des Staates in den *frontier*-Regionen führte zu zahlreichen Raumnutzungskonkurrenzen, die meist in gewaltsamen Konflikten zwischen den einzelnen Akteuren ausgetragen wurden. Insbesondere die indigenen Gruppen waren davon betroffen, die von den zuständigen staatlichen Stellen in der Erschließungsplanung fast völlig ignoriert wurden (LOUREIRO 1992, PERDIGÃO & BASSEGIO 1992, PASCA 1998 sowie verschiedene Beiträge in LÉNA & OLIVEIRA 1992).

In den 80er Jahren änderte der Staat seine Amazonien-Politik und gab der Privatinitiative bei der weiteren Erschließung von Ressourcen mehr Gewicht, während er seine Mittel stärker zur Konsolidierung und Regionalentwicklung verwendete (COY 1996b). In der Agrarkolonisation gewannen private Siedlungsprojekte - beispielsweise im Norden Mato Grossos - an Bedeutung. Sie zeichneten sich aufgrund der spezifisch modern-kapitalistischen sozio-kulturellen Herkunft und der besseren wirtschaftlichen Basis der Siedler durch eine größere Entwicklungsdynamik als die staatlichen Projekte aus (BECKER 1990a, COY & LÜCKER 1993, SANTOS, J.V. Tavares dos 1993). Dennoch blieben auch hier die aus anderen Kolonisationsgebieten bekannten Differenzierungs-, Konzentrations- und Verdrängungsprozesse nicht aus. Teilweise gingen aus diesen Regionen - vor allem im Süden Mato Grossos und in Mato Grosso do Sul - in den letzten Jahrzehnten die heutigen Gebiete der modernisierten Landwirtschaft hervor.

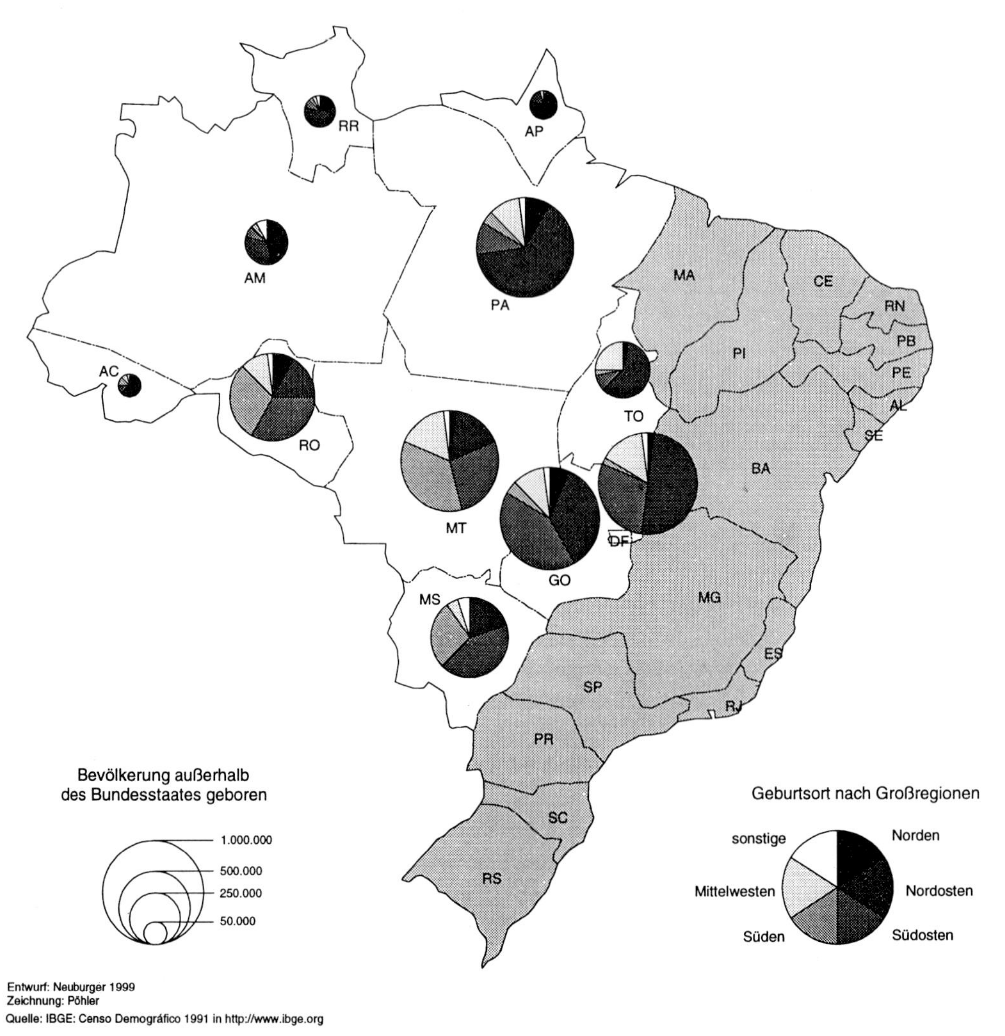
Herkunft der Migrationsbevölkerung in den Pionierfrontregionen 1991
RR
AP
AM
PA
MA
CE
RN
PB
PE
AL
SE
PI
AC
RO
TO
BA
MT
DF
GO
MG
MS
ES
SP
RJ
PR
SC
RS
Bevölkerung außerhalb
des Bundesstaates geboren
1.000.000
500.000
250.000
50.000
Geburtsort nach Großregionen
sonstige
Norden
Mittelwesten
Nordosten
Süden
Südosten
Entwurf: Neuburger 1999
Zeichnung: Pöhler
Quelle: IBGE: Censo Demográfico 1991 in http://www.ibge.org

Abbildung 8

Die bereits bestehenden vorwiegend staatlich geprägten *frontier*-Gebiete, vor allem die besonders konfliktreichen Regionen in Rondônia und im Südwesten Mato Grossos, versuchte der Staat mit Hilfe internationaler Finanzmittel im Rahmen des äußerst umfangreichen Regionalentwicklungsprogramms POLONOROESTE (*Programa Integrado de Desenvolvimento do Noroeste do Brasil*) zu konsolidieren. Das dem Konzept der Integrierten Ländlichen Entwicklung verschriebene Programm hatte allerdings nur begrenzten Erfolg, da sich die durchgeführten Maßnahmen im wesentlichen auf den Ausbau der Infrastruktur - Straßen, Schulen, Gesundheitseinrichtungen - beschränkten, nicht aber disparitäre wirtschafts- und sozialräumliche Strukturen oder Vermarktungsprobleme wirkungsvoll beseitigen konnten (COY 1988, LEONEL 1992).

Neben der landwirtschaftlichen Inwertsetzung sollten auch die Bodenschätze Amazoniens genutzt werden. Die vermehrten Anstrengungen zur Erschließung der mineralischen Ressourcen in den 80er Jahren sind vor dem Hintergrund internationaler Verpflichtungen Brasiliens zu sehen. Der Staat drohte durch die wachsende Auslandverschuldung sowohl auf internationaler als auch auf nationaler Ebene handlungsunfähig zu werden (ALTVATER 1987). Die Steigerung der Exporterlöse und die Erwirtschaftung von Devisen durch die Inwertsetzung der amazonischen Ressourcen sollte eben dieses verhindern. Im Zentrum des Interesses stand dabei das Carajás-Gebiet, etwa 550 km südwestlich von Belém gelegen, in dem riesige Erzlagerstätten vermutet wurden, die die halbstaatliche Bergbaugesellschaft *Companhia Vale do Rio Doce* (CVRD) abbaute (KOHLHEPP 1987b, FREITAS 1987, SILVEIRA 1993). Die Begleitmaßnahmen wie der Bau einer Eisenbahntrasse nach São Luís, die Installation des Wasserkraftwerkes Tucuruí und die Förderung landwirtschaftlicher Aktivitäten sollten die ausgewogene Entwicklung der gesamten Region garantieren (DIEGUES 1993). In wirtschaftlicher Hinsicht kann das Projekt durchaus als ein Erfolg gewertet werden, da tatsächlich eine der größten Erzlagerstätten der Welt damit erschlossen werden konnte. Allerdings wurden auch diese staatlichen Maßnahmen von spontanten Prozessen - informelle Goldschürfer, illegale Landbesetzungen etc. - begleitet, die in besonders gewaltsame Konflikte mündeten (VALVERDE 1987, GARRIDO FILHA 1987, OLIVEIRA, A. Umbelino de 1995a, PEREIRA, A.C.L. 1992, BECKER 1992).

Während der Militärdiktatur bestimmte der erstarkte Nationalstaat die Entwicklung der amazonischen Pionierfront nach seinen geostrategischen, politischen und wirtschaftlichen Zielsetzungen (KOHLHEPP 1995d). Mit der wirtschaftlichen Prosperität in den 60er Jahren, dem sogenannten *milagre brasileiro*, konnte der Staat auf entsprechend umfangreiche Finanzmittel zurückgreifen - eine Situation, die allerdings in den 80er Jahren ins Gegenteil umschlug und von nicht enden wollenden Finanzkrisen, anhaltender Inflation und Auslandsverschuldung geprägt war. Die in Amazonien im wesentlichen vom Staat initiierten Entwicklungen entzogen sich dadurch nach wenigen Jahren seiner Kontrolle. Überlebensorientierte und gewinnorientierte Wirtschaftsformen standen sich meist in gewaltsam ausgetragenen Konflikten konkurrierend gegenüber (LOUREIRO 1992, SCHMINK & WOOD 1992, SAWYER 1990). Neben diesen sozialen Problemem führten die Nutzungsformen der einzelnen gesellschaftlichen Gruppen, die ohne jegliche Kenntnisse über den Naturraum in die Region eindrangen, in der Regel zu gravierenden ökologischen Schäden[1]. Großflächige Rodungen, weitverbreitete relativ unproduktive Weideflächen und degradierte Böden, teilweise sogar *bad lands* sind das Resultat dieser Entwicklung (JEPMA 1995).

1.4 Nachhaltige Entwicklung als Leitziel der 90er Jahre für die Regionalplanung in Amazonien

Nach mehreren Dekaden der Entwicklungsplanung, die auf die wirtschaftliche Inwertsetzung und die geostrategische Sicherung Amazoniens ausgerichtet war, haben sich die Grundkonstanten der politischen Zielsetzungen Anfang der 90er Jahre verändert. Mit der Demokratisierung Ende der 80er Jahre und spätestens seit der UN-Umwelt-Konferenz in Rio de Janeiro im Jahr 1992 steht auf allen Ebenen des politischen Diskurses das Schlagwort der nachhaltigen Entwicklung an oberster Stelle (BECKER 1996). Diese in die weltweiten Globalisierungstendenzen eingebettete Neuorientierung der Politik bringt eine zunehmende Schwächung der nationalstaatlichen Stellen mit sich, die zuvor die Geschicke Amazoniens entscheidend prägten. Aufgrund der anhaltenden Finanzkrise des Staates - die brasilianische Regierung wurde vom IWF zu konsequenter Austeritätspolitik angehalten - gingen die staatlichen Planungsmaßnahmen in den letzten Jahren stark zurück, während die politisch an Bedeutung gewinnenden NGOs und Interessenvertretungen einzelner gesellschaftlicher Gruppen auf lokaler Ebene immer mehr internationale Ressourcen und Finanzhilfen direkt für sich in Umgehung der staatlichen Ebene in Anspruch nehmen können (BECKER 1994, HURTIENNE 1994). Teilweise profitieren aber auch bundesstaatliche und kommunale Stellen im Zuge zunehmender Dezentralisierungsbestrebungen von diesen Entwicklungen. Die aktuellen Umsetzungspraktiken in den von der Weltbank mitfinanzierten Programmen PLANAFLORO, PRODEAGRO und PP-G7 zeigen dies sehr deutlich (siehe dazu KOHLHEPP 1995c und 1998a, KLEIN 1998, HALL 1997, DIEGUES 1993).

Gerade diese neueren Entwicklungen können den bisher in der Planung ignorierten und in spontanen Prozessen unterlegenen sozialen Gruppen und Interessen - nicht zuletzt der Ökologie - politischen Machtgewinn und bessere Durchsetzungskraft verleihen. Allerdings stecken sie noch in den Anfängen und werden nur punktuell umgesetzt, so daß sie bisher die bereits vor Jahrzehnten in Gang gesetzten Prozesse nicht aufhalten konnten. Im Gegenteil: Die Inklusion von Teilen der Wirtschaft und Gesellschaft Amazoniens in globale Strukturen beschleunigt die Verdrängungsprozesse in neuen wie ehemaligen *frontier*-Gebieten und verschärft die ökologischen Auswirkungen sowohl der gewinn- als auch der überlebensorientierten Wirtschaftsformen. Insbesondere die modernisierte Landwirtschaft in den Randbereichen der amazonischen Waldgebiete, in der die Privatinitiative vor allem bei der Schaffung von Vermarktungsinfrastruktur an Bedeutung gewinnt, entwickelt eine expansive Dynamik, die auf der Ausbeutung der natürlichen Ressourcen basiert (siehe

---

1 Die große Vielfalt der ökologischen Schäden spiegelt sich in einer Vielzahl von Publikationen wieder. Siehe dazu vor allem SMITH et al. 1995b, KOHLHEPP 1989d und 1992, THÉRY 1997, SALATI et al. 1990 sowie verschiedene Beiträge in ARAGÓN 1991 und in LIEBEREI et al. 1998.

COY 2000, BLUMENSCHEIN 1995, FEARNSIDE 1992, MESQUITA 1989). Parallel dazu beschränken die überlebensorientierten Gruppen ihre ökonomischen Aktivitäten zunehmend auf den informellen Sektor sowohl in der Stadt als auch auf dem Land, da die formelle Wirtschaft ihren Überlebensraum immer weiter einengt (CLEARY 1993 und 1994, SINGER 1994). Diese eher intern verursachten, gleichzeit aber in externe sozioökonomische und politische Strukturen eingebundenen Entwicklungen werden überlagert von ausschließlich extern gesteuerten Prozessen. Dies gilt vor allem für den Drogenhandel, der die nur sehr schwer kontrollierbaren amazonischen Waldgebiete als Vermarktungskorridor zwischen den Produktions- und den Konsumländern nutzt (COY 1996b, PROCÓPIO 1999).

Die aktuellen Entwicklungen in Amazonien zeigen, daß die Verflechtungen verschiedener Handlungsebenen in neuester Zeit an Komplexität zunehmen. Dementsprechend differenziert prägen sich unterschiedliche Formen der Naturaneignung aus, die sich häufig räumlich und zeitlich überlagern (COY 1996b, COY & NEUBURGER 1999). Die sozial- und wirtschaftsräumlichen Prozesse führen dabei an der *frontier* zu einer Reproduktion der disparitären Strukturen, die in den Herkunftsgebieten der Migranten vorherrschen (COY 1988, COY & LÜCKER 1993). Dasselbe gilt für die ökologischen Folgen der überlebens- und gewinnorientierten Ausbeutung der natürlichen Ressourcen (ALMEIDA, O. Trinidade de 1996, SCHMINK & WOOD 1986, PAINTER 1995). Das sich daraus ergebende kleinräumige Mosaik von unterschiedlichen Nutzungs- und Degradierungsformen wird in den letzten Jahren überlagert von Anstrengungen auf lokaler wie internationaler Ebene zur Umsetzung von Naturschutz und nachhaltiger Entwicklung. Durch die Ausweisung von Naturschutz- und Indianerschutzgebieten sowie von Extraktionsreservaten - sogenannten *reservas extrativistas* - werden neue Formen kollektiven Landeigentums geschaffen, die auf eine umweltschonendere Ressourcennutzung hoffen lassen (HALL 1994, SMITH et al. 1995b, DIEGUES 1993, HOMMA 1992, AUBERTIN & PINTON 1996, GRENAND 1996).

1.5 Pionierfronten im Zeichen sich wandelnder politischer und sozioökonomischer Rahmenbedingungen

Eine Synthese der Pionierfrontentwicklung in Brasilien zeigt die eklatanten Veränderungen der Naturaneignung, die sich aus den unterschiedlichen Faktorenkonstellationen der vergangenen Jahrhunderte ergeben (siehe Abb. 9). Dabei dominiert seit der Kolonialzeit die gewinnorientierte Ausbeutung der natürlichen, aber auch der humanen Ressourcen durch regionsfremde Akteure, die das jeweils betroffene Ökosystem derart schädigen, daß ökologische und - als Folge davon - sozioökonomische Degradierungsprozesse bereits nach wenigen Jahren einsetzen. Lediglich die im Süden Brasiliens entstandene kleinbäuerliche Pionierfront des 19. Jahrhunderts weist zumindest in ihren Anfängen eine subsistenzorientierte ressourcenschonende Wirtschaftsform auf, die von aus Europa verdrängten Familien getragen wird - somit fungierte die Pionierfront bereits zu dieser Zeit in gewisser Weise als *válvula de escape*. Die rücksichtslose Ausbeutung natürlicher Ressourcen setzt sich in der Zeit nach 1930 in expansiver Weise in das Landesinnere, nach Amazonien hinein, fort. Ihre ökologischen Auswirkungen sowie die entstehenden sozioökonomischen

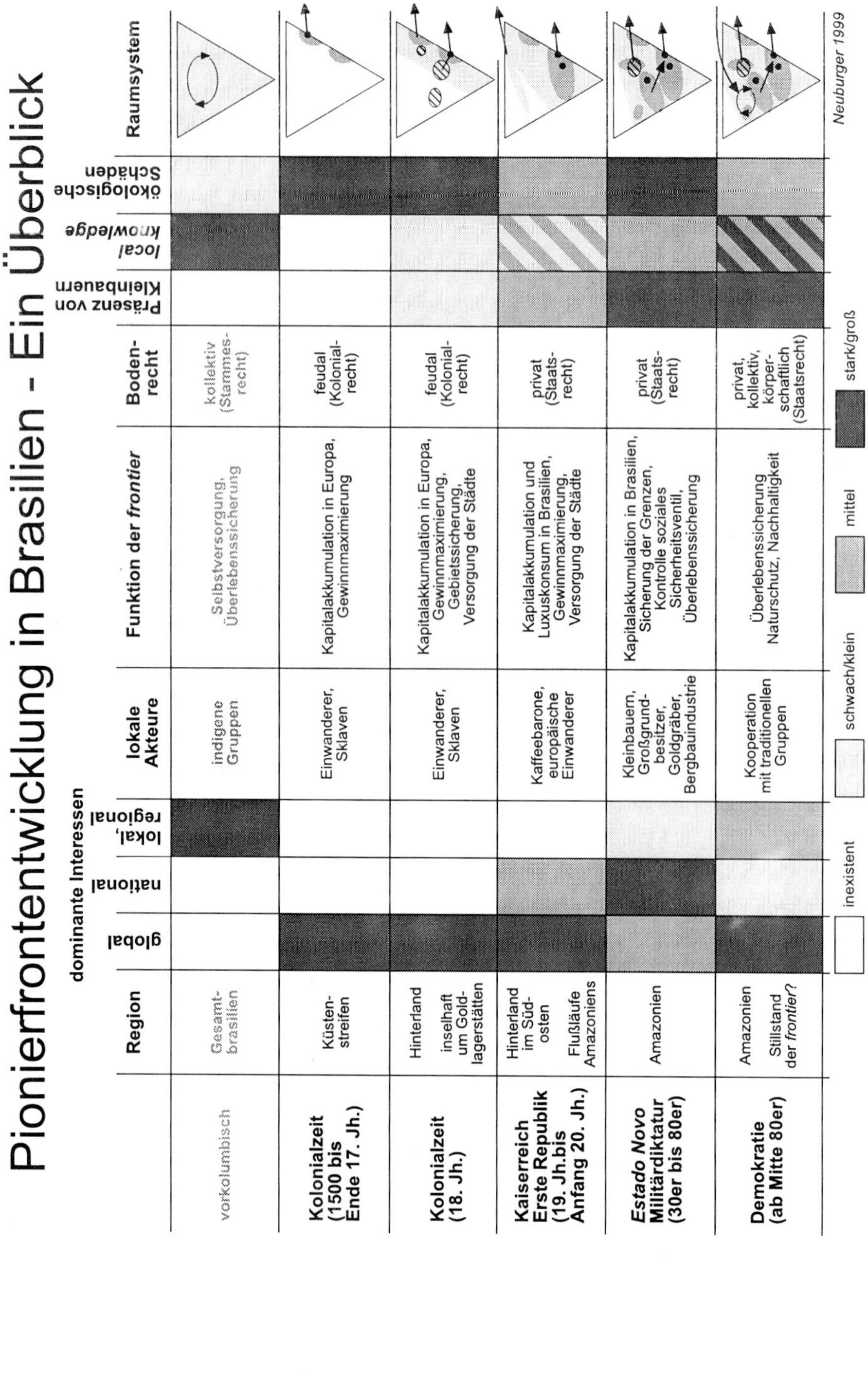

Pionierfrontentwicklung in Brasilien - Ein Überblick

	Region	dominante Interessen: global	dominante Interessen: national	dominante Interessen: lokal, regional	lokale Akteure	Funktion der *frontier*	Bodenrecht	Präsenz von Kleinbauern	*local knowledge*	ökologische Schäden	Raumsystem
vorkolumbisch	Gesamtbrasilien	inexistent	inexistent	stark/groß	indigene Gruppen	Selbstversorgung, Überlebenssicherung	kollektiv (Stammesrecht)	inexistent	stark/groß	schwach/klein	
Kolonialzeit (1500 bis Ende 17. Jh.)	Küstenstreifen	stark/groß	inexistent	inexistent	Einwanderer, Sklaven	Kapitalakkumulation in Europa, Gewinnmaximierung	feudal (Kolonialrecht)	inexistent	inexistent	stark/groß	
Kolonialzeit (18. Jh.)	Hinterland inselhaft um Goldlagerstätten	stark/groß	inexistent	inexistent	Einwanderer, Sklaven	Kapitalakkumulation in Europa, Gewinnmaximierung, Gebietssicherung, Versorgung der Städte	feudal (Kolonialrecht)	schwach/klein	schwach/klein	stark/groß	
Kaiserreich Erste Republik (19. Jh.bis Anfang 20. Jh.)	Hinterland im Südosten Flußläufe Amazoniens	stark/groß	mittel	inexistent	Kaffeebarone, europäische Einwanderer	Kapitalakkumulation und Luxuskonsum in Brasilien, Gewinnmaximierung, Versorgung der Städte	privat (Staatsrecht)	mittel	schwach/klein und mittel (gestreift)	mittel	
***Estado Novo* Militärdiktatur (30er bis 80er)**	Amazonien	mittel	stark/groß	schwach/klein	Kleinbauern, Großgrundbesitzer, Goldgräber, Bergbauindustrie	Kapitalakkumulation in Brasilien, Sicherung der Grenzen, Kontrolle soziales Sicherheitsventil, Überlebenssicherung	privat (Staatsrecht)	stark/groß	mittel	stark/groß	
Demokratie (ab Mitte 80er)	Amazonien Stillstand der *frontier*?	stark/groß	schwach/klein	mittel	Kooperation mit traditionellen Gruppen	Überlebenssicherung Naturschutz, Nachhaltigkeit	privat, kollektiv, körperschaftlich (Staatsrecht)	stark/groß	mittel und stark/groß (gestreift)	mittel	

Legende: inexistent – schwach/klein – mittel – stark/groß

Neuburger 1999

Abbildung 9

Disparitäten verstärken und beschleunigen sich nicht zuletzt aufgrund der zunehmenden Modernisierung und Mechanisierung der Nutzungsformen (MACHADO 1995). Dabei haben gerade die flächenhaften Rodungen in den Waldgebieten Amazoniens gravierende Folgen für das Ökosystem, das sich durch seine relativ hohe *fragility* unter den bestehenden Nutzungsansprüchen nur sehr langsam - wenn überhaupt - regenerieren wird (SALATI et al. 1990, DENEVAN 1989). Auch die zur Verfügung stehenden *response systems* sind in Brasilien nur sehr mangelhaft ausgebildet, so daß SMITH et al. (1995b) zu einer Beurteilung der sozioökonomischen und ökologischen Situation als *environmental impoverishment* kommt (siehe dazu auch KOHLHEPP 1991 und 1992, BARROW & PATERSON 1994).

In neuerer Zeit lassen sich allerdings Entwicklungen beobachten, die zumindest in begrenztem Maße auf einen positiveren Verlauf der *trajectory* hoffen lassen. Im Zuge der Globalisierung beschränkt sich die globale Inkorporation raum-zeitlich differenziert und fragmentiert auf einzelne gesellschaftliche Gruppen in der Region, während andere aus diesen Prozessen ausgeschlossen und zunehmend marginalisiert werden (BECKER 1990c). Die den Nachhaltigkeitszielen verschriebenen Maßnahmen wirken dieser Entwicklung zwar bisher nur punktuell entgegen, könnten aber durch Diffusionseffekte andere Bereiche beeinflussen und sich somit multiplizieren.

In der dargestellten Entwicklung der Pionierfrontregionen Brasiliens wird deutlich, daß es vor allem die kleinbäuerlichen Familien waren und sind, die unter den ökologischen und sozioökonomischen Degradierungsprozessen leiden, sie teilweise aber auch selbst verursachen. Im Laufe der *frontier*-Entwicklung wandelt sich ihre Bedeutung innerhalb der Strukturen und Prozesse in den einzelnen Regionen, da sie in der Regel zu den gesellschaftlichen Gruppen gehören, denen das *frontier*-Gebiet zunächst als Überlebensraum dient, die aber durch die folgende Inkorporation der Region in die nationale - teilweise auch internationale - Ökonomie sehr rasch verdrängt werden. Ihnen wird im folgenden erhöhte Aufmerksamkeit gewidmet.

2 Kleinbauern und Agrarreform in Brasilien

In Brasilien gehören kleinbäuerliche Familien zu den wichtigsten sozialen Gruppen im ländlichen Raum. Gleichzeitig sind sie aber auch diejenigen, die schon seit der Kolonialzeit von Verarmung, Verdrängung und Marginalisierung betroffen sind. Nicht zuletzt aus diesem Grund ist Brasilien weltweit für seine unausgewogene Agrarstruktur berühmt (FERES 1989). Im lateinamerikanischen Vergleich ist der Landbesitz nur in Paraguay und Venezuela noch ungerechter verteilt (WILKIE et al. 1995, S. 42). Diese Disparitäten, die in den einzelnen Bundesstaaten sehr unterschiedlich ausgeprägt sind, bringen eine Reihe von Problemen mit sich, deren Grundstrukturen bereits in der Kolonialzeit angelegt wurden und die bis heute ein kaum zu überwindendes *handicap* für die Entwicklung der Landwirtschaft und des ländlichen Raumes in Brasilien darstellen (KOHLHEPP 1994).

2.1 Bedeutungswandel der Kleinbauern in der historischen Entwicklung Brasiliens

Kleinbäuerliche Gruppen waren im Laufe der Geschichte Brasiliens in unterschiedlichem Maße und in wechselnder Qualität in die regionalen und nationalen gesellschaftlichen und wirtschaftlichen Strukturen eingebunden. Dieser Wandel hing immer auch eng mit den Strukturen und Prozessen im oben beschriebenen Erschließungsgang des brasilianischen Territoriums zusammen, denn sie bildeten den Ursprung der bis heute bestehenden agrarsozialen Differenzierungen. Aus dieser historischen Entwicklung erklärt sich auch die große Vielfalt innerhalb der kleinbäuerlichen Gruppen in Brasilien.

Bereits die kolonialen Agrarstrukturen, die im Zuge der europäischen Eroberung die indigen-tribalistischen ersetzten, waren von sozioökonomischen Disparitäten gekennzeichnet. Die Verfügbarkeit von Land und der Zugang dazu basierte zu jener Zeit zwar auf der formalen Vergabe königlicher Lehen, wurde aber über Jahrhunderte hinweg von einer Unsicherheit eigentumsrechtlicher Regelungen besonders für die Kleinbauern bestimmt. Die mangelnde Präsenz der Kolonialmacht und ihrer Statthalter an der kolonialen Pionierfront führten dazu, daß die Landnahme meist in Form von Landbesetzungen vonstatten ging (SILVA, L. Osorio 1996). Besonders der Großgrundbesitz bediente sich dieser Methode und konnte dadurch ungehindert expandieren, denn in der Regel ging er aus den Konflikten mit anderen gesellschaftlichen Gruppierungen um das neu zu erschließende Land als Gewinner hervor (DEAN 1996).

Die unkontrollierte Form der Landnahme, der extrem eingeengte brasilianische Binnenmarkt - praktisch die gesamte Wirtschaft war auf den Export ausgerichtet - und die kolonial geprägte Sklavenhalter-Gesellschaft verhinderten in der Anfangsphase der Kolonialzeit die Bildung einer breiten bäuerlichen Schicht (KAGEYAMA et al. 1996). Die Gruppe der sogenannten 'freien Bauern' - die *camponeses livres* - beschränkte sich auf die Bevölkerung in den Reduktionen der Jesuiten und auf kleine Siedlungen in der direkten Umgebung der Latifundien; wo sich seßhafte *índios*, Mestizen und Siedler portugiesischer Abstammung - mehr oder weniger freiwillig - niedergelassen hatten (WOORTMANN & WOORTMANN 1997, MARTINS, J. de Souza 1990). Ihre Wirtschaftsweise war in vielfältiger Weise mit den exportorientierten Großbetrieben verquickt. Zum einen produzierten die Kleinbauern Grundnahrungsmittel, die auf den Latifundien zur Versorgung der Arbeiter und Sklaven insbesondere in Zeiten voller Produktionsauslastung, in der dort keine freien Kapazitäten mehr für den Lebensmittelanbau blieben, benötigt wurden. Zum anderen dienten sie als saisonale Arbeitskräfte zur Bewältigung der Erntearbeiten. Darüber hinaus bauten sie selbst auf kleinen Flächen *cash crops* - Zuckerrohr, Tabak, Baumwolle - an, die entweder in den Installationen der Großbetriebe verarbeitet oder über dieselben in Europa vermarktet wurden (BRUMER et al. 1993, QUEIROZ 1976).

Ansätze kleinbäuerlicher Produktionsformen waren während der Kolonialzeit auch innerhalb der Großbetriebe zu erkennen. In den Jahren, in denen die Preise der Exportprodukte sanken und das Produktionsvolumen entsprechend verringert wurde, kam es zu einem kurzfristigen Arbeitskräfteüberschuß. Trotz geringer Auslastung waren die Großgrundbesitzer aber bestrebt, die Sklaven auf ihren Betrieben zu halten - sie also nicht zu verkaufen -, da gerade in der Kolonialzeit die Rekrutierung von Arbeitskräften besonders schwierig war[1]. Um die Arbeitskräfte für spätere Perioden der Preisstabilisierung und Hochproduktion mit möglichst geringem Aufwand und ohne zusätzliche Versorgungskosten auf dem Betrieb zu halten, stellten die *patrões* den Sklaven kleine Parzellen zur Verfügung, damit diese dort selbst Grundnahrungsmittel anbauen konnten (SILVA, J.F. Graziano da 1978). Diese Form der Subsistenzproduktion änderte allerdings nichts am praktisch rechtlosen Leibeigenen-Status der Sklaven.

Im 18. Jahrhundert stieg die Bedeutung der kleinbäuerlichen Produktion an, da die wachsende Bevölkerung in den entstehenden Bergbaustädten einen hohen Bedarf an Grundnahrungsmitteln hatte. Durch die große Nachfrage konnten die Kleinbauern ihre Überschußproduktion zu hohen Preisen verkaufen. Der entstehende regional begrenzte Binnenmarkt lockte weitere kleinbäuerliche Familien an, die sich in der Nähe der Städte ansiedelten, so daß die Schicht der Kleinbauern beständig wuchs. Allerdings trug die Preisentwicklung der Grundnahrungsmittel nur kurzfristig zur Verbesserung ihrer wirtschaftlichen Situation bei, denn die steigenden Preise machten die Lebensmittelproduktion auch für Großbetriebe attraktiv. Insbesondere in Minas Gerais okkupierten bald Großgrundbesitzer diesen Wirtschaftszweig, dehnten ihre Anbauflächen im direkten Umland der Städte aus und drängten die kleinbäuerlichen Betriebe - teilweise mit Waffengewalt - in ökologisch und ökonomisch ungünstigere Gebiete ab - ein Mechanismus, der bis in die heutige Zeit zu beobachten ist (SILVA, J.F. Graziano da 1978, WOORTMANN & WOORTMANN 1997).

Im 19. Jahrhundert, insbesondere mit der staatlichen Unabhängigkeit Brasiliens, veränderten sich einige für die kleinbäuerlichen Gruppen entscheidende Parameter der sozioökonomischen und politischen Rahmenbedingungen. Für die freien Bauern von besonderer Relevanz war die Umwandlung der noch auf der kolonialen Landvergabe basierenden Lehen in Eigentumstitel. Damit nämlich konnten die Großgrundbesitzer ihren Anspruch auf große Ländereien rechtlich absichern, während die Kleinbauern weiterhin über keinerlei Form von Landtiteln verfügten. Auch das Recht der *posse*, das die Möglichkeit geboten hatte, durch die mehrere Jahre andauernde Bewirtschaftung den Eigentumstitel für ein Stück Land zu 'ersitzen', hatte nur wenigen kleinbäuerlichen Familien zur Rechtssicherheit verholfen, denn sie waren meist nicht in der Lage, den dafür notwendigen bürokratischen und finanziellen Aufwand zu bewältigen. Besonders die Erklärung der *terras devolutas* - der Ländereien also, gegenüber denen niemand einen formalen Besitzanspruch angemeldet hatte - zu Staatsland, das nur noch käuflich zu erwerben war, verschloß den Kleinbauern den Weg zu rechtlich abgesichertem Landeigentum völlig, da sie in der Regel über keinerlei Kapital zum Landkauf verfügten (SILVA, L. Osorio 1996, MARTINS, J. de Souza 1990). Somit unterlagen sie der Willkür der Großgrundbesitzer, die aufgrund der engen personel-

1 In der Kolonialzeit herrschte beständig ein großer Mangel an Arbeitskräften, da die Einwanderung aus Portugal sehr gering, die Versklavung der *índios* sehr schwierig und der Import von afrikanischen Sklaven vergleichsweise teuer war.

len Verquickung zwischen wirtschaftlicher und politischer Elite ihren Anspruch auf Land ausdehnen und rechlicht absichern konnten.

Die Verdrängungsprozesse, die bereits in der Kolonialzeit beobachtbar waren, kamen dadurch noch stärker zum Tragen. Dies galt besonders für die Expansion der Kaffee-*frontier*, die das Hinterland im Südosten Brasiliens gleichsam überrollte. Kleinbauern, die sich dort bereits zuvor angesiedelt hatten, mußten entweder in neu zu erschließende Pionierfrontregionen oder in für die Großgrundbesitzer uninteressante - weil ökologisch ungeeignete - Gebiete ausweichen, oder sie verdingten sich auf den Kaffeebetrieben als Arbeitskräfte bzw. Pächter. Auch *caboclos*, die in den Wäldern der *mata atlântica* Extraktionswirtschaft[1] betrieben hatten und deren Existenzgrundlage durch die umfangreichen Rodungen zerstört wurde, verdingten sich auf den Kaffeeplantagen. Diese Unterordnung kleinbäuerlicher Gruppierungen unter den Großgrundbesitz sollte zu einer beständigen Praxis im historischen Prozeß werden, in dem die Kleinbauern nicht aus der brasilianischen Gesellschaft eliminiert, sondern vielmehr von den wirtschaftlichen Eliten für ihre eigenen Zwecke funktionalisiert werden (WOORTMANN & WOORTMANN 1997, SILVA, J.F. Graziano da 1978).

Der Boom des Kaffees und seine rasche räumliche Ausdehnung waren in der zweiten Hälfte des 19. Jahrhunderts von großer Bedeutung für die Entstehung einer breiten, mehrheitlich abhängigen kleinbäuerlichen Schicht. Die rasante Expansion des neuen Exportproduktes brachte eine hohen Bedarf an Arbeitskräften mit sich, der auch mit Sklaven nicht ausreichend gedeckt werden konnte[2]. Neben der Verpachtung von Land an bereits ansässige Kleinbauern versuchten die Kaffeebarone diesen Arbeitskräftemangel mit gezielt angeworbenen europäischen Immigranten zu beheben. Um aber zu verhindern, daß ihre Arbeitskraft durch die Bewirtschaftung eines eigenen Betriebes gebunden würde und somit nicht mehr für die großbetriebliche Kaffeepflanzung zur Verfügung stünde, verpachteten die Großgrundbesitzer eine kleine Parzelle ihrer Betriebsfläche. Die Pächter sollten den noch vorhandenen Wald roden, darauf eine Kaffeepflanzung anlegen und sie bestellen (SILVA, J.F. Graziano da 1978). Darüber hinaus konnten sie auf vom *patrão* bestimmten Flächen Grundnahrungsmittel zur Subsistenz anbauen. Dieses Heer meist italienisch- und spanischstämmiger Pächter wurde mit der Abschaffung der Sklaverei im Jahr 1888 ergänzt durch ehemalige Sklaven, die in der Regel mangels Alternative auf ihrem angestammten

---

1 Teilweise sammelten die *caboclos* exotische Pflanzen - zum Beispiel Orchideen - und Tiere - zum Beispiel Affen -, die im Europa des 19. Jahrhunderts als kuriose Luxusartikel zunehmend Absatz fanden. Auch diese Extraktionswirtschaft wurde auf extrem ausbeuterische Weise betrieben: Große Bäume wurden gefällt, nur um Zugang zu ein bis zwei Orchideen zu haben, die hoch oben in der Nähe der Baumkrone wuchsen (DEAN 1996). Die Vermarktung war in einem *aviamento*-ähnlichen System organisiert - ein System, das auf die Abhängigkeit der Sammler von den Aufkäufern bzw. Zwischenhändlern aufbaute. Diese Art von Arbeitsverhältnissen entwickelte sich vor allem später bei der Kautschukextraktion in Amazonien.

2 Bereits einige Jahrzehnte vor der offiziellen Abschaffung der Sklaverei war der interkontinentale Handel mit Sklaven - also der Import neuer Sklaven - verboten worden, so daß die Kaufpreise von Sklaven in die Höhe schnellten.

Betrieb ebenfalls ein Pachtverhältnis eingingen. Dasselbe geschah mit den Sklaven der Zuckerrohrplantagen des Nordostens und der Rinderweidebetriebe im Landesinneren.

Diese abhängigen Bauern waren in unterschiedlicher Weise in die Großbetriebe eingebunden. Neben der Arbeitspacht, in der der Pächter, der sogenannte *agregagado*, zu Arbeitsdiensten verpflichtet war, gab es das sogenannte *arrendamento*, in dem der *arrendatário* eine meist in Produktwerten festgelegte Pacht zu entrichten hatte. Im Kaffeeanbau war die Teilpacht, bei der der Pächter, der sogenannte *meeiro* oder *parceiro*, einen Teil seiner Ernte behalten und selbständig vermarkten konnte, am weitesten verbreitet. Für all diese Pachtsysteme, die auch in diversen Mischformen vorkamen, war eine extreme Abhängigkeit der Pächter vom *patrão* charakteristisch, die sich meist von der vorherigen Sklaverei nur wenig unterschied (BRUMER et al. 1993, SILVA, J.F. Graziano da 1978, für Lateinamerika allgemein siehe MERTINS 1996). Durch die räumliche Isolation der einzelnen Betriebe und durch das Fehlen jeglicher Infrastruktur waren die Pächterfamilien darauf angewiesen, zu ihrer eigenen Versorgung im betriebseigenen Magazin Waren zu kaufen, deren Preis vom Patron willkürlich - in der Regel völlig überhöht - festgelegt wurde. Die hohe Verschuldung der Arbeiter machte sie vom Großgrundbesitzer derart abhängig, daß sie keine Möglichkeit zur Lösung des Arbeitsverhältnisses - außer der lebensgefährlichen Flucht - hatten. Die fehlende staatliche Präsenz im Landesinneren, die den Pächtern einen rechtlichen Schutz hätte bieten können, ermöglichte es dem Patron, über Recht und Unrecht zu bestimmen und in diesen auch als 'weiße' Sklaverei - als *escravidão branca* - bezeichneten Arbeitsverhältnissen sowohl die landwirtschaftlichen Aktivitäten auf dem Betrieb als auch das Privatleben der Arbeiterfamilien zu lenken (MARTINS, J. de Souza 1990).

Die Persistenz dieser Strukturen bis in die heutigen Tage hinein zeigt sich in immer wieder durch die brasilianische Presse gehenden Berichten über sklavenähnliche Zustände vor allem im sehr dünn besiedelten Hinterland des Nordostens, wo noch heute die Isolation der Betriebe den Großgrundbesitzern weitgehende Willkür im Umgang mit ihren Arbeitskräften ermöglicht. Trotz aller Einschränkungen bot dieses feudalistisch geprägte System aber auch eine gewisse soziale Sicherheit für die Kleinbauern, da bei Preis- oder Produktivitätsschwankungen im *cash crop*-Anbau der Großgrundbesitzer die Familien weiterhin auf seinem Betrieb duldete und ihnen die Grundnahrungsmittelproduktion zur eigenen Versorgung erlaubte. So konnten die Pächterfamilien auch in Krisenzeiten ihr Überleben sichern, während sich der *patrão* ein ausreichendes Arbeitskräftereservoir für Boomphasen garantierte.

Neben diesen abhängigen Arbeitskräften in der Landwirtschaft entwickelte sich Ende des 19. Jahrhunderts eine breite Schicht freier Bauern, die sich aus in Europa angeworbenen Einwandererfamilien rekrutierten (KAGEYAMA et al. 1996). Sie erhielten im Süden Brasiliens im Rahmen staatlicher sowie privater Kolonisationsprojekte ein Stück Land, um dort Lebensmittel für die Versorgung der wachsenden Städte anzubauen. Gegenüber der rechtlichen Unsicherheit der abhängigen Kleinbauern - schriftliche Pacht- oder Arbeitsverträge gab es nicht - verfügten die europäisch-stämmigen Siedler in der Regel über verbriefte Landrechte, die ihnen die freie Wahl der Landnutzung ermöglichten. Die daraus entstandenen Mischbetriebe, die der landwirtschaftlichen Tradition in den Herkunftsgebieten der Einwanderer entsprachen, gewährleisteten sowohl die Subsistenz als auch die Versorgung der städtischen Bevölkerung (QUEIROZ 1976). Mit der Integration in die jeweilige regionale Wirtschaft kam den Kleinbauern eine zentrale Rolle in der Grundnahrungsmittelproduktion zu - eine Funktion, die sie bis heute innehaben.

Eine weitere Gruppe von Kleinbauern, die allerdings in keinster Weise in die bestehenden Marktstrukturen eingebunden war, stellten die sogenannten *caboclos* dar. Es handelte sich dabei um Familien, die bereits in der Kolonialzeit - meist im Gefolge der *bandeirantes* oder der Jesuiten - ins Landesinnere vorgedrungen waren. Sie vermischten sich mit der indigenen Bevölkerung und übernahmen Elemente ihrer Lebensweise (WAGLEY & HARRIS 1955). Die *caboclos* lebten in der Regel an Flußläufen, die ihnen als Nahrungsquelle und Verkehrswege dienten, und hatten mit der jeweiligen lokalen Bevölkerung Kontakt. Lediglich in der Nähe der wenigen kleinen Städte im Landesinneren und an Flüssen, die von der nationalen und internationalen Schiffahrt genutzt wurden, waren auch sie zumindest sporadisch in übergeordnete wirtschaftliche Kreisläufe integriert[1].

In Amazonien, wo sich bis heute diese Lebensform erhalten hat, rekrutierte sich ein Teil der *caboclos* Anfang des 20. Jahrhunderts aus den ehemaligen Kautschukzapfern. Mit dem abrupten Ende des Kautschukbooms verloren die *seringueiros* ihre bisherige Lebensgrundlage und ließen sich an den Flüssen nieder, um dort ähnlich wie die bereits angesiedelten Kleinbauern Subsistenzwirtschaft zu betreiben. Aufgrund dieser Entwicklung verfügten sie wie alle anderen *caboclos* im Landesinneren über keinerlei formale Landtitel, sondern wirtschafteten abgesehen von individuellen Kleinstparzellen auf der Basis eines kollektiven Bodenrechts - eine Tatsache, die bis heute charakteristisch für die Wirtschaftweise dieser Bevölkerungsgruppe ist (WAGLEY 1974, MORAN 1974, LOUREIRO 1985).

Das 20. Jahrhundert schließlich, beginnend mit der Zeit des *Estado Novo*, ist gekennzeichnet durch die völlige Vernachlässigung kleinbäuerlicher Belange in der nationalen Wirtschaftspolitik. Die Strategie der Importsubstitution konzentrierte sich auf die Förderung der Industrie. Die Landwirtschaft diente lediglich als Devisenbeschaffer und Kapitallieferant für Investitionen im sekundären Sektor. Dementsprechend beschränkte sich die Agrarpolitik im wesentlichen auf die Regelung und - in Krisenzeiten - die Unterstützung des exportorientierten Kaffeeanbaus. Die Kleinbauern konnten einerseits indirekt von dieser Entwicklung profitieren, da zum einen verbunden mit dem Städtewachstum die Nachfrage nach Grundnahrungsmitteln kontinuierlich anstieg und zum anderen die Folgegenerationen der Pächterfamilien durch die Expansion des Kaffeeanbaus absorbiert werden konnten.

---

1 Dies galt sowohl für den Rio São Francisco als auch für den Rio Paraguai und seine Nebenflüsse. Letztere dienten als Hauptverbindung zwischen der matogrossenser Peripherie und den politischen und wirtschaftlichen Zentren des Landes. Sowohl während des Goldbooms im 18. Jahrhundert als auch durch die Internationalisierung der Schiffahrt um die Jahrhundertwende waren *caboclos* bzw. *ribeirinhos* für die jeweilige regionale Wirtschaft von großer Bedeutung (NEUBURGER 1996, REMPPIS 1995).

Allerdings zeigte sich die hohe Risikoanfälligkeit des Kaffeesektors gegenüber Schwankungen auf dem Weltmarkt durch regelmäßige Überproduktionskrisen. Der Staat reagierte darauf in der ersten Hälfte des 20. Jahrhunderts mit dem Verbot von Neupflanzungen und der Förderung von anderen Anbauprodukten, insbesondere von Grundnahrungsmitteln. Die Stagnation der Kaffeeproduktion und die Umwandlung von Kaffeeanbauflächen in Weiden oder Ackerbauflächen führte zur Freisetzung von Pächterfamilien und verursachte so die ersten sozialen Spannungen im ländlichen Raum.

In viel gravierenderem Maße galt dies allerdings für den Nordosten, wo durch wiederholte Dürrekatastrophen in Verbindung mit der kolonialzeitlich geprägten extrem disparitären Landverteilung viele kleinbäuerliche Familien und Landarbeiter Hunger leiden mußten. Darüber hinaus hatten europäische Kapitalgesellschaften Anbau und Verarbeitung von Zuckerrohr an sich gerissen, um den interkontinentalen Zuckerhandel kontrollieren zu können. Die menschen- oder tierbetriebenen *engenhos* wurden durch dampfmaschinenbetriebene Zuckermühlen ersetzt, große Zuckerfabriken, sogenannte *usinas*, aufgebaut und traditionelle patriarchale Pachtverhältnisse aufgelöst. Die nun einsetzende Landflucht hatte ein großes Heer von Arbeitssuchenden in die Städte - insbesondere in die Metropolen Rio de Janeiro und São Paulo - gebracht, das allerdings von der wachsenden Industrie nicht vollständig absorbiert werden konnte. Ehemals kleinbäuerliche Pächterfamilien gingen somit in einem städtischen Proletariat auf, so daß sich die soziale Misere in den Städten verschärfte.

Als Antwort auf diese tiefgreifenden Krisen des Kaffeeanbaus ergänzte die Militärregierung in den 60er und 70er Jahren die allgemeine Förderung exportorientierter Betriebe durch eine Politik der 'konservativen Modernisierung' (KAGEYAMA et al. 1996, FERES 1989, KOHLHEPP 1994, OLIVEIRA, A. Umbelino de 1995b sowie einzelne Beiträge mit Fallbeispielen in MARTINE & GARCIA 1987). Basierend auf den Ideen der 'Grünen Revolution' brachte die Regierung zahlreiche agrar- und regionalpolitische Programme auf den Weg, die eine hochsubventionierte Kreditpolitik und die Einrichtung staatlicher Agrarforschung und -beratung beinhalteten. Praktisch alle dabei angebotenen Fördermaßnahmen waren aber für die Kleinbauern unzugänglich, da meist ein gewisser Kapitalstock, ein relativ gesichertes regelmäßiges Einkommen und ein rechtlich abgesicherter Landtitel verlangt wurden - Voraussetzungen, die kleinbäuerliche Betriebe nur selten erfüllen konnten (BRUMER et al. 1993). Der Bildung agroindustrieller Komplexe stand damit die Verarmung der kleinbäuerlichen Bevölkerung gegenüber, die - noch immer für einen Großteil der Nahrungsmittelproduktion zuständig - durch die räumliche Expansion und die wachsende Konkurrenz der modernisierten Landwirtschaft aus ihren angestammten Gebieten verdrängt wurde. Kleinstbetriebe wurden von größeren modernisierungsfähigen Betrieben aufgekauft, so daß sich die Landkonzentration verstärkte (SILVA, J.F. Graziano da 1978, FERES 1989, MESQUITA & SILVA 1995).

Neben der damit verbundenen Verschlechterung der allgemeinen sozioökonomischen Situation der kleinbäuerlichen Landeigentümer waren auch die Pächterfamilien zunehmenden Marginalisierungstendenzen ausgesetzt. Das Landarbeitergesetz aus dem Jahr 1963, das die Landarbeiter und Pächter den Industriearbeitern gleichsetzen und ihre arbeitsrechtliche Position stärken sollte, hatte die gegenteilige Wirkung (SILVA, J.F. Graziano da 1998). Anstatt die bestehenden Arbeits- und Pachtverträge an die neuen gesetzlichen Grundlagen anzupassen, lösten die Großgrundbesitzer diese auf, um den damit verbundenen Kündigungsschutz und die höheren Lohnkosten zu umgehen. Mit Ausnahme von höher qualifizierten fest Angestellten - beispielsweise Vorarbeiter und Maschinisten - wurden ab diesem Zeitpunkt für die Feldarbeiten vorwiegend Tagelöhner - sogenannte *bóias-frias* - und Leiharbeiter kontraktiert, die keinerlei Arbeitsrechte und soziale Absicherung genossen (FERREIRA, A. Duarte 1993, KOHLHEPP 1994, OLIVEIRA, A. Umbelino de 1995b). Diese Entwicklung war vor allem in den Zuckerrohranbaugebieten des Nordostens zu beobachten, da gerade bei diesem Anbauprodukt die Arbeitsspitzen zur Erntezeit besonders ausgeprägt sind, während für mehrere Monate im Jahr kaum Arbeitskräfte benötigt werden. Das aus den 50er und 60er Jahren stammende Heer kleinbäuerlicher Dürreopfer, das in den nationalen Metropolen mehr schlecht als recht Zuflucht gefunden hatte, wurde dadurch noch vergrößert. Nicht zuletzt deshalb gilt der ländliche Raum dieser Region noch heute als das Armenhaus Brasiliens und als wichtigstes Quellgebiet der Migranten in den Städten und an den Pionierfronten des Landes.

Besonders gravierende soziale Folgen hatte die Modernisierungspolitik im Süden und Südosten Brasiliens, wo ein Großteil der Kleinbauern dem Konkurrenzdruck der mechanisierten Landwirtschaft nicht standhalten konnte und zur Abwanderung an die zu jener Zeit entstehenden Pionierfronten oder in die Städte gezwungen war. Gerade diese Mechanisierungstendenzen und die damit verbundene Expansion des Sojaanbaus hatten auch für die Pächterfamilien einschneidende Konsequenzen. Mit der Mechanisierung des Getreideanbaus wurde der größte Teil der Arbeitskräfte überflüssig. Gleichzeitig ersetzten zahlreiche Großbetriebe in den Jahren der Kaffeekrisen und - im Bundesstaat Paraná - der Fröste ihre Pflanzungen durch risikoärmere bzw. lukrativere Anbauprodukte wie Soja und Getreide oder stellten gar auf Rinderweidewirtschaft um. Die Pacht- und Arbeitsverträge, die die Einführung des Landarbeitergesetzes überstanden hatten[1], wurden aufgelöst, so daß die dadurch freigesetzten Arbeitskräfte und Pächterfamilien abwandern mußten. Auch sie wanderten vorwiegend in die Metropolen oder in die *frontier*-Gebiete des Landes ab (KOHLHEPP 1994).

Diese Entwicklungstendenzen zeigen deutlich, wie groß die Bedeutung von Pionierfronten für die kleinbäuerlichen Migranten war, auch wenn nicht übersehen werden darf, daß trotz der staatlichen Förderung der Agrarkolonisation in Amazonien und des entsprechenden propagandistischen Aufwandes die Agglomerationen von Rio de Janeiro und São Paulo die mit Abstand wichtigsten Wanderungsziele darstellten. Dennoch bilden die *frontier*-Gebiete bis heute einen Rückzugs- und Überlebensraum für die verdrängten Kleinbauern, auch wenn sie dort - sollten sie nicht in einem der zahlreichen staatlichen oder privaten

1 Im Unterschied zum Zuckerrohranbau war der Kaffeeanbau über das ganze Jahr hinweg sehr arbeitsintensiv, so daß die Aufrechterhaltung der Pacht- und Arbeitsverträge trotz der höheren Kosten für die Kaffeebarone lohnenswert war.

Kolonisationsprojekte untergekommen sein - meist über keinerlei rechtlich abgesicherte Landtitel verfügen. An den Pionierfronten sind sie allerdings wieder denselben Verdrängungsmechanismen ausgesetzt wie in ihren Herkunftsgebieten, so daß sie immer weiter in das amazonische Tiefland vordringen und dadurch zu Opfern und Tätern im ökologischen Degradierungsprozeß dieser Region werden (siehe Kapitel III.1.3).

Seit Mitte der 80er Jahre wird die Agrarpolitik durch Auslandverschuldung und Finanzkrise in Mitleidenschaft gezogen. Der brasilianische Staat baut sukzessive die hohe Subventionierung des landwirtschaftlichen Sektors ab, indem er entweder ganze Förderprogramme streicht oder die staatlichen Kreditzinsen denen der Privatwirtschaft anpaßt (KAGEYAMA et al. 1996, GOLDIN & REZENDE 1990). Dies zeigt sich besonders deutlich in der Entwicklung der Agrarkreditvergabe, die mit der zunehmenden Liberalisierung des Agrarmarktes Mitte der 90er Jahre einen Tiefstpunkt erreicht hat (siehe Abb. 10). Dabei sank nicht nur die absolute Zahl der abgeschlossenen Verträge. Vor allem die Zahl der Kredite pro Betrieb nahm in fast allen Regionen kontinuierlich ab (siehe Abb. 11). Lediglich im Süden, wo die in der Regel über Finanzierungshilfen unterstützte Sojaproduktion expandierte, stieg die Kreditquote in den 80er Jahren kurzfristig an. Unter dem Rückzug des Staates aus der Agrarsubventionierung litten vor allem die kleineren Betriebe, da die Mittel- und Großbetriebe auf private Geldgeber - seien es Banken oder Firmen bzw. Konzerne der Vorleistungsgüterindustrie - ausweichen konnten. Diese Finanzierung war für kleine eher subsistenzorientierte Betriebe meist unerreichbar, da die privatwirtschaftlichen Geldgeber bei Zinsen und Vertragsbedingungen noch höhere finanzielle und formale Anforderungen stellten.

Die Verschärfung der Agrarkrise und der Abbau der Subventionen hatte für die Kleinbetriebe weitreichende Konsequenzen. Zum einen gerieten die Kleinbauern, die noch in den 60er und 70er Jahren bei geringen Zinssätzen Kredite aufgenommen hatten, in eine Verschuldungsspirale, da der Staat die Zinsen im Laufe der 80er Jahre schrittweise erhöhte, die Preise für Grundnahrungsmittel aber - Hauptanbauprodukt von Kleinbetrieben - einfror (MESQUITA & SILVA 1995). Darüber hinaus stiegen die Kosten für Vorleistungsgüter ständig an, so daß sich die Preisschere immer weiter auseinanderentwickelte (KAGEYAMA et al. 1996). Häufig erreichte die Verschuldung der Betriebe dadurch derartige Ausmaße, daß sie schließlich gepfändet oder verkauft werden mußten. Kleinbäuerliche Betriebe, die aus der staatlichen Förderung herausfielen oder diese nie erreichen konnten, waren dadurch skrupellosen Geschäftemachern ausgeliefert, mit denen sie in ihrer Verzweiflung fragwürdige Kreditverträge abschlossen. Dies bedeutete meist das Todesurteil für die Betriebe, so daß sich auch diese Familien in das Heer der Landlosen einreihen mußten. Die agrarpolitischen Maßnahmen der 80er Jahre erhöhten also den durch die Modernisierung der Landwirtschaft entstandenen existenzbedrohenden Druck auf die Kleinbauern noch zusätzlich, statt ihn auszugleichen und den kleinbäuerlichen Familien eine Überlebensmöglichkeit zu bieten.

Nur wenige Kleinbauern konnten sich in den Regionen der modernisierten Landwirtschaft halten. Wenn sie keine - meist mit Spezialisierung und Innovation verbundene - Marktni-

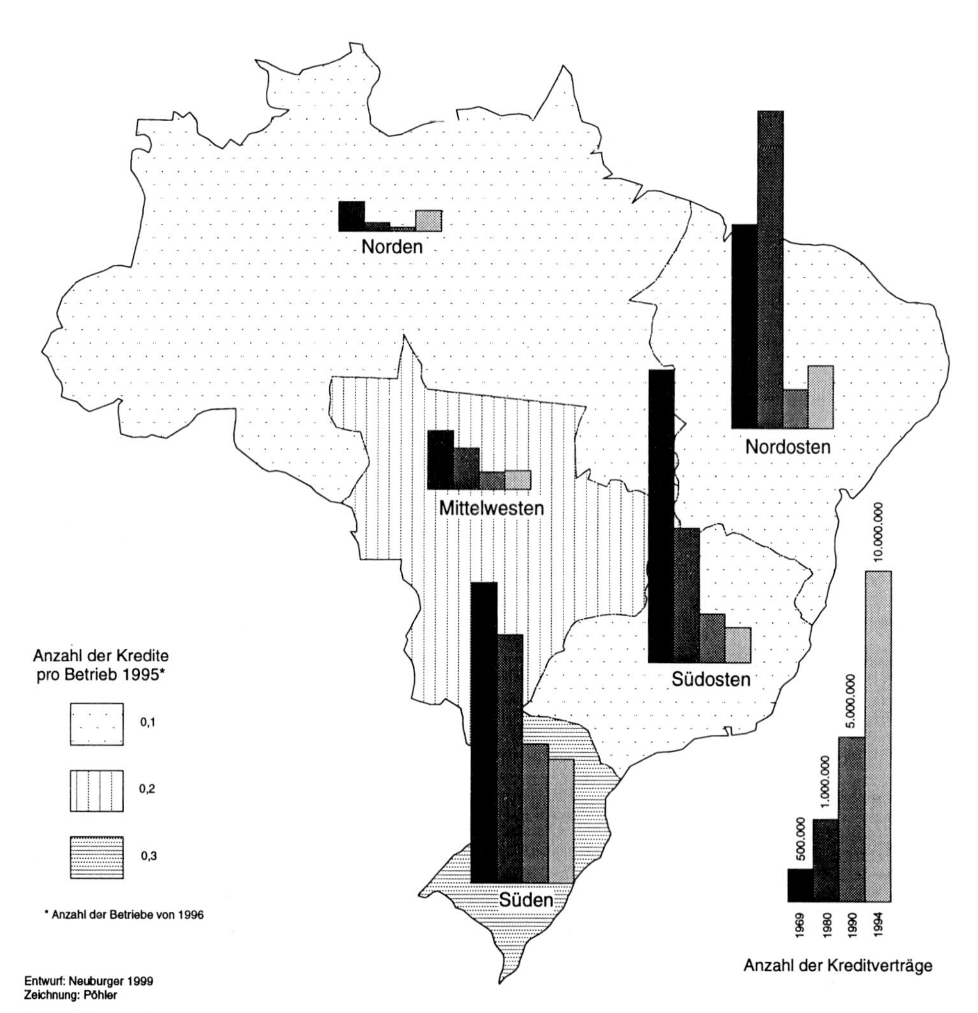

Abbildung 10

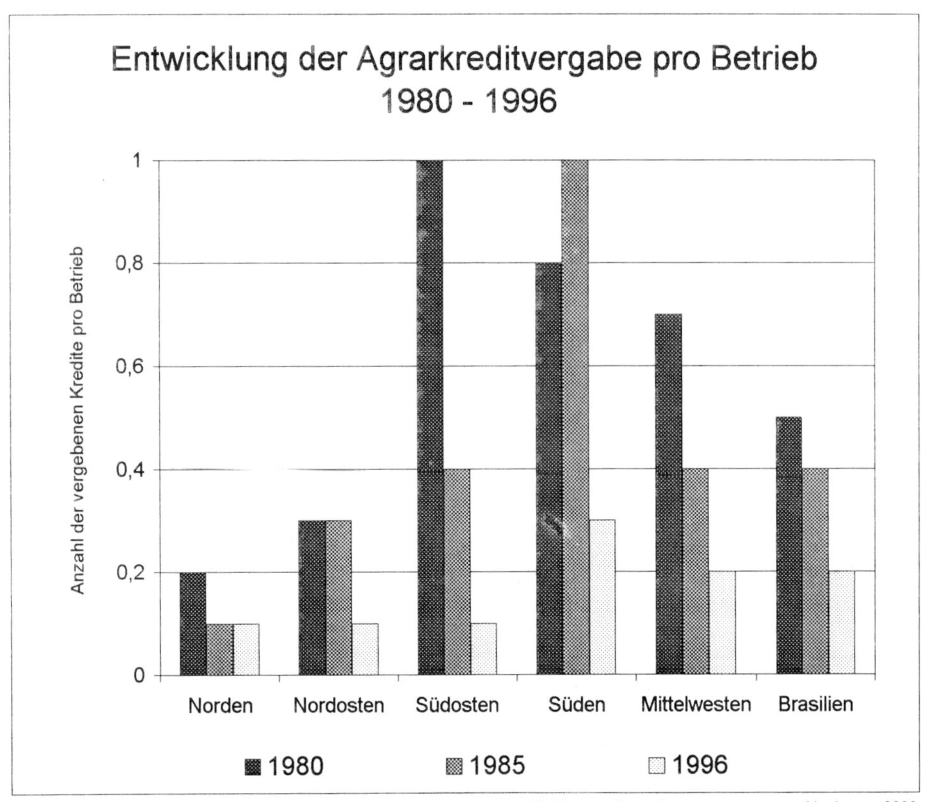

Quelle: IBGE: Anuário Estatístico 1985, 1991; IBGE: Censo Agropecuário 1996 in http://www.ibge.org *Neuburger 2000*

Abbildung 11

sche entdeckten, über günstige Standortbedingungen - etwa die Nähe zu städtischen Märkten - verfügten oder außerhalb der Landwirtschaft Einkommen erwirtschaften konnten, wurden sie von der Agroindustrie in deren Produktionsabläufe integriert und insbesondere in der Geflügel- und Schweinemast, aber auch in der Tabakindustrie unter Vertrag genommen (FERREIRA, A. Duarte 1993, OLIVEIRA, A. Umbelino de 1995b). In diesem noch heute üblichen System dienen die Kleinbauern als Lieferanten für die Großkonzerne, wobei das Risiko von Pflanzen- und Tierkrankheiten sowie für Produktivitätseinbußen vollständig zu lasten der kleinbäuerlichen Produzenten geht. Da die Gewinnspanne gering, das Risiko aber hoch ist, stellt auch dieser Ausweg keine langfristige Überlebenssicherung für die kleinbäuerlichen Familien dar. Die daraus resultierenden Abhängigkeitsverhältnisse entsprechen vielmehr den Strategien von Agroindustrie und Großgrundbesitz, den Kleinbesitz nicht vollständig zu eliminieren, sondern ihn gewinnbringend in die eigenen Strukturen zu inkorporieren - ein Prozeß, der bereits im 19. Jahrhundert zu beobachten war.

Der zunehmende Druck auf die Kleinbauern und die wachsenden sozialen Spannungen im ländlichen Raum entladen sich in den letzten Jahren in einer steigenden Zahl von Landkonflikten (siehe Kapitel III.2.2). Erst in jüngster Zeit unternimmt der brasilianische Staat Anstrengungen, diese Situation wenigstens durch eine stärker auf die Bedürfnisse der kleinbäuerlichen Produktion ausgerichtete Agrarpolitik zu mildern. In Zusammenarbeit mit den Interessenvertretungen kleinbäuerlicher Gruppen wurden Konzepte und Programme entwickelt, die ausschließlich für Kleinbauern zugänglich sein sollen. Besonders zu erwähnen ist dabei das 1996 verabschiedete Nationale Programm zur Förderung der kleinbäuerlichen Produktion PRONAF (*Programa Nacional de Fortalecimento da Agricultura Familiar*), das die Vergabe von Kleinstkrediten an kleinbäuerliche Betriebe, Bauernvereinigungen und Kooperativen vorsieht. Diese können für laufende Kosten und Investitionen sowohl im Bereich der landwirtschaftlichen Produktion als auch für die Verbesserung der Lebensbedingungen - Hausrenovierung, Strom- und Wasserversorgung etc. - verwendet werden. Erstmals ist es durch dieses Programm auch Kleinbauern möglich Kredite aufzunehmen, selbst wenn sie über keinen rechtlich abgesicherten Landtitel verfügen. Allerdings ist die Mitgliedschaft in einer Bauernvereinigung Voraussetzung, denn die sehr niedrig verzinsten Kredite können Bauernvereinigungen gewährt werden, die dann die Haftung für ihre Mitglieder übernehmen. Allein für das Jahr 1996 wurde rund eine Milliarde US-Dollar vorgesehen, für 1997 sogar 1,5 Milliarden. Allerdings kämpft das Programm bisher mit vorwiegend verwaltungstechnischen Anlaufschwierigkeiten, so daß 1996 nur etwa die Hälfte der geplanten Mittel ausgezahlt werden konnte. In den Folgejahren konnten diese Mängel aber weitgehend behoben werden.

Neben dem PRONAF weist eine weitere agrarpolitische Maßnahme darauf hin, daß die Regierung zumindest den guten Willen zeigen will, die agrarstrukturellen Disparitäten wenigstens auf indirektem Wege[1] zu mildern und der Spekulation entgegenzuwirken: Im Jahr 1997 wurde ein Gesetz verabschiedet, das die Besteuerung von ländlichem Grundeigentum reformiert. Der Steuersatz ist seitdem an die Produktivität des jeweiligen Grundstücks gekoppelt: Je niedriger die Produktivität ist, desto höher ist die Besteuerung. Diese Maßnahme, die Kleinbauern - die Produktivität von Kleinbetrieben ist in der Regel um ein Vielfaches höher als die von Großbetrieben - vor hohen Steuersätzen schützen soll, hat zwar für gewaltigen politischen Aufruhr gesorgt, kann aber in der Realität nur wenig bewirken, da die Zahlungsmoral von Großgrundbesitzern - im Gegensatz zu Kleinbauern - ausgesprochen schlecht ist, und die dafür zuständigen Behörden aufgrund des starken politischen Drucks und ihrer klientelistischen Verbindungen zu den *fazendeiros* nur wenig dagegen unternehmen (MARTINS, J. de Souza 1994). Gerade diese Probleme in der Umsetzung von staatlichen Maßnahmen gegen die Interessen der wirtschaftlichen Eliten werden auch in Zukunft eine wirksame Agrarpolitik, die sich stärker an den Bedürfnissen der marginalisierten ländlichen Gruppen orientiert, hemmen (BRUMER et al. 1993).

---

1 Die Durchführung einer Agrarreform, die als direkter Weg zur Umstrukturierung der Bodenbesitzverhältnisse diesen Namen auch verdienen würde und die unausgewogene Agrarstruktur beseitigen könnte, liegt in weiter Ferne (siehe dazu Kapitel III.2.2).

Die heutige Situation der Kleinbauern in Brasilien basiert auf diesen historischen Wurzeln. Seit der Kolonialzeit unterlag die Bedeutung der Kleinbauern für die ländliche Entwicklung einem steten Wandel, in dem allerdings einige Grundkonstanten zu beobachten sind, die heute noch die agrarsozialen Strukturen prägen (BRUMER et al. 1993, WOORTMANN & WOORTMANN 1997, MARTINS, J. de Souza 1994). Das koloniale Erbe von Großgrundbesitz, exportorientierter Monokultur und Sklaverei setzte sich über die Jahrhunderte hinweg in modifizierter Form fort. Die Gegensätze zwischen Latifundium und Minifundium, die Expansion neuer *cash crops* für den Weltmarkt sowie die Abhängigkeitsverhältnisse von Kleinbauern gegenüber *fazendeiros* stehen für diese Kontinuität. Während kleinbäuerliche Betriebe noch in der Kolonialzeit dem Großgrundbesitz in Pacht- und Arbeitsverhältnissen untergeordnet wurden, werden sie in neuerer Zeit als Lieferanten oder rechtlose Landarbeiter von der Agroindustrie funktionalisiert. Die Prozesse der Verdrängung kleinbäuerlicher Familien in die Marginalität - sowohl räumlich als auch sozioökonomisch und ökologisch - basieren damals wie heute auf Armut, Ausgrenzung sowie Rechtsunsicherheit - hinsichtlich Arbeitsverhältnis und Landtitel - und politischer Ohnmacht. Vor allem ungesicherte Landtitel führen dazu, daß das ungenutzte unerschlossene Land - die *terras devolutas* - den Kleinbauern als Rückzugs- und Überlebensraum dienen muß. Dies begann zur Kolonialzeit mit der Besiedlung des Hinterlandes im Nordosten und Südosten durch *índio*- und Sklavenfamilien und mündet im 20. Jahrhundert in die Migration von Landlosen nach Amazonien - der 'letzten' *frontier* Brasiliens. Darüber hinaus verstärken die Modernisierung der Landwirtschaft, die Agrarkrise und der weitgehende Rückzug des Staates aus der Agrarsubventionierung die agrarstrukturellen Disparitäten durch Landbesitzkonzentration und Proletarisierung der Arbeitsverhältnisse sowie die regionalen sozioökonomischen Verzerrungen (KAGEYAMA & REHDER 1993, FERREIRA, A. Duarte 1993).

2.2 Agrarreform und Landlosenbewegung

Trotz der bereits über Jahrhunderte wirksamen Verdrängungsprozesse bilden die Kleinbauern noch heute eine der wichtigsten sozialen Gruppen im ländlichen Raum Brasiliens. Rund 90 % der landwirtschaftlichen Betriebe sind kleiner als 100 ha und können somit als kleinbäuerlich bezeichnet werden (siehe Abb. 12). Sie beschäftigen rund 70 % der Gesamtzahl der Arbeitskräfte in der Landwirtschaft, verfügen aber nur über rund 20 % der landwirtschaftlichen Nutzfläche. Dabei sind sie für die Produktion von rund 70 % der Grundnahrungsmittel verantwortlich, die im brasilianischen Binnenmarkt zur Versorgung der Bevölkerung benötigt werden (MESQUITA & SILVA 1995)[1].

Die aktuelle regionale Differenzierung der Betriebsgrößenstruktur ist Ausdruck der kolonial-historischen Entwicklung sowie des jeweils spezifischen landwirtschaftlichen Strukturwandels der letzten Jahrzehnte in den einzelnen Regionen (siehe Abb. 13). Insbesondere im Nordosten Brasiliens wird dabei die im Vergleich zu anderen Landesteilen extrem ungleiche Landbesitzverteilung deutlich. In den Bundesstaaten dieser Region

---

1 Alle Zahlen berechnet nach IBGE: Censo Agropecuário 1996 in http://www.ibge.org.

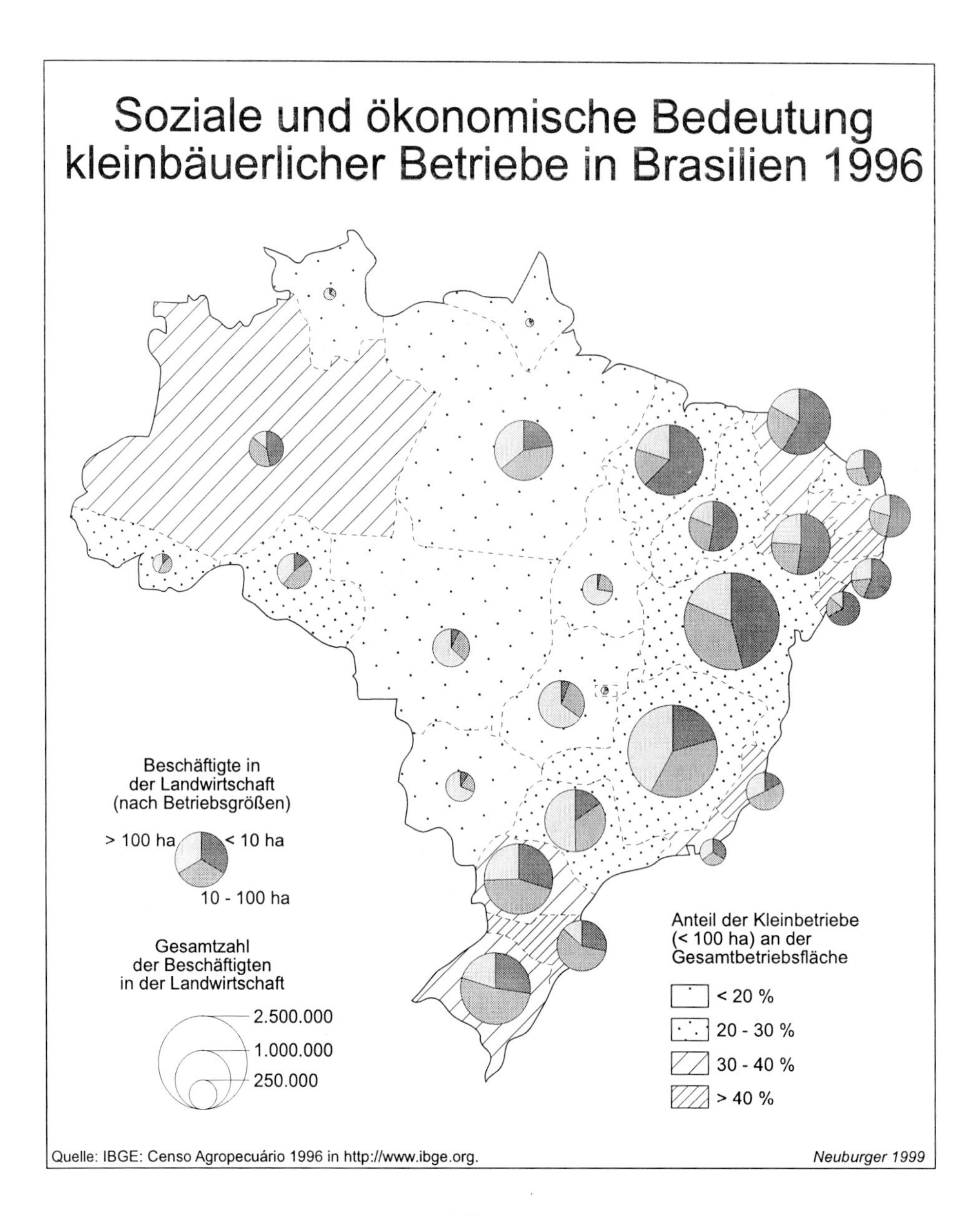

Abbildung 12

Betriebsgrößenstruktur in Brasilien 1996

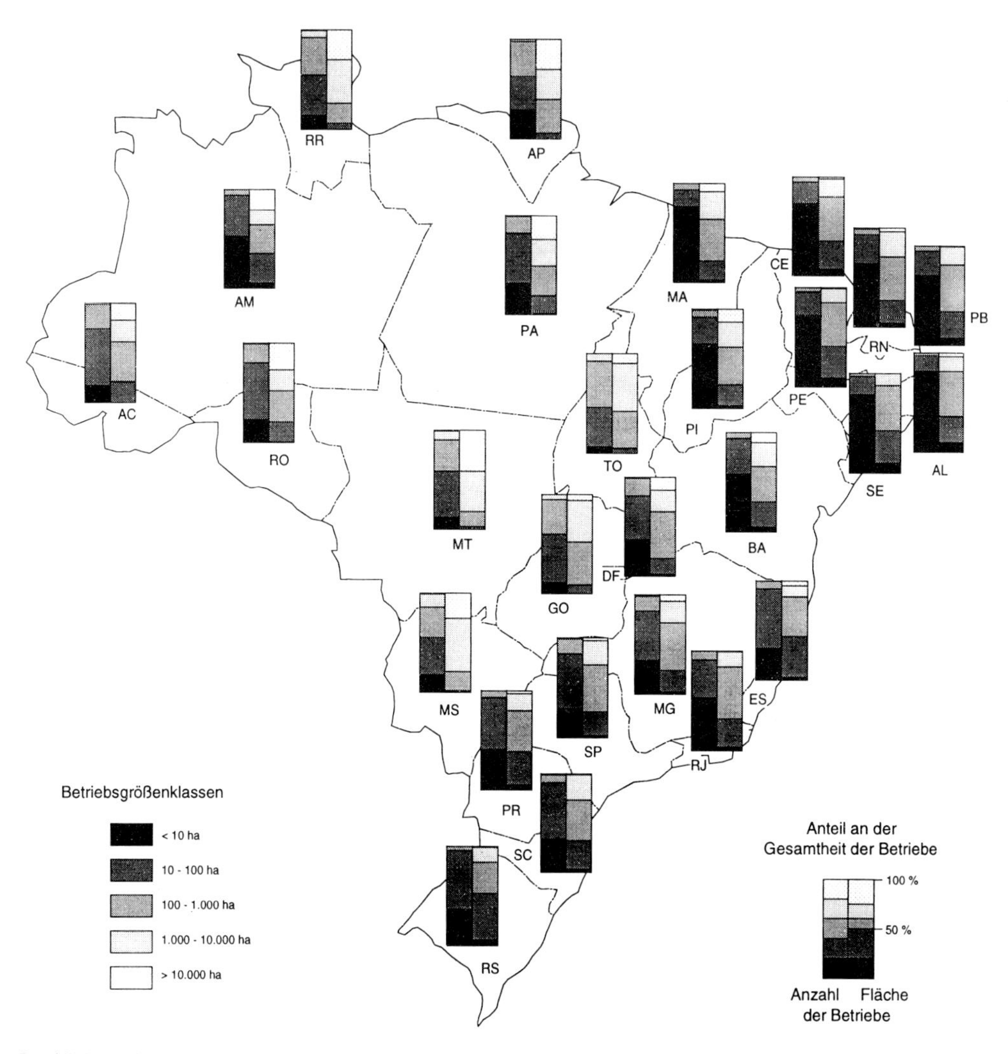

Entwurf: Neuburger 1999
Zeichnung: Pöhler
Quelle: IBGE: Anuário Estatístico do Brasil 1975, 1984, 1989, IBGE: Censo Agropecuário 1996 in http://www.ibge.org

Abbildung 13

besitzen weit über 50 % der Betriebe weniger als 10 ha Land und über 90 % weniger als 100 ha. In dieser von Minifundien geprägten Struktur, in der die Kleinstbetriebe unter 10 ha über weniger als 5 % der gesamten Betriebsfläche verfügen, haben ökologische Risiken wie Dürre und rasche Bodenerosion aber auch ökonomische Krisen wie Preisverfall und Produktivitätsrückgang besonders gravierende soziale und ökologische Folgen.

Demgegenüber prägt den ländlichen Raum des Südostens und Südens eine eher mittelbetriebliche Struktur. Dort hat rund die Hälfte der Betriebe eine Größe zwischen 10 ha und 100 ha, und auch ihr Flächenanteil schwankt zwischen 25 % und 50 %. Die im brasilianischen Kontext relativ ausgewogene Agrarstruktur in Kombination mit günstigen naturräumlichen Bedingungen verhalf diesen Regionen zu vergleichsweise stabilen wirtschaftlichen und sozialen Strukturen. Allerdings sind im Zuge der Modernisierungstendenzen seit den 70er Jahren verstärkte Landbesitzkonzentrationsprozesse zu beobachten: Während die absolute Anzahl der Betriebe unter 100 ha von 1970 bis 1996 sank, stieg die Zahl der Betriebe über 100 ha bis 1985 kontinuierlich an. Die Kleinbetriebe wurden also von den größeren Betrieben 'geschluckt' (SILVA, J.F. Graziano da 1978). Seit 1985 geht die Zahl der Großbetriebe ebenfalls zurück, was auf weitere Konzentrationstendenzen auch in dieser Größenkategorie schließen läßt.

Der Mittelwesten und der Norden schließlich zeichnen sich ähnlich wie der Nordosten durch eine besonders große Diskrepanz zwischen Klein- und Großgrundbesitz aus. Zwar erscheint die Agrarstruktur im Vergleich zum Nordosten zunächst relativ ausgewogen, da in den beiden Großregionen der Anteil der zwei untersten Betriebsgrößenklassen sowohl in Anzahl als auch in Fläche relativ hohe Prozentwerte erreicht. Ihr vergleichsweise großer Anteil von 5 bis 20 % an der Betriebsfläche hängt dabei mit der hohen durchschnittlichen Betriebsgröße von rund 25 ha - im Norden - bzw. rund 33 ha - im Mittelwesten - zusammen[1]. Dies darf jedoch nicht als Hinweis auf bessere allgemeine Lebensbedingungen oder gar größeren Reichtum interpretiert werden. Vielmehr müssen aufgrund der vorherrschenden ökologischen und ökonomischen Ungunstfaktoren Betriebe bis zu 100 ha hier als Kleinbetriebe, Betriebe zwischen 100 ha und 1.000 ha als mittlere Betriebe bezeichnet werden. Dementsprechend hoch sind die Durchschnittswerte in den oberen zwei Betriebsgrößenklassen: Während im Nordosten die Betriebe über 1.000 ha durchschnittlich über eine Fläche von rund 2.570 ha verfügen, erreichen die Großbetriebe im Norden und Mittelwesten durchschnittlich rund 3.730 ha bzw. 3.700 ha. Dementsprechend groß ist ihr Anteil an der gesamten Betriebsfläche im jeweiligen Bundesstaat. Gerade diese Diskrepanz zwischen extrem großen Betrieben, deren Flächen meist nur sehr extensiv genutzt werden, und Kleinbetrieben, die kaum das Überleben der bäuerlichen Familien sichern können, führte in der jüngsten Vergangenheit zu wachsenden Spannungen, zumal den Kleinbauern durch die direkte räumliche Nachbarschaft beider Betriebstypen die ungerechte Agrarstruktur besonders plastisch vor Augen geführt wird.

---

1 Im Nordosten beträgt die durchschnittliche Betriebsgröße der Betriebe unter 100 ha rund 10 ha, im Südosten 22 ha und im Süden 16 ha.

Auf die wachsenden sozialen Spannungen im ländlichen Raum einerseits und die sinkende politische Unterstützung andererseits reagieren die kleinbäuerlichen Gruppen in neuerer Zeit mit neuen Organisationsformen und Aktionen, um ihre eigenen Interessen wenn nötig auch gegen Staat und wirtschaftliche Elite durchzusetzen. Bereits seit Jahrzehnten wehren sich diese Gruppierungen gegen Verarmung und Marginalisierung. Noch vor der Jahrhundertwende bis in die erste Hälfte des 20. Jahrhunderts hinein entwickelte sich daraus eine Art Banditentum, die sogenannten *cangaceiros*, deren berühmtester Vertreter Lampião, eine Art brasilianischer Robin Hood, war. Darüber hinaus waren die Proteste der Kleinbauern meist an religiös-messianische Bewegungen gekoppelt (MARTINS, J. de Souza 1990). Unter Anführung charismatischer Figuren wie beispielsweise Padre Cícero im Bundesstaat Ceará und Antônio Conselheiro in Bahia, die sich basierend auf der christlichen Ethik gegen die Interessen der kirchlichen und politischen Eliten für die Armutsgruppen des Nordostens einsetzten, entwickelten sich häufig weitreichende politische, teilweise bürgerkriegsähnliche Konflikte (SILVA, C.A.B. Domingues da 1992, VILLA 1995, FREI GÖRGEN 1997). Damit erreichten die Kleinbauern allerdings kaum langfristige Wirkungen oder gar Veränderungen in den lokalen und regionalen Machtstrukturen. Als letzte Zeugen dieser politisch bewegten Vergangenheit ist in einzelnen Fällen lediglich der Kult um die jeweiligen Führungspersönlichkeiten erhalten geblieben.

Die ersten kleinbäuerlichen Organisationen im eigentlichen Sinne entstanden in den 40er und 50er Jahren, als mit der Demokratisierung des politischen Systems die Hoffnung der Kleinbauern wuchs, ihre Forderungen nach gerechteren Agrarstrukturen und besseren Arbeitsbedingungen nun durchsetzen zu können. Darüber hinaus spornten sie die zumindest teilweise zu beobachtenden Erfolge der revolutionären Bewegungen in anderen lateinamerikanischen Staaten zu politischen Aktionen an. Außerdem erhöhten der schleichende Prozeß der Proletarisierung, der in den Zuckerrohranbaugebieten des Nordostens bereits in den 40er Jahren eingesetzt hatte, und die kontinuierliche Verschlechterung der Arbeitsbedingungen den sozialen Druck im ländlichen Raum, der sich in Protestaktionen und Landbesetzungen der Kleinbauernbewegungen, der sogenannten *ligas camponesas*, in dieser Region entlud. Allerdings wurden die Rückzugsräume der verdrängten Kleinbauern, die ungenutzten staatlichen *terras devolutas*, zunehmend durch die politische Praxis der großzügigen Landvergabe von Staatsland an Großgrundbesitzer bedroht (PALMEIRA 1994). Angesichts willkürlicher, vom Staat geduldeter weiterer Landbesetzungen durch die Großgrundbesitzer, die die Kleinbauern meist mit Waffengewalt aus den von ihnen bereits zuvor besetzten *terras devolutas* vertrieben, wurde der Ruf nach der Durchführung einer Agrarreform laut (MARTINS, J. de Souza 1990 und 1994). Die *ligas camponesas* konnten bei diesen Aktionen wiederum auf die Unterstützung des progressiven Teils der brasilianischen Kirche bauen, deren Vertreter die Grundthesen der Befreiungstheologie propagierten[1]. Die Aktivitäten der daraus erwachsenen Basiskirchen standen allerdings in direktem Widerspruch zu den Verlautbarungen der offiziellen Kirche in Rom und einiger konservativer Bischöfe in Brasilien.

---

1 Eine kurze Zusammenfassung der Thesen der Befreiungstheologie sowie ihre theologische und gesellschaftliche Begründung bietet PONTIFÍCIO CONSELHO "JUSTICA E PAZ" 1998 und BOFF 1991.

Trotz allem erreichten die Kleinbauernbewegungen eine derart große gesellschaftliche Bedeutung, daß auch die politischen Eliten diese Thematik in ihren Diskurs aufnahmen. Als allerdings die Regierung Goulart 1964 versuchte, konkrete Maßnahmen im Sinne einer Agrarreform durchzuführen, griffen die Militärs ein (OLIVEIRA, A. Umbelino de 1995b, FERES 1989). Die *ligas camponesas* wurden von der Militärregierung zerschlagen, ihre politischen Köpfe verhaftet, ermordet oder exiliert. Lediglich die kurz vor dem Militärputsch gegründete CONTAG (*Confederação dos Trabalhadores na Agricultura*) als Dachorganisation der lokalen Landarbeitergewerkschaften, der *Sindicatos dos Trabalhadores Rurais* (STR), blieb bestehen. Allerdings wurden die Führungspositionen mit regierungskonformen Personen besetzt (FATHEUER 1997, PEREIRA, A.W. 1997). Die Funktionalisierung der CONTAG war Teil einer Strategie, die die Machtposition der Militärs gesellschaftlich legitimieren sollte. Außerdem nahmen die Machthaber den Parolen der *ligas camponesas* die Schlagkraft, indem sie die Durchführung einer Agrarreform zu einem ihrer wichtigsten politischen Ziele erklärten, den institutionellen Rahmen in Form des IBRA (*Instituto Brasileiro de Reforma Agrária*) schufen sowie Gesetze erließen, die scheinbar den Forderungen der *ligas camponesas* entsprachen (MARTINS, J. de Souza 1990). Zu nennen ist hier vor allem das 1964 verabschiedete *Estatuto da Terra*, das die gesetzlichen Grundlagen für Enteignungen enthielt. Da die effektive Umsetzung der Agrarreform in der Realität aber scheiterte, setzte die Militärregierung auf die Neulanderschließung in Amazonien, um den sozialen Spannungen und politischen Unruhen im ländlichen Raum des Nordostens zu begegnen (KOHLHEPP 1979, MARTINS, J. de Souza 1984).

Die massive politische Repression der 60er Jahre lockerte sich erst Ende der 70er Jahre, als sich die Zivilgesellschaft in Form von Protestaktionen der Industriearbeiter in São Paulo und Streiks der Zuckerrohrarbeiter in Pernambuco machtvoll zu Wort meldete und die sozialen Bewegungen wieder an Bedeutung gewinnen konnten (FATHEUER 1997, PEREIRA, A.W. 1997). Der zunehmende Druck auf die unteren sozialen Schichten der ländlichen Bevölkerung als Folge der konservativen Modernisierung ließ das Heer der marginalisierten Gruppen rasch anwachsen. Nicht nur Landarbeiter und Tagelöhner waren dabei von Marginalisierung und Verarmung betroffen. Auch Kleinbauern - Landeigentümern, Pächtern, *posseiros* - drohte der soziale Abstieg vom Landeigentümer zum Pächter oder gar zum Tagelöhner (OLIVEIRA, A. Umbelino de 1994). All diese Gruppierungen fanden sich in den Protestbewegungen wieder, die sich noch zu Zeiten der politischen Repression gemeinsam gegen das Militärregime wandten.

Als mit der politischen Öffnung diese einigende Zielsetzung ihre Bedeutung verlor, kam es kurzfristig zu Auseinandersetzungen über die Beteiligung von Kleinbauern in der Landlosen- und Landarbeiterbewegung. Besonders in den marxistisch orientierten Landarbeitergewerkschaften wurde die Vereinbarkeit der Interessen von Landeigentümern und Landarbeitern in Frage gestellt (MARTINS, J. de Souza 1990). Allerdings gelangten die marxistischen Vertreter im Laufe der Diskussion sehr schnell zu der Auffassung, daß Kleinbauern ebenso vom Industrie- bzw. Agrarkapital ausgebeutet und unterdrückt würden - zumal sie meist über keinen rechtlich abgesicherten Landtitel verfügten - und deshalb ebenso an der Bewegung beteiligt werden müßten. Darüber hinaus sei die Größe der kleinbäuerlichen Betriebe so gering, daß das Überleben der Familien meist nicht gewährleistet sei, und sich zumindest die nachfolgende Generation deshalb in das Heer der Landlosen zwangsläufig einreihen werde. Durch die Integration kleinbäuerlicher Familien wuchs diese Gruppe innerhalb der Landarbeitergewerkschaften derart an, daß sie heute - insbesondere in Amazonien - die Mehrheit der Mitglieder stellt.

Die Demokratisierung der 80er Jahre erlaubte die Gründung neuer politischer Organisationen, die es der marginalisierten Bevölkerung im ländlichen Raum ermöglichten, ihre Interessen gegen Staat und Großgrundbesitz zumindest zu artikulieren, wenn nicht gar durchzusetzen (LINS 1998, MESQUITA & SILVA 1995). Landbesetzungen, deren Zahl in dieser Zeit sehr stark anstieg, waren dabei eines ihrer wichtigsten Mittel (FERES 1989). Aufgrund der großen Differenzierung innerhalb dieser Gruppe entstanden meist lokal initiierte, in ihren Aktivitäten auf die jeweilige örtliche Ebene beschränkte Bewegungen. Allerdings wurde schon bald klar, daß für die Verbesserung der Schlagkraft und des Durchsetzungsvermögens eine übergeordnete Organisation auf regionalem und nationalem Niveau notwendig war. Da die Landarbeitergewerkschaften und ihr Dachverband durch ihr ambivalentes politisches Erbe aus der Zeit der Militärdiktatur vorbelastet waren, konnten sie kein geeignetes Forum für die Kleinbauern und Landlosen bieten. Sie verfielen vielmehr in eine Lethargie, die erst nach einigen Jahren überwunden werden konnte (ROGGE 1998).

Vor diesem Hintergrund ist die Gründung des *Movimento dos Trabalhadores Rurais sem Terra* (MST) im Jahr 1984 zu sehen, das heute im 'Kampf um Land' eine wichtige Rolle spielt (STÉDILE 1997, SILVA, J.F. Graziano da 1998, GRZYBOWSKI 1994, VELTMEYER 1993). Der Süden des Landes, wo die Modernisierung der Landwirtschaft besonders gravierende soziale Folgen hatte, wurde zur Wiege und zum Hauptaktionsraum dieser neuen sozialen Bewegung. Auch sie konnte dabei auf die Unterstützung der progressiven Kirche, insbesondere der Landpastorale CPT (*Comissão Pastoral da Terra*), bauen, was vor allem für die überregionale Organisation und Koordination ihrer Aktivitäten von großer Bedeutung war und heute noch ist (FATHEUER 1997, FERNANDES 1997, GOHN 1997, BOLAND 1997, PEIXOTO 1992). Zahlreiche Landbesetzungen im Süden, aber auch in Amazonien - dort führte vor allem das Vordringen der Pionierfront zu gewalttätigen Landkonflikten - sollten den Staat bzw. die dafür zuständige Behörde INCRA (*Instituto Nacional de Colonização e Reforma Agrária*) dazu zwingen, im Sinne des *Estatuto da Terra* 'unproduktiven' Großgrundbesitz zu enteignen und an Landlose zu verteilen (ALMEIDA, A.W. Berno de 1992, LOUREIRO 1992). In den meist blutigen Auseinandersetzungen zwischen Landbesetzern - sogenannten *posseiros* - und Großgrundbesitzern, die in der Regel mit Hilfe von kontraktierten Killern - den *pistoleiros* - ihren Besitz zurückerobern wollten, stellte sich der Staat häufig auf die Seite der letzteren, nicht zuletzt weil Bürokraten und Politiker meist selbst Großgrundbesitzer waren.

Mit zunehmender Erfahrung in der Austragung von Konflikten und mit dem Anwachsen der Bewegung veränderte das MST sowohl seine Organisationsstruktur als auch seine Strategie. In den ersten Jahren seines Bestehens ging es dem MST primär darum, ein Stück Land für jede an einer Besetzung beteiligte landlose Familie zu erkämpfen unabhängig von den jeweiligen naturräumlichen Rahmenbedingungen und der Zugänglichkeit des erstrittenen Landes. Die Aktionen waren abgesehen von der Durchführung nationaler Kongresse mit allgemeinen Beschlußfassungen, mit der Deklaration politisch-ideologischer Ziele und Forderungen an die Regierung dabei relativ wenig koordiniert. Die erste zivile Regierung entsprach 1985 scheinbar der Forderung nach der Durchführung einer Agrarreform im Sinne einer reinen Bodenbesitzreform, indem sie den Agrarreform-Plan PNRA (*Plano Nacional de Reforma Agrária*) verabschiedete und die Verteilung von 15 Millionen Hektar Land an 1,2 Millionen Familien plante (FATHEUER 1997). Allerdings blieb die Umsetzung dieser Vorhaben weit hinter den Erwartungen zurück (FERREIRA, B. 1994, LINS 1998). Bis 1996 wurden lediglich rund 1.500 Ansiedlungen - sogenannte *assentamentos* - auf 4,9 Millionen Hektar Land durchgeführt, an denen nur etwa 150.000 Familien beteiligt waren (FERNANDES 1997).

Im Laufe der Jahre seines Bestehens, besonders aber bei ihrem dritten nationalen Kongreß 1995 mußte das MST feststellen, daß ihre bisher verfolgte militante Taktik der Landbesetzungen eine hohe Zahl von Todesopfern fordert. Darüber hinaus kämpften die nach erfolgreicher Besetzung auf enteignetem Land angesiedelten Kleinbauern aufgrund der meist ungünstigen ökologischen und ökonomischen Standortbedingungen mit den gleichen Verdrängungs- und Verarmungsproblemen wie in ihren Herkunftsregionen. Die *assentamentos* wurden damit nach wenigen Jahren zu Abwanderungsgebieten. Seitdem werden als fester Bestandteil der neuen Strategie in der Anfangsphase der Planung einer Invasion Überlegungen zur Verbesserung des wirtschaftlichen Erfolgs einer Ansiedlung einbezogen. Dabei geht es nicht mehr nur im quantitativen Sinne darum, Land für die Familien zu erhalten, sondern ebenso wichtig ist inzwischen der Kampf um qualitativ für die landwirtschaftliche Nutzung geeignetes Land (STÉDILE 1997). Dementsprechend forciert das MST die Landbesetzungen im Süden und Südosten des Landes - also in der Nähe der wirtschaftlichen Zentren -, wo auch der Schwerpunkt seiner Aktivitäten in den letzten Jahren lag (DAVID et al. 1997)[1].

Für die Durchsetzung dieser Ziele war der politische Druck auf die Regierung aber offensichtlich nicht ausreichend, da die Umsetzung des *Estatuto da Terra* in der Realität - es besagt, daß jeder unproduktive landwirtschaftliche Betrieb enteignet werden kann[2] - weit hinter den Forderungen des MST zurückblieb. Um eine größere Kooperationsbereitschaft und eine effektivere Umsetzung der Agrarreform zu erzwingen, hat das MST beschlossen, einen radikalen Konfrontationskurs gegen die aktuelle neoliberale Politik einzuschlagen. Neben den eigentlichen Landbesetzungen werden öffentliche, spektakuläre Aktionen wie Protestmärsche, Besetzungen von Ämtern und ähnliches durchgeführt, um den politischen Druck auf die staatlichen Stellen zu erhöhen (CARVALHO FILHO 1997, SORJ 1998). Eine

---

1 Das von den angesiedelten Familien erzielte überdurchschnittliche Einkommen in den *assentamentos* des Südens und Südostens sprechen für den Erfolg dieser Strategie (BERGAMASCO 1997).

2 Im Jahr 1995 waren es insgesamt rund 220.000 landwirtschaftliche Betriebe, die nach den im *Estatuto da Terra* festgelegten Kriterien hätten enteignet werden können (IEA 1997, S. 92).

der größten Aktionen der vergangenen Jahre war in diesem Zusammenhang 1997 ein Sternmarsch von rund 2.000 Mitgliedern, die sich nach einem Fußmarsch von mehreren hundert Kilometern aus allen Landesteilen kommend in Brasília mit anderen ländlichen wie städtischen 'Verlierern' der Modernisierung und Globalisierung zu einer Kundgebung von 30.000 Demonstranten vereinten und vor dem Regierungspalast gegen die aktuelle unsoziale Politik protestierten.

Darüber hinaus konnte die Landlosenbewegung in jüngerer Zeit ein höheres Ansehen in der brasilianischen Öffentlichkeit gewinnen (MARTINS, J. de Souza 1997b, FREI BETTO 1997, GOHN 1999). Nicht nur der allgemeine Aufschrei der Empörung beim Massaker von Eldorado dos Carajás[1] an Demonstranten des MST sind Indizien dafür. Auch die insgesamt positive Darstellung dieser Bewegung im sonst regierungsfreundlichen Fernsehsender Globo sprechen für diesen Wandel. Neben diesem gesellschaftlichen Druck gerät die Regierung auch auf internationaler Ebene immer stärker ins Kreuzfeuer der Kritik, da die Aktivitäten des MST sowie seine geschickte Öffentlichkeitsarbeit auf internationalem Niveau Aufmerksamkeit erregen. Dennoch scheint die Lobby der Großgrundbesitzer noch groß genug zu sein, um umfangreichere Maßnahmen zu verhindern, denn die Anzahl der *assentamentos* nimmt in den letzten Jahren eher wieder ab, obwohl die Zahl der Landbesetzungen beständig zunimmt. Die Regierung schuf lediglich einige ebenfalls vom MST geforderte Kreditlinien wie beispielsweise das PROCERA (*Programa de Crédito Especial para a Reforma Agrária*) und das *Projeto Lumiar*, die sich speziell an die angesiedelten Familien richten und die die landwirtschaftliche Produktion vor allem in den ersten Jahren der Ansiedlung unterstützen sollen (LINS 1998, MOREIRA 1998, SORJ 1998).

Die funktionierende regionale und nationale Koordination sowie die gut strukturierte Organisation innerhalb der Bewegung ist bis heute unabdingbare Voraussetzung für die politische Schlagkraft des MST (TORRENS 1994, COVERT 1998, FERNANDES 1996). Grundprinzip dabei ist die dezentrale Leitung und Durchführung der gesamten Aktivitäten. Auch wenn sich die politische Führung und Repräsentation des MST unbestritten auf einige wenige Köpfe beschränkt - eine zentrale Figur ist dabei João Pedro Stédile -, sind es dennoch immer mehrere Personen gleichzeitig, die leitende Funktionen inne haben, gemeinsam Beschlüsse fassen und Aktivitäten vorbereiten. Darüber hinaus verfügen die einzelnen Ebenen der Organisation sowie die lokalen Aktivisten über eine relativ große Autonomie. Diese Streuung der Verantwortung soll verhindern, daß durch die Ermordung bzw. Verschleppung oder Verhaftung einer Führungspersönlichkeit - bei derartigen gesellschaftlichen Auseinandersetzungen durchaus übliche Praktiken - die gesamte Organisation orientierungslos in sich zusammenfällt. Außerdem erfordert die große Differenzierung der Konflikt- und Akteurskonstellationen in den einzelnen Fällen einer Landbesetzung oder bei anderen Aktivitäten die organisatorische Dezentralisierung, um die Vorgehensweise an die jeweils spezifische Situation anpassen zu können (FATHEUER 1997, MARTINS, J. de Souza 1997b). Darüber hinaus wird das Führungspersonal, das die Organi-

1 Im April 1996 kam es in Eldorado dos Carajás im Bundesstaat Pará während einer Demonstration von Landlosen zu einem Massaker, bei dem 19 Anhänger des MST von der Polizei erschossen wurden.

sation und politische Agitation auf lokaler Ebene übernehmen soll, gezielt für die entsprechenden Aktionen geschult - ideologisch, psychologisch, juristisch und politisch. Dafür werden Neulinge in die Arbeit bereits erfahrener Aktivisten eingebunden und danach vorzugsweise in anderen Landesteilen eingesetzt, um ihre Verwundbarkeit gegenüber Angriffen auf Familienmitglieder zu verringern. Somit stammen die Führungsköpfe bei Landbesetzungen meist nicht aus derselben Region und beanspruchen auch kein Land für sich. Sie beschränken sich vielmehr auf die Organisation einer *invasão* und ziehen sich nach erfolgreicher Verhandlung, begleitender Unterstützung in den *assentamentos* und Bildung lokaler Führungspersönlichkeiten wieder aus den lokalen Geschehnissen zurück, um sich neuen Landbesetzungen zuzuwenden.

Diese Praxis hat dem MST in der Vergangenheit scharfe Kritik eingebracht. Den Köpfen der Landlosenbewegung wird vorgeworfen, mit dieser Taktik in verschiedenen ländlichen Regionen unnötigerweise für soziale und politische Unruhe zu sorgen, um die eigene Machtposition als außerparlamentarische Opposition auszubauen. Auch Mißerfolge von Ansiedlungen, die aus Invasionen hervorgegangen sind, werden immer wieder vor allem von konservativer Seite angeprangert (NAVARRO 1997). Mangels geeigneter Auswahlverfahren zur Ermittlung wirklich bedürftiger Familien würden die *assentamentos* von zahlreichen Familien lediglich zu Spekulationszwecken ausgenutzt, so der Vorwurf. Dies würde nach wenigen Jahren zu Landkonzentration und Abwanderung führen und somit nicht die soziale Funktion der Existenzsicherung kleinbäuerlicher Familien erfüllen. Diese Vorwürfe sind sicher nicht völlig von der Hand zu weisen.

Allerdings liegen die unbestreitbaren Mißerfolge einzelner *assentamentos* nicht in der alleinigen Verantwortung des MST. Teilweise scheitern die Bemühungen einer sinnvollen Bewirtschaftung der erworbenen Parzellen an der mangelnden Unterstützung durch die staatlichen Stellen. Zum einen dauern die Verhandlungen bis zur Durchsetzung der Enteignung einer *fazenda* in der Regel mehrere Monate, während derer die *posseiros* auf dem besetzten Betrieb in provisorischen Zelten unter menschenunwürdigen Lebensbedingungen ausharren müssen. Ist dieses endlich erreicht, verzögert das INCRA häufig die Vermessung der Parzellen und die Vergabe von rechtmäßigen Landtiteln, so daß die Familien lange auf die Beantragung von Krediten für Saatgut und andere landwirtschaftliche Produktionsmittel warten müssen. Durch diese langen, teilweise mehrere Jahre andauernden Wartezeiten unter äußerst prekären Umständen verlieren viele ursprünglich an einer Invasion beteiligten Familien die Hoffnung auf ein eigenes Stück Land und geben auf, um sich anderen Formen der Überlebenssicherung zuzuwenden. Eine stärkere Unterstützung durch den Staat könnte solche Entwicklungen sicher wenn nicht verhindern so doch abmildern. Darüber hinaus können trotz aller Kritik an den Aktivitäten des MST seine Verdienste und beachtlichen Erfolge nicht geleugnet werden. Zumindest einem Teil der marginalisierten, politisch kaum vertretenen ländlichen Bevölkerung konnte die Landlosenbewegung durch das große Engagement seiner Vertreter ein politisches Sprachrohr verschaffen (MARTINS, J. de Souza 1997b, TORRENS 1994).

Allerdings ist das MST nur eine unter vielen Interessenvertretungen landloser und kleinbäuerlicher Familien (TORRENS 1994, NOVAES 1998, GRZYBOWSKI 1994, ALMEIDA, A.W. Berno de 1994). Zu nennen sind vor allem die großen, mit dem MST eng zusammenarbeitenden Organisationen CPT (*Comissão Pastoral da Terra*) und CONTAG, die an den Gewerkschaftsverband CUT (*Central Única dos Trabalhadores*) angegliedert ist. Zahlreiche kleinere Gruppierungen beschränken ihre Aktionen in der Regel auf die lokale oder regionale Ebene und geraten häufig in Konkurrenz zu den Anhängern des MST. Die Konflikte, die daraus entstehen, sind häufig nicht weniger komplex als die mit den eigentlichen Landbesetzungen verbundenen. Sie werfen auch die Frage nach der politischen Legitimation des MST auf, das mit seinen Parolen und in den Verhandlungen auf staatlicher Ebene die Vertretung aller Landlosen für sich beansprucht (STÉDILE 1997).

Es kann kein Zweifel daran bestehen, daß die wachsende politische Bedeutung der Landlosen - in welcher Organisationsform auch immer - auch für die Kleinbauern von großer Relevanz ist. Zum einen sind sie in diese Bewegungen selbst eingebunden. Zum anderen haben die Aktivitäten der Landlosenbewegungen und der Landarbeitergewerkschaften die Aufmerksamkeit der Öffentlichkeit und damit auch der Politik wieder auf die Probleme des ländlichen Raumes, insbesondere der unteren sozialen Schichten, lenken können. Nach Jahrzehnten der staatlich geförderten kapitalintensiven Modernisierung in der Landwirtschaft gewinnen in den letzten Jahren kleinbäuerlich-subsistenzorientierte Produktionsformen wieder an Bedeutung in der Konzeption politischer Fördermaßnahmen (GUANZIROLI 1994, LINS 1998). Dies läßt auf eine langfristige Verbesserung der Lebensbedingungen für die Armutsgruppen im ländlichen Raum hoffen, auch wenn die Wirksamkeit der geplanten Maßnahmen noch abzuwarten sein wird.

3 Ökologische Probleme des ländlichen Raumes in Brasilien

Als Resultat der dargestellten historischen Entwicklung ist trotz vieler Gemeinsamkeiten eine enorme Heterogenität innerhalb der agrarsozialen Gruppe der Kleinbauern zu erkennen (siehe Abb. 14). Dabei stellt die Form des Zugangs zu Land einen der Hauptfaktoren in der Differenzierung kleinbäuerlicher Gruppen in Brasilien dar. Dies bezieht sich sowohl auf rechtliche Fragen - auf den Zugang zu einem rechtmäßigen Landtitel oder zu einem abgesicherten Pachtvertrag - als auch auf quantitative Aspekte - auf die Größe des Grundstücks - und qualitative Eigenschaften - zum Beispiel auf die Eignung des Grundstücks zur landwirtschaftlichen Nutzung. Für die Wechselbeziehungen zwischen Produktionsform und Naturraum sind aber nicht in jedem Fall Landeigentum, Pacht oder Besetzung die entscheidenden Kategorien (MARTINS, J. de Souza 1986). Die bloße Unterteilung nach Grundbesitzform verwischt vielmehr die ökonomischen und sozio-kulturellen Unterschiede der kleinbäuerlichen Produktions- und Lebensweisen. Sowohl die Ausstattung mit Kapital als auch der Grad der Marktorientierung können sehr stark variieren. Auch die kulturelle Basis sowie das damit verbundene Ethnowissen insbesondere über angepaßte Nutzungsformen des Naturraums sind im Rahmen der vorliegenden Arbeit von großer Bedeutung.

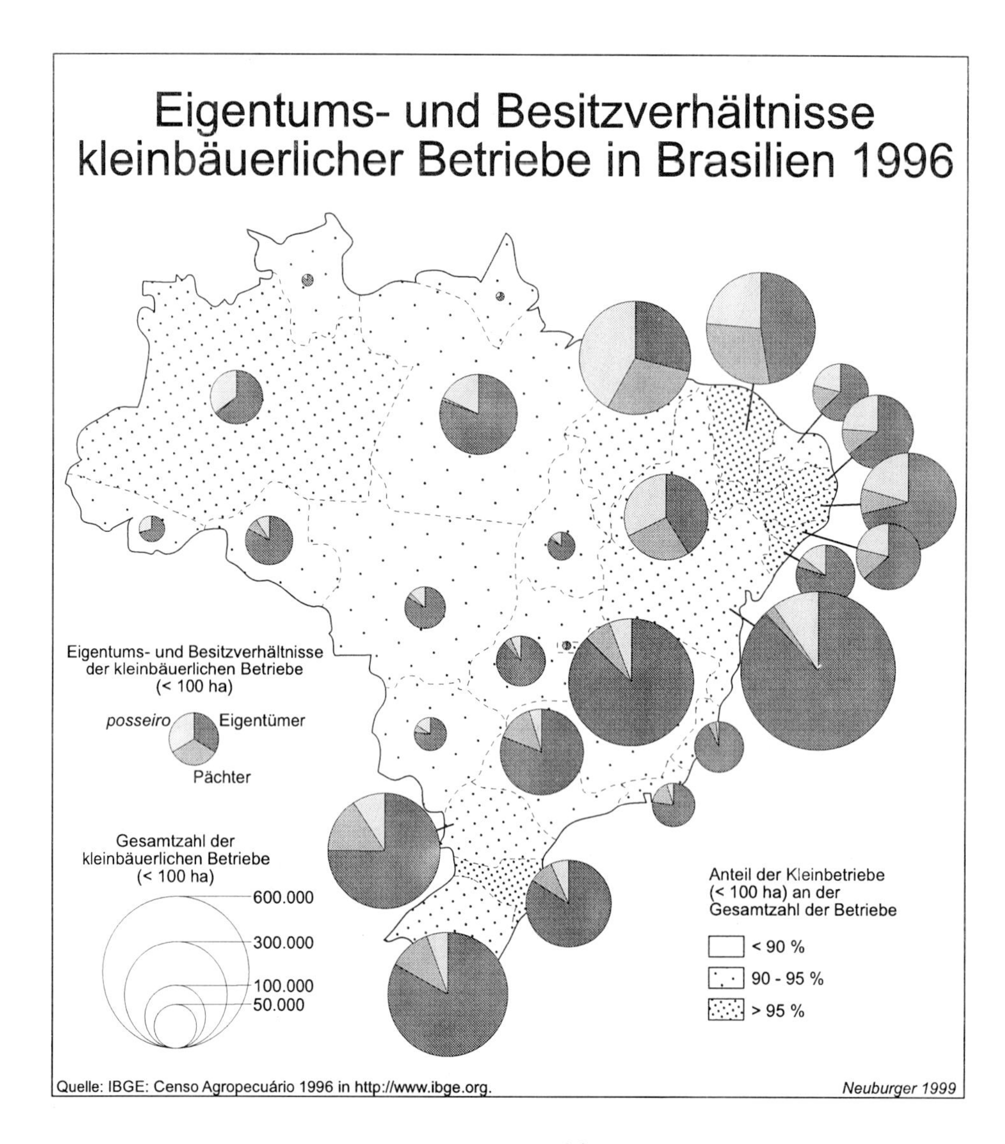

Abbildung 14

Der Heterogenität der agrarsozialen Gruppe der Kleinbauern sowie den gravierenden regionalen Disparitäten im ländlichen Raum Brasiliens entsprechen im Sinne der Politischen Ökologie naturräumlich unterschiedliche Degradierungserscheinungen. Dabei können bestimmten Produktionstypen und den damit verbundenen Formen der Naturaneignung spezifische ökologische Prozesse zugeordnet werden, wobei sich prinzipiell eine eher überlebensorientierte von einer eher gewinnorientierten Ausbeutung natürlicher Ressourcen unterscheidet.

Die überlebensorientierten Nutzungsformen gehen von gesellschaftlichen Gruppen aus, die aus den unterschiedlichsten sozialen, ökonomischen, politischen oder kulturellen Gründen unter Druck geraten und dazu gezwungen sind, die ihnen zur Verfügung stehenden Ressourcen zu übernutzen, um ihr Überleben zu sichern (FAISSOL 1994, SAWYER 1991). Dabei handelt es sich meist um marginalisierte Bevölkerungsgruppen, die häufig Gebiete als Rückzugsräume nutzen müssen, die unter den gegebenen naturräumlichen Bedingungen nicht für die Landwirtschaft geeignet sind (LISANSKY 1990, REYNAL et al. 1997). Das fragile Ökosystem reagiert deshalb auf die überlebensorientierten Ausbeutungsformen besonders empfindlich, so daß sehr rasch gravierende Degradierungserscheinungen wie Bodenerosion auftreten, die die Nutzung weiter erschweren, bis die betroffenen Familien schließlich zur Abwanderung gezwungen sind. Diese zerstörerischen Nutzungsmuster gehen häufig aus traditionellen Formen kleinbäuerlicher Produktion hervor, die zunächst als besonders ressourcenschonend betrachtet werden können (ABREU 1994).

Moderne gewinnorientierte Produktionsformen, die im Modernisierungs- und Verdrängungsprozeß häufig an die Stelle der traditionellen bzw. überlebensorientierten treten, haben allerdings sehr viel gravierendere Folgen für den Naturraum (GUSMÃO 1995, ABREU 1994, MESQUITA & SILVA 1993). Durch die vornehmlich mittel- und großbetriebliche Struktur dieses Sektors - Ausnahmen bilden hier lediglich die in Kleinbetrieben angebauten Sonder- und Bewässerungskulturen - geschieht der Anbau bzw. die Viehhaltung aus Rentabilitätsgründen in großen Schlägen. Die Bodenqualität wird zum einen dadurch verringert, daß die häufig verwendeten schweren Landmaschinen den Boden in starkem Maße verdichten. Zum anderen entstehen riesige nahezu vegetationsfreie Flächen ohne ökologische Nischen für Flora und Fauna. Insbesondere im großflächigen Ackerbau ist die Gefahr der Bodenerosion - sowohl durch Niederschläge als auch durch Wind - sehr groß, da die Flächen meist zu Beginn der Regenzeit zur Aussaat vorbereitet werden und somit in diesem Zeitraum über keinerlei Schutz durch Vegetationsbedeckung verfügen. Große Weideflächen sind zwar insgesamt weniger fragil. Die meist verwendeten modernen Grassorten bieten allerdings nur einen begrenzten Schutz vor Bodenerosion, da sie einzelne isolierte Büschel bilden und somit den Boden nur punktuell fixieren.

Neben den meist lokal begrenzten Degradierungserscheinungen der Bodenabspülung bis hin zur *bad land*-Bildung sind vor allem die Gewässer von Verschmutzung betroffen (FAISSOL 1994). Einerseits erhöht sich durch den abgeschwemmten Boden die Sedimentfracht der Flüsse, deren Verlauf sich durch die verstärkte Sedimentation verlagern kann. Darüber hinaus trüben die nicht sedimentierten Schwebstoffe das Wasser und verändern das ökologische Gleichgewicht des Flusses. Andererseits hat auch die exzessive Verwendung von Agrochemikalien Auswirkungen über den eigentlichen Anwendungsort hinaus. Pestizide und Düngemittel, die häufig in überhöhten Dosen verwendet werden, gelangen ins Grundwasser oder über die nahen Fließgewässer in teilweise weit entfernte Ökosysteme, wo sie gravierende Schäden anrichten können.

Die ökologischen Schäden, die durch den modernisierten Ackerbau hervorgerufen werden, sind nicht nur in seinen Ursprungsregionen des Südens und Südostens zu beobachten. Vielmehr hat die rapide Expansion insbesondere des Sojaanbaus in den *cerrado*-Gebieten von Goiás, Mato Grosso do Sul und Mato Grosso verheerende ökologische Folgen, da hier durch die dezidierte Trockenzeit und die heftigen Regenfälle in der Regenzeit die weitverbreiteten sandigen Böden sehr rasch erodiert werden. Die entsprechenden Schäden haben inzwischen ein solches Ausmaß angenommen, daß die Betriebe nach schonenderen Anbaumethoden wie Konturpflügen, Anlage von Erosionsdämmen, Direktsaatverfahren etc. suchen. Als besonders fragiles Ökosystem ist auch das Pantanal von diesen Entwicklungen betroffen, da gerade in seinem Einzugsgebiet die modernisierte Landwirtschaft in den letzten Jahrzehnten expandierte und die durch das geringe Gefälle lange in der Überschwemmungsebene verbleibenden Schadstoffen große Schäden anrichten (COY 1991). Darüber hinaus ist die Ausdehnung der modernisierten Rinderweidewirtschaft in die *cerrado*-Gebiete sowie weit in den amazonischen Regenwald hinein für einen Großteil der Zerstörung dieser besonders fragilen Ökosysteme verantwortlich (ROSS 1995b).

Beide hier aufgezeigten Nutzungsformen, sowohl die überlebensorientierte als auch die gewinnorientierte, stellen zwei Extreme mit unterschiedlichen ökologischen Folgen dar. Wenn sie auch die wichtigsten Degradierungtypen in Brasilien erfassen, so sind in der Realität zahlreiche Übergänge und Mischformen vorhanden, die von der Wechselwirkung zwischen Naturraum einerseits und Handlungsrationalität des jeweiligen Akteurs bzw. der Akteursgruppe sowie den sozio-politischen und wirtschaftsräumlichen Rahmenbedingungen andererseits abhängen.

In der vorliegenden Arbeit werden im folgenden die raum-zeitlichen Differenzierungsprozesse unterschiedlicher Produktions- und Degradierungsformen anhand einer Region - dem Hinterland von Cáceres -, in der sich die charakteristischen Strukturen eines *frontier*-Gebietes in einer bereits vierzig Jahre andauernden Geschichte kleinbäuerlicher Besiedlung herausbilden konnten, analysiert und dargestellt.

IV Pionierfrontentwicklung im Hinterland von Cáceres

Das Hinterland von Cáceres liegt im Südwesten des Bundesstaates Mato Grosso und umfaßt die Munizipien Salto do Céu, Rio Branco, Reserva do Cabaçal, Lambari d'Oeste, Mirassol d'Oeste, Glória d'Oeste, São José dos Quatro Marcos, Araputanga, Indiavaí, Jauru und Figueirópolis d'Oeste (siehe Abb. 15). Die Region ist im Vergleich zum übrigen Mato Grosso in sehr kleine Munizipien zersplittert. In den elf Munizipien lebten 1996 auf einer Fläche von etwa 11.000 km² rund 100.000 Menschen[1]. Damit gehört diese Region im Bundesstaat Mato Grosso zu den Gebieten mit der höchsten Bevölkerungsdichte (AJARA 1989). Diese wenigen Rahmendaten zeigen seine Sonderstellung in Mato Grosso, die auf die historische Entwicklung dieser Region zurückzuführen ist.

Die Untersuchungsregion gehört im Kontext der brasilianischen Pionierfrontentwicklung zu denjenigen Gebieten, die als die zaghaften Anfänge der Erschließung und Inwertsetzung Amazoniens gelten können. Dort nämlich wurden in den 50er und 60er Jahren als erste Versuche, im ländlichen Raum der Altsiedelgebiete die sozialen Spannungen zu entlasten, riesige Gebiete auf staatliche Initiative hin durch Agrarkolonisation erschlossen. Nach schwerwiegenden Agrarkrisen durch wiederholte Dürren im Nordosten einerseits und mehrere aufeinanderfolgende Fröste in den Kaffeegebieten des Südens andererseits galt Mato Grosso - wie auch die heutigen Bundesstaaten Mato Grosso do Sul und Goiás - als die Region der Zukunft, in der solche Naturkatastrophen nicht zu befürchten waren. Außerdem standen dort große sehr extensiv genutzte Ländereien zur Verfügung, die - zu sogenannten *terras devolutas* deklariert - vom Bundesstaat veräußert wurden, um die Besiedlung des riesigen Territoriums voranzutreiben. In der zu Beginn der Erschließung noch stark kleinbäuerlich geprägten Pionierfront entwickelte sich aber bereits nach wenigen Jahren eine für *frontier*-Gebiete typische Dynamik, wobei die jeweils spezifische sozio-kulturelle und ökonomische Herkunft der Migranten die einzelnen Siedlungsgebiete prägte und im Zusammenspiel mit anderen Faktoren zu einer kleinräumig differenzierten Entwicklung führte, in der sich teilweise unterschiedliche kleinbäuerliche Gruppen in Konflikten gegenüberstanden.

Damit bildete das Hinterland von Cáceres im Verlagerungsprozeß der brasilianischen Pionierfronten einerseits das Zielgebiet für zahlreiche Migranten aus den Krisengebieten, aber auch aus den wenige Jahre älteren *Colônias Agrícolas* von Goiás und Mato Grosso do Sul. Andererseits galt es bereits in den 70er Jahren als eines der wichtigsten Quellgebiete der Siedlerfamilien an den Pionierfronten Rondônias. Die Region bildet somit das Bindeglied zwischen den *frontiers* des Südens und Südostens, die vorwiegend der Expansion gewinnorientierter Wirtschaftsformationen dienten, und den Pionierfronten Amazoniens, die zumindest in den ersten zwei Jahrzehnten vor allem durch subsistenzorientierte Nutzungsformen geprägt waren.

Die auf den ersten Blick als homogen erscheinenden agrarsozialen Strukturen innerhalb der Region erweisen sich bei eingehenderer Betrachtung als relativ heterogen. Dies liegt in der historischen Entwicklung sowie in Form und Strukturierung der Aufsiedlung

---

1 Daten aus FERREIRA, J.C.V. (1995) und IBGE (1997).

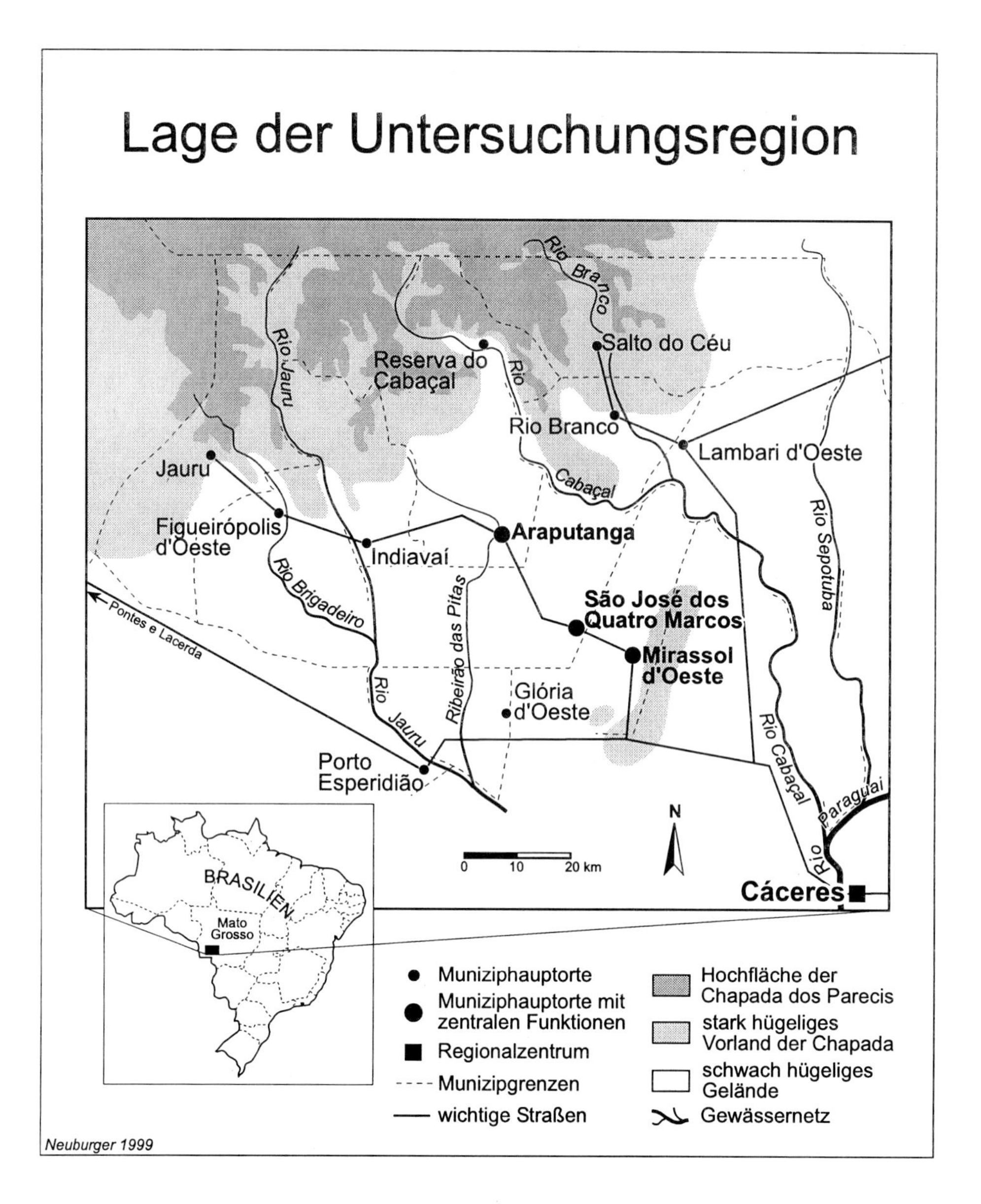

Abbildung 15

begründet. Zum einen erfolgte die Besiedlung der Region in einer Vielzahl von teilweise nur wenige 1.000 ha großen Kolonisationsprojekten, die von verschiedenen Projektträgern durchgeführt wurden und dementsprechend sehr verschiedene Siedlerfamilien als Zielgruppe hatten. Zum anderen wurden diese geplanten Kolonisationstätigkeiten durch spontane Prozesse überlagert, die weitere Akteursgruppen in die Region lockten. Kapitalkräftige marktorientierte Kaffeebauern aus São Paulo trafen beispielsweise auf völlig verarmte subsistenzorientierte Milchbauern aus Minas Gerais. Somit lassen sich bereits zu Beginn der Erschließung große Unterschiede zwischen den einzelnen agrarsozialen Gruppen und auch innerhalb der kleinbäuerlichen Gruppen selbst erkennen.

Die relativ starke Dominanz bestimmter sozio-kultureller Gruppen in einzelnen Teilräumen förderte Regionalismen, Vorurteile und Abgrenzungsbestrebungen, die von lokalen und regionalen Politikern aufgenommen wurden, um daraus politisch zu profitieren. Gängigstes Mittel zur Mobilisierung der Bevölkerung war dabei das Vorantreiben der administrativen Emanzipation von einzelnen Distrikten und Munizipsteilgebieten zu eigenständigen Munizipien, die in ihrem Zuschnitt meist je einem Kolonisationsprojekt entsprachen. Ergebnis davon ist die heutige Zersplitterung der Region in sehr kleine Gemeinden, die selbständig kaum überlebensfähig sind. Parallele, ebenso kleinräumig differenzierte Entwicklungen sind in Mato Grosso nur in Jaciara und Juscimeira zu finden, wo ähnliche historische Prozesse zu vergleichbaren sozioökonomischen und politischen Strukturen geführt haben.

Die unterschiedlichen Dynamiken der einzelnen Teilräume gehen auch auf die differenzierten ökologischen Rahmenbedingungen zurück (siehe Abb. 16). Der Bundesstaat Mato Grosso insgesamt bildet den Übergangsbereich zwischen den im Süden liegenden Hochflächen der brasilianischen Schilde und dem nördlich gelegenen amazonischen Tiefland (REGIS 1993). Dieser geologisch-morphologische Wechsel spiegelt sich auch in den Vegetationsformationen wider: Während im Norden die tropischen Regenwälder vorherrschen, ist der Süden durch die Savannen-Ökosysteme der *campos cerrados* charakterisiert (NEIMAN 1989, EITEN 1994). Die Überschwemmungsebene des Pantanal im südlichen Teil des Bundesstaates, die durch eine tektonische Absenkung im Herzen Lateinamerikas entstand, bildet mit seinem äußerst fragilen Ökosystem eine dritte naturräumliche Einheit. Gerade dieser Naturraum ist besonders durch die rasanten sozioökonomischen Entwicklungen in seinem Einzugsgebiet gefährdet[1].

Das hügelige Vorland der Chapada dos Parecis, einer Schichtstufenlandschaft im Südwesten Mato Grossos, an der auch das Hinterland von Cáceres Anteil hat, bildet in der vegetationsgeographischen Grobgliederung eine Ausnahme (BRAZÃO et al. 1993). Aufgrund morphologischer und mikroklimatischer Spezifika konnte sich dort ein vergleichs-

---

1 Der komplexen Thematik des Zusammenhangs zwischen historischen sozio-politischen und ökonomischen Prozessen und Strukturen im Einzugsgebiet des Oberen Rio Paraguai - und damit des Pantanal - und ökologischen Degradierungserscheinungen im Pantanal selbst widmete sich das gesamte Forschungsprojekt, in das die vorliegende Arbeit eingebunden war (KOHLHEPP & COY 1998).

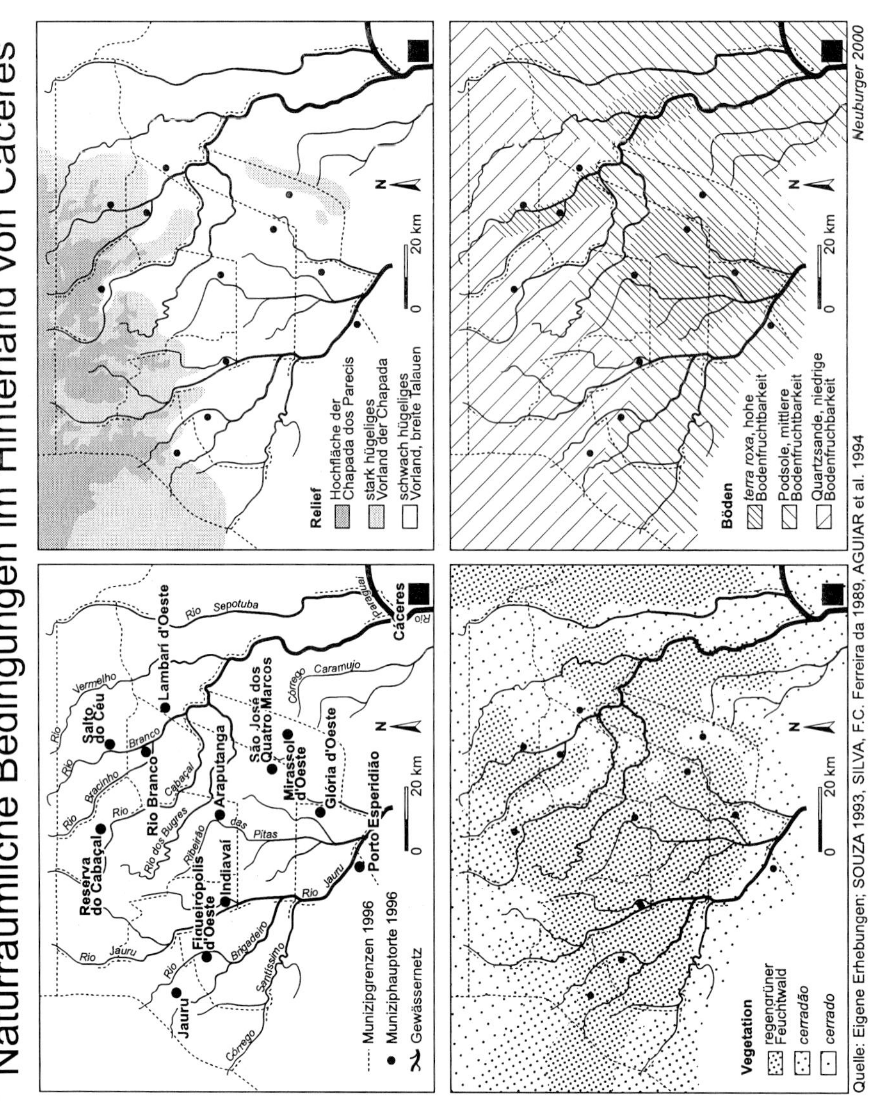

Abbildung 16

weise dichter und hoher halblaubwerfender bzw. regengrüner Feuchtwald bilden (SILVA, F.C. Ferreira da 1989). Dies trifft vor allem für den Norden der Untersuchungsregion zu, während der Wald nach Süden hin in niedrigere und offenere Formationen des brasilianischen *cerradão* und *cerrado* übergeht (AGUIAR et al. 1994). Die kleinräumigen Wechsel in der Vegetationsbedeckung hatten eine große Bedeutung für den Siedlungsgang, da zwar Waldböden damals pauschal als fruchtbarer galten, *cerrado* aber leichter zu roden war (KUHLMANN 1954). Die Perzeption der Eignung eines Gebietes für die landwirtschaftliche Nutzung hing sehr stark vom sozio-kulturellen Hintergrund der Siedler ab. So nahmen Familien, die bereits eine gewisse Tradition in Migration und Rodung hatten, den Wald als positives Potential und Perspektive für die Zukunft wahr, während *colonos*, die aus Gebieten stammten, die seit langem besiedelt waren, dichten Wald als Hindernis für die landwirtschaftliche Produktion empfanden und ihm den offeneren *cerrado* vorzogen.

Für die Entwicklung der einzelnen Teilräume von ungleich größerer Bedeutung als die ursprüngliche natürliche Vegetation, von der heute in der gesamten Region nur noch wenige Quadratkilometer vorhanden sein dürften, waren die morphologischen und pedologischen Rahmenbedingungen. Das Hinterland von Cáceres bildet das hügelige Vorland der Chapada dos Parecis, wobei die Reliefenergie von Norden nach Süden abnimmt. Die Sandstein-Schichtstufe greift mit ihren Hochflächen im Norden bis in die Region hinein (DEL'ARCO & BEZERRA 1989, REGIS 1993). Sie bildet in diesem Gebiet allerdings keine markante Stufe, sondern geht fließend in einen stark reliefierten Bereich über, der sich im Süden anschließt und eine Art Klammer um das Hinterland von Cáceres bildet, die den Kernbereich im Westen und Osten teilweise aus Resten alter Hochflächen bestehend umschließt (BRASIL & ALVARENGA 1989). Lediglich der zentral-südliche Teil der Region stellt den eigentlichen Gunstraum dar, in dem das schwach hügelige Gelände gute Voraussetzungen für die landwirtschaftliche Nutzung bietet.

Auch in der bodengeographischen Gliederung der Region spiegelt sich dieses Grundmuster wider (CARVALHO, A.L. de & PODESTÁ FILHO 1989, SOUZA 1993). Während im Norden der Region extrem nährstoffarme sandige Böden vorherrschen, die über eine äußerst geringe natürliche Bodenfruchtbarkeit und Wasserspeicherkapazität verfügen, ist der Süden im wesentlichen von Podsolen, Latosolen und *terra-roxa*-Böden geprägt, die sich durch bessere chemische Eigenschaften für die landwirtschaftliche Nutzung auszeichnen. Innerhalb dieser groben Zweiteilung kann allerdings insbesondere hinsichtlich der landwirtschaftlichen Nutzung eine weitere Differenzierung vorgenommen werden zum einen durch das Zusammenwirken von Relief und Boden und zum anderen durch das Vorkommen von kleineren Gebieten anderer Bodentypen. Vor allem die nördlichen Bereiche der Region eignen sich deshalb nicht für den Ackerbau, da bereits bei geringfügiger Nutzung starke Erosionsschäden eintreten. Sie können somit als besonders fragile Teilräume bezeichnet werden. Im zentralen Bereich der Region erleichtern demgegenüber ein ruhigeres Relief und bessere bodenchemische Eigenschaften die landwirtschaftliche Nutzung, wobei besonders im östlichen Teil davon aufgrund geologischer Besonderheiten eine hohe natürliche Bodenfruchtbarkeit der dort vorherrschenden *terra-roxa*-Böden zu verzeichnen ist (AGUIAR et al. 1994). Durch das schwach hügelige Gelände ist hier die Erosionsgefahr sehr viel geringer, der Naturraum deshalb sehr viel weniger fragil.

Auf der Basis dieser ökologischen Grundstrukturen ist die Entwicklung des Hinterlandes von Cáceres zu sehen. Die einzelnen Entwicklungsphasen der Teilräume werden im folgenden anhand einer detaillierten Analyse der Wechselwirkungen zwischen kleinräumigen sozioökonomischen und politischen Strukturen und Prozessen und ökologischer Differenzierung untersucht.

1 Die historische Entwicklung des Hinterlandes von Cáceres bis 1950

Die Dynamik der brasilianischen Pionierfronten im nationalen Kontext kann auf regionaler Ebene anhand der Erschließungsgeschichte des Hinterlandes von Cáceres analysiert werden. Auch hier gliedert sich die Geschichte der Besiedlung und Nutzung in unterschiedliche Entwicklungsphasen, wobei die Dynamik der cacerenser *frontier* in charakteristische Zeitabschnitte unterteilt werden kann. Als Ausgangspunkt ist in der Untersuchungsregion zunächst die indigene Nutzung zu nennen, über die allerdings sehr wenig bekannt ist. Sie wurde überlagert von der *poaia*-Extraktion, die ihrerseits wiederum durch die in den 50er Jahren einsetztende Agrarkolonisation verdrängt wurde. In der damit initiierten Pionierfrontentwicklung schließlich durchlief die Region drei Phasen der Erschließung, Differenzierung und Degradierung.

1.1 Die indigene Naturaneignung im Hinterland von Cáceres

Über die indigene Bevölkerung im Hinterland von Cáceres und ihre Formen der Naturaneignung ist nur sehr wenig bekannt. Anhand historischer Dokumente wie Karten und Reiseberichte lassen sich nur spärliche Informationen über die Siedlungsgebiete der unterschiedlichen indigenen Gruppen rekonstruieren. Ihre Nutzungsformen können zumindest in Teilen anhand der heutigen Lebensweisen und aus der mündlichen Überlieferung der noch existierenden *índio*-Völker abgeleitet werden, wenngleich sich diese im Laufe der Jahrhunderte insbesondere durch die massiven Verdrängungsprozesse der letzten Jahrzehnte verändert haben dürften.

Sowohl die Chapada dos Parecis als auch der Rio Paraguai bildeten eine natürliche Grenze für die indigenen Gruppen. Das Zusammentreffen von Stämmen aus Amazonien, die in den Tälern des Rio Madeira und des Rio Guaporé vordrangen, aus Osten, die vom Araguaia-Gebiet vorstießen, und aus der Pampa und dem Chaco, die entlang des Rio Paraguai nach Norden wanderten, führte im Bereich des Oberen Rio Paraguai - also auch im Hinterland von Cáceres - häufig zu Konflikten zwischen diesen Gruppen (CARVALHO, S.M. Schmuziger 1992, URBAN 1992).

Auch wenn sich die Grenzen zwischen den Siedlungsgebieten der einzelnen indigenen Stämme immer wieder verschoben, so lag das Hinterland von Cáceres in der indigenen territorialen Ordnung vermutlich über lange Zeiträume hinweg zwischen dem Gebiet der Bororo im Süden und dem der Paresi im Norden. Dabei wurde das hügelige Vorland der Chapada dos Parecis (sic) - das eigentliche Hinterland von Cáceres also - nur sporadisch von Teilstämmen der Bororo, den Aravirá und Acioné, einerseits und den Paresi andererseits genutzt (PIVETTA 1995, SIQUEIRA 1994).

Dabei stellten die Hochflächen der Chapada dos Parecis den Kernraum der Paresi dar. Sie lebten in semipermanenten Siedlungen bestehend aus zehn bis dreißig Häusern, sogenannten *malocas*, in denen jeweils eine Großfamilie von etwa dreißig bis vierzig Personen wohnte (CORRÊA FILHO 1994). Ihre Form der Naturaneignung setzte sich im wesentlichen aus zwei Elementen zusammen. Zum einen betrieben sie Wanderfeldbau in den *cerrado*-Gebieten der Chapada-Hochflächen, wo sie kleine von der Siedlung etwas entfernte Parzellen bewirtschafteten, indem sie nach der Brandrodung Maniok, Mais, Bohnen und Kartoffeln anbauten. Zum anderen jagten sie in den Waldgebieten des Chapada-Vorlandes und nutzten darüber hinaus andere Ressourcen wie beispielsweise bestimmte Baumarten, die sie zum Hausbau benötigten (PASCA 1998).

Die Lebens- und Wirtschaftsweise der Bororo im Süden unterschied sich wesentlich von der der Paresi. Die Bororo lebten zwar ebenfalls in Dörfern, in denen Familienhäuser in konzentrischen Kreisen um ein Zeremonienhaus angeordnet waren (LÉVI-STRAUSS 1988). Aber durch die Anpassung ihrer Nutzungsformen an die Waldökosysteme ihrer ursprünglichen Siedlungsgebiete im Araguaia-Gebiet, aus dem sie von expandierenden indigenen Stämmen verdrängt worden waren, betrieben sie im wesentlichen eine Sammel- und Jagdwirtschaft, die lediglich durch einen begrenzten Gartenbau in den Galeriewäldern ergänzt wurde (LÉVI-STRAUSS 1971). Darüber hinaus unternahmen die Bororo zum Fischfang ausgedehnte Streifzüge ins Pantanal.

Es ist anzunehmen, daß die extraktive Nutzung der natürlichen Ressourcen im Hinterland von Cáceres durch die indigenen Gruppen, nur wenige dauerhafte Spuren hinterließ. Die praktisch vollständige Zerstörung der natürlichen Vegetation in dieser Region macht ihre Rekonstruktion unmöglich. Die Bevölkerung der Bororo und Paresi wurde im Zuge der Expansion der Kolonialmacht sowie durch die spätere Erschließungspolitik des brasilianischen Nationalstaates stark dezimiert und lebt heute in wenigen meist sehr kleinen, teilweise rechtlich nicht abgesicherten Indianerreservaten (PASCA 1998, PIVETTA 1995).

1.2 Die extraktive *frontier*: Die *poaia*-Gewinnung

Die indigene Nutzung im Hinterland von Cáceres ging bereits in der Kolonialzeit zurück, als im 18. Jahrhundert die Goldlagerstätten von Diamantino, Alto Paraguai, Cuiabá, Poconé und Vila Bela da Santíssima Trinidade von den *bandeirantes* entdeckt wurden. Zur Goldextraktion sowie zum Anbau von Grundnahrungsmitteln benötigten die portugiesischen Siedler *índio*-Sklaven, die sie in den regionalen indigenen Gruppen fanden. Zahlreiche *índios* starben darüber hinaus an Krankheiten, die die Portugiesen eingeschleppt hatten und gegen die das indigene Immunsystem keine Abwehrkräfte entwickeln konnte (DOM MÁXIMO BIENNÈS 1987). Der damit verbundene Rückgang der indigenen Bevölkerung brachte eine Extensivierung der Nutzung im Hinterland von Cáceres mit sich.

Das Eindringen der portugiesischen bzw. neobrasilianischen Bevölkerung in die Region fand seinen Anfang erst einige Jahrhunderte später Ende des 19. Jahrhunderts. Zuvor wurde das Gebiet wegen der Unwägbarkeiten des hügeligen Chapada-Vorlandes gemieden. So verlief beispielsweise der Weg, der von Cuiabá nach Vila Bela da Santíssima Trinidade, einer kleinen Goldgräbersiedlung im westlich gelegenen Guaporé-Tal, die von 1752 bis 1835 die Hauptstadt der Capitania Mato Grosso war, führte, am südlichen Rand der Region über Porto Esperidião, ohne die Region selbst zu queren (COSTA E SILVA & FERREIRA 1994, FERREIRA, J.C.V. 1995). Auch die Telegraphenlinie, die im Laufe des ersten Jahrzehnts des 20. Jahrhunderts in Mato Grosso aufgebaut wurde, wurde südlich des Chapada-Abfalls entlang der bereits bestehenden Straße gezogen. Die damit verbundene Kontaktierung und Ansiedlung der *índios* hatte allerdings nicht minder dramatische Folgen für diese Gruppen (PASCA 1998, PÓVOAS 1995, PIVETTA 1995, DOM MÁXIMO BIENNÈS 1987, VANGELISTA 1995).

Mit der Entdeckung der medizinischen Bedeutung der Brechwurzel (*Cephaëlis ipecacuanha*)[1] und ihrer Verarbeitung in der pharmazeutischen Industrie Europas bekam das Hinterland von Cáceres erstmals für einen externen Akteur, nämlich den brasilianischen Nationalstaat sowie für nationales und internationales Kapital, eine ökonomische Bedeutung (SIQUEIRA et al. 1990). Das eigentliche *poaia*-Gebiet - *poaia* kam nur in offenen Formationen des *cerradão* vor - erstreckte sich vom Rio Paraguia bis zum Rio Guaporé. Zunächst, in einer ersten Phase der *poaia*-Extraktion bis 1914, führten kleinere Truppen von Barra do Bugres aus mehrere Monate dauernde Expeditionen durch, um die Wurzel des *poaia*-Strauches zu sammeln (THIÈBLOT 1980). Durch den regelmäßig in der Regenzeit stattfindenden Aufenthalt der *poaeiros* in der Region nahmen einige der Männer Kontakt mit den dort lebenden *índios* auf, freundeten sich mit ihnen an und nutzten ihre Kenntnisse bei der Suche nach *poaia*-Standorten. Teilweise arbeiteten die *índios* auch für die *poaeiros* und erhielten als Bezahlung Geschenke wie Lebensmittel und Kleidung (PIVETTA 1995).

In der zweiten Extraktionsphase veränderte sich die Arbeitsorganisation. Die steigende Nachfrage in Europa trieb den Preis der Wurzel einerseits in die Höhe. Andererseits senkte die Internationalisierung der Schiffahrt auf dem Rio Paraguai 1870 die Transportkosten, so daß die *poaia*-Wurzel auch für die wirtschaftlichen Eliten interessant wurde. Dabei engagierten sich vor allem die Kautschukbarone, die in der Extraktionswirtschaft bereits Erfahrung hatten, in der *poaia*-Extraktion. Sie wendeten das sogenannte *aviamento*-

---

1 Brechwurzel verfügt über einen sehr hohen natürlichen Emetin-Gehalt - ein Wirkstoff, der für die pharmazeutische Industrie von großer Bedeutung war und heute noch ist.

System der Kautschuk-Extraktion in fast unveränderter Form auf die *poaia*-Gewinnung an, so daß die kontraktierten Arbeiter und ihre Familien in einer Art Schuldknechtschaft vollständig von ihnen abhängig waren (SIQUEIRA et al. 1990). Die *poaia*-Sammler, deren Ausgangspunkt nun Cáceres war, wohnten zur Erntezeit - also in den vier bis fünf Monaten der Regenzeit - in kleinen Hütten, die über die *poaia*-Region verteilt waren, um von dort aus in relativ geradlinigen Pfaden das Gebiet in einem Umkreis von etwa 15 km zu durchkämmen (THIÈBLOT 1980). Die Wurzeln wurden nach Cáceres transportiert, das in dieser Zeit bis in die 60er Jahre hinein wichtigster Umschlagplatz der Ware war. Die *poaia* avancierte dabei nach den Derivaten der Rinderweidewirtschaft zum zweitwichtigsten Exportprodukt der Region (CORRÊA FILHO 1994). Wie sehr die *poaia*-Vermarktung in Verbindung mit der allgemeinen Belebung der Exportwirtschaft zum Bedeutungszuwachs der Stadt Cáceres sowie der Region insgesamt beigetragen hat, zeigt allein die Bevölkerungsentwicklung des Munizips, die von rund 5.000 Einwohnern im Jahr 1879 auf über 11.000 Einwohner im Jahr 1920 - also zur Hochphase der *poaia*-Extraktion - anstieg (BORGES 1991, S. 53/54, COSTA E SILVA & FERREIRA 1994)[1].

Der Niedergang der *poaia*-Extraktion in den 60er Jahren wurde von verschiedenen Faktoren eingeleitet. Zum einen wurden in Europa synthetische Ersatzstoffe entwickelt, so daß die Nachfrage nach *poaia* in Europa stark zurückging. Zum anderen vergab der Bundesstaat auf der Basis des 1964 vom Zentralstaat erlassenen *Estatuto da Terra* große Teile des ungenutzten Staatslandes - die sogenannten *terras devolutas* - an Privatpersonen. Da die *poaia*-Region ohne jegliche rechtliche Absicherung genutzt wurde, wurden diese Ländereien ebenfalls in Privateigentum umgewandelt, so daß die *poaia*-Barone keinen freien Zugang mehr zu den Extraktionsgebieten hatten. Darüber hinaus wurde eben durch diese staatliche Praxis der Landvergabe die Besiedlung der Region initiiert, so daß die natürliche Vegetation innerhalb weniger Jahre stark geschädigt und die Extraktion von *poaia* somit unmöglich wurde. Brechwurzel wird seitdem nur noch von einzelnen *poaeiros* gesammelt und auf dem lokalen oder regionalen, teilweise über Zwischenhändler auch auf dem nationalen Markt verkauft (THIÈBLOT 1980).

2 Agrarkolonisation im Hinterland von Cáceres

Mit der Agrarkolonisation, die im Hinterland von Cáceres in den 50er Jahren einsetzte, wurden die sozioökonomischen und ökologischen Spuren aller bisherigen Nutzungen in der Region völlig verwischt. Die großflächige Rodung der natürlichen Vegetation eliminierte die naturräumlichen Strukturen der vormaligen *poaia*-Extraktion, die Sammlerpfade und eine veränderte Vegetationszusammensetzung hinterlassen hatte, und ersetzte sie

---

1 Der Boom der Region Cáceres um die Jahrhundertwende basierte neben der *poaia*-Extraktion auf der florierenden Rinderweidewirtschaft des Pantanal und seiner angelagerten Industrie, für die die Stadt Cáceres als Umschlagplatz und Wohnort der Großgrundbesitzer diente, sowie auf seiner Hafenfunktion für das gesamte nördliche Gebiet, das die Region an die nationalen und internationalen Wirtschaftskreisläufe anband (REMPPIS 1998, FRIEDRICH 1999).

durch Weide- und Ackerbauflächen. Die sozialen Strukturen wurden durch das Eindringen neuer Akteure gänzlich neu gestaltet, da die Extraktion noch von traditionell-einheimischer - teilweise auch indigener - Bevölkerung getragen wurde, während die Kolonisten aus den in Ansätzen modern-kapitalistischen Gesellschaften des brasilianischen Nordostens, Südostens und Südens kamen. Auch die Warenströme erfuhren eine vollständige Neuordnung, indem die einseitige Vermarktung der Brechwurzel abgelöst wurde von komplexen eher wechselseitigen Wirtschaftsbeziehungen.

2.1 Die Rolle der bundesstaatlichen Regierung von Mato Grosso

Der matogrossensischen Regierung war es seit dem Bestehen ihrer politisch-administrativen Eigenständigkeit als *capitania* und später als Provinz und Bundesstaat ein Anliegen, die Besiedlung seines unüberschaubaren und unkontrollierbaren Gebietes voranzutreiben[1]. Da dafür die Agrarkolonisation als das geeignete Mittel angesehen wurde, erließ der Bundesstaat bereits um die Jahrhundertwende die entsprechenden Gesetze (FONSECA, M. Pinto da 1980). Die Dekrete 102 (vom Jahr 1895), 149 (vom Jahr 1896) und 488 (vom Jahr 1907) regelten dabei die Übertragung der Landtitel bzw. die Schenkung staatlicher Ländereien und eröffneten somit die Möglichkeit einer Beteiligung privater Investoren an der Erschließung Mato Grossos.

Im Jahr 1907 schließlich wurde per Dekret (*Lei n° 200*) die bundesstaatlich initiierte kolonisatorische Tätigkeit genau reglementiert. Vorzugsweise sollte das hydrographische Einzugsgebiet, also die direkten Randbereiche des Pantanal, besiedelt werden. Explizit wurde dabei in Artikel 9 auch das Hinterland von Cáceres als bevorzugt zu erschließende Region genannt. Allgemein als Voraussetzung für die Durchführung eines Kolonisationsprojektes sollte der jeweilige Naturraum für Besiedlung und landwirtschaftliche Nutzung geeignet sein. Hinsichtlich der späteren Vermarktung der landwirtschaftlichen Produktion sollten die Kolonisationsgebiete in der Nähe von bestehenden Verkehrsachsen - von Straßen, Eisenbahnlinien oder Flüssen - als Transportwege oder von größeren Städten als potentielle Konsumzentren liegen. Darüber hinaus sollte die Wasserversorgung der Bevölkerung durch vorhandene Gewässer ebenso gewährleistet sein, wie die Verfügbarkeit von ausreichend Bauholz in Form eines entsprechenden Waldbestandes. Für die Durchführung der Kolonisationsprojekte wurde eine Mindestgröße der einzelnen zu vergebenden Grundstücke auf 50 ha festgesetzt, wobei vor allem junge Familien bevorzugt in die Projekte aufgenommen werden sollten. In der Anfangsphase der Erschließung sollten die Kolonisten außerdem landwirtschaftliche Geräte und Lebensmittel für sechs Monate bzw. bis zur ersten Ernte bekommen.

Trotz dieser ausgesprochen detailliert formulierten gesetzlichen Grundlagen blieb die Kolonisationstätigkeit sowohl des Bundesstaates als auch privater Investoren bis in die

---

1 Die *capitania* und spätere Provinz Mato Grosso schloß den heutigen Bundesstaat Mato Grosso do Sul sowie Teile Rondônias mit ein.

40er Jahre hinein gering (siehe Abb. 17). Lediglich 14 staatliche Siedlungsprojekte, die meist nur wenige tausend Hektar Fläche umfaßten, wurden bis 1950 im Gebiet des heutigen Bundesstaates Mato Grosso durchgeführt. Dies lag zum einen daran, daß der Bundesstaat nicht über die notwendige administrative Struktur und die finanziellen Mittel verfügte, um umfangreiche Vermessungs- und Planungsarbeiten durchzuführen. Zum anderen war die regionale wirtschaftliche Elite nicht sonderlich an einer raschen landwirtschaftlichen Erschließung interessiert, da sie für die *poaia*- und *mate*-Extraktion[1] (*Ilex paraguaiensis*) nur wenige einheimische Arbeitskräfte benötigte - also kein Bedarf an auswärtigen Arbeitskräften bestand - und eine Besiedlung der Extraktionsgebiete ihre wirtschaftliche Basis - die natürliche Vegetation - zerstört hätte. Private Kolonisationsfirmen aus anderen Bundesstaaten zeigten ebenfalls wenig Interesse an Projekten in Mato Grosso, da in der ersten Hälfte des 20. Jahrhunderts noch ausreichend *terras devolutas* in Südbrasilien zur Verfügung standen. Dort versprachen die Nähe zu den großen Konsumzentren des Landes sowie die günstigen naturräumlichen Bedingungen einen größeren Erfolg in der agrarischen Erschließung. Die ersten bundesstaatlichen Versuche der Agrarkolonisation in Mato Grosso waren von wirtschaftlichem Mißerfolg gekennzeichnet, da schlechte Planung, unzureichende Infrastruktur und fehlende Absatzmärkte die Entstehung einer marktorientierten Landwirtschaft unmöglich machten (FONSECA, M. Pinto da 1980).

In den 50er Jahren änderte sich diese ökonomisch-politische Konstellation (SIQUEIRA et al. 1990). Die Extraktionswirtschaft sowohl der *mate*[2] als auch der *poaia* war zusammengebrochen. Darüber hinaus ergriff die brasilianische Zentralregierung ihrerseits ab den 40er Jahren die Initiative und behielt sich per Gesetz das Recht vor, riesige Flächen in verschiedenen Bundesstaaten zu reservieren, um dort selbst Kolonisationsprojekte durchzuführen (INCRA 1976). Auf der Basis dieser gesetzlichen Grundlagen richtete sie im Jahr 1943 die rund 300.000 ha große *Colônia Agrícola Nacional de Dourados* im heutigen Mato Grosso do Sul ein.

Aufgeschreckt durch diesen plötzlichen Souveränitätsverlust über einen Teil des eigenen Territoriums beschloß die matogrossensische Regierung, aktiv die Erschließung und Besiedlung des Bundesstaates in die Hand zu nehmen (ESTADO DE MATO GROSSO 1972, FONSECA, M. Pinto da 1980). Als juristisch-administrative Basis verabschiedete die Regierung 1949 den *Código de Terras* (*Lei n° 336*) und gründete zwei Jahre später die Regionalentwicklungsbehörde CPP (*Comissão de Planejamento da Produção*), die 1969 in eine halbstaatliche Institution umstrukturiert und in die CODEMAT (*Companhia de Desenvolvimento do Estado de Mato Grosso*) überführt wurde. Das neue Gesetz ermöglichte die

---

1 Im Gebiet des heutigen Mato Grosso do Sul, das damals noch zu Mato Grosso gehörte, hatte die *mate*-Extraktion eine große Bedeutung. Die Companhia Matte-Laranjeira, die Extraktion und Vermarktung monopolisiert hatte, übte dabei auf die matogrossensische Politik großen Einfluß aus (SIQUEIRA et al. 1990).

2 Die großmaßstäbige Produktion in Argentinien hatte den Konkurrenzkampf um die europäischen *mate*-Märkte gewinnen können.

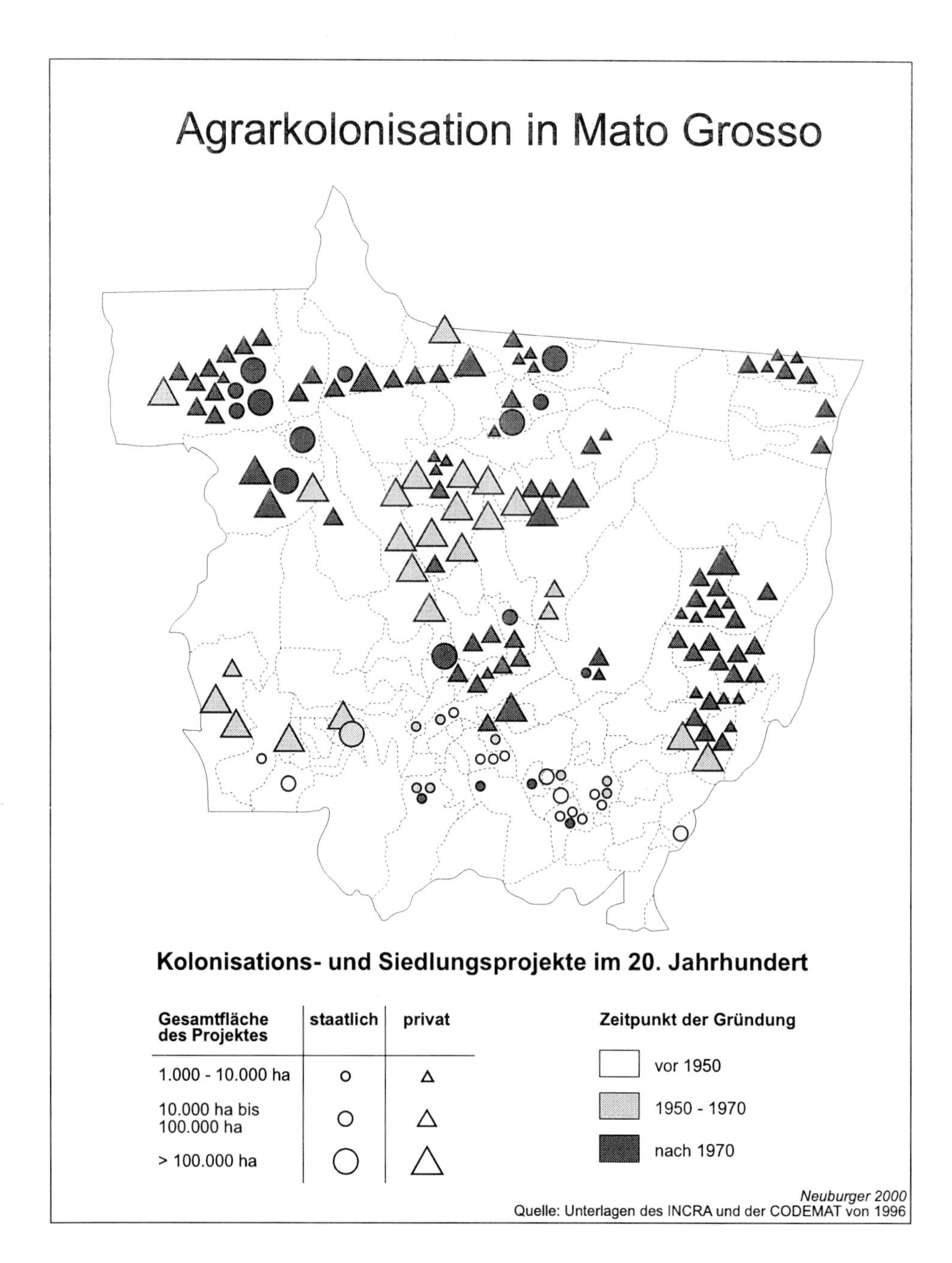

Abbildung 17

Vergabe von Konzessionen an private Kolonisationsfirmen, denen dann die Durchführung eines Kolonisationsprojektes auf den zur Verfügung stehenden Flächen von maximal 200.000 ha oblag. Die Privatfirmen wurden dabei nicht zu Eigentümern der Projektfläche. Im Rahmen des Konzessionsvertrages erhielten sie zwar den Erlös aus dem Verkauf der Parzellen, verpflichteten sich aber gleichzeitig, die notwendige Infrastruktur wie Straßen, Strom- und Wasserversorgung sowie Schulen und Gesundheitseinrichtungen aufzubauen. Dabei wurden sie von der CPP kontrolliert und unterstützt. Die CPP selbst übernahm den Bau überregionaler Straßen, führte aber auch Kolonisationsprojekte in eigener Regie durch.

In den ersten fünfzehn Jahren dieser neuen Politik - von 1951 bis 1965 - vergab bzw. verkaufte der Bundesstaat Mato Grosso auf diese Weise 55 Konzessionen - allein in den Jahren 1950 bis 1955 37 davon zur Kolonisation von rund 4,2 Millionen Hektar Land (FONSECA, M. Pinto da 1980, diverse Jahrgänge des DIÁRIO OFICIAL DE MATO GROSSO). In den 50er und 60er Jahren führte die CPP selbst 11 Kolonisationsprojekte durch, die einer Fläche von rund 220.000 ha entsprachen[1]. Dieser Zuwachs der staatlichen und insbesondere der privaten Erschließungsaktivitäten, die sich bis Mitte der 60er Jahre noch steigern sollte, basierte einerseits auf der verstärkt betriebenen Werbung in den überregionalen Medien. Sie lockte die entsprechenden Investoren nach Mato Grosso, zumal sich die Reserveflächen in Südbrasilien dem Ende zuneigten (SIQUEIRA et al. 1990, BERTRAN 1988, COY & LÜCKER 1993). Andererseits vergab das zuständige Katasteramt DTC (*Departamento de Terras e Colonização*), das bereits 1946 gegründet worden war, nahezu willkürlich Kolonisationskonzessionen und Landtitel. Dabei wurden vor allem Freunde und Verwandte von Beamten bzw. Politikern so großzügig mit Landtiteln bedacht, daß sie Ländereien weit über die vorgeschriebene Maximalgröße von 10.000 ha erhielten. Darüber hinaus trugen lokale Notare und Angestellte des DTC mehrere Eigentümer für ein und dasselbe Stück Land in die Katasterbücher ein, so daß sogenannte 'mehrstöckige' Landtitel entstanden. Diese Vergabepraxis endete im allgemeinen Chaos, das 1966 schließlich zur Schließung des DTC führte (CASTRO et al. 1994).

Neben der geplanten und offiziell registrierten staatlichen und privaten Kolonisation waren in den 50er und 60er Jahren auch spontane Prozesse zu beobachten. Teilweise begannen Privatpersonen, die relativ große Grundstücke - einige hundert bis mehrere tausend Hektar - erworben hatten, mit der Parzellierung von Teilen ihrer Ländereien, da der Verkauf von Land durch den Anstieg der Bodenpreise im Zuge der wachsenden Spekulation interessant geworden war (FONSECA, M. Pinto da 1980, ESTADO DE MATO GROSSO 1972). Dadurch entstanden Kolonisationsprojekte sehr unterschiedlicher Größe, die sich jeglicher Kontrolle des Staates entzogen und der Pflicht zur Schaffung der notwendigen Infrastruktureinrichtungen selten nachkamen. Darüber hinaus machten sich sogenannte *grileiros* die unübersichtliche Lage der Landtitel zunutze. Diese 'betrügerischen Bodenspekulanten'

1 Größtes und einziges Kolonisationsprojekt dieser Größenordnung war dabei die *Colônia Rio Branco* (siehe Kapitel IV.2.2.1). Die anderen staatlichen Projekte dieser Zeit umfaßten nach Unterlagen der CODEMAT meist weniger als 5.000 ha Fläche.

besetzten Land, auf das sie keinerlei Rechtsanspruch hatten, parzellierten und verkauften es, um daraufhin die Käufer ihrem Schicksal zu überlassen und ihre Tätigkeit an einem anderen Ort fortzusetzen. Auch kleinbäuerliche Familien, die in keinem der geplanten Kolonisationsprojekte ein Grundstück erwerben konnten, besetzten illegal ungenutztes Land und bewirtschafteten es[1]. Diese Überlagerung geplanter und spontaner Prozesse führte zu einem kleinräumigen Mosaik unterschiedlicher Erschließungsaktivitäten, die von vielfältigen meist gewaltsam ausgetragenen Landkonflikten begleitet wurden (siehe allgemein für Mato Grosso FONSECA, M. Pinto da 1980 sowie einzelne Beispiele in TESORO 1993, MOURA, S. Corrêa 1983).

Die somit initiierte Agrarkolonisation in Mato Grosso, die nach dem politischen Willen der matogrossensischen Regierung zu einer Integration der Pionierfront in die nationalen Wirtschaftskreisläufe führen sollte, hatte nur kurzfristig Erfolg. Unabhängig von der staatlichen oder privaten Trägerschaft des jeweiligen Projektes führten schlechte Planung, unzureichende Agrarberatung und mangelhafte Infrastruktur teilweise bereits nach wenigen Jahren zu Abwanderung und Landbesitzkonzentration. Dabei lief dieser Verdrängungsprozeß in den privat-inoffiziell initiierten Siedlungsprojekten aufgrund der meist unzulänglichen Planung besonders rasch ab. Allerdings gab es auch Ausnahmen wie beispielsweise Mirassol d'Oeste im Hinterland von Cáceres, das als relativ stringent geplantes Projekt zumindest mittelfristig wirtschaftlich erfolgreich war (siehe Kapitel IV.2.2). Andere Projekte wiederum durchliefen zunächst eine mehrjährige Boomphase mit landwirtschaftlicher Hochproduktion, so daß die Regionen Rondonópolis und Cáceres zusammen mit Dourados im heutigen Mato Grosso do Sul noch in den 70er Jahren als Beispiele gelungener Agrarkolonisation galten, die allerdings in den folgenden Jahrzehnten zu den größten Krisengebieten des Bundesstaates avancierten.

Die zunehmende Landbesitzkonzentration sowie die allgemeine Tendenz zur Viehhaltung führten zu einer hohen Abwanderungsrate vor allem im ländlichen Raum dieser Regionen. Der relative, häufig sogar absolute Rückgang der ländlichen Bevölkerung stand dabei einem überproportionalen Wachstum der Regionsstädte aufgrund der großen Landflucht gegenüber. Darüber hinaus stellten vor allem die damals neu entstehenden Pionierfronten in Nord-Mato-Grosso und Rondônia eines der Hauptwanderungsziele dar. Dabei entwickelten sich innerhalb des damaligen Mato Grossos typische Wanderungsströme heraus. In Form von Etappenmigration wanderten zahlreiche Familien aus dem Nordosten, Süden oder Südosten zunächst in die *frontier*-Gebiete bei Dourados. Von dort aus wanderten sie in die vorwiegend privaten Kolonisationsprojekte in Rondonópolis ab, um schließlich über Landbesetzungen in der Region Cáceres an die neuen Pionierfronten nach Rondônia und Acre zu migrieren (ESTADO DE MATO GROSSO 1972).

---

1 Die Zuwanderung in die Kolonisationsgebiete Mato Grossos - die Bevölkerung des damaligen Bundesstaates stieg von rund 520.000 im Jahr 1950 auf 1,6 Millionen im Jahr 1970 - betrug ein Vielfaches der Aufnahmefähigkeit der Siedlungsprojekte, so daß zahlreiche Familien auf solch illegale Formen der Landnahme zurückgreifen mußten (IBGE 1979).

Nach dem praktisch durchgehenden Mißerfolg der Kolonisationsprojekte und der Schließung des DTC kam die bundesstaatliche Erschließungstätigkeit in Mato Grosso zum Erliegen. Der Bundesstaat zog sich Ende der 60er Jahre faktisch aus den Pionierfrontgebieten zurück und beschränkte sich auf wenige Maßnahmen im Infrastrukturbereich. Demgegenüber trat der brasilianische Zentralstaat mit umfangreichen Aktivitäten in den Vordergrund (LISBÔA 1994, BERTRAN 1988). Die Militärregierung ordnete 1971 die Fläche eines beidseitigen jeweils 100 km breiten Streifens entlang der Bundesstraßen sowie grenznahe Gebiete der Jurisdiktion der nationalen Kolonisationsbehörde INCRA (*Instituto Nacional de Colonização e Reforma Agrária*) zu. Darüber hinaus verlor die matogrossensische Regierung den Zugriff auf Flächen, die unter die Verwaltung der nationalen Regionalentwicklungsbehörde SUDECO (*Superintendência do Desenvolvimento do Centro-Oeste*) gestellt wurden. Mit nationalen Förderprogrammen wie PROTERRA (*Programa de Redistribuição de Terras e Estímulo à Agroindústria*), PIN (*Programa de Integração Nacional*) und POLAMAZÔNIA (*Programa de Pólos Agropecuários e Agrominerais da Amazônia*) versuchte die Zentralregierung außerdem die rasche Erschließung noch ungenutzter und somit unkontrollierter Gebiete sowie die Integration dieser Regionen in die nationale Wirtschaft voranzutreiben (FONSECA, M. Pinto da 1980). Diese Maßnahmen förderten vor allem die Privatinitiative, so daß ab den 70er Jahren praktisch ausschließlich private Kolonisationsprojekte in Mato Grosso entstanden, die von Firmen aus dem Süden und Südosten des Landes durchgeführt wurden (COY & LÜCKER 1993, BERTRAN 1988) (siehe Abb. 17). Dabei konnten diese bereits auf Erfahrungen mit der Durchführung von Projekten aufbauen und somit Fehlplanung und Mißwirtschaft zumindest teilweise vermeiden. Durch die insgesamt positivere Entwicklung der privaten Siedlungsprojekte gehören diese Gebiete heute zu den dynamischsten Mato Grossos.

Seit Ende der 70er Jahre beteiligt sich auch der brasilianische Zentralstaat nicht mehr direkt an Kolonisationsprojekten. Er beschränkt sich weitgehend auf allgemeine Kreditprogramme zur Förderung der modernisierten Landwirtschaft und auf Regionalentwicklungsprogramme zur Konsolidierung bereits besiedelter Gebiete. Zu nennen sind hierbei vor allem das in den 80er Jahren durchgeführte POLONOROESTE-Programm (*Programa Integrado de Desenvolvimento do Noroeste do Brasil*) sowie die Anschlußprogramme PRODEAGRO (*Projeto de Desenvolvimento Agroambiental do Estado do Mato Grosso*) und PLANAFLORO (*Plano Agropecuário e Florestal de Rondônia*) der 90er Jahre, die mit finanzieller Unterstützung der Weltbank den Planungszielen der Integrierten Ländlichen Entwicklung und später der Nachhaltigkeit folgten (siehe zu den einzelnen Programmen COY 1988, HALL 1997, BRYANT & BAILEY 1997, KLEIN 1998). Auch die matogrossensische Regierung war und ist an Planung und Ausführung dieser Programme maßgeblich beteiligt. Ihre selbständigen kolonisatorischen Tätigkeiten sind völlig zum Erliegen gekommen. In einem politischen Kraftakt, in dem die Klientelstrukturen der Behörde - sie galt als Selbstbedienungsladen namhafter Politiker - zerschlagen wurden, wurde die CODEMAT im Jahr 1997 aufgelöst, da keine neuen bundesstaatlichen oder privat konzessionierten Kolonisationsprojekte mehr entstanden, die es zu verwalten gab.

Seit Anfang der 90er Jahre kommt für die beiden politischen Ebenen - Zentral- und Bundesstaat - allerdings ein weiteres wichtiges Betätigungsfeld hinzu, das auch einen zentralen Bestandteil in den neueren Regionalentwicklungsprogrammen bildet: die Lösung der Landfrage. Diese kaum bewältigbare Aufgabe hat die bundesstaatliche Regierung aufgrund der rapide zunehmenden Landkonflikte bereits Ende der 70er Jahre mit der Gründung des INTERMAT (*Instituto de Terras de Mato Grosso*) in Angriff genommen. Dabei stehen die Regularisierung der Landtitel in bestehenden Invasionsgebieten sowie die Durchführung von Ansiedlungsprojekten für landlose Familien, die sich das Recht auf ein eigenes Stück Land mit Hilfe des MST (*Movimento dos Trabalhadores Rurais Sem Terra*) erstreiten konnten, im Vordergrund (siehe dazu Kapitel III.2.2). Allerdings gehen die damit verbundenen Maßnahmen nur sehr schleppend voran, obwohl sich auch das INCRA daran beteiligt. Diese Verzögerungen hängen nicht zuletzt mit den immer noch bestehenden klientelistischen Strukturen und dem fehlenden politischen Willen der zuständigen Stellen zusammen.

2.2 Historische Phasen der Pionierfrontentwicklung im Hinterland von Cáceres

Vor dem Hintergrund dieser sich wandelnden Rolle von zentral- und bundesstaatlicher Regierung ist die Entwicklung im Hinterland von Cáceres zu sehen. In den einzelnen Entwicklungsphasen wirkten die Einflüsse der unterschiedlichen politischen Ebenen in differenzierter Form auf die verschiedenen Teilräume. Je nach sozioökonomischer und politischer Struktur, die sich im Laufe der Jahrzehnte herausbildete, spielten dabei auch spontane lokale Prozesse eine wichtige Rolle.

2.2.1 Unterschiedliche Kolonisationsstrategien als prägende Faktoren in der Erschließungsphase der 50er und 60er Jahre[1]

Das Hinterland von Cáceres wurde bereits Anfang des 20. Jahrhunderts per Gesetz als vorzugsweise zu besiedelndes Gebiet definiert, da es aufgrund seines Waldbestandes und des relativ engen Gewässernetzes günstige natürliche Voraussetzungen bot. Darüber hinaus existierte eine wenn auch nur jahreszeitlich befahrbare Erdstraße, die am südlichen Rand des Gebietes vorbeiführte und die Stadt Cáceres über Porto Esperidião mit Vila Bela da Santíssima Trinidade im Tal des Rio Guaporé verband. Deshalb vergab das DTC schon in den 50er Jahren großzügig Landeigentumstitel und Kolonisationskonzessionen in dieser Region (siehe Abb. 18).

---

1 Die Daten und Informationen zu diesem Kapitel entstammen zum größten Teil aus Interviews mit ehemaligen Angestellten der Kolonisationsfirmen bzw. der zuständigen Behörden sowie aus Gesprächen mit Siedlern 'der ersten Stunde', da die Dokumentation - Pläne, Register, Karteien etc. - zu den Entwicklungen dieser Zeit nur sehr lückenhaft ist. Die damit zwangsläufig einbezogene Subjektivität in die Analyse der Pionierfrontentwicklung mindert nicht die Wertigkeit der Ergebnisse. Im Gegenteil die Wahrnehmung der Prozesse in der Vergangenheit prägt bis heute die Handlungslogik der Akteure.

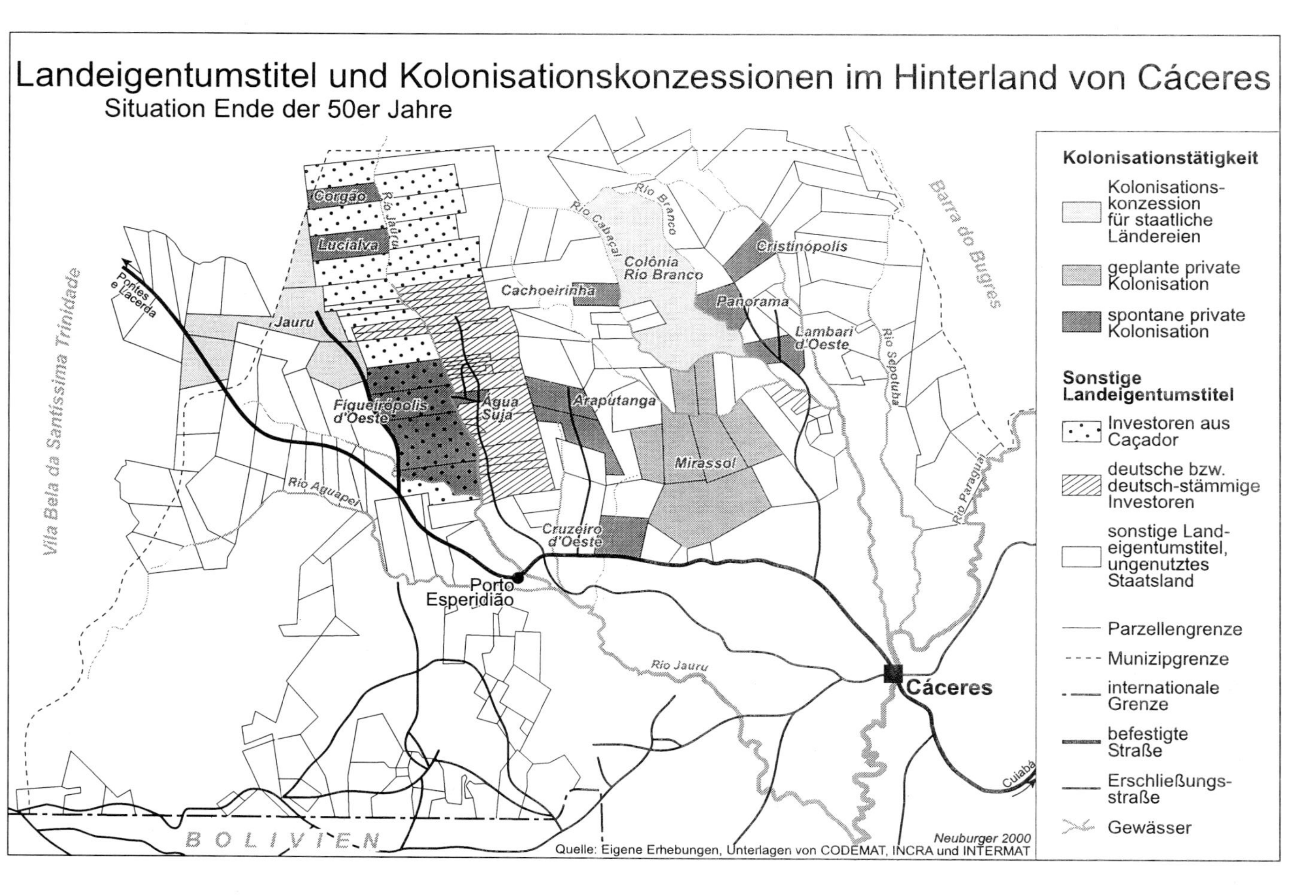

Abbildung 18

Zwei private Kolonisationsfirmen aus dem Bundesstaat São Paulo erhielten den Auftrag, jeweils 200.000 ha Land zu erschließen. Es entstanden die Kolonisationsprojekte Jauru, im Nordwesten des Gebietes gelegen, und Rio Branco im Nordosten. Die übrigen Landtitel wurden zunächst an Privatpersonen vergeben, ohne dabei die Durchführung eines Siedlungsprojektes vorzusehen. Formal wurde dabei zwar die gesetzlich vorgeschriebene Obergrenze von 10.000 ha Fläche pro Grundstück eingehalten. Jedoch ließen einzelne Familien mehrere Parzellen auf verschiedene Familienmitglieder eintragen, so daß sie weitaus mehr Land erhalten konnten. Diese Möglichkeit stand natürlich nur solchen Familien offen, die in die matogrossenser Klientelstrukturen eingebunden waren. Deshalb ist es nicht verwunderlich, daß die Namen von Familien damals wichtiger Politiker in den Katasterbüchern mehrfach auftauchen.

Einige der neuen Landeigentümer entschlossen sich einen Teil ihres Großgrundbesitzes zu parzellieren. Ohne - wie gesetzlich vorgeschrieben - ein Siedlungsprojekt bei der CPP anzumelden, verkauften sie Grundstücke an Migrantenfamilien. Aus solchen spontan durchgeführten Kolonisationsprojekten entstand die große Mehrzahl der Siedlungen. Cristinópolis, Panorama, Lambari d'Oeste, Cruzeiro d'Oeste/Glória d'Oeste, Araputanga, Cachoeirinha, Água Suja/Indiavaí, Figueirópolis d'Oeste, Lucialva und Corgão bildeten dabei die Siedlungskerne von wenige tausend Hektar großen Siedlungsgebieten, während Mirassol d'Oeste, São José dos Quatro Marcos, Sonho Azul und Santa Fé aus einem rund 100.000 ha umfassenden Projekt hervorgingen (DOM MÁXIMO BIENNÈS 1987, S. 242).

Sechs Erschließungsstraßen entstanden als Leitlinien der Aufsiedlung, deren Ausgangspunkt die Ende der 50er Jahre ausgebaute Straße zwischen Cáceres und Porto Esperidião bildete (siehe Abb. 19). Dabei wurde das westliche Teilgebiet der Region trotz der großen Entfernung zum Versorgungszentrum Cáceres zuerst erschlossen. Dies hing damit zusammen, daß der Rio Jauru als Transportweg genutzt werden konnte und an seinen Ufern mit Porto Esperidião bereits eine Siedlung bestand, die von Cáceres aus als Zwischenstation auf der häufig mehrtägigen Reise in die Rodungsgebiete diente. Während in diesen westlichen Teil der Region somit schon Anfang der 50er Jahre die ersten Siedler eindrangen, wurden im Gebiet Araputanga erst Ende desselben Jahrzehnts die ersten Rodungsinseln angelegt. Etwa zeitgleich entstanden die Siedlungen der Region Rio Branco. Als letzte Erschließungsachse Anfang der 60er Jahre wurde schließlich die Straße nach Mirassol d'Oeste geöffnet.

Im zeitlich zuerst erschlossenen Kolonisationsgebiet im Tal des Rio Jauru verkaufte der Bundesstaat Mato Grosso beidseits des Flusses Anfang der 50er Jahre mehrere tausend Hektar große Parzellen an Investoren aus Caçador im Bundesstaat Santa Catarina, die das Land lediglich aus Spekulationsgründen erwarben und - von wenigen Ausnahmen abgesehen - nie in die Region kamen (siehe Abb. 18). Wenige Jahre später veräußerten diese wieder ihre Grundstücke am Rio Jauru. Als Käufer fanden sie paranaenser Kaffeebauern, die durch wiederholte Fröste einen Großteil ihrer Ernte verloren hatten und nach Möglichkeiten suchten, ihre Kaffeepflanzungen in frostfreie Gebiete auszudehnen. Die Vermittlung zwischen Verkäufern und Käufern nahmen einige wenige Personen in die Hand, die

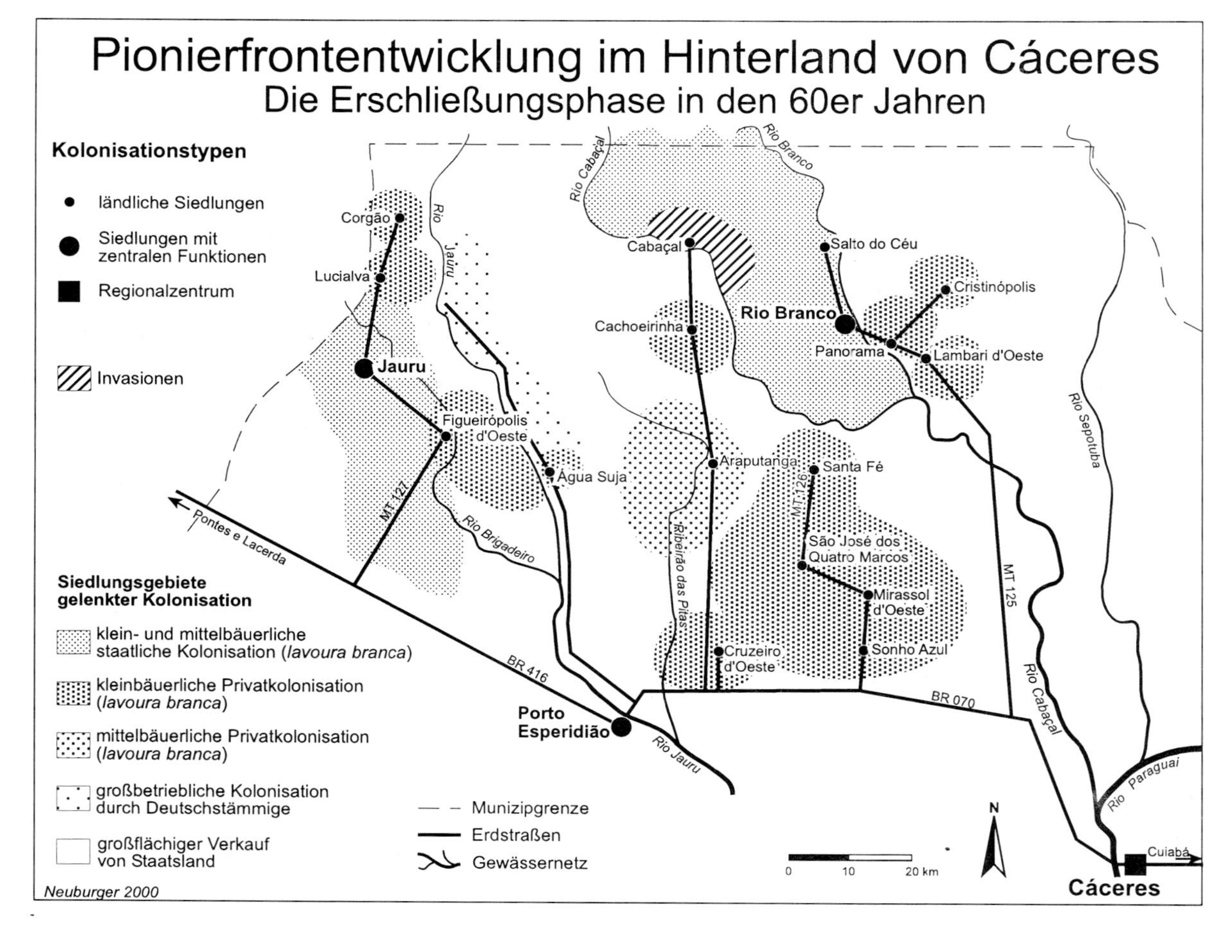

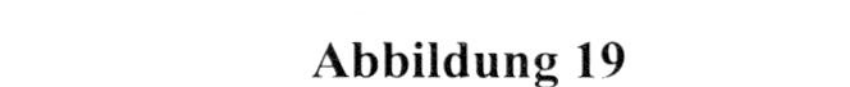
Abbildung 19

als Deutschstämmige aus der Region von Rolândia auch Kontakte zur deutschen Botschaft hatten. Mit dem Argument garantierter Frostfreiheit konnten sie einerseits deutsch-stämmige Kaffeebauern aus Rolândia für den Kauf von Land am Rio Jauru gewinnen. Außerdem betrieben sie gezielt Werbung in Deutschland, wo viele Menschen in Angst vor einem erneuten Krieg und 'vor der Atombombe' lebten und sich mit dem Bodenerwerb in Brasilien einen Zufluchtsort sichern wollten. Die Deutschen bzw. Deutsch-stämmigen investierten vor allem in 10.000 ha große Parzellen am östlichen Ufer des Rio Jauru. Einige davon teilten den erworbenen Großgrundbesitz in kleinere Grundstücke auf und verkauften sie an andere Kaffeebauern. Größtes Zugpferd bei der Erschließung des Gebietes war die Firma Oetker, die dort Kaffee und Vanille produzierte. Die Investoren aus Paraná pflanzten ebenfalls Kaffee an, kamen auch teilweise selbst in die Region oder setzten Verwalter ein. Durch den hohen Arbeitskräftebedarf im Kaffeeanbau kam mit ihnen ein Mehrfaches an Pächterfamilien, um die Pflanzungen zu bewirtschaften.

Inmitten dieser Kaffeebetriebe erstand 1962 ein aus der Region Jales im Bundesstaat São Paulo stammender LKW-Fahrer ein rund 3.000 ha großes Grundstück im Tausch gegen seinen LKW. Er sah in der Durchführung eines Kolonisationsprojektes eine neue Zukunft für sich. Im Zentrum der erworbenen Fläche plante er dafür eine Siedlung und teilte den Rest in 25 bis 120 ha große Parzellen auf. Käufer fand er in Freunden und Bekannten aus seiner Heimatregion Jales sowie aus Santa Fé do Sul. Rund 300 Familien kamen in der zweiten Hälfte der 60er Jahre an den Rio Água Suja, nach dem die Siedlung später benannt wurde[1]. Die Siedler bauten neben Grundnahrungsmitteln entsprechend ihrer Herkunft ebenfalls Kaffee an, so daß auch hier der Anteil der Pächterfamilien sehr hoch - schätzungsweise 40 % - war. Zahlreiche Pächterfamilien und Eigentümer kleiner Parzellen verdingten sich zeitweise auch auf den Kaffee-*fazenden* der Paranaenser.

Das westlichste Siedlungsgebiet, das dem zentralen Bereich des heutigen Munizips Jauru entspricht, geht auf eine 1953 vom Bundesstaat Mato Grosso erteilte Konzession an die Firma *Companhia Comercial de Terras Sul Brasil* zurück (FERREIRA, J.C.V. 1993). Die Genehmigung zur Erschließung von 200.000 ha Land erfolgte offiziell durch das Dekret 1.617 noch im selben Jahr. Die in Marília im Bundesstaat São Paulo ansässige Kolonisationsfirma teilte das Konzessionsgebiet zunächst in fünf Teile, sogenannte *glebas*, auf, wobei eine *gleba* den Siedlungsplatz beinhaltete (siehe Abb. 18). Um nach der Vermessung der städtischen Grundstücke Siedler in die Region zu locken, warb die *Companhia Sul Brasil* gezielt in den ländlichen Krisengebieten von Minas Gerais wie beispielsweise Mantena, Governador Valadares und Conselheiro Pena sowie in den benachbarten Gebieten im Bundesstaat Espírito Santo um Käufer. Neben Werbeanzeigen in den jeweiligen lokalen Medien beauftragte die Kolonisationsfirma einen *corretor* - einen Vertreter, der in den Regionen umherzog und Grundstücke zum Kauf anbot.

Nachdem die ersten acht Migrantenfamilien im Jahr 1954 noch aus São Paulo und Paraná kamen, stammten die folgenden fast ausschließlich aus der Großregion von Governador

1 Im Jahr 1986 wurde sie nochmals umbenannt und trägt seitdem den Namen Indiavaí.

Valadares (MADRUGA 1992). Je nach Kaufkraft der Familien parzellierte die *Companhia* nun die stadtnahen Flächen in 10 bis 70 ha große Grundstücke, die weiter entfernten in bis zu 500 ha große Parzellen, so daß eine gemischte Betriebsgrößenstruktur entstand. Zahlreiche Grundstückskäufer, die größere Parzellen erworben hatten, brachten Pächterfamilien ebenfalls aus Minas Gerais nach Jauru - etwa die Hälfte der ankommenden Familien, so schätzt ein Kolonist 'der ersten Stunde', waren Landkäufer, die andere Hälfte Pächter. Diese sollten bei der Rodung der natürlichen Vegetation helfen. Landeigentümer mit kleinen Parzellen verdingten sich zur Überlebenssicherung auf größeren Betrieben zu Rodungs- und anderen Gelegenheitsarbeiten. Die Bevölkerung bildete somit zwar aufgrund ihrer gemeinsamen geographischen Herkunft eine kulturell relativ homogene *frontier*-Gesellschaft, war aber bereits zu Beginn durch den Gegensatz zwischen Landeigentümern und landlosen Pächtern geprägt.

Die Besiedlung der Teilregion Jauru ging ausgehend von der südlichsten *gleba* zunächst etwas schleppend voran, obwohl Erschließung und Rodung des Jauru-Gebietes durch den Holzeinschlag der *Serraria Cáceres*, einer in Cáceres ansässigen Sägerei, unterstützt wurde. Dieses von Deutschen geleitete Unternehmen mit Stammsitz in São Paulo gründete 1959 eine Filiale in Cáceres, da es auf der Suche nach Mahagoni (*Swietenia tessmanni*) zur Furnierherstellung im Tal des Rio Jauru einen relativ dichten Bestand entdeckt hatte. Über einen Vertrag mit der *Companhia* verpflichtete sich die Sägerei, Schneisen entsprechend des Verlaufes der späteren Straßen in die Wälder zu schlagen und die Flächen für den Siedlungsplatz und geplante Gemeinschaftseinrichtungen zu roden. Im Gegenzug konnte sie über das geschlagene Holz - insbesondere über die Edelhölzer - verfügen. Ähnliche Verträge schloß sie mit den Siedlerfamilien ab, um auch Mahagoni aus den umgebenden Wäldern extrahieren zu können[1].

Die große Bedeutung der Holzindustrie in der Anfangsphase der Erschließung - zahlreiche kleinere Sägereien entstanden in Jauru - hatte gleichzeitig eine entwicklungshemmende Wirkung, da sie ein großes Kontingent von Arbeitskräften band (COSTA E SILVA & FERREIRA 1994). Verantwortlich für die zögerliche Rodung und Besiedlung waren aber auch die schwierigen Rahmenbedingungen im Kolonisationsgebiet. Das Projekt litt unter der korrupten und unzureichenden Verwaltung des leitenden Vertreters der Kolonisationsfirma vor Ort, der die Grundstückskäufer betrog und die notwendigen Infrastruktureinrichtungen nur zögerlich aufbaute. Extrem prekäre Lebensbedingungen, Insektenplagen und sich ausbreitende Krankheiten erschwerten das Überleben der Migranten, so daß bereits in den ersten Jahren einzelne Familien wieder in ihre Herkunftsgebiete zurückwanderten (DOM MÁXIMO BIENNÈS 1987, S. 531). Die Rate der Rückwanderung blieb aber vergleichsweise gering, nicht zuletzt weil den meisten das Geld zur Finanzierung der Rückreise fehlte.

Diese Situation verbesserte sich erst in den 60er Jahren mit dem Bau einer Kapelle und der Ankunft von Padre José Riva, einem italienischen Pater, der im Rahmen der *Operação Mato Grosso*, einem Missionsprogramm der katholischen Kirche, in die Region kam

---

1 Zur Geschichte der *Serraria Cáceres* siehe die Ausführungen in Kapitel IV.2.2.3.2.1.

(COSTA E SILVA & FERREIRA 1994, FERREIRA, J.C.V. 1993, DOM MÁXIMO BIENNÈS 1987). Mit der Gründung der Kirchengemeinde und dem Bau einer Kapelle steigerte sich der Zustrom der Siedler. Ein Indiz für die große Bedeutung der Kirche in der Entwicklung von Jauru ist die zeitweise Benennung der Siedlung als *Cidade de Deus*, als Gottesstadt.

Neben der religiös-psychologischen Befindlichkeit der Bevölkerung verbesserten sich auch die allgemeinen Rahmenbedingungen, da die lokale Leitung der Kolonisationsfirma in diesen Jahren wechselte und sich der neue Vertreter der *Companhia* um die Belange der Kolonisten kümmerte. Im Jahr 1965 waren schließlich alle Grundstücke verkauft. Die landwirtschaftliche Nutzfläche dehnte sich aus. Neben der Produktion von Grundnahrungsmitteln Reis, Mais und Bohnen sowie Bananen als typische Rodungskulturen versuchten einige Siedler - allerdings mit geringem Erfolg - Kaffee anzubauen. Entsprechend ihrer Tradition und Herkunft aus dem durch Viehhaltung geprägten Bundesstaat Minas Gerais, bildete die Rinderweidewirtschaft bereits nach wenigen Jahren eine wichtige Säule in der lokalen Wirtschaft. Die Rodungskulturen wurden nur in den ersten zwei bis drei Jahren nach der Rodung des Primärwaldes angebaut. Dies gehörte in der Regel zu den Hauptaufgaben der Pächterfamilien, die als Bezahlung einen Teil der Ernte einbehalten konnten. Ihr Auftrag war nach drei Jahren mit der Aussaat von Weidegräsern erfüllt. Jedoch waren in der Erschließungsphase noch ausreichend Waldflächen vorhanden, um den Pächtern eine Anschlußbeschäftigung zu garantieren.

Parallel zu diesem großen Kolonisationsprojekt, das einen Großteil der bis in die 80er Jahre hinein in die Teilregion strömenden Migranten absorbierte, führten auch einzelne Landeigentümer im Norden und Osten von Jauru kleinere Siedlungsprojekte durch (siehe Abb. 18 und 19). Ohne eine offizielle Beantragung parzellierten die Großgrundbesitzer ihre vom Bundesstaat erworbenen mehrere tausend Hektar großen Flächen in rund 25 ha große Grundstücke und sahen einen kleinen Siedlungsplatz vor. Zeitlich um einige Jahre versetzt setzte auch hier der Zuwanderungsstrom ein. Die Siedler kamen aus Minas Gerais und widmeten sich dem Anbau von Grundnahrungsmitteln und Kaffee. Aus zwei Kolonisationsprojekten von rund 10.000 ha Fläche gingen die heutigen Siedlungen Lucialva und Corgão hervor.

Das Siedlungsprojekt östlich von Jauru, aus dem später das Munizip Figueirópolis d'Oeste entstand, bildet innerhalb der Privatkolonisation einen Sonderfall: Es ist mit Abstand das größte nicht offizialisierte private Siedlungsprojekt, das aus einer illegalen Landbesetzung, einer sogenannten *grilagem*, hervorging (siehe Abb. 18 und 19). Der Initiator, Namenspatron und mehrmalige Präfekt war bereits in den 50er Jahren als *corretor* der *Companhia Sul Brasil* nach Jauru gekommen. Er hatte die Aufgabe, die Grundstücke der südlichsten *gleba* im Kolonisationsprojekt Jauru zu parzellieren und zu verkaufen. Bei seiner Arbeit bekam er einen Überblick über den Erschließungsgang in der Region und mußte feststellen, daß bis zu diesem Zeitpunkt ein Großteil der Flächen, die in direkter Nachbarschaft des *Companhia*-Gebietes lagen und bereits einen Eigentümer hatten, nicht erschlossen worden waren. Insbesondere das westliche Ufer des Rio Jauru war bis dahin völlig unberührt geblieben.

Er beschloß deshalb kurzerhand ein Kolonisationsprojekt in eigener Regie durchzuführen, obwohl ihm die finanziellen Mittel fehlten, um das dafür notwendige Land bei den Eigentümern käuflich zu erwerben. Er machte sich die fehlende Präsenz jeglicher Kontrollinstanz in den unbesiedelten Gebieten zunutze, wählte ungenutzte Flächen zwischen dem Rio Jauru im Osten und dem Rio Santíssimo im Westen aus, parzellierte und verkaufte die Grundstücke, ohne daß einer der rechtmäßigen Eigentümer je Einspruch erhoben hätte. Der somit zum Landeigentümer avancierte *corretor* teilte zunächst die für die Siedlung vorgesehene Fläche am Rio Brigadeiro in städtische Parzellen ein und plante darum einen Gürtel von rund 10 ha großen Grundstücken, sogenannte *chácaras*, die von den Siedlern intensiv genutzt werden sollten. Die übrigen Flächen parzellierte er je nach Bedarf der Käufer in 120 ha bis 500 ha große Grundstücke.

Die Suche nach potentiellen Käufern begann er in Regionen, die er noch aus seiner Arbeit als *corretor* kannte oder in denen er von zahlreichen landlosen Familien wußte. Dabei warb er Anfang der 60er Jahre vor allem paulistaner Familien aus der Region Santa Fé do Sul, die durch den Bau von Stauseen am Rio Paraná ihr Hab und Gut verloren hatten und nun mit der Entschädigungssumme erneut Land kaufen wollten. Um die aufgrund der Konkurrenzsituation mit Jauru noch etwas schleppend verlaufende Besiedlung zu beschleunigen, reiste er rund ein Jahrzehnt später in die Region Rondonópolis, wo er in früheren Jahren ebenfalls als *corretor* tätig war, und fand auch dort Investoren für sein Siedlungsprojekt. Als die ursprünglich für die Besiedlung vorgesehene Fläche dann verkauft war, okkupierte er zusätzlich Nachbargebiete und verkaufte die Parzellen, so daß er auf diese Weise insgesamt etwa 100.000 ha illegal kolonisierte.

Die Gruppe der Kolonisten von Figueirópolis teilten sich, wie in praktisch allen anderen Siedlungsprojekten auch, in Eigentümer und Pächter auf. Ähnlich wie in Jauru entstand auch hier eine durchmischte Betriebsgrößenstruktur. Die vorherrschende landwirtschaftliche Produktion in den ersten Jahren war die *lavoura branca* - der Anbau von Reis, Mais und Bohnen - als Rodungskultur, die aber relativ rasch von Weide abgelöst wurde, so daß die Milchwirtschaft an Bedeutung gewann. Aufgrund der zögerlichen Erschließung und des damit verbundenen geringen Bevölkerungswachstums blieb die Siedlung Figueirópolis d'Oeste relativ klein und war auf die Versorgungsfunktionen von Jauru angewiesen.

Etwa zeitgleich mit der Erschließung der Region Jauru waren auch in der Region Rio Branco erste Kolonisationsansätze zu beobachten. Entwicklung und sozioökonomische Struktur entlang dieser Erschließungsachse waren geprägt vom bundesstaatlichen Kolonisationsprojekt *Colônia Rio Branco*. Allerdings hatte die matogrossensische Regierung ursprünglich eine geplante Privatkolonisation für dieses Gebiet vorgesehen. Wie in Jauru wurde auch hier im Jahr 1953 für die Fläche von rund 200.000 ha eine Konzession an die *Companhia Agrícola Colonizadora MADI* vergeben (siehe Abb. 18, 19 und 20). Die aus der Stadt São Paulo stammende Kolonisationsfirma erhielt mit der Verkündung des Dekretes 1.598 die Erlaubnis, das Gebiet zwischen dem Rio Cabaçal im Süden und dem Rio Branco im Norden zu kolonisieren (ESTADO DE MATO GROSSO 1984a). Sie teilte die Fläche zwar in 105 je 2.000 ha große Grundstücke auf und verkaufte in den ersten Jahren

74 davon an Investoren im Süden Brasiliens (CODEMAT 1995). Sie kam jedoch den Vertragsbestimmungen, die sie zur Erschließung und Besiedlung sowie zum Aufbau der entsprechenden Infrastruktur innerhalb von sechs Jahren verpflichtete, nicht nach. Keiner der Landkäufer, für die der Bodenerwerb ohnehin eher Spekulationszwecken diente, kam deshalb jemals in die Region.

Während im *MADI*-Konzessionsgebiet somit zunächst keinerlei Siedlungsaktivitäten zu beobachten waren, entstanden östlich und südlich davon Anfang der 50er Jahre kleinere Kolonisationsprojekte, denn auch hier - wie in Jauru - entschlossen sich einige Großgrundbesitzer einen Teil ihrer Ländereien zu parzellieren. Panorama entwickelte sich dabei zum

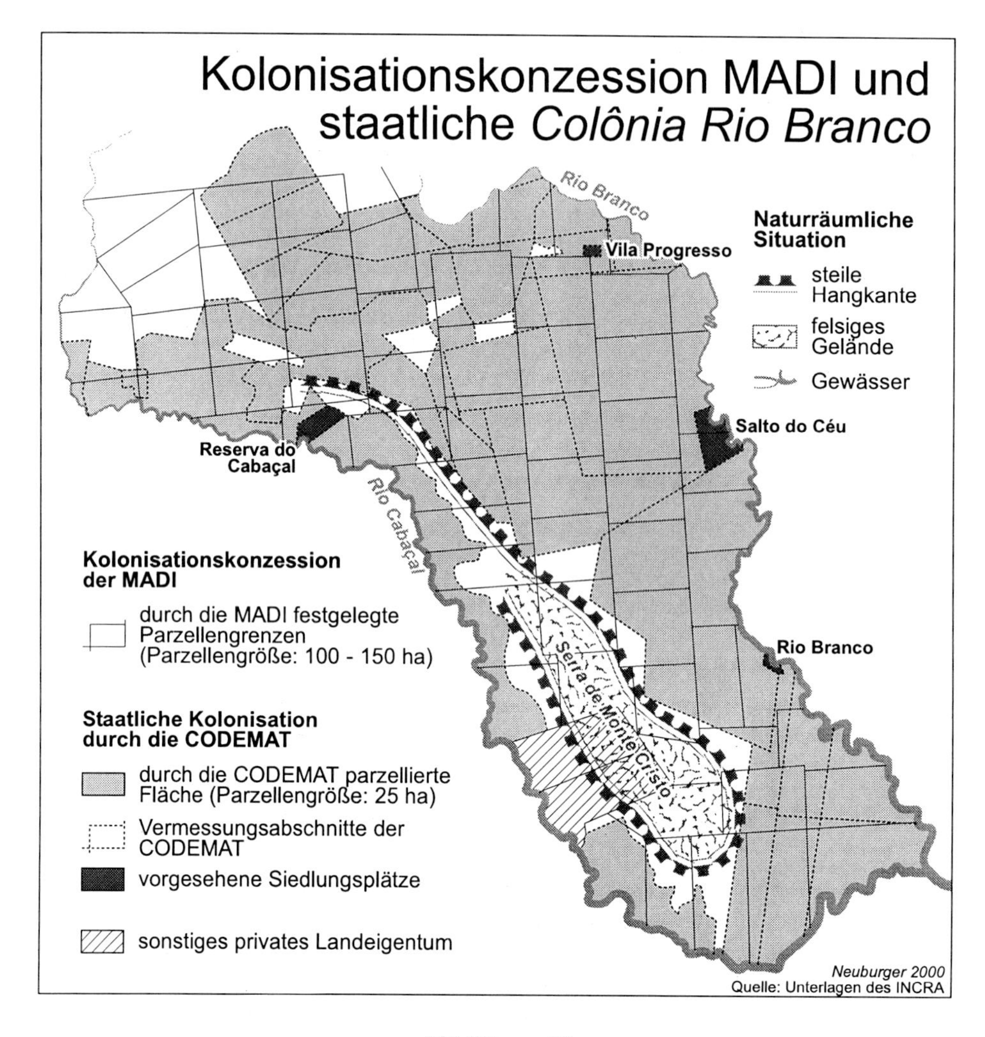

Abbildung 20

ersten Siedlungskern in der Region (siehe Abb. 18 und 19). Er ging aus einem privaten inoffiziellen Siedlungsprojekt hervor, in dem Parzellierung und Siedlungsplatz bis ins Detail bereits im Voraus geplant worden waren. Allerdings bestanden noch keinerlei Erschließungsstraßen in diesem Gebiet. Die ersten größtenteils aus Espírito Santo stammenden Migrantenfamilien erreichten ihre rund 25 ha großen Grundstücke nur mit Booten auf dem Rio Cabaçal oder zu Fuß über die ehemaligen *poaia*-Pfade.

Neben dem Anbau von Grundnahrungsmitteln - der sogenannten *lavoura branca* - machten sie sich diese noch bestehenden Extraktionsstrukturen zunutze und sammelten selbst Brechwurzel, um die ersten Jahre geringer landwirtschaftlicher Produktion mit anderen Einkünften zu überbrücken. Mit der Zunahme der Rodung verlor die Extraktionswirtschaft in den 60er Jahren an Bedeutung und verschwand bald völlig. Panorama entwickelte sich in den Folgejahren relativ dynamisch, da die Siedlung viele Jahre den Endpunkt der Erschließungsstraße von Cáceres her bildete und damit zu einem zentralen Versorgungspunkt für die Siedler wurde, die in den später beginnenden Kolonisationsprojekten weiter nördlich ein Grundstück erwerben wollten. Bereits Ende der 50er Jahre kam ein Arzt aus Cáceres regelmäßig nach Panorama. Darüber hinaus ließ sich dort ein Apotheker nieder, der von den Kolonisten der gesamten Region aufgesucht wurde.

Ende der 50er Jahre entstanden die Siedlungsgebiete von Lambari d'Oeste und Cristinópolis, die ebenfalls auf private Kolonisationstätigkeiten einzelner Großgrundbesitzer zurückgingen (siehe Abb. 18 und 19). In Cristinópolis siedelten sich dabei vorwiegend kapitalschwache Kleinbauern an, die zuvor in den Kaffeepflanzungen São Paulos als Teilpächter gearbeitet hatten. Sie verfügten kaum über Kenntnisse zu landwirtschaftlicher Produktion und Viehhaltung, so daß sie bereits nach wenigen Jahren des Grundnahrungsmittelanbaus wieder ihrer Tradition entsprechend Kaffee anbauten. Da allerdings weder die mikroklimatischen noch die pedologischen Bedingungen für den Kaffeeanbau geeignet waren, produzierten die Kaffeesträucher nie. Darüber hinaus hemmten auch schwere Konflikte zwischen den Gruppen unterschiedlicher Religionen, die in Cristinópolis aufeinandertrafen, bereits nach kurzer Zeit die Entwicklung des Kolonisationsprojektes.

Für die Entwicklung der Siedlung Lambari d'Oeste war der Bodenerwerb eines bedeutenden cacerenser Politikers entscheidend. Er erwarb Ende der 50er Jahre riesige Flächen östlich des Rio Cabaçal, die die vorgeschriebene Obergrenze von 10.000 ha bei weitem überstiegen, und parzellierte sie - allerdings nur zögerlich - in Grundstücke von etwa 100 bis 150 ha. Die Migranten aus Minas Gerais und Espírito Santo, aber auch Familien, die aus den Kolonisationsgebieten von Dourados kamen, bauten neben den Produkten der *lavoura branca* auch Baumwolle (*Gossipium hirsutum*) an. Lambari entwickelte dadurch bereits in den ersten Jahren eine Dynamik, die die Siedlung Mitte der 60er Jahre mit einer Bevölkerung von rund 2.000 Einwohnern zur größten der Region machte (TAURINES 1983). Mit der Einrichtung einer Krankenstation im Jahr 1965 verlegte der cacerenser Arzt seine Besuche in der Region nach Lambari. Auch der Apotheker wanderte aus Panorama nach Lambari ab, so daß die Versorgungsfunktionen von Panorama auf Lambari übergingen.

Angesichts dieser Siedlungsdynamik beschloß die matogrossenser Regierung, die Erschließung und Besiedlung der ursprünglich an die MADI vergebenen Fläche unter eigener Regie voranzutreiben. Diese Initiative, die 1964 mit der Anullierung des Vertrages mit der Kolonisationsfirma begann, hatte einen politischen Hintergrund. Anfang der 60er Jahre hatte die Werbung des Bundesstaates Mato Grosso im Süden und Südosten Brasiliens Wirkung gezeigt: Der Flächenstaat des Mittelwestens galt in dieser Zeit als die 'Region der Zukunft', in der sich die marginalisierte ländliche Bevölkerung aus anderen Landesteilen durch den Bodenerwerb eine Verbesserung der eigenen Lebenssituation erhoffte. In dieser Hoffnung strömten tausende von Migranten in die Stadt Cáceres. Diese massive Zuwanderung sozio-kulturell völlig anderer Gruppen versetzte die traditionelle Bevölkerung - die Stadt Cáceres hatte nur etwa 8.000 Einwohner - in Aufruhr. Die Beunruhigung der Cacerenser einerseits und die Orientierungslosigkeit der Migranten andererseits machten sich lokale Politiker, die 1962 kurz vor der anstehenden Gouverneurswahl auf Stimmenfang waren, zunutze. Sie versprachen den zugewanderten Familien Land und vergaben rund 300 Eigentumstitel für Parzellen, die eigentlich noch zum MADI-Gebiet zählten. Trotz aller Bemühungen verloren die cacerenser Politiker die Wahl. Der neue Gouverneur setzte die begonnene Erschließung dennoch fort und lenkte sie in legale Bahnen. Dazu wurden die durch die MADI ausgegebenen Landtitel anulliert und die CPP mit der Durchführung eines Kolonisationsprojektes beauftragt (ESTADO DE MATO GROSSO 1984a).

Die Gesamtfläche des nun offiziell als *Colônia Rio Branco* bezeichneten Siedlungsprojektes umfaßte rund 270.000 ha (CODEMAT 1995). Davon wurden aber aufgrund der Geländebeschaffenheit nur 110.000 ha in insgesamt 30 Vermessungsabschnitte unterteilt und in rund 3.600 je 25 ha große Grundstücke parzelliert (siehe Abb. 20). Wie in allen anderen staatlichen Kolonisationsprojekten erhielten die Siedler auch hier die Parzellen kostenlos. Dabei wurden zunächst junge Familien bevorzugt, die in den anderen *Colônias Estaduais* sowie in der *Colônia Agrícola Nacional* von Dourados nicht mehr untergekommen waren. Ein Großteil der Migrantenfamilien kam direkt aus den Kaffeeregionen des Bundesstaates Espírito Santo und aus der Großregion Governador Valadares in Minas Gerais (EMPAER 1996a). Vor allem die Kaffeebauern hatten in ihren Heimatgebieten durch Mund-zu-Mund-Propaganda von der Verfügbarkeit von Land und von der hohen Fruchtbarkeit der Böden gehört und hofften angesichts der schweren Kaffeekrise in Südostbrasilien auf einen größeren wirtschaftlichen Erfolg in Mato Grosso. Die Zuwanderung stieg mit dem Beginn der Grundstücksverteilung durch die CPP enorm an, so daß im Jahr 1965 in der gesamten Region - einschließlich Panorama und Lambari - rund 15.000 Einwohner lebten. Diese Zahl wuchs auf 20.000 im Jahr 1967 an, und ein Jahr später hatte sie bereits die 30.000er-Marke überschritten (TAURINES 1983).

Diesem Ansturm konnten die Vermessungstechniker der CPP nicht nachkommen, so daß die Siedler zunächst in den bereits bestehenden Orten Panorama und Lambari nahe des eigentlichen Kolonisationsgebietes blieben und auf die Vermessung der Parzellen warteten. Als Siedlungsplatz war zunächst nur Salto do Céu mit 2.000 städtischen Parzellen vorgesehen (DOM MÁXIMO BIENNÈS 1987). Da sich aber der Zugang zum weit flußaufwärts liegenden geplanten Siedlungskern als äußerst schwierig erwiesen hatte, ließen sich die ankommenden Siedler weiter südlich beidseits des Ufers des Rio Branco nieder und gründeten schließlich auf der westlichen Seite die heutige Stadt Rio Branco. Dazu teilten einige Landeigentümer ihre von der CPP erhaltenen Parzellen ihrerseits auf und verkauften sie als städtische Grundstücke. Erst als alle Parzellen im direkten Umfeld von Rio Branco verkauft worden waren, wurde das Gebiet um Salto do Céu Ende der 60er Jahre erschlossen. Da die weitere Besiedlung nur langsam voranging, manche Landkäufer nie in die Region kamen und die Kontrolle der CPP über das Gebiet lange Zeit gering blieb, entstanden bereits in dieser Phase Invasiongebiete innerhalb des Kolonisationsgebietes. Diese Situation machten sich zum einen Siedler zunutze, die ihr Grundstück durch die Okkupation eines angrenzenden ungenutzen Gebietes illegal erweiterten. Zum anderen machten *grileiros* mit diesen Flächen lukrative Geschäfte.

In der Erschließungsphase litten die Siedlerfamilien sehr stark unter den für Pionierfrontgebiete typischen prekären Rahmenbedingungen. Die Siedler selbst hatten meist keinerlei Vorkenntnisse über den Naturraum. Schon die ausgedehnte dezidierte Trockenzeit im Aw-Klima von Mato Grosso bereitete den Kolonisten große Schwierigkeiten bei der Planung von Aussaat und Ernte. Lange Zeit war das Kolonisationsgebiet von Cáceres aus nur in mehrtägigen Reisen per LKW erreichbar, so daß die rasch ansteigende landwirtschaftliche Produktion nur unter großen Schwierigkeiten vermarktet werden konnte. Die CPP - und später die CODEMAT - erfüllte ihre Aufgaben Infrastruktureinrichtungen aufzubauen nur sehr schleppend. Insbesondere in den von Rio Branco weiter entfernten Gebieten erhielten die Familien keinerlei Unterstützung, sondern wurden nach der Zuteilung des Grundstücks völlig alleingelassen (TAURINES 1983). Die Kindersterblichkeit war aufgrund von Masernepidemien und weit verbreiteten schweren Durchfallerkrankungen extrem hoch, da eine medizinische Versorgung völlig fehlte. Malaria (*Plasmodium*), Anämie, Tuberkulose (*Micobacterium tuberculosis*), Leishmaniose (*Leishmania*), Würmer und zahlreiche Hauterkrankungen - besonders das sogenannte *fogo selvagem* - waren ebenfalls sehr stark verbreitet (GOODLAND & IRWIN 1975). Darüber hinaus erschwerten Konflikte verschiedener Migrantengruppen untereinander, die häufig in Schießereien mit Todesopfern endeten, die Alltagsbewältigung der Siedler.

Während die CPP bzw. die CODEMAT zur Linderung dieser schwierigen Lebensumstände nur wenig beitrugen, halfen in den ersten Jahren US-amerikanische Hilfslieferungen über die größte Misere hinweg. Im Rahmen des Projektes *Alimentos para a Paz* (Lebensmittel für den Frieden), das in das 1961 begonnene US-amerikanische Entwicklungsprogramm für Südamerika *Alliance for Progress* als Unterprogramm eingebettet war, lieferten die USA just zu Beginn der Militärdiktatur unter anderem Lebensmittel in die Krisengebiete Brasiliens[1]. Auf diesem Wege erhielten die Siedler der *Colônia Rio Branco*

1 Im Hintergrund dieses Programms der US-amerikanischen Regierung stand die Befürchtung, daß mit den wachsenden sozialen Spannungen in den ländlichen Gebieten der lateinamerikanischen Länder die Gefahr eines politischen Umsturzes und der Bildung kommunistischer Regierungen zunahm. Mit den Lebensmittellieferungen wollten die USA die Unruheherde befrieden und sich den südamerikanischen Kontinent als Vorhof freihalten.

von 1964 an über zwei Jahre hinweg kostenlos Grundnahrungsmittel. Die Organisation der Verteilung oblag dabei einem sogenannten *peace corps* - einem US-amerikanischen Ehepaar, das sich in Rio Branco niederließ. Damit erhielt diese Siedlung bereits in den ersten Jahren der Erschließung wichtige zentrale Funktionen, wobei ihre Bedeutung in der Region durch die Konzentration von Infrastruktureinrichtungen - Apotheke, Arzt, Läden, Zwischenhändler der landwirtschaftlichen Produktion - rasch zunahm und ihre Zentralität diejenige von Lambari d'Oeste weit überstieg.

Neben dieser US-amerikanischen Hilfe hatte auch die katholische Kirche eine große Bedeutung für die Entwicklung der Region Rio Branco. Dabei fungierte der Glaube als gemeinschaftsstiftendes Element der *frontier*-Kultur, denn bereits im ersten Jahr der Erschließung der *Colônia* errichteten die Siedler eine wenn auch ärmliche Kapelle und ein Kreuz auf dem zentralen Platz. Gottesdienste und christliche Feste, die von einem französischen Franziskaner-Pater in regelmäßigen Abständen zelebriert wurden, waren somit im weitläufigen Kolonisationsgebiet immer Anlaß sich zu versammeln und auszutauschen. Auf der Basis des so gestärkten Gemeinschaftssinnes wurden in den einzelnen Siedlungen zahlreiche eigentlich von der CODEMAT zu errichtende Infrastruktureinrichtungen wie Schulen und Ortsverwaltungen aufgebaut. Der Pater unterstützte diese Aktivitäten, indem er Spenden aus Frankreich und São Paulo beschaffte. Dadurch konnten die vordringlichsten sozialen Probleme in der *Colônia* innerhalb von wenigen Jahren zwar nicht vollständig gelöst, aber doch gemildert werden. Die Region Rio Branco einschließlich der umliegenden kleineren Kolonisationsprojekte galt Ende der 60er Jahre als das dynamischste Gebiet im Hinterland von Cáceres, in dem der Bevölkerungszustrom nicht abzureißen schien und die landwirtschaftliche Produktion stetig anstieg.

Die Erschließungsachse von Araputanga, die bis nach Reserva do Cabaçal reicht, entstand Ende der 50er Jahre. Ein Neffe des damaligen Gouverneurs von Mato Grosso konnte 1956 20.000 ha Land im Tal des Ribeirão das Pitas erwerben. Er beauftragte ein Jahr später einen japanisch-stämmigen *corretor*, die Fläche zu parzellieren und die Grundstücke zu verkaufen. Zunächst machte dieser Werbung im Nordwesten São Paulos sowie in den Regionen Londrina und Umurama in Paraná. Nur einige japanisch-stämmige Siedler zeigten Kaufinteresse und kamen in die Region, wanderten aber nach kurzer Zeit wieder ab, vermutlich weil die jeweils 10 ha großen Grundstücke nicht für den Lebensunterhalt der Familien ausreichten. Lediglich eine kleine Siedlung blieb erhalten, die für die zu jener Zeit noch in der Region arbeitenden *poaeiros* als Rastplatz diente (COSTA E SILVA & FERREIRA 1994).

Die Besiedlung geriet für wenige Jahre ins Stocken, bis die Fläche erneut - diesmal in größere Parzellen - eingeteilt wurde. Mittlere Betriebsgrößen von über 100 ha - die meisten waren sogar größer als 200 ha - fanden nun Käufer vor allem aus Goiás, aber auch aus Minas Gerais. Bis 1962 waren zwar alle Grundstücke verkauft, jedoch lebten nur rund fünfzig Familien in dem Kolonisationsgebiet. Die tatsächliche Besiedlung des Gebietes verzögerte sich um fast ein Jahrzehnt. Zwar hatte eine Sägerei, die von einem der Siedler in Araputanga gegründet wurde, bereits eine Schneise bis zur Siedlung geschlagen, dennoch blieb die Erreichbarkeit aufgrund der großen Entfernungen lange Zeit besonders schwer. Erst 1971 mit dem Ausbau der *picada* zur bundesstaatlichen Straße MT 126 nahm die Zuwanderung aus Minas Gerais und Goiás zu (ESTADO DE MATO GROSSO 1984b). Ein Großteil der Siedlerfamilien baute den Eßgewohnheiten ihrer Herkunftsregionen in Goiás entsprechend vor allem Mais, aber auch Reis, Bohnen und Kaffee an. Durch seine mittelbetriebliche Struktur war im Kolonisationsgebiet von Araputanga der Anteil der Pächterfamilien zwar besonders groß, die Siedlung Araputanga blieb aber relativ klein. Sie erreichte bis 1975 lediglich die 2.000-Einwohnergrenze und verfügte deshalb über eine sehr begrenzte Infrastrukturausstattung beispielsweise ohne Bank, Post und niedergelassenen Arzt.

Erst einige Jahre nach den ersten Erschließungstätigkeiten in Araputanga entstand weiter im Norden ebenfalls eine private Kolonisation, aus der die heutige Siedlung Cachoeirinha hervorging (siehe Abb. 18 und 19). Sie nahm Migranten vor allem aus São Paulo auf. Die Kolonisten erwarben relativ kleine Grundstücke und bauten Grundnahrungsmittel an. Nach der Aufsiedlung dieses Gebietes wurde die Achse in Richtung Rio Cabaçal verlängert, da die dortigen Großbetriebe schrittweise erschlossen wurden. Die Eigentümer bzw. Verwalter rekrutierten die Arbeitskräfte für die Rodungsarbeiten in Cáceres oder Lambari. Durch die dorthin über längere Zeit aufrechterhaltenen Kontakte erfuhren die Arbeiter in den Jahren 1967 und 1968 von der kostenlosen Landverteilung in der *Colônia Rio Branco*. In der Hoffnung, dort ebenfalls ein eigenes Stück Land zu erhalten, zogen einige Familien gen Norden, überquerten den Rio Cabaçal und ließen sich dort nieder. Erst im Jahr 1969, als bereits eine kleine Siedlung mit rund 100 Familien entstanden war, erreichten die Angestellten der CODEMAT dieses Gebiet. Neben der Vermessung des Siedlungsplatzes parzellierten sie die umliegenden Flächen in rund 20 ha große Grundstücke. Die Migranten, die nun von Nordosten und von Süden her in das Gebiet strömten, hatten allerdings wenig Erfolg im Grundnahrungsmittelanbau. Durch die ungünstigen naturräumlichen Bedingungen - sandige Böden, hohe Reliefenergie - gekoppelt mit einer sehr geringen Betriebsgröße konnten die Familien kaum ihr Überleben sichern, so daß bereits nach wenigen Jahren die Abwanderung einsetzte, die allerdings von der wachsenden Zuwanderung - 1970 hatte die Siedlung bereits 5.000 Einwohner - bei weitem übertroffen wurde und erste Landkonzentrationsprozesse zu beobachten waren.

Ebenfalls zeitgleich mit der ersten Besiedlung von Araputanga entstand auch die Erschließungsachse von Mirassol d'Oeste. Sie entwickelte sich bereits nach wenigen Jahren sehr dynamisch. Basis dafür war eine gut durchstrukturierte Planung der Aufsiedlung der sogenannten *Gleba Mirassol*, die von der dort neugegründeten Kolonisationsfirma SIGA durchgeführt wurde. Die SIGA war ein Zusammenschluß von fünf aus dem Nordwesten des Bundesstaates São Paulo stammenden Investoren, die Ende der 50er Jahre im Hinterland von Cáceres rund 100.000 ha Land erwarben (DOM MÁXIMO BIENNÈS 1987). Die größten zwei Teilhaber brachten dabei je 30.000 ha in die Gesamtfläche ein und bestimmten damit auch das Vorgehen (RITTGEROTT 1997, LEITE, A. Pereira 1995). Einer von ihnen war Eigentümer der Kolonisationsfirma *Colonizadora Mirassol* in der gleichnamigen Stadt im Bundeststaat São Paulo und verfügte bereits über Erfahrung in der Durchführung von Kolonisationsprojekten. Der andere betrieb Viehzucht in derselben Region São Paulos und wollte ursprünglich das erworbene Land viehwirtschaftlich nutzen. Allerdings mußte er feststellen, daß dieses Gebiet nicht für die Rinderhaltung geeignet war, da praktisch alle Bäche in der Trockenzeit versiegten. Er entschloß sich deshalb, auch sein Grundstück zu parzellieren und beteiligte sich daraufhin an der SIGA.

Die zu besiedelnde Fläche, die von Sonho Azul bis Santa Fé reichte, wurde in drei Teile aufgeteilt, wobei die Grundstücke des südlichsten in der Umgebung von Sonho Azul in einer ersten Etappe erschlossen werden sollten (siehe Abb. 19). Weiter nach Norden folgte die zweite Etappe mit der geplanten Siedlung Mirassol d'Oeste und eine dritte schließlich mit Nova Paulista, das heutige Santa Fé. Die Parzellengrößen waren in den verschiedenen Teilgebieten sehr unterschiedlich. Um die geplanten Siedlungen wurden Grundstücke von nur 2 bis 5 ha Größe zu hohen Preisen als *chácaras* verkauft. Für die übrigen landwirtschaftlichen Flächen legte die SIGA die Hektarpreise je nach Bodenqualität fest. Die höchsten Preise bei guten *terra-roxa*-Böden erzielte dabei die Region Barreirão nordwestlich von São José dos Quatro Marcos. Mittlere Bodenqualitäten und damit auch mittlere Preise hatte das Gebiet um Mirassol d'Oeste zu bieten. Am schlechtesten schnitt der von *serras* durchzogene Südwesten des Kolonisationsgebietes ab.

Der Verkauf der Grundstücke begann 1962 und war schon 1970 praktisch abgeschlossen, da die SIGA die Verkaufsgeschäfte über die *Colonizadora Mirassol* in São Paulo abwickeln konnte. Nach wenigen Jahren, in denen die *corretores* der SIGA in der Region von São José do Rio Preto und Jales Käufer anwarben, war die Gleba Mirassol über Mund-zu-Mund-Propaganda so bekannt geworden, daß eine gezielte Werbung nicht mehr notwendig war, um ausreichend Siedler nach Mato Grosso zu locken (LEITE, A. Pereira 1995). Da die Migranten dementsprechend meist aus den Kaffeegebieten im Nordwesten São Paulos kamen, dort als Teilpächter gearbeitet oder kleine Betriebe bewirtschaftet hatten, verfügten sie über ein wenig Kapital. Sie konnten deshalb relativ kleine Grundstücke kaufen, so daß die meisten Betriebe nicht größer als 50 ha waren. Aufgrund der unterschiedlichen Hektarpreise bildete sich eine räumlich differenzierte Betriebsgrößenstruktur heraus: In Barreirão konzentrierten sich die kleinsten Betriebe innerhalb des Kolonisationsprojektes, im Südwesten die größten. Der Kaufpreis konnte in Raten sowie in Form von landwirtschaftlicher Produktion entrichtet werden, so daß sich die Teilhaber der SIGA im Laufe der Jahre zu Zwischenhändlern für Reis, Mais und Bohnen entwickelten. Dies verschaffte ihnen eine Machtposition, die sie häufig zu ihren Gunsten ausnutzten.

Obwohl die Grundstücke relativ rasch verkauft worden waren, setzte der Hauptstrom der Zuwanderung erst Ende der 60er Jahre ein, als in Mirassol das erste Busunternehmen gegründet und somit der Transport zwischen Cáceres und Mirassol vereinfacht wurde. Zuvor waren nur vereinzelt Familien in das Kolonisationsgebiet gekommen. Die geplanten Siedlungen entwickelten sich nicht den Vorstellungen der Kolonisatoren entsprechend, da die Wasserversorgung für die Bevölkerung aufgrund der vorwiegend saisonalen Gewässer extrem schwierig war. Nicht nur Bäche, auch Brunnen trockneten regelmäßig in der Trockenzeit aus, so daß die Siedler weite Wege zurücklegen mußten, um ihren Wasserbedarf zu decken. Aufgrund dieser erschwerten Lebensbedingungen gründeten Kolonisten 1966 im Nordwesten des Siedlungsplatzes Mirassol in der Nähe eines wasserreichen Baches spontan eine Siedlung, die später den Namen São José dos Quatro Marcos erhielt.

Die Siedler begannen nach der Rodung mit der Grundnahrungsmittelproduktion, die sich in den ersten Jahren aufgrund der fehlenden Vermarktungsmöglichkeiten auf den Subsistenzbedarf beschränkte. Wenige Jahre später kamen der Kaffee- und der Baumwollanbau hinzu. Trotz der relativ dynamischen Entwicklung des Kolonisationsgebietes Mirassol begann die CODEMAT erst in den 70er Jahren mit dem Aufbau der Infrastruktur. In den 60er Jahren mußten dies noch die Siedler selbst in zahlreichen Gemeinschaftsarbeiten leisten (RITTGEROTT 1997). Diese Aktionen waren zwar beschwerlich, stärkten aber das Gemeinschaftsgefühl und trugen so zur positiven Entwicklung dieser Teilregion bei.

In unmittelbarer Nachbarschaft zum Kolonisationsprojekt Mirassol entstand das Siedlungsgebiet Cruzeiro d'Oeste, das später in Glória d'Oeste umbenannt wurde. Über seine Geschichte ist relativ wenig bekannt. Ein Investor aus Südbrasilien hatte Mitte der 60er Jahre ein Grundstück von rund 10.000 ha östlich des Ribeirão das Pitas erworben und beauftragte *corretores* in São Paulo und Paraná mit dem Verkauf von Parzellen. Die Größe der Grundstücke richtete sich nach der jeweiligen Kaufkraft des Kolonisten, so daß Betriebe von 15 bis 200 ha entstanden. Die Besiedlung verlief zunächst sehr schleppend, da auch hier die Wasserversorgung ein großes Problem darstellte, das erst mit dem Bau eines Brunnens Ende der 60er Jahre gelöst werden konnte. Bereits in den ersten Jahren bauten die Siedler von Cruzeiro d'Oeste neben Grundnahrungsmitteln auch Kaffee an, jedoch scheint der Erfolg nur begrenzt gewesen zu sein, da schon nach kurzer Zeit Abwanderungstendenzen zu beobachten waren.

Die Gebiete der Erschließungsachsen mit weitgehend kleinbäuerlicher Besiedlung wurden umrahmt von Großbetrieben. Die Großgrundbesitzer nutzten allerdings nur selten ihre Ländereien. Nur einzelne schickten Verwalter und Pächter in die Gebiete, um den Wald zu roden und Weiden anzulegen. Diese Form der extensiven Rinderweidewirtschaft war keineswegs für die Erwirtschaftung von Gewinnen geeignet, vielmehr diente die Investition reinen Spekulationszwecken. Nicht zu vergessen ist dabei, daß es sich bei einem Großteil der vergebenen Landtitel um eine Art Freundschaftsdienst der zuständigen Behörden bzw. ihrer Angestellten innerhalb der klientelistischen Strukturen der matogrossenser Eliten handelte, der Landerwerb also keine Investition darstellte und damit auch keinen Gewinn abwerfen mußte. Ob es in der Region über die dargestellten Kolonisationstätigkeiten hinaus noch weitere Besiedlungsversuche gab, ist heute nicht mehr nachvollziehbar, da einerseits keinerlei Dokumente darüber vorliegen und andererseits die Siedler 'der ersten Stunde' entweder abgewandert oder gestorben sind.

Zusammenfassend kann festgehalten werden, daß das Hinterland von Cáceres in den 50er und 60er Jahren durch räumlich voneinander isolierte Erschließungsachsen geprägt war. Durch den geringen Kontakt untereinander entwickelte sich jeder Teilraum abhängig von den jeweiligen Kolonisationsstrategien, von der Erreichbarkeit der Gebiete sowie vom ökonomischen und sozio-kulturellen Hintergrund der Kolonisten. Dabei herrschte die interregionale Zuwanderung in die Region vor, auch wenn bereits in den 60er Jahren vereinzelt Abwanderungstendenzen zu beobachten waren. Die Vervierfachung der Bevölkerung zwischen 1950 und 1970 im Munizip Cáceres, das zu dieser Zeit noch die gesamte Kolonisationsregion umfaßte, kann praktisch vollständig der Zuwanderung in die *frontier*-Gebiete zugerechnet werden (PEDROSSIAN 1969, ESTADO DE MATO GROSSO 1977) (siehe Abb. 21). Die Migranten stammten fast ausnahmslos aus dem Süden und Südosten Brasiliens, vor allem aus den Bundesstaaten Minas Gerais, Espírito Santo und São Paulo, wobei ein großer Teil der Siedler von ihrem Geburtsort im Nordosten aus in Etappenmigration über den Süden bzw. Südosten teilweise auch über Mato Grosso do Sul nach Mato Grosso kam. Das enorme Wachstum der Stadt Cáceres zeigt dabei die Bedeutung der Stadt als Zwischenstation für die Migranten, denn meist bereiteten die Männer der Siedlerfamilien

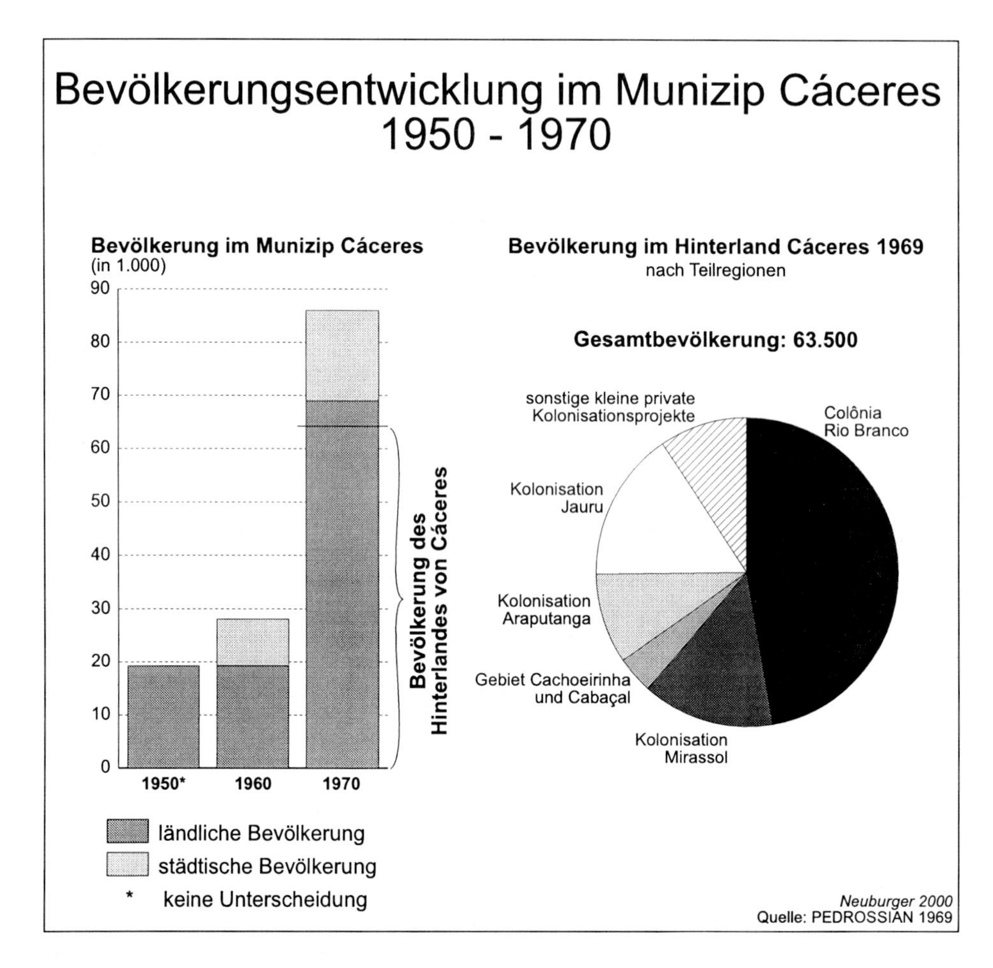

Abbildung 21

das erworbene Grundstück vor und errichteten eine provisorische Behausung, bevor sie die ganze Familie in das *frontier*-Gebiet nachholten.

Durch die verschiedenen Zeitpunkte der Aufsiedlung entwickelten sich die einzelnen Siedlungen sehr unterschiedlich. Um die Zentren Jauru und Rio Branco entstanden erste Siedlungssubsysteme, wobei insbesondere in Rio Branco die jeweiligen Funktionen der einzelnen Siedlungen aufgrund der unterschiedlichen Bevölkerungsdynamik sehr rasch wechselten und sich die Versorgungsfunktionen von Panorama über Lambari nach Rio Branco verlagerten. In den größeren Zentren siedelten sich die für die Erschließungsphase typischen Industrien an. Einerseits wurde eine Vielzahl von Sägereien teilweise von den Migranten selbst gegründet, während größere externe Sägereien - wie beispielsweise die *Serraria Cáceres* - nur bestimmte hochwertige exportfähige Holzarten extrahierten. Andererseits entstanden unzählige Reisschälmaschinen, die die steigende Produktion verarbeiteten. Darüber hinaus gehörten auch Ziegeleien zur Industriestruktur der baulich wachsenden Siedlungen.

Die Landwirtschaft entwickelte sich ähnlich dynamisch. Während die *poaia*-Extraktion nur noch für die traditionelle cacerenser Bevölkerung von Bedeutung war, dehnte sich der Anbau von Grundnahrungsmitteln im Hinterland von Cáceres enorm aus. Dabei dienten die Produkte der *lavoura branca* - Reis, Mais und Bohnen - als Rodungskulturen, so daß sich beispielweise die Reisproduktion von 1957 bis 1974 verfünfzigfachte. Diese Steigerungsrate wurde jedoch nur bei diesem Produkt erreicht, da es die größte Gewinnspanne für die Produzenten bot, obwohl kein qualitativ hochwertiges Saatgut verwendet wurde und der Anbau noch weitgehend manuell erfolgte (PEDROSSIAN 1969). Die übrigen Grundnahrungsmittel dienten hingegen vorwiegend der Eigenversorgung und verzeichneten deswegen keinen derartigen Zuwachs. Die Vermarktung in den Jahren der Erschließung wurde fast ausschließlich von LKW-Fahrern aus dem Süden und Südosten Brasiliens übernommen, die Konsumgüter sowie Migranten in die Region brachten und auf dem Rückweg die landwirtschaftliche Produktion transportierten. Über 90 % der im Hinterland von Cáceres produzierten Grundnahrungsmittel gelangten auf diesem Weg nach São Paulo, während der Rest auf den lokalen und regionalen Absatzmärkten verkauft wurde. Anfang der 70er Jahre wurde das Munizip Cáceres damit zu einem der größten Reisproduzenten in Mato Grosso (LEITE, A. Pereira 1995).

Da es in der Erschließungsphase noch keine Möglichkeit zur Wahl eines politischen Vertreters und damit einer von der Mehrheit akzeptierten Führungspersönlichkeit gab, hatten die Aktivitäten der Kirchen für die jeweilige Entwicklung der Siedlungsgebiete eine große Bedeutung (HÉBETTE et al. 1996, PEIXOTO 1992). Dabei war es keineswegs nur die katholische Kirche, die in den *frontier*-Gebieten präsent war. Auch verschiedene evangelikale Kirchen bildeten sich in einzelnen Orten, so daß es teilweise - wie in Cristinópolis - zu heftigen Auseinandersetzungen zwischen den religiösen Gruppierungen kam. In den meisten Fällen hatten die Kirchen allerdings eine gemeinschaftsstiftende Wirkung, schlichteten Streitigkeiten und versuchten, durch die Organisation von Spenden und Gemeinschaftsarbeiten - wie in Jauru, Rio Branco und Mirassol d'Oeste - die fehlende staatliche Unterstützung zu ersetzen und die lebensnotwendigen Infrastruktureinrichtungen aufzubauen. Aus diesen kollektiven Tätigkeiten sowie aus der gegenseitigen Hilfe bei den Feldarbeiten entstanden soziale Beziehungen, die in den äußerst prekären Lebensbedingungen an der Pionierfront für die Alltagsbewältigung von großer Bedeutung waren. Gleichzeitig bildeten Kirchen und Schulen sowie Fußballplätze regelmäßige Treffpunkte für die Bevölkerung, wo sie Probleme und Ideen austauschen konnten (OLIVEIRA, B.A.C. Castro 1991). Auch weltliche Führungspersönlichkeiten, die sich im Laufe der Zeit herausbildeten, beeinflußten die Entwicklung in den Siedlungen meist positiv. Sie hatten eine für die Gemeinschaft wichtige Funktion - Lehrer, Notar oder Vertreter der Kolonisationsfirma bzw. der CODEMAT vor Ort - inne. Bemerkenswerterweise konnten solche Funktionen auch Frauen einnehmen wie beispielsweise in Panorama, wo die Lehrerin der örtlichen Schule das Dorfgeschehen leitete und hohe Persönlichkeiten - Pfarrer, Präfekt von Cáceres etc. - empfing.

Für die Entwicklung in den Teilregionen waren nicht zuletzt auch die naturräumlichen Rahmenbedingungen entscheidend. Bei der Erschließung der einzelnen Teilgebiete hatte dabei die natürliche Vegetation in zweierlei Hinsicht einen großen Einfluß. Obwohl im Süden der Region die offene Formation des *cerrado* die Rodung erleichterte, wurden zunächst die Waldgebiete erschlossen, da für die Siedler, die mit völlig anderen naturräumlichen Verhältnissen vertraut waren, der dichte Wald ein Indiz für gute Böden war und - indem er gerodet werden konnte - als Zukunftspotential galt. Diese bis dahin allgemein verbreitete Grundhaltung traf im Hinterland von Cáceres auf differenzierte naturräumliche Bedingungen, denn gerade in den *cerrado*-Gebieten kamen die besten Böden der Region vor. Sie beinflußten die Produktivität in der Landwirtschaft, die für das Überleben der Siedlerfamilien in der Erschließungsphase von großer Bedeutung war. Dabei boten vor allem die Gebiete des Kolonisationsprojektes von Jauru sowie der westliche Bereich der *Colônia Rio Branco* in der Umgebung von Reserva do Cabaçal aufgrund der hohen Reliefenergie und der sandigen bzw. steinigen Böden besonders schwierige Rahmenbedingungen für die landwirtschaftliche Nutzung (PEDROSSIAN 1969).

2.2.2 Die kleinräumig differenzierte Entwicklung der 70er und frühen 80er Jahre

Während die getrennte Darstellung der Prozesse in den einzelnen Teilräumen für die erste Phase der Pionierfrontentwicklung aufgrund der räumlichen Isolierung der jeweiligen Erschließungsachsen sinnvoll ist, muß die Untersuchung der Strukturen in der Differenzierungsphase in einer Querschnittsanalyse erfolgen, da diese Phase durch wachsende Verflechtungen der Teilräume untereinander gekennzeichnet war. Gleichzeitig erfordert die kleinräumig differenzierte Entwicklung im Hinterland von Cáceres eine Berücksichtigung der intraregionalen Unterschiede.

Trotz der unterschiedlichen Zeitpunkte, zu denen in den einzelnen Teilräumen die vollständige Aufsiedlung und die maximale Ausdehnung der landwirtschaftlichen Nutzfläche erreicht wurden, können für die Region allgemein die 70er sowie die frühen 80er Jahre als der wirtschaftliche Höhepunkt bezeichnet werden. Bei immer noch wachsender Bevölkerung in den 70er Jahren stieg die Zahl der Betriebe in den sechs Munizipien 1980 auf ein Maximum von knapp 11.000. Dabei war die Entwicklung durch ein Chaos in der Eigentums- und Besitztitelvergabe gekennzeichnet, so daß teilweise - wie beispielsweise in Salto do Céu - die Summe der Fläche aller statistisch erhobenen Betriebe eines Munizips seine Verwaltungsfläche bei weitem überstieg. Dafür waren nicht zuletzt zahlreiche Landbesetzungen in den 70er und 80er Jahren verantwortlich. Die Mikroregion Alto Guaporé - Jauru, zu der neben den Munizipien des Hinterlandes von Cáceres auch Cáceres selbst sowie Pontes e Lacerda und Vila Bela da Santíssima Trinidade zählten, galt zu dieser Zeit neben dem Norden des Bundesstaates als konfliktreichste Region, in der sich die gewaltsamen Auseinandersetzungen um Land konzentrierten (ESTADO DE MATO GROSSO 1980a). Die unkontrollierte Landnahme war dabei aufgrund der fehlenden Präsenz des Staates als Ordnungsmacht sowohl für Großgrundbesitzer als auch für Kleinbauern und Landlose möglich. Darüber hinaus blieben weite Teile der Region ohne jegliche Nutzung. Die tatsächlich genutzte Fläche erreichte 1975 in der Mikroregion nur etwa die Hälfte der gesamten Verwaltungsfläche, da die Region bis in die 70er Jahre hinein extrem schwer zugänglich war (ESTADO DE MATO GROSSO 1980a).

Besonders chaotisch stellten sich die Eigentumsverhältnisse im Gebiet der *Colônia Rio Branco* dar. Nachdem die CODEMAT 1964 die Kolonisationskonzession der MADI sowie die vergebenen Landtitel für nichtig erklärt und eine erneute Parzellierung vorgenommen hatte, wurde das gesamte Hinterland von Cáceres 1975 aus geostrategischen Gründen[1] unter die Zuständigkeit des INCRA gestellt. Drei Jahre später annullierte dieses die Besitztitelvergabe der CODEMAT und führte seinerseits eine Vermessung der Parzellen durch. Während damit in der *Colônia Rio Branco* die Eigentumsrechte der MADI-Konzession gegen die des bundesstaatlichen Kolonisationsprojektes standen, verfügten die Kolonisten des Gebietes um Reserva do Cabaçal über keinerlei verbriefte Grundrechte, da die CODEMAT dort bis zur Annullierung im Jahr 1978 die Landtitelvergabe noch nicht abgeschlossen hatte. Noch heute haben die Siedler der ehemaligen *Colônia Rio Branco* mit dieser Situation zu kämpfen, obwohl sich ein früherer, für dieses Gebiet zuständiger Pater und heutiger CODEMAT-Angestellter seit Jahren für eine Regularisierung der Landtitel einsetzt.

---

1 Die brasilianische Militärregierung war in den 70er Jahren im Rahmen ihrer Integrations- und Erschließungspolitik besonders um den Schutz der westlichen Grenzen des nationalen Territoriums bemüht, nicht zuletzt weil die Nachbarstaaten in dieser Zeit ebenfalls damit begonnen hatten, in ihrem Teil des amazonischen Tieflandes Kolonisationsprojekte durchzuführen, und der brasilianische Staat dadurch die illegale Invasion von Siedlern anderer Nationalitäten befürchtete.

2.2.2.1 Differenzierungsprozesse in der Landwirtschaft und Herausbildung unterschiedlicher Agrarstrukturen

Die verwirrende besitzrechtliche Situation, die sich in jedem Kolonisationsgebiet anders darstellte, hatte großen Einfluß auf die weitere Entwicklung des jeweiligen Teilraumes. Darüber hinaus waren die verschiedenen Ausgangsbedingungen - Betriebsgrößenstruktur, Herkunft der Siedler, naturräumliche Bedingungen - für die differenzierte Strukturierung der einzelnen Gebiete verantwortlich. In jeder Teilregion bildeten sich somit unterschiedliche Betriebstypen heraus, so daß eine kleingekammerte Struktur im Hinterland von Cáceres entstand (siehe Abb. 22). Grundsätzlich können dabei die Betriebstypen nach ihrer Betriebsgröße sowie nach dem jeweiligen Hauptanbauprodukt unterschieden werden. Eindeutiges Zentrum der Grundnahrungsmittelproduktion war in den 70er Jahren die *Colônia Rio Branco*, in der sich der Anbau von Reis, Mais und Bohnen - die sogenannte *lavoura branca* - besonders ausbreitete. Der kleinbetriebliche Kaffeeanbau dominierte hingegen in den zentral-südlichen Bereichen der Region, während sich die mittelbetriebliche Milchviehhaltung in Araputanga und Jauru durchsetzte. Als Indiz einsetzender Verdrängungsprozesse entstanden in den noch verbleibenden Freiräumen zahlreiche illegale Landbesetzungen, die durch Rodungskulturen gekennzeichnet waren.

In der *Colônia Rio Branco* insgesamt dominierte über die eigentliche Rodungsphase hinaus die Grundnahrungsmittelproduktion. Sie verlor bis Mitte der 80er Jahre nur geringfügig an Bedeutung. Aufgrund unterschiedlicher naturräumlicher Bedingungen sowie durch die agrarstrukturellen Unterschiede waren allerdings innerhalb der *Colônia* kleinräumige Differenzierungsprozesse zu beobachten. Dabei entwickelte sich das südöstliche Gebiet im Bereich der Talauen des Rio Branco und des Rio Cabaçal besonders dynamisch. Wie in den benachbarten privaten Kolonisationsprojekten Panorama und Lambari stabilisierte sich dort die Produktivität der *lavoura branca* aufgrund der relativ fruchtbaren Alluvialböden bis weit in die 80er Jahre hinein auf einem hohen Niveau. Auch in kleineren relativ flachen Teilbereichen des Rio-Branco-Tales nördlich von Salto do Céu konnten die Kleinbauern gute Ernten erzielen. Gleichzeitig verfügten die kleinbäuerlichen Familien dort zumindest über die schriftlich fixierten Landeigentumstitel der CODEMAT, auch wenn diese durch das INCRA in Frage gestellt wurden. Auf der Basis dieser relativ günstigen Rahmenbedingungen versuchten die Siedler Anfang der 70er Jahre, neben den Produkten der *lavoura branca* auch Baumwolle und Kaffee anzubauen. Allerdings waren für diese anspruchsvollen Kulturen die klimatischen und pedologischen Gegebenheiten nicht ausreichend, so daß die Produktivität rasch wieder nachließ. Während zahlreiche Kleinbauern daraufhin wieder zur Produktion von *lavoura branca* zurückkehrten, konnten andere, die sich für den Anbau der *cash crops* hoch verschuldet hatten, durch die entsprechenden Ernteausfälle ihre Betriebe nicht mehr halten und mußten abwandern.

Im Nordwesten der *Colônia* - insbesondere in der Umgebung von Reserva do Cabaçal - waren die Voraussetzungen für das Überleben der kleinbäuerlichen Familien sehr viel ungünstiger. Die felsigen Gebiete der Serra de Monte Cristo und der stark zerklüftete Anstieg der Chapada dos Parecis sowie die vorwiegend sandigen Böden erschwerten die ackerbau-

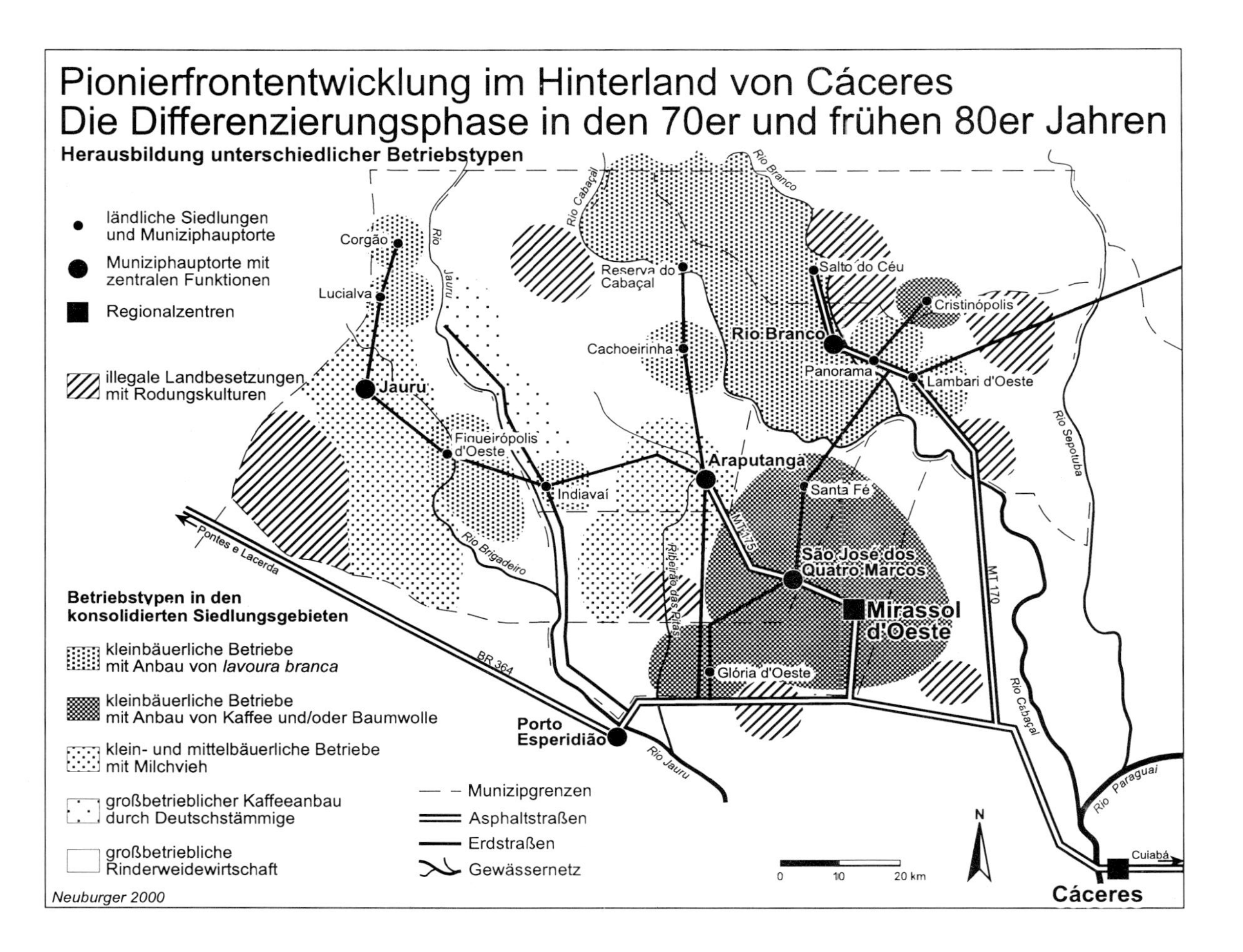

Abbildung 22

liche Nutzung. Bereits nach wenigen Jahren traten dadurch derartige ökologische Degradierungserscheinungen auf, daß die Kleinbauern die Produktion aufgeben mußten. Diese wirtschaftlich schwierige Situation wurde noch zusätzlich erschwert durch die extrem kleinen Betriebsgrößen sowie durch die völlige Unsicherheit der Landtitel, so daß in Reserva do Cabaçal die Abwanderung bereits Mitte der 70er Jahre einsetzte.

Die privaten Kolonisationsprojekte in direkter Nachbarschaft zur Colônia Rio Branco durchliefen abhängig von den jeweiligen Rahmenbedingungen eine differenzierte Entwicklung. Während in Panorama die Grundnahrungsmittelproduktion bis Ende der 70er Jahre ihre herausragende Bedeutung behielt, etablierte sich in Lambari d'Oeste und Cristinópolis zumindest kurzfristig der Anbau von *cash crops*. Allerdings führte in Cristinópolis der rasche Mißerfolg im Kaffeeanbau sowie die fehlende Untersützung durch den Kolonisationsträger, der die Siedler ohne jegliche Infrastruktur in dem völlig isolierten Gebiet zurückließ, bereits Anfang der 70er Jahre zu einer wirtschaftlichen Krise. In Lambari hingegen konnten die Siedler zunächst große Gewinne in der Baumwollproduktion erwirtschaften. Allerdings unterlagen sie schon Mitte der 70er Jahre der billiger produzierenden Konkurrenz aus Rondonópolis, so daß zahlreiche Familien ihren Betrieb aufgeben und abwandern mußten. Durch die damit verbundene Besitzkonzentration entstanden zahlreiche mittlere Betriebe, die zunächst in die Milchviehhaltung einstiegen. Das Mitte der 70er Jahre vom brasilianischen Zentralstaat verkündete Programm PROÁLCOOL (*Programa Nacional do Álcool*)[1] zur Förderung der Treibstoffproduktion auf der Basis des Zuckerrohrs animierte aber 1981 einige Betriebe zur Gründung der Kooperative COOPERB (*Cooperativa Agrícola dos Produtores de Cana de Rio Branco*) und zum großflächigen Anbau von Zuckerrohr.

Der bereits in den 70er Jahren anwachsende Abwanderungsstrom setzte sich einerseits aus den Pächterfamilien der *Colônia Rio Branco* und der benachbarten privaten Kolonisationsgebiete Cristinópolis und Lambari d'Oeste, die ihre Beschäftigung verloren hatten, zusammen. Andererseits veranlaßte die allgemein in der *Colônia* verbreitete Verunsicherung in der Landfrage einige Landeigentümer dazu, trotz der sonst günstigen Rahmenbedingungen ihren Betrieb möglichst rasch zu veräußern und außerhalb des staatlichen Kolonisationsgebietes einen gesicherten Landtitel zu erwerben. Die Abwandernden konnten ihre Parzellen meist an Familien verkaufen, die erst vor kurzer Zeit in die Region gekommen waren und somit von der Landproblematik nichts wußten. Allerdings konnten nicht alle in den 70er Jahren neu zuwandernden Siedler dadurch einen Betrieb erhalten bzw. eine Beschäftigung als Pächter finden, so daß sich das Heer der Landsuchenden in der Teilregion Rio Branco noch vergrößerte.

Wichtigstes Migrationsziel für die Siedler aus der *Colônia Rio Branco* und den Nachbargebieten war die Anfang der 70er Jahre entstandene neue Pionierfront in Rondônia. Dort

---

1 Das PROÁLCOOL-Programm wurde 1975 von der brasilianischen Zentralregierung als Antwort auf die Ölkrise eingerichtet. Durch die Förderung der Produktion von Biotreibstoff auf der Basis des Zuckerrohrs sollten Erdölimporte weitgehend substituiert werden.

konnten die Migranten entweder kostenlos ein Grundstück in den staatlichen Kolonisationsprojekten des INCRA erhalten oder aufgrund der niedrigen Bodenpreise für den Verkaufserlös ihres Betriebes in Mato Grosso einen sehr viel größeren erwerben (COY 1988). Letzteres war besonders für kinderreiche Familien von Bedeutung, in denen die Kinder bereits ein Alter erreicht hatten, in dem sie eigene Familien gründen wollten und dafür eine eigene wirtschaftliche Basis - also einen landwirtschaftlichen Betrieb - benötigten. Da die Teilung der Grundstücke in der *Colônia* aufgrund der geringen Größe meist nicht möglich war, stellte die Abwanderung in Gebiete, in denen die Ressource Land noch ausreichend vorhanden war, eine überlebensnotwendige Alternative dar, denn nur wenige konnten bei einem anstehenden Generationswechsel einen oder mehrere Betriebe - etwa von Abwandernden - in der Region aufkaufen, um eine Existenzgrundlage für die jungen Familien zu schaffen.

Neben den Familien, für die die Migration nach Rondônia eine der letzten möglichen Überlebensstrategien darstellte, wanderten auch Siedler ab, die sich dort ein besseres Leben erhofften, obwohl sie in Rio Branco eigentlich ein Auskommen hatten. Dabei spielte auch eine gewisse Migrationstradition eine große Rolle. Familien, die bereits über mehrere Etappenwanderungen nach Mato Grosso gelangt waren, sahen in der Rodung von Wald das wichtigste Zukunftspotential in einer Region. Wurde der Wald mit der zunehmenden Aufsiedlung dezimiert, so lag für sie die Lebensperspektive in der Suche nach neu zu erschließenden Waldgebieten. Der Sog, den die neuen Pionierfrontgebiete in Rondônia dadurch auf die wenige Jahre zuvor erschlossenen Gebiete in Mato Grosso ausübten, wurde noch durch Mund-zu-Mund-Propaganda und Erfolgsmeldungen aus den *frontier*-Gebieten, die häufig jeglicher realen Basis entbehrten, verstärkt, so daß die Abwanderung meist in Gruppen erfolgte.

Neben Rondônia und den näheren *frontier*-Gebieten im Vale do Alto Guaporé[1], das rund 70 % der Abwandernden aus dem Teilgebiet Rio Branco absorbierte, dienten auch die noch ungenutzten Flächen innerhalb der Region als Migrationsziele. In direkter Nachbarschaft entstanden einige Invasionsgebiete (siehe Abb. 22). Durch die raschen Degradierungs- und Verdrängungsprozesse in Reserva do Cabaçal war der Bevölkerungsdruck im westlichen Bereich der *Colônia* besonders groß, so daß 1978 etwa 700 Familien das staatliche Kolonisationsgebiet verließen und eine bis dahin ungenutzte rund 16.000 ha große *fazenda* im heutigen Munizip Araputanga invadierten. Nach zwei Jahren gewalttätiger Auseinandersetzungen zwischen *posseiros* und Großgrundbesitzer hatten die Landlosen die staatlich verfügte Enteignung der besetzten Fläche erreicht. Sie teilten sie in 10 bis 20 ha große Parzellen auf, wobei sowohl Betriebe von 5 ha als auch - als anderes Extrem - von 200 ha Größe entstanden. In der sich formierenden *comunidade* Nova Floresta bauten die Siedler neben den typischen Rodungskulturen auch Kaffee an. Allerdings erlaubten die ungünstigen naturräumlichen Bedingungen auch hier keine lang-

---

1 Es handelt sich hierbei um die heutigen Munizipien Pontes e Lacerda, Comodoro und Vila Bela da Santíssima Trinidade.

fristig tragfähige Produktion, so daß bereits nach wenigen Jahren wieder Abwanderungstendenzen zu beobachten waren und heute nur noch etwa 100 Familien dort leben.

Nahezu zeitgleich entstand eine große illegale Landbesetzung im Osten der *Colônia Rio Branco*. Am östlichen Ufer des Rio Branco hatte sich eine wichtige cacerenser Politikerfamilie, die großen Einfluß auf die Landvergabepolitik des DTC und der CODEMAT hatte, bereits in den 60er Jahren eine weit über 10.000 ha große Fläche in direkter Nachbarschaft zu den Siedlungen Salto do Céu und Rio Branco zugeschanzt. Sie ließ den Großgrundbesitz über viele Jahre hinweg praktisch ungenutzt und beauftragte nur wenige Pächterfamilien mit der allmählichen Rodung. Nachdem diese das Desinteresse des *fazenda*-Eigentümers bemerkt hatten, betrachteten sie das von ihnen gerodete Land als ihr Eigentum und waren nicht mehr bereit, die danach mit Weide eingesäten Flächen an den *fazendeiro* zu übergeben. Die Zuwanderung von Siedlern aus der *Colônia*, die von der Invasion in der sogenannten *Gleba Montecchi* gehört hatten und sich auf diesem Weg ebenfalls ein Grundstück sichern wollten, ließ den Konflikt 1979 eskalieren. Eine mit dem involvierten Großgrundbesitzer konkurrierende Politikerfamilie von Cáceres schürte die damit verbundenen gewaltsamen Auseinandersetzungen zusätzlich an, indem sie Landlose im Südosten Brasiliens anwarb und sie mit der Invasion weiterer Flächen beauftragte. Nachdem der Konflikt zugunsten der *posseiros* - die Großgrundbesitzer erhielten im Gegenzug eine üppige Entschädigung - gelöst werden konnte, teilten die Siedler das erstrittene Gebiet in Parzellen von 5 bis 20 ha Größe ein. Da die ohnehin kleinen Grundstücke teilweise in einem sehr hügeligen und deshalb für die landwirtschaftliche Nutzung äußerst ungeeigneten Gebiet lagen, war die Abwanderung vorprogrammiert.

Die Anfänge der sogenannten *Gleba Canaã* gehen auf ähnliche Entwicklungen zurück wie im Fall der *Gleba Montecchi*. Im Jahr 1982 machten auch hier Pächterfamilien von ihrem im *Estatuto da Terra* verankerten Recht der *posse* Gebrauch und deklarierten die gerodeten und von ihnen seit einigen Jahren bestellten Flächen als ihr Eigentum (MOURA, A. Eustáquio de 1994). Im Gegensatz zu allen anderen Invasionen parzellierten sie das Gebiet südwestlich von Lambari in rund 100 ha große Grundstücke und schufen damit eine bessere Grundlage zur Überlebenssicherung der *posseiros*. Auch konnten die Siedler aufgrund der relativ hohen natürlichen Bodenfruchtbarkeit gute Erträge im Grundnahrungsmittel- und Bananenanbau erzielen.

Während in der *Colônia Rio Branco* und den angrenzenden Gebieten die Grundnahrungsmittelproduktion eindeutig vorherrschte, konzentrierte sich in der Teilregion Mirassol d'Oeste der Kaffeeanbau (siehe Abb. 22 und 23). Dabei waren auch hier innerhalb des Kaffeegebietes kleinräumige Differenzierungen festzustellen. So entstanden auf der Basis der besonders günstigen naturräumlichen Bedingungen mit *terra-roxa*-Böden und nur leicht onduliertem Relief im Bereich von São José dos Quatro Marcos reine Kaffeebetriebe, während sich in den übrigen Gebieten stärker diversifizierte Betriebe herausbildeten, die neben *lavoura branca*, Bananen und Kaffee auch Baumwolle produzierten. Mit dem Einsetzen der Kaffeeproduktion Anfang der 70er Jahre entwickelte sich das Kolonisationsgebiet der SIGA zur dynamischsten Teilregion im Hinterland von Cáceres.

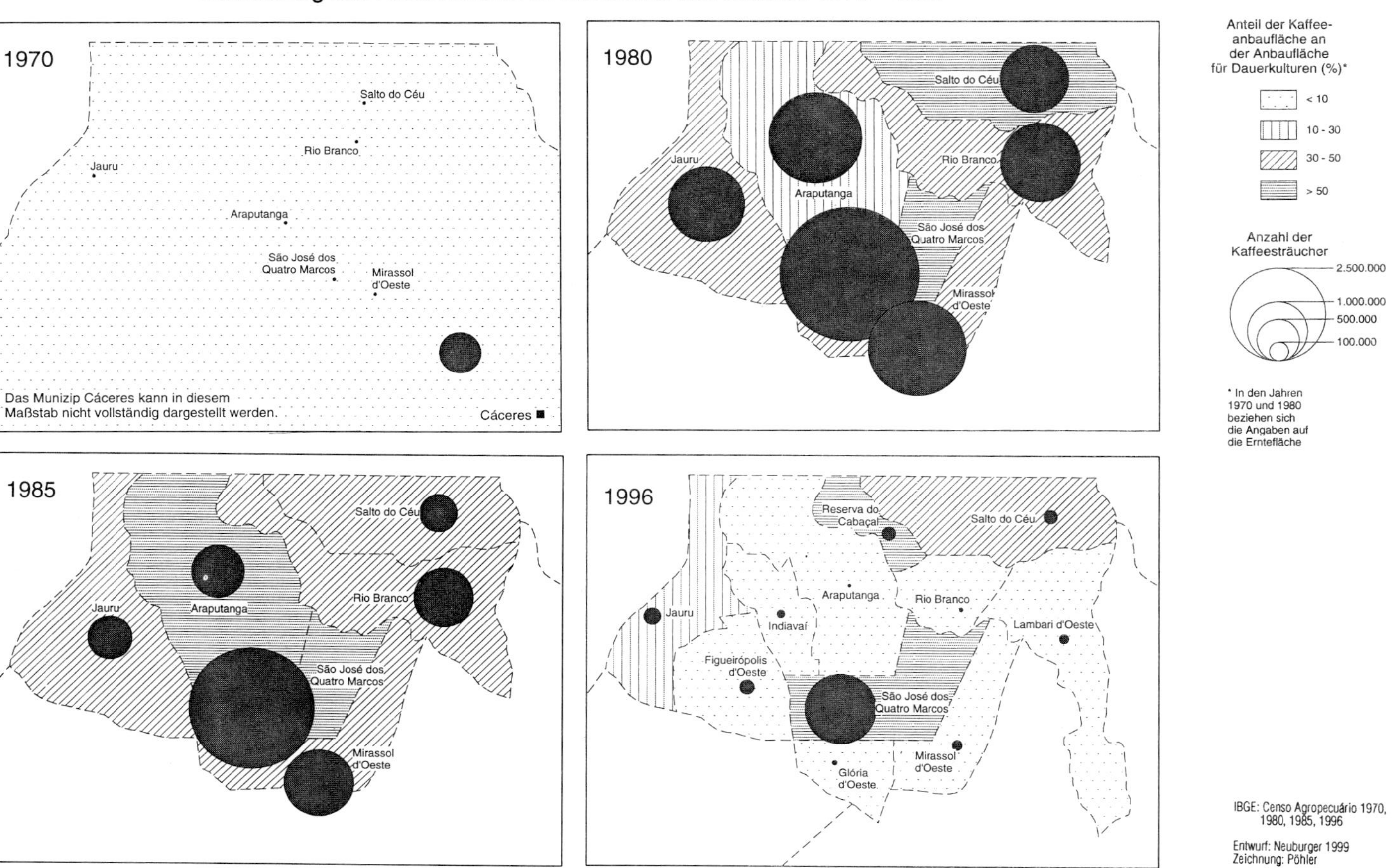

Abbildung 23

Wie in fast allen anderen kleinbäuerlichen Kolonisationsgebieten war auch hier der Anteil der Pächterfamilien relativ groß. Jedoch konzentrierte sich hier durch den besonders hohen Arbeitskräftebedarf im Kaffeeanbau mit rund 36.000 Einwohnern im Jahr 1980 mehr als ein Drittel der Bevölkerung der gesamten Region.

Bereits Anfang der 80er Jahre wurde diese Entwicklung aber durch einen Produktivitätsrückgang der Kaffeesträucher gebremst. Dies hing zum einen damit zusammen, daß die klimatischen Bedingungen für die Kaffeeproduktion nicht ideal waren. Die in der Blütezeit besonders wichtigen Regenfälle am Ende der Trockenzeit blieben im August und September zu Beginn der 80er Jahre, als sich die Trockenzeit geringfügig ausdehnte, häufig aus[1]. Zum anderen hatte die Mehrzahl der Kaffeesträucher ein Alter von zehn Jahren erreicht, in dem die Produktivität nachließ. Während die idealen klimatischen und pedologischen Bedingungen in den Herkunftsregionen der Siedler die Aufrechterhaltung eines hohen Produktivitätsniveaus über mehrere Jahrzehnte hinweg ermöglichten, wäre in Mato Grosso der Einsatz von Düngemitteln notwendig gewesen, um weiterhin gute Produktionsergebnisse zu erzielen. Die mit solchen Kosten zwangsläufig verbundene Verschuldung scheuten aber die kapitalarmen Kleinbauern, da sie bei eventuellen Mißernten um ihre Existenz fürchten mußten.

Der Produktivitätsrückgang der Kaffeepflanzungen war besonders gravierend in den südlichen Bereichen. Die geringere natürliche Bodenfruchtbarkeit führte teilweise bereits nach weniger als einem Jahrzehnt zu Produktionseinbußen, so daß zahlreiche Kleinbauern einen Teil ihrer Kaffeesträucher ausrissen. Der Kaffee verlor damit in der lokalen Wirtschaft von Mirassol d'Oeste und Glória d'Oeste relativ an Gewicht. Einige Betriebe schlossen sich 1983 animiert durch das PROÁLCOOL-Programm in der Kooperative COOPROCAMI (*Cooperativa Agrícola Regional dos Produtores de Cana de Mirassol d'Oeste*) zusammen und produzierten Zuckerrohr.

Als weitere Alternativkultur verlagerten die Kleinbauern ihren Produktionsschwerpunkt auf den Baumwollanbau, auch wenn dieser den Kaffee in seiner Bedeutung nur selten übersteigen konnte. Die Baumwollproduktion wurde zunächst von ambulanten Händlern aufgekauft. Wenige Jahre später siedelten sich in Quatro Marcos und Mirassol sogenannte *algodoeiras* an. Dabei war das Verhältnis zwischen den Betreibern der Baumwollentkernungsanlagen und den Baumwollproduzenten allgemein von extremer Abhängigkeit geprägt. Die meist kleinbäuerlichen Betriebe - häufig handelte es sich sogar um Pächterbetriebe, da sich Baumwolle zur Weideerneuerung sehr gut eignet - erhielten von den Aufkäufern ihrer Ernte in der Regel Saatgut und Agrochemikalien vorab auf Kreditbasis. Die Rückzahlungssumme wurde dabei nicht in Geldwert, sondern in einer bestimmten

---

1 Die Ursachen für die zunehmende Trockenheit in der Region Anfang der 80er Jahre sind unbekannt. Es könnte sich dabei um allgemeine geringfügige Klimaschwankungen handeln. Nicht auszuschließen ist auch, daß die zunehmende Rodung im Hinterland von Cáceres zu mikroklimatischen Veränderungen geführt hat. Die Zunahme der Niederschläge in den 90er Jahren könnte sich in diesem Fall aus der zunehmenden Verbuschung der ursprünglich gerodeten Flächen und dem Heranwachsen von Sekundärwald erklären. Für diese Annahme gibt es allerdings keinerlei Belege.

Anzahl von Baumwollsäcken à 60 kg festgelegt. Die Zahlung war damit zwar unabhängig von Preisschwankungen der Baumwolle, was einen gewissen Schutz für die Produzenten darstellte. Gleichzeitig lag aber das Ernterisiko vollständig bei den Produzenten, was vor allem Kleinbauern nicht selten in den Ruin trieb.

Im Gebiet von Quatro Marcos ging die Produktivität des Kaffees zwar ebenfalls Anfang der 80er Jahre zurück, jedoch aufgrund der besseren Böden nicht in diesem Ausmaß. Anstatt einen Teil der Kaffeesträucher auszureißen, verkauften hier zahlreiche Kleinbauern ihre Betriebe an immer noch in die Region strömende Migranten, die ihrerseits aus den Kaffeeregionen von São Paulo und Minas Gerais stammten und dort bereits kleinere Betriebe bewirtschaftet hatten. Während die ehemaligen Eigentümer in den prosperierenden Städten Mirassol und Quatro Marcos eine neue wirtschaftliche Perspektive suchten - sie allerdings nicht immer fanden und sozial abstiegen -, sahen die neuen Kaffeebauern in der Erweiterung und Erneuerung der Kaffeepflanzungen ihre Zukunft, so daß sich in den nördlichen Gebieten der Kaffeebestand kaum verringerte, in einzelnen Teilgebieten - beispielsweise im Gebiet Barreirão nordwestlich der Stadt Quatro Marcos - sogar erhöhte.

Diese Umstrukturierung der Landwirtschaft im Kolonisationsgebiet der SIGA hatte auch gravierende soziale Folgen. Während in den ökologisch ungünstigen Randbereichen im Norden des Gebietes die Abwanderung bereits Mitte der 70er Jahre einsetzte, verloren Ende der 70er und Anfang der 80er Jahre zahlreiche Pächter besonders durch den Rückgang des Kaffeeanbaus in Mirassol und Glória ihre Beschäftigungsmöglichkeiten. Wie in Rio Branco stellten auch für diese Familien die neuen Kolonisationsprojekte in Rondônia eines der Hauptmigrationsziele vor allem in den 70er Jahren dar. Später gewannen intraregionale Wanderungen an Bedeutung, denn auch in den Nachbargebieten von Mirassol entstanden zahlreiche Invasionen (siehe Abb. 22). So wurden beispielsweise die südlich gelegenen Reservegebiete eines Teilhabers der SIGA Ende der 70er und Anfang der 80er Jahre invadiert. Dieser hatte die Freiflächen zunächst für seine eigenen viehwirtschaftlichen Zwecke nutzen wollen. Nach langwierigen Verhandlungen erklärte er sich aber schließlich bereit, die Gebiete zu parzellieren und die Grundstücke zu verkaufen.

Im Tal des Rio Jauru gaben die deutsch-stämmigen Investoren die Kaffeeproduktion bereits in den 70er Jahren auf, denn auch hier hatte sich nach rund zehn Jahren ein Produktivitätsrückgang eingestellt, der in den Augen der kapitalkräftigen Paranaenser eine Aufrechterhaltung der Produktion nicht rechtfertigte. Darüber hinaus stagnierte der Kaffeepreis auf einem sehr niedrigen Niveau, so daß die Rentabilität der Kaffeepflanzungen immer weiter sank. Schließlich förderte der brasilianische Zentralstaat 1975 mit der Auszahlung von Prämien das Ausreißen von Kaffeesträuchern, um die nationale Produktion zu senken und damit den Preis auf dem Weltmarkt wieder zu stabilisieren[1].

---

1 Zur Bedeutung staatlicher Einflußnahme auf die Entwicklung im Kaffeeanbau Brasiliens siehe KOHLHEPP 1974.

Diese Entwicklungen trugen dazu bei, daß der überwiegende Teil der Großbetriebe in den 70er Jahren an Investoren aus São Paulo und Minas Gerais verkauft wurde, für die der Landkauf durch die Zuschüsse aus dem PROTERRA-Programm ein lukratives Geschäft darstellte. Da ihr Hauptinteresse den Spekulationsgewinnen galt, investierten sie kaum in die Betriebe, sondern nutzten sie viehwirtschaftlich in extrem extensiver Form. Nur wenige Großgrundbesitzer nutzten die wachsende Nachfrage nach Land bereits in den 70er Jahren und verkauften Teile ihrer Grundstücke, so daß südlich von Água Suja zwischen dem Rio Jauru und dem Ribeirão das Pitas eine klein- bis mittelbäuerliche Struktur entstand.

Die deutsch-stämmigen Kaffeebauern zogen sich damit wieder auf ihre Betriebe in Paraná zurück, während die Pächterfamilien vorwiegend nach Rondônia abwanderten. Auch die deutschen Investoren hatten kein Interesse mehr an den Ländereien in Mato Grosso, da in ihrer Perzeption der wirtschaftliche Boom in Europa und das Einfrieren der politischen Verhältnisse im Kalten Krieg einen Zufluchtsort in Südamerika unattraktiv und unnötig machte. Die Firma Oetker verkaufte ihren Betrieb zwar zunächst an den Pharmakonzern Böhringer, der dort zur Buskopanherstellung Medizinalpflanzen anbauen ließ. Aber auch dieser Investor gab das Experiment nach wenigen Jahren wieder auf und veräußerte die Flächen[1].

Im benachbarten Kolonisationsgebiet Água Suja hielten die Siedler einige Jahre länger an der Kaffeeproduktion fest. Durch die geringe Größe ihrer Betriebe konnte nur eine intensive Nutzung der Flächen das Überleben der Familien gewährleisten. Mit dem Produktivitätseinbruch nach zehn Jahren mußten aber auch sie den Kaffeeanbau aufgeben. Um dennoch ihren Lebensunterhalt sichern zu können, steigerten sie als alternative Einkommensquelle die Grundnahrungsmittelproduktion.

Der Westen des Hinterlandes von Cáceres entwickelte sich im Gegensatz zu den östlichen Gebieten zu einer stark von der Rinderweidewirtschaft geprägten Teilregion. Sowohl in den vorwiegend mittelbetrieblich strukturierten Kolonisationsprojekten Araputanga und Figueirópolis als auch im kleinbäuerlichen Jauru wurden Grundnahrungsmittel lediglich als Rodungskultur angebaut. Die in der Regel von Pächtern durchgeführten Arbeiten dienten dazu, auf den gerodeten Flächen nach wenigen Jahren Weide anzusäen. Dadurch blieb der Anteil der Ackerbauflächen in Jauru und Araputanga immer relativ klein, während die Weideflächen sehr rasch zunahmen (siehe Abb. 24). Allen drei Teilräumen ist gemeinsam, daß die Siedler vorwiegend aus rinderweidewirtschaftlich geprägten Gebieten stammten und entsprechend ihrer Tradition auch in ihrer neuen Heimat wieder Viehhaltung betreiben wollten. Trotz unterschiedlicher naturräumlicher Bedingungen - die Bodenqualität in

---

1 Diese kurze Episode deutscher Einflußnahme in die Geschehnisse Mato Grossos hatte damit ein Ende gefunden. Auch die von Deutschen initiierte Kolonisation im Norden des Bundesstaates war nur von relativ kurzer Dauer (COY & LÜCKER 1993). Abgesehen von einigen wenigen Deutschen, die im damals noch wenig erschlossenen Bundesstaat während und nach dem Zweiten Weltkrieg Zuflucht gefunden haben und bis heute in Mato Grosso geblieben sind, treten Deutsche in jüngerer Zeit vorwiegend für soziale Belange in der Region ein. So gründete beispielsweise ein deutscher Arzt in den späten 80er Jahren ein Lepra-Zentrum in Rondonópolis, das sich vorwiegend aus deutschen Spenden finanziert.

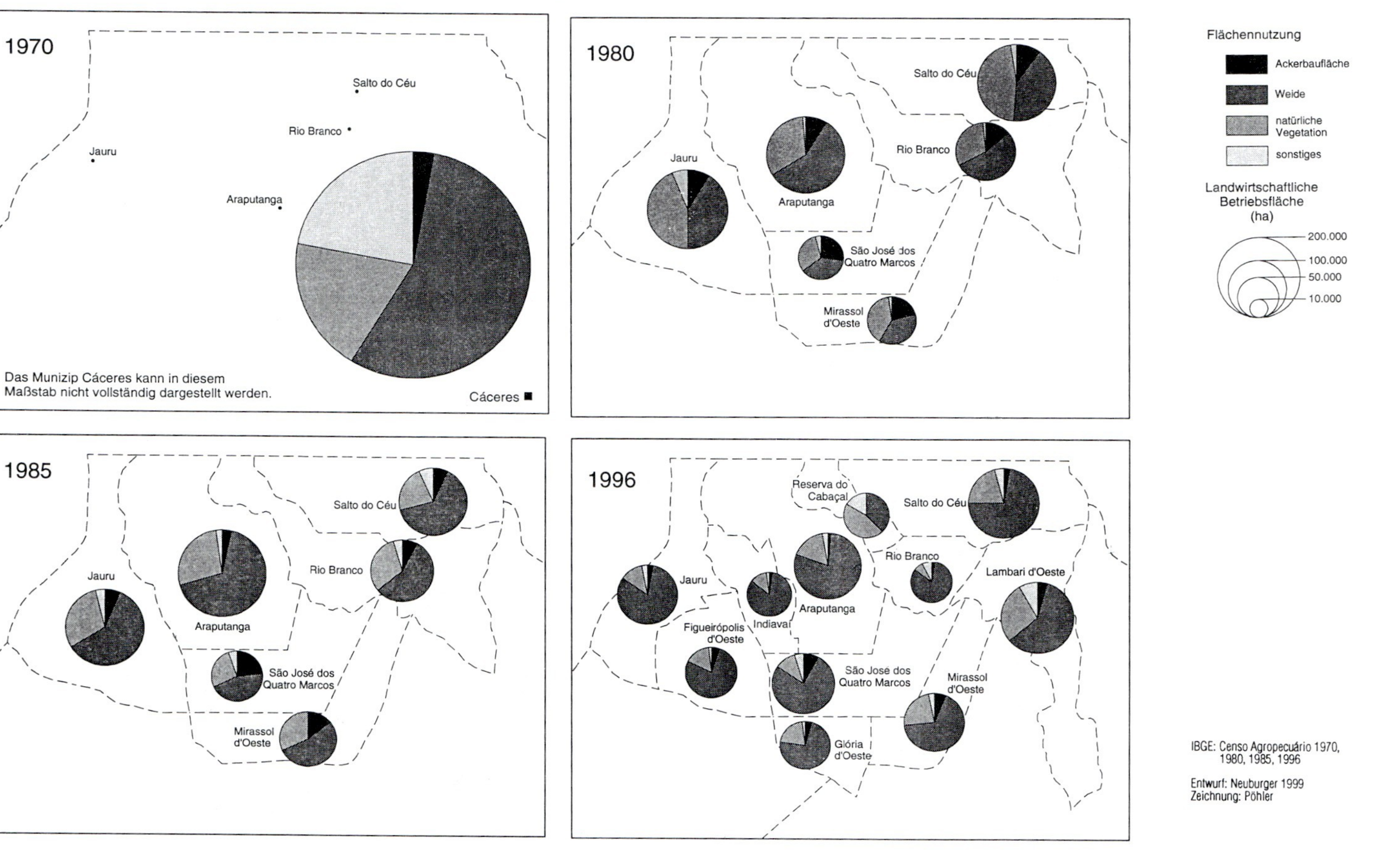

Abbildung 24

Araputanga hätte durchaus eine längerfristige ackerbauliche Nutzung zugelassen - entstanden somit in diesen Gebieten vor allem Milchviehbetriebe, denn für Rindermast reichten die relativ kleinen Betriebsflächen nicht aus. Da die kleinbäuerlichen Familien aber meist nur über einen sehr geringen Kapitalstock verfügten, konnten sie nur minderwertige Milchviehrassen kaufen, so daß die Produktivität auf einem sehr niedrigen Niveau blieb. In Araputanga etablierte sich aufgrund des hohen Anteils von Kolonisten aus Goiás entsprechend ihrer Essgewohnheiten neben der Milchviehhaltung auch die Schweinezucht als wichtiger Wirtschaftszweig, der nach wenigen Jahren zumindest eine regionale Bedeutung einnahm.

Mit der weitgehenden Rodung der Betriebsflächen in Jauru, Figueirópolis und Araputanga Anfang der 80er Jahre[1] verlor die Mehrzahl der Pächterfamilien ihre Beschäftigungsmöglichkeiten. Ein besonders großes Kontingent an Arbeitskräften wurde praktisch zeitgleich durch den Zusammenbruch des Kaffeeanbaus freigesetzt, während bereits einige Jahre zuvor gescheiterte Kolonisten aus den privaten Siedlungsprojekten im Norden von Jauru als Arbeitssuchende in die größeren Siedlungen strömten, denn wie in Cristinópolis hatten auch in Lucialva und Corgão eine völlig unzureichende Planung und fehlende finanzielle und technische Unterstützung durch den Projektträger ein Gelingen der Kolonisation unmöglich gemacht (ESTADO DE MATO GROSSO 1980a). Auch aus Indiavaí mußten zahlreiche Pächterfamilien abwandern, da für den Grundnahrungsmittelanbau nur etwa ein Viertel der Arbeitskräfte benötigt wurde, die in einer Kaffeepflanzung der gleichen Fläche notwendig gewesen waren.

Durch diese gravierende Umstrukturierung der Landwirtschaft in den späten 70er und frühen 80er Jahren wurden im Westen des Hinterlandes von Cáceres innerhalb von wenigen Jahren besonders viele Pächterbetriebe aufgelöst. In Figueirópolis allein waren es rund 800 Familien, die so ihre Einkommensquelle verloren und abwandern mußten. Wie in den Nachbargebieten, so hatten auch hier die Migranten von den neuen Möglichkeiten in Rondônia gehört und wanderten zu fast 70 % in die aktuellen *frontier*-Gebiete, aber auch in die westlichen Nachbarmunizipien oder in den Norden des Bundesstaates ab.

Die trotz dieser Abwanderungswelle wachsenden sozialen Spannungen in der Region entluden sich in einer illegalen Landbesetzung im Westen von Jauru (siehe Abb. 22). Mit einer Fläche von rund 20.000 ha und 1.200 Familien stellte sie die größte Invasion im Hinterland von Cáceres dar. Die Initiative ging jedoch von weniger als 100 Familien aus, die im Jahr 1983 von Norden her in die etwa 27.000 ha große *fazenda* eines paulistaner Investors eindrangen, ohne daß der Verwalter des Rinderweidebetriebes zunächst Kenntnis davon nahm (OLIVEIRA, B.A.C. Castro 1991, FERREIRA, J.C.V. 1993, LEITE, J.C. 1991 und 1994). Erst ein Jahr später, als die *posseiros* bereits ihre Parzellen aufgeteilt hatten und mit der Rodung begannen, erfuhr der Verwalter von der Invasion. Es kam zu heftigen Auseinandersetzungen zwischen den Landbesetzern und den vom Verwalter angeheuerten

1 Die bestehenden Waldflächen, die noch 1985 einen relativ großen Anteil an den Betriebsflächen einnahmen, beschränkten sich im wesentlichen auf die sehr extensiv genutzten Großbetriebe.

Berufskillern, die zahlreiche Todesopfer auf beiden Seiten forderten. Auch die Polizei griff ein, allerdings weniger um zu schlichten, sondern um die Interessen des Landeigentümers - im Auftrag namhafter matogrossenser Politiker - zu wahren. Mit der Unterstützung der lokalen Bevölkerung konnten die *posseiros* schließlich trotz aller politischen Widerstände die Enteignung von rund 4.000 ha erreichen, die für 300 Familien Platz boten.

Dies konnte kaum eine langfristige Entspannung der Situation bringen, da die Zahl der Landlosen in der Region immer weiter wuchs. Nach wenigen Monaten kam es deshalb erneut zu Konflikten, so daß die *fazenda*-Verwaltung selbst dem INCRA die Enteignung der bis dahin von ihr noch ungenutzten Flächen anbot. Dadurch konnte sie nicht nur weiteres Blutvergießen vermeiden, sondern auch mit einer umfangreichen Entschädigung rechnen. Im Jahr 1988 konnte dies dann vollzogen werden, indem die enteigneten Flächen von rund 20.000 ha - nun *Gleba Mirassolzinho* genannt - in 10 bis 30 ha große Grundstücke unterteilt und etwa 1.200 Familien zur Verfügung gestellt wurden. Diese rodeten nach und nach ihre Parzellen und bauten vorwiegend zur Eigenversorgung Grundnahrungsmittel an, so daß die Produktion von *lavoura branca* in der Teilregion wieder anstieg.

Die dargestellten Differenzierungsprozesse in der Landwirtschaft waren durch eine allgemeine Tendenz der Besitzkonzentration gekennzeichnet. Allerdings lassen sich auch hier kleinräumige Unterschiede feststellen (siehe Abb. 25). So nahm in den Munizipien von Araputanga und Jauru Anfang der 80er Jahre die Anzahl der Betriebe besonders stark auf Kosten der Kleinstbetriebe unter 10 ha Fläche - hierbei handelte es sich vorwiegend um Pächter - ab. Dabei dehnten vor allem die Großbetriebe über 1.000 ha ihren ohnehin überragenden Flächenanteil noch weiter aus. In Quatro Marcos und Mirassol hingegen veränderte sich weder Anzahl noch Fläche der Betriebe insgesamt. Dabei blieb die Betriebsgrößenstruktur in Quatro Marcos aufgrund der Wiederbelebung der Kaffeeproduktion Anfang der 80er Jahre relativ stabil, während sie sich in Mirassol zugunsten der mittleren Betriebe verschob. In Salto do Céu und Rio Branco schließlich stabilisierte der Grundnahrungsmittelanbau die betrieblichen Strukturen. Lediglich in Rio Branco führte die zunehmende Abwanderung von Siedlern aus den nördlichen Gebieten der *Colônia* zur Expansion der Großbetriebe.

Die Vermarktung der landwirtschaftlichen Produktion erreichte in der Differenzierungsphase einen höheren Organisationsgrad. Während noch in den 60er Jahren die Ernteerträge ohne Lagerung direkt von den Transportunternehmen aus dem Süden und Südosten Brasiliens - also aus den Konsumzentren des Landes - aufgekauft wurden, etablierten sich in den 70er Jahren einzelne Kolonisten, die meist über einen LKW verfügten, als Zwischenhändler in der Region. In der *Colônia Rio Branco* kontrollierte ein einziger sogenannter *atravessador* die Vermarktung der gesamten Grundnahrungsmittelproduktion. Er baute seine Machtposition aus, indem er die Abhängigkeit der Produzenten ausnutzte und die Betriebe hochverschuldeter abwanderungswilliger Kleinbauern zur Begleichung ihrer Schulden als Zahlungsmittel entgegennahm. Er avancierte damit zum wohlhabensten Großgrundbesitzer innerhalb des *Colônia*-Gebietes und ist noch heute Inhaber einer regional bedeutenden Supermarktkette, die sogar in Cáceres Fuß fassen konnte.

Entwicklung der Betriebsgrößenstruktur im Hinterland von Cáceres 1970 - 1996

Fläche

Anzahl

1970

Salto do Céu
Rio Branco
Jauru
Araputanga
São José dos Quatro Marcos
Cáceres

Das Munizip Cáceres kann in diesem Maßstab nicht vollständig dargestellt werden.

1980

Betriebsgrößenklassen
< 10 ha
10 - 100 ha
100 - 1000 ha
> 1000 ha

Anzahl der Betriebe
2.000
1.000
500
100

Betriebsfläche (ha)
200.000
100.000
50.000
10.000

Mirassol d'Oeste

IBGE: Censo Agropecuário 1970, 1980, 1985, 1996

Entwurf: Neuburger 1999
Zeichnung: Pöhler

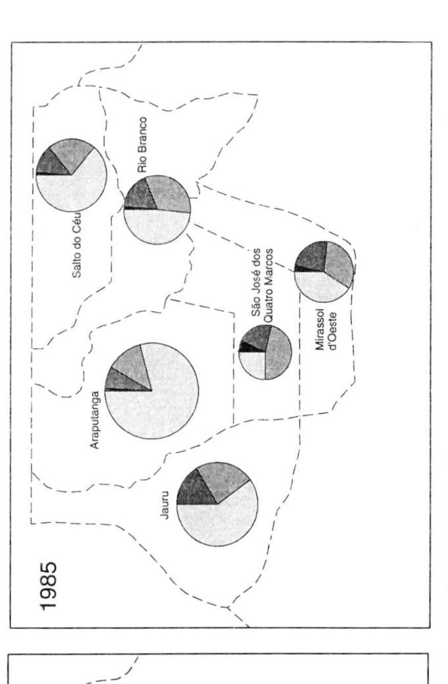

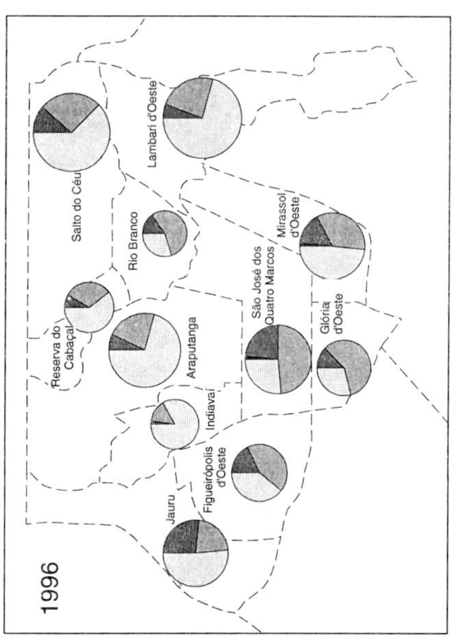

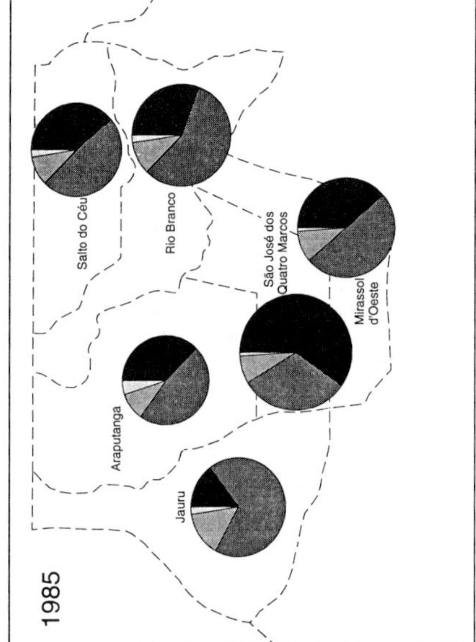

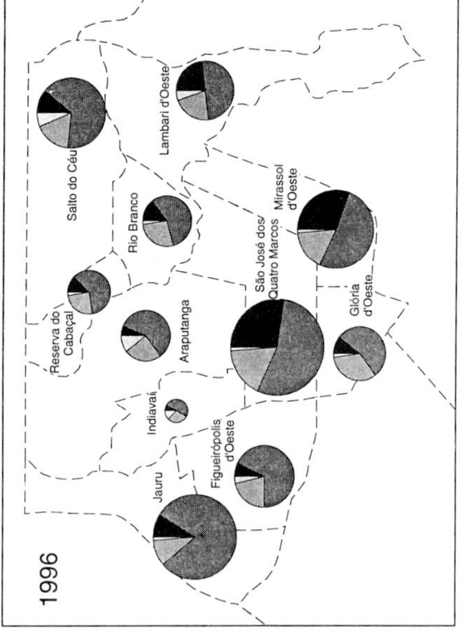

Abbildung 25

Im Westen des Hinterlandes von Cáceres wurde die Vermarktung der Grundnahrungsmittelproduktion von Kooperativen in die Hand genommen. Während in Jauru drei kleinere Kooperativen entstanden, gründeten in Figueirópolis die Produzenten die gut organisierte COOPAF (*Cooperativa Agropecuária de Figueirópolis d'Oeste*), die ihren Mitgliedern Traktoren zur Verfügung stellte und ein eigenes Getreidelager errichtete. Die wohl größte Kooperative, die im Laufe ihres Bestehens eine überregionale Bedeutung erreichen sollte, entstand in Araputanga. Die COOPNOROESTE (*Cooperativa Agropecuária do Noroeste do Mato Grosso*) wurde 1975 von einem italienischen Pater[1] gegründet, der bereits im Bundesstaat Espírito Santo in diesem Bereich tätig gewesen war. Durch die regionsweite Werbung für einen Eintritt in die Kooperative stieg die geringe Zahl von nur 50 Mitgliedern in den ersten zwei Jahren auf das Zehnfache an. Unter der strengen Regie des Geistlichen kaufte die Kooperative das Getreide der Kleinbauern auf, lagerte es, um den Preisanstieg nach der Erntezeit abzuwarten, und verkaufte es gewinnbringend. Mit dem erwirtschafteten Kapital kaufte die Kooperative schon Ende der 70er Jahre - obwohl die Milchviehhaltung zu dieser Zeit noch keine überragende Bedeutung in der Region einnahm - Maschinen zur Milchverarbeitung, da der Pater aufgrund seiner Erfahrungen in Espírito Santo der Überzeugung war, daß nur die Milchviehhaltung eine langfristige Perspektive für kleinbäuerliche Betriebe bieten würde. Bevor aber die Herstellung von Milchprodukten in den 80er Jahren anlaufen konnte, diente die in der gesamten Region produzierte Milch lediglich zur Eigenversorgung oder wurde auf den lokalen Märkten von den Produzenten direkt verkauft.

Zur Vermarktung der Kaffeeproduktion gründeten Anfang der 80er Jahre rund 350 Produzenten von Quatro Marcos die COOPCAFÉ (*Cooperativa dos Cafeicultores d'Oeste Matogrossense*). Neben der Unterstützung der Produktion durch den Verkauf von Agrochemikalien und durch die entsprechende Beratung zu ihrer Anwendung kaufte die Kooperative die Ernte der Mitglieder auf, um die Kaffeebohnen nach der Säuberung an Zwischenhändler aus Paraná und São Paulo zu vermarkten. Die COOPCAFÉ hatte allerdings mit der Konkurrenz von privaten Aufkäufern zu kämpfen. Sie nämlich konnten häufig höhere Preise bieten, da sie die Produktion teilweise illegal nach Paraguay verschoben und damit den Fiskus - also Steuern und Zölle - umgingen.

In der Viehwirtschaft war die Vermarktung je nach Produkt sehr unterschiedlich strukturiert. Während sich der Verkauf von Schweinen im wesentlichen auf den jeweiligen lokalen Markt beschränkte und lediglich in Araputanga eine regionale Bedeutung erlangte, fand das auf den größeren Betrieben der *goianos* produzierte Schweineschmalz auch in Cáceres einen Absatzmarkt. Die Vermarktung von Mastrindern hingegen war überregional organisiert. Da es aufgrund der noch relativ geringen Produktion von Mastvieh und der völlig unzureichenden Stromversorgung noch keinen Schlachthof im Westen Mato Grossos gab, mußte das gesamte Vieh nach Cuiabá gebracht werden, wo der Agroindustrie-Konzern Sadia einen Schlachthof betrieb (ESTADO DE MATO GROSSO 1980a).

---

1 Europäische Geistliche waren in Mato Grosso häufig die Initiatoren von kleinbäuerlichen Kooperativen (SCHNELLER 1995, LISANSKY 1990).

Trotz ihrer sehr unterschiedlichen meist voneinander unabhängigen Vermarktungsstrukturen hatten die einzelnen Agrarprodukte der Region, die über das Subsistenzniveau hinaus produziert wurden, in den meisten Fällen ein gemeinsames Exportziel. Ein Großteil aller landwirtschaftlichen Produkte - rund zwei Drittel - erreichte in einer meist unverarbeiteten Form die großen Konsumzentren Brasiliens. Nur ein sehr geringer Teil diente zur Versorgung der matogrossensischen Hauptstadt Cuiabá, während praktisch nichts in Cáceres blieb (ESTADO DE MATO GROSSO 1980a).

2.2.2.2 Die Einflußnahme des Staates auf die Entwicklung in den 70er und 80er Jahren

Die Entwicklung der landwirtschaftlichen Produktion in den 70er Jahren wurde begleitet und unterstützt von den bundesstaatlichen Agrarberatungsbüros der EMATER (*Empresa de Assistência Técnica e Extensão Rural*). Diese Behörde war auf nationaler Ebene bereits in den 60er Jahren eingerichtet worden, um die Modernisierung der Landwirtschaft, die sich die brasilianische Zentralregierung zum Ziel gesetzt hatte, voranzutreiben (siehe dazu Kapitel III.2.1)[1]. Insbesondere die traditionell wirtschaftenden kleinbäuerlichen Betriebe sollten sich dadurch in modern-kapitalistische Produktionseinheiten verwandeln (LISBÔA 1994). Bis 1979 richtete der Bundesstaat Mato Grosso dazu in den größeren Munizipien des Hinterlandes von Cáceres vier lokale Agrarberatungsbüros ein. Bis 1984 kamen noch zwei weitere in Salto do Céu und Quatro Marcos hinzu. Sie versuchten, den Kleinbauern die modernen Produktionsmethoden nahezubringen, indem sie über die Vermittlung günstiger staatlicher Agrarkredite für die Verwendung von Agrochemikalien und verbessertem Saatgut sowie für den Einsatz von modernen Geräten und Maschinen warben. Drei eingerichtete Experimentalbetriebe der Agrarforschungsbehörde EMPA (*Empresa de Pesquisas Agropecuárias*) in Quatro Marcos, Rio Branco und Salto do Céu sollten darüber hinaus den Anbau neuer Produkte demonstrieren und die Diffusion moderner Technologien beschleunigen.

Der Erfolg der Beratungsarbeit war allerdings nicht in allen Teilregionen gleich. Einer der Hauptfaktoren dabei war einerseits die Kapitalausstattung der landwirtschaftlichen Betriebe. Andererseits spielte die Akzeptanz moderner Produktionsweisen in der kleinbäuerlichen Bevölkerung sowie ihr Mißtrauen gegenüber den Banken eine wichtige Rolle in den

---

1 Auch auf internationaler Ebene hatte sich die Meinung durchgesetzt, daß sich durch eine gut organisierte und flächendeckende Agrarberatung moderne Produktionsweisen verbunden mit den Ideen der Grünen Revolution, die ja alle künftigen Ernährungsprobleme der Welt lösen sollte, rasch ausbreiten würden. Besonders die Weltbank sah in den 70er Jahren in der Unterstützung staatlicher Stellen zum Aufbau eines engmaschigen Beraternetzes eine neue Aufgabe der Entwicklungspolitik und finanzierte mit billigen Krediten entsprechende Bestrebungen in den Entwicklungsländern. Noch heute wird zwar an der Agrarberatung allgemein festgehalten, die neueren Konzepte betonen aber verstärkt die Partizipation der Zielgruppen sowie die Pluralisierung der Beratungsformen und -inhalte (siehe zur Entwicklung der Agrarberatung bzw. der entsprechenden Politik die verschiedenen Beiträge in BAN & HAWKINS 1996, ENTWICKLUNG + LÄNDLICHER RAUM 1997; zu einzelnen Beispielen siehe SLE 1997, FEDER et al. 1985).

Handlungsentscheidungen der verschiedenen Gruppen. So waren beispielsweise die relativ kapitalkräftigen aus São Paulo stammenden Kaffeebauern durchaus für Modernisierungsmaßnahmen zu gewinnen (ESTADO DE MATO GROSSO 1980a). Im Gegensatz dazu weigerten sich ärmliche Gruppen, die aus Minas Gerais gekommen waren, vehement, jegliche Art von Krediten aufzunehmen, da sie - nicht ganz unberechtigt - den Verlust von Haus und Hof befürchteten[1]. Ihr Mißtrauen gegenüber dem Staat im allgemeinen und gegenüber den Banken im besonderen ging sogar soweit, daß sie selbst verlorene Zuschüsse ohne Rückzahlungsverpflichtungen ablehnten.

Neben diesen Ursachen, die auf der Seite der jeweiligen Betriebsleiter zu suchen sind, entschieden auch politische Rahmenbedingungen und persönliches Engagement über Erfolg und Scheitern der Agrarberatung. Das größte Problem stellte dabei die Funktionalisierung der Behörde durch die politischen Eliten für die Aufrechterhaltung bzw. für den Ausbau ihrer Klientelstrukturen. Dazu wurde die Besetzung von Personalstellen selbst auf lokaler Ebene benutzt, um politische Geschenke zu verteilen. Ein Regierungswechsel in Mato Grosso brachte dadurch einen nahezu kompletten Austausch des EMATER-Personals mit sich. Die Personalstellen wurden meist nach Parteibuch oder Verwandtschaftgrad, nicht nach Qualifikation besetzt. Politisch unbequeme Angestellte wurden, wenn sie als Beamte nicht entlassen werden konnten, in besonders periphere Munizipien strafversetzt, während politische Freunde der Regierenden in den Genuß einer Beförderung kamen. Durch diesen ständigen Wechsel war eine kontinuierliche Arbeit praktisch unmöglich. Nur in sehr seltenen Fälle - wie beispielsweise in Mirassol (siehe dazu Kapitel V.4.4.3) - konnte der Personalstamm über mehrere Jahre hinweg gehalten werden. Hier war es allerdings der regelmäßige Wechsel der Munizipalverwaltung, der die Kontinuität in der Zusammenarbeit auf lokaler Ebene immer wieder unterbrach.

Die starke politische Einflußnahme beeinträchtigte auch die Motivation des EMATER-Personals. Einerseits lohnte sich eine Einarbeitung in die agrarstrukturellen Bedingungen eines Munizips ebensowenig wie die Durchführung langfristig angelegter Maßnahmen, da bereist nach wenigen Jahren wieder eine Versetzung zu erwarten war. Andererseits nutzten viele ihre Anstellung, um selbst politisch aktiv zu werden. Die Infrastruktur der EMATER, insbesondere Autos und Spritgeld, ermöglichten es ihnen, sich in den entferntesten ländlichen Gegenden eines Munizips bekannt zu machen. Meist konnten sie auch durch die entsprechende Handhabung ihrer Mittler- und Kontrollfunktion bei der Vergabe von Krediten politische Geschenke an potentielle Wähler verteilen. So verwundert es nicht, daß sich kommunale Vertreter häufig aus dem lokalen EMATER-Personal rekrutierten. Ähnlich funktionierte dieses System auch auf bundesstaatlicher Ebene, auf der sich vor allem die Angestellten der Regionalbüros - beispielsweise in Cáceres - oder in der EMATER-Zentrale in Cuiabá betätigten.

---

1 Ohne die Finanzierung von Vorleistungsgütern über staatliche Agrarkredite war eine moderne Produktion für kapitalschwache Betriebe praktisch unmöglich.

In ähnlicher Weise war auch die Durchführung des Regionalentwicklungsprogramms POLONOROESTE in die politischen Strukturen Mato Grossos eingebettet. Das Programm, das 1981 verkündet wurde, sollte durch die Asphaltierung der Bundesstraße BR 364 zwischen Cuiabá und Porto Velho den Nordwesten Mato Grossos und das gesamte Rondônia in die nationalen Wirtschaftskreisläufe integrieren (COY 1988). Begleitende Maßnahmen sollten dabei eine adäquate Besiedlung und Erschließung der Gebiete fördern und marginalisierte Bevölkerungsgruppen aus anderen Regionen absorbieren. Ziel dabei war es insbesondere die landwirtschaftliche Produktion zu fördern und mit der Schaffung von Beschäftigungsmöglichkeiten die Abwanderung zu verhindern. Der eindeutige regionale Schwerpunkt des Programms, der auch einen Großteil der finanziellen Mittel absorbierte, lag in Rondônia. Während dort große Kolonisationsprojekte eingerichtet wurden, beschränkten sich die Maßnahmen in Mato Grosso auf den Ausbau der Infrastruktureinrichtungen, die die Produktions- und Lebensbedingungen der dort bereits lebenden ländlichen Bevölkerung verbessern sollten.

Eines der größten Probleme im Hinterland von Cáceres, dessen Beseitigung sich das POLONOROESTE unter anderem zur Aufgabe gestellt hatte, war die Vermarktung der in den 70er Jahren rapide ansteigenden Produktion von Grundnahrungsmitteln - insbesondere von Reis. Neben dem Bau von zahlreichen Schulen in den ländlichen Siedlungen wurden vor allem Straßen und Lagerhallen zur Verbesserung der Vermarktungsstrukturen errichtet. Eine der kostspieligsten Maßnahmen war dabei die Asphaltierung der MT 175, die als wichtigster Korridor die landwirtschaftliche Kernregion des Hinterlandes von Cáceres - also Mirassol, Quatro Marcos und Araputanga - mit der BR 364 verband. Auch die Lagerkapazitäten in der Region wurden entscheidend erweitert, indem in allen neu in den 70er Jahren entstandenen Munizipien[1] staatliche Getreidelager der CASEMAT (*Companhia de Armazéns e Silos de Mato Grosso*) errichtet wurden. Darüber hinaus errichteten auch private Investoren zahlreiche Lagerhallen. Um den Zugang dazu für die Produzenten zu erleichtern, sollten auch die kleineren Verbindungsstraßen im ländlichen Raum, die sogenannten *estradas vicinais*, ausgebaut bzw. neu eingerichtet werden. Zur Instandhaltung des erweiterten Straßennetzes erhielten die Munizipalverwaltungen die entsprechenden Straßenbaumaschinen und sonstige Gerätschaften. Allerdings hing die Vergabe dieser Mittel sehr stark von der parteipolitischen Zugehörigkeit der jeweiligen Munizipalregierung ab, so daß vor allem Mirassol und Quatro Marcos vom POLONOROESTE-Programm profitieren konnten.

Zur Förderung der Modernisierung und Mechanisierung in der landwirtschaftlichen Produktion dienten bundes- und zentralstaatliche Kreditlinien, die den Kauf von Maschinen und Agrochemikalien unterstützte. Da aber gerade der Erwerb von Maschinen für einen Großteil der Produzenten im Hinterland von Cáceres unerschwinglich war, sollten sich die Kleinbauern einer Siedlung zu sogenannten *associações de produtores rurais*, einer Art Bauernvereinigung, zusammenschließen und als Kollektiv die entsprechenden Kredite beantragen. Animiert durch die Aussicht auf extrem günstige Kredite gründeten

1 Zu den Munizipsgründungen im Hinterland von Cáceres siehe die Ausführungen in Kapitel IV.2.2.2.4.

die Produzenten in praktisch jeder Siedlung eine eigene *associação* und erhielten daraufhin umfangreiche finanzielle Mittel. Allerdings waren die Kredite im wesentlichen nur für die Anschaffung von Geräten und Maschinen vorgesehen, die im Grundnahrungsmittelanbau notwendig waren. Dennoch erhielten auch *associações* in viehwirtschaftlich geprägten Gebieten oder in den Kaffeeregionen Mittel für derartige Investitionen. Auch in Rio Branco und Salto do Céu verbesserte sich die Ausstattung der Betriebe enorm, obwohl gerade dort die Produktivität der *lavoura branca* ihren Zenit bereits überschritten hatte.

Eines der Hauptziele des POLONOROESTE-Programms war die Diversifizierung der Landwirtschaft. Dazu wurden insbesondere Dauerkulturen gefördert, die den kleinbäuerlichen Betrieben eine langfristige Perspektive in der Region eröffnen sollten. Darüber hinaus boten staatliche Kreditlinien - wie beispielsweise das Programm zur Förderung des Kautschukanbaus PROBOR (*Programa de Incentivo à Produção de Borracha Natural*) - Anreize zur Erweiterung der Produktpalette. Die EMATER sollte dabei die Beratung übernehmen. Dadurch hielt im Hinterland von Cáceres der Anbau von Kautschuk (*Hevea brasiliensis*) und Zitrusfrüchten Einzug. Da der Kauf von Setzlingen jedoch relativ hohe Investitionen erforderte, waren die entsprechenden Kredite für kapitalarme Kleinbauern meist unerschwinglich. Nur gut strukturierte Kleinbetriebe konnten eine kleine Pflanzung von Zitrusfrüchten anlegen, während der Anbau von Kautschuk fast ausschließlich mittleren und großen Betrieben vorbehalten blieb.

Diese auf Langfristigkeit angelegte Komponente des POLONOROESTE-Programms hatte nur sehr kurzfristige Effekte, da die Zitrusbäume bereits nach wenigen Jahren von der Trockenkrankheit - ausgelöst durch den Pilz *Phoma tracheiphila* - befallen wurden, die sich sehr rasch ausbreitete und den gesamten Bestand innerhalb von kurzer Zeit zerstörte. Aufgrund der völlig fehlenden Kenntnisse der Produzenten und der unzureichenden Beratung der EMATER scheiterten auch die Versuche des Kautschukanbaus, der im Hinterland von Cáceres 1989 ohnehin nur eine Fläche von 653 ha erreicht hatte (EMATER 1989). Die häufig mit der malayischen Kautschukart *Hevea benthamiana* veredelten Bäume starben nach wenigen Jahren ab, so daß auch diese Produktionsalternative entfiel.

Im Gebiet von Reserva do Cabaçal wurde ein Versuch unternommen, die landwirtschaftliche Produktion mit der Schaffung von Arbeitsplätzen in der Industrie zu verknüpfen. Dort wurden mit Geldern des POLONOROESTE-Programms Anfang der 80er Jahre auf der Chapada-Hochfläche im Norden des Munizips Rio Branco 11.000 ha Eukalyptus (*Eucalyptus* spec.) angepflanzt. Als die Bäume eine ausreichende Größe erreicht hatten, sollte aus dem Holz Papier hergestellt und aus den Blätter ätherische Öle extrahiert werden. Aber auch dieses Projekt scheiterte: Das Fabrikgebäude wurde nie errichtet, da der Zugang zum dafür vorgesehenen Gelände in der Regenzeit aufgrund der sandigen Böden äußerst schwierig war und die Instandhaltung der Zufahrtwege jährlich Unsummen verschlungen hätte. Damit war die Produktion nicht rentabel, und die Weiterführung des Projektes wurde abgebrochen.

2.2.2.3 Die Differenzierung des Siedlungssystems

Die unterschiedliche Entwicklung der Agrarstrukturen in den einzelnen Teilräumen ging einher mit der Herausbildung eines räumlich differenzierten Siedlungssystems, da mit dem Anstieg der landwirtschaftlichen Produktion je nach Produktpalette der allmähliche Aufbau einer umfangreichen und diversifizierten agroindustriellen Struktur verbunden war. Gleichzeitig wirkte sich der Strukturwandel in der Landwirtschaft, der bereits in den 70er und 80er Jahren zu beobachten war, auf die Bevölkerungsentwicklung der Städte aus.

Nachdem in der Erschließungsphase die industrielle Entwicklung der gesamten Region durch die typischen vorwiegend extraktiven *frontier*-Branchen - vor allem Sägereien - gekennzeichnet war, überprägten besonders Anfang der 80er Jahre Betriebe aus dem agroindustriellen Sektor diese Struktur. Zunächst kam die Initiative aus der Region selbst. Neben der Einrichtung von unzähligen Reisschälmaschinen, die teils von den Munizipsverwaltungen, teils von den Kooperativen und *associações* oder gar von Privatpersonen - meist von Zwischenhändlern - getragen wurde, konnten die Zuckerrohrproduzenten der COOPERB in Rio Branco und der COOPROCAMI in Mirassol mit finanzieller Unterstützung aus dem PROÁLCOOL-Programm große Alkoholdestillerien aufbauen. Das Fabrikgebäude der COOPERB wurde 1981 10 km südlich von Lambari errichtet und beschäftigte neben einigen wenigen fest Angestellten zur Erntezeit rund 150 saisonale Arbeitskräfte. Die COOPROCAMI baute ihre Fabrik fünf Jahre später etwa 10 km südwestlich von Mirassol auf und bot ebenfalls einige hundert saisonale Arbeitsplätze. Nur selten erhielten die Arbeiter - Männer, Frauen und Kinder - Monatsverträge. Meist arbeiteten sie als Tagelöhner, als sogenannte *bóias-frias*, die täglich mit dem LKW an einigen am Tag zuvor im lokalen Radiosender angekündigten Abholpunkten eingesammelt und zum Feld transportiert wurden. Die Bezahlung erfolgte in der Regel abhängig von der Ernteleistung. Diese Methode der Rekrutierung von Arbeitskräften wurde nicht nur für die betriebseigenen Zuckerrohrfelder benutzt. Auch die Rohstoff-Zulieferer der Destillerien organisierten die Erntearbeiten auf diese Weise.

Während die Verarbeitung von Reis und Zuckerrohr von regionsinternen Akteuren getragen wurde, betätigten sich externe Investoren in der kaffee- und baumwollverarbeitenden Industrie. In Mirassol und Quatro Marcos, den Produktionszentren der entsprechenden Primärgüter, entstanden insgesamt vier Kaffeeröstereien und acht Baumwollentkernungsanlagen. Allerdings waren die Beschäftigungseffekte in der jeweiligen Stadt sehr gering, da die Betriebe nur in der Erntezeit saisonale Arbeitskräfte für ein bis drei Monate beschäftigten. Der feste Arbeiterstamm beschränkte sich hingegen auf wenige Angestellte.

Neben diesen hinsichtlich Arbeitskräftebedarf und Umsatzvolumen zweifellos größten Betrieben in der Region[1] entstanden zahlreiche kleine Handwerksbetriebe. Es handelte sich hierbei in den meisten Fällen um Ein-Mann-Betriebe, die allenfalls für die Bewältigung

---

1 Im brasilianischen Vergleich sind diese Betriebe der baumwoll-, zuckerrohr- und kaffeeverarbeitenden Industrie jedoch als sehr klein zu bezeichnen. Für die Region hatten sie dennoch eine große Bedeutung.

von Arbeitsspitzen zeitweise angelerntes Personal - häufig Verwandte und Freunde - einstellten. Eindeutige Zentren der Industrie waren Mirassol und Quatro Marcos, wobei sich letzteres erst Anfang der 80er Jahre herausbilden konnte. Aufgrund der *frontier*-Situation und der peripheren Lage der Region sowohl im brasilianischen als auch im matogrossensischen Kontext blieb aber die Branchendifferenzierung der Industrie typischerweise auf einem sehr niedrigen Niveau. Die Bedeutung der industriellen Standorte Mirassol und Quatro Marcos überstieg dennoch die von Cáceres bei weitem, auch wenn der Anteil der größeren Betriebe dort insgesamt höher gewesen sein dürfte. Während sich der sekundäre Sektor in den beiden größten Regionsstädten relativ dynamisch entwickelte, war in Rio Branco und Salto do Céu ein Rückgang der Industriebetriebe zu beobachten. Dort machte sich bereits die frühe Krise der Grundnahrungsmittelproduktion bemerkbar, denn durch den Rückgang der Reisproduktion Anfang der 80er Jahre verlor ein Großteil der Reisschälmaschinen ihre Funktion.

Auch im Handel zeichnete sich dieser allgemeine Trend ab. In Rio Branco verringerte sich die Anzahl der Geschäfte um mehr als die Hälfte. In Mirassol, Quatro Marcos und Araputanga hingegen stieg sie stark an, auch wenn der Handel dort nicht die Bedeutung von Cáceres erreichen konnte. Dennoch entwickelte sich Mirassol Ende der 70er und Anfang der 80er Jahre zum Zentrum für das gesamte Hinterland von Cáceres. Durch die vergleichsweise große Diversifizierung der Geschäftsstruktur konnte das Angebot in Mirassol die Nachfrage nach Waren des kurz- und mittelfristigen Bedarfs befriedigen. Insbesondere die für die Landwirtschaft wichtigen Geschäfte und Reparaturwerkstätten, die Ersatzteile für Fahrzeuge und Maschinen verkauften, konzentrierten sich dort. Für die 1980 immerhin auf knapp 100.000 Einwohner angewachsene Bevölkerung der Region verlor damit Cáceres als Einkaufsstandort seine Bedeutung, so daß auch der cacerenser Handel insgesamt zurückging[1]. Mit der Ausdehnung des Handels ergab sich eine erste funktionale Gliederung innerhalb der Städte. Während sich die größeren Industriebetriebe vorwiegend in den Randbereichen niedergelassen hatten, und die kleineren Handwerksbetriebe in den Hinterhöfen und Gärten der Inhaber - also meist in den jeweiligen Wohngebieten - entstanden, konzentrierte sich der Handel entlang der Durchfahrtstraßen. Nur in den größeren Städten wie Mirassol und Quatro Marcos konnten sich auch einige Geschäftsstraßen quer dazu etablieren.

Parallel zum Bevölkerungswachstum und zur wirtschaftlichen Dynamik verbesserte sich auch die infrastrukturelle Ausstattung der Region. Allerdings begann der Ausbau der Infrastruktur erst mit einigen Jahren Verzögerung. Die CODEMAT, die eigentlich bereits seit Kolonisationsbeginn für die Einrichtung der Infrastruktur zuständig gewesen wäre, kam ihrer Aufgabe aber nur zögerlich nach. Während sie in den offiziellen Projektgebieten Rio Branco und Jauru endlich Mitte der 70er Jahre aktiv wurde, erhielten die anderen privaten Kolonisationsgebiete keinerlei Unterstützung. Hier waren es vor allem die örtlichen Kirchen, die Gemeindeverwaltungen oder Initiativen der Bevölkerung selbst, die die ersten Schulen, teilweise auch Krankenhäuser, einrichteten (COSTA E SILVA & FERREI-

---

1 Das Munizip Cáceres hatte 1980 nur knapp 60.000 Einwohner (IBGE 1980).

RA 1994). Auch Straßen und Brücken, die für die jeweilige Siedlung von Bedeutung waren, wurden in Gemeinschaftsarbeit ohne staatliche Unterstützung gebaut.

Erst Anfang der 80er Jahre im Rahmen des POLONOROESTE-Programms wurde vor allem die schulische Infrastruktur entscheidend erweitert. Bis 1985 entstanden vor allem im ländlichen Raum zahlreiche kleine Primarschulen. In den größeren Siedlungen und Städten wurden sowohl kommunal als auch bundesstaatlich getragene sehr viel größere Schulen eingerichtet. Sekundarschulen erweiterten darüber hinaus das Bildungsangebot in den Muniziphauptorten. Allerdings blieb die Qualität des Unterrichts auf einem sehr niedrigen Niveau, so daß der Anteil der am Ende eines Schuljahres durchgefallenen Schüler sehr hoch war. Darüber hinaus beendeten nur rund zwei Drittel der Schüler das Schuljahr. Ein Drittel brach den Schulbesuch vor Schuljahresende ab, da insbesondere im ländlichen Raum die Kinder bei Feld- und Erntearbeiten auf dem elterlichen Betrieb helfen mußten. Auch in den Städten war die Rate der sogenannten *evasão* hoch, da Kinder aus ärmlichen Familien ohne festes Einkommen im informellen städtischen Sektor arbeiteten.

Neben der schulischen Infrastruktur verbesserte sich auch die Gesundheitsversorgung in den 70er und 80er Jahren. Während die Krankenhäuser alle von privaten Trägern - meist gemeinnützigen Vereinen und Stiftungen - betrieben wurden und deshalb personell besonders gut ausgestattet waren, beschränkte sich das öffentliche Netz der Gesundheitsinfrastruktur auf Krankenstationen, sogenannten *centros de saúde* oder *postos de saúde*, mit einer äußerst geringen Anzahl von Personal und Krankenhausbetten. Da die Leistungen der privaten Einrichtungen bezahlt werden mußten, konnte sich nur ein kleiner Teil der Bevölkerung eine private Behandlung leisten, so daß die Auslastung - meist Überlastung - der öffentlichen Einrichtungen die der privaten bei weitem übertraf.

Obwohl in den Städten durch die Ansiedlung größerer Industriebetriebe nur sehr wenig zusätzliche Arbeitsplätze entstanden, lockte die Dynamik der Wirtschaftssektoren und der Ausbau der Infrastruktur zahlreiche Familien des ländlichen Raumes in die jeweiligen Muniziphauptorte. Die Landflucht nahm besonders in Rio Branco, Salto do Céu und Reserva do Cabaçal zu, da dort die Krise der Landwirtschaft bereits in der zweiten Hälfte der 70er Jahre Arbeitskräfte freisetzte. Die Städte - vor allem Rio Branco als größte Siedlung in dieser Teilregion - wuchsen dadurch stark an. In Rio Branco und Lambari - erhofften sich viele Landflüchtige einen Arbeitsplatz in der Alkoholdestillerie der COOPERB. Dort entstanden vor allem an den Durchfahrtstraßen - in Rio Branco am östlichen Ufer des Rio Branco, in Lambari südlich der Stadt - neue Stadtviertel. Dieser Standort an den Fahrtstrecken der Zuckerrohrtransporter sollte die Chancen auf eine wenigstens saisonale Beschäftigung erhöhen.

Als zentrale Siedlung im Hinterland von Cáceres wuchs Mirassol besonders stark, da mit dieser Stadt durch ihre wirtschaftliche Dynamik besonders große Hoffnungen verbunden waren. Während die Zahl der Zuwandernden aus den dynamischen Kaffeeregionen von Quatro Marcos und Mirassol relativ gering blieb, kam ein Großteil der Migranten aus den Krisengebieten von Rio Branco und Jauru. Aber auch in den anderen Gebieten gaben zahlreiche Familien ihre eigentlich noch tragfähigen landwirtschaftlichen Betriebe auf, um das beschwerliche Dasein als Kleinbauer durch ein vermeintlich komfortableres städtisches Leben auszutauschen. Die Attraktivität der Stadt Mirassol für Landflüchtige wurde durch die Aktivitäten eines Lokalpolitikers noch zusätzlich erhöht (RITTGEROTT 1997). Um seine Chancen bei den Kommunalwahlen zu erhöhen, verschenkte dieser Ende der 70er und Anfang der 80er Jahre mehrere hundert städtische Parzellen oder verkaufte sie sehr billig an mittellose Familien aus dem ländlichen Raum. Dadurch entstand ein neues Stadtviertel östlich der Durchfahrtstraße, das sich durch die gezielte Anwerbung von Siedlern aus der Region sehr dynamisch entwickelte. Im Gegensatz zum Wachstum dieser Städte stagnierte die Entwicklung in Araputanga und Jauru bis in die 80er Jahre hinein, da diese Siedlungen kaum als Migrationsziel galten und auch ihre wirtschaftliche Dynamik auf einem niedrigen Niveau blieb.

Den Bevölkerungszuwachs konnte der wirtschaftliche Boom der Städte in den späten 70er und frühen 80er Jahren noch auffangen. In den dynamischen Städten, in denen sich auch die immer noch wachsende ländliche Bevölkerung versorgte, entstanden ausreichend Beschäftigungsmöglichkeiten in den einzelnen Wirtschaftssektoren und in den kommunalen Verwaltungen, so daß die meisten Familien ein ausreichendes Einkommen erzielen konnten. Auch für die Eigentümer von landwirtschaftlichen Mittel- und Großbetrieben wurden vor allem die Städte Mirassol, Quatro Marcos und Araputanga als Wohnort attraktiv. Zusammen mit den örtlichen politischen Eliten sowie mit den Inhabern der größeren Geschäfte und Industriebetriebe bildeten sie eine lokale wirtschaftliche Oberschicht, zu der auch Ärzte, Anwälte und andere freie Berufsgruppen zählten. Ihnen stand die relativ breite Mittelschicht der höheren Angestellten sowie der Inhaber kleiner Geschäfte und Handwerksbetriebe gegenüber. Die noch geringe Zahl der Landflüchtigen, die ohne jegliches Kapital oder andere Ressourcen in die Stadt gekommen waren, fanden sich in der städtischen Unterschicht wieder.

Durch die Konzentration von Bevölkerung, wirtschaftlicher Dynamik und von Versorgungsfunktionen in Mirassol, Quatro Marcos und Araputanga avancierten diese drei Städte zu den wichtigsten Zentren der Region (siehe Abb. 26). Mirassol bildete dabei das eindeutig höchstrangige Versorgungszentrum für das gesamte Hinterland von Cáceres, denn dort waren Geschäfte und Dienstleistungen des spezialisierten Bedarfs angesiedelt, die insbesondere die Nachfrage nach landwirtschaftlichen Vorleistungsgütern sowie nach einem diversifizierten Warenangebot abdeckten. Auch die ärztliche und schulische Versorgung zeichnete sich durch eine zumindest im regionalen Kontext hohe Differenzierung und gute Qualität aus. Auch wenn Quatro Marcos und Araputanga nicht die Zentralität von Mirassol erreichen konnten, so bildeten sie doch eine zweite Hierarchiestufe, die sich durch ein Einzugsgebiet auszeichnete, das weit über das eigene Munizipsgebiet hinausreichte. Araputanga diente der Bevölkerung von Indiavaí einerseits und - aufgrund der besseren Erreichbarkeit - von Reserva do Cabaçal andererseits als zentraler Versorgungsort, während Quatro Marcos Glória d'Oeste versorgte und durch seine geringfügig bessere Ausstattung im Handel und in der Gesundheitsinfrastruktur auch Araputanga in sein Einzugsgebiet einschloß.

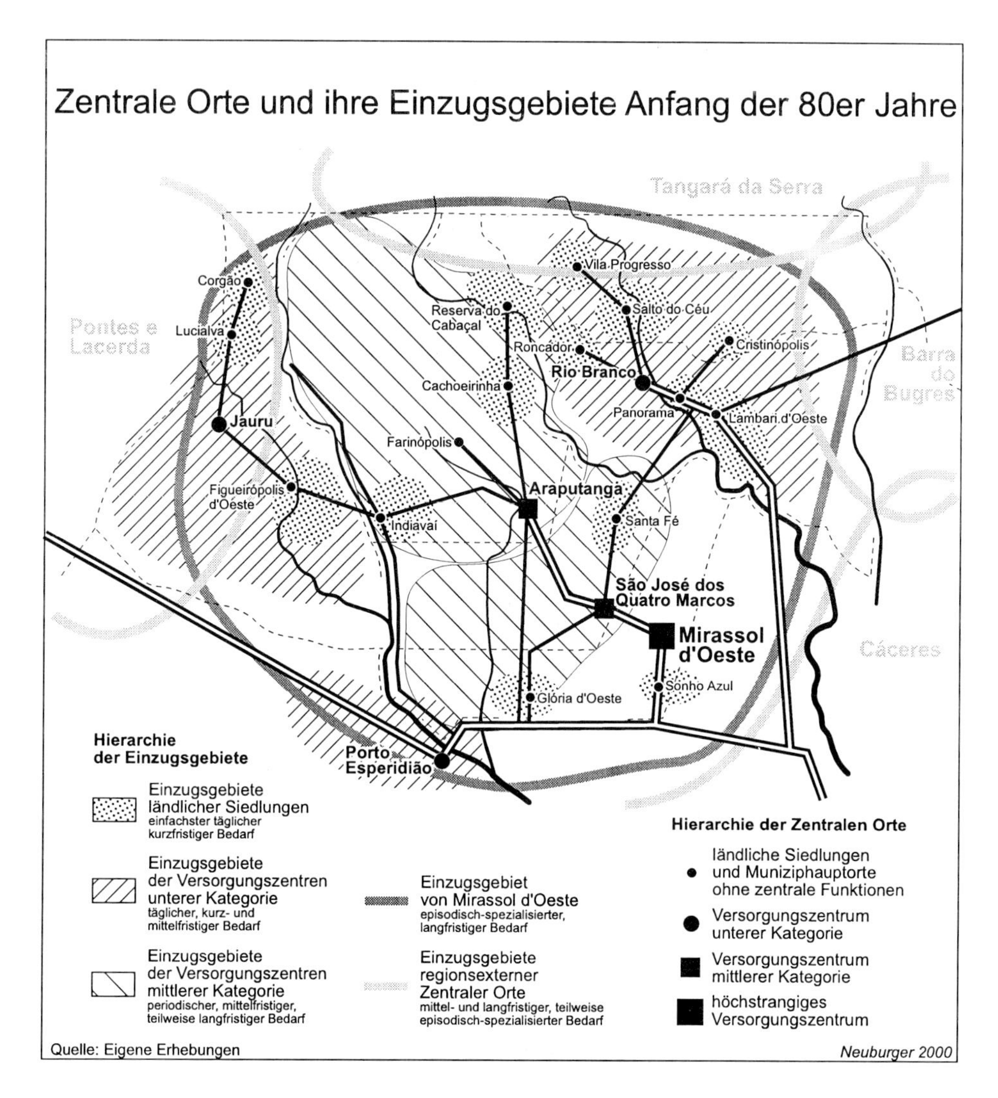

Abbildung 26

Als unterste Hierarchie zentraler Orte können Rio Branco und Jauru genannt werden. Für den weniger spezialisierten, kurz- und mittelfristigen Bedarf boten sie die notwendige Infrastruktur für die eigene Bevölkerung sowie für die kleineren benachbarten Siedlungen. Dabei bildete Rio Branco den zentralen Ort für die Munizipsbevölkerung von Salto do Céu. Allerdings orientierten sich die nördlichen Siedlungen eher nach dem von dort aus besser erreichbaren Tangará da Serra. Demgegenüber machte die schlechte Erreichbarkeit anderer zentraler Orte von Jauru aus dieses Munizip zu einem vergleichsweise isolierten Gebiet, dem auch der ähnlich weit entfernte Muniziphauptort Pontes e Lacerda als Versorgungsort diente. Die kleinsten vereinzelt entstandenen Haufensiedlungen in der Region schließlich - meist handelte es sich dabei um ehemalige Kernsiedlungen kleiner Kolonisationsprojekte - hatten für die umliegenden Streusiedlungen und Einzelhöfe lediglich die Funktion eines Treffpunktes - als Standort einer Kirche oder eines Fußballplatzes - und allenfalls der Versorgung mit Waren des kurzfristigen Bedarfs, die in den lokalen Krämerläden, sogenannten *bolichos*, angeboten wurden.

2.2.2.4 Munizipsgründungen im Spiegel politischer Machtkonstellationen

Seit den ersten Ansätzen der Kolonisation in den 50er Jahren erreichte die Entwicklung im Hinterland von Cáceres allmählich eine derartige Dynamik, daß diese Region 1985 das übrige Munizip Cáceres an Bevölkerung und Wirtschaftskraft überstieg. Im Hinterland von Cáceres lebten knapp doppelt so viel Einwohner wie in Cáceres, und das Steueraufkommen - als Indikator für seine wirtschaftliche Bedeutung - betrug sogar über das Doppelte. Dieser wachsenden demographischen und ökonomischen Bedeutung wurde aber noch in den 70er Jahren auf der politischen Ebene keinerlei Rechnung getragen. Im Gegenteil: Ohne nennenswerte politische Vertretung in den kommunalen Entscheidungsgremien fühlten sich die Siedler des Hinterlandes von den cacerenser politischen Eliten vernachlässigt. Darüber hinaus glaubten sich die Migranten aus dem Süden und Südosten Brasiliens wirtschaftlich und kulturell der traditionellen Bevölkerung von Cáceres überlegen und forderten politische Selbstbestimmung.

Aus dieser politischen Forderung entstanden bis heute insgesamt elf neue Munizipien (siehe Abb. 27)[1]. Zunächst etablierte sich 1976 Mirassol d'Oeste als wirtschaftlich dynamisches Munizip, das die heutigen Munizipien Glória d'Oeste, São José dos Quatro Marcos, Araputanga und Indiavaí umfaßte. Ziel der wirtschaftlichen und politischen Eliten, die den zur Emanzipation erforderlichen Volksentscheid herbeigeführt hatten, war die Möglichkeit zur selbständigen Verwaltung der kommunalen Gelder ohne dem weniger dynamischen Cáceres einen Teil davon abgeben zu müssen.

Dieselbe Argumentation lag der zweiten Emanzipierungswelle 1979 zugrunde. Die Bevölkerung der späteren Munizipien Rio Branco, Salto do Céu und Jauru war der Meinung, daß die selbständige Entscheidung über die adäquate Verwendung der kommunalen Mittel ihren Gebieten eine größere wirtschaftliche Dynamik verleihen würde. Die lokalen Politiker glaubten - oder gaben zumindest vor, es zu glauben -, daß die bereits in ihren Anfängen erkennbare Krise der Landwirtschaft sowie die Landflucht dadurch zu stoppen sei. Dieses vordergründig auf das Gemeinwohl der Bevölkerung bedachte Vorantreiben der politischen Unabhängigkeit basierte aber gleichzeitig auf dem Machtstreben einzelner lokaler Führungspersönlichkeiten. Sie erhofften sich durch die Gründung der Munizipien

---

1 Die Emanzipation von neuen Munizipien ist in allen peripheren Regionen Brasiliens - insbesondere in Amazonien -, in denen die Bevölkerungsdichte erst seit wenigen Jahrzehnten zunimmt, zu beobachten. Zur Einbettung dieser Prozesse in den politischen und wirtschaftlichen Kontext auf bundesstaatlicher und nationaler Ebene siehe FAISSOL 1994.

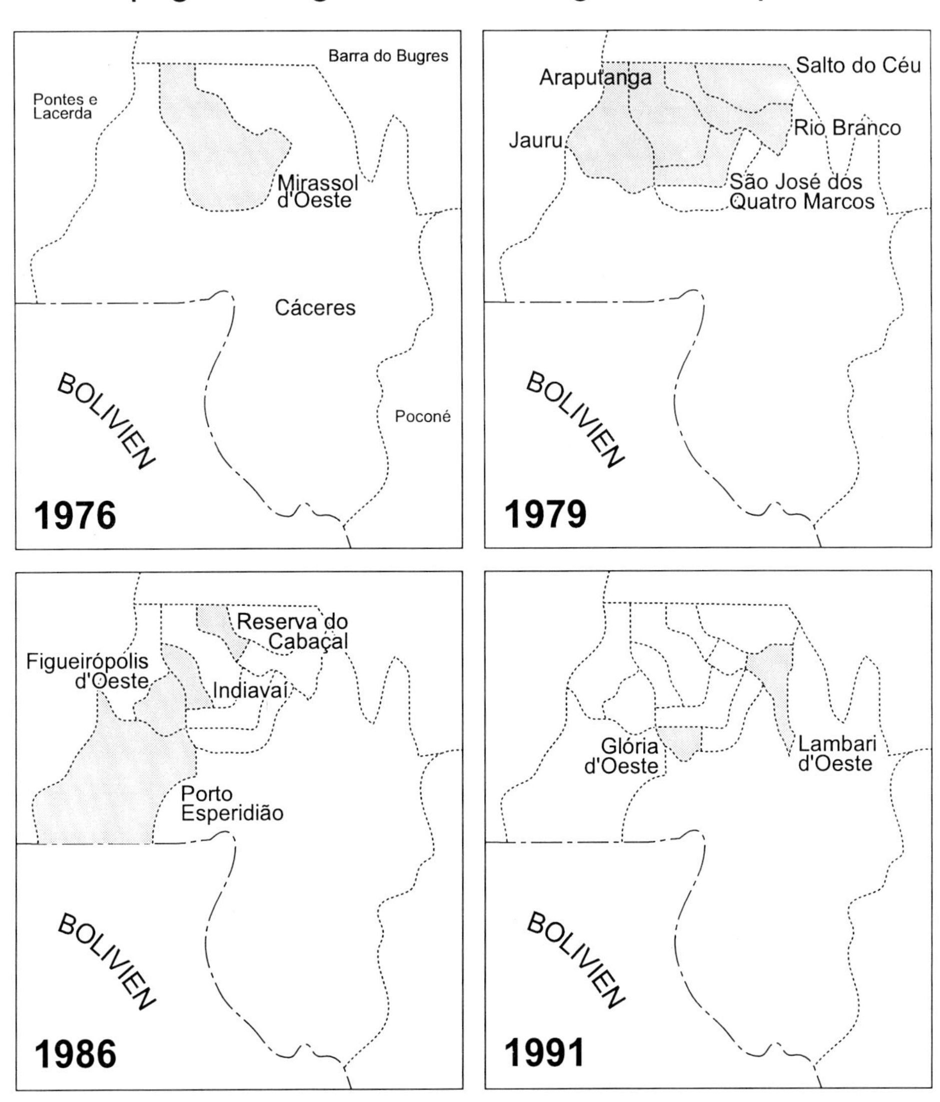

Abbildung 27

neue politische Ämter - vor allem der kommunalen Abgeordneten, später auch des Präfekten[1] -, die ihnen mehr Macht verschaffen und als Sprungbrett für höhere politische Positionen dienen sollten. Darüber hinaus entstanden mit dem Aufbau einer Gemeindeverwaltung zahlreiche neue Arbeitsplätze, deren Besetzung zum Ausbau klientelistischer Strukturen mißbraucht werden konnte.

In den Munizipien Quatro Marcos und Araputanga spielten zusätzlich externe politische Zielsetzungen eine große Rolle. Der Bedeutungszuwachs von Mirassol in den 70er Jahren war den cacerenser Politikern ein Dorn im Auge, da sie seine wirtschaftliche und politische Konkurrenz fürchteten. Um Mirassol zu schwächen, regten sie die Emanzipierung weiterer Munizipien aus dem mirassolenser Gemeindegebiet an. Mit viel Werbung und politischem Aktionismus konnten sie tatsächlich die Bevölkerung ausreichend mobilisieren und 1979 die Gründung von Quatro Marcos und Araputanga erreichen. Ähnliche Motivationen waren auch 1986 für die Emanzipation von Figueirópolis d'Oeste, Indiavaí und Reserva do Cabaçal sowie 1991 für die Gründung von Glória d'Oeste und Lambari d'Oeste verantwortlich. Hatten die Initiatoren ihr Ziel erreicht und politische Ämter auf bundesstaatlicher Ebene erlangt, so verließen sie meist das Munizip, in dem sie politisch groß geworden waren, und kümmerten sich nicht mehr um seine Belange. Nur Figueirópolis und Indiavaí bildeten dabei eine Ausnahme. Dort nämlich war der ursprüngliche Initiator der Kolonisation gleichzeitig der politische Kopf der Munizipsgründung. In beiden Fällen blieb der spätere mehrmalige Präfekt im Munizip und setzte sich für seine Entwicklung ein, da er das ursprüngliche Kolonisationsprojekt als sein persönliches Lebenswerk ansah.

Durch die große Bedeutung politischer Machenschaften und Klientelstrukturen bei der Emanzipation der Munizipien im Hinterland von Cáceres waren sowohl bei der Entscheidung zur Gründung selbst als auch bei der territorialen Abgrenzung objektive Kriterien nur zweitrangig. Dadurch entstanden teilweise viel zu kleine Munizipien, die aufgrund ihrer geringen Bevölkerung und Wirtschaftskraft kaum überlebensfähig sind. Allerdings sind auch Korruption und Veruntreuung kommunaler Gelder nicht selten ein Grund für die Finanznot der Gemeinden. Diese führte in einzelnen Munizipien im Hinterland von Cáceres Mitte der 90er Jahre sogar soweit, daß die Gehälter der Angestellten über mehrere Monate hinweg nicht bezahlt werden konnten[2]. Unter dieser Situation leiden vor allem die marginalisierten Gruppen, die zur Überlebenssicherung auf kommunale Unterstützung angewiesen sind, denn für soziale Leistungen reichen die knappen kommunalen Mittel, deren Verwendung ohnehin eher den Interessen der wirtschaftlichen Eliten folgt, häufig nicht aus.

---

1 Während der Militärdiktatur konnten nur die kommunalen Abgeordneten gewählt werden, während der Präfekt vom Gouverneur des Bundesstaates Mato Grosso ernannt wurde. Seit 1986 ist auch das höchste Amt im Munizip wählbar.

2 Die wachsende finanzielle Misere der Munipien ist in ganz Brasilien zu beobachten, obwohl seit 1988 die Zuweisungen von Landes- und Bundesregierung besonders in den letzten Jahren stark gestiegen sind. Allerdings bekommen die Gemeindeverwaltungen im Gegenzug immer mehr Aufgaben aufgebürdet, die zuvor in der Zuständigkeit vom jeweiligen Bundesstaat oder gar von der Zentralregierung lagen.

Bei der Grenzziehung der entstehenden Munizipien waren ebenso politische Machtkämpfe, die sich noch heute in Grenzstreitigkeiten äußern, von großer Bedeutung. Entsprechend der gängigen Praxis in ganz Brasilien konnten sich die Verhandelnden auf naturräumliche Grenzen wie Flußläufe oder *serras* als Grenzverlauf einigen. Im politischen Widerstreit wurde aber übersehen, daß das wirtschaftliche und soziale Gefüge meist anderen Kriterien folgt, so daß einzelne Siedlungen Munizipien zugeordnet wurden, in deren Muniziphauptort die Bewohner zuvor nie gewesen waren, da ein anderer Muniziphauptort sehr viel näher lag. Dies erschwert vor allem den Alltag der betroffenen Siedler. Sie müssen die öffentlichen Einrichtungen - Rathaus, Schule, Krankenstation etc. - im nun für sie zuständigen, schwerer erreichbaren Munizip aufsuchen.

Durch die in den letzten 25 Jahren neu entstandenen Munizipien hat Cáceres zwar nur einen Bruchteil seiner Fläche, jedoch einen großen Teil seiner Bevölkerung verloren. Vor allem die Emanzipationen in den 70er Jahren brachten für Cáceres den Verlust gerade der wirtschaftlich und demographisch dynamischsten Gebiete mit sich. Allerdings haben sich die Erwartungen der Bevölkerung in den neuen Munizipien bei weitem nicht erfüllt, so daß die Bilanz der Neugründungen insgesamt eher negativ ausfällt. Die Munizipsverwaltungen, die sich durchaus ihres wirtschaftlichen Gewichtes in der Region bewußt waren, versuchten den allgemeinen Abwärtstrend in den 80er Jahren zu stoppen, indem sie mit der Gründung der UNIVALE ein politisches Sprachrohr schufen. Dieser Zusammenschluß der Munizipien im Hinterland von Cáceres sollte die gemeinsame Interessenvertretung auf höheren politischen Ebenen ermöglichen, diente aber letztendlich doch nur als politisches Sprungbrett für einige ambitionierte Lokalpolitiker. Aufgrund dieser Erfahrungen ist die brasilianische Regierung derzeit bestrebt, die Bestimmungen für Emanzipationen zu verschärfen und die Anforderungen dafür - Bevölkerung, Wirschaftskraft etc. - zu erhöhen (NORONHA 1996, BREMAEKER 1996).

2.2.2.5 Naturräumliche Veränderungen in der Differenzierungsphase

Durch die rapide Ausdehnung der landwirtschaftlichen Nutzfläche wurde in den 70er Jahren ein Großteil der noch verbleibenden Waldgebiete gerodet. Lediglich die *cerrado*- und *cerradão*-Vegetation auf der Hochfläche der Chapada dos Parecis blieb davon verschont. Demgegenüber erreichten die Rodungsflächen im südlich-zentralen Bereich der Region, der gute naturräumliche Voraussetzungen für die landwirtschaftliche Nutzung bietet, sowie in den weniger günstigen kleinbäuerlich geprägten Gebieten einen besonders hohen Anteil. Entgegen den gesetzlichen Vorschriften fielen häufig selbst die Galeriewälder entlang der Flüsse und Bäche der Entwaldung zum Opfer. Diese rasche Rodung war nur durch eine technologische Neuerung möglich, die im Hinterland von Cáceres Mitte der 70er Jahre Einzug hielt: die Motorsäge. Sie löste das langsame Rodungsgerät Axt ab. Das relativ billige Gerät war für viele Siedler erschwinglich, so daß die Entwaldung enorm beschleunigt wurde.

Die zunehmende Entwaldung hatte für das Alltagsleben der Siedler zunächst eine positive Wirkung. Durch die Rodung der Wälder wurde das Niederschlagswasser nicht mehr so stark von der natürlichen Vegetation absorbiert, sondern floß als Oberflächenwasser ab. Dadurch entwickelten sich die zuvor nur während der Regenzeit fließenden Bäche zu ganzjährigen Gewässern und erleichterten die Wasserversorgung der Bevölkerung. Damit wurde allerdings auch die Verschmutzungsgefährdung des Wassers größer.

Der Rodung der Wälder folgte der Anbau von einjährigen Kulturen, die der Erosion Vorschub leisteten. Durch die Aussaat zu Beginn der Regenzeit blieb der Boden bei den ersten Starkregen ohne schützende Bedeckung und wurde vor allem in den hügeligen Bereichen rasch abgespült. Davon waren besonders Rio Branco, Salto do Céu und Reserva do Cabaçal sowie die nördlichen Gebiete von Araputanga - Nova Floresta - und Jauru - Lucialva und Corgão - betroffen, wo meist sandige Böden rasch erodierten. Gerade in diesen Teilregionen aber lebten vorwiegend Kleinbauern, die aufgrund mangelnder Kenntnisse oder fehlenden Kapitals keine Möglichkeit hatten, auf Anbaualternativen - etwa auf Dauerkulturen - umzusteigen. Selbst in weniger hügeligen Gebieten wie beispielsweise im Bereich der Stadt Jauru und in den südlichen Munizipien kam es zu Bodendegradierung. Hier war es nicht so sehr die Bodenabspülung als vielmehr der Verlust der natürlichen Bodenfruchtbarkeit, der die Erträge der anspruchsvollen einjährigen Kulturen Reis und Bohnen innerhalb von wenigen Jahren auf einen Bruchteil der Anfangsproduktivität sinken ließ (ESTADO DE MATO GROSSO 1980a). Nur der Einsatz von teurem Dünger, der für kleinbäuerliche Betriebe unerschwinglich war, hätte die damit verbundenen Verluste verringern können.

Auch die Gewässer wurden durch die dynamische Entwicklung der 70er und frühen 80er Jahre geschädigt. Durch die Rodung der Galeriewälder wurden die Uferbereiche erodiert. Die Sedimentfracht der Bäche und Flüsse erhöhte sich einerseits durch diese Ufererosion. Andererseits konnte der abgespülte Boden sowie darin enthaltene Agrochemikalien aus den benachbarten Gebieten ungehindert in die Gewässer gelangen. Damit wurde das ökologische Gleichgewicht der Bäche und Flüsse gestört. Gleichzeitig wurde das Flußbett in flacheren Abschnitten völlig zusedimentiert, so daß sich der Verlauf kleinerer Bäche verlagerte. Außerdem benutzte die wachsende städtische Bevölkerung die stadtnahen Bäche als Müllkippe, da es noch keine kommunale Müllentsorgung gab. Auch die Abwässer gelangten ohne jegliche Aufarbeitung in die Gewässer.

Neben diesem unachtsamen Umgang mit den natürlichen Ressourcen durch die Bevölkerung sorgte sich auch der Staat wenig um den Schutz der Ökosysteme. Einerseits bemühten sich weder die kommunalen noch die bundesstaatlichen Behörden um die Einrichtung stadthygienischer Infrastrukturen. Allerdings war die Durchführung solcher Maßnahmen zu diesem Zeitpunkt in ganz Mato Grosso und in weiten Teilen Brasiliens völlig unvorstellbar. Andererseits wurden auch auf nationaler und internationaler Ebene gravierende Planungsfehler insbesondere bei der Konzeption des POLONOROESTE-Programms gemacht. Der mit Abstand wichtigste Schwerpunkt des Regionalentwicklungsprogramms, der Straßenbau, berücksichtigte keinerlei ökologische Folgewirkungen der geplanten

Maßnahmen. Vor allem der Bau neuer ländlicher Erschließungsstraßen hatte gravierende Umweltschäden entlang der Straßentrassen zur Folge, da die Zerstörung der natürlichen Vegetation und die völlig vegetationslosen Straßen geradezu ideale Angriffspunkte für die Erosion boten.

2.2.2.6 Faktoren der Entwicklung in der Differenzierungsphase

Zusammenfassend kann die Entwicklung der Region in der Differenzierungsphase charakterisiert werden als ein Prozeß der inneren kleinräumigen Differenzierung und Strukturierung des Hinterlandes von Cáceres. Die einzelnen Teilräume entfalteten in den 70er und frühen 80er Jahren sehr unterschiedliche Entwicklungsdynamiken, die sowohl von der jeweiligen Betriebsgrößenstruktur und der dominierenden Agrarproduktion als auch von den verschiedenen ökologischen Prozessen bestimmt wurden. Während in einigen Teilgebieten bereits die Anfänge einer wirtschaftlichen und sozialen Krise spürbar waren, durchliefen andere eine ökonomische Boomphase. Dies machte sich besonders in den sozialgruppenspezifischen Migrationsströmen bemerkbar, wobei die Abwanderung in andere Regionen - vor allem nach Rondônia - eindeutig vorherrschte. Gleichzeitig verdeutlichte die zunehmende Anzahl illegaler Landbesetzungen die wachsenden sozialen Spannungen in der Region.

Trotz oder gerade wegen dieser unterschiedlichen Entwicklung der Teilregionen nahm die regionsinterne Kommunikation zu. Insbesondere der Straßenbau, der vor allem in den späten 70er und frühen 80er Jahren in Angriff genommen wurde, verstärkte die Austauschbeziehungen der Teilgebiete untereinander. In dieser Raumstruktur nahm Mirassol eine zentrale Stellung ein, da sich dort Industrie, Handel und Dienstleistungen konzentrierten. Die Stadt wurde damit zum Dreh- und Angelpunkt für Wirtschaft und Bevölkerung und löste Cáceres in seiner Funktion als zentraler Ort für die Region ab. Diese Tendenz wurde durch die Munizipsgründungen der 70er und 80er Jahre noch verstärkt, so daß das Hinterland von Cáceres auch seine politische Entwicklung selbständig bestimmen konnte.

2.2.3 Wirtschaftliche Krise und ökologische Degradierung in den späten 80er und in den 90er Jahren

In den späten 80er und in den 90er Jahren ist die Entwicklung im Hinterland von Cáceres durch allgemeine Degradierungsprozesse sowohl in sozioökonomischer als auch in ökologischer Hinsicht geprägt (siehe Abb. 28). Die Region durchläuft in dieser Phase eine Agrarkrise, die einem Großteil der ländlichen Bevölkerung die Lebensgrundlage entzieht. In den Homogenisierungstendenzen der regionalen Prozesse, die in eine weitgehend viehwirtschaftlich dominierte Agrarstruktur münden, bleiben nur noch wenigen sozialen Gruppen Rückzugsräume, die sie sich mit Hilfe der unterschiedlichsten Überlebensstrategien erkämpfen müssen. Die parallel dazu verlaufende Fragmentierung der sozioökonomischen Entwicklung spaltet die Gesellschaft zunehmend in Verlierer und Gewin-

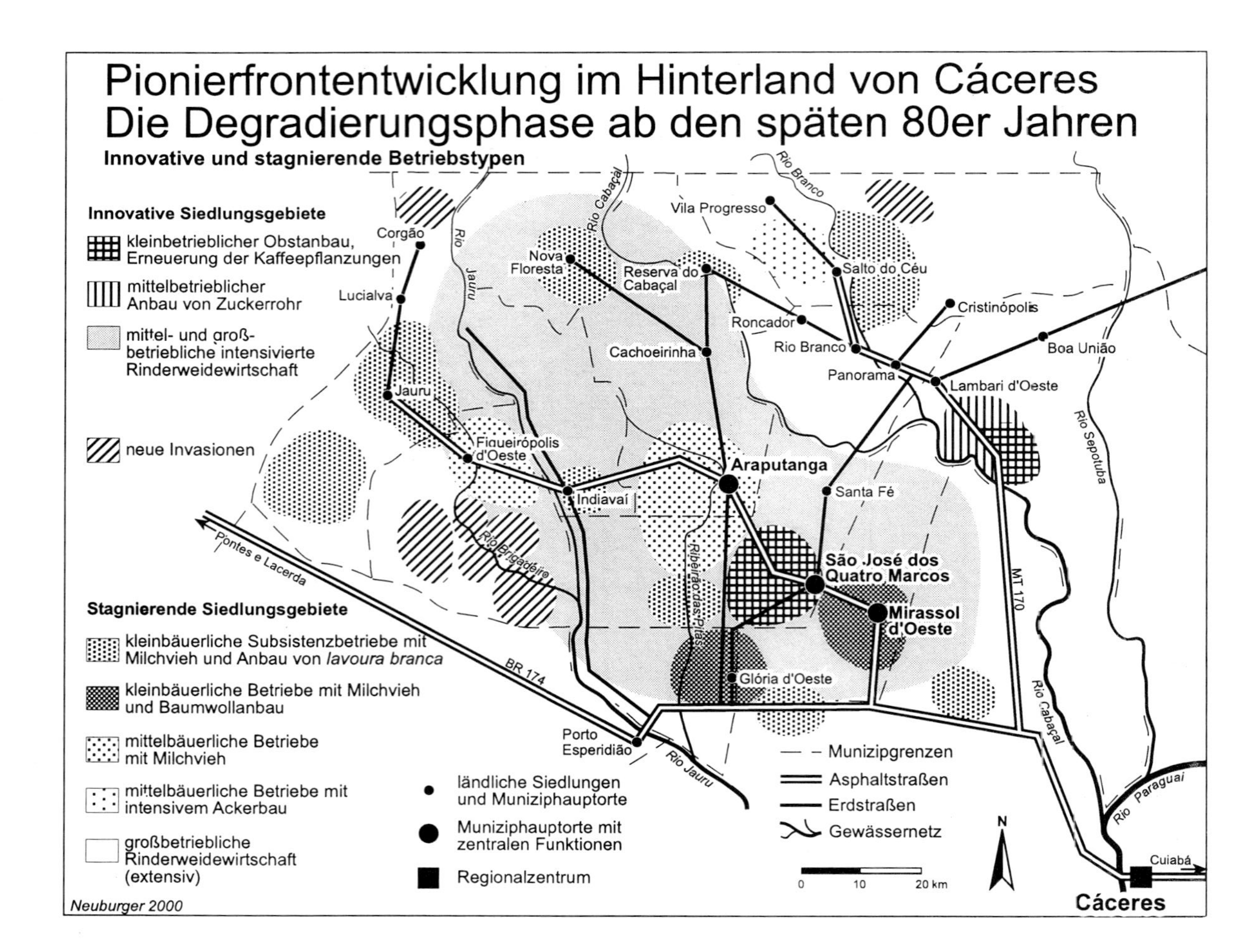

Abbildung 28

ner, die sich im Widerstreit um die lokal-regionalen Ressourcen gegenüberstehen, gleichzeitig aber in ihren alltagsweltlichen Handlungen vielfältig miteinander verflochten sind. Dieser sozioökonomischen Strukturierung der Region folgend werden in der Analyse der räumlichen Prozesse in der Degradierungsphase zunächst allgemeine Entwicklungstendenzen für das gesamte Hinterland von Cáceres dargestellt, um danach einzelne ausgewählte Teilbereiche exemplarisch zu beleuchten.

2.2.3.1 Die *pecuarização* in der Landwirtschaft

In der Landwirtschaft bildete sich im Laufe der letzten fünfzehn Jahre die Viehhaltung in nahezu allen Teilräumen als eindeutiger Schwerpunkt heraus. Diese Entwicklung wird im Portugiesischen als *pecuarização*[1] bezeichnet. In den einzelnen Teilgebieten lagen diesem Strukturwandel zwar unterschiedliche Faktorenkonstellationen zugrunde, die sich in kleinräumig differenzierten sozioökonomischen Prozessen ausdrückten, jedoch dominierten insgesamt politisch-ökonomische Einflußfaktoren auf nationaler Ebene, die die Homogenisierung der regionalen Strukturen vorantrieben.

Von entscheidender Bedeutung dabei war der 1986 von der Regierung Sarney verabschiedete *Plano Cruzado*, der nach mehreren Jahren steigender Inflation eine Währungsreform vorsah. Die agrarpolitisch relevanten Begleitmaßnahmen beinhalteten das Einfrieren zunächst aller Preise. Allerdings konnte diese Politik nicht lange durchgehalten werden, so daß die Preise von Industrieprodukten wieder freigegeben wurden, während die Agrarprodukte weiterhin einer Indexierung auf einem sehr niedrigen Niveau unterlagen. Die nun wieder ansteigende Inflation hatte zur Folge, daß die Preisentwicklung für landwirtschaftliche Produkte den Steigerungsraten der Industrieproduktpreise weit hinterherhinkte und sich damit die Preisschere für die landwirtschaftlichen Betriebe immer weiter öffnete. So verloren landwirtschaftliche Produkte im Vergleich zu den im Agrarsektor benötigten Maschinen und Vorleistungsgütern ein Vielfaches an Wert[2].

Dies traf besonders für periphere Regionen zu, wo industrielle Güter aufgrund der hohen Transportkosten aus den Industriezentren des Landes - in Mato Grosso selbst gibt es keine entsprechenden Industriebetriebe - sehr teuer waren. Gut strukturierte landwirtschaftliche Betriebe mit großen Gewinnspannen konnten diese Entwicklung überstehen. Kleine Betriebe, die bereits zuvor an der Grenze zum Existenzminimum wirtschafteten, führte sie in den Ruin. Auch mittlere Betriebe wurden durch den neuen Wirtschaftsplan in ihrer

---

1 Der Begriff setzt sich aus dem Wort "pecuária", das Viehhaltung bzw. Viehwirtschaft bedeutet, und der Endung "-zação" zusammen, die im Deutschen der Endung "-ierung" entspricht, die Substantiven die Bedeutung eines Prozesses bzw. einer Entwicklung gibt.

2 Für die Kaffeeproduzenten im Hinterland von Cáceres verlor der Kaffee besonders stark an Wert. Während beispielsweise 1986 eine Tonne Dünger noch einem Gegenwert von drei Sack Kaffee entsprach, mußte der Produzent zehn Jahre später bereits 23 Sack Kaffee für dieselbe Menge Dünger aufwenden.

Existenz bedroht, da die Zinsen für die vor 1986 erhaltenen günstigen Kredite im Zuge des *Plano Cruzado* drastisch erhöht wurden und der Schuldendienst der betroffenen Betriebe häufig ihre Wirtschaftskraft überstieg. Neue Kreditlinien, die wenige Jahre später geschaffen wurden, um die Grundnahrungsmittelproduktion der Klein- und Mittelbetriebe zu steigern, waren aufgrund der relativ hohen an die Inflation gekoppelten Zinsen und der verlangten umfangreichen Garantien für die kleineren Betriebe unerreichbar und unerschwinglich. Kredite aus den unterschiedlichen Programmen wie beispielsweise aus dem 1989 gesetzlich verankerten FCO (*Fundo Constitucional de Financiamento do Centro-Oeste*) eigneten sich eher für die Förderung der in anderen Regionen Mato Grossos entstehenden mittelbetrieblich strukturierten Sojawirtschaft, nicht aber für die kleinbäuerlichen Betriebe im Hinterland von Cáceres (BANCO DO BRASIL 1994).

Der allgemeine Preisverfall der landwirtschaftlichen Produkte beschleunigte die *pecuarização* besonders in den von der Grundnahrungsmittelproduktion geprägten Teilregionen des Hinterlandes von Cáceres. An der Achse Rio Branco, die die Munizipien Salto do Céu, Reserva do Cabaçal, Rio Branco selbst und später Lambari d'Oeste umfaßte, brach der Anbau von Reis, Mais und Bohnen zwischen 1985 und 1996 völlig zusammen. Während in den Gebieten Reserva do Cabaçal und Cristinópolis sowie im Norden von Salto do Céu aufgrund der ökologisch besonders ungünstigen Rahmenbedingungen der Ackerbau bereits in den 70er Jahren in die Krise geraten war, führte der Preisverfall für Grundnahrungsmittel Mitte der 80er Jahre auch die Betriebe in den ökologisch bevorzugten Gebieten von Rio Branco, Salto do Céu und Panorama an den Rand der Rentabilität. In den Invasionsgebieten Nova Floresta und *Gleba Montecchi* wurde diese Entwicklung nach der weitgehenden Rodung der Waldflächen durch die einsetzende Erosion verstärkt. Lediglich in den Bereichen nördlich der Stadt Salto do Céu boten fruchtbare Böden die Grundlage für eine hohe Produktivität und somit für die Weiterführung der *lavoura branca*.

Ihrer Existenzgrundlage beraubt, wandelten die meisten Kleinbauern ihre Ackerbauflächen mangels Alternative in Weide um und stiegen in die Milchviehhaltung ein. Den Anbau von Grundnahrungsmitteln behielten nur noch wenige Produzenten zur Subsistenz bei. Die Milchproduktion hatte für sie den Vorteil, daß sie auch für kleine Betriebsflächen geeignet ist und den Familien ein über das Jahr verteiltes kontinuierliches Einkommen bietet. Allerdings erwarb die Mehrzahl der Betriebe aufgrund mangelnder Kenntnisse und knappen Kapitals nur minderwertige Rassetiere, so daß die Produktivität sehr gering blieb. Noch prekärer war die Situation für die ärmsten Familien, die über keinerlei Kapital zum Kauf von Vieh verfügten. Sie pachteten Kühe von größeren benachbarten Milchviehbetrieben oder verpachteten ihre Weideflächen an Mastbetriebe. Durch das System der Viehpacht[1], in dem die Pächter ihre Weiden zur Verfügung stellten und dafür die Milch und einen Teil der in der Pachtzeit produzierten Kälber als Bezahlung behielten, konnten zwar auch die kleinsten Betriebe eine eigene Herde aufbauen. Sie eignete sich aber in

1 Die Viehpacht ist in den großen Viehzuchtgebieten Brasiliens - insbesondere in Amazonien - eine weit verbreitete Form der Pacht, die neben den üblichen Arbeitsbeziehungen einen wichtigen Aspekt der sozialen und ökonomischen Verflechtungen zwischen Klein- und Großbetrieben darstellen (LÔBO 1993).

vielen Fällen noch viel weniger für die Milchproduktion, da die Tiere teilweise aus Mastviehbetrieben stammten, die ausschließlich mit der Rinderrasse Nelore arbeiteten.

Bereits nach kurzer Zeit wurde deutlich, daß aufgrund der ausgesprochen niedrigen Produktivität die Mehrzahl der Betriebe in dieser Teilregion für die Erwirtschaftung des Lebensunterhalts einer Familie viel zu klein war. Die Familien mußten abwandern und verkauften ihre Betriebe an benachbarte Kleinbauern, aber auch an Großbetriebe, bei denen sie sich teilweise durch das Ausleihen von Maschinen und Geräten oder durch die Inanspruchnahme von Transportdiensten verschuldet hatten. Die kleinbäuerlichen Käufer dieser Parzellen konnten mit der Vergrößerung der Betriebsfläche ihre Überlebenschancen verbessern oder durch die Übertragung des erworbenen Betriebes auf die jüngere Generation für diese eine Existenzgrundlage schaffen. Allerdings blieb den kapitalschwachen Betrieben kein Spielraum für die Erhöhung der Produktivtät von nur drei Litern Milch pro Tag und Kuh etwa durch den Kauf geeigneter, aber teurer Milchviehrassen oder durch die Zufütterung in der Trockenzeit. Damit blieb die kleinbäuerliche Struktur in der *Gleba Montecchi*, in Nova Floresta und um die Stadt Reserva do Cabaçal im wesentlichen erhalten. In besonders ärmlichen Gebieten hingegen ging die Besitzkonzentration soweit, daß alle Kleinbetriebe von den wenigen benachbarten Großbetrieben aufgekauft wurden. So blieben beispielsweise von den ursprünglich kleinbäuerlich geprägten *comunidades* Panorama, Lambari, Boa União, Cristinópolis, Roncador und Vila Progresso nur noch kleine geschlossene Siedlungen übrig, in denen heute meist landlose auf den umliegenden Mastviehbetrieben arbeitende Pächterfamilien leben.

Von dieser allgemeinen Tendenz der *pecuarização* blieben lediglich die mittelbetrieblich strukturierten Gebiete von Lambari sowie die *Gleba Canaã* ausgenommen. Während in Lambari die Zuckerrohrproduktion trotz der partiellen Rücknahme der Förderungsmaßnahmen im Rahmen des PROÁLCOOL-Programms rentabel weitergeführt werden konnte, hatte in der *Gleba Canaã* der Preisverfall der Grundnahrungsmittel zunächst dieselbe Wirkung wie in den anderen Gebieten: Die kleinbäuerlichen Familien gaben ihre Betriebe gößtenteils Ende der 80er Jahre auf. Allerdings kauften hier ehemalige Pächterfamilien aus den Kaffeegebieten Mirassol und Quatro Marcos die Parzellen auf. Sie hatten durch den Niedergang des Kaffeeanbaus dort ihre Anstellung verloren und konnten mit dem angesparten kleinen Kapitalstock einen Betrieb in der *Gleba* erwerben[1]. Aufgrund der hohen natürlichen Fruchtbarkeit des Bodens begannen sie mit dem Anbau von Baumwolle und Bananen, wobei letzteres auch als Rodungskultur diente. Die zunächst relativ hohe Produktivität bei beiden Produkten sank allerdings nach wenigen Jahren, da sich Pflanzenkrankheiten und Schädlinge rasch ausbreiteten und die Ernteerträge auf weniger als die Hälfte zurückgingen. Bei den Bananen war dafür das sogenannte *mal do panamá*, die Panamakrankheit, verantwortlich - eine Pilzkrankheit, die ausgelöst wird von Pilzen der Spezies *Fusarium oxysporum f. sp. cubense* und durch die die Stauden bereits nach dem ersten Produktionsjahr praktisch völlig zerstört werden. Gleichzeitig ist eine Neupflanzung

1 Zur Krise des Kaffees in Mirassol und Quatro Marcos siehe die Ausführungen weiter unten.

von Bananen auf den vom Pilz bereits infizierten Flächen für mehrere Jahre unmöglich, so daß sich der Bananenanbau in der *Gleba* bereits Anfang der 90er Jahre stark reduzierte.

In der Baumwollproduktion schädigte ab 1993 der *bicudo* (*Anthonomus grandis*) die Pflanzen, indem er die Baumwollknospen von innen aushöhlte. Er konnte jedoch mit dem Einsatz von Pestiziden in Schach gehalten werden. Im Wirtschaftsjahr 1995/96 brach die Baumwollproduktion allerdings völlig zusammen, da die Betreiber der Baumwollentkernungsanlagen, bei denen die Produzenten in der Regel alle Vorleistungsgüter kauften, an die Kleinbauern - wissentlich oder unwissentlich - minderwertiges Saatgut verkauften, das keinerlei Resistenz gegen den *bicudo* hatte. Der Schädlingsbefall war daraufhin so groß, daß auch der erhöhte Einsatz von Agrochemikalien keine Besserung brachte und die Erträge derart zurückgingen, daß sich teilweise die Ernte gar nicht mehr lohnte. In dieser Situation kamen den nun hochverschuldeten Kleinbauern die Förderungsmaßnahmen des Regionalentwicklungsprogramms PRODEAGRO zu Hilfe. Das von der Weltbank mitfinanzierte Folgeprojekt des POLONOROESTE ermöglichte es den Betrieben, mit günstigen Krediten und umfangreicher technischer Beratung in die Produktion von Sonderkulturen und in die Kleintierzucht einzusteigen, so daß die *Gleba* heute als eines der dynamischsten Gebiete im Hinterland von Cáceres gilt (siehe dazu KLEIN 1998 sowie die weiteren Ausführungen in Kapitel IV.2.3).

In den Kaffeegebieten des Hinterlandes von Cáceres hatte der *Plano Cruzado* ebenfalls schwerwiegende Folgen, da der Kaffee an Wert verlor, während die Preise für Vorleistungsgüter anstiegen. Der Einsatz von Dünger, der den ebenfalls Mitte der 80er Jahre einsetzenden erneuten Produktivitätsrückgang hätte auffangen können, lohnte sich nicht mehr. Vor allem in Mirassol rissen die meisten Betriebe abgesehen von einem kleinen Bestand zur Eigenversorgung alle noch verbliebenen Sträucher aus. Lediglich im Gebiet Barreirão westlich von Quatro Marcos hielten einige wenige Betriebe an der Kaffeeproduktion fest (siehe dazu auch Abb. 23). Der Kaffeebestand sank aber auch dort von rund drei Millionen Sträuchern auf knapp 1,8 Millionen. Mit dem entsprechenden Produktionsrückgang wurden Mirassol und Quatro Marcos als Standorte für die angesiedelten Kaffeeröstereien uninteressant. Heute produziert nur noch eine Rösterei in Mirassol, die den zu verarbeitenden Kaffee auch aus anderen Regionen aufkauft, um ihre Kapazitäten auslasten zu können.

Auf der Suche nach tragfähigen Produktionsalternativen stiegen die meisten ehemaligen Kaffeebetriebe von Quatro Marcos in die Baumwollproduktion ein. Die mirassolenser Betriebe erweiterten hingegen ihre Baumwollanbauflächen, um die Produktionsausfälle des Kaffees wieder auszugleichen. Die Pächterfamilien, die sich zuvor um die Kaffeepflanzungen gekümmert hatten, verloren mit dieser Entwicklung ihre Anstellung. Häufig mußten sie die Betriebe verlassen und abwandern. Lediglich ein Teil der ehemaligen Pächter, die sich meist in den Städten niederließen, konnte im Baumwollanbau während der Ernte als Tagelöhner arbeiten.

Die Baumwollproduzenten konnten in den ersten Jahren hohe Gewinne erzielen. Allerdings mußten die kleinbäuerlichen Betriebe bereits wenige Jahre später den Anbau wieder stark einschränken, weil die Konkurrenz der Anfang der 90er Jahre in diesen Sektor vordringenden Mittel- und Großbetriebe zu groß wurde. Darüber hinaus sank bei nachlassender Bodenfruchtbarkeit die Produktivität. Während in Glória d'Oeste der Baumwollanbau immer von mittleren Betrieben getragen worden war und damit konkurrenzfähig blieb, konnten sich die kleinbäuerlichen Baumwollproduzenten in Quatro Marcos aufgrund ihrer relativ guten Kapitalausstattung und der hohen natürlichen Bodenfruchtbarkeit trotz der Konkurrenz halten. Die stetig steigende Produktion nährte die Hoffnung auf die Baumwolle als die in der allgemeinen Agrarkrise einzige zukunftsfähige Kultur. Aber auch hier machte 1995 die *bicudo*-Plage alle Planungen zunichte.

Obwohl die meisten kleinbäuerlichen Familien einige Jahre vor 1995 aus dem Baumwollanbau ausgestiegen waren, litten auch sie unter dem Zusammenbruch der Baumwollproduktion, denn sie fanden auf den Mittel- und Großbetrieben zumindest in der Erntezeit eine saisonale Anstellung als Tagelöhner und konnten damit das in der allgemeinen Krise immer weiter sinkende Familieneinkommen erhöhen. Diese Einkommensquelle versiegte mit dem Zusammenbruch der Baumwollproduktion. In ihrer Existenz unmittelbar bedroht waren vor allem die kleinbäuerlichen Pächterfamilien, die die Baumwolle als Rodungs- oder Weideerneuerungskultur auf ihren gepachteten Flächen angebaut hatten. Sie verloren die Ernte und sahen keinerlei Möglichkeit, ihre Schulden bei den *algodoeiras* zurückzuzahlen. Manche Familien flohen in ihrer Verzweiflung sogar nach Bolivien, da sie aufgrund ihrer Zahlungsunfähigkeit eine strafrechtliche Verfolgung fürchteten.

Das seit dem Saatgutbetrug verlorene Vertrauen der Baumwollproduzenten versuchten die Agrarberater der EMPAER (*Empresa Mato-Grossense de Pesquisa, Assistência e Extensão Rural*), die nach wie vor von der Tragfähigkeit des Baumwollanbaus überzeugt waren, mit zahlreichen Maßnahmen wieder aufzubauen. Allerdings wagte 1997 nur ein geringer Prozentsatz der Betriebe einen weiteren Versuch. Die übrigen Mittel- und Großbetriebe folgten dem allgemeinen Trend und stiegen in die Viehhaltung ein oder bauten als Alternativkultur Mais an. Mit diesem drastischen Produktionsrückgang verloren die *algodoeiras* einen Großteil ihrer Zulieferer, so daß die Filialen der nationalen Baumwollkonzerne bis auf zwei Betriebe geschlossen wurden. Auch ein bolivianischer Baumwollkonzern, der für 1997 umfangreiche Investitionen im Hinterland von Cáceres angekündigt hatte, zog sein Vorhaben zurück.

In dieser vernichtenden Krise des Baumwollanbaus boten auch andere Kulturen, die sich ebenfalls in der ehemaligen Kaffeeregion etabliert hatten, keine langfristige Perspektive. Die Produktion von Bananen, die seit Anfang der 80er Jahre als Rodungskultur diente und meist im Pachtsystem angebaut wurde, verlor bereits Anfang der 90er Jahre ihre Bedeutung, da einerseits nahezu alle Waldflächen gerodet worden waren, andererseits das *mal do panamá* die Produktivität senkte und einen mehrfachen Anbau nicht zuließ. Wenige Jahre später brach auch die Zuckerrohrproduktion zusammen. Die Zuschüsse aus dem PROÁLCOOL-Programm wurden aufgrund der staatlichen Finanzkrise Anfang der 90er Jahre reduziert. Gleichzeitig senkte die Veruntreuung von Geldern innerhalb der COOPROCAMI die Wirtschaftlichkeit der Alkoholproduktion, so daß die Kooperative 1993 Konkurs anmelden mußte. Seitdem steht die COOPROCAMI, die zur Sanierung ihrer Finanzen das Fabrikgebäude veräußern möchte, mit Investoren aus São Paulo - allerdings bislang erfolglos - in Verhandlungen.

Die Krise im Ackerbau führte auch in Mirassol, Quatro Marcos und Glória d'Oeste zu Besitzkonzentration und *pecuarização*. Die Mehrzahl der Klein- und Mittelbetriebe sah in der weidewirtschaftlichen Nutzung die risikoärmste Alternative zu den anderen Anbauprodukten. Neben den Pächtern der gesamten Teilregion, die mangels Beschäftigungsmöglichkeiten aus dem ländlichen Raum abwandern mußten, gerieten vor allem die kleinbäuerlichen Familien unter Druck, die sich durch den Baumwollanbau hoch verschuldet hatten und über kein Kapital verfügten, um dieses Defizit wieder auszugleichen. Insbesondere in Mirassol, wo die nur wenige Jahre andauernde Kaffeeproduktion keine ausreichende Kapitalbildung zuließ, mußten zahlreiche Familien ihren Betrieb aufgeben. Dennoch konnten viele Betriebe, die in die Milchviehhaltung einstiegen, auf bessere Ausgangsbedingungen bauen als etwa die Milchbauern der Teilregion Rio Branco. Zum einen hatten die Familien während der Zeit der Kaffeeproduktion einen kleinen Kapitalstock angespart, den sie nun für die Beschaffung von qualitativ relativ gutem Milchvieh nutzten, auch wenn sie sich in der Regel keine gezüchteten Milchviehrassen aus dem Süden des Landes leisten konnten. Darüber hinaus war es ihnen möglich, durch Salzgaben, teilweise auch durch Zufütterung und durch eine wenigstens sporadische veterinärmedizinische Versorgung den Gesundheitszustand der Tiere und damit auch die Produktivität zu verbessern, die mit einer Leistung von rund zehn Litern Milch pro Tag und Kuh heute mehr als das Dreifache von Rio Branco erreicht.

Im Gegensatz zu den Teilregionen Rio Branco und Mirassol im Osten des Hinterlandes von Cáceres hatte sich die Viehhaltung im Westen bereits in den 70er und frühen 80er Jahren etabliert. Lediglich in den neueren Invasionsgebieten sowie im kleinbäuerlich strukturierten Indiavaí dominierte noch der Grundnahrungsmittelanbau. Allerdings geriet auch hier die *lavoura branca* im Zuge der restriktiven agrarpolitischen Maßnahmen Mitte der 80er Jahre in die Krise. Während mit der nun einsetzenden *pecuarização* in Indiavaí die Betriebe auf einen gewissen Kapitalstock aus der früheren Kaffeeproduktion bauen und relativ hochwertiges Milchvieh erwerben konnten, entstanden im Invasionsgebiet Mirassolzinho aufgrund der ungünstigen ökologischen Bedingungen und der Kapitalarmut der Siedler kleinbäuerliche Milchviehbetriebe mit äußerst prekären Produktionsformen. Auch hier fand das System der Viehpacht häufig Anwendung. Die relativ billigen Kreditangebote aus dem PROCERA-Programm, einem staatlichen Förderungsprogramm für Siedlungsprojekte des INCRA, wollten zahlreiche kleinbäuerliche Familien aus Mißtrauen gegenüber Bank und Staat nicht annehmen. Viele verkauften ihre kleinen mit Milchvieh nicht mehr tragfähigen Betriebe, nachdem sie Anfang der 90er Jahre vom INCRA ihre Landeigentumstitel erhalten hatten, und wanderten ab.

Die Besitzkonzentrationsprozesse, die im gesamten Munizip Jauru bereits Anfang der 80er Jahre ihren Anfang genommen hatten, setzten sich in den späten 80er und in den 90er Jahren fort. Die ärmlichen kleinbäuerlichen Familien in der Umgebung der Stadt Jauru mußten meist nach wenigen Jahren ihre Betriebe aufgeben. Nur wenige konnten ihr geringes Einkommen aus der Milchviehhaltung mit Gelegenheitsarbeiten in der Stadt ein wenig aufbessern. Wie in der Teilregion Rio Branco gehörten zu den Käufern der Betriebe von abwandernden Familien neben den ebenfalls kleinbäuerlichen Nachbarbetrieben auch die Großbetriebe, die an die ehemaligen Kolonisationsgebiete angrenzten. Sie kauften sich nach und nach in diese Gebiete ein, so daß die kleinbetrieblichen Strukturen räumlich immer weiter schrumpften. Die *comunidades* Lucialva und Corgão erlitten das gleiche Schicksal wie Cristinópolis und Roncador: Die Kleinbetriebe wurden von den Großbetrieben vollständig absorbiert, so daß die in den Dörfern lebenden Familien heute ihr Dasein als Tagelöhner und Pächter der großen Mastviehbetriebe oder als Goldschürfer in den illegalen Abbaugebieten im benachbarten Tal des Rio Guaporé fristen.

In den bereits von Anfang an mittelbetrieblich strukturierten Gebieten von Figueirópolis und im südlichen Araputanga konnte sich eine kapitalintensivere Milchviehwirtschaft ausbilden. Die über 100 ha, meist 200 bis 300 ha großen Betriebe verfügten über ausreichend Größe und Kapital, um geeignete Milchviehrassen zu erwerben und durch entsprechend intensivierte Produktionsmethoden die Produktivität zu erhöhen. Dabei waren die Weiden in Araputanga aufgrund der hohen Bodenfruchtbarkeit von besonders hoher Qualität, so daß die Betriebe dort die höchsten Erträge erzielen konnten (siehe Abb. 29). In Figueirópolis hingegen mußten die Produzenten die relativ nährstoffarme Weidegrassorte *Bracchiaria decumbens* verwenden, da nur diese ein relativ dichtes Wurzelwerk ausbildet und somit die Erosion in den vorwiegend sandigen Böden des hügeligen Geländes eindämmen konnte.

Aufgrund dieser allgemeinen Entwicklung in den letzten fünfzehn Jahren avancierte die Milchproduktion im Hinterland von Cáceres zu einem der bedeutendsten Wirtschaftsfaktoren. Dies geht nicht zuletzt auf die umfangreichen Werbekampagnen der COOPNOROESTE zurück. Der Gründer der Kooperative in Araputanga warb für seine Überzeugung, daß die Milchviehhaltung die einzige zukunftsfähige Perspektive für Kleinbauern sei. Mit der wachsenden Milchproduktion verzeichnete die COOPNOROESTE als einzige milchverarbeitende Kooperative in der Region im Laufe der 80er Jahre großen Zulauf und zählt heute mit knapp 1.700 milchliefernden Mitgliedern zu den größten Milchkooperativen in Mato Grosso. Neben den Regionen Juscimeira und Rondonópolis gilt das Hinterland von Cáceres deshalb als eine der wichtigsten *bacias leiteiras* (SCHNELLER 1995) (siehe Abb. 30).

Die Milchproduzenten der COOPNOROESTE weisen ein sehr großes sozioökonomsiches Spektrum auf. Während die größten Produzenten täglich bis zu 25.000 l Milch abliefern, erreichen die kleinsten nur wenige hundert Liter. Dabei schwankt die Produktivität jahreszeitlich sehr stark. Diese Situation spiegelt die Bandbreite der sozioökonomischen Rahmenbedingungen in der regionalen Milchproduktion wider. Gut strukturierte Betriebe

Entwicklung der Milchwirtschaft im Hinterland von Cáceres 1970 - 1996

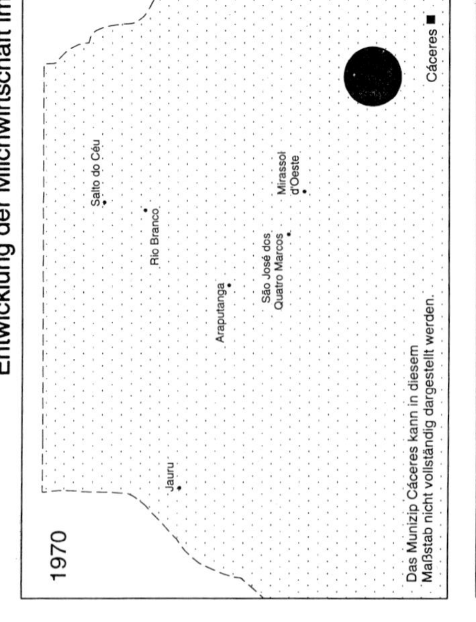

1980
Salto do Céu
Rio Branco
Araputanga
São José dos
Quatro Marcos
Mirassol
d'Oeste
Jauru

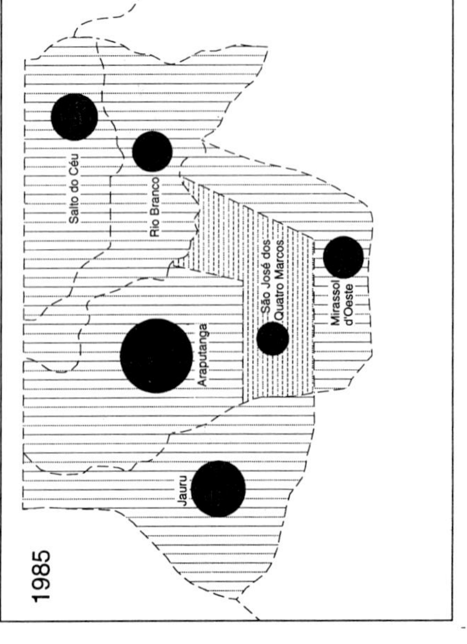

1996
Reserva do
Cabaçal
Salto do Céu
Lambari d'Oeste
Rio Branco
Araputanga
São José dos
Quatro Marcos
Mirassol
d'Oeste
Glória
d'Oeste
Indiavaí
Figueirópolis
d'Oeste
Jauru

Produktivität
Liter Milch pro
Tag und Kuh
< 1 l
1 - 2 l
2 - 3 l
3 - 4 l
> 4 l

Milchproduktion
in 1000 Liter
10.000
5.000
1.000
500

IBGE: Censo Agropecuário 1970,
1980, 1985, 1996

Entwurf: Neuburger 1999
Zeichnung: Pöhler

Abbildung 29

mittlerer Größe erzielen durch die Verwendung geeigneter Milchviehrassen, durch striktes Weidemanagement und Zufütterung Spitzenwerte in der Tagesproduktion und können auch in der Trockenzeit, wenn der Milchpreis aufgrund des sinkenden Angebots steigt, ihre Produktivität aufrechterhalten.

Während solche Betriebe aus der Sicht der COOPNOROESTE - im wachsenden Konkurrenzkampf bestrebt, die Qualität ihrer Produkte zu verbessern - die richtigen Produktionsmethoden anwenden, zählen die ärmlichen Kleinbetriebe zu den 'Sorgenkindern' der Kooperative. Ohne geeignetes Milchvieh erreichen sie Produktivitätswerte auf sehr niedrigem Niveau. Darüber hinaus sind die Weiden meist sehr stark degradiert, da die Kleinbauern nur durch eine sehr intensive Nutzung - häufig durch Übernutzung - auf ihren kleinen Flächen ein ausreichendes Familieneinkommen erzielen können, gleichzeitig aber über kein Kapital verfügen, um die Weiden regelmäßig zu erneuern. Außerdem schwanken die Produktionswerte jahreszeitlich aufgrund der fehlenden Zufütterung erheblich. Dies stellt die Kooperative vor produktionstechnische Probleme, da die Kapazitäten zwar in der Regenzeit voll ausgelastet sind, in der Trockenzeit aber zu einem großen Teil stillstehen und so die Produktionskosten insgesamt erhöhen. Ein weiteres gravierendes Problem für die auf Qualität bedachte Kooperative stellt die fehlende Hygiene dar. Insbesondere die nur im äußersten Notfall angewendete veterinärmedizinische Behandlung von kranken Tieren birgt die Gefahr, daß Krankheitserreger wie beispielsweise die der Brucellose, die auch auf den menschlichen Organismus übertragbar sind, in die Milch gelangen.

Diese Probleme sind für den gesamten brasilianischen Milchsektor symptomatisch und gehen auf die seit Jahrzehnten sehr wechselhafte Regierungspolitik zurück. Bereits in den 70er Jahren begann der brasilianische Staat zum Schutz der Konsumenten, den Preis für Frischmilch festzusetzen (REIS et al. 1993). Die Preisangleichung hinkte aber im Laufe der folgenden fünfzehn Jahre sowohl der Preisentwicklung bei anderen Grundnahrungsmitteln als auch der Inflation hinterher, so daß die Gewinnspanne für die Milchproduzenten immer geringer wurde. In den 80er Jahren sank trotz dieser restriktiven Preispolitik der Milchkonsum, da die in der wirtschaftlichen Krise immer weiter verarmenden Unterschichten das viel billigere und hygienisch einwandfreie Milchpulver der Frischmilch vorzogen (MARTINS, P. do Carmo 1988). Parallel dazu förderte der Staat die Modernisierung der milchverarbeitenden Industrie, ohne die Produktion von Milch durch entsprechende Maßnahmen attraktiver zu gestalten, so daß die Milchindustrie Schwierigkeiten hatte, ihre Kapazitäten auszulasten, und selbst in die Krise geriet (FARINA 1996). Anfang der 90er Jahre wurde schließlich die Preisbindung wieder aufgehoben und damit der nach wie vor auf teure Importe angewiesene Sektor für internationale Investoren interessant. Lebensmittelkonzerne wie die schweizer Nestlé oder in jüngerer Zeit die italienische Parmalat konnten sich so Marktanteile sichern. Während sich Nestlé in der Milchpulververmarktung bereits seit langer Zeit etabliert hat, drängt derzeit vor allem der Konzern Parmalat mit massiven Werbekampagnen auf den Markt und versucht seit Mitte der 90er Jahre auch in Mato Grosso Fuß zu fassen.

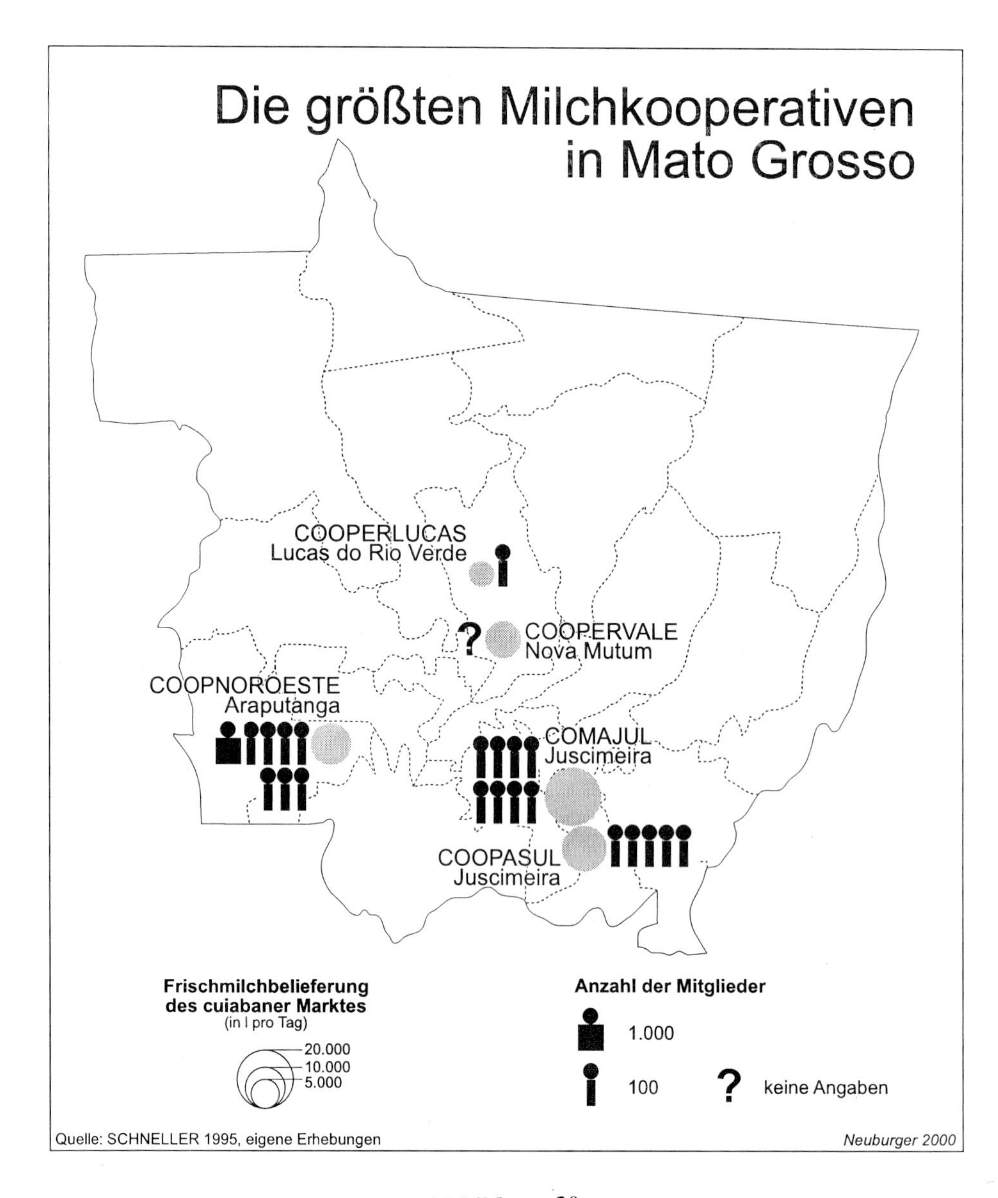

Abbildung 30

Durch die wachsende internationale Konkurrenz auf dem regionalen und nationalen Markt geraten die Milchkooperativen in ganz Brasilien besonders stark unter Druck, da sie aufgrund der kooperativ-kollektiven Organisationsstruktur nicht so flexibel auf Marktveränderungen reagieren können wie privatwirtschaftliche Industriebetriebe. Lediglich die großen Kooperativen im Süden und Südosten Brasiliens, die von unternehmerisch modern geführten hochtechnologisch produzierenden Milchviehbetrieben getragen werden, konnten sich durch Fusionen, Tertiärisierung und Expansion an den zunehmenden Globalisierungsdruck anpassen. Ohne Handlungsalternative geben hingegen die kleineren Kooperativen in der Regel den Preisverfall an ihre Mitglieder weiter. So sank beispielsweise der Produzentenpreis pro Liter Milch im Hinterland von Cáceres in weniger als zwei Jahren von 0,30 R$ Anfang 1996 auf 0,14 R$ im November 1997 und damit unter die Produktionskosten von 0,18 R$. Während die gut strukturierten Betriebe diese Preiseinbrüche durch weitere Produktivitätssteigerungen ausgleichen oder alternativ ihren Produktionsschwerpunkt aufgrund ihrer größeren Betriebsfläche auf die Mastviehhaltung verlagern konnten, gerieten die Kleinbetriebe an den Rand ihrer Existenz. Insbesondere die Kleinbauern, die staatliche Kredite für den Kauf von Vieh aufgenommen hatten, fürchteten um den Bestand ihrer Betriebe.

Um diese Situation zu entschärfen und gleichzeitig die Qualität der eigenen Produkte zu verbessern, bietet die COOPNOROESTE ihren Mitgliedern kostenlose Kurse und Beratungsgespräche an, in denen die Kleinbauern über neue Technologien, aber auch über einfache effiziente Produktionsmethoden unterrichtet werden. Auch die Einführung neuer Milchviehrassen versucht die Kooperative zu unterstützen, indem sie entsprechende Zuchtbullen verbilligt an die Produzenten weitergibt. Auch die staatlichen Stellen sind inzwischen auf die Misere aufmerksam geworden und sind bemüht, die Produktionsbedingungen zu verbessern. Während das Förderungsprogramm der brasilianischen Regierung PNFC (*Projeto Novas Fronteiras do Cooperativismo*) mit Hilfe von Demonstrativprojekten vor allem die Kooperativen in ihren Bemühungen um die Steigerung der Milchqualität unterstützen soll, zielt die von der matogrossenser Regierung veranlaßte Verteilung von Ausrüstungen für künstliche Besamung auf die Verbesserung des Milchviehbestandes ab. Diese Maßnahmen, die im wesentlichen die Modernisierung der Produktion und die Qualitätssteigerung des Endproduktes zum Ziel haben, sind allerdings in den meisten Fällen gerade für die ärmlichen Kleinbauern nicht zugänglich, da sie in der Regel einen wenn auch geringen Kapitaleinsatz erfordern, über den diese Kleinbetriebe meist nicht verfügen. Es bleibt deshalb zu befürchten, daß im Laufe der nächsten Jahre auch die Milchproduktion als Überlebensnische für die kleinbäuerlichen Familien verloren geht.

Parallel zu dieser homogenisierenden Entwicklung der *pecuarização* in den klein- und mittelbetrieblich strukturierten Teilregionen waren auch Veränderungen in den großbetrieblich dominierten Gebieten zu beobachten. Noch während der Erschließungsphase blieben die Großbetriebe nahezu ungenutzt und dienten lediglich Spekulationszwecken. Durch die zahlreichen illegalen und meist sehr blutig verlaufenden Landbesetzungen während der Differenzierungsphase wurden die Großgrundbesitzer jedoch aufgeschreckt. Sie hatten noch in den 60er Jahren geglaubt, daß mit dem Kauf bzw. der Aneignung von

Land im Hinterland von Cáceres üppige Spekulationsgewinne zu erzielen seien. Ende der 70er und Anfang der 80er Jahre sahen sie sich aber mit Invasionen konfrontiert, die den Wert sowie die freie Verfügbarkeit und Nutzbarkeit des Landes in Frage stellten. Darüber hinaus drohte bei sehr extensiver Nutzung von seiten des Staates die Enteignung.

In dieser Situation entschlossen sich zahlreiche Großgrundbesitzer im Hinterland von Cáceres, ihre weitgehend brachliegenden Flächen intensiver zu nutzen. Dafür bot sich die Rinderhaltung an, da das Vieh unter den gegebenen gesamtwirtschaftlichen Rahmenbedingungen der 80er Jahre eine relativ sichere Kapitalreserve bei gleichzeitig geringem Arbeitskräftebedarf darstellte. Andere Landeigentümer zogen es vor, ihr Land zu veräußern. Das Interesse von regionsexternen Investoren war groß, denn einerseits förderte die SUDAM (*Superintendência do Desenvolvimento da Amazônia*) ab den 70er Jahren die Einrichtung großer Rinderweidebetriebe in Amazonien[1] (KOHLHEPP 1987a). Andererseits wurde die auch im Süden des Landes relativ extensiv betriebene Viehhaltung von der modernisierten Landwirtschaft zunehmend verdrängt. Neue Expansionsräume sahen die Viehzüchter vor allem in den verkehrstechnisch vergleichsweise gut erschlossenen Gebieten, da sie auf eine zügige Vermarktung ihrer Produkte - Rinder bzw. Fleisch - angewiesen waren (REMPPIS 1999). Dies war mit dem Ausbau des Fernstraßennetzes im Süden Mato Grossos gewährleistet, wobei sich - als weiterer günstiger Standortfaktor - die Bodenpreise noch auf einem niedrigen Niveau befanden. Außerdem lag das von der Rinderzucht dominierte Pantanal für die Versorgung der Mastviehbetriebe mit Kälbern in direkter Nachbarschaft.

Diese geradezu idealen Voraussetzungen lockten zahlreiche Investoren aus Cuiabá, aber auch aus dem Südosten Brasiliens, die dort bereits in der Rinderweidewirtschaft tätig waren, in die Großregion Cáceres[2]. Sie erwarben teilweise mehrere Betriebe mittlerer Größe - von einigen hundert bis wenigen tausend Hektar - und legten großflächig Kunstweiden an. Diese Arbeit übernahmen meist Pächter, die nach dem ein- bis zweijährigen Anbau von Grundnahrungsmitteln, Bananen oder Baumwolle Weidegräser - meist von der trockenresistenten Sorte *Brachiaria* - einsähten. Auf den meisten Großbetrieben blieb nur auf etwa 10 % der Betriebsfläche die natürliche Vegetation erhalten. Im Laufe der 80er Jahre wurde somit ein Großteil der noch bestehenden Waldflächen im Hinterland von Cáceres gerodet.

Durch die allgemeine Ausweitung der großbetrieblichen Rinderhaltung stieg der Viehbestand im Hinterland von Cáceres von rund 470.000 im Jahr 1985 auf mehr als das Doppelte im Jahr 1996 (IBGE 1996b). Die Beschäftigungseffekte blieben aber erwartungsgemäß gering. Nur der Verwalter und wenige fest Angestellte lebten mit ihren Familien auf den Großbetrieben und betreuten mehrere hundert bis einige tausend Stück Vieh,

---

1 Das gesamte Mato Grosso zählte zur Planungsregion *Amazônia Legal* und kam damit in den Genuß der Fördergelder der SUDAM.

2 Andere mögliche Standorte der Rinderweidewirtschaft wie beispielsweise die Region Rondonópolis wurden von der modernisierten Sojawirtschaft okkupiert und erreichten damit Bodenpreise, die für die Viehhaltung nicht wirtschaftlich waren.

während die Eigentümer in den Städten meist im Südosten Brasiliens wohnten und nur gelegentlich in die Region kamen. Arbeitsintersivere Aufgaben wie beispielsweise die Erneuerung von Zäunen oder die Säuberung der Weiden von Gestrüpp übernahmen in der Regel Tagelöhner und Pächter. Teilweise verfügten die Betriebe aber auch über eigene Maschinen, so daß sie zumindest Rodungs- und Weidepflegemaßnahmen selbst durchführen konnten. Darüber hinaus etablierten sich in der Region Lohnunternehmen mit umfangreichen Maschinenparks, die die Bearbeitung großer Flächen schnell und effektiv bewältigen.

Die Rindermast wurde in der ersten Hälfte der 80er Jahre noch vergleichsweise extensiv betrieben, obwohl die hohe natürliche Bodenfruchtbarkeit und die damit verbundene gute Qualität der Weiden eine intensive viehwirtschaftliche Nutzung erlaubt hätten. Bei relativ geringen Bestockungsdichten verbuschten die Weiden innerhalb weniger Jahre wieder. Einen Intensivierungsschub erfuhr die Mastviehhaltung allerdings Mitte der 80er Jahre durch den Bau von drei Schlachthöfen in der Region (siehe Abb. 31). Die Investoren aus São Paulo und Paraná sahen im Hinterland von Cáceres einen idealen Standort für die Aquisition von Schlachtvieh im gesamten Osten Mato Grossos bis nach Rondônia hinein. Gleichzeitig bot die Nähe zur gut ausgebauten Bundesstraße BR 174 die Möglichkeit zum raschen Transport der verderblichen Ware Fleisch in die großen Konsumzentren Brasiliens und zu den atlantischen Exporthäfen.

Auf die verbesserten Absatzmöglichkeiten reagierten die Rinderweidebetriebe mit der Intensivierung der Produktion. Sie führten Weiderotation ein, begannen mit Zufütterung und verbesserten die veterinärmedizinische Versorgung des Viehs. Bei ihren Modernisierungsbemühungen wurden sie durch die brasilienweit agierende Agrarforschungsbehörde EMBRAPA (*Empresa Brasileira de Pesquisa Agropecuária*) unterstützt, die neue Zuchtverfahren, Weidegrassorten, Methoden des Weidemanagements und Weidepflegemaßnahmen erprobte und die Technologien an die interessierten Betriebe weitergab. Im Hinterland von Cáceres richtete der Staat darüber hinaus in allen Muniziphauptorten Außenstellen des Veterinärinstituts INDEA (*Instituto de Defesa Agropecuária*) ein, um den Gesundheitszustand und damit die Produktivität der Tiere zu verbessern.

Mit dieser Intensivierung wurde in ganz Brasilien erreicht, daß die jahreszeitlichen Schwankungen des Schlachtviehangebotes und damit des Fleischpreises Mitte der 90er Jahre auf weniger als 15 % sanken. Dadurch verliert die Mastviehhaltung in den letzten Jahren zunehmend ihren spekulativen Charakter, denn das Zurückhalten von schlachtreifem Vieh bis in die Hochpreisphase der sogenannten *entresafra* hinein bringt keinen entscheidenden Preisvorteil mehr - eine Vermarktungsstrategie, die ohnehin lediglich für die Großbetriebe mit ausreichend Kapitalreserven durchzuhalten war. Trotz Modernisierung und Intensivierung leidet auch die mittel- und großbetriebliche Rindermast unter der allgemeinen Verschlechterung der gesamtwirtschaftlichen Rahmenbedingungen. Durch die Stabilität und den künstlich auf hohem Niveau gehaltenen Wechselkurs der brasilianischen Währung wird der Export von Fleisch und Fleischderivaten zunehmend erschwert. Die Schlachthöfe, die sich an den nationalen und internationalen Fleischpreisen orientieren,

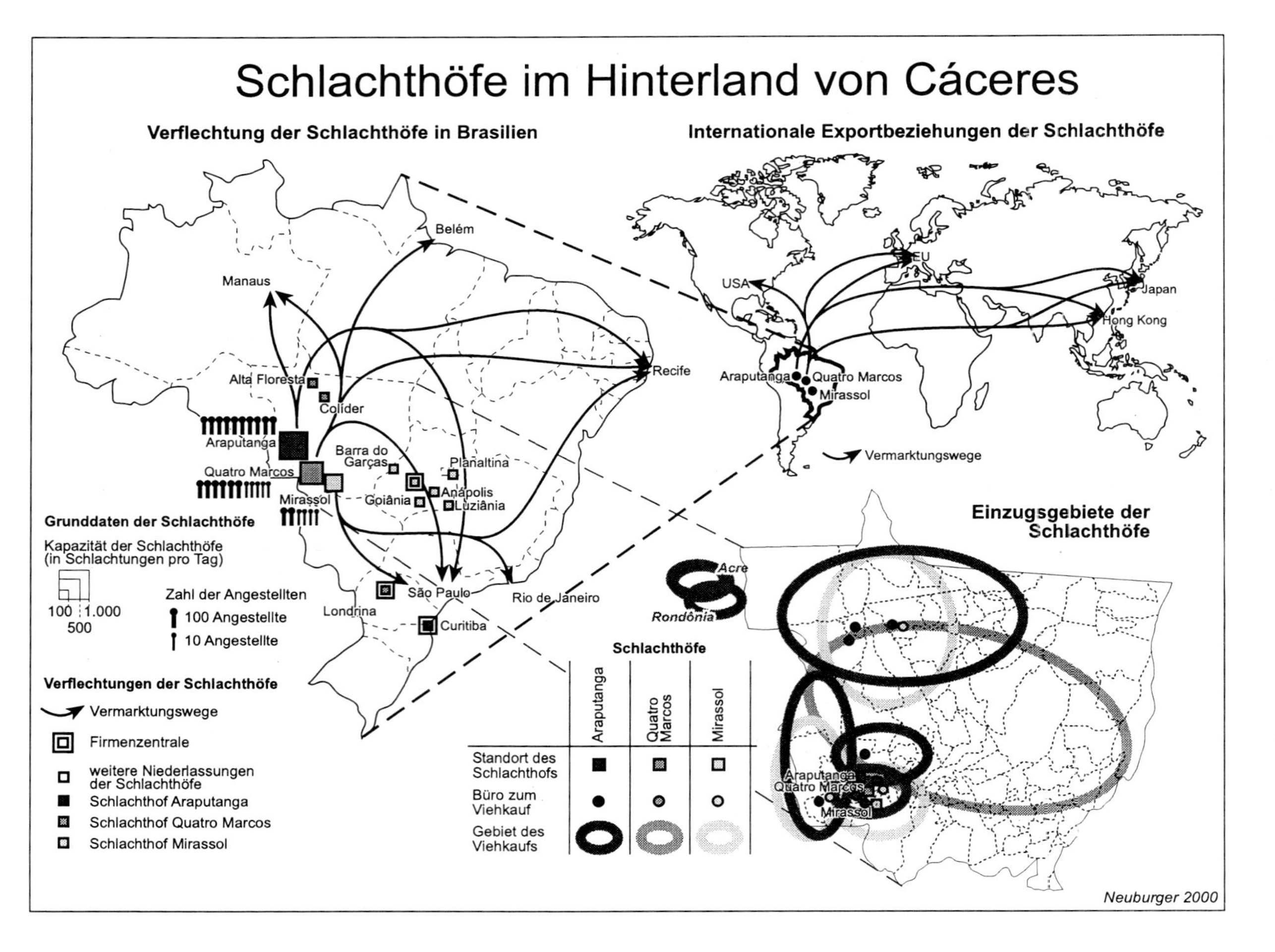

Abbildung 31

geben den Preisdruck direkt an die Betriebe weiter. Darüber hinaus zieht der Staat im Zuge der Deregulierung Steuervergünstigungen und Fördermaßnahmen für diesen Sektor immer mehr zurück. Dies trifft besonders die Mastbetriebe mit wenigen hundert Hektar Fläche, einigen hundert bis tausend Tieren und einer geringen Gewinnspanne. Sie haben ihre Produktion zwar in der Regel diversifiziert und halten neben Mast- auch Milchvieh. Da in den letzten Jahren aber parallel zu den Fleischpreisen auch die Milchpreise stark gefallen sind, können sie die Verluste in der Mastviehhaltung nicht ausgleichen.

In dieser Krise erhoffen sich die Viehzüchter von Mato Grosso eine neue Perspektive durch die Öffnung der Marktes der Europäischen Union für brasilianisches Frischfleisch (REMPPIS 1999). Eine veterinärmedizinische Delegation der EU hatte 1996 die Rindermastbetriebe sowie die Schlachthöfe in ganz Brasilien inspiziert und bestimmte Teilgebiete - darunter auch das Hinterland von Cáceres - für den Export von Frischfleisch freigegeben. Die bis dahin aufgrund der Verbreitung der Maul- und Klauenseuche im brasilianischen Viehbestand aufrecherhaltenen sanitären Handelsbarrieren entfielen damit. Allerdings muß sich noch zeigen, ob der ohnehin völlig übersättigte Fleischmarkt der EU brasilianische Importe absorbieren kann. Die Probleme, die die BSE-Seuche im europäischen Viehbestand Mitte der 90er Jahre ausgelöst hat, könnte dabei eine Chance für die brasilianischen Exporteure sein, ein kleines Segment des begehrten EU-Marktes zu erobern.

2.2.3.2 Bewältigungsstrategien in der Krise

Die dargestellte Entwicklung der Landwirtschaft, die in den späten 80er und in den 90er Jahren zu einer weitreichenden *pecuarização* im Hinterland von Cáceres geführt hatte, war mit schwerwiegenden sozio-politischen und ökonomischen Veränderungen verbunden. Ein Großteil der kleinbäuerlichen Bevölkerung verlor durch den allgemeinen Verfall der Preise für landwirtschaftliche Produkte seine Einkommensquelle. Selbst der Kaffeeanbau durchlief eine Krise, die Arbeitskräfte freisetzte. Diese Entwicklung zwang die sozialen Gruppen, die bereits in der Differenzierungsphase unter Druck geraten waren, nach Überlebensstrategien zu suchen, die eine völlige Marginalisierung verhindern konnten. Gleichzeitig hatte der allmähliche Rückzug des Staates aus der nationalen Wirtschaft zur Folge, daß Fördermaßnahmen, Steuervergünstigungen und andere Privilegien für die ländlichen Eliten abhanden kamen, so daß auch die sozialen Mittel- und Oberschichten die Rentabilität ihrer Betriebe steigern mußten, um ihre Gewinnspannen bzw. ihren Lebensstandard halten zu können.

2.2.3.2.1 Krisenmanagement der weniger verwundbaren Gruppen

Für die Mittel- und Großbetriebe brachte die Krise einen empfindlichen Rückgang ihrer Gewinne mit sich. Den Landeigentümern wie beispielsweise den Investoren aus dem Südosten Brasiliens, die über mehrere Betriebe vor allem im Norden von Jauru sowie in der Teilregion Rio Branco, aber auch in anderen Regionen des Landes verfügten, konnte diese Entwicklung dennoch nicht viel anhaben. Ihr üppiger finanzieller Spielraum erlaubte es ihnen, eine Krise ohne große Verluste und ohne Beeinträchtigung ihrer meist opulenten Lebensweise zu überstehen. Sie stießen höchstens den ein oder anderen unrentabel gewordenen Betrieb ab, um eine dauerhafte Belastung ihrer Finanzen zu vermeiden. Die kleineren Rindermastbetriebe in Araputanga, Quatro Marcos und Mirassol mußten hingegen um ihren - nach dem Vorbild der 'Großen' - ebenso kostspieligen Lebenswandel fürchten. Regelmäßige Reisen innerhalb Brasiliens und ins Ausland, Autos und Handys für jedes erwachsene Familienmitglied und ähnliche Luxusgüter konnten plötzlich nicht mehr aus dem vorhandenen Kapital finanziert werden. In der Hoffnung auf eine baldige Besserung der Situation nahmen zahlreiche Familien Kredite auf, um sich dieses Konsumniveau - schon allein aus Prestigegründen - weiterhin leisten zu können.

Besonders in Araputanga sowie in den benachbarten Gebieten versuchten zahlreiche Familien, durch Intensivierung und Modernisierung die Rentabilität ihrer Betriebe zu steigern. Dazu spezialisierten sich die meisten Betriebe auf die Rindermast und gaben die bis dahin noch in den Produktionsablauf integrierte Aufzucht auf. Um die Mästung von Jungvieh möglichst gewinnbringend zu gestalten und den Gewichtszuwachs zu steigern, wendeten einige Betriebe neue Methoden des Weidemanagements an, indem die Weiden verkleinert und der Rotationstakt verkürzt wurde. Auf relativ engem Raum konzentriert fraß das Vieh in kürzerer Zeit mehr und bewegte sich gleichzeitig weniger. Besonders innovative und kapitalkräftige Betriebe verwendeten dazu teure Elektrozäune. Andere Betriebe wiederum führten das sogenannte *confinamento* bzw. *semi-confinamento* ein. Dazu wird das Vieh kurz vor Erreichen der Schlachtreife in kleinen Weiden - Ställe gibt es in Brasilien nicht - über drei bis fünf Monate gehalten und mit Kraftfutter und Silage gemästet. Mit dieser Methode kann nicht nur ein rascherer Gewichtszuwachs erreicht werden. Der Zeitpunkt der Schlachtreife kann damit auf die Trockenzeit, wenn die Preise in der *entresafra* steigen, verlegt werden.

Die Anwendung dieser modernen Produktionsmethoden brachte allerdings nicht den gewünschten Erfolg. Durch ihre inzwischen extreme Spezialisierung auf die Rindermast wurden die Betriebe gegenüber den weltmarktabhängigen Preisschwankungen bei Fleisch besonders verwundbar. So konnten die Gewinne trotz hoher Investitionen und teilweise erstaunlicher Produktivitätszuwächse nur geringfügig gesteigert werden. Einige Betriebe, die sich für die notwendigen Eingangsinvestitionen verschuldet hatten, gerieten nun in eine schwierige finanzielle Lage, die allerdings in den meisten Fällen keine existenzbedrohenden Dimensionen annahm[1]. Einige Betriebe gaben die neuen Produktionsmethoden

---

1 Hohe Verschuldung und Zahlungsunfähigkeit sind für Mittel- und Großbetriebe selten wirklich existenzbedrohend. Einerseits verfügen die Betriebe über ausreichend Kapital in Form von Land und Vieh, um eine Umschuldung und neue Kredite zu erreichen. Andererseits werden Krisen der wirtschaftlichen Eliten durch die engen klientelistischen Beziehungen zur politischen Ebene - zumindest auf lokaler Ebene - rasch zu einem Politikum, so daß Schuldenerlaß und staatliche Hilfe die Situation meist entschärfen. Dieser beinahe automatische Mechanismus trifft selbstredend für eine vergleichbare Situation kleinbäuerlicher Betriebe nicht zu.

daraufhin wieder auf und kehrten zu extensiveren Formen der Rinderweidewirtschaft mit Aufzucht und Mast zurück.

In jüngster Zeit bietet sich den Mittel- und Großbetrieben im Hinterland von Cáceres eine völlig neue durchaus einträgliche, aber langfristige Möglichkeit der Diversifizierung: die Aufforstung eines Teils ihrer Flächen mit Teak (*Tectona grandis*). Seit 1991 nämlich bietet die in Cáceres ansässige Firma *Cáceres Florestal* Saatgut, Setzlinge und Beratung zur Anlage von Teakpflanzungen an. Sie hatte sich bereits in den 60er Jahren in der Mahagoniextraktion im Hinterland von Cáceres betätig (siehe Kapitel IV.2.2.1). Durch das enorm rasche Vordringen der Rodungsfront mußte die Sägerei allerdings im Laufe weniger Jahrzehnte ihre Extraktionsgebiete bis nach Rondônia verlegen (siehe Abb. 32). Die deutschen Unternehmer, die Mitte der 30er Jahre aus Nazi-Deutschland fliehen mußten und sich zunächst in São Paulo im Holzexport betätigt hatten, sahen sich durch die rasante Entwaldung vor zwei Alternativen gestellt: Entweder sie würden mit der Pionierfront immer weiter nach Amazonien vorrücken und gezwungenermaßen ihren Firmensitz regelmäßig verlegen oder sie mußten sich um die Erhaltung bzw. Reproduktion der Ressource Holz an ihrem jetzigen Standort bemühen.

Sie entschieden sich für letztere Möglichkeit und erprobten bereits Ende der 60er Jahre die Pflanzung unterschiedlicher Baumarten. Dabei erwies sich die in den Monsumregenwäldern Asiens heimische Baumart Teak als besonders geeignet. Durch ihre gute Anpassung an die lokalen naturräumlichen Bedingungen zeichnete sie sich durch hohe Wuchsraten aus, ohne daß ihr Wachstum durch Schädlinge und Krankheiten beeinträchtigt wurde. Daraufhin legte die damals noch unter dem Namen *Serraria Cáceres* agierende Firma 1971 im heutigen Munizip Quatro Marcos die erste Teakaufforstung auf einer knapp 5 ha großen Fläche an. Nach guten Ergebnissen in den ersten Jahren weitete die Firma die Aufforstungen immer weiter aus und verfügt heute über eine Fläche von insgesamt etwa 1.400 ha. Parallel dazu gab die Sägerei im Jahr 1980 die Extraktion von Mahagoni auf und beschränkte sich bis 1990 auf die Verarbeitung der gelagerten Mahagonibestände zu Furnier. Nach einer Durststrecke von rund vier Jahren, in denen das Mahagoni bereits restlos verarbeitet war, das Teak aber noch nicht die Schlagreife erreicht hatte, konnte die *Cáceres Florestal* mit dem Verkauf des in der Region noch völlig unbekannten tropischen Edelholzes beginnen. Während in den ersten Jahren aufgrund des noch geringen Stammdurchmessers nur relativ minderwertiges Stammholz nach Indien vermarktet wurde, kann seit 1997 auch gesägtes Teak in China und Japan verkauft werden. Die Vermarktungsstrukturen der *Cáceres Florestal* haben sich im Laufe der letzten Jahre derart stabilisiert, daß die Firma heute kaum der steigenden Nachfrage nachkommen kann.

Trotz dieser boomartigen Entwicklung des Teakgeschäftes ist die *Cáceres Florestal* bemüht, ihre Produktpalette zu diversifizieren. Noch bevor die ersten Teakbäume die Schlagreife erreicht hatten, begann die Firma deshalb mit dem Verkauf von Saatgut. Dieser lief zwar zunächst etwas schleppend an, konnte aber bereits nach wenigen Jahren auf einen jährlichen Verkauf von weit über 7.000 kg Samen gesteigert werden. Besonders im Jahr 1997 stieg die Nachfrage aus ganz Brasilien enorm an, nachdem der wichtigste

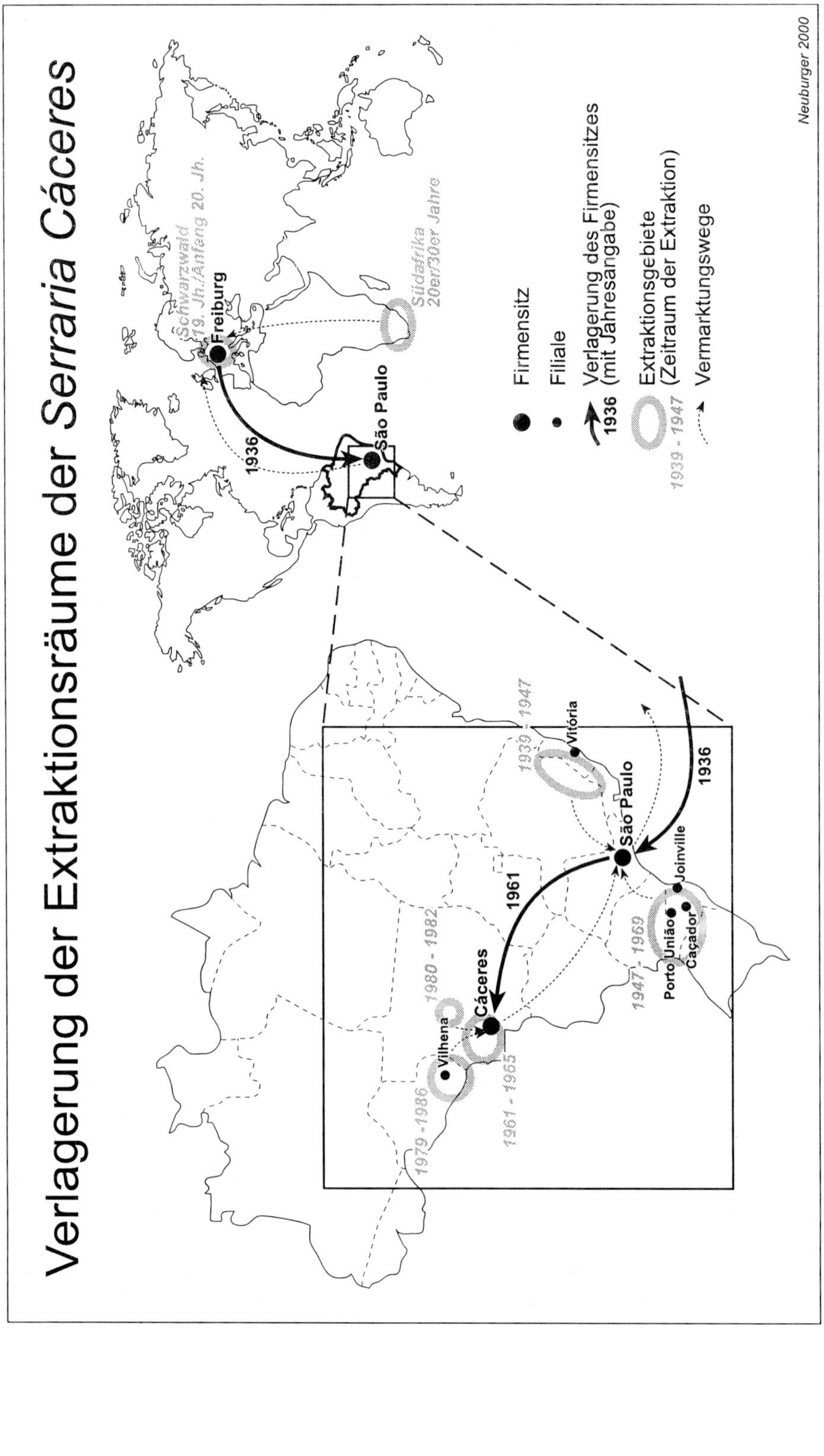
Verlagerung der Extraktionsräume der *Serraria Cáceres*
Freiburg
Schwarzwald
19. Jh./Anfang 20. Jh.
Südafrika
20er/30er Jahre
São Paulo
1936
Vitória
1939 - 1947
São Paulo
1936
Joinville
1961
Porto União
Caçador
1947 - 1969
Cáceres
1980 - 1982
Vilhena
1979 - 1986
1961 - 1965
Firmensitz
Filiale
1936 Verlagerung des Firmensitzes (mit Jahresangabe)
1939 - 1947 Extraktionsgebiete (Zeitraum der Extraktion)
Vermarktungswege
Neuburger 2000

Abbildung 32

private Fernsehkanal Globo einen Bericht über die Firma und die Methode der Teakaufforstungen gesendet hatte. Die Reportage konnte eine derartige Wirkung erzielen, da die Sendereihe "Globo Rural", in der von den erfolgreichen Teakpflanzungen in der Region Cáceres berichtet wurde, landwirtschaftlichen Betrieben brasilienweit als Ideenquelle für neue Anbauprodukte und -methoden dient und damit ein breites Publikum erreicht. In näherer Zukunft plant die *Cáceres Florestal*, in die Herstellung von Teakfurnier zu investieren, um sich darüber den europäischen Markt zu erschließen.

Mit den gut gedeihenden Teakaufforstungen vor Augen versuchen sich auch einige Betriebe im Hinterland von Cáceres zaghaft in der Teakproduktion. Die Familien sehen darin eine Art Kapitalanlage, die mit einer geringen Eingangsinvestition - dem Saatgutkauf - und praktisch ohne laufende Kosten für Pflege und ähnliches nach einer gewissen Zeit je nach Bedarf mit relativ hohem Gewinn verkauft werden kann. Trotz dieser unübersehbaren Vorteile beschränken sich die Pflanzungen in der Region bisher auf wenige Hektar bzw. - bei kleineren Betrieben - auf einige wenige Bäume. Als Problem könnte sich langfristig allerdings das noch äußerst geringe Know-how bei den einzelnen Betrieben herausstellen. Außer den kurzen Informationen, die die *Cáceres Florestal* in Form einer Broschüre beim Kauf von Saatgut verteilt, verfügen die Neulinge in der Teakproduktion über keinerlei Wissen zur Pflege der Pflanzungen. Die *Cáceres Florestal* bietet zwar individuelle Beratung an. Die meisten Betriebe scheuen aber die damit verbundenen Kosten, so daß sie kaum ideale Wachstumsraten erzielen werden können.

2.2.3.2.2 Überlebensstrategien der kleinbäuerlichen Bevölkerung und ihre weitreichenden Folgen für die Region

Während die Mittel- und Großbetriebe in der wirtschaftlichen Krise über ausreichend Spielraum - auch zum Experimentieren mit neuen Produkten - verfügten, gerieten die Kleinbauern durch die Entwicklungen der 80er und 90er Jahre in eine existenzbedrohende Situation. Die geringen Gewinne, die sie aus dem Anbau von Grundnahrungsmitteln, Baumwolle oder Kaffee sowie aus der Viehhaltung erzielt hatten, sanken immer weiter. Ein Großteil der Familien verarmte zunehmend und mußte die für den Markt bestimmte Produktion aufgeben, da der Verkaufserlös nicht einmal mehr die Produktionskosten deckte. Auch die Bauernvereinigungen, die sogenannten *associações de produtores rurais*, in den einzelnen Siedlungen konnten nicht zu einer Verbesserung der Situation beitragen. Ihre Funktionen der Verarbeitung und Vermarktung landwirtschaftlicher Güter waren durch die *pecuarização* ausgehöhlt worden. Nahezu alle *associações* litten durch die anhaltende Abwanderung unter Mitgliederschwund und waren deaktiviert worden.

Die größeren, besser strukturierten Kleinbetriebe verfügten trotz der krisenhaften Entwicklung über einen gewissen Spielraum. Sie hatten sich entweder durch den Kaffeeanbau ein gewisses Finanzpolster ansparen oder von der Abwanderung der Nachbarfamilien profitieren und ihren Betrieb erweitern können. Diese Betriebe konzentrierten sich vor allem in den Munizipien Mirassol, Quatro Marcos und Araputanga sowie in der *Gleba Canaã*, wo günstige naturräumliche Rahmenbedingungen hohe Produktivitäten und eine große Bandbreite an Nutzungsmöglichkeiten bot. Während einige Betriebe im Rahmen ihrer Möglichkeiten die bereits bestehenden Produktionszweige intensivierten und modernisierten, suchten andere nach innovativen Produkten. Vor allem Produzenten in Quatro Marcos, die noch über verwandtschaftliche Beziehungen in ihre Herkunftsgebiete im Nordwesten São Paulos verfügten und dort Ideen und neuartige Produktionsmethoden kennenlernten, begannen mit dem Anbau von Obst und Gemüse. Auf der Basis relativ umfangreicher Absatzmarktrecherchen machten sie erste Anbauexperimente mit verschiedenen Obstsorten wie beispielsweise Ananas und Papaya. Nach einigen Anfangsschwierigkeiten - die EMPAER bot aufgrund mangelnder Kenntnisse keinerlei Beratung an - konnten sie sich durch *learning by doing* ausreichend Know-how aneignen und die Produktivität steigern. Auch gelang es ihnen, allmählich auf dem lokalen und regionalen, teilweise auch auf dem nationalen Markt fuß zu fassen. Die erzielten Erfolge einiger weniger Betriebe machten auch bei anderen Produzenten Schule, so daß sich die Obst- und Gemüseproduktion als neuer Produktionszweig in der Region festigte (siehe dazu die weiteren Ausführungen in den Kapiteln IV.2.3 und V.3).

Gegenüber diesen Betrieben, die von der Krise durch den damit verbundenen Innovationsschub profitieren konnten, mußte die Mehrzahl der Produzenten durch den allgemeinen Preisverfall um ihre Existenz kämpfen. Viele Familien zogen sich in die Subsistenzproduktion zurück und bauten Grundnahrungsmittel nur noch zum Eigenbedarf an. Um dennoch neben den mageren Einkünften aus der Milchviehhaltung das zum Überleben notwendige monetäre Einkommen zum Kauf von Medikamenten etc. erzielen zu können, mußten sie nach Beschäftigungsmöglichkeiten außerhalb des eigenen Betriebes suchen. Gelegenheitsarbeiten wie Weide- und Zaunerneuerung auf den umliegenden Rindermastbetrieben sowie Tagelöhnertätigkeiten in der Baumwoll- und Zuckerrohrernte waren dabei die wichtigsten Einkommensquellen. Kleinbauern aus Jauru und Figueirópolis verdingten sich teilweise auch als Goldschürfer in den *garimpos* im Rio-Guaporé-Tal.

Einigen Familien half diese Strategie der Diversifizierung von Einkommensquellen, ihr Überleben in der Region zumindest über einige Zeit hinweg zu sichern (siehe dazu das Fallbeispiel in Kapitel V.2). Andere Familien hingegen erreichten keine Verbesserung ihrer sozialen und wirtschaftlichen Situation. Vor allem in den ehemaligen Invasionsgebieten Mirassolzinho, Nova Floresta und Gleba Montecchi litten die besonders kinderreichen Familien - zehn bis zwölf Kinder pro Familie waren keine Seltenheit - an den prekären Lebensbedingungen. Teilweise traten durch die völlig unausgewogene Ernährung bei Kindern sogar Mangelerscheinungen auf.

Aufgrund der kommunalen Finanzkrise[1] konnten darüber hinaus die Gemeinden die lokale Infrastruktur - Schulen, Straßen etc. - nicht mehr aufrecht- bzw. instandhalten, so daß sich

1 Insbesondere in den 90er Jahren wurde die völlig verfehlte Politik der Munizipsgründungen deutlich, da die Gemeinden durch den Rückgang des Steueraufkommens rasch in die Krise gerieten und ihre laufenden Kosten nicht mehr bewältigen konnte.

die Lebensbedingungen im ländlichen Raum zusätzlich verschlechterten. Die Gemeindeverwaltung in Quatro Marcos beispielsweise beschloß, zur Qualitätsverbesserung des Unterrichts die kleinen Schulen im ländlichen Raum zu schließen und die wenigen Schüler auf vier zentrale Schulen in größeren Siedlungen zu konzentrieren. Obwohl der Transport der Schüler kostenlos ist, schrecken die ärmlichen Familien davor zurück, ihre kleinen Kinder allein in eine andere Siedlung oder gar in die Stadt zu schicken. Darüber hinaus entstehen zusätzliche Kosten für den Kauf von Kleidung bzw. Schuluniform, die für Familien ohne monetäres Einkommen nicht aufzubringen sind. Andere Munizipien, die die ländlichen Schulen nicht schließen, können diese aufgrund der Schülerschwunds dennoch nur für die untersten Klassenstufen aufrechterhalten. Vormals achtzügige Schulen müssen häufig auf drei oder vier verkleinert werden. Ein weiterführender Schulbesuch ist nur noch in den jeweiligen Muniziphauptorten möglich und wird von den wenigsten auch tatsächlich in Anspruch genommen. Die Absolvierung des *2° grau* - ein Abschluß ähnlich dem Abitur - ist für fast alle kleinbäuerlichen Familien völlig undenkbar, da der Kauf des notwendigen Schulmaterials allein einen gesamten Mindestlohn verschlingen würde - ein Betrag, der häufig dem Monatseinkommen einer gesamten Familie entspricht.

Auch in der Gesundheitsversorgung verschlechtert sich die Situation zunehmend. Die entsprechende Infrastruktur beschränkt sich praktisch ausschließlich auf die Muniziphauptorte. Die wenigen bestehenden Krankenstationen in den größeren Siedlungen des ländlichen Raumes wurden meist geschlossen. Darüber hinaus gehörten auch die sogenannten *agentes sociais*, die noch während des POLONOROESTE-Programms mit Hilfe von Kursen zu einer Art Laien-Sanitäterinnen - es waren immer Frauen - ausgebildet wurden, häufig zu den Abwandernden aus ihrer *comunidade*, so daß die ländliche Bevölkerung heute ausschließlich auf die völlig überlastete städtische Gesundheitsversorgung angewiesen ist.

Gegen die weitere Verschlechterung ihrer ohnehin prekären Lebensbedingungen versuchen vor allem im Munizip Mirassol Frauen anzukämpfen, indem sie sich zu *grupos de mulheres* und *associações* zusammenschließen und neue Formen der gegenseitigen Hilfe, der Organisation und politischen Aktion entwickeln. Mit der Unterstützung der lokalen EMPAER und zeitweise auch der Präfektur kombinieren sie formelle und informelle Aktivitäten, beschränken sich dabei aber nicht ausschließlich auf die traditionell frauenspezifischen Bereiche der Reproduktion. Neben der Erleichterung des Alltagsbewältigung verschafft diese geschlechtsspezifische Überlebensstrategie den Frauen auch eine Form von politischer Macht, durch die sie zumindest die kommunale Politik beeinflussen können (detaillierte Ausführungen dazu siehe Kapitel V.4).

Trotz dieser unterschiedlichen Überlebensstrategien zur Diversifizierung der Einkommensquellen und trotz der Bemühungen von Frauengruppen gibt es für zahlreiche kleinbäuerliche Familien keine langfristige Perspektive im Hinterland von Cáceres. Deshalb gehört die Abwanderung zu den wichtigsten Überlebensstrategien von Kleinbauern. Wie in den vorangegangene Kapiteln dargestellt setzte die Abwanderung in einigen Teilregionen bereits in den 70er Jahren ein, steigerte sich aber besonders im Laufe der 80er

Jahre. Damit war eine nahezu völlige Entleerung des ländlichen Raumes verbunden (siehe Abb. 33). Die ländliche Bevölkerung sank innerhalb eines Jahrzehnts von rund 69.000 im Jahr 1980 auf etwa 43.000 im Jahr 1991 und nochmal um rund 7.000 auf 36.000 im Jahr 1996 (IBGE 1996b). In den letzten Jahren hat sich allerdings nach Auskunft kleinbäuerlicher Siedler die Abwanderung etwas verringert, da einerseits nur noch wenige Familien in den *comunidades* leben, andererseits der Bodenpreis so stark gesunken ist, daß der Verkauf einer Parzelle keine Grundlage mehr für die Verbesserung der sozialen Stellung an einem anderen Ort - sei es in der Stadt oder auf dem Land - bieten kann.

Diese Entwicklung hängt eng mit der bereits dargestellten *pecuarização* zusammen, mit der nicht nur die Fortsetzung der Besitzkonzentrationsprozesse einhergeht, sondern auch ein erheblicher Verlust von Beschäftigungsmöglichkeiten in der Landwirtschaft. Dabei war in den vergangenen Jahrzehnten der Rückgang der Beschäftigtenzahlen in der von der Viehwirtschaft dominierten Teilregion Araputanga erwartungsgemäß besonders hoch, aber auch in der Teilregion Rio Branco sank aufgrund der kleinräumig sehr differenzierten landwirtschaftlichen Entwicklung die Zahl der Arbeitskräfte bereits in der ersten Hälfte der 80er Jahre um über 7.000 (siehe Tab. 1). Die Verringerung der Familienarbeitskräfte war dabei noch gravierender, das heißt: Besonders die kleinbäuerlichen Betriebe litten unter der wirtschaftlichen Krise. Eine ähnliche, allerdings zeitlich versetzte Entwicklung durchlief auch die Teilregion Mirassol, wo sich die Zahl der Familienarbeitskräfte erst ab den späten 80er Jahren halbierte. Nur in der Teilregion Jauru blieb der Arbeitsplatzverlust in der Landwirtschaft relativ gering, da die großflächigen Invasionen in beiden Munizipien den durch die *pecuarização* verursachten Rückgang der Arbeitsplätze wieder auffingen.

Dies deutet bereits auf eines der wichtigsten Migrationsziele in dieser Phase der Pionierfrontentwicklung hin. Während noch in den 70er und Anfang der 80er Jahre vor allem die neu erschlossenen Gebiete in Rondônia für die Abwandernden von Interesse waren, folgte der Migrationsstrom in den späten 80er Jahren zunächst der *frontier*-Verlagerung nach Acre und den neuen Pionierfronten in den Norden Mato Grossos beispielsweise nach Aripuanã und Guarantã do Norte. Seit Anfang der 90er Jahre schließlich dringen auch von dort die Mißerfolgsgeschichten der Siedler über ökologische Degradierung, Verdrängung und Abwanderung ins Hinterland von Cáceres und machen die Migration in diese Gebiete unattraktiv. Ähnlich wie für Amazonien insgesamt beobachtbar verändern sich dadurch auch die Migrationsmuster im Hinterland von Cáceres: Die Wanderung an neue Pionierfronten bleibt zwar auf niedrigerem Niveau bestehen, es kommen aber neue Wanderungsrichtungen hinzu wie zum Beispiel die Abwanderung in die Pionierstädte sowie die Rückwanderung in die Regionalzentren der Herkunftsgebiete (COY 2001). Die letztgenannte Form der Migration betrifft allerdings in der Regel die Nachfahren der ursprünglich in die Region gewanderten Familien.

Für die Abwanderungswilligen im Hinterland von Cáceres boten insbesondere in der Differenzierungsphase die illegalen Landbesetzungen in der Region selbst oder in der näheren Umgebung ein wichtiges Migrationsziel. Sie verloren allerdings in den späten 80er und frühen 90er Jahren an Bedeutung. Nur noch drei neu entstandene größere Inva-

Entleerung des ländlichen Raumes im Hinterland von Cáceres 1970-1996

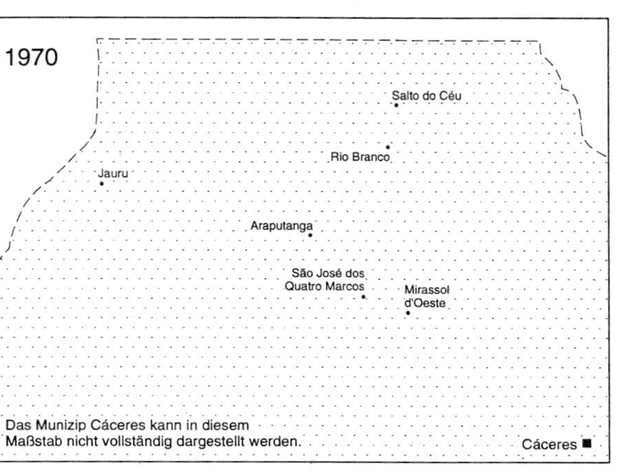

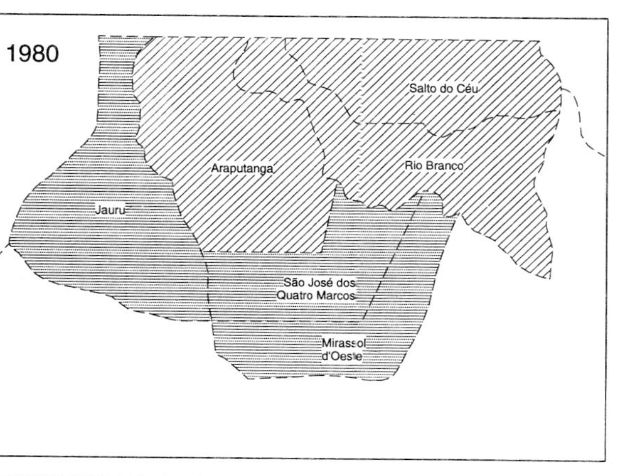

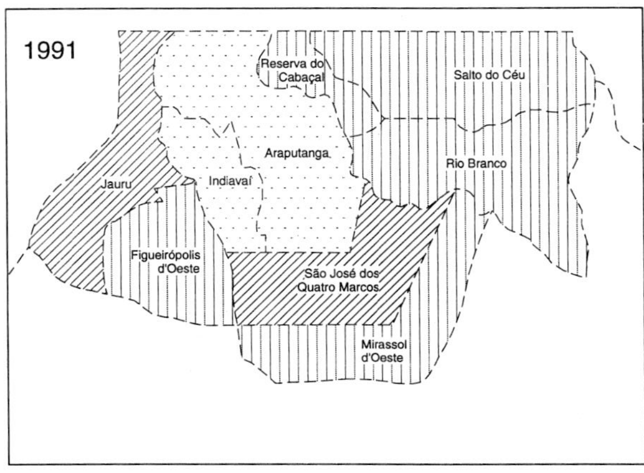

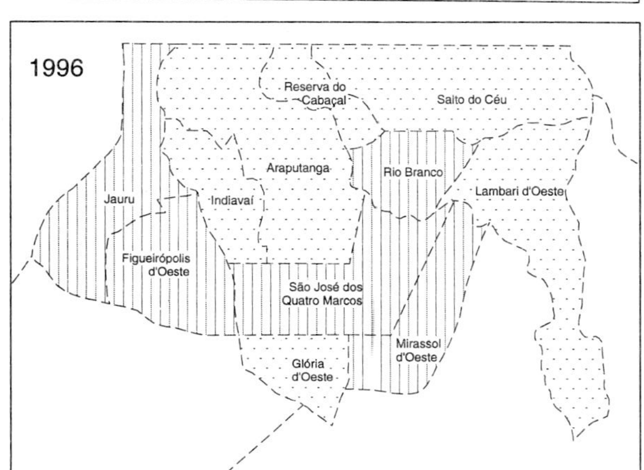

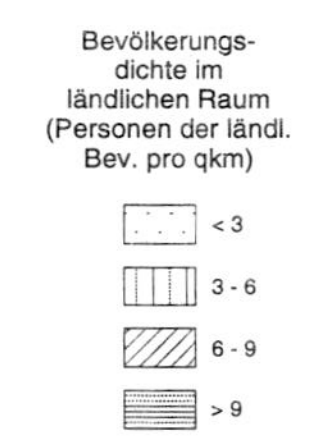

IBGE: Censo Agropecuário 1970, 1980, 1985, 1996

Entwurf: Neuburger 1999
Zeichnung: Pöhler

Abbildung 33

Entwicklung der in der Landwirtschaft Beschäftigten nach Teilregionen 1980 - 1996

	1980		1985		1996	
	Beschäftigte gesamt	davon Familienarb.	Beschäftigte gesamt	davon Familienarb.	Beschäftigte gesamt	davon Familienarb.
Teilregion Araputanga	12.544	12.067	5.775	4.577	2.078	1.122
Teilregion Jauru	6.784	6.437	6.264	5.472	6.358	5.027
Teilregion Mirassol	12.595	12.057	13.474	11.959	8.097	6.068
Teilregion Rio Branco	16.419	15.715	9.851	8.681	7.910	5.519
Region gesamt	**48.342**	**46.276**	**35.364**	**30.689**	**21.364**	**15.919**

Quellen: IBGE: Censo Agropecuário Mato Grosso 1970, 1980, 1985, 1996

Tabelle 1

sionen fallen in diesen Zeitraum. Gleichzeitig fungierten ältere Invasionsgebiete als Auffangbecken für Migranten, wobei sich dabei eine gewisse soziale Differenzierung erkennen läßt. Familien, die in den Kaffeegebieten der Region zuvor als Pächter gearbeitet und sich dadurch ein kleines Kapital angespart hatten, konnten kleine Parzellen in bereits konfliktfreien Invasionsgebieten erwerben, wie beispielsweise ehemalige Kaffee-*meeiros* aus Quatro Marcos und Mirassol, die in der *Gleba Canaã* ein Grundstück kauften, nachdem die ursprünglichen *posseiros* völlig verarmt ihre Betriebe aufgegeben hatten und nach Guarantã do Norte und Aripuanã abgewandert waren (KLEIN 1998). Ähnliche Prozesse waren auch in Mirassolzinho zu beobachten, wo die erste Kolonistengeneration zu etwa 80 % abwanderte und ihre Parzellen an Interessenten aus der *Gleba Montecchi* und aus Araputanga verkaufte. Dabei handelte es sich bei der *Gleba Montecchi* um weniger wohlhabende Familien, die sich aufgrund der hohen Bodenpreise in der *Gleba Canaã* - die gute Bodenqualität trieb den Kaufpreis in die Höhe - dort keine Flächen kaufen konnten.

Völlig verarmte Familien wiederum, die über keinerlei Kaufkraft verfügten, mußten sich den Gefahren einer neuen Invaison aussetzen. Dabei zogen sie die Besetzung von Flächen vor, die nicht in isolierten und unbesiedelten Gebieten - etwa an neuen Pionierfronten - lagen. Die *posseiros* suchten vielmehr nach weitgehend ungenutzten Großbetrieben im Hinterland von Cáceres selbst oder im nahen Tal des Rio Guaporé. Die Nähe zum vorherigen Wohnort, zu Straßen und städtischer Infrastruktur erleichterte die Organisation und das Alltagsleben in den ersten Wochen der Invasion. So entstanden im Süden von Figueirópolis Mitte der 80er Jahre zwei illegale Landbesetzungen. Die wachsende Krise trieb allerdings nicht nur vom Land Verdrängte in die Invasionsgebiete, auch ein Teil der städtischen Bevölkerung - meist seit einigen Jahren in der Stadt lebende Landflüchtige - sah sich zur Rückkehr in den ländlichen Raum gezwungen. In Salto do Céu zum Beispiel gerieten städtische Angestellte durch die Verzögerung ihrer Gehaltszahlungen um mehrere Monate derart in Not, daß sie keine andere Möglichkeit mehr sahen, als einen weitgehend ungenutzten Großbetrieb im Norden des Munizips zu invadieren und dort wenigstens Grundnahrungsmittel zur Eigenversorgung zu produzieren.

Nach dem zeitweiligen Bedeutungsverlust von illegalen Landbesetzungen erlangte diese Überlebensstrategie durch die Aktivitäten der Landlosenbewegung MST (*Movimento dos Trabalhadores Rurais Sem Terra*) in den letzten Jahren eine Wiederbelebung. Das MST, das bereits seit langem in den Bundesstaaten des Südens, Südostens und Nordostens präsent war, dehnte Mitte der 90er Jahre seinen Aktionsraum in den Mittelwesten hinein aus[1]. Während es im Südosten von Mato Grosso, dem Hauptkonfliktgebiet im Bundesstaat, bereits 1995 mit zahlreichen Invasionen aktiv wurde, begann es in der Region Cáceres erst Anfang 1996 mit der Organisation einer der größten Landbesetzungen (siehe Abb. 34).

Dabei entsprach das Vorgehen in Cáceres der neuen Strategie des MST, die den negativen Folgen einer Landbesetzung - Tote und Verletzte während des Konflikts, Besitzkonzentration und Abwanderung kurz nach der Invasion - entgegenwirken sollte (STÉDILE 1997). Um der Gefahr von gewaltsamen Konflikten zu begegnen, werden Landbesetzungen möglichst mit einer großen Zahl von Familien - meist mehrere hundert, teilweise sogar einige tausend - durchgeführt. Das macht es für den jeweils betroffenen Großgrundbesitzer praktisch unmöglich, mit wenigen kontraktierten Killern die *posseiros* wieder zu vertreiben. Auch eine Räumung durch die Polizei wird dadurch erschwert, da gesetzlich vier Polizisten pro Landbesetzer vorgeschrieben sind, so daß dazu ein großes Polizeiaufgebot notwendig wäre[2]. Darüber hinaus werden bereits bei der Auswahl der zu besetzenden *fazenda* Erkundungen über charakterliche Eigenschaften des Landeigentümers eingeholt, um seine Reaktion auf die Invasion abschätzen zu können und entsprechende Vorkehrungen zu treffen. Mit dieser Strategie konnten bereits mehrfach gewaltsame Auseinandersetzungen verhindert und rasch Verhandlungen aufgenommen werden.

Zur Ermittlung qualitativ hochwertigen Landes für die Besetzung recherchieren Vertreter des MST bereits im Vorfeld einer geplanten Invasion in der jeweiligen Region, um dem Gesetz nach 'unproduktive', dennoch aber verkehrtechnisch günstig gelegene *fazendas* zu finden. Gleichzeitig müssen die naturräumlichen Bedingungen - Bodenqualität, Wasserverfügbarkeit, Waldreserven etc. - gute Voraussetzungen für eine erfolgreiche kleinbäuerliche Nutzung bieten. Die auf diesem Wege für eine Ansiedlung als geeignet betrachteten Betriebe werden in die Verhandlungen mit der Agrarreformbehörde und den Großgrundbesitzern eingebracht und ihre Enteignung gefordert. Dabei muß die tatsächlich invadierte *fazenda* nicht der zu enteignenden entsprechen.

---

1 Zu Bedeutung und Geschichte des MST in Brasilien allgemein siehe die Ausführungen in Kapitel III.2.2.

2 Natürlich setzt sich nicht zuletzt die Polizei über diese Gesetze häufig hinweg und fungiert als Handlanger der Großgrundbesitzer. Allerdings darf nicht übersehen werden, daß in den letzten Jahren die Landlosenbewegung an Popularität in der Bevölkerung allgemein gewonnen hat, und solche unrechtmäßigen Aktionen durch staatliche Stellen politisch nur noch schwer zu rechtfertigen sind.

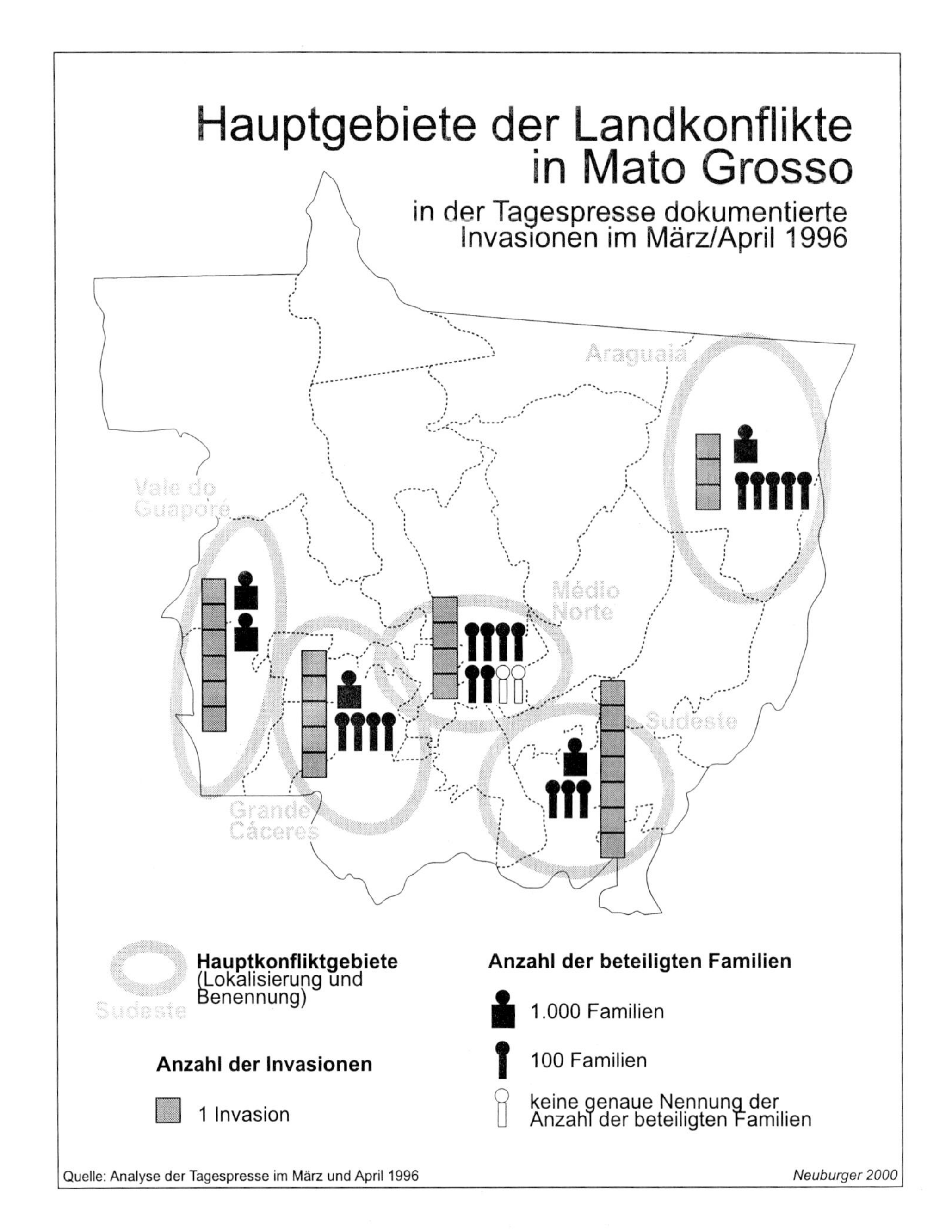

Abbildung 34

Kann die Landlosenbewegung ihre Forderungen durchsetzen und gelingt die Ansiedlung von Familien auf einem solchen enteigneten Betrieb, begleitet das MST die Familien in den ersten Jahren und organisiert das wirtschaftliche und soziale Leben in den *assentamentos* (COVERT 1998). Gleichzeitig unterstützt es die Gründung von Produktionskooperativen (FREI BETTO 1997, VELTMEYER 1993, als konkretes Fallbeispiel siehe ZIMMERMANN 1994). Dabei soll sich die landwirtschaftliche Produktion nicht ausschließlich auf die Subsistenz beschränken. Vielmehr ist es Ziel der Landlosenbewegung, mit der Einführung moderner Produktionsformen langfristig den wirtschaftlichen Erfolg der *assentamentos* zu sichern. Besonders in der Anfangsphase setzen Vertreter des MST darüber hinaus die zuständigen, häufig unwilligen staatlichen Stellen unter Druck, um die Versorgung der Familien in den *assentamentos* mit Lebensmitteln - aber auch mit Saatgut -, die Vermessung der Grundstücke und die Einrichtung von Schulen und Krankenstationen zu beschleunigen (PALMEIRA 1994).

Entsprechend dieser Strategie wurden in Cáceres zunächst zahlreiche meist geheime Zusammenkünfte mit Vertretern der Arbeiterpartei PT (*Partido dos Trabalhadores*), der katholischen Landpastorale CPT (*Comissão Pastoral da Terra*), des Zentrums für Menschenrechte in Cáceres CDH (*Centro dos Direitos Humanos*), der in der Region tätigen NGO FASE (*Federação de Órgãos para Assistência Social e Educacional*) sowie der Landarbeitergewerkschaft STR (*Sindicato dos Trabalhadores Rurais*) abgehalten, um die Aktivisten des MST, die aus dem Süden Brasiliens kamen, über die Lage in der Region zu informieren. Danach nutzte die Landlosenbewegung die Unterstützung der lokalen STRs, um interessierte Familien vor allem in der Teilregion Rio Branco für eine Landbesetzung zu gewinnen. Nach vier Monaten Vorarbeit schließlich konnte am 8. April 1996 ein Großgrundbesitz im Munizip Cáceres invadiert werden. An der Invasion nahmen rund 1.500 Familien teil, die größtenteils aus den Munizipien Salto do Céu, Reserva do Cabaçal, Rio Branco und Lambari stammten. In den Tagen nach der eigentlichen Besetzung kamen noch weitere 500 Familien hinzu, so daß das *acampamento* auf rund 6.000 Personen anwuchs. Diese Gruppe von *posseiros* setzte sich einerseits aus jungen Familien zusammen, die zwar aus kleinbäuerlichen Landeigentümer-Familien - Pächter gibt es praktisch keine mehr in der Region - stammten, deren Betrieb aber zu klein war, um ihn für die nachfolgende Generation zu teilen, und somit also nur ein Nachkomme den elterlichen Betrieb übernehmen konnte. Andererseits erhofften sich auch Landflüchtige, die nun in den Marginalvierteln der Städte lebten, eine bessere Zukunft durch ihre Rückkehr in den ländlichen Raum.

In den ersten Tagen der Besetzung konnten intensive Verhandlungen blutige Auseinandersetzungen zwischen *posseiros*, Großgrundbesitzer und Polizei verhindern. Da das MST für die Invasion bewußt einen Betrieb ausgewählt hatte, der als produktiv und damit als nicht enteignungsfähig galt, mußten nun Flächen für die Ansiedlung der Landlosen gefunden werden. Nach zähen Verhandlungen begleitet von Gebäudebesetzungen und ähnlichen Aktionen einigten sich schließlich die Verhandlungspartner Anfang 1997 auf sieben Betriebe in der Region von Cáceres, die zur Enteignung freigegeben wurden (siehe Abb. 35). Allerdings wurden zahlreiche Familien durch die langen Wartezeiten und die

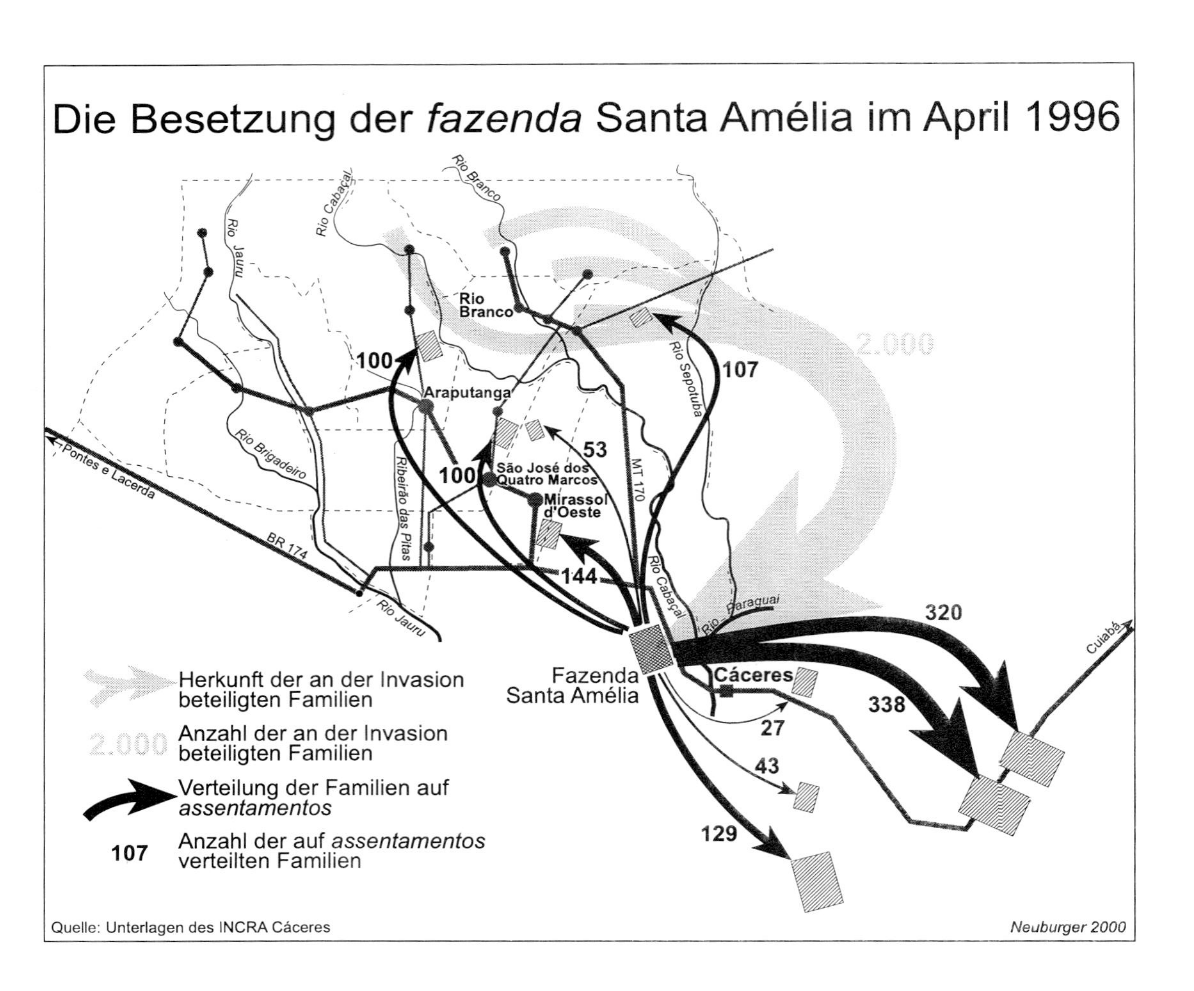

Abbildung 35

extrem prekären Lebensbedingungen entmutigt und verließen das *acampamento* bereits zuvor wieder. So konnten lediglich 1.054 Familien auf den rund 47.500 ha erstrittenen Landes angesiedelt werden. Weitere rund 200 Familien sollen auf zwei noch zu enteignenden Betrieben von etwa 3.100 ha Fläche in Araputanga und Quatro Marcos unterkommen. Das INCRA weigert sich jedoch, an etwa 10 % der ursprünglichen *posseiros* Landtitel zu vergeben. Sie haben nach den Unterlagen des INCRA bereits früher in anderen Invasionsgebieten Grundstücke erhalten und verlieren damit ihr Anrecht auf ein kostenloses *lote*.

Durch den trotz aller Schwierigkeiten großen Erfolg dieser Invasion gestärkt und ermutigt plant das MST seine Tätigkeit im Hinterland von Cáceres fortzusetzen. Wenige Monate nach dem Verhandlungsende um die Besetzung der *fazenda* Santa Amélia begann die Landlosenbewegung mit den Vorbereitungen einer neuen Besetzung. Diesesmal hielt sie geheime Versammlungen mit Landlosen in Mirassol, Quatro Marcos und Araputanga ab, wo sie nach kurzer Zeit weitere 400 Familien für ihre Ideen gewinnen konnte. Angesichts der geschätzten 50.000 landsuchenden Familien, die in der Region Cáceres insgesamt leben, wird das MST dort sicherlich noch einige Jahre aktiv bleiben, um die Interessen der kleinbäuerlichen Familien sowie der Landflüchtigen in den Städten zu vertreten. Dazu hat das MST bereits gezielt einige geeignete Personen aus der Region ausgesucht, die sich bei der Organisation der ersten Besetzung hervorgetan hatten, und schult sie in ihre Aktionszentren im Süden Brasiliens.

Während in der Region Rondonópolis neben dem MST auch andere regional begrenzte Landlosenbewegungen tätig sind, versuchen einzelne Gruppen von Landlosen im Hinterland von Cáceres ohne übergeordnete organisatorische Struktur Invasionen durchzuführen. Angespornt durch die Erfolge des MST besetzten Familien aus Jauru, Figueirópolis und Pontes e Lacerda im Jahr 1995 drei unterschiedliche Gebiete im Süden des Munizips Figueirópolis. Auch im Norden von Jauru kam es zu einer Besetzung von 1.500 ha. Allerdings handelte es sich hierbei um einen Sonderfall, da der Großgrundbesitzer selbst die Arbeiterfamilien seiner eigenen *fazenda* zur Durchführung einer Invasion animierte. Das Verhalten des *fazendeiros* ist jedoch nicht auf dessen großzügiges soziales Engagement zurückzuführen, sondern vielmehr auf seine Hoffnung auf eine gute Entschädigung. Solche Fälle sind in den letzten Jahren immer häufiger zu beobachten, da einerseits die Bodenpreise aufgrund der allgemeinen Agrarkrise stagnieren oder gar sinken und die Entschädigungszahlungen des INCRA im Falle einer Enteignung weit über dem reellen Verkaufspreis liegt. Andererseits werden landwirtschaftliche Flächen, die vorwiegend Spekulationszwecken dienen und deshalb ungenutzt bleiben, durch die 1997 eingeführte umgekehrt proportionale Kopplung der Grundsteuer an die Produktivität zunehmend unrentabel und als Spekulationsobjekt uninteressant. Vorteile daraus erhoffen sich vor allem hochverschuldete Landeigentümer. Teilweise nutzen *fazendeiros* die derzeitige Konstellation aber auch, um Betriebe mit ökologisch völlig degradierten Flächen abzustoßen.

Durch die in den letzten Jahren stark ansteigende Zahl von Invasionen gerät das INCRA zunehmend unter Druck. Nachdem es zwischen 1985 und 1996 in Mato Grosso nur etwa

12 % der ursprünglich geplanten Ansiedlungen durchgeführt hat, fordern MST und andere Landlosenbewegungen eine beschleunigte Abwicklung der *assentamentos*. Zu den Aufgaben der INCRA gehören dabei nicht nur die Regularisierung der Besitzverhältnisse und die Vermessung von enteignetem Land, sondern auch die Betreuung und Versorgung der *assentamentos* mit der dafür vorgesehenen finanziellen Unterstützung des Staates aus den Programmen PROCERA und *Projeto Lumiar*. Jedoch verzögert das Regionalbüro des INCRA in Cáceres aus politischen Gründen immer wieder die Auszahlung der entsprechenden Kredite, so daß Familien in Ansiedlungsprojekten, die bereits seit einigen Jahren bestehen, noch heute keine Mittel erhalten haben. Damit wird der langfristige Erfolg dieser *assentamentos* in Frage gestellt.

Da die Abwanderung an neue Pionierfronten bzw. in Invasionsgebiete - also die Land-Land-Migration - im Laufe der 80er Jahre als Überlebensstrategie vom Land Verdrängter immer mehr an Attraktivität verlor, gewannen städtische Migrationsziele an Bedeutung. Die vor allem Mitte der 80er Jahre im Hinterland von Cáceres einsetzende Landflucht als Ergebnis von Verdrängung und sozioökonomischer sowie ökologischer Degradierung im ländlichen Raum war und ist für viele Pionierfrontregionen Amazoniens typisch (LAVINAS 1987, MACHADO 1990, BECKER 1990d und 1995, COY 1990 und 1996a, COY et al. 1997, FERREIRA, F. Poley Martins 1995)[1]. Im Bundesstaat Mato Grosso stieg dabei die städtische Bevölkerung in den letzten zwei Jahrzehnten besonders stark an, da die matogrossensischen Städte - vor allem Cuiabá - als 'Tor von Amazonien' sowohl den Zuwandernden als Zwischenstation auf dem Weg an die Pionierfront als auch den Landflüchtigen aus den *frontier*-Gebieten als vorläufige Endstation in ihrer Etappenmigration dienten (COY et al. 1994). Kleinere Pionierstädte fungieren dabei bis heute als zeitweiliges Auffangbecken für die ländliche Bevölkerung des Umlandes. Gleichzeitig erfüllen Städte in Regionen mit einer dynamischen Entwicklung wie beispielsweise in den Gebieten der modernisierten Landwirtschaft die Funktion von Drehscheiben des zunehmend in globale Strukturen eingebundenen Handels (COY & NEUBURGER 1999).

Auch im Hinterland von Cáceres können die späten 80er Jahre als die Phase der größten Verstädterungsdynamik bezeichnet werden (siehe Abb. 36). Die städtische Bevölkerung verdoppelte sich zwischen 1980 und 1991 auf über 60.000. In den folgenden fünf Jahren wuchs sie hingegen nur noch um weitere 5.000 Einwohner an. Damit stieg der Anteil der in den von der brasilianischen Statistik als städtisch definierten Siedlungen[2] innerhalb von 15 Jahren um 31 % auf 64 % im Jahr 1996 an.

---

1 Ähnliche Verstädterungsprozesse sind auch in anderen *frontier*-Regionen, beispielsweise in Ecuador, zu beobachten (siehe dazu BROWN et al. 1994, BUCHHOFER 1988)

2 In der brasilianischen Statistik werden Siedlungen nach administrativen Kriterien charakterisiert. Dabei gelten Muniziphauptorte unabhängig von Einwohnerzahl und Zentralität prinzipiell als Städte. Teilweise werden auch Distrikthauptorte, die häufig nur wenige hundert Einwohner haben, zu dieser Kategorie gezählt.

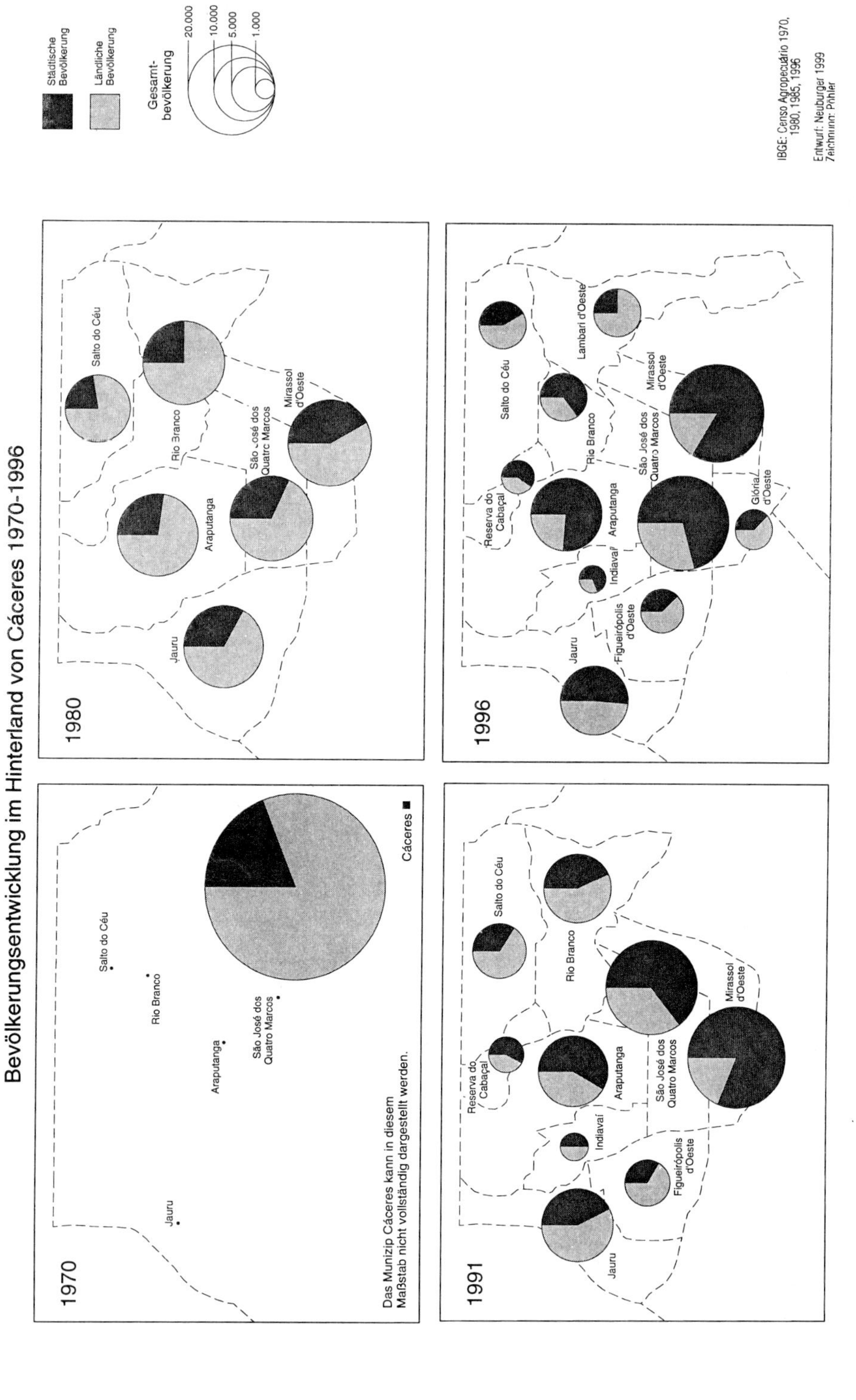

Bevölkerungsentwicklung im Hinterland von Cáceres 1970-1996

Abbildung 36

Bevor das MST Mitte der 90er Jahre eine neue Perspektive im ländlichen Raum bieten konnte, sah die Mehrzahl der abwandernden Familien in den wachsenden Städten die letzte noch verbleibende Überlebenschance. Vor allem Frauen zogen eine Wanderung in die nahe Stadt einer Migration in meist weit entfernte *frontier*-Gebiete vor. Sie konnten in den Städten auf bereits bestehende soziale Beziehungen - meist wohnten Verwandte und Bekannte in der Stadt - aufbauen, die die Bewältigung des Alltagslebens erleichterten. Darüber hinaus erhofften sie für die Kinder eine bessere Schulbildung und für die Heranwachsenden und sich selbst mehr Beschäftigungsmöglichkeiten im informellen Sektor. Häufig wanderten zunächst nur die Jugendlichen in den Muniziphauptort ab, während der Rest der Familie - Alte und Kinder - auf dem landwirtschaftlichen Betrieb verblieb. Die junge Generation hatte durch den Schulbesuch in der Stadt Gefallen am städtischen, vermeintlich bequemeren Leben gefunden und hatte kein Interesse mehr an der Übernahme des elterlichen Betriebes. Darüber hinaus sahen sie auch angesichts der tiefgreifenden Krise keinerlei Zukunftschancen in der Landwirtschaft. Während dies in Araputanga und Quatro Marcos seltener zu beobachten war, waren besonders die ehemaligen Invasionsgebiete Mirassolzinho, Nova Floresta und die *Gleba Montecchi* sowie ökologisch degradierte Teilregionen, in denen die Lebensbedingungen auf dem Land besonders prekär waren, davon betroffen. Gerade in diesen Gebieten fanden die Kleinbauern häufig keinen Nachfolger mehr für ihre Betriebe, so daß die Bevölkerung in den ländlichen Siedlungen allmählich überalterte. Schließlich wanderten auch die Alten in die Städte ab, wo sie die junge Generation versorgte.

Viele hofften, in den neu entstandenen Industriebetrieben eine Anstellung zu finden. Vor allem die Alkoholdestillerien in Rio Branco und Mirassol übten eine starke Anziehungskraft auf Landflüchtige aus. Allerdings wurde der Arbeitskräftebedarf der zuckerrohrverarbeitenden Industrie zumindest teilweise durch eigens dafür angereiste Wanderarbeiter aus dem Nordosten gedeckt (AGUIAR 1998). Wie die Schlachthöfe in Araputanga, Quatro Marcos und Mirassol bot auch die COOPNOROESTE mehrere hundert Arbeitsplätze für die zuwandernden Familien. Auch die kleineren Industrie- und Handwerksbetriebe sowie der Handel zogen zunehmend Arbeitskräfte an. Dabei überstieg die Zuwanderung den Anstieg des Arbeitsplatzangebots bei weitem. Gleichzeitig wurden aber Arbeitskräfte aus den Krisenbranchen der baumwoll- und kaffeeverarbeitenden Industrie frei, so daß das Heer der Arbeitssuchenden weiter wuchs. Da ein Großteil der städtischen Bevölkerung über eine sehr geringe Kaufkraft verfügte und die Nachfrage dadurch sehr gering war, gerieten auch Handel und Dienstleistungen unter Druck, so daß auch in diesem Bereich Arbeitsplätze verloren gingen. Während einige in der aufgeblähten öffentlichen Verwaltung eine Anstellung fanden, blieben die meisten ohne dauerhafte Beschäftigung, mußten sich und ihre Familien mit Gelegenheitsarbeiten meist im städtischen, aber auch im ländlichen informellen Sektor durchschlagen und verarmten zunehmend. Lediglich in Araputanga konnten durch die Ansiedlung von Schlachthof und Milchkooperative mit insgesamt rund 1.500 neuen Arbeitsplätzen die drohende soziale Misere zumindest teilweise aufgefangen werden.

Wie nahezu in ganz Brasilien beobachtbar entstanden auch in den Städten des Hinterlandes von Cáceres aufgrund der hohen Zuwanderungsraten randstädtische Marginalviertel (siehe Abb. 37). Die strukturellen Probleme glichen dabei den bekannten aus Mittel- und Großstädten (siehe allgemein BÄHR & MERTINS 1995). Allerdings konnten in relativ kleinen Städten wie im Hinterland von Cáceres die Landflüchtigen in der Regel zunächst bei Verwandten oder Freunden unterkommen. Die spätere Suche nach einer eigenen Unterkunft bzw. der Bau eines Hauses wurde von diesen ebenfalls unterstützt, so daß die illegal entstehenden Viertel am Rande der Stadt nicht - wie aus Großstädten bekannt - durch extrem prekäre Lebensbedingungen geprägt waren. Darüber hinaus machte die engere Vernetzung und Verknüpfung der Lebenswelten von Ober- und Unterschicht ein extrem hartes Durchgreifen gegen illegale Landbesetzungen in Stadtnähe politisch nicht durchsetzbar. Vielmehr waren solche randstädtischen Invasionen häufig eine willkommene Gelegenheit für die lokalen Eliten, politischen Profit daraus zu schlagen. Bestes Beispiel dafür ist ein Lokalpolitiker in Mirassol, der sich Wahlstimmen von Zuwandernden mit billigen oder sogar kostenlosen städtischen Parzellen erkaufte (RITTGEROTT 1997). Dabei ist bis heute umstritten, ob er tatsächlich rechtmäßiger Eigentümer des verschenkten Landes war.

Auch hier bildete Araputanga eine Ausnahme. Hier trat die Tochterfirma Manati des englischen Erdöl- und Bergbaukonzerns BP als entscheidender Akteur der Stadtentwicklung auf. Sie hatte bereits Ende der 70er Jahre mit Prospektionen im Hinterland von Cáceres begonnen und umfangreiche Goldlagerstätten in der Serra de Monte Cristo - im Südwesten des Munizips Rio Branco gelegen - und im Jaurutal entdeckt. Insgesamt 17 Tonnen Gold wurden in der gesamten Region vermutet. Nach Sondierungsbohrungen, die diese Annahmen bestätigten, wurde 1986 mit dem Goldabbau begonnen. Die Manati beschäftigte nicht nur etwa 500 Angestellte und Arbeiter - rund hundert davon hochqualifizierte aus dem Ausland und anderen Bundesstaaten. Sie wurde auch im Wohnungsbau tätig. Sie errichtete einerseits am Stadtrand insgesamt 60 COHAB-ähnliche einfache Wohnhäuser[1] für die höheren Angestellten. Andererseits stellte sie in bevorzugter Lage - in der Nähe einer kleinen Lagune und des lokalen exklusiven Freizeitclubs - 35 hochrangige Wohnhäuser für die leitenden Angestellten zur Verfügung. Trotz allem überstieg auch in Araputanga die Zuwanderung die Absorptionsfähigkeit der Industrie zumal die Manati bereits 1990 den Goldabbau aus Rentabilitätsgründen aufgab, so daß auch hier Marginalviertel entstanden.

Das unkontrollierte Stadtwachstum in den Muniziphauptorten allgemein wurde durch die oben erwähnten sozialen und politischen Strukturen nur in geringem Maße eingeschränkt. Somit entstanden in den Städten neue Stadtviertel, die sich durch einen niedrigen Sozialstatus und eine äußerst prekäre Infrastrukturausstattung auszeichneten. Allerdings ver-

---

1 Die *Companhia de Habitação Popular* (COHAB) ist die staatliche Wohnungsbaugesellschaft, die für den sozialen Wohnungsbau zuständig ist. Die Siedlungen des sozialen Wohnungsbaus werden ebenfalls als COHAB (*Conjunto Habitacional*) bezeichnet. Sie bestehen in der Regel aus sehr einfachen Kernhäusern mit ein bis zwei Wohnräumen. Der Ausbau durch die Eigeninitiative der Bewohner ist vorgesehen (COY 1997).

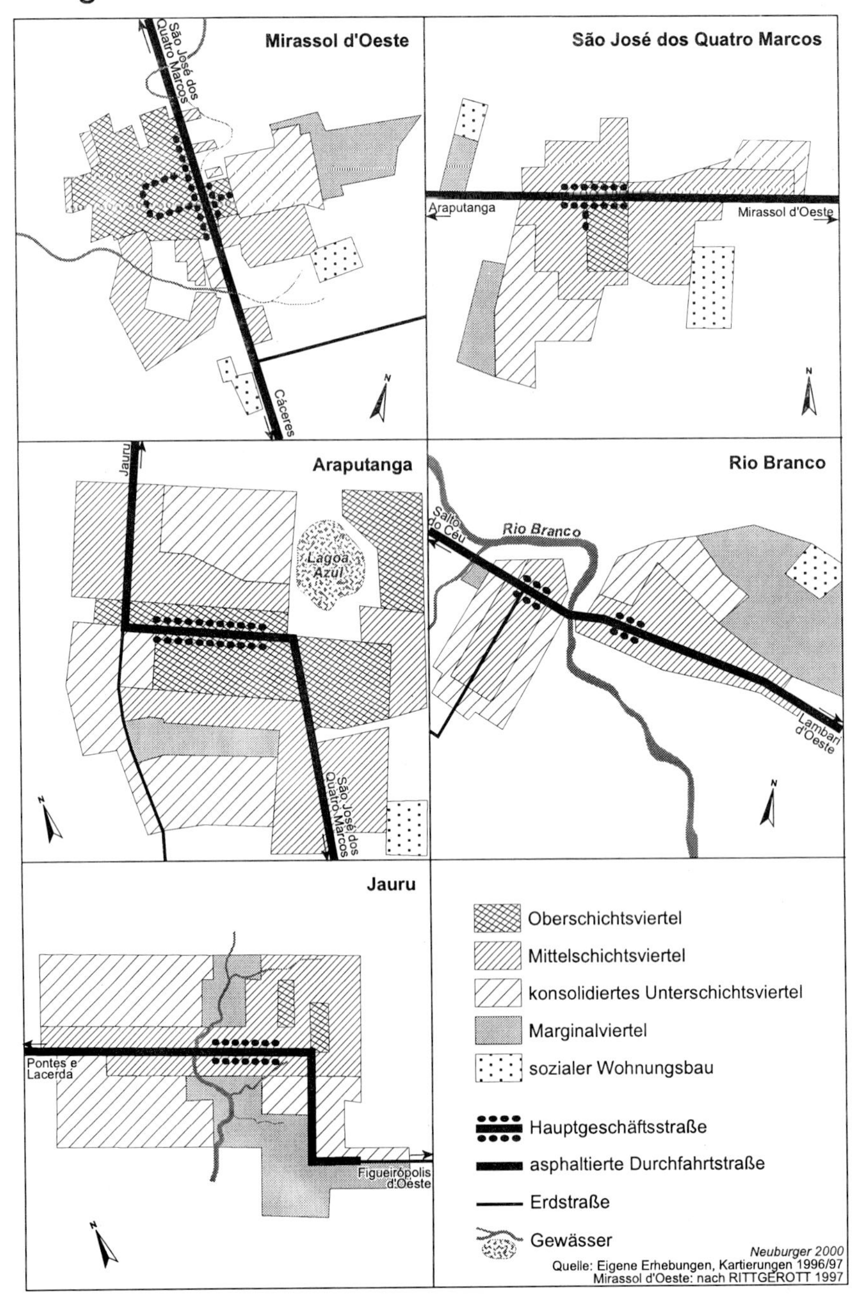

Abbildung 37

anlaßten die enttäuschten Hoffnungen zahlreiche Familien aus den kleineren Städten wiederum abzuwandern. Als Migrationsziel dienten die jeweils nächstgrößeren Städte. Diese Etappenwanderung, die in Brasilien charakteristisch ist für ländliche Krisengebiete allgemein, führte meist über Mirassol und Cáceres nach Cuiabá als vorläufigen Endpunkt der Migration.

Daraus ergaben sich innerhalb des Hinterlandes von Cáceres hierarchische Strukturen innerhalb des Städtesystems (siehe Abb. 38). Die überragende Stellung von Mirassol und Quatro Marcos innerhalb der Region wurde aufgrund der Degradierungstendenzen in den kleineren Siedlungen zementiert, wobei vor allem Mirassol gegenüber Cáceres an Bedeutung verlor. Lediglich Araputanga konnte in dieser zunehmend disparitären Siedlungsstruktur durch seine relativ dynamische wirtschaftliche Entwicklung an Zentralität gewinnen. Gleichzeitig entwickelten sich in den jeweiligen Teilregionen einige mittlere Städte - Rio Branco, Araputanga und Jauru - heraus, die über eine zumindest für die Teilregion begrenzte Zentralität verfügten. Sehr kleine Siedlungen wie Salto do Céu, Reserva do Cabaçal, Indiavaí und Figueirópolis hingegen stagnierten oder verloren an Bevölkerung. Diese Hierarchie schlug sich auch in der Stadtstruktur der einzelnen Städte nieder. Während sich in den kleinen Orten lediglich räumlich sehr begrenzte Gebiete mit marginalisierter Bevölkerung bildeten, entstanden in den zentralen Städten der jeweiligen Teilregionen große Marginalviertel. In Rio Branco und Mirassol bildete sie jeweils eine Art Zwillingsstadt mit Ansätzen einer zweiten Zentrumsbildung, das mit relativ niedrigrangigen Geschäften ausgestattet war.

Die unterschiedliche Wachstumsdynamik der Städte stellte entsprechend unterschiedliche Anforderungen an die Gemeindeverwaltungen. Die kleinen, tendenziell schrumpfenden Munizipien hatten mit dem zunehmenden Verlust an Wirtschaftskraft und Bevölkerung zu kämpfen. Der Absentismus der Großgrundbesitzer, die in Munizipien wie Indiavaí, Reserva do Cabaçal und Salto do Céu großbetriebliche Mastviehhaltung betrieben, vermarkteten ihre Tiere meist in anderen Munizipien - Araputanga, Quatro Marcos, Mirassol oder Cáceres - oder sogar in anderen Bundesstaaten, so daß die Munizipien steuerlich nur sehr begrenzt davon profitieren konnten. Darüber hinaus nahm die Abwanderung Ausmaße an, die den Bestand der Städte in Frage stellte und die an der Einwohnerzahl orientierten staatlichen Zuwendungen immer weiter sinken ließ. Durch den Verlust an Bevölkerung und Kaufkraft schrumpfte außerdem der tertiäre Sektor - der sekundäre Sektor war ohnehin meist inexistent - auf ein Minimum, das heißt auf das Angebot des kurzfristigen alltäglichen Bedarfs. Damit verloren diese Muniziphauptorte all ihre zentralen Funktionen, und die Bevölkerung wendete sich den nächstgrößeren Städten zur Deckung ihres längerfristigen Bedarfs zu[1].

In den größeren Städten der Region hingegen stellte das enorme Stadtwachstum die Gemeindeverwaltungen vor völlig andere, aber ebenso unlösbare Probleme. Einerseits sank

1 Das Phänomen der Schrumpfung kleiner Städte verbunden mit einem raschen Zentralitätsverlust ist auch in anderen Städten ehemaliger Pionierfrontregionen zu beobachten (siehe als Beispiel STRUCK 1992a).

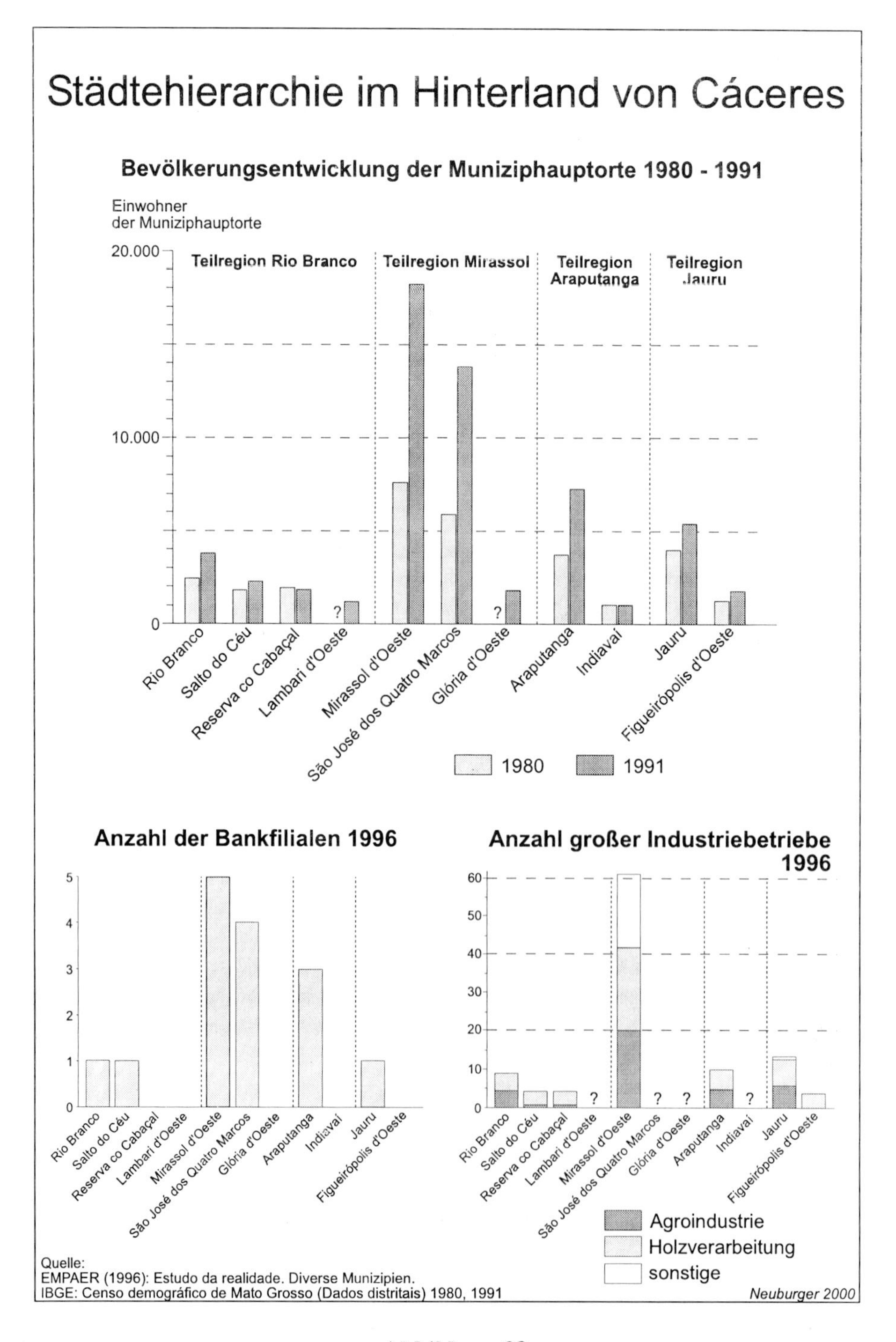

Abbildung 38

das kommunale Steueraufkommen stetig angesichts der stagnierenden Wirtschaftssektoren. Andererseits war es ihnen aufgrund der damit verbundenen Finanzkrise praktisch unmöglich, die Infrastruktur für die wachsende Bevölkerung allgemein - Gesundheitsversorgung und Bildungseinrichtungen - und besonders in den expandierenden Marginalvierteln - Strom- und Wasserversorgung sowie Abwasserentsorgung - im notwendigen Tempo auszubauen. Damit wuchsen sowohl die sozialen Spannungen als auch die Umweltbelastungen in der Stadt. Die Landflucht transferierte also die sozialen Probleme des ländlichen Raumes in den städtischen. Außerdem war die durch die Landflucht herbeigeführte Konzentration von Bevölkerung auf einer geringen Fläche - nämlich der städtischen - mit einer Konzentration der ökologischen Folgewirkungen verbunden. In keiner Stadt im Hinterland von Cáceres wurde bisher ein öffentliches Leitungsnetz zur Abwasserentsorgung installiert, so daß die meisten Haushalte über Sickergruben verfügen. Dies ist selbst im Vergleich zum matogrossensischen Durchschnitt eine sehr schlechte Ausstattung (COY et al. 1994)[1]. Da die öffentliche Wasserversorgung aufgrund regelmäßiger Überlastung vor allem in der Trockenzeit in den peripheren Stadtvierteln nur sporadisch funktioniert und sich die Bevölkerung mit eigenen Brunnen behelfen muß, die meist in direkter Nachbarschaft zu diesen Sickergruben liegen, bringt die Kombination dieser Defizite gleichzeitig eine erhebliche gesundheitliche Gefährdung der Bevölkerung mit sich.

Aus der allgemeinen Verschlechterung der Lebensqualität in den Städten ziehen die jeweils betroffenen sozialen Gruppen unterschiedliche Konsequenzen, die die Ansätze einer Fragmentierung der Lebenswelten auch in Städten dieser Größenordnung erkennen lassen. Für die Familien der Mittel- und Oberschicht - meist in Mirassol, Quatro Marcos und Araputanga - bieten zunehmend private Dienstleister ausreichend hochrangige Dienste an. Privatärzte und -schulen etablieren sich dabei als Anlaufpunkte für die immer kleiner werdenden oberen sozialen Schichten, die die steigenden Ausgaben für Bildung und Gesundheit trotz der allgemeinen Krise noch tragen können. Familien der jeweiligen Oberschicht, deren Handlungsspielraum am größten ist, verlegen teilweise ihren Wohnort in eine größere Stadt, in der sie mehr Komfort erwarten. Nicht selten haben diese Familien ohnehin eine Wohnung in Cuiabá oder Cáceres, so daß die Abwanderung über die allmähliche Verlängerung der dortigen Aufenthaltszeiten bis hin zur vollständigen Verlagerung des Wohnsitzes schleichend einsetzt. Diese Entwicklung wird durch die Tatsache beschleunigt, daß einzelne Familienmitglieder - meist der jüngeren Generation - bereits zu Studien- und Arbeitszwecken in Cuiabá oder Cáceres leben.

---

1 In Brasilien insgesamt ist die Stadthygiene ein sehr großes Problem. Während es in den meisten Kleinstädten keinerlei Abwasserentsorgung gibt, bemühen sich die Mittel- und Großstädte seit den 80er Jahren um den Ausbau eines öffentlichen Entsorgungsnetzes. Allerdings beschränkt sich das Leitungsnetz meist auf einige wenige zentrale Stadtviertel und auf die Wohngebiete der oberen sozialen Schichten. Dabei wird das Abwasser in der Regel direkt in die nahen natürlichen Gewässer geleitet. Eine Aufbereitung des Abwassers in funktionierenden Kläranlagen besteht nur in sehr seltenen Fällen. So werden in den einzelnen Großregionen Brasiliens nur zwischen 2 % und 7 % der Abwässer geklärt. Lediglich im Südosten erreicht der entsprechende Wert rund 15 % (SANTOS, St.St. Moreira dos 1993).

Um die Abwanderung gerade der kaufkräftigen Bevölkerungsschichten zu verhindern, bemüht sich beispielsweise die Gemeindeverwaltung von Quatro Marcos, das Bildungsangebot in der Stadt selbst zu verbessern. Dazu schloß sie ein Abkommen mit der Bundesuniversität in Cuiabá UFMT (*Universidade Federal de Mato Grosso*), die seit einigen Jahren Kurse in Betrieblichem Rechnungswesen - *Ciências Contábeis* - und Sport anbietet. Darüber hinaus bietet die Gemeinde den kostenlosen Bustransfer nach Cáceres für Studenten der dortigen bundesstaatlichen Universität UNEMAT (*Universidade do Estado de Mato Grosso*) an. Auch im Gesundheitswesen ist die Stadtverwaltung um eine Verbesserung der Infrastruktur bemüht. In Zusammenarbeit mit den anderen Munizipien der Region unter dem institutionellen Dach der UNIVALE wurde Quatro Marcos als Standort für ein gut ausgestattetes Krankenhaus und Ärztezentrum ausgewählt, in dem eine relativ hochrangige - natürlich bezahlte - Versorgung angeboten wird.

Im Gegensatz zu den oberen sozialen Schichten verfügen die ärmeren Schichten über sehr eingeschränkte Handlungsspielräume. Für sie verschlechtert sich die Versorgungssituation, da die öffentlichen Einrichtungen - Schulen, Krankenstationen etc. - seit den 80er Jahren nur geringfügig ausgebaut wurden und deshalb zunehmend überlastet sind. Aufgrund der hohen Kosten für private Dienstleistungen können die Unterschichtsfamilien aber nicht auf entsprechende Anbieter ausweichen, so daß sie die sinkende Qualität der Versorgung in Kauf nehmen müssen. Darüber hinaus erschweren zunehmende Einkommensverluste zahlreichen Familien die Alltagsbewältigung. Die von ihnen gewählten Überlebensstrategien ähneln denen der marginalisierten des ländlichen Raumes - zumal sie in der Regel von dort stammen. Als wichtigste Strategie der Risikominderung ist die Diversifizierung der Einkommensquellen zu sehen. Dabei hat der informelle Sektor eine besonders große Bedeutung. Während Männer vorwiegend in der Landwirtschaft oder im Baugewerbe als Tagelöhner arbeiten, beschränken sich die Beschäftigungsmöglichkeiten von Frauen im wesentlichen auf extrem schlecht bezahlte Anstellungen in Haushalten der Ober- und Mittelschicht sowie auf den informellen Straßenhandel. Darüber hinaus tragen Frauen häufig auch durch den Verkauf von Handarbeiten, hausgemachten Süßspeisen und ähnlichem zum monetären Familieneinkommen bei. Diese Arbeit findet teilweise die Unterstützung anderer Akteure. So bietet beispielsweise die CPT in Rio Branco Nähkurse an und stellt dazu Nähmaschinen zur Verfügung, die in das Gemeinschaftseigentum der Frauen übergehen. Darüber hinaus organisiert die CPT einen gemeinschaftlichen Gemüsegarten - eine sogenannte *horta comunitária* -, um die Ernährungssituation und damit indirekt auch die Gesundheit der Marginalbevölkerung zu verbessern. In dieses Projekt werden vor allem Kinder einbezogen, denn sie leiden besonders stark unter der Verarmung der Familien.

2.3 Aktuelle Strukturprobleme, ökologische Degradierung und *response systems*: *Criticality* und Perspektiven im Hinterland von Cáceres

In der Analyse der einzelnen Teilräume wurde deutlich, daß die historische Entwicklung zu strukturellen Verzerrungen geführt hat, die die Perspektiven der gesamten Region beeinträchtigen. Die sozioökonomischen Strukturen im ländlichen Raum sind von einer Verschärfung der Disparitäten zwischen kapitalkräftigem Großgrundbesitz und völlig verarmtem Kleinstbesitz geprägt. Auch die vergleichsweise gut mit Kapital ausgestatteten Kleinbetriebe sowie die mittleren Betriebe, die zwischen diesen beiden Extremen anzusiedeln sind, drohen durch die immer schwierigeren gesamtwirtschaftlichen Rahmenbedingungen in die Krise zu geraten. Die disparitären Strukturen beziehen sich dabei nicht nur auf den rein wirtschaftlichen Bereich hinsichtlich Betriebsgröße, Kapitalausstattung und Einkommen. Sie setzen sich in der sozialen und ökologischen Dimension fort wie beispielsweise im Zugang zu Gesundheits- und Bildungseinrichtungen, in der Verfügbarkeit von qualitativ hochwertigem Boden sowie in der Betroffenheit von ökologischer Degradierung. Trotz der Gegensätze zwischen den einzelnen sozialen Gruppen im ländlichen Raum sind beide, Verlierer und Gewinner, funktional eng miteinander verflochten. So dienen beispielsweise die kleinbäuerlichen Betriebe als Reservoir billiger Arbeitskräfte für die Erhaltung des Produktionsablaufs in den Groß- und Mittelbetrieben. Gleichzeitig bilden solche Gelegenheitsarbeiten einen zentralen Bestandteil der Überlebensstrategien von Kleinbauern zur Diversifizierung ihres Einkommens. Diese funktionale Verknüpfung der unterschiedlichen sozialen Akteursebenen macht ein Aufbrechen dieser Strukturen extrem schwierig.

Die im Hinterland von Cáceres aufgrund der dargestellten sozioökonomischen und politischen Faktoren im Laufe der Jahrzehnte entwickelte Dominanz der Rinderweidewirtschaft hängt eng mit einem weiteren Strukturproblem zusammen. Da die heute vorherrschende Viehhaltung nur sehr wenige Arbeitskräfte absorbiert, wurde die zuvor im Ackerbau gebundene ländliche Bevölkerung verdrängt. Der Entleerung des ländlichen Raumes steht deshalb ein zunehmend überfüllter städtischer Raum mit all seinen sozialen und ökologischen Problemen gegenüber. Dieses extreme Ungleichgewicht engt die Variationsbreite möglicher Handlungsspielräume und Perspektiven in entscheidendem Maße ein und erschwert ihre Flexibilität.

Zwischen den aufgezeigten sozioökonomischen Disparitäten und den prägenden naturräumlichen Strukturen bestehen vielseitige Wechselbeziehungen. Die ökologisch sehr fragilen Gebiete auf der Hochfläche der Chapada dos Parecis und im stark hügeligen Vorland reagierten auf die landwirtschaftliche Nutzung besonders empfindlich, so daß rasch Degradierungserscheinungen auftraten, die auch durch die Extensivierung der Nutzung nicht eingedämmt werden konnten. Demgegenüber ließen die vergleichsweise stabilen Ökosysteme eine langjährige ackerbauliche Nutzung ohne gravierende Schädigungen zu. Aus diesem kleinräumig sehr differenzierten Beziehungsgeflecht erklären sich die aktuellen Degradierungsstadien in den einzelnen Teilregionen.

Diese Disparitäten beeinflussen die unterschiedlichen Verwundbarkeiten der einzelnen Bevölkerungsgruppen. Kapitalarme Kleinbauern sind gegenüber wirtschaftlichen Krisen in Form von Einkommensverlusten besonders verwundbar. Diese entstehen meist durch Preisverfall oder Produktivitätsrückgang aufgrund ökologischer Degradierung. Da diese sozialen Gruppen über einen sehr geringen Handlungsspielraum verfügen, wenden sie häufig Überlebensstrategien an, die ihre Verwundbarkeit noch weiter erhöhen. Dies gilt insbesondere für die Intensivierung der Produktion, die den Einkommensrückgang ausgleichen soll. Gerade diese Strategie aber beschleunigt in fragilen Ökosystemen die Degradierung, so daß die Produktivität noch weiter sinkt.

Dieser überlebensorientierten Übernutzung der natürlichen Ressourcen steht die gewinnorientierte Ausbeutung als anderes Extrem gegenüber. Während dies in anderen Regionen Mato Grossos - beispielsweise in den Gebieten der modernisierten Sojawirtschaft - in exzessiver Form ohne Rücksicht auf ökologische Folgeschäden betrieben wird, sind im Hinterland von Cáceres moderatere Formen der Nutzung zu beobachten. Dies ist vor allem darauf zurückzuführen, daß die Rinderweidewirtschaft trotz aller Intensivierungsmaßnahmen noch relativ extensiv - beispielsweise ohne großflächigen Einsatz von Agrochemikalien - betrieben wird. Auch die meist geschlossene Weidebedeckung schützt den Boden vor rascher Abspülung oder Winderosion. Dies kann aber nicht darüber hinwegtäuschen, daß auch hier der Wald nahezu vollständig gerodet und die Landschaft häufig maschinell völlig ausgeräumt wird. Auch der Krankheitsbefall der Tiere sowie das vermehrte Auftreten von Schädlingen auf den Weideflächen stören das ökologische Gleichgewicht und können als Folgeschäden dieser 'Monokultur Kunstweide' genannt werden. Durch ihre niedrige Verwundbarkeit können allerdings eventuell eintretende Produktivitäts- und Einkommenseinbußen das wirtschaftliche Überleben der enorm kapitalstarken Großbetriebe nicht bedrohen.

Zwischen den Extremen verarmter kleinbäuerlicher Betriebe einerseits und kapitalstarker Großbetriebe andererseits gibt es eine Vielzahl von Übergangstypen, die durch verschiedene den Naturraum unterschiedlich belastende Nutzungssysteme, durch bestimmte sozioökonomische Konstellationen und ökologische Rahmenbedingungen gekennzeichnet sind. Aus der Zusammenwirkung der einzelnen Faktoren ergeben sich in Anlehnung an das Konzept von TURNER II et al. (1995) in den jeweiligen Teilräumen charakteristische *trajectories*, in denen im zeitlichen Verlauf die ökologische Degradierung in dem Maße zunimmt, in dem die Verwundbarkeit der betroffenen Bevölkerungsgruppen ansteigt (siehe Abb. 39). Dabei erreichen die Gebiete, in denen besonders verwundbare Gruppen unter Anwendung stark degradierender Nutzungsformen auf sehr fragile Ökosysteme treffen, innerhalb von wenigen Jahrzehnten einen extrem hohen Grad der *criticality* - diese gilt vor allem für die Teilräume I, II und IV, wo verarmte kleinbäuerliche Gruppen unter der zunehmenden ökologischen Degradierung stark leiden, gleichzeitig aber nicht über ausreichend Handlungsspielräume verfügen, um die Gefährdung abzuwenden. Völlig anders stellt sich die Situation in Teilräumen wie VI und VII dar. Dort nämlich dominieren gesellschaftliche Gruppen, deren Verwundbarkeit auf einem sehr niedrigen Niveau bleibt und - wie im Fall VII - das stabile Ökosystem im gleichen Zeitraum sehr geringe Degadierungserscheinungen aufweist.

Im regionalen Kontext des Hinterlandes von Cáceres bedeutet dies, daß sich im Laufe der Pionierfrontentwicklung Teilräume unterschiedlicher *criticality*-Grade herausgebildet haben (siehe Abb. 40). Die Gebiete hoher *criticality* - Nova Floresta, Mirassolzinho, *Gleba*

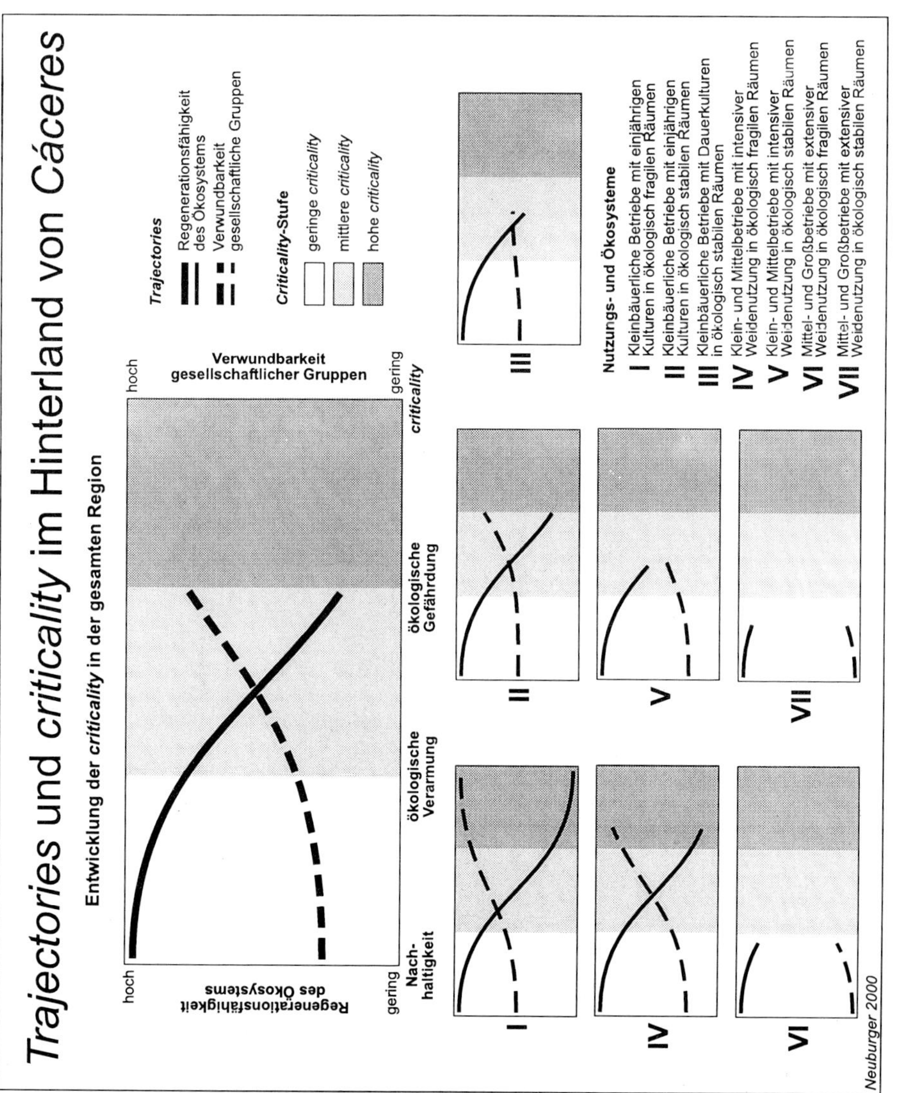

Abbildung 39

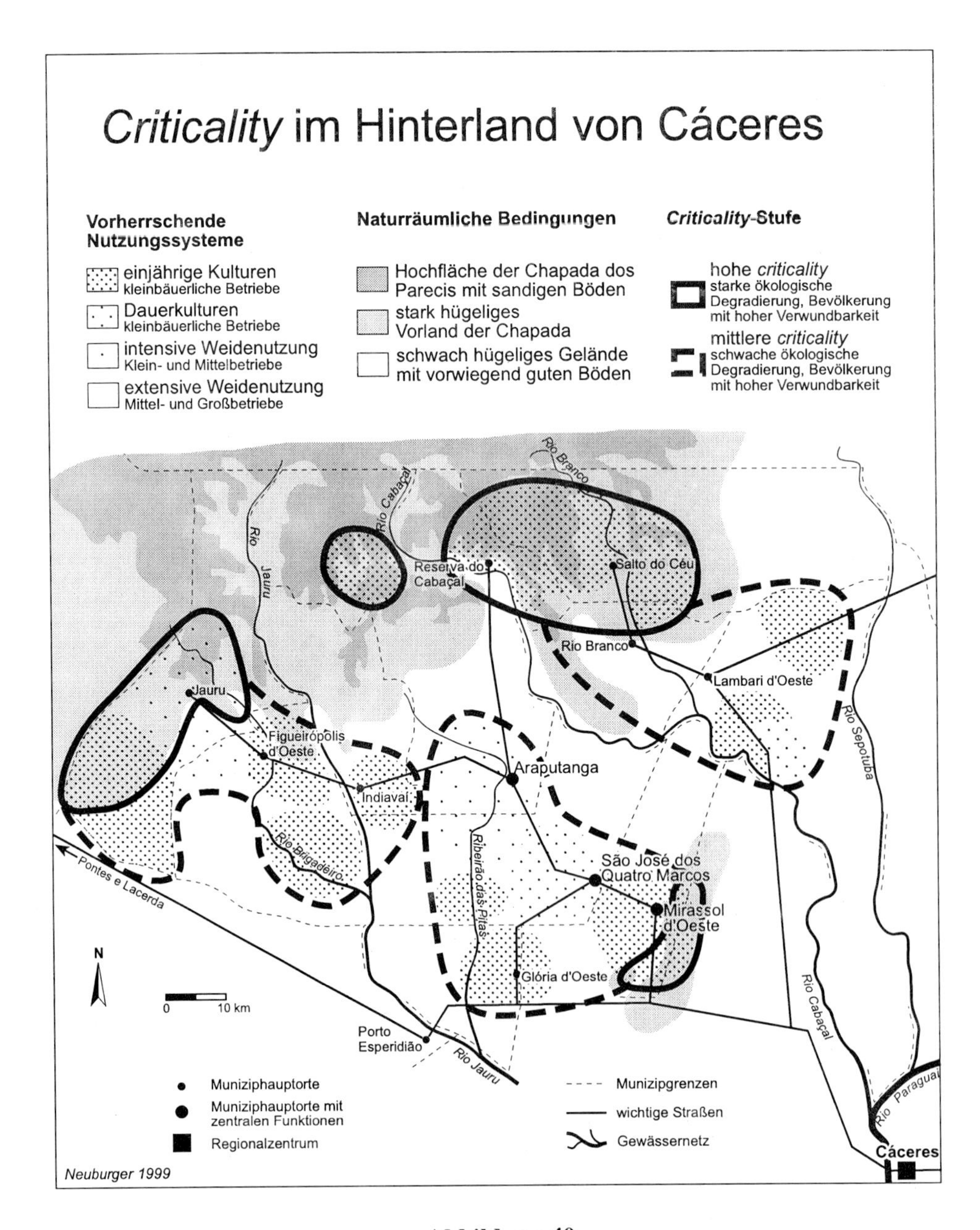

Abbildung 40

Montecchi und Teile der *Colônia Rio Branco* - entsprechen dabei den Raumtypen I und IV. Die Handlungsspielräume der Kleinbauern sind dort derart eingeengt, daß die Familien Überlebensstrategien anwenden müssen, die ihre Verwundbarkeit und die Gefahr ökologischer Degradierung weiter erhöhen. Dem gegenüber stehen die Raumtypen VI und VII mit sehr geringer *criticality*. Dort dominieren Mittel- und Großbetriebe, die mit extensiver Rinderweidewirtschaft - vorwiegend Mastviehhaltung - das Ökosystem vergleichsweise gering belasten und die gleichzeitig durch ihre gute Kapitalausstattung - häufig dienen die Betriebe nur zu Spekulationszwecken - ökonomisch und sozial wenig verwundbar sind. Bei starken Erosionsschäden wie beispielsweise im Norden des Hinterlandes von Cáceres werden die Flächen meist aus der Nutzung genommen und können sich so wieder - wenn auch teilweise sehr langsam - regenerieren. Gebiete mittlerer *criticality* bilden die übrigen Raumtypen, bei denen die Verwundbarkeit der vorherrschenden gesellschaftlichen Gruppen sowie die ökologische Degradierung noch nicht in dem Maße angestiegen sind, daß sie keine Handlungsmöglichkeiten mehr zuließen. Jedoch erfordern gerade diese sozio-ökologischen Konstellationen eine rasche wirkungsvolle Reaktion, um einen Anstieg der *criticality* und damit eine Krise zu verhindern.

Die unterschiedlichen Stufen der criticality in den einzelnen Teilräumen ist auch auf die nur unzulänglich vorhandenen *response systems* auf den unterschiedlichsten Ebenen zurückzuführen. Wie bereits in aller Ausführlichkeit in den vorangegangenen Kapiteln dargestellt sind die individuellen *response systems* - also die Überlebens- und Bewältigungsstrategien - vor allem bei kleinbäuerlichen Gruppen sehr stark eingeschränkt. Das heißt: Die Handlungsspielräume lassen keine Bewältigung der Krise in adäquater Weise hin zu einer langfristigen Stabilisierung der ökologischen und sozioökonomischen Situation zu. Auch die lokalen und regionalen formal-politischen Strukturen im Hinterland von Cáceres bilden keine ausreichende Basis für funktionierende *response systems*. Im Laufe der Jahrzehnte der *frontier*-Entwicklung hat sich gezeigt, daß in vielen Fällen die politischen Institutionen von den wirtschaftlichen Eliten mißbraucht werden, um die eigene Machtposition auszubauen und - nicht zuletzt - um sich persönlich zu bereichern. Besonders in Munizipien wie Rio Branco, Salto do Céu und Reserva do Cabaçal, wo die wirtschaftliche und soziale Krise gravierende Ausmaße angenommen hat und die Kontrollmechanismen der Öffentlichkeit - zivilgesellschaftliche Organisationen, Medien etc. - nicht mehr funktionieren, sind dem Mißbrauch kaum Grenzen gesetzt.

Dies hat dramatische Folgen, zumal die politischen Machthaber aus ihrer gesicherten Position heraus meist keinerlei zukunftsfähige Visionen für die Entwicklung des Munizips oder der Region entwickeln, sondern im Gegenteil die Not der marginalisierten Gruppen zum eigenen Vorteil ausnutzen. Darüber hinaus hat ein Großteil der Bevölkerung die Hoffnung auf umsetzbare Entwicklungsalternativen aufgegeben und glaubt angesichts der ökologischen und wirtschaftlichen Krise nur noch an die Viehhaltung als die einzige Möglichkeit einer Konsolidierung in der Region, auch wenn diese über ein außerordentlich geringes Arbeitskräftepotential verfügt und - zumindest im Fall der Milchviehhaltung - der erzielbare Wohlstand sehr niedrig bleibt. Selbst in Munizipien, in denen die politischen und wirtschaftlichen Eliten versuchen, sich für sozioökonomisch und ökologisch nachhaltige Entwicklung einzusetzen, scheitern die Bemühungen häufig an der Finanzmisere der viel zu kleinen Munizipien.

Trotz dieser insgesamt pessimistischen Einschätzung der Perspektiven für das Hinterland von Cáceres lassen sich in der aktuellen Krisensituation vereinzelt Lösungsansätze erkennen. Dabei sind zwei Typen von Hauptakteuren zu unterscheiden. Einerseits zeigt der Staat trotz aller struktureller Hemmnisse Interesse an der Lösung der wachsenden sozioökonomischen und ökologischen Probleme. Andererseits setzen sich zunehmend NGOs und neue soziale Bewegungen für die Belange marginalisierter Gruppen ein. Als eines der wichtigsten sektoralen zentralstaatlichen Programme, das die Bedürfnisse der Kleinbauern in ganz Brasilien befriedigen soll, kann in diesem Zusammenhang das Programm zur Förderung der kleinbäuerlichen Landwirtschaft PRONAF (*Programa Nacional de Fortalecimento da Agricultura Familiar*) genannt werden. Das 1995 verabschiedete Programm, das in Zusammenarbeit mit Vertretern der Kleinbauerngewerkschaften und verschiedener NGOs erarbeitet wurde, beinhaltet unterschiedliche Kreditlinien, die sowohl einzelne Familien und Kleinbauernvereinigungen als auch Gemeindeverwaltungen mit vorwiegend kleinbäuerlicher Bevölkerung zugutekommen (MA et al. 1996). Mit äußerst günstigen Kreditkonditionen sollen für kleinbäuerliche Familien die finanziellen Rahmenbedingungen zur Modernisierung der Produktion und zur Produktivitätssteigerung geschaffen werden. Neben individuellen Krediten werden auch Finanzierungsmöglichkeiten für öffentliche und private Institutionen vergeben, die sich in der Beratung von Kleinbauern betätigen. Außerdem erhalten die Gemeinden Kredite zur Verbesserung ihrer Infrastruktur, soweit sie die kleinbäuerliche Produktion unterstützt.

Das PRONAF hat sich im Laufe seines bisher fünfjährigen Bestehens sehr rasch zu einem der wichtigsten Finanzierungsquellen für kleinbäuerliche Familien und für Munizipalverwaltungen entwickelt. Bereits 1999 wurden rund 1.200 Kreditverträge mit einem Umfang von etwa 3,5 Mrd. R$ abgeschlossen. Dies hängt auch damit zusammen, daß die Anzahl der Kreditlinien allmählich auf heute insgesamt neun erhöht wurde (INCRA 1999). Insbesondere für das Jahr 1999 wurde mit einem steilen Anstieg der Nachfrage gerechnet, da das PRONAF in die Zuständigkeit des Ministeriums für Landfragen (*Ministério Extraordinário de Política Fundiária*) überging und damit auch die Familien in den Ansiedlungsprojekten des INCRA Zugang zu diesem Programm erhielten. Die teilweise recht starken Schwankungen der Vertragszahlen und des Finanzierungsumfangs weisen dabei auf die Anfangsschwierigkeiten dieses Programms hin.

Auch im Hinterland von Cáceres fand das PRONAF großen Anklang. Im Jahr 1997 wurden knapp 1.000 Anträge gestellt. In den ersten Jahren der Beantragung bildeten allerdings die mitunter sehr komplizierten Antragsformalitäten eine gewisse Hürde für einen raschen Anstieg der Vertragszahlen. Außerdem waren die jeweiligen Lokalbüros der EMPAER, die für die Beratung der interessierten Kleinbauern sowie für die Bearbeitung der Anträge zuständig sind, in der Anfangszeit völlig überfordert. Gleichzeitig zeigte sich sehr rasch, daß selbst die sehr günstigen Kreditbedingungen für besonders kapitalarme Kleinbauern zu hohe Anforderungen sowohl im Hinblick auf die Zinsen als auch hinsichtlich der verlangten Garantien stellen. Auch die Möglichkeit einer Finanzierung über die jeweilige Bauernvereinigung, die für ihre Mitglieder die Bürgschaft übernehmen kann, brachte dafür keine befriedigende Lösung, da sich die verarmten Kleinbauern meist aus den *associações* - so sie überhaupt noch bestanden - zurückgezogen hatten. Die 1997 dennoch zustande gekommenen Verträge zur Finanzierung der kleinbäuerlichen Produktion konzentrieren sich mit wenigen Ausnahmen auf Maßnahmen zur Verbesserung des viehwirtschaftlichen Sektors der Region. Sie zementieren damit die Dominanz der Milchviehhaltung, die für mittlere Betriebe zwar die Erwirtschaftung eines ausreichenden Einkommens ermöglicht, für Kleinbetriebe aber langfristig keine wirtschaftlich attraktive Perspektive bieten kann.

Ein weiterer Versuch von staatlicher Seite, die wachsenden sozialen Spannungen sowie die zunehmenden ökologischen Probleme einzudämmen, stellt das Regionalentwicklungsprogramm PRODEAGRO dar. Als Folgeprogramm des POLONOROESTE sollte das 1993 öffentlich verkündete Programm das vieldiskutierte Konzept der nachhaltigen Entwicklung in die Praxis umsetzen (KLEIN 1998)[1]. Das ambitionierte Vorhaben sollte nicht nur die negativen Folgewirkungen des Vorgängerprogramms beheben, sondern auch eine umfassende Entwicklungsplanung im institutionellen, politischen, sozialen, wirtschaftlichen und ökologischen Bereich für den gesamten Bundesstaat Mato Grosso einbeziehen. Allerdings geriet auch dieses von der Weltbank mitfinanzierte Programm in die Mühlen der politischen Klientelwirtschaft, so daß es erst nach langjährigen Verzögerungen - die matogrossensische Regierung hatte inzwischen gewechselt - anlaufen konnte und sich auf die Durchführung von Maßnahmen in einigen wenigen sogenannten Pilotmunizipien beschränkte.

Im Hinterland von Cáceres zeigte das PRODEAGRO dementsprechend nur sehr begrenzte Wirkungen. Als Pilotmunizip wurde lediglich Lambari d'Oeste ausgewählt. Dort kamen alle geplanten Komponenten des Programms exemplarisch zum Einsatz. Die Erarbeitung eines kommunalen Entwicklungsplans, der Ausbau der Infrastruktur, die rasche Vermessung der Parzellen und die anschließende Vergabe von Landtiteln vor allem im ehemaligen Invasionsgebiet der *Gleba Canaã*, die umfangreiche Finanzierung der kleinbäuerlichen Produktion vorwiegend unter Anwendung von Agroforst-Systemen mit Obst- und Gemüseanbau sowie die Beratung durch einen eigens dafür angestellten Agraringenieur stießen auf eine hohe Akzeptanz der Bevölkerung des 1991 neu gegründeten Munizips und zeitigten große Erfolge. Allein im ersten Jahr wurden bereits 45 Verträge mit Kleinbauern von Lambari abgeschlossen, 51 befanden sich Ende 1995 in Beantragung und 25 weitere standen noch zur Ausarbeitung an. Allerdings nutzten auch hier lokale Politiker die Projekte zu Wahlkampfzwecken - es standen Kommunalwahlen an - und setzten teilweise Vorhaben durch, deren wirtschaftlich langfristige Tragfähigkeit fraglich ist.

In den übrigen Munizipien des Hinterlandes von Cáceres wurden nur vereinzelt Gelder des PRODEAGRO eingesetzt. In Araputanga beispielsweise wurde im besonders ärmlichen

---

1 Zum Konzept der nachhaltigen Entwicklung allgemein siehe BRAND 1997 und KASTENHOLZ et al. 1996. Zu seiner Bedeutung in der Planung siehe HUBER 1995 und COY 1998.

Gebiet von Nova Floresta eine Schule und eine Krankenstation eingerichtet. Darüber hinaus beinhaltete die Infrastruktur-Komponente des Programms die Asphaltierung der MT 175 - von der BR 174 ausgehend über Mirassol, Quatro Marcos, Araputanga, Indiavaí, Figueirópolis bis Jauru - und der MT 170 - von der BR 174 über Lambari, Rio Branco bis Salto do Céu. Allerdings stockte der Ausbau beider Straßen mehrmals aus administrativen, aber auch aus finanzpolitischen Gründen, so daß die Asphaltdecke des jeweils ersten Bauabschnitts bereits wieder stark beschädigt war, bevor die Baumaßnahmen den geplanten Endpunkt erreichen konnten.

Über diese Einzelprojekte hinaus kamen keine weiteren Munizipien in den Genuß der Projektförderung, da die Verteilung von Geldern im Rahmen des PRODEAGRO insgesamt sehr stark politisch beeinflußt wurde. Dies ging soweit, daß selbst allgemeine Informationen über das Programm sehr gezielt nur an politische Freunde der jeweiligen Regierung weitergegeben wurden. Einige Gemeindeverwaltung - beispielsweise die von Indiavaí - wußten nicht einmal - sicher nicht ganz ohne eigenes Verschulden, denn es wurde in den Zeitungen davon berichtet - von der Existenz des PRODEAGRO. Andere Munizipien - wie beispielsweise Quatro Marcos - versprachen sich eine umfangreiche Förderung und erstellten detaillierte sozioökonomische und ökologische Studien, um nach dem Regierungswechsel zu erfahren, daß sie nicht als Pilotmunizip ausgewählt wurden.

Diese eher begrenzt wirksamen Maßnahmen des Staates, die zwar Ansätze nachhaltiger Entwicklung beinhalten, durch sozio-politisch und ökonomisch verzerrte Strukturen aber teilweise konterkariert werden, können als - allerdings von außen gesteuerter - Teil der lokal-regionalen *response systems* betrachtet werden. Andere, häufig dem Staat gegnerisch gegenüberstehende Akteure im politischen Szenario stellen in den letzten Jahren die NGOs dar. Im Hinterland von Cáceres ist vor allem die FASE zu nennen, die sich in der Region für die Verbesserung der Lebensbedingungen der marginalisierten Bevölkerung einsetzt. Dabei bildet eines ihrer wichtigsten Tätigkeitsfelder die Einführung agroforstwirtschaftlicher Anbausysteme, die sie in ähnlicher Form bereits im Bundesstaat Pará sowie im Munizip Pontes e Lacerda erproben konnte (HERFORT 1995). Die speziell auf die Bedürfnisse kleinbäuerlicher Familien abgestimmte Projekt-Konzeption sieht Mischkulturen aus einjährigen - meist Grundnahrungsmitteln - und mehrjährigen Anbauprodukten - in der Regel Obst - möglichst ohne Einsatz von Agrochemikalien vor. Die Finanzierung soll dabei aus den bestehenden staatlichen Kreditlinien gespeist werden.

Im Jahr 1996 konnten zwar bereits 60 Kleinbauern in Roncador und in der *Gleba Montecchi* - beides im Munizip Rio Branco - als Interessenten für diese Anbausysteme gewonnen werden. Ob jedoch insbesondere die letztgenannte Vorgabe - nämlich ohne Pestizide zu produzieren - bei den inzwischen an die modernen Produktionsmethoden gewöhnten Kleinbauern durchzusetzen sein wird, ist mehr als fraglich. Außerdem könnten sich auch hier die Kreditkonditionen als eine für kapitalarme Bauern nicht einnehmbare Hürde entpuppen. Trotz dieser Einschränkungen haben die Vorhaben der FASE eine gute Chance auf eine erfolgreiche Realisierung, da sich die NGO durch die Einrichtung eines Produzentenmarktes - einer sogenannten *feira permanente* - in Rio Branco auch um die Vermarktung der kleinbäuerlichen Produkte kümmert - ein zentraler Aspekt, der bei den meisten Kreditlinien und Programmen - auch beim PRODEAGRO - völlig vernachlässigt wird.

Die genannten Beispiele möglicher *response systems*, die alle von außen in die Region getragen und dementsprechend auch von außen gesteuert werden, zeigen deutlich, daß eine umfassende Verbesserung der sozialen und wirtschaftlichen Misere sowie eine Verhinderung weiterer ökologischer Schäden noch in weiter Ferne liegt. Selbst wenn die einzelnen Maßnahmen Ausstrahlungs- und Nachahmungseffekte zeigen[1], reichen diese nicht aus, um die drohende Erhöhung der *criticality* zu vermeiden. Dennoch bieten sie Ansatzpunkte für die Konzeption von Maßnahmenbündeln, die das Ziel einer nachhaltigen Regionalentwicklung verfolgen. Hoffnung geben auch die seit 1996 an der Spitze der Gemeindeverwaltungen stehenden Präfekten im Hinterland von Cáceres, die mehrheitlich dem linken Parteienspektrum zuzurechnen sind und sich aufgrund ihrer Nähe zu Kleinbauerngewerkschaften und anderen Interessenvertretungen marginalisierter Gruppen für die Belange der unteren sozialen Schichten im ländlichen wie im städtischen Raum einsetzen.

3 Pionierfrontentwicklung im Hinterland von Cáceres: Politisch-ökologische Interpretationen

Die detaillierte Analyse der Pionierfrontentwicklung von Cáceres hat gezeigt, daß sozioökonomische und ökologische Prozesse an einer *frontier* eng miteinander verquickt sind und im allgemeinen phasenhaft ablaufen. Allerdings laufen diese Phasen kleinräumig sehr unterschiedlich ab, so daß eine klare Abgrenzung der einzelnen historischen Abschnitte für die gesamte Region schwierig ist. Vielmehr überlagern sich die Entwicklungsprozesse in den jeweiligen Teilregionen und beeinflussen sich gegenseitig (siehe Abb. 41). So fungierten beispielsweise die Teilräume, die zeitlich zuerst besiedelt wurden, häufig als Quellgebiete der Siedler in den später erschlossenen Bereichen, insbesondere in den illegalen Landbesetzungen. Auch die Wahl der Anbauprodukte - sei es in der Anfangszeit der Kaffee oder in neuerer Zeit die Sonderkulturen - wurde nicht allein durch Herkunft und Tradition der Siedler bestimmt, sondern kann als Nachahm- und - vor allem im letzteren Fall - als Diffusionseffekt dieser Innovation gewertet werden. Damit verzahnen sich im Hinterland von Cáceres völlig unterschiedliche zeit-räumlich strukturierte Bereiche, die die Komplexität der regionalen Entwicklungsprozesse prägen.

In einer synthetischen Gesamtschau der historischen Phasen in der Region, stellt sich die Vielschichtigkeit der *frontier*-Entwicklung in den einzelnen Teilbereichen sehr unter-

---

1 In nahezu allen Munizipien sind in den letzten Jahren Bemühungen zu beobachten, alternative Anbauprodukte und Produktionsmethoden einzuführen. Diese Art von Diversifizierung ist aufgrund der schwierigen Finanzierungsmöglichkeiten nur für einen Teil der kleinbäuerlichen Betriebe zugänglich. Gleichzeitig fehlen sowohl etablierte Vermarktungsstrukturen als auch jeglich Beratung in Produktionsfragen, da die Agrarberater der lokalen EMPAER-Büros über keinerlei Erfahrung hinsichtlich der Anbaumethoden und Pflegemaßnahmen der in der Region neuen Produkte verfügen.

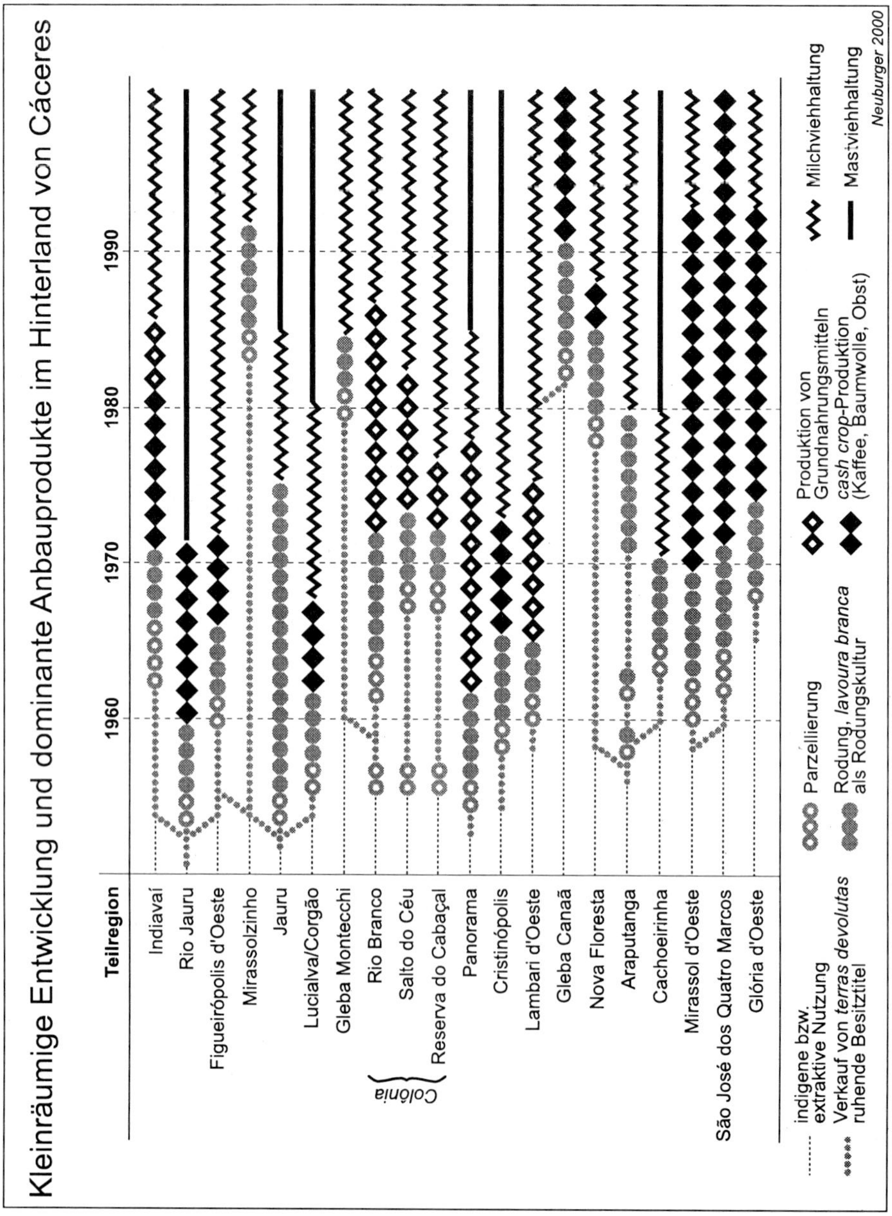

Kleinräumige Entwicklung und dominante Anbauprodukte im Hinterland von Cáceres

Teilregion
1960
1970
1980
1990
Indiavaí
Rio Jauru
Figueirópolis d'Oeste
Mirassolzinho
Jauru
Lucialva/Corgão
Gleba Montecchi
Colônia
Rio Branco
Salto do Céu
Reserva do Cabaçal
Panorama
Cristinópolis
Lambari d'Oeste
Gleba Canaã
Nova Floresta
Araputanga
Cachoeirinha
Mirassol d'Oeste
São José dos Quatro Marcos
Glória d'Oeste

indigene bzw. extraktive Nutzung
Verkauf von *terras devolutas* ruhende Besitztitel
Parzellierung
Rodung, *lavoura branca* als Rodungskultur
Produktion von Grundnahrungsmitteln
cash crop-Produktion (Kaffee, Baumwolle, Obst)
Milchviehhaltung
Mastviehhaltung

Neuburger 2000

Abbildung 41

schiedlich für die jeweiligen Zeitabschnitte dar (siehe Abb. 42). Die Unterteilung in die drei Phasen der Erschließung, Differenzierung und Degradierung entsprechen dabei der Dominanz unterschiedlicher sozioökonomischer Prozesse. Die erste Phase, in der noch die Spuren der extraktiven Nutzung zu erkennen sind, ist geprägt von sehr einfachen Strukturen sowohl in der Wirtschaft als auch im Siedlungssystem. Auch die Migrationsströme beschränken sich auf eine eindeutig vorherrschende Richtung: die interregionale Zuwanderung. Dementsprechend ist das Raumsystem noch sehr gut überschaubar. Es besteht aus isolierten Erschließungsstraßen und Rodungsinseln, wenigen hierarchisch kaum gliederbaren Siedlungskernen und einem einseitig ausgerichteten Strom der Ressourcenzufuhr.

In der zweiten Phase der Differenzierung nimmt das Raumsystem an Komplexität zu. Die landwirtschaftliche Produktion steigt an. Gleichzeitig gewinnen auch die wachsenden Städte an Bedeutung sowohl für die Vermarktung der regionalen Produkte als auch für die Versorgung der Regionsbevölkerung. Die regionsinterne Kommunikation nimmt durch den Ausbau des Straßennetzes zu, wobei sich in der entstehenden mehrstufigen Städtehierarchie Mirassol als eindeutig wichtigste Siedlung mit der höchsten Zentralität entwickelt. Diese kleinräumigen Differenzierungsprozesse im Wirtschafts- und Siedlungssystem haben allerdings auch soziale Verdrängungs- und Marginalisierungstendenzen zur Folge, die in Abwanderung und Verdrängungsmigration münden. Darüber hinaus sind auch regionsinterne Migrationsströme zu beobachten. Diese vielschichtigen Prozesse der Differenzierungsphase bestimmen das Raumsystem der 70er und 80er Jahre und gestalten es dadurch unübersichtlich.

Die dritte Phase schließlich ist durch allgemeine Degradierungstendenzen gekennzeichnet. Einerseits verliert das Hinterland von Cáceres an Wirtschaftskraft, da sich die extensive Rinderweidewirtschaft in weiten Teilen durchsetzt und nur noch einige wenige Aktivräume verbleiben. Die Spezialisierung der regionalen Wirtschaft auf Produkte der Viehhaltung machen einen regionsinternen Warenaustausch unmöglich und reduzieren die Wirtschaftsströme auf externe Versorgung und Export. Andererseits nimmt die Bedeutung der Städte als Vermarktungs- und Versorgungsorte auch durch die allmähliche Entleerung des ländlichen Raumes ab. Diesem extremen Zentralitätsverlust steht aufgrund der steigenden Landflucht ein starkes Verelendungswachstum gegenüber. Allerdings sind davon lediglich die größeren Städte betroffen, so daß diese Entwicklung zu einer Polarisierung des Siedlungssystems führt. Diese sozioökonomische Degradierung geht einher mit der Vereinfachung des Raumsystems.

In einer politisch-ökologischen Analyse der dargestellten phasenhaften Pionierfrontentwicklung sind - den Thesen von GEIST (1992) folgend - drei Dimensionen zu berücksichtigen: die horizontal-sektorale, die räumlich-vertikale und die historisch-zeitliche. Im Sinne der erstgenannten Dimension wurde die Verflechtung der unterschiedlichen Bereiche von Wirtschaft, Gesellschaft und Naturraum in den einzelnen Entwicklungsphasen bereits ausführlich in den vorangegangenen Kapiteln dargestellt. Dabei waren die vorwiegend extensiven Nutzungsformen in den Vorphasen der Agrarkolonisation durch Anpassung und Ressourcenschonung gekennzeichnet. Während allerdings die indigenen Nutzungssysteme

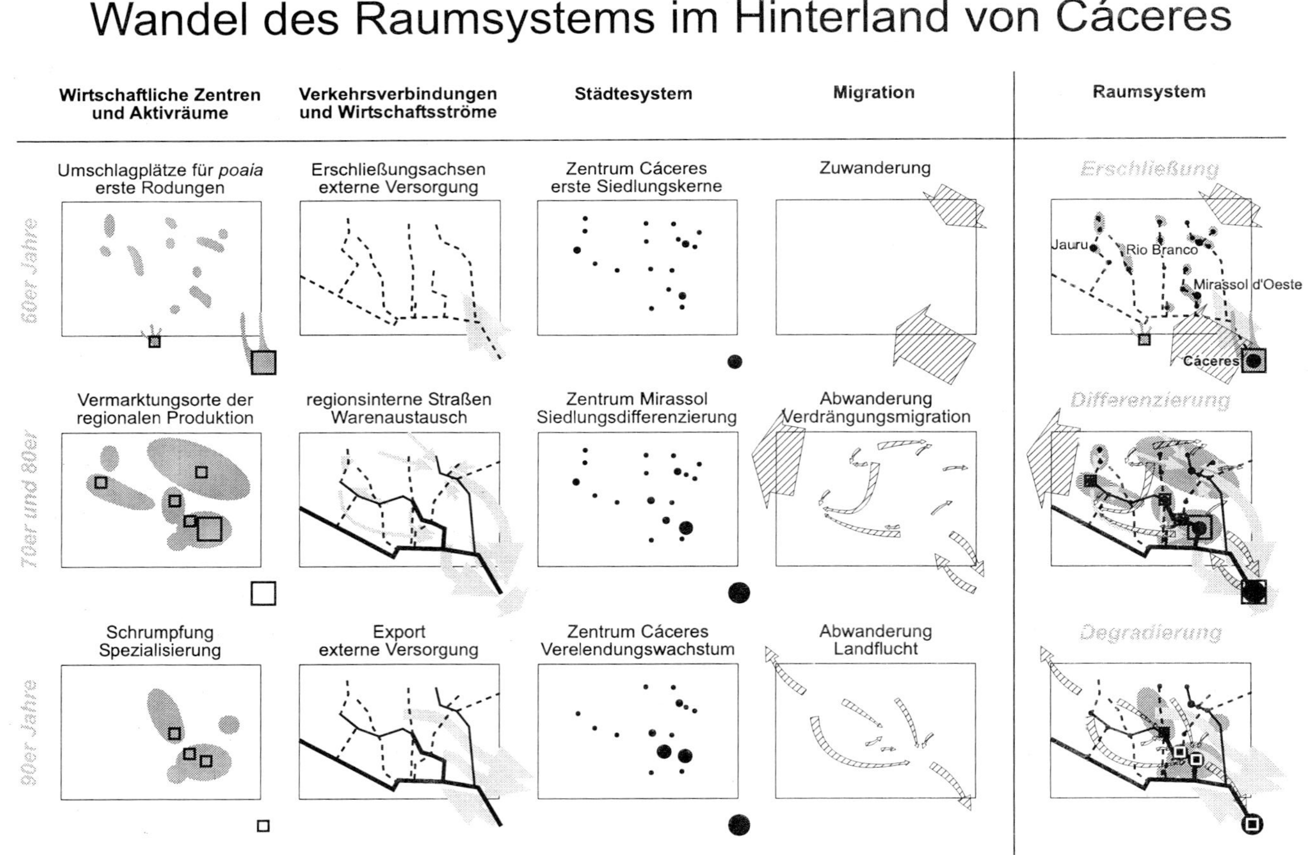

Abbildung 42

den lokalen Bedürfnissen entsprachen und auf eine vergleichsweise egalitäre Gesellschaftsstruktur aufbauten, herrschten in der Extraktionsphase mit der rücksichtslosen Ausbeutung der *poaia*-Sammler extrem ungleiche Machtstrukturen vor. Gleichzeitig wurde die Entwicklung dieses Sektors von außen - von nationalen Kapitalgesellschaften und vom Weltmarkt - kontrolliert. Die Phase der *poaia*-Extraktion weist damit zahlreiche Parallelen zu den politischen, sozioökonomischen und ökologischen Faktorenkonstellationen der Kautschuk-Extraktion in Amazonien auf.

In der weiteren Entwicklung des Hinterlandes von Cáceres wurden diese politisch-ökonomischen und gesellschaftlichen Strukturen allmählich überlagert und schließlich mit dem Einsetzen der agrarischen Erschließung durch neue ersetzt. Die 'Entdeckung' der *terras devolutas* durch die politischen und wirtschaftlichen Eliten brachte gravierende Veränderungen mit sich. Das Hinterland von Cáceres wurde - wie zahlreiche andere vermeintlich 'menschenleere' Gebiete in Amazonien - zum politischen Spielball regionsexterner Akteure, die ihre klientelistischen Beziehungen im Sinne des *rent-seeking* zur Erweiterung ihrer Verfügungsrechte - in diesem Fall über Land - benutzten (siehe dazu PRITZL 1997). Dabei diente die Region als Handlungsarena, in der Konflikte zwischen Interessengruppen - aber auch zwischen konkurrierenden Behörden - unterschiedlicher politischer Ebenen ausgetragen wurden. Dies galt in der Erschließungsphase sowohl für die juristischen Streitigkeiten zwischen MADI, CODEMAT und INCRA um die *Colônia Rio Branco* als auch für die Landkonflikte zwischen den Politiker-Familien aus Cáceres um die benachbarte *Gleba Montecchi*. In der Differenzierungsphase verlagerten sich die Bestrebungen auf den politischen Machtzuwachs einzelner - meist von außerhalb stammender - Akteure beispielsweise mit Hilfe von Munizipsgründungen oder mit der Vergabe von städtischen Parzellen in Mirassol. Selbst die Mittelvergabe des POLONOROESTE und später des PRODEAGRO folgte persönlichen und parteipolitischen Kriterien. Darüber hinaus wurden zahlreiche öffentliche Ämter einerseits durch eine entsprechende Besetzungspolitik, andererseits durch die Amtsinhaber selbst zu politisch-klientelistischen Zwecken mißbraucht.

Parallel zur Nutzung des Hinterlandes von Cáceres im politischen Machtkampf diente die Region den ökonomischen Eliten als Ressourcenquelle, die ohne Rücksicht auf soziale und ökologische Folgen ausgebeutet werden konnte. Nachdem in der Erschließungsphase die enge Verquickung zwischen Politik und Wirtschaft die Verteilung der Landrechte bestimmte, in der die wirtschaftlich stärksten Gruppen die ökologisch und verkehrtechnisch günstigen Gebiete okkupierten, wurde die Region in der Differenzierungsphase in die nationalen Wirtschaftskreisläufe integriert. Die Ausbeutung der lokal-regionalen Ressourcen konzentrierte sich im wesentlichen auf die agrarische Produktion. In den ersten Jahren der Erschließung waren es die Holzextraktion und der Anbau von Grundnahrungsmitteln. Als die Waldreserven erschöpft, die Böden durch einjährige Kulturen ausgelaugt waren und später die Kaffeeproduktion aufgrund mikroklimatischer Bedingungen zusammenbrach, setzte die allgemeine *pecuarização* ein. Während dabei die Holzextraktion und die großbetriebliche Rindermast von regionsexternen Akteuren ausging, wurde die Grundnahrungsmittel- und Kaffeeproduktion sowie der zwischenzeitliche Baumwollanbau vorwiegend von kleinbäuerlichen Gruppen getragen und stellte meist einen Teil ihrer Überlebensstrategien dar. Letztere Produktionssektoren wurden jedoch von agroindustriellen Konzernen genutzt, die im Hinterland von Cáceres Filialen für Verarbeitung und Vermarktung der Produkte errichteten, bis die lokalen Ressourcen erschöpft waren. Danach zogen sie ihr Kapital wieder ab, ohne positive soziale oder ökonomische Entwicklungsprozesse in Gang gesetzt zu haben. Auch bei den derzeit noch prosperierenden viehwirtschaftlich orientierten Agroindustrien ist mit Ausnahme der regionsintern initiierten COOPNOROESTE eine solche Entwicklung zu befürchten, wenn weitere ökologische und sozioökonomische Degradierungsprozesse die Produktivität in der Rindermast senken. Diese gewinnorientierte Form der Ressourcenausbeutung zerstört damit zunehmend die endogenen Potentiale in der Region.

Die große Bedeutung regionsexterner politisch-ökonomischer Machtstrukturen in der Entwicklung des Hinterlandes von Cáceres zementieren damit die sozialen Verzerrungen und haben räumlich differenzierte ökologische Schäden zur Folge, da die sozial schwächsten Bevölkerungsgruppen - Landlose, kapitalarme Kleinbauern etc. - in die ökologisch fragilsten Gebiete verdrängt werden. Ihre überlebensorientierten Bewältigungsstrategien in den unterschiedlichen Krisensituationen führen meist zu beschleunigten ökologischen Degradierungsprozessen, so daß ihre Verwundbarkeit noch weiter ansteigt. Dabei bilden die Abwanderung und die Diversifizierung der Einkommensquellen in allen Phasen der *frontier*-Entwicklung die wichtigsten Überlebensstrategien. In jüngerer Zeit werden diese Handlungsalternativen allerdings durch Mißerfolgsmeldungen aus den neueren Pionierfrontgebieten bzw. aus den städtischen Zentren sowie durch die zunehmende Monostrukturierung der lokal-regionalen Wirtschaft immer weiter eingeschränkt. Die von diesen erneuten sozioökonomischen und ökologischen Krisen betroffenen Gruppen - vor allem Kleinbauern - passen ihre Strategien auf die jeweilige veränderte Situation an. Sie ziehen sich nahezu vollständig in die Subsistenzproduktion zurück, da ihnen innerhalb des neuen Marktgefüges kein Rückzugsraum mehr bleibt[1]. Andere - vor allem Frauen - verlagern ihre Schwerpunkte auf die Stärkung ihrer sozialen Beziehungsgeflechte[2]. Unter bestimmten Voraussetzungen gelingt einigen Gruppen auch die Einführung innovativer Produktions- und Vermarktungsmethoden, um sich neue Nischen im lokal-regionalen Markt zu erobern[3]. Diese sehr unterschiedlichen Überlebens- und Bewältigungsstrategien kleinbäuerlicher Gruppen hängen von den jeweiligen sozio-kulturellen, ökonomisch-politischen und ökologischen Rahmenbedingungen ab und können für die Region unter bestimmten in der vorliegenden Studie noch zu erarbeitenden Voraussetzungen Ansätze zu einer nachhaltigen Entwicklung bergen.

---

1 Siehe dazu die detaillierten Ausführungen in der Fallstudie Baixo Alegre in Kapitel V.2.

2 Siehe dazu die detaillierten Ausführungen in der Fallstudie Rancho Alegre in Kapitel V.4.

3 Siehe dazu die detaillierten Ausführungen in der Fallstudie Salvação in Kapitel V.3.

Zusammenfassend betrachtet ist die Pionierfrontentwicklung im Hinterland von Cáceres durch die Interaktion von lokalen, regionalen, nationalen und internationalen Akteursgruppen geprägt, die in einem System politisch-ökonomischer Machtkonstellationen ihre Interessen verfolgen. Die soziale und ökologische Komponente drückt sich dabei im Spannungsverhältnis zwischen überlebensorientierten Bewältigungsstrategien einerseits und gewinnorientierten Handlungsrationalitäten andererseits aus. Aktionsräumlich betrachtet gliedert sich die Region entsprechend in Rückzugsräume der zunehmend marginalisierten Bevölkerung und in in nationale, teilweise auch internationale Verflechtungen inkorporierte Produktionsräume. Trotz dieser Fragmentierungstendenzen bestehen vielfältige Beziehungen zwischen den unterschiedlichen Akteursgruppen, wobei noch immer einseitige Strukturen der Ausbeutung vorherrschen. Erst in den letzten Jahren bemühen sich nationale und internationale Organisationen um die Verbesserung der Lebensbedingungen der marginalisierten Gruppen. Diese ebenfalls als Inkorporation in übergeordnete Verflechtungen zu betrachtende Entwicklung könnte auch für diese Bevölkerungsschichten zukunftsfähige Perspektiven bieten.

V Kleinbäuerliche Überlebensstrategien und Verwundbarkeit in degradierten Räumen

Die detaillierte Regionalanalyse des Hinterlandes von Cáceres zeigt die Komplexität sozioökonomischer und ökologischer Strukturen und Prozesse in *frontier*-Gebieten. Darüber hinaus wird deutlich, in welcher Weise kleinbäuerliche Gruppen in die Pionierfrontentwicklung eingebunden sind und welchem Bedeutungswandel diese agrarsoziale Gruppe unterliegt. Dabei bestimmen sozio-kulturelle und politisch-ökonomische Faktoren die Differenzierung innerhalb dieser scheinbar homogenen Bevölkerungsschicht.

1 Kleinbäuerliche *comunidades* im Hinterland von Cáceres: Auswahl und kurze Charakterisierung der Fallstudien

Vor dem Hintergrund der neueren Entwicklungen im Hinterland von Cáceres, die den Kleinbauern kaum eine Überlebenschance lassen, ist es besonders interessant, die Bewältigungsstrategien gerade derjenigen kleinbäuerlichen Familien zu untersuchen, die sich bis heute - inmitten der ungünstigen Rahmenbedingungen - in der Region halten konnten. Aufgrund der differenzierten ökonomischen und sozio-kulturellen Voraussetzungen der einzelnen Familien basieren ihre Überlebensstrategien auf unterschiedlichen Handlungsrationalitäten, denen neben wirtschaftlichen und sozialen Überlegungen auch ökologische Faktoren zugrunde liegen. Um in einer detaillierten Analyse die bestimmenden Elemente der jeweiligen Handlungslogik herauszuarbeiten, wurden drei kleinbäuerliche *comunidades* ausgewählt, in denen die wichtigsten Strategietypen exemplarisch untersucht werden können (siehe Abb. 43). Neben der Untersuchung der Krisensituationen und Bewältigungsstrategien in den *comunidades* werden innerhalb der jeweiligen Fallstudien auch einzelne Familien bzw. Haushalte näher beleuchtet. Diese Einzelstudien repräsentieren allerdings bewußt nicht den am häufigsten vertretenen Typus. Sie sind also nicht repräsentativ für die Mehrheit der kleinbäuerlichen Bevölkerung in den *comunidades* oder gar in der gesamten Region, sondern stellen vielmehr Beispiele dar, an denen die jeweilige kleinbäuerliche Handlungslogik unter den gegebenen Rahmenbedingungen am plastischsten dargestellt werden kann.

Im ersten Fallbeispiel handelt es sich um die *comunidade* Baixo Alegre im Munizip Rio Branco (siehe Kapitel V.2). Sie ging Anfang der 80er Jahre aus einer Invasion hervor, die in direkter Nachbarschaft zum staatlichen Kolonisationsprojekt *Colônia Rio Branco* liegt. Die besonders kapitalarmen *posseiros*, die bereits aus anderen Kolonisationsprojekten im Hinterland von Cáceres verdrängt worden waren, betreiben heute fast ausschließlich Milchviehhaltung, die häufig nicht über das Subsistenzniveau hinausreicht. Der Grundnahrungsmittelanbau, der in dem stark hügeligen Gelände rasch zu Bodenerosion und Runsenbildung führt, wird notdürftig zur Eigenversorgung aufrechterhalten. Monetäres Einkommen können die Familien nur durch den sporadischen Verkauf landwirtschaftlicher Produkte und durch Gelegenheitsarbeiten außerhalb des Betriebes erwirtschaften. Die Überlebensstrategien dieser kleinbäuerlichen Gruppe, die als Verlierer der Pionierfrontentwicklung bezeichnet werden können, bestehen einerseits in Migration sowie im Rückzug in die Subsistenzproduktion, da der Preisverfall bei praktisch allen landwirtschaftli-

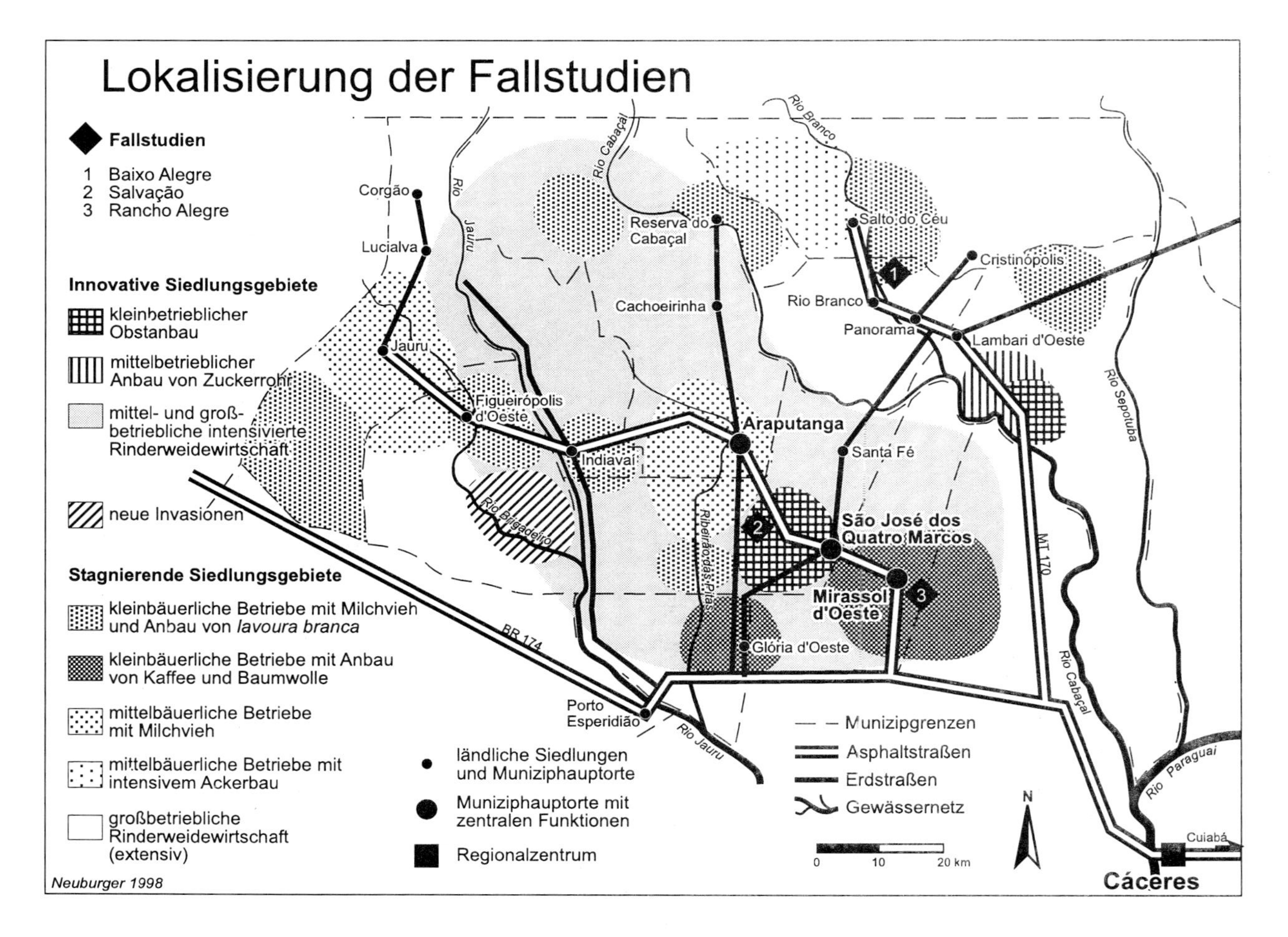

Abbildung 43

chen Produkten die Marktproduktion zum Verlustgeschäft gemacht hat, und andererseits in der Diversifizierung des spärlich erwirtschafteten Einkommens zur Risikostreuung.

Das zweite Fallbeispiel beschäftigt sich mit der kleinbäuerlichen Siedlung Salvação, die im Munizip São José dos Quatro Marcos liegt (siehe Kapitel V.3). Sie entstand bereits Ende der 60er Jahre im Zuge des Privatkolonisationsprojektes von Mirassol d'Oeste. Die Siedler stammten vorwiegend aus den Kaffeeanbaugebieten von São Paulo und brachten einen gewissen Kapitalstock mit. Nach einigen Jahren erfolgreichen Kaffeeanbaus ging die Produktivität Mitte der 80er Jahre sehr stark zurück. Wenige Jahre später sank dic Produktivität erneut. Gleichzeitig verfielen die Kaffeepreise. Auf die drastischen Einkommenseinbußen reagierten zahlreiche Kleinbauern, indem sie auf Milchviehhaltung umschwenkten und die zuvor in den Kaffeepflanzungen beschäftigten Pächterfamilien entließen. Einige wenige Kaffeebauern, die noch Kontakt zu ihren paulistaner Herkunftsgebieten hatten und dort den intensiven Obst- und Gemüseanbau kennenlernten, versuchten, auf der Basis der besonders günstigen naturräumlichen Voraussetzungen in die Obstproduktion einzusteigen. Nach einigen Anlaufschwierigkeiten in diesem für die Region innovativen Produktionszweig schlossen sie sich zu einer Produktionsgemeinschaft zusammen und konnten sich auf dem regionalen und nationalen Markt etablieren.

Im dritten Fallbeispiel schließlich werden anhand der Siedlung Rancho Alegre im Munizip Mirassol d'Oeste die Bestimmungsfaktoren geschlechtsspezifischer Überlebensstrategien analysiert (siehe Kapitel V.4). Rancho Alegre ist eine *comunidade*, die ebenfalls zum Gebiet der Kolonisationsfirma SIGA in Mirassol gehörte. Allerdings mußten die Siedler aufgrund der schlechteren Böden den Kaffeeanbau bereits nach wenigen Jahren aufgeben. Auch der Einstieg in die Baumwollproduktion brachte nur für kurze Zeit eine Entlastung der angespannten wirtschaftlichen Situation, da sich rasant ausbreitende Schädlinge mehrere aufeinanderfolgende Ernten zunichte machten. Mit der ökonomischen Krise war auch eine Verschlechterung der allgemeinen Lebensbedingungen verbunden, von der vor allem die Frauen der *comunidade* betroffen waren. Um die negativen Auswirkungen der Krisensituation abzumildern, bauten die Frauen mit der Unterstützung der lokalen Agrarberatungsbehörde ihre sozialen Netzwerke aus und funktionalisierten sie, so daß sie nicht nur zu Verbesserungen im Reproduktionsbereich beitrugen, sondern auch zur Einkommenssteigerung dienen konnten. Darüber hinaus gewannen sie über die Bildung neuer Organisationsformen auf lokaler Ebene auch an politischem Einfluß.

Nach der eingehenden Analyse der einzelnen Fallbeispiele kann in einer vergleichenden Synopse die Bedeutung der einzelnen Bestimmungsfaktoren in der Handlungslogik kleinbäuerlicher Gruppen herausgearbeitet werden (siehe Kapitel V.5). Dieses Ergebnis wird schließlich in die politisch-ökologische Betrachtungsweise des *frontier*-Konzeptes integriert (siehe Kapitel VI).

2 Subsistenzproduktion und Diversifizierung als Strategie kleinbäuerlicher Krisenbewältigung in der *comunidade* Baixo Alegre

Die Kleinbauern der *comunidade* Baixo Alegre können als die Verlierer der Pionierfrontentwicklung im Hinterland von Cáceres bezeichnet werden. Endogene wie exogene Faktoren bestimmen ihre Verwundbarkeit und die damit verbundenen Überlebensstrategien, die von extremer Armut und einem ökologisch stark degradierten Umfeld geprägt sind.

Derartige Faktorenkonstellationen, die den Handlungsspielraum kleinbäuerlicher Gruppen sehr stark einschränken, zwingen die Betroffenen bei einer weiteren Verschlechterung der sozioökonomischen, politischen und ökologischen Rahmenbedingungen zu Bewältigungsstrategien, die in ihrer Handlungslogik zur Risikominimierung sowie zur Überlebenssicherung beitragen. Dabei passen sie ihre Strategien äußerst flexibel und vielseitig an die jeweilige lokale Situation an (LISANSKY 1990). An Pionierfronten zählt insbesondere die Migration zu den häufigsten Überlebensstrategien der Armutsgruppen, die weniger Ergebnis freier Entscheidungsprozesse sondern vielmehr Ausdruck fehlender Optionen sind. Dementsprechend ist Migration - meist in Etappen - insbesondere die Land-Stadt-Wanderung häufig mit sozialem Abstieg und wachsender Verwundbarkeit verbunden (LISANSKY 1990, COY 1988, ARAGÓN 1981).

Einen ähnlich großen Stellenwert im 'Strategienmix' kleinbäuerlicher Gruppen nimmt die Diversifizierung der Produktion bzw. der Einkommensquellen ein (LAMARCHE 1993, LISANSKY 1990). Gerade in ehemaligen degradierten Pionierfrontgebieten läßt allerdings der Zusammenbruch der Vermarktungsstrukturen nur wenig Spielraum in der Produktdiversifizierung. Die Kleinbauern beschränken sich deshalb häufig auf Produkte, die für den lokalen Markt bestimmt sind und nach Kriterien der Überlebensnotwendigkeit und weniger der Gewinnmaximierung verkauft werden. Neben dem limitierenden Faktor des erschwerten Marktzugangs beschränkt auch die ökologische Degradierung die Auswahl möglicher Anbauprodukte auf einige weniger anspruchsvolle Nutzpflanzen. Darüber hinaus können die kleinbäuerlichen Familien meist keinen sehr arbeitsintensiven Produktionszweig wählen, da das innerfamiliäre Arbeitskräftepotential durch die Abwanderung einiger Familienmitglieder bereits stark reduziert ist (BRAUN 1996). Diese in ehemaligen Pionierfrontregionen häufig vorzufindende Situation, die den kleinbäuerlichen Gruppen kaum noch Marktnischen bietet, zwingt sie zur Erhöhung der Subsistenzproduktion, um zumindest die Reproduktion der eigenen Familie zu garantieren. Zur Erwirtschaftung des dennoch notwendigen monetären Einkommens werden die unterschiedlichsten - meist sehr gering qualifizierten und deshalb schlecht bezahlten - Arbeiten außerhalb der Landwirtschaft verrichtet.

Von erheblicher Bedeutung in der kleinbäuerlichen Überlebenssicherung sind Ausbau und Funktionalisierung sozialer Netzwerke (LISANSKY 1990, BRAUN 1996). Dies gilt nicht nur für die gegenseitige Hilfe innerhalb verwandtschaftlicher Verbände und Großfamilien sondern auch innerhalb einer Siedlung in nachbarschaftlichen Beziehungen. Teilweise dienen sogar paternalistische Patron-Klient-Strukturen in Notfallsituationen zur Krisenbewältigung. Reziproke Austauschbeziehungen von Gütern und Dienstleistungen prägen all diese sozialen Beziehungsgeflechte.

Die Formalisierung solcher informeller Netzwerke durch die Gründung von Kleinbauernvereinigungen - sogenannter *associações* - oder Kooperativen kann ihre Funktionsfähigkeit meist nicht erhöhen. Im Gegenteil: Die formalen Organisationen beschränken sich meist auf die Förderung und Verbesserung der Marktproduktion - auf einen Bereich also, der für Armutsgruppen, deren Hauptaugenmerk auf der Überlebenssicherung liegt, nur von begrenzter Bedeutung ist (HOLMÉN 1994). Häufig funktionalisieren die lokalen Eliten Kooperativen und *associações* für ihre Zwecke, so daß sich der Dualismus der Agrarstruktur innerhalb der formalen Institution reproduziert (RUBEN 1999). In der Vergangenheit hat sich gezeigt, daß solche Organisationen nur dann fähig sind, die Interessen von Armutsgruppen zu integrieren, wenn sie in ihre Tätigkeiten alle Bereiche des gesellschaftlichen Lebens einbeziehen (NITSCH 1992, HATTI & RUNDQUIST 1994). Von zentraler Bedeutung ist dabei auch das Vertrauen der Mitglieder bzw. der lokalen Bevölkerung zu der jeweiligen Führungspersönlichkeit. Regionsfremde, teilweise international agierende NGOs, die heute zunehmend versuchen, zur Armutsbekämpfung solche *local organizations* aufzubauen, stoßen gerade hier an schier unüberwindbare Grenzen (BOLAND 1997).

Die angeführten Überlebensstrategien kleinbäuerlicher Gruppen sind im folgenden Fallbeispiel von zentraler Bedeutung. Die Kleinbauern der *comunidade* Baixo Alegre gehören zu den Armutsgruppen der Region und leiden besonders stark unter den aktuell ablaufenden sozioökonomischen und ökologischen Degradierungsprozessen.

2.1 Entstehung der sozioökonomischen und ökologischen Krisensituation in Baixo Alegre

Die *comunidade* Baixo Alegre liegt im Munizip Rio Branco nordöstlich der Landstraße MT 170, die Lambari d'Oeste über Panorama mit Rio Branco verbindet, und gehört damit zum ehemaligen Invasionsgebiet der sogenannten *Gleba Montecchi* (siehe Abb. 44). Dieses Gebiet, das sich östlich des Rio Branco vom Córrego do Pito bis weit in das Munizip Salto do Céu nach Norden erstreckt, war in der Erschließungsphase der 50er und 60er Jahre an Familien der cacerenser politischen Elite vergeben worden. Die so entstandenen Großbetriebe wurden allerdings sehr extensiv genutzt. Auf der südlichsten *fazenda* beispielsweise arbeiteten etwa 30 Familien als Pächter, die die relativ ebenen Bereiche des Pito-Tales bis Ende der 70er Jahre gerodet hatten. Sie hatten im Auftrag des Eigentümers nach einem ein- bis zweijährigen Anbau von Grundnahrungsmitteln Weiden angelegt. Diese verbuschten aber bereits nach wenigen Jahren, da der Viehbestand der *fazenda* zu gering war, um die Weideflächen offen zu halten. Anfang der 70er Jahre zog der Eigentümer sein Vieh vollständig ab und ließ die Installationen verfallen. Die Pächterfamilien blieben jedoch auf dem Betrieb, bauten weiterhin in kleinen Parzellen Reis, Mais und Bohnen an und betrachteten ihre Nutzungsparzellen allmählich als ihr Eigentum.

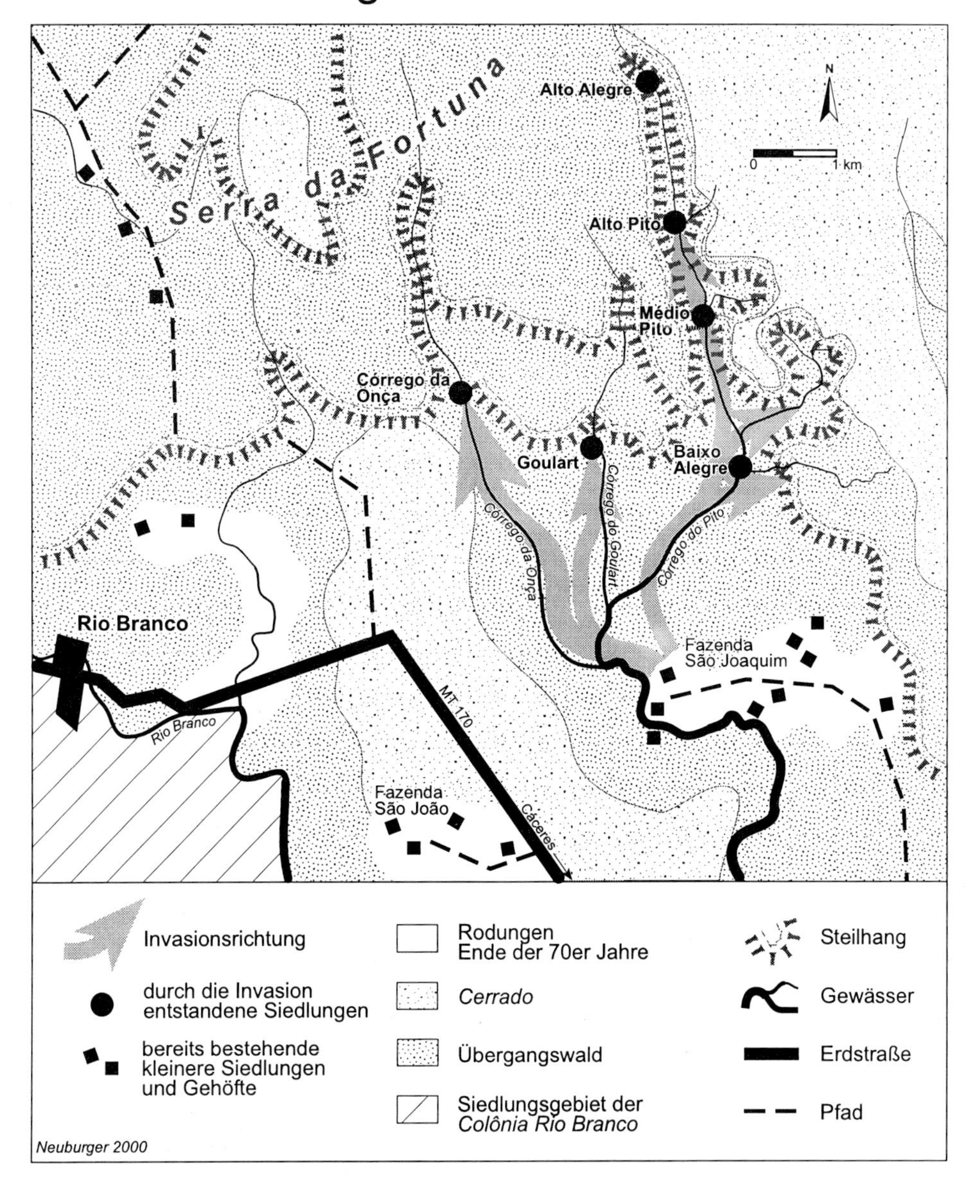

Abbildung 44

Parallel zu dieser Entwicklung nördlich des Rio Branco wuchsen in den 70er Jahren die sozialen Spannungen im benachbarten Kolonisationsgebiet der *Colônia Rio Branco*. Durch die langsam einsetzende *pecuarização* waren zahlreiche kleinbäuerliche Familien verdrängt worden, die nun nach einer neuen Existenzgrundlage suchten. Die nahezu ungenutzten Großbetriebe in der Nachbarschaft und die noch bestehenden großen Waldflächen luden in dieser Situation geradezu zur Besetzung ein. Darüber hinaus hatte die Erfahrung der bereits dort siedelnden Pächterfamilien gezeigt, daß die Eigentümer der *fazenden* nur sehr begrenzt gegen Eindringlinge vorgingen. Ende der 70er Jahre invadierten schließlich rund 300 Familien das Gebiet. Auf diese Invasion reagierten die Eigentümer der betroffenen Großbetriebe nun doch entschieden. Der gewaltsame Konflikt, in dem von den *fazendeiros* angeheuerte Berufskiller versuchten, die *posseiro*-Familien zu vertreiben, dauerte bis in die 80er Jahre hinein. Trotz der skrupellosen Gewaltanwendung unterlagen die Großgrundbesitzer, und die kleinbäuerlichen Familien konnten auf ihren leidvoll erkämpften Grundstücken bleiben.

Die Siedler teilten die Fläche der besetzten *fazenden* in individuelle Parzellen auf, so daß auf jeden Haushalt etwa 5 bis 10 ha entfielen. Auch die ehemaligen Pächterfamilien der *fazenden* erhielten jeweils ein Grundstück. Die Zahl der Familien wuchs im Laufe der folgenden Monate durch Mund-zu-Mund-Propaganda in der Region selbst sowie durch den anhaltenden Zustrom immer neuer Migranten aus dem Südosten Brasiliens weiter an. Da die ebenen Bereiche der Talauen bereits okkupiert waren, mußten die Neuankömmlinge auf die Hangbereiche und auf weiter entfernte Seitentäler ausweichen. Im Zuge der Besetzung entstanden sechs Siedlungen entlang der Bäche Córrego da Onça, Córrego do Goulart und Córrego do Pito, die die *Gleba Montecchi* bildeten. Bald darauf wurde eine Schule errichtet, die 350 bis 400 Schüler in acht Klassen besuchten. Wie in neu erschlossenen kleinbäuerlichen Siedlungsgebieten üblich begannen auch hier die Familien mit der allmählichen Rodung der Waldflächen und mit dem Anbau von Reis, Mais und Bohnen, die sie an die in Rio Branco ansässigen Zwischenhändler verkauften. Maniok, Zuckerrohr und Bananen dienten hingegen ausschließlich der Eigenversorgung. Die meisten Siedler verfügten über keinerlei Kapital, da sie vor der Invasion als Pächter und Tagelöhner gearbeitet hatten oder ihren Betrieb gerade in einem der benachbarten Kolonisationsprojekte hochverschuldet hatten aufgeben müssen. Dementsprechend beschränkten sich ihre Produktionsmittel auf einfache Gerätschaften. Sie bearbeiteten ihre Felder lediglich mit Hacke und Grabstock. Eine Mechanisierung wäre in den steilen Hanglagen ohnehin nicht möglich und sinnvoll gewesen. Trotz dieser ärmlichen Lebensbedingungen hatte die Migration aus Minas Gerais - von dort stammte die überwiegende Mehrzahl der Familien - für die Siedler eine Verbesserung ihres Sozialstatus mit sich gebracht, auch wenn bis heute keiner der Betriebseigentümer über einen staatlich verbrieften Landtitel verfügt[1].

---

1 Es darf dabei natürlich nicht übersehen werden, daß von den Siedlern, die noch heute in Baixo Alegre leben, nur neun bereits in den ersten Jahren der Invasion in die *comunidade* kamen. Die überwiegende Mehrzahl der *posseiros* - ursprünglich existierten in Baixo Alegre 42 Betriebe - mußte bereits nach wenigen Jahren abwandern. Dementsprechend zog mehr als die Hälfte der heutigen Siedler später zu. Sie konnten von der massiven Abwanderung, die Mitte der 80er Jahre einsetzte, profitieren und die frei werdenden Grundstücke zu günstigen Preisen erwerben.

Obwohl kaum eine Familie Großvieh besaß, legten die Siedler nach wenigen Jahren ackerbaulicher Nutzung Weideflächen an, da bereits im zweiten Anbaujahr die Erträge der *lavoura branca* um etwa die Hälfte sanken und sich daher ein langjähriger Ackerbau als nicht rentabel erwies. Außerdem traten durch die hohe Reliefenergie vor allem in den oberen Talbereichen und in den Seitentälern sehr rasch Erosionserscheinungen auf (siehe Abb. 45). Teilweise entwickelten sich bereits im ersten Anbaujahr tiefe Erosionsrunsen, deren Ausdehnung nur durch eine schnelle Grasaussaat gestoppt werden konnte. Gerade in den Talauen und auf den Hochflächen aber, wo die Erosionsgefahr nicht so groß gewesen wäre, waren die Böden sandig und hatten eine geringe natürliche Bodenfruchtbarkeit, während die erosionsanfälligen Hangbereiche lehmige vergleichsweise fruchtbare Böden aufwiesen[1]. Durch die fortschreitende Erosion wurde an einigen Stellen der Quellhorizont angeschnitten, so daß neue nur während der Regenzeit wasserführende Bäche entstanden. Bereits Mitte der 80er Jahre war ein Großteil der Parzellen vollständig entwaldet, und heute sind nur noch auf wenigen Parzellen Waldreste vorhanden. Damit kann Ackerbau nur noch sehr eingeschränkt nach langen Brachezeiten betrieben werden. Erst nach sechs bis acht Jahren Brache bzw. Weidenutzung kann lediglich der vergleichsweise anspruchslose Mais angebaut werden. Damit verloren die Familien nicht nur eine ihrer wichtigsten Quellen monetären Einkommens. Auch ihre Subsistenz war gefährdet.

Neben dieser ökologisch verursachten Krisensituation verschlechterten sich auch die ökonomischen Rahmenbedingungen für die kleinbäuerliche Landwirtschaft. Der Markt gab keine Anreize mehr zur Produktion von Grundnahrungsmitteln: Die Produktpreise stagnierten oder sanken sogar, während die Preise der Vorleistungsgüter - vor allem Dünger und Pestizide - immer weiter stiegen. Da in der gesamten Region die *lavoura branca* in den Folgejahren stark an Bedeutung verlor, brachen auch die Vermarktungsstrukturen zusammen. Reisschälmaschinen wurden nur noch für die sehr geringe Subsistenzproduktion genutzt. Die Instandhaltung lohnte sich bald nicht mehr, so daß zahlreiche Maschinen aus der Produktion genommen wurden. Die ansässigen Zwischenhändler wanderten ab, Lagerhallen blieben leer und verfielen zunehmend. Außerdem ermöglichte die verbesserte infrastrukturelle Anbindung der Region an die nationalen Wirtschaftskreisläufe das Vordringen der viel billigeren Konkurrenzprodukte aus der modernisierten Landwirtschaft. Somit wurde die Produktion von Grundnahrungsmitteln weit über die noch verbleibende sehr geringe Nachfrage des lokalen Marktes hinaus völlig unattraktiv.

Die Mehrzahl der Familien wendete sich daraufhin der Milchwirtschaft zu. Die Gründung der COOPNOROESTE in Araputanga und die Propagierung der Milchproduktion als - nach Meinung der Kooperative - einzig zukunftsfähiger Wirtschaftszweig für die kleinbäuerliche Landwirtschaft weckten die Hoffnungen der Kleinbauern auf ein höheres und vor allem gesichertes Einkommen (siehe dazu auch Kapitel IV.2.2.3.1). Darüber hinaus entsprach die Milchviehhaltung der Tradition der Siedler, die mehrheitlich aus den Milchviehregionen von Minas Gerais stammten. Allerdings konnten sie aus Kapitalmangel nur selten qualitativ gute und deshalb kostspielige Milchviehrassen erwerben, so daß die

---

1 Zur Catena tropischer Bodenformationen siehe SEMMEL 1993.

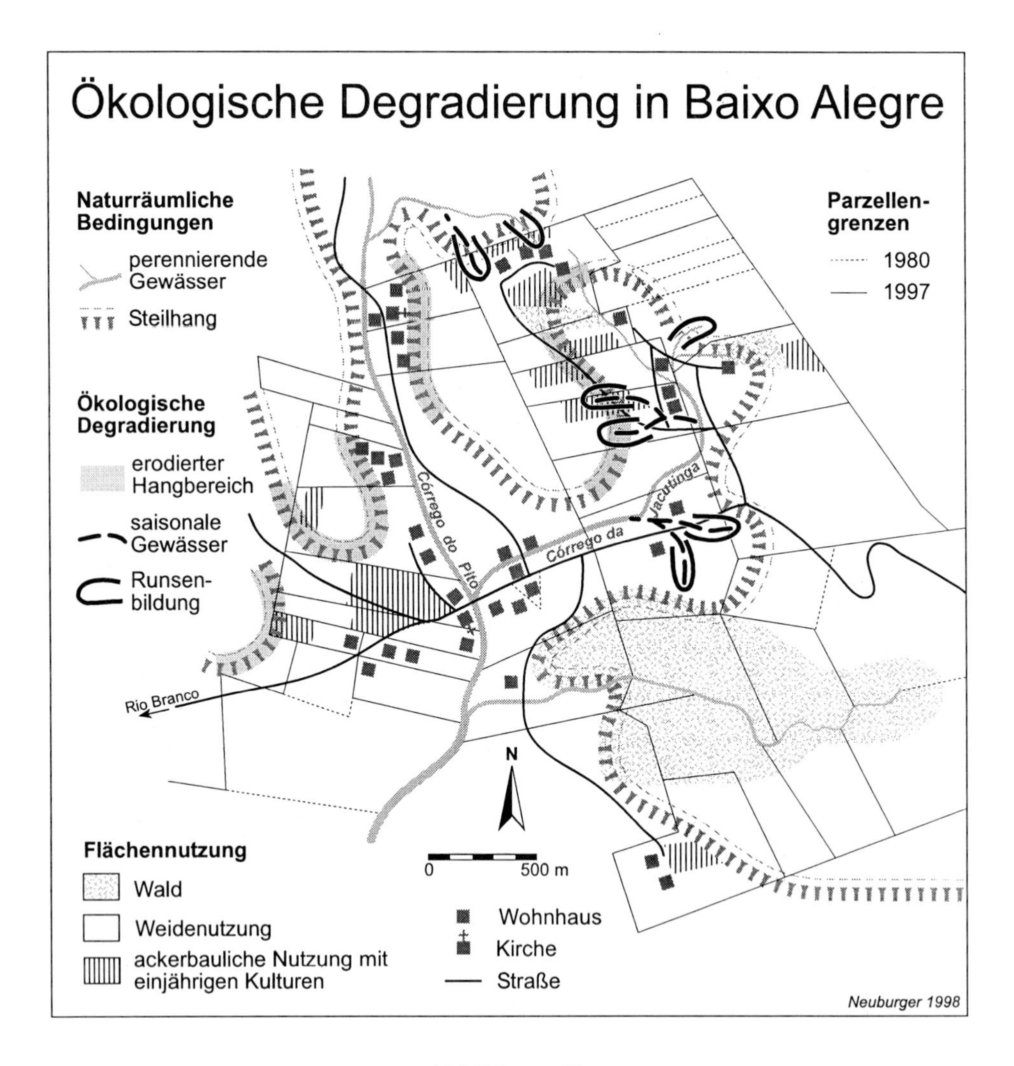

Abbildung 45

Produktivität mit etwa 2 bis 3 l Milch pro Tag und Kuh bis heute extrem niedrig ist. Diese sinkt in der Trockenzeit noch weiter ab, da die Futterqualität und -quantität in diesen Monaten abnimmt. Aus Kostengründen füttern nur wenige Kleinbauern Zuckerrohr oder ähnliches zu, verabreichen Salzgaben oder kümmern sich gar um die veterinärmedizinische Betreuung ihres Viehs.

Trotz dieser Schwierigkeiten entwickelte sich wie im gesamten Hinterland von Cáceres auch in der *Gleba Montecchi* im Laufe der 80er Jahre die Milchproduktion zum wichtigsten wirtschaftlichen Standbein der kleinbäuerlichen Bevölkerung. Während die Vermarktungsstrukturen für Grundnahrungsmittel zusammenbrachen, entstanden in der Region entsprechende Einrichtungen für die Verarbeitung und Kommerzialisierung von Milch. In Rio Branco baute ein Lebensmittelkonzern mit Sitz in Rio de Janeiro ein kleines Milchwerk mit einer täglichen Verarbeitungskapazität von rund 25.000 l Milch auf. Im Jahr 1994 übernahm die COMAJUL, die große Milchkooperative der Region Juscimeira, den Betrieb, in dem bis heute ausschließlich Mozzarella-Käse produziert wird.

Die rund 280 Milchproduzenten aus den Munizipien von Rio Branco, Salto do Céu und Reserva do Cabaçal, die die COMAJUL heute beliefern, geraten in den letzten Jahren immer mehr unter Druck. Aufgrund der großen Konkurrenz - inzwischen drängen auch internationale Lebensmittelkonzerne auf den brasilianischen Markt - senkt die COMAJUL den Milchpreis immer weiter. Während die Kleinbauern in den 80er Jahren noch 0,25 R$ für einen Liter Milch erhielten, waren es 1997 nur noch 0,10 R$, von denen noch 10 % Transportkosten abgezogen werden. Außerdem plant die Betriebsleitung des Milchwerkes, den Preis an die Qualität der abgelieferten Milch zu koppeln, um die Produzenten zur Qualitätssteigerung anzuspornen. Dies wird von den absolut kapitalarmen Milchbauern der *Gleba Montecchi* aber kaum zu leisten sein, so daß sich ihr Einkommen aller Wahrscheinlichkeit nach noch weiter verringern wird. Der erwirtschaftete Gewinn aus der Milchproduktion reicht deshalb auf den sehr kleinen Betriebsflächen bei einem Viehbestand von durchschnittlich 10 bis 20 Kühen, von denen häufig maximal die Hälfte tatsächlich gemolken wird, kaum aus, um den Lebensunterhalt einer Familie zu bestreiten.

Eine weitere Verschlechterung des Alltagslebens für die kleinbäuerlichen Betriebe von Baixo Alegre sowohl in wirtschaftlicher als auch in sozialer Hinsicht hängt mit den in den letzten Jahren wachsenden Finanzproblemen der Gemeinde- und Bundesstaatsverwaltung sowie mit der Verschlechterung der öffentlichen Einrichtungen und Dienstleistungen zusammen. Bis vor wenigen Jahren konnten noch alle Produzenten in der *comunidade* das einzige für die Vermarktung bestimmte Produkt, die Milch, an die COMAJUL verkaufen. Der Milchtransporter gelangte auch in die kleinen Seitentäler, um die Milch dort abzuholen. Da die Straße in die höher gelegenen Bereiche des Tales aber sehr steil ist, verursachen die Starkregen dort besonders große Schäden. Die Straße wird nach jeder Regenzeit von tiefen Erosionsrunsen durchzogen und damit für das Milchauto praktisch unpassierbar. Bis in die 90er Jahre hinein veranlaßte die Gemeindeverwaltung regelmäßig die Instandsetzung der Straße. Mit der wachsenden Finanzkrise werden derartige Maßnahmen allerdings nur noch selten durchgeführt. Manchmal finanzieren in Wahlkampfzeiten die jeweiligen Kandidaten die Reparatur der Straße, um ihre Wahlchancen zu erhöhen. Die in den Hangbereichen liegenden Gehöfte werden damit nur noch sporadisch vom Milchauto erreicht. Gleichzeitig ist es für die Produzenten unmöglich, die schweren Milchkannen zu Fuß bis zur nächsten Milchaufnahmestelle zu transportieren, so daß die Milchproduktion zu Vermarktungszwecken keinen Sinn mehr macht. Diese Einkommensquelle versiegt damit für die meisten Kleinbauern von Baixo Alegre.

Ähnliche Folgen haben kommunale Finanzkrise und Klientelstrukturen auch im sozialen Bereich. Die Primarschule, die kurz nach der Invasion der *Gleba Montecchi* errichtet wurde, leidet extrem unter akutem Lehrermangel, den daraus resultierenden häufigen

Unterrichtsausfällen und dem Rückgang der Schülerzahlen. Auch das Schulgebäude zerfällt zunehmend. Die städtische Infrastruktur kann hier keinen Ausgleich schaffen. Sie ist völlig überlastet. Außerdem scheuen Eltern wie Kinder den Gang in städtische Schulen, so daß sie ohne weiterführende Schulbildung bleiben. Auch das Aufsuchen der Gesundheitseinrichtungen in der Stadt wird möglichst gemieden, da auch diese überlastet sind, weil die Stadtverwaltung sie nicht entsprechend der rasch wachsenden städtischen Bevölkerung ausbaut und erweitert.

Die allgemeine wirtschaftliche Krise sowie die Finanzprobleme der Gemeindeverwaltung als einer der wichtigsten Arbeitgeber im Munizip auch entscheidender Motor der lokalen Wirtschaft - wirken sich auch auf den privaten Dienstleistungssektor aus. Bis auf die bundesstaatliche Bank BEMAT (*Banco do Estado de Mato Grosso*) schlossen in Rio Branco in den letzten Jahren aufgrund der extremen Geldknappheit seit der Währungsreform des Plano Real und sinkender Spar- und Investitionsquoten alle Bankfilialen. Damit sinkt einerseits das Steueraufkommen der Gemeinde noch weiter. Andererseits erschwert es für die landwirtschaftlichen Betriebe den Zugang zu den staatlich geförderten Kreditlinien, die größtenteils über die zentralstaatliche Bank Banco do Brasil abgewickelt werden müssen.

Die engen Wechselbeziehungen zwischen den unterschiedlichen Faktoren und Ursachen zeigen die Komplexität der verschiedenen aufeinander folgenden und teilweise sich zeitlich überschneidenden Krisensituationen, mit denen die kleinbäuerlichen Familien von Baixo Alegre konfrontiert sind. Ihre Verwundbarkeit gegenüber den Veränderungen der lokalen, regionalen und nationalen - teilweise auch internationalen - Rahmenbedingungen drückt sich besonders stark in ihrer Betroffenheit gegenüber den jeweiligen Krisen aus. Durch ihre wirtschaftlich äußerst prekäre Situation, in der die Kleinbauern aufgrund ihrer kleinen, für die Landwirtschaft häufig ungeeigneten Betriebsflächen nur wenig mehr als die Subsistenz erwirtschaften können, sind die Familien besonders verwundbar gegenüber jeglicher Art des Einkommensverlustes, der im Fall von Baixo Alegre eine Folge von Preisverfall der landwirtschaftlichen Produkte und Produktivitätsrückgang ist. Letzterer wiederum hängt eng zusammen mit einem weiteren Risikofaktor: den naturräumlichen Rahmenbedingungen. Als Verdrängte aus den benachbarten Kolonisationsprojekten mußten die kleinbäuerlichen Familien auf die ökologischen Ungunsträume in Baixo Alegre ausweichen, in denen bei ackerbaulicher Nutzung Erosion und Produktivitätsrückgang vorprogrammiert waren. Die Armut der meisten Kleinbauern macht sie auch gegenüber dem Abbau der lokalen sozialen Infrastruktur verwundbar, da ihr geringes Einkommen kein Ausweichen auf die privaten Einrichtungen des Bildungs- und Gesundheitsbereichs erlaubt. Schließlich wirkt sich auch ihre geringe Einbindung in die politischen Klientelstrukturen negativ auf ihre Verwundbarkeit aus. Bei Entscheidungen der politischen Eliten werden sie häufig vergessen oder gar bewußt diskriminiert.

2.2 Vielfältige Überlebensstrategien der Kleinbauern von Baixo Alegre

Dieser vielschichtigen Faktorenkonstellation sozioökonomischer, politisch-institutioneller und ökologischer Ursachen, die für die Kleinbauern von Rio Branco und insbesondere von Baixo Alegre im Laufe der letzten zwanzig Jahre immer wieder schwerwiegende Krisensituationen zur Folge hatten, entsprechen vielfältige, flexibel angewendete Bewältigungsstrategien der kleinbäuerlichen Familien.

Auf die massiven Einkommensverluste durch Preisverfall und Produktivitätsrückgang bereits Mitte der 80er Jahre reagierten die Kleinbauern der gesamten *Gleba Montecchi* mit einer kollektiven Strategie. Sie gründeten - auch auf Anregung der EMPAER - 1988 die Bauernvereinigung APRUGLEM (*Associação dos Produtores Rurais da Gleba Montecchi*). Ziel der APRUGLEM war es, die Kleinbauern in Produktion und Vermarktung zu unterstützen und die Lebensbedingungen der Familien zu verbessern. Darin sahen die Kleinbauern, die aufgrund der Entstehungsgeschichte der *Gleba* als Invasionsgebiet über keine rechtlich abgesicherten Landtitel verfügten und damit keinerlei Zugang zu legalen Agrarkrediten hatten, die einzige Möglichkeit, ihre Produktion mit Hilfe staatlich vergünstigter Kredite - teilweise im Rahmen des POLONOROESTE - an moderne Standards anzugleichen. Da die *associação* die Hoffnung auf eine Wiederbelebung des Ackerbaus in der Region noch nicht aufgegeben hatte, schaffte sie eine Reisschälmaschine und einen Traktor an. Allerdings schwächte der kurz nach der Gründung einsetzende Mitgliederschwund verursacht durch die in denselben Jahren rasch anwachsende Abwanderung aus der *Gleba* die APRUGLEM. Die Gelder der *associação* wurden darüber hinaus vom amtierenden Präsidenten für persönliche Zwecke mißbraucht, so daß die Reisschälmaschine nicht mehr instandgehalten werden konnte. Außerdem verlor die APRUGLEM nach wenigen Jahren ihre Funktionen für die Kleinbauern, da mit der weitgehenden Umstellung der Betriebe auf Milchviehhaltung Produktionsförderung und Vermarktung von der örtlichen Milchkooperative übernommen wurde. Einkommenserhaltende oder gar -steigernde Effekte durch die Gründung der *associação* blieben also weitgehend aus.

Entgegen allen Hoffnungen, die sowohl in die APRUGLEM als auch in das Regionalentwicklungsprogramm POLONOROESTE gesetzt worden waren, verschärfte sich in den 80er Jahren die wirtschaftliche Krise zunehmend. Die viehwirtschaftliche Nutzung, die den Ackerbau ablöste, kam einer Flächenextensivierung des Betriebes gleich, so daß die geringen Erträge der äußerst kleinen Parzellen bei weitem nicht ausreichten, um die wachsenden Familien zu ernähren. Viele der Betriebseigentümer erhöhten deshalb ihren Viehbestand, um das Familieneinkommen zu erhöhen. Allerdings hatte dies wiederum durch Überweidung und Viehtritt eine Degradierung der Weideflächen zur Folge.

Der zunehmende ökonomische und demographische Druck zwang viele Familien ab Mitte der 80er Jahre zur Aufgabe ihrer Betriebe und zur Abwanderung. Gerade in diese Zeit fiel die Öffnung der Pionierfront in Rondônia, so daß die verdrängten Kleinbauern dort auf eine bessere Zukunft hofften. Andere suchten ihr Glück in der Stadt Rio Branco, wo die neu eröffnete Alkoholdestillerie wenn auch saisonale, so doch gut bezahlte Arbeitsplätze versprach. Einige wenige Familien wanderten wieder in ihre Herkunftsgebiete - vor allem nach Minas Gerais - zurück. Durch die starke Abwanderung sank die Zahl der Betriebe in der *Gleba Montecchi* bis Ende der 80er Jahre auf rund die Hälfte. In Baixo Alegre entstanden aus den 42 meist nur wenige Hektar großen Betrieben, die noch Anfang der 80er Jahre gezählt wurden, 20 Betriebe mit einer Größe von meist 10 bis 30 ha. Da die abwandernden Familien ihre Grundstücke verkaufen wollten, um ihre Schulden zu begleichen oder um sich am Zielort ihrer Migration eine neue Existenz aufbauen zu können, entstand ein großes Überangebot an Land, so daß die Grundstückspreise auf ein extrem niedriges Niveau sanken. In ihrer Verzweiflung akzeptierten die abwandernden Familien teilweise sogar eine Bezahlung in Naturalien - beispielsweise einen Sack Reis für den gesamten Betrieb -, um wenigstens einen geringen Erlös zu erzielen und die ersten Tage in der neuen Heimat überbrücken zu können.

In Baixo Alegre führte diese Abwanderung zu einer räumlich differenzierten Landbesitzkonzentration (siehe Abb. 46). Einerseits erlaubte das niedrige Preisniveau einigen ansässigen kleinbäuerlichen Betrieben den Zukauf von Grundstücken, allerdings häufig nur in den ökologisch besonders ungünstigen, schlecht zugänglichen Hanglagen. In den meisten Fällen dienten diese Betriebsvergrößerungen nicht der Produktionssteigerung und Gewinnmaximierung. Vielmehr waren sie notwendig, um den wachsenden Familien - insbesondere durch die Familiengründungen in der jüngeren Generation - ein Überleben in der Region zu sichern. Durch diese Strategie ist die Mehrzahl der Parzellen in der *comunidade* auf einige wenige Großfamilien verteilt. Im nur schwach hügeligen Tal des Córrego do Pito erzielten die Parzellen bessere Verkaufspreise, so daß sie nur Familien mit einem gewissen Kapitalstock erwerben konnten. Hierbei handelte es sich meist um Siedler, die bereits Grundstücke in benachbarten Gebieten mit Erfolg bewirtschafteten und ihre Betriebe vergrößern wollten, oder um Städter, die sich mit dem Einstieg in die Landwirtschaft ein zusätzliches wirtschaftliches Standbein schaffen wollten. Auch angrenzende Großbetriebe kauften sich nach und nach in die *comunidade* ein und erwarben Parzellen am Siedlungsrand.

Auch in den 90er Jahren setzte sich die Abwanderung fort, allerdings in abgeschwächter Form. In den letzten Jahren war es gerade die jüngere Generation, die im Zuge der eigenen Familiengründung häufig das elterliche Grundstück verließ. Besonders kleine Betriebe kinderreicher Familien waren deshalb von der Abwanderung betroffen (siehe Abb. 47). Seit den 80er Jahren wanderte in Baixo Alegre durchschnittlich ein Drittel jeder heute noch dort lebenden Familie[1] ab. In jüngerer Zeit wandern nur noch selten ganze Familien ab, um ihren Betrieb vollständig aufzugeben, denn die Erfahrungsberichte der Migranten, die bereits in früheren Jahren nach Rondônia oder in den Norden Mato Grossos abgewandert waren, zeugen häufig von Mißerfolg und wachsender Armut. Aus diesem Grund scheuen immer mehr Kleinbauern - vor allem die ältere Generation - die Migration an neue Pionierfronten. In vielen Fällen sind deshalb auf den Betrieben nur noch 'Rumpf'-Familien

---

1 Die Zahl der Migranten, die die *comunidade* insgesamt verlassen hat - also auch diejenigen, deren Familien komplett abgewandert sind - konnte nicht rekonstruiert werden.

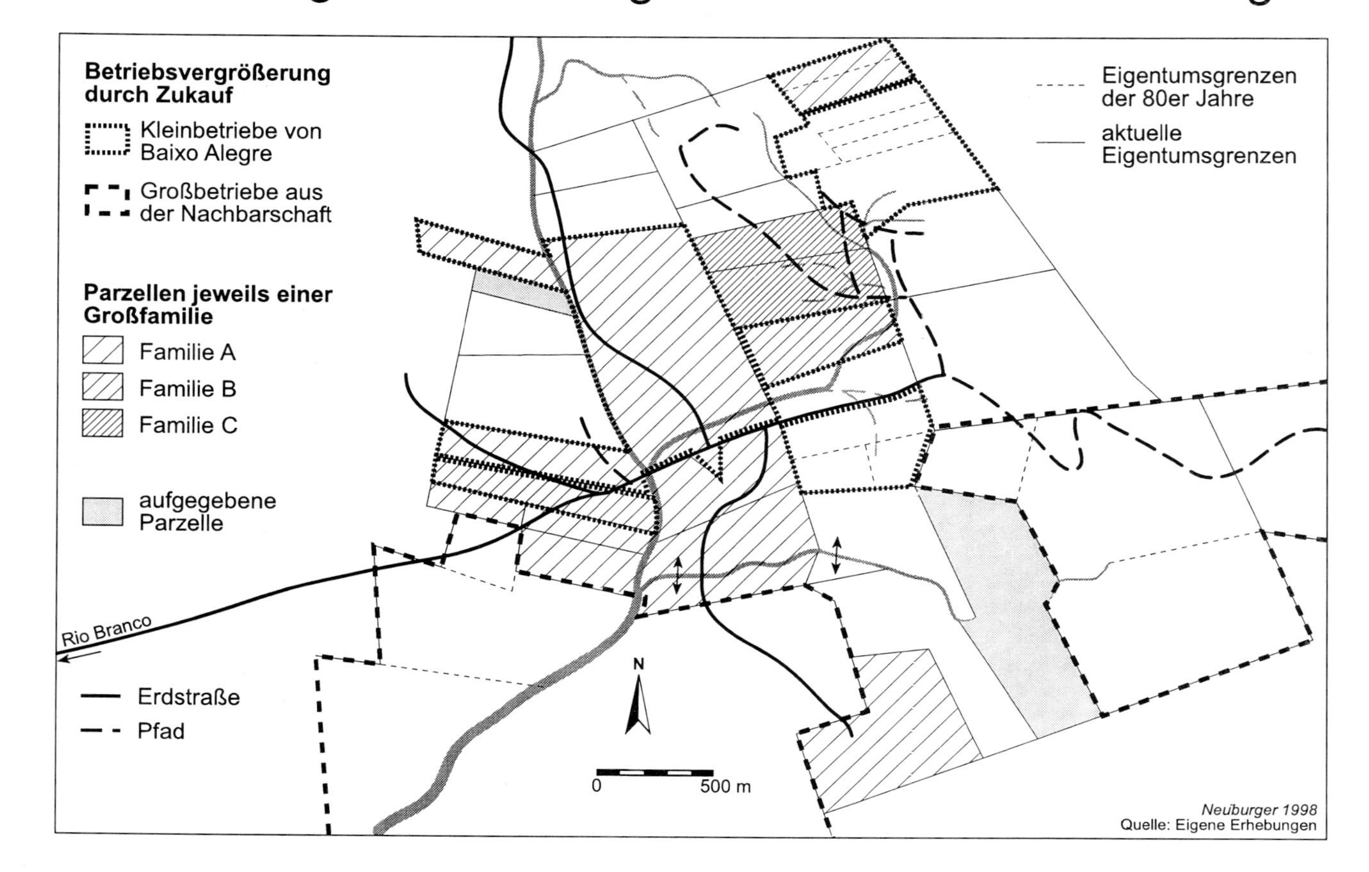

Abbildung 46

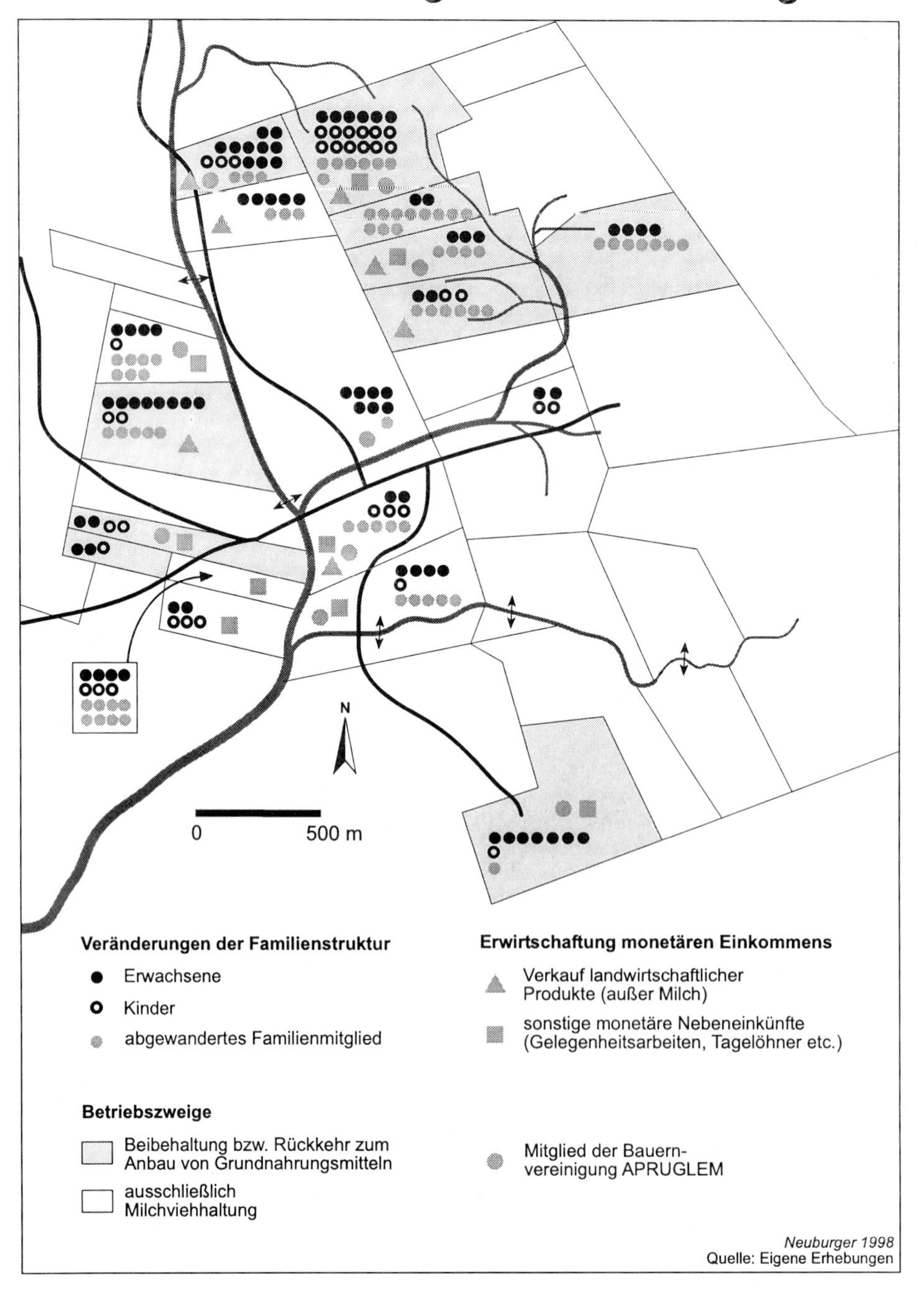

Abbildung 47

anzutreffen, bestehend aus Alten und kleinen Kindern. Die durchschnittliche Haushaltsgröße schrumpfte von ursprünglich 10 auf 6 Personen. Entsprechend sank auch die Zahl der Kinder in der Primarschule der *Gleba Montecchi* von 300 in acht Klassenstufen auf etwa 50 Schüler in vier Klassen.

Die anhaltende Migration hatte gravierende soziale Folgen. Für die wenigen kleinbäuerlichen Familien, die in Baixo Alegre zurückgeblieben sind, brechen durch die Abwanderung aus der *comunidade* die sozialen Netzwerke zusammen, die für die Alltags- und insbesondere die Krisenbewältigung von zentraler Bedeutung sind. Gegenseitige Hilfe sowie Gemeinschaftsarbeit entfallen, so daß die einzelnen Familien auf sich selbst gestellt sind. Häufig bleibt nur noch der Rückgriff auf soziale Netzwerke im städtischen Raum - meist Verwandtschafts- und Freundschaftsbeziehungen zu in früheren Jahren Abgewanderten -, um die jeweilige Notsituation bewältigen zu können. Die Abwanderung in die Stadt ist damit vorprogrammiert, auch wenn dies meist keine Verbesserung der wirtschaftlichen und sozialen Situation mit sich bringt. Auch die Hoffnung, dort wenigstens den Kindern eine bessere Schulbildung zu ermöglichen, wird in den letzten Jahren durch die massive Finanzkrise der öffentlichen Hand und die Degradierung der schulischen Einrichtungen meist enttäuscht. Entschließt sich eine Familie trotzdem in die nahe Stadt zu ziehen, so behalten einige wenige Familien, die ihr Grundstück nicht zur Schuldenbegleichung verkaufen müssen, ihren landwirtschaftlichen Betrieb - als Rückzugsmöglichkeit in absoluten Notzeiten - und bewirtschaften ihn von der Stadt aus. Dazu pendeln sie täglich oder ein Familienmitglied bleibt dort. Teilweise wird auch eine andere Familie - sie erhält dann meist die Möglichkeit, dort Subsistenzwirtschaft zu betreiben - dafür angestellt.

In den letzten fünf Jahren hat sich für die Familien von Baixo Alegre die Krisensituation durch der Verfall des Milchpreises noch weiter verschärft. Gleichzeitig haben einige Familien, deren Betrieb in den schwer zugänglichen Hangbereichen liegt, durch die extreme Verschlechterung der Straße den Zugang zur Frischmilchvermarktung verloren. Der damit verbundene gravierende Einkommensrückgang zwingt die Kleinbauern dazu, einerseits die Verluste durch andersartige Verdienstmöglichkeiten auszugleichen und andererseits den Bedarf an monetären Einkünften drastisch zu reduzieren (siehe Abb. 47). Alternative Einkommensquellen finden sie dabei beispielsweise in Gelegenheitsarbeiten auf den benachbarten Großbetrieben oder im städtischen Bausektor. Meist handelt es sich dabei allerdings um kurzfristige extrem schlecht bezahlte Beschäftigungen, die darüber hinaus häufig in körperlicher Schwerstarbeit bestehen. Gerade die Generation junger Erwachsener, die sich für derartige Arbeiten eignen würde, fehlen jedoch in den 'Rumpf'-Familien. Andererseits können sich solche Familien in der Regel auf die zwar geringen und unregelmäßig ausbezahlten, dennoch garantierten Geldbeträge der staatlichen Renten der alten Familienangehörigen stützen.

Ebenfalls zur Erwirtschaftung monetären Einkommens dient die Verarbeitung und Vermarktung eigener landwirtschaftlicher Produkte. Die Familien, die ihre Milch nicht mehr an die COMAJUL abliefern können oder - aufgrund der niedrigen Preises - wollen, haben begonnen, über den Eigenbedarf hinaus den Rohmilchkäse *queijo minas* zu produzieren.

Er ist relativ lange haltbar und mit einfachen Mitteln herzustellen. Darüber hinaus bildet die Molke als Abfallprodukt ein ideales Zusatzfutter in der Schweinehaltung. Außerdem können die Siedler von Baixo Alegre auf ein fundiertes Know-how in der Käseproduktion zurückgreifen, denn in den *mineiro*-Haushalten[1] gehört dieser Käse ohnehin traditionell zur täglichen Speisekarte. Da die gute Qualität des *queijo minas* aus der gesamten Region Rio Branco mit ihrer überwiegend aus Minas Gerais stammenden Bevölkerung weithin bekannt ist, stellt die Vermarktung kein Problem dar. In die Stadt Rio Branco kommt eigens dafür regelmäßig ein Händler aus Cuiabá, der die Käseproduktion zu einem guten Preis aufkauft. Die Kleinbauern erreichen dabei einen höheren Gewinn, als sie durch den Verkauf der Milch erzielen könnten. Gleichzeitig regte der Cuiabaner auch die Produktion von *rapadura* - Lompenzucker - an, den er ebenfalls auf dem Wochenmarkt der Landeshauptstadt verkauft. Seitdem verarbeiten einige Familien auch Zuckerrohr, das ursprünglich vorwiegend in der Trockenzeit als Zusatzfutter für das Milchvieh genutzt wurde[2]. Mit den eigenen, häufig aus lokalen Materialien selbst gebauten Mühlen pressen sie das Zuckerrohr, um aus dem Saft nicht wie bisher ausschließlich *melado* - eine Art Karamel - zum eigenen Verzehr herzustellen, sondern um die etwas aufwendiger zu produzierende *rapadura* daraus auszukochen. Diese alternativen Einkommensquellen brachten bisher eine gewisse Entspannung der ökonomischen Situation für die kleinbäuerlichen Familien, auch wenn viele von ihnen die Frischmilchvermarktung schon aufgrund ihrer langjährigen Tradition vorziehen würden. Gleichzeitig wird die Abhängigkeit von einem einzigen Händler und vom cuiabaner Markt berechtigterweise sehr skeptisch als Unsicherheitsfaktor betrachtet, da die meisten Kleinbauern von Baixo Alegre die dortigen Marktstrukturen nicht kennen, geschweige denn beeinflussen können. Dementsprechend kursieren bereits Gerüchte, daß der Händler aufgrund günstigerer Angebote aus anderen Regionen den Preis der Produkte in Rio Branco senken oder sich sogar völlig aus dem Kauf der Waren zurückziehen will.

Durch die Zusammensetzung des Familieneinkommens bleibt die Erwirtschaftung monetärer Einkünfte trotz der Diversifizierung der Einkommensquellen unsicher und unterliegt starken Schwankungen. Dadurch erhalten für die Familien von Baixo Alegre die Strategien zur Senkung des Geldbedarfs und damit zur Erhöhung des Anteils der Subsistenzproduktion eine große Bedeutung. Hierbei ist besonders der Anbau von Grundnahrungsmitteln zu nennen. Die der Personenzahl nach größten Haushalte mit meist vergleichsweise kleinen Betriebsflächen haben in Baixo Alegre deshalb den Ackerbau beibehalten bzw. die bereits aufgegebene ackerbauliche Produktion wieder aufgenommen. Gerade diese Grundstücke - vor allem im Nordosten der *comunidade* - eignen sich aber nicht für den Ackerbau, da der größte Teil der Betriebsflächen von steilen Hängen eingenommen wird, so daß bei der für die Aussaat notwendigen Freilegung des Boden zu Beginn der Regenzeit sehr rasch Erosionsschäden auftreten. Da die Kleinbauern diese Erfahrung bereits in früheren Jahren

---

1 *Mineiro* wird die Bevölkerung, die aus dem brasilianischen Bundesstaat Minas Gerais stammt, genannt.

2 Damit sinkt natürlich die Milchproduktion in der Trockenzeit, so daß lediglich eine Verlagerung der Produktion, nicht aber eine Produktions- und damit eine Einkommenssteigerung erreicht wird.

gemacht hatten, suchten sie nach alternativen Anbaumethoden. Sie fanden sie in einer einfachen Art der Direktsaat[1]. Dazu belassen sie in den Hangbereichen die bereits bestehende bodendeckende Vegetation - meist Weide - auf der für den Grundnahrungsmittelanbau vorgesehenen Fläche. Die Gräser und Sträucher werden lediglich bis in Bodennähe kurz geschnitten, ohne jedoch die Wurzeln zu entfernen. Die Aussaat wird dann mit dem Hackstock oder der Hacke durchgeführt, indem nur ein kleines Loch für das Korn geöffnet und danach sorgfältig wieder mit Boden geschlossen wird. Während der Wachstumsphase müssen die anderen Pflanzen niedrig gehalten werden, um das Wachstum der Saat nicht zu behindern. Diese Anbaumethode ist zwar sehr arbeitsintensiv, ermöglicht aber den Ackerbau auch in den steilsten Hanglagen ohne nennenswerte Erosionserscheinungen. Allerdings wird sie nicht von allen Betrieben - teilweise aus Mangel an Arbeitskräften - angewendet. Außerdem ist sie nicht für verbuschte oder bewaldete Areale geeignet. Auf den wenigen verbliebenen Waldflächen werden deshalb immer noch die Methoden der Brand- bzw. Stuppenrodung angewendet.

Die Erhöhung der Subsistenzproduktion beschränkt sich allerdings nicht auf den Anbau von Grundnahrungsmitteln. Die ärmsten Familien von Baixo Alegre versuchen, die lokalen Materialien möglichst vielfältig zu nutzen. Die Häuser werden aus Holz, Lehm und Palmenblättern erbaut bzw. mit den Materialien, die auf dem eigenen Betrieb zu finden sind, repariert. Auch Herd, Geschirr, einfache Küchengeräte und Gerätschaften zur Verarbeitung landwirtschaftlicher Produkte werden aus natürlichen Grundstoffen hergestellt, so daß lediglich Waren aus Kunststoff oder Metall gekauft werden müssen. Für den täglichen Konsum gilt dasselbe: Brennholz wird auf den Betrieben gesammelt. Zucker stellen die Frauen aus Zuckerrohr her, Schweinschmalz dient als Fett und die Hühner liefern Eier, die Kühe Milch und Käse. Dabei steht die Abwägung zwischen Notwendigkeit des Eigenkonsums und Geldbedarf immer im Vordergrund, denn all diese Produkte nutzen die Familien in Notsituationen - beispielsweise im Krankheitsfall - zum Verkauf und verzichten auf den Verzehr. Damit hat die Subsistenzproduktion nicht nur die Funktion der Eigenversorgung, sondern kann flexibel je nach Bedarf auch in die Marktproduktion integriert werden.

Die dargestellte Vielfältigkeit an Überlebens- und Bewältigungsstrategien der Familien von Baixo Alegre zeigen, wie flexibel kleinbäuerliche Familien auf häufig sich verändernde Krisensituationen reagieren. Dabei entspricht die Wahl der Strategien ihrer jeweiligen Handlungslogik, die bestimmt ist von den unterschiedlichsten exogenen und endogenen Faktoren, die meist in Form von *constraints* auf ihren Handlungsspielraum wirken. Um diesen Wirkungszusammenhang näher beleuchten zu können, wird im folgenden die Geschichte einer kleinbäuerlichen Familie von Baixo Alegre detailliert untersucht. Die Auswahl der Familie als Fallbeispiel richtete sich dabei nicht nach dem Kriterium

---

1 Direktsaatverfahren werden in den letzten Jahren vor allem für die modernisierte Landwirtschaft entwickelt, da auch diese Betriebe durch den großflächigen Anbau mit gravierenden Bodenerosionserscheinungen - bis hin zur *badland*-Bildung - zu kämpfen haben (ARANTES & SOUZA 1993, GOEDERT 1986).

größtmöglicher Repräsentativität, sondern vielmehr nach der analytisch möglichst plastisch darstellbaren Faktorenkonstellation, die die Handlungslogik kleinbäuerlicher Familien in Krisensituationen bestimmt.

2.3 Die Familie A: Geschichte einer typischen Migrantenfamilie

Die Familie A gehört zu den Familien, die kurz nach der Invasion in die *Gleba Montecchi* kamen. Ihre Migration in mehreren Etappen, die Abwanderung einzelner Familienangehöriger sowie die damit verbundene Veränderung des Sozialstatus zeigen die typische Entwicklung einer Migrantenfamilie. Darüber hinaus gehören sie zu den am stärksten verwundbaren Haushalten in Baixo Alegre. Ihre Betroffenheit gegenüber den kontinuierlichen Veränderungen der sozioökonomischen, politischen und ökologischen Rahmenbedingungen resultiert in unterschiedlich strukturierten Krisensituationen, auf die sie mit verschiedenen Bewältigungsstrategien reagieren.

Die Familie A kam bereits 1972 in die Region von Cáceres und lebt seit 1983 in Baixo Alegre (siehe Abb. 48). Das Elternehepaar, das heute zwischen 50 und 60 Jahre alt ist, wurde in der Region Governador Valadares, dem bedeutendsten Abwanderungsgebiet in Minas Gerais, geboren. Dort arbeitete das Paar auf einem Kaffeebetrieb als Pächter. Die wachsende Familie - bis 1983 waren es bereits neun Personen der zweiten Generation und sogar eine Person der dritten - bewirtschaftete dort 7.000 Kaffeesträucher. Aus ihren Ersparnissen konnte sie Anfang der 70er Jahre eine Parzelle von 50 ha im heutigen Munizip Salto do Céu kaufen konnte.

Auf diesem Betrieb in der Nähe der *comunidade* Vila Progresso produzierte der inzwischen zur Großfamilie angewachsene Haushalt vorwiegend Reis und Bohnen auf einer Fläche von jährlich 10 bis 12 ha, wobei dafür jedes Jahr ein Teil des bestehenden Primärwaldes gerodet wurde. Außerdem hatte die Familie Schweine, Hühner und Milchvieh zur Eigenversorgung. Trotz des noch hohen Preises für die Produkte der *lavoura branca* reichten die Erträge des Betriebes nicht aus, um alle Familienmitglieder zu versorgen. Zwei Personen der zweiten Generation verließen daraufhin mit ihren Familien den elterlichen Betrieb und gründeten in Fortuna - im Invasionsgebiet der *Gleba Montecchi* - und in den zu dieser Zeit neu entstehenden Pionierfrontgebieten Rondônias eine eigene Existenz. Kurze Zeit später verließ auch der Rest der Großfamilie den Betrieb in Vila Progresso. Der Wald als Zukunftsperspektive für die Fortführung des Ackerbaus war inzwischen vollständig gerodet, die Erträge sanken auf den extrem sandigen Böden und Erosion setzte ein.

Mit dem Verkaufserlös des Betriebes einschließlich der Milchkühe erstand die Familie 1983 das um 17 ha kleinere Grundstück in Baixo Alegre, wo die Familie heute noch lebt. Der höhere Bodenpreis erklärte sich aus der besseren Erreichbarkeit des Vermarktungszentrums Rio Branco von Baixo Alegre aus. Die Parzelle bestand zu einem Drittel aus Primärwald und zu zwei Dritteln aus Sekundärwald. Obwohl sich das Grundstück kaum für eine ackerbauliche Nutzung eignete - nur ein Viertel der Betriebsfläche war relativ eben,

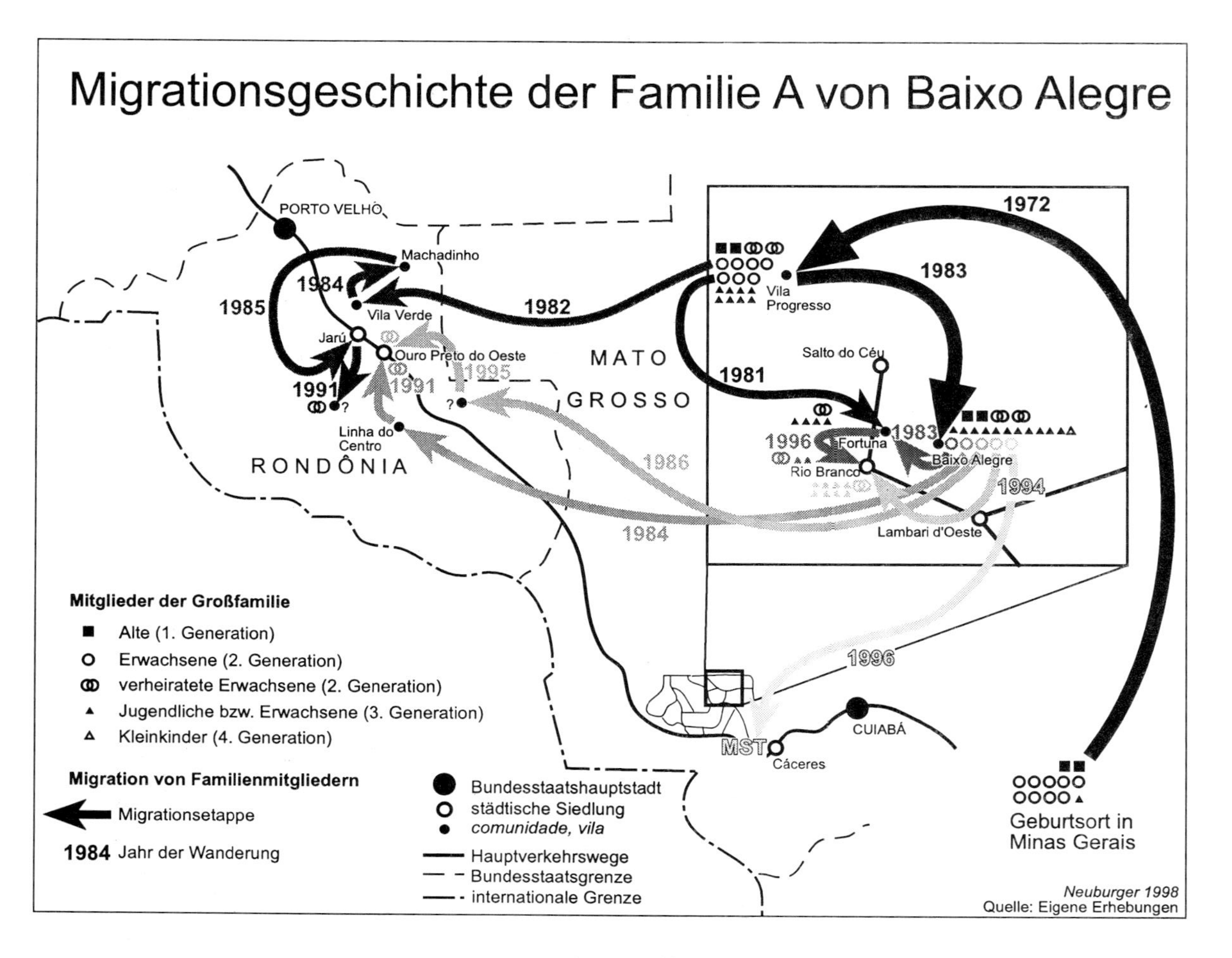

Abbildung 48

während die übrige Fläche teilweise sehr steile Hangbereiche aufwies -, baute die Familie jährlich etwa 7 bis 10 ha Reis, Mais und Bohnen an, indem sie auch hier Stück für Stück den Wald rodete. Allerdings fiel der Preis für die Produkte der *lavoura branca* in den folgenden Jahren so stark, daß die Produktion auf den Subsistenzbedarf zurückgeschraubt wurde.

Wie fast alle Betriebe in der Region stellte auch der Betrieb A auf Milchviehhaltung um. Jedoch beschränkte er seine Produktion auf die Herstellung von 12 bis 18 kg Käse wöchentlich ohne Frischmilch zu verkaufen. Zur Erhöhung des Betriebseinkommens wurden auch Produkte aus der Schweinezucht und aus der Hühnerhaltung vermarktet. Auch reichten hier die Gewinne nicht aus, um den Lebensunterhalt der beständig wachsenden Familie zu bestreiten. Deshalb gingen bereits Mitte der 80er Jahre drei weitere Familienmitglieder der zweiten Generation ihre eigenen Wege. Zwei fanden wie ihr Bruder wenige Jahre zuvor in den Kolonisationsgebieten von Rondônia ihre neue Heimat, während ein Sohn in die Stadt Rio Branco zog.

Mitte der 90er Jahre erhöhte sich in der Großfamilie wiederum der demographische Druck. Darüber hinaus ließen die schrumpfende Waldfläche, die sinkende Produktivität und die zunehmende Bodenerosion auf den Anbauflächen keinen Zweifel daran, daß in naher Zukunft das Betriebseinkommen weiter sinken würde. Außerdem veränderten sich die Eßgewohnheiten der brasilianischen Bevölkerung: Durch das wachsende Gesundheitsbewußtsein, sank der Konsum von Schweineschmalz und wurde ersetzt durch pflanzliches Speiseöl. Die Vermarktung auch der anderen Produkte aus der Schweinehaltung - Schweinefüße und -schwänze als wichtiger Bestandteil des traditionellen Bohnengerichts *feijoada*, gepökeltes Fleisch etc. - wurde erschwert, da durch die prekären hygienischen Bedingungen in der traditionellen Schweinehaltung die Übertragung von Krankheiten durch den Verzehr befürchtet wurde. Auch die Konkurrenz großer Lebensmittelkonzerne, die in Mato Grosso große Schweine- und Hühnermastbetriebe aufbauten, industrialisierte Produkte wie beispielsweise raffinierter Zucker anboten und ihre Waren billig auf den Markt brachten, verengte die Marktnische der kleinbäuerlichen Produkte. Nur noch sporadisch konnte deshalb der Betrieb A auf dem lokalen Markt seine Erzeugnisse verkaufen.

Aufgrund des sinkenden Betriebseinkommens verließ im Jahr 1994 eine weitere junge Familie den Betrieb und ließ sich in der Stad Rio Branco nieder. Schließlich bot sich 1996 für ein weiteres Familiemitglied der zweiten Generation die Möglichkeit zur Abwanderung. Das MST (*Movimento dos Trabalhadores Rurais sem Terra*) suchte neben Landlosen auch Töchter und Söhne von landarmen Kleinbauern, die sich an der Invasion der Fazenda Santa Amélia beteiligen wollten (siehe dazu ausführlicher Kapitel IV.2.2.3.2.2). Mit der Hoffnung auf ein eigenes Stück Land reihte sich deshalb auch ein Mitglied der Familie A in die Menge der *posseiros* ein.

Alle Familienmitglieder - sieben der neun -, die bis heute den elterlichen Betrieb verlassen haben, hatten wohl die Hoffnung auf ein besseres eigenständiges Leben gehabt. Allerdings wurde dieser Wunsch nur in den wenigsten Fällen erfüllt. Nur die zwei jungen Familien, die bereits von Vila Progresso aus abgewandert waren, konnten trotz der prekären Bedingungen in der Anfangsphase der rondonenser Pionierfront bis heute den Status eines Betriebseigentümers erreichen. Drei der später migrierten wohnen heute in der Stadt und verdienen sich ihren Lebensunterhalt mit Gelegenheits- und Tagelöhnerarbeiten, während eine Familie als Arbeiter eines landwirtschaftlichen Großbetriebes arbeitet.

Heute leben von der Großfamilie A noch das Elternehepaar der ersten Generation sowie zwei Paare der zweiten Generation mit ihren Kindern und einem Enkelind auf dem Grundstück in Baixo Alegre. Die Familien bewirtschaften den Betrieb in getrennten Haushalten. Jede Hofstelle wird von einem diversifizierten Garten umgeben. Neben Obstbäumen wie beispielsweise Mango, Orange, Zitrone, Avocado sowie Bananen- und Ananasstauden bauen die Familien in unmittelbarer Nähe der Hofstelle verschiedene Gemüsesorten - Maniok, Süßkartoffel, Kürbis, Paprika etc. - an. Auch die kleinen Kaffee- und Zuckerrohrfelder befinden sich nahe der Häuser, da insbesondere Zuckerrohr ebenso wie alle anderen Produkte des Gartens erstens zum täglichen Verbrauch gehören und zweitens in den meisten Fällen leicht verderblich sind und deswegen je nach Bedarf in kleinen Mengen geerntet werden. Weite Wege werden aus diesem Grund vermieden. Dementsprechend befinden sich auch die Geräte zur Verarbeitung und Aufbereitung der Lebensmittel direkt bei der Hofstelle. Neben je einem Getreidespeicher pro Haushalt, in dem Reis, Mais, Bohnen und Erdnuß gelagert werden, gibt es auf dem gesamten Betrieb nur eine manuell betriebene Zuckerrohrmühle aus Holz, da ihr Bau relativ aufwendig und mit Kosten für die notwendigen Metallteile verbunden ist. Jeder Haushalt verfügt hingegen über einen Herd zum Einkochen des Zuckerrohrsaftes. Aus Kostengründen besteht er nicht aus gekauften Materialien sondern aus einem aufgeschnittenen, ausgehöhlten Termitenhügel, der mit Holz befeuert wird. Um den Geldbedarf niedrig zu halten, wird auch die Kochstelle im Haus für die Zubereitung der Mahlzeiten aus lokalen Materialien hergestellt. Lehm und Holz sind die Grundstoffe für den Bau des Herdes, der dadurch auch jederzeit repariert bzw. erneuert werden kann. Ähnliches gilt auch für viele Küchengeräte, die aus Kalebassen, Holz etc. hergestellt werden.

Die genannten Strategien, die der Familie A bis vor wenigen Jahren trotz der kontinuierlichen Verschlechterung der sozioökonomischen und ökologischen Rahmenbedingungen noch das Überleben auf dem Betrieb in Baixo Alegre ermöglichten, greifen in neuerer Zeit immer weniger. Dies hängt einerseits damit zusammen, daß sich die Lebensbedingungen weiterhin zuungunsten der kleinbäuerlichen Bevölkerung entwickeln. Andererseits haben die Überlebensstrategien zwar zu einer kurzfristigen Überwindung der jeweiligen Krise geführt, langfristig aber zu einer Erhöhung der Verwundbarkeit beigetragen. So steht die Familie A aufgrund der fast ausschließlichen Vermarktung ihrer Produkte über den cuiabaner Händler - über ihn erwirtschaftet sie eine Großteil ihres monetären Einkommens - in einer extremen Abhängigkeit zu ihm. Seine schlechte Zahlungsmoral bringt die Familie in eine Krise, die nur schwer über Gelegenheits- und Tagelohnarbeiten zu bewältigen ist - eine Strategie, die in letzter Konsequenz eine weitgehende Marginalisierung der Familie bedeutet.

Auch die Subsistenzproduktion ist aufgrund der ökologischen Degradierung in zunehmendem Maße gefährdet. Der Anbau von Grundnahrungsmitteln wird erschwert durch die rasch einsetzende Bodenerosion in den Hangbereichen. Gleichzeitig wird in wenigen Jahren die Reisproduktion nicht mehr möglich sein, da die kleinen Flächen Primärwald Stück für Stück gerodet werden und ein ertragbringender Anbau der anspruchsvollen Reispflanze nur auf solchen Flächen möglich ist. Auch der Brennholzvorrat wird dann weitgehend erschöpft sein, so daß auch die Produktion von *rapadura* - das Einkochen des Zuckerrohrsaftes dauert mehrere Stunden - eingestellt werden muß und damit wieder eine Einkommensquelle wegfällt.

Die Verschlechterung der institutionell-politischen Rahmenbedingungen hat besonders gravierende Folgen für die Familie A. Das einzige garantierte Einkommen des Betriebes, die Rente des Elternehepaares, die in Notsituationen für die gesamte Großfamilie eingesetzt wird, ist durch die allgemeine Finanzkrise der öffentlichen Hand unsicher geworden. Die Auszahlung erfolgt häufig erst mit mehreren Monaten Verspätung, und die Angleichung an die Preissteigerung bleibt seit langem aus. Die Geldknappheit auf kommunaler Ebene und die damit verbundene Verschlechterung der Straße erschwert darüber hinaus den Zugang zu den Infrastruktureinrichtungen der Stadt. Einerseits meiden die Kinder den beschwerlichen und weiten Weg nach Rio Branco in die weiterführende Schule, bleiben somit ohne ausreichende Schulausbildung, um im späteren Berufsleben eine Chance zu haben. Andererseits ist es besonders für die Alten nahezu unmöglich, im Krankheitsfall rasch die Krankenstation bzw. einen Arzt in der Stadt aufzusuchen. Auch die Benutzung der Karrosse bringt nur wenig Erleichterung, da sie auf den von Erosionsrunsen durchfurchten Wegen zu kippen droht.

Die Summe dieser Probleme, die in einer erneuten Krisensituation kulminieren, die mit den bisherigen Überlebensstrategien kaum mehr zu überwinden ist, zwingt die Familie A dazu, als letzte noch verbleibende Strategie über eine weitere Migrationsetappe nachzudenken. Um das Risiko, das mit Migration im allgemeinen verbunden ist, möglichst gering zu halten, will die Familie nur innerhalb der Region - möglichst sogar innerhalb der *comunidade* - umziehen. Es besteht die Überlegung, den jetzigen Betrieb zu verkaufen und ein Grundstück in den ebeneren Bereichen des Pito-Tales zu erwerben. Ob diese Strategie letztendlich zur Überwindung der Krise beiträgt und zu einer langfristigen Verbesserung der wirtschaftlichen und sozialen Situation führt, bleibt abzuwarten.

2.4 Fazit: Migration und Subsistenzproduktion als zentrale Überlebensstrategien kapitalarmer Kleinbauern in ökologisch degradierten Räumen

Im dargestellten Fallbeispiel Baixo Alegre wurde die Faktorenkonstellation von Krisensituationen, die Verwundbarkeit kapitalarmer kleinbäuerlicher Gruppen und ihre Überlebensstrategien in ökologisch degradierten Räumen detailliert analysiert. Die Verwundbarkeit der Kleinbauern von Baixo Alegre wird geprägt von extremer Kapitalarmut und - damit verbunden - einem entsprechend kleinen ökonomischen Handlungsspielraum. Diese wirken sich direkt auf die Verfügungsrechte der einzelnen Familien über Land und über andere zur Produktion notwendigen Ressourcen - quantitativ und qualitativ - aus, die wiederum Produktivität, Einkommen und Gewinnspanne eines Betriebes definieren. Gleichzeitig bedrohen bereits sehr geringe Einkommensverluste das Überleben dieser Familien. Fehlendes monetäres Einkommen und Kapitalarmut wirken in *comunidades*, die in die Geldwirtschaft eingebunden sind, als gewichtige *constraints*, die Flexibilität und Reaktionsfähigkeit in Krisensituationen stark einschränken. Dieser Effekt wird durch die meist hohe Kinderzahl bzw. durch die Größe des Haushaltes noch verstärkt. Ein Vorteil in den Kaffeeanbaugebieten, wo eine große Anzahl von Kindern die Bewirtschaftung vieler Kaffeesträucher und damit die Erwirtschaftung eines hohen Einkommens erlaubte, wird in der Position als Betriebseigentümer in den Pionierfrontgebieten zum Nachteil, auch wenn langfristig die Alterssicherung dadurch vielleicht verbessert werden kann. Gerade solche Familien, die häufig aus eigener Kraft ihr Überleben nicht sichern können, sind gegenüber institutionell-politischen Veränderungen besonders verwundbar, denn sie sind auf die Funktionsfähigkeit staatlicher Unterstützungsmaßnahmen und öffentlicher Infrastruktureinrichtungen angewiesen.

Unter den Voraussetzungen hoher Verwundbarkeit bei gleichzeitig hoher ökologischer Fragilität des Naturraums gefährden bereits geringfügige Veränderungen der sozioökonomischen, politischen und ökologischen Rahmenbedingungen das Überleben der Familien. Produktivitätsrückgang aufgrund zunehmender ökologischer Degradierung, Preisverfall und Konkurrenz durch industrialisierte Produkte führen zu einem empfindlichen Einkommensverlust, der die kleinbäuerlichen Familien zu raschen und flexiblen Reaktionen zwingt. Diese ökonomischen Risiken setzen sich in den labilen lokalen und regionalen Märkten fort. Institutionell-politische Ursachen, die die Verschlechterung der Infrastruktureinrichtungen - Straße, Krankenstation, Schule - sowie der staatlichen Dienstleistungen zur Folge haben, beeinträchtigen darüber hinaus den Reproduktionsbereich der Familien.

In diesen sich verändernden Krisensituationen reagieren kapitalarme kleinbäuerliche Gruppen entsprechend ihrer Handlungslogik nach den Notwendigkeiten der Überlebenssicherung sowie nach der Verfügbarkeit von monetärem Einkommen. Eine der wichtigsten Strategien zur Risikostreuung stellt dabei die Diversifizierung der Einkommensquellen - Verkauf der landwirtschaftlichen Produktion, Gelegenheitsarbeiten etc. - dar. In der landwirtschaftlichen Produktion versuchen die Kleinbauern die anonymen überregionalen, unüberschaubaren Vermarktungsstrategien durch lokal-regionale, unter Umständen sogar von ihnen selbst beeinflußbare Strukturen zu ersetzen. Im Falle von Baixo Alegre gingen die Betriebe von der Getreidevermarktung auf dem nationalen Markt durch Zwischenhändler zunächst in die durch die Kooperativen-Mitgliedschaft wenigstens indirekt beeinflußbare Milchvermarktung mit Hilfe der COMAJUL über. Seitdem auch dieser Markt kein ausreichendes Einkommen mehr garantieren kann, beschränken sich zahlreiche Familien auf den Verkauf ihrer verarbeiteten Produkte - Käse, *rapadura* etc. - an den durch persönliche Bekanntschaft beeinflußbaren Händler aus Cuiabá oder sogar auf die selbständige Kommerzialisierung auf dem lokalen städtischen Markt, wo sie auf bestehende soziale Netzwerke zurückgreifen können.

Bei dennoch großer Geldknappheit durch Einkommensverluste - wie in den letzten Jahren in Baixo Alegre zu beobachten - verlagern die Familien den Schwerpunkt ihrer Tätigkeiten auf die Subsistenzproduktion, auch wenn dies langfristig betrachtet die Verwundbarkeit gegenüber neuen Krisen erhöht. Allerdings ist durch die Einbindung der Kleinbauern in die Geldwirtschaft ein vollständiger Rückzug in die Subsistenz nicht möglich. Gerade in Baixo Alegre führen der Anbau von Grundnahrungsmitteln und die Beibehaltung oder gar Aufstockung der Viehherden aufgrund der Fragilität des Ökosystems zu Bodenerosion sowie zu Überweidung und Weidedegradierung. Durch die genannten ökonomischen *constraints* sind die Kleinbauern außerdem gezwungen, ihr noch verfügbares geringes monetäres Einkommen für die zum physischen Überleben unabdingbaren Bedürfnisse des reproduktiven Bereiches - beispielsweise für die Gesundheitsversorgung - zu reservieren, anstatt es zur Erhöhung der Produktivität in die Produktion zu investieren. Damit steigt auch das Risiko von Produktionsausfällen. Diese Einschränkungen des Handlungsspielraums ermöglichen es den Familien lediglich, eine andere Produktionsmethode im Rahmen ihrer Möglichkeiten - das einfache Direktsaatverfahren - einzusetzen, um wenigstens die Bodenerosion und den damit verbundenen Produktivitätsrückgang zu verlangsamen.

Neben der Diversifizierung der Einkommensquellen und der Erhöhung der Subsistenzproduktion stellt die Migration eine der wichtigsten Überlebensstrategien kleinbäuerlicher Gruppen dar. Diese Strategie wird meist von jungen Familien getragen, während alte Familienmitglieder eine Wanderung scheuen und möglichst auf dem bereits etablierten Betrieb bleiben. Allerdings haben sich die Migrationsmuster in den letzten Jahrzehnten stark gewandelt (siehe dazu auch Kapitel IV.2.2.3.2.2 und COY & FRIEDRICH 1998). Ähnlich wie in vielen Pionierfrontregionen Brasiliens zu beobachten, wandert auch die junge Generation von Baixo Alegre vor allem in neuerer Zeit nicht mehr an neue *frontiers*, sondern sucht nach neuen Überlebensräumen in den nahen Städten, in den wirtschaftlich stabileren Herkunftsgebieten oder - wie derzeit in Mato Grosso - in der Landlosenbewegung MST. In der *Gleba Montecchi* beispielsweise konnte das MST für die Teilnahme an der Invasion der *fazenda* Santa Amélia 1996 insgesamt 60 Familien gewinnen. Darunter waren zahlreiche junge Familien mit Kindern, deren Eltern einen kleinen, im Erbschaftsfall nicht teilbaren Betrieb besaßen. Allerdings kehrte rund ein Drittel der Familien wieder in die *Gleba* zurück, da sie den Strapazen im *posseiro*-Camp nicht standhielten und die langwierigen Verhandlungen mit Staat und Großgrundbesitzern eine Niederlage des MST ohne Landverteilung an die Familien befürchten ließen. Die Migration als Bewältigungsstrategie hat für die in der *comunidade* verbleibenden Familien zum einen die nachteilige Folge, daß sowohl die lokalen sozialen Netzwerke zusammenbrechen und teilweise sogar leistungsfähige Arbeitskräfte auf den Betrieben fehlen. Zum anderen werden aber die Beziehungsgeflechte über die eigene Lokalität hinaus auf regionale und nationale Ebenen ausgedehnt und damit für weitere Familienmitglieder im Falle einer Migration am Zielort nutzbar.

Die bereits in den 80er Jahren von den Kleinbauern der *Gleba Montecchi* angewendete Bewältigungsstrategie zur Förderung von Produktion und Vermarktung mit Hilfe der Bauernvereinigung APRUGLEM schlug für die besonders kapitalarmen Betriebe fehl. Auch die Aktivitäten der letzten Jahre bringen für diese keine Verbesserung, da weder die durch das PRODEAGRO geförderten Obstbauprojekte noch die von der Agrarberatungsbehörde EMPAER unterstützte Einführung der künstlichen Besamung zur Verbesserung der Milchviehrassen für die absolut kapitalarmen Kleinbauern finanzierbar ist. Lediglich die von der LBA (*Legião Brasileira de Assistência*) teilfinanzierte Anschaffung von Karossen für die einzelnen Betriebe war selbst für die Ärmsten erschwinglich. Mit diesen relativ kapitalaufwendigen Projekten wird die APRUGLEM durch die besser strukturierten Betriebe funktionalisiert. Auch die Überlegungen zur Umwandlung der *associação* in eine Kooperative werden daran nichts ändern.

Eine der wenigen Organisationen, die insbesondere im Bereich der Gesundheitsversorgung, der politischen Bewußtseinsbildung und der Unterstützung von Produktion und Vermarktung zielgerichtet mit den Kleinbauern zusammenarbeitet, ist die Landarbeitergewerkschaft STR. Das Personal des STR hat durch seine Herkunft aus der Region selbst sowie durch seine langjährige Arbeit das Vertrauen der lokalen Bevölkerung. Darüber hinaus kennt es die Probleme der kleinbäuerlichen Gruppen ausreichend, um daraus angepaßte Strategien zu entwickeln. Nur mit der Hilfe der Gewerkschaft konnte auch das MST in der Region mit einem derartigen Erfolg auftreten. Allerdings erleidet das STR immer wieder Rückschläge. So konnte sich beispielsweise der zusammen mit der FASE organisierte Produzentenmarkt in der Stadt Rio Branco nicht lange halten, weil die landwirtschaftliche Produktion zu niedrig war, um eine kontinuierliche Versorgung des Marktes mit Waren zu garantieren.

Als Fazit der Fallstudie Baixo Alegre kann festgehalten werden, daß kapitalarme Kleinbauern bereits in der Anfangsphase der Pionierfront in ökologisch fragile Räume abgedrängt werden. Auch in den Folgejahren setzt sich dieser Trend fort: Die wirtschaftlich besser strukturierten Betriebe okkupieren die Gunsträume, während die verarmten Kleinbauern in die Hügel- und Hangbereiche abgedrängt werden und die völlig marginalisierten Familien in weit entfernte Überlebensräume - an neue Pionierfronten - ausweichen müssen. Die stark eingeschränkten Verfügungsrechte über Ressourcen, die sowohl im Produktions- als auch im Reproduktionsbereich von großer Bedeutung sind, wirken darüber hinaus als *constraints* auf die Handlungsspielräume der kleinbäuerlichen Familien. Sie sind deshalb häufig gezwungen, Überlebensstrategien anzuwenden, die zwar kurzfristig die jeweilige Krisensituation überwinden, langfristig aber die Verwundbarkeit erhöhen, so daß sie letztendlich vollständiger ökonomischer, sozialer und politischer Marginalisierung ausgesetzt sind.

3 Innovation und Spezialisierung zur Überlebenssicherung der Kleinbauern in der *comunidade* Salvação

Die *comunidade* Salvação, im Munizip São José dos Quatro Marcos gelegen, stellt in gewisser Weise ein Gegenbeispiel zur *comunidade* Baixo Alegre dar. Die kleinbäuerlichen Familien konnten in diesem Fall aufgrund ihrer günstigeren ökonomischen Voraussetzungen ein Grundstück im wirtschaftlichen und ökologischen Kernraum des Hinterlandes von Cáceres erwerben. Böden mit hoher natürlicher Bodenfruchtbarkeit und gesichertes Landeigentum bildeten dabei die Grundlage der kleinbäuerlichen Produktionsweise. Dadurch gerieten die Familien erst relativ spät in eine wirtschaftliche Krisensituation, die zwar nicht ihr Überleben bedrohte, dennoch aber ihre Zukunftsperspektiven - vor allem die der jungen Generation - beeinträchtigte. Aufgrund dieser Rahmenbedingungen konnten sie flexibler auf die Krise reagieren. Mit erhöhter Risikobereitschaft führten sie innovative Produkte - tropische Früchte - und entsprechende Produktionsmethoden ein, intensivierten die Nutzung ihrer landwirtschaftlichen Flächen und nutzten so ihren größeren Handlungsspielraum.

Die Einführung von Innovationen wird im allgemeinen nicht als eine für Kleinbauern typische Überlebensstrategie angesehen, da die kleinbäuerliche Handlungslogik eher dem Ziel der Risikominimierung folgt, während Innovation in der Landwirtschaft aufgrund der Unsicherheiten im Produktionsablauf sowie in der Vermarktung immer mit einem gewissen Risiko verbunden ist. Gleichzeitig wird meist eine Vielzahl von Voraussetzungen genannt, die Innovation erst ermöglichen, die aber gerade für kleinbäuerliche Gruppen nur in seltenen Fällen zutreffen. So werden vor allem gesichertes Landeigentum, verfügbares Kapital auch in Form von technischer Ausstattung, ein ausreichendes Angebot an Arbeitskräften, der Zugang zu staatlichen Fördermaßnahmen und zu technischer Beratung durch entsprechende - öffentliche oder private - Institutionen, die Verfügbarkeit funktionierender Vermarktungsstrukturen sowie der Zugang zu Informationen über Produktionsmethoden und Marktmechanismen als unerläßliche Rahmenbedingungen genannt (BRAUN 1996, BRET 1993, LAMARCHE 1993).

Da Innovationen abhängig von ihrer Anpassungsfähigkeit an die lokalen Verhältnisse sowie von ihrer Eignung für die Handlungsspielräume und Bedürfnisse der jeweiligen Familien akzeptiert werden, gehören Kleinbauern in der Regel nicht zu den innovationsfreudigen Gruppen. Im Gegenteil: Ihre Ressourcen sind meist zu knapp, um neue mit hohem Risiko behaftete Produktionszweige einzuführen. Sie verfügen in der Regel nicht über ausreichende finanzielle Mittel, um einen eventuellen Mißerfolg abzufedern. Außerdem erlaubt ihnen ihr geringer Land- und Maschinenbesitz nicht, neue Produkte versuchsweise einzuführen, während die traditionellen zur Risikominimierung beibehalten werden (LAMARCHE 1993). Auch machen es moderne Produktionsformen meist notwendig, zumindest zu den Zeiten von Arbeitsspitzen bezahlte Arbeitskräfte zu beschäftigen. Dies ist aber für Kleinbauern nur bei einem extrem niedrigen Lohnniveau möglich. Darüber hinaus wird der Handlungsspielraum der kleinbäuerlichen Familien von der in peripheren Gebieten häufig anzutreffenden institutionellen Schwäche der Behörden und Organisationen, zu deren Aufgabe die Förderung der kleinbäuerlichen Produktion gehört, zusätzlich eingeschränkt und der notwendige Technologietransfer behindert (GRIMSHAW et al. 1993, BRET 1993).

Es ist deshalb nicht verwunderlich, daß weltweit durchgeführte Förderprogramme zur Produktivitätssteigerung mit Hilfe der Einführung neuer Produktionsmethoden bzw. neuer Produkte im kleinbäuerlichen Milieu bisher kaum eine Wirkung zeigen oder sogar negative Auswirkungen haben (GRIMSHAW et al. 1993). In ihrer Ausrichtung auf reine Gewinnmaximierung, auf die Modernisierung der Produktion mit einem hohen Einsatz von Agrochemikalien sowie auf die völlige Umgestaltung der traditionellen familiären Arbeitsteilung entsprechen sie nur in den seltensten Fällen der Handlungslogik kleinbäuerlicher Gruppen (BRAUN 1996). Nur mit massiven staatlichen Unterstützungsmaßnahmen wie beispielsweise bei der Grünen Revolution in Indonesien konnte die Zielgruppe der Kleinbauern für den Anbau neuer HYV-Sorten gewonnen werden. Häufig werden Fördermaßnahmen für kleinbäuerliche Familien auch durch bestehende Machtstrukturen konterkariert und ihre angestrebte Wirkung ins Gegenteil verkehrt. Die Verzerrung lokaler Machtverhältnisse kam zum Beispiel in afrikanischen Ländern zum Tragen, wo in der Konzeption von Bewässerungsprojekten die traditionellen Wasserrechte völlig mißachtet wurden, die kleinbäuerlichen Gruppen somit in noch größere Abhängigkeiten gerieten und sich ihre wirtschaftliche Situation weiter verschlechterte (BENCHERIFA 1990, POPP 1997).

Diese Faktoren, die die Einführung neuer Produkte bzw. Produktionsweisen im kleinbäuerlichen Milieu hemmen, haben bisher dazu geführt, daß meist landwirtschaftliche Betriebe mittlerer Größe die Träger von Innovationen waren. Eines der meistzitierten Beispiele im lateinamerikanischen Kontext ist dabei der Sojaanbau in Brasilien. Seit den 70er Jahren expandiert dieser innovative Produktionszweig nach Norden und Nordwesten auf der Basis exportorientierter Agrarpolitiken, funktionsfähiger Transport- und Vermarktungssysteme sowie flexibler Informations- und Kapitalströme (LÜCKER 1986, COY 2000, BLUMENSCHEIN et al. 1996, ARANTES & SOUZA 1993, GOEDERT 1986). Die Innovation bezieht sich dabei nicht nur auf die Einführung eines neuen Produktes - der Sojabohne - sondern auch auf die Anwendung neuartiger Produktionsmethoden unter Einbeziehung von großen Maschinenparks, von Direktsaatverfahren und biotechnologischen Neuerungen. Außerdem impliziert die Sojaproduktion die Flexibilisierung der Arbeitsorganisation sowie die Umstrukturierung der Vermarktung, bei der nunmehr das Internet eine entscheidende Rolle spielt und den notwendigen Zugang zum globalen Markt eröffnet (RASIA 1993).

In solchen boomenden 'Innovationsinseln' unterliegen kleinbäuerliche Betriebe meist extremen Verdrängungsprozessen. Sie können diesem Druck in der Regel nur durch Zusammenschlüsse bzw. durch die Gründung von Kooperativen und anderen Organisationen widerstehen. Neben den *economies-of-scale*-Effekten ermöglichen sie auch die Streuung des Risikos unter den Beteiligten, die horizontale und vertikale Integration von Produktion, Verarbeitung und Vermarktung sowie den erleichterten Zugang zu Krediten (RUBEN 1999). Unter den dann erreichten verbesserten Rahmenbedingungen sind auch Innovationen im kleinbäuerlichen Milieu durchsetzbar. Besonders gute Chancen für eine erfolgreiche Tätigkeit haben solche Organisationen, wenn auch die Beteiligung von besser strukturierten größeren Betrieben, die gleichsam als 'Zugpferde' fungieren können, erreicht werden kann. Gleichzeitig birgt dies wiederum die Gefahr, daß sich innerhalb von Vereinigungen die meist bestehenden disparitären Gesellschaftsstrukturen reproduzieren, und die Organisationen von den wirtschaftlichen und politischen Eliten für ihre persönlichen Zwecke mißbraucht werden (siehe dazu auch Kapitel V.2).

Als neue Chance für kleinbäuerliche Gruppen werden in jüngster Zeit die sozioökonomischen und politischen Rahmenbedingungen, die durch die aktuellen Globalisierungstendenzen entstehen, genannt (siehe dazu beispielsweise STAMM 1997, VÉRON 1998 und 1999, BACKHAUS 1996 und 1998, CARTAY 1999). Dabei wird davon ausgegangen, daß die zunehmende Flexibilisierung der Märkte sowie die kommunikationstechnologischen Neuerungen den direkten Zugang zu globalen Märkten auch für Kleinbauern öffnen. Insbesondere im Bereich exklusiver Produkte, bei denen die Nachfrage durch die weltweite Verbreitung von Konsum-Modetrends innerhalb von wenigen Jahren rasant angestiegen ist, entstehen Nischen für die kleinbäuerliche Produktion. Dies gilt sowohl für Luxusartikel - beispielsweise exotische Lebensmittel - als auch für sogenannte Ökoprodukte oder Waren des *fair trade*. In den meisten Fällen müssen die Kleinbauern ihre Produktion allerdings stark spezialisieren und an die neuen Marktanforderungen anpassen, so daß sie in ein extremes Abhängigkeitsverhältnis zu den meist sehr labilen Märkten geraten. Das damit häufig verbundene wachsende Risikopotential erhöht somit langfristig die Verwundbarkeit der involvierten kleinbäuerlichen Familien, auch wenn sich kurzfristig ihre Lebensbedingungen verbessern.

Die Palette der Produkte, die sich in diesem Zusammenhang für die Spezialisierung kleinbäuerlicher Betriebe in Entwicklungsländern eignen, ist sehr breit. Als einer der wichtigsten Produkttypen kann das Frischobst - vor allem tropische Früchte - genannt werden, das sich aufgrund seiner hohen Arbeitsintensität und seiner geringen Mechanisierbarkeit besonders für die kleinbäuerliche Produktion eignet. Jedoch wird gerade in Brasilien dieser Sektor von Großbetrieben dominiert. Als weltweit größter Frischobstproduzent ist der Anteil Brasiliens am Weltmarkt mit unter 0,5 % des Exportvolumens vergleichsweise gering, da aus Gründen minderwertiger Qualität bei gleichzeitig hohen Qualitätsanforderungen auf dem Weltmarkt ein Großteil des Frischobstes zur Produktion von Fruchtsäften und anderen Derivaten verwendet wird (SAVITCI et al. 1994).

Demgegenüber ist die Bedeutung des internen Marktes in der Frischobstproduktion extrem groß. Die Hauptproduktionsgebiete liegen im Südosten und im Nordosten Brasiliens (siehe Tab. 2). Von diesen Regionen aus, in denen sich auch die wichtigsten Großhändler angesiedelt haben, wird nahezu die gesamte Binnennachfrage gedeckt und das Frischobst auch in die entlegensten Regionen transportiert. Selbst kleinere Städte in Amazonien sind in dieses nationale Vermarktungsnetz eingebunden, obwohl die Produktion der Mehrzahl der Früchte auch in der Region selbst möglich wäre.

Anbau ausgewählter Frischobstsorten in Brasilien
Anteil an Produktion und Erntefläche 1996 (in %)

	Ananas		Limonen		Mango		Maracuja		Orangen		Papaya	
	Produktion	Erntefläche	Produktion	Erntefläche	Produktion	Erntefläche	Produktion	Erntefläche	Produktion	Erntefläche	Produktion	Erntefläche
Norden	**11,3**	**24,4**	**1,7**	**4,5**	**8,4**	**7,3**	**12,5**	**11,8**	**0,8**	**1,6**	**6,6**	**13,7**
Bahia	2,8	7,1	4,7	6,3	11,0	15,6	23,5	26,5	2,0	4,0	41,3	38,9
Ceará	0,0	0,0	2,3	2,7	7,2	5,3	11,4	8,3	0,1	0,2	3,9	4,4
Paraíba	16,6	9,0	0,2	0,3	7,0	4,3	1,6	1,9	0,1	0,1	2,9	3,8
Pernambuco	4,5	3,3	1,2	1,6	11,6	7,5	2,9	2,7	0,1	0,3	0,8	2,0
andere	6,0	4,0	3,0	4,0	13,0	12,0	5,0	6,0	4,0	5,0	3,0	4,0
Nordosten	**30,1**	**23,4**	**11,4**	**14,5**	**49,8**	**44,7**	**44,1**	**45,2**	**5,9**	**9,9**	**52,4**	**53,4**
Mittelwesten	**3,5**	**3,9**	**1,8**	**2,6**	**4,3**	**4,6**	**3,3**	**2,9**	**0,5**	**0,9**	**2,1**	**2,8**
Espírito Santo	10,4	14,2	0,8	1,1	0,7	0,6	4,5	1,9	0,2	0,3	32,9	15,8
Minas Gerais	25,8	19,2	2,2	4,4	15,9	14,7	7,8	13,0	4,1	5,4	1,8	7,7
Rio de Janeiro	5,0	4,5	2,4	3,5	0,9	0,6	7,2	6,0	0,3	0,7	0,2	0,1
São Paulo	12,4	8,1	74,5	61,8	18,4	25,5	15,1	13,5	84,9	75,9	2,3	2,3
Südosten	**53,6**	**46,0**	**79,9**	**70,8**	**35,9**	**41,5**	**34,7**	**34,5**	**89,4**	**82,3**	**37,2**	**25,9**
Süden	**1,5**	**2,3**	**5,3**	**7,6**	**1,6**	**1,9**	**5,5**	**5,6**	**3,4**	**5,2**	**1,7**	**4,2**
Summe	**100,0**	**100,0**	**100,0**	**100,0**	**100,0**	**100,0**	**100,0**	**100,0**	**100,0**	**100,0**	**100,0**	**100,0**

Quelle: IBGE - Censo Agropecuário 1996 in http://www.ibge.gov.br

Tabelle 2

Für kleinbäuerliche Betriebe außerhalb der Hauptproduktionsgebiete ist es deshalb besonders schwierig, eine eigene Frischobstproduktion aufzubauen und eine Nische in den von wenigen Großhändlern beherrschten Marktstrukturen zu finden. Nur in seltenen Fällen unter besonders günstigen Bedingungen gelingt dies wie beispielsweise im östlichen Amazonien, im Bundesstaat Pará, wo Kleinbauern meist in Form von Agroforstsystemen Sonderkulturen anbauen, die sie in der nahen Landeshauptstadt Belém vermarkten können (HURTIENNE 1998, KUBE 1994). Auch im Vale do Guaporé - westlich des Hinterlandes von Cáceres gelegen - werden entsprechende Versuche unternommen (HERFORT 1995). Die Produktion basiert dabei einerseits auf dem lokal vorhandenen Wissen über den Obstanbau, der bisher in extrem geringem Umfang traditionellerweise im Hofraum lediglich zur Subsistenz betrieben wurde. Andererseits werden die Kleinbauern finanziell, technisch und beratend von der FASE unterstützt. Während die erzielten Ernteerträge zufriedenstellend sind, stellt die Vermarktung trotz umfangreicher Bemühungen eines der größten Probleme dar, das die Funktionsfähigkeit der Projekte insgesamt gefährdet.

Innovation und Spezialisierung vor allem im Bereich der Frischobstproduktion stellen für Kleinbauern somit eine besonders risikoreiche Überlebensstrategie dar. Im folgenden wird gezeigt, wie die kleinbäuerlichen Familien von Salvação mit diesen Gefahrenpotentialen und einschränkenden Faktoren umgehen und in ihre Handlungslogik integrieren.

3.1 Ursachen und Folgen der Kaffeekrisen in Salvação

Die *comunidade* Salvação gehört zu den Siedlungen, die in der zweiten Etappe der Erschließung des privaten Kolonisationsgebietes Mirassol d'Oeste gegründet wurden (siehe Kapitel IV.2.2.1). Im Gebiet nordwestlich der Siedlung São José dos Quatro Marcos erzielten die Grundstückspreise aufgrund der guten Bodenqualität Spitzenwerte, so daß nur Kleinbauern, die über einen gewissen Kapitalstock verfügten, Grundstücke dort erwerben konnten. Bei den Käufern handelte es sich dementsprechend meist um Kaffeebauern aus dem Südosten Brasiliens. In der Regel hatten sie oder ihre Eltern im Bundesstaat São Paulo oder Minas Gerais bereits ein eigenes Grundstück besessen und mußten ihren Betrieb aufgrund der wachsenden Familie vergrößern, was nur durch die sehr viel niedrigeren Bodenpreise in Mato Grosso möglich war. Andere wiederum hatten als Kaffeepächter gearbeitet und sich ein wenig Kapital ansparen können, um ein kleines Grundstück im Hinterland von Cáceres zu kaufen (siehe Abb. 49).

Die ersten Siedlerfamilien kamen Ende der 60er Jahre in die Region. Der dichte Wald erschwerte die Rodung, so daß sich die Familien zunächst in der noch kleinen Siedlung Quatro Marcos niederließen, bis die erwachsenen männlichen Familienmitglieder wenige Monate später einen kleinen Teil des Grundstücks in der Nähe des Baches gerodet und ein einfaches Haus aufgebaut hatten. Die Familien brachten aus ihren Herkunftsgebieten häufig Pächter, die bereits dort mit ihnen zusammen gearbeitet hatten, mit. Mit ihrer Hilfe wurden auf allen zehn als eine Art Flußhufen entstandenen durchschnittlich 76 ha großen Betrieben in Salvação schon im ersten Jahr nach der Rodung Kaffeepflanzungen angelegt

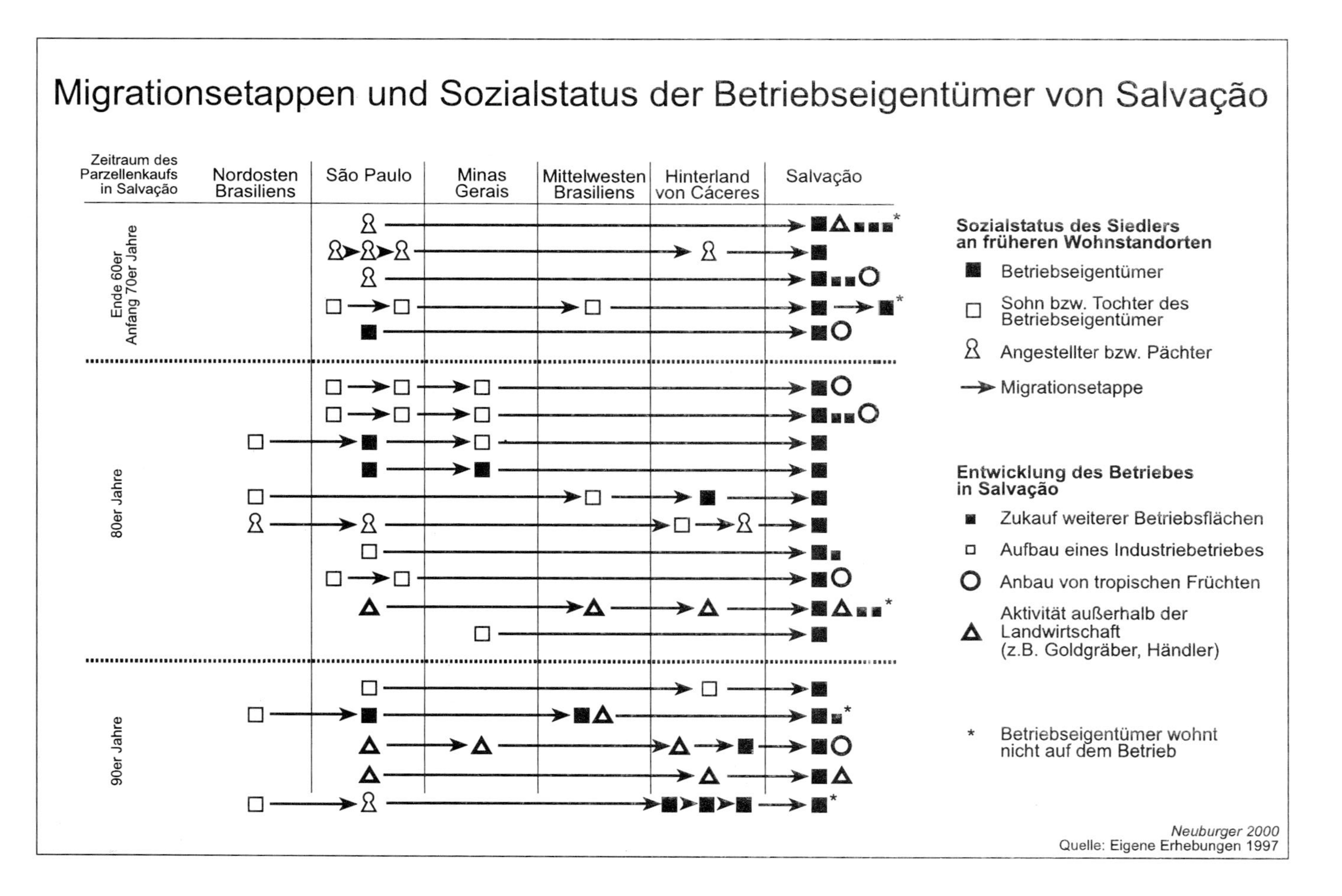

Abbildung 49

(siehe Abb. 50). Nur wenn die Eigentümerfamilie über ausreichend Mitglieder verfügte, um die Kaffeepflanzung zu bewirtschaften, arbeitete sie ohne Pächter. Bis zur ersten Kaffeeproduktion einige Jahre nach der Pflanzung nutzten die Siedlerfamilien die Zwischenräume zum Anbau von Grundnahrungsmitteln, um ihr Überleben zu sichern.

Während die landwirtschaftliche Produktion aufgrund der günstigen physisch-geographischen Bedingungen kaum Einschränkungen unterlegen war, hatten die Familien in den ersten zehn Jahren mit existentiellen Problemen in der Wasserversorgung zu kämpfen. Wie in der gesamten Umgebung trockneten auch in Salvação die Bäche in der Trockenzeit aus. Nach diesen Anfangsschwierigkeiten durchlief die *comunidade* Salvação für einige Jahre eine dynamische Entwicklung. Die Produktion der Kaffeepflanzungen erreichte in der zweiten Hälfte der 70er Jahre einen ihrer Höhepunkte. Allerdings zeigten die mehr als 120.000 Kaffeesträucher bereits Anfang der 80er Jahre einige Mangelerscheinungen, da die physisch-geographischen Bedingungen für die vorwiegend angebaute Sorte *Coffea arabica* nicht ideal waren. Zum einen erreichte die Höhenlage der Gebietes mit 200 bis 300 m über NN nicht die für Kaffeepflanzungen erforderliche Mindesthöhe von 500 m über NN. Zum anderen schädigte die in vielen Gebieten vorherrschende Lateritkruste in etwa 70 cm Tiefe den Pflanzenwuchs, da die Wurzeln in der Trockenzeit nicht an das Grundwasser in tieferen Bereichen gelangen konnten. Die Sträucher entwickelten deshalb keine sogenannte *saia*, einen dichten Kranz ausladender Äste im unteren Bereich, die normalerweise die meisten Früchte tragen. Außerdem schwankten die Ernteerträge sehr stark, denn gerade in der Blütezeit August waren die Niederschläge äußerst unregelmäßig. Bei ihrem Ausbleiben fielen die Blüten ab, ohne Fruchtstände anzusetzen.

Allgemein sinkende Produktivität und unsichere Ernteerträge enttäuschten die anfänglichen Hoffnungen der Siedler auf einen raschen wirtschaftlichen Erfolg an der Pionierfront. Gleichzeitig hatten sich einige Kaffeebauern verschuldet, um ihren Lebensunterhalt über die Krisenjahre hinweg zu sichern. Als Anfang der 80er Jahre mehrere aufeinanderfolgende Ernten praktisch ausblieben, zogen viele Betriebseigentümer die Konsequenzen: Einige Familien wanderten ab, da sowohl die in diesen Jahren entstehenden Neusiedelgebiete in Rondônia als auch die wachsende Stadt Quatro Marcos eine bessere Zukunft versprachen. Somit wurden sechs der zehn Betriebe komplett verkauft, wobei zwei davon in insgesamt fünf Betriebe aufgeteilt wurden. Zwei weitere Eigentümerfamilien verkauften Teile ihrer Betriebe - es entstanden fünf zusätzliche Betriebe -, blieben selbst aber auf der in ihrem Besitz verbleibenden kleinen Parzelle in Salvação. Die Zahl der Betriebe war somit auf fast das Doppelte - auf 18 - angestiegen.

Die neuen Betriebseigentümer brachten neuen Schwung in die *comunidade*. Sie waren aus den Kaffeegebieten in São Paulo und Minas Gerais nach Mato Grosso gekommen, um hier für ihre meist jungen Familien eine neue eigenständige Zukunft aufzubauen. Deshalb erneuerten und erweiterten sie zunächst die Kaffeepflanzungen, so daß die Zahl der Kaffeesträucher um mehr als ein Drittel auf knapp 170.000 anstieg. Im Jahr 1985 gründeten sie dann die Kaffeekooperative COOPCAFÉ (*Cooperativa dos Cafeicultores d'Oeste Matogrossense Ltda.*). Für ihre 300 bis 350 Mitglieder - Kaffeebauern aus ganz Quatro

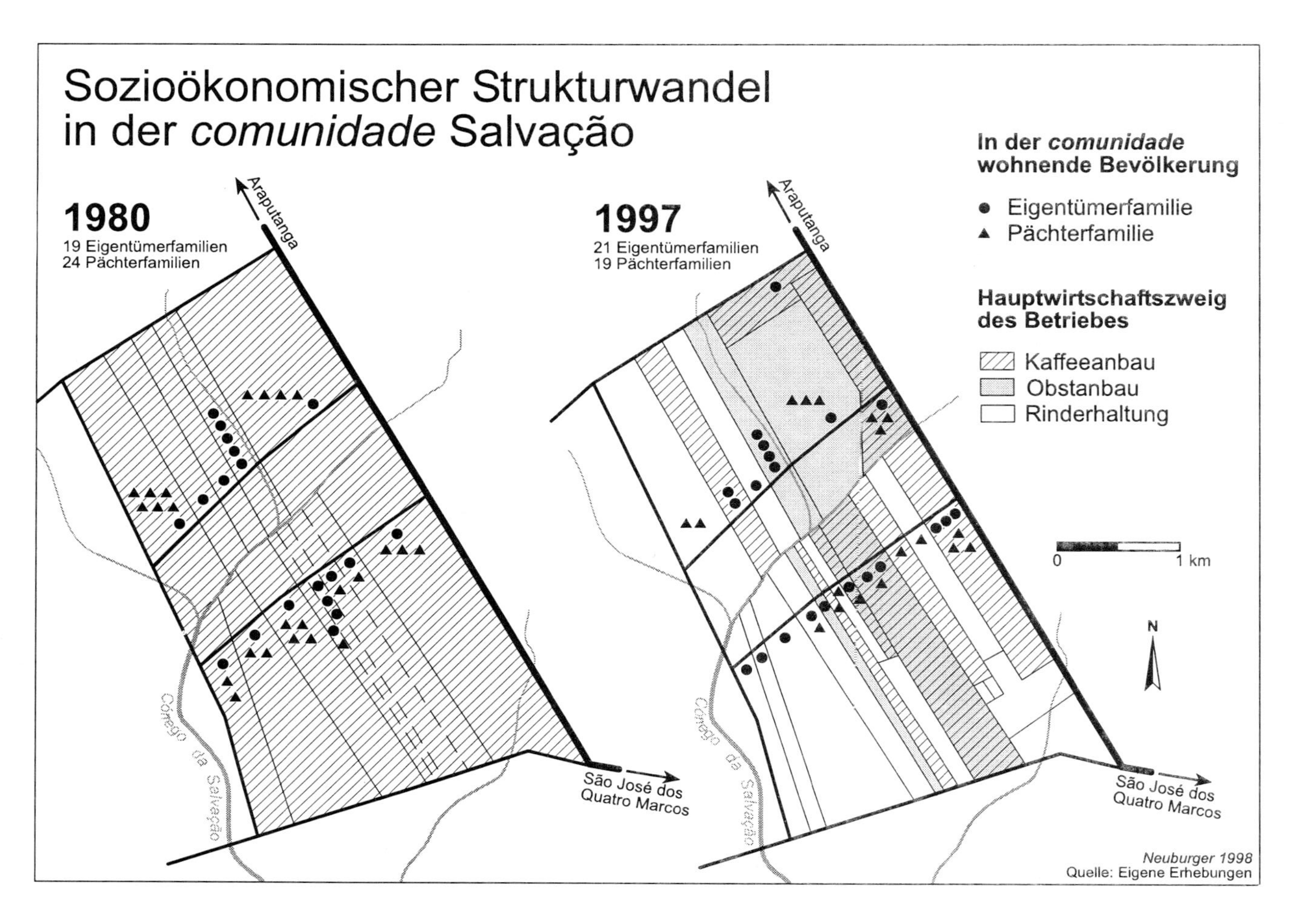

Abbildung 50

Marcos - organisierte die Kooperative die Säuberung und anschließende Vermarktung der Produktion. Darüber hinaus konnten die Betriebe Setzlinge, Düngemittel und Pestizide vergünstigt erwerben. Die Kaffeewirtschaft in Quatro Marcos florierte in der zweiten Hälfte der 80er Jahre, da die rund drei Millionen noch jungen Sträucher hohe Erträge brachten. Die Betriebseigentümer konnten sich einen gewissen Wohlstand erarbeiten, konnten Maschinen anschaffen und stattliche Häuser bauen. Viele konnten sogar weitere Betriebsflächen in der näheren Umgebung zukaufen.

Die zweite, sehr viel gravierendere Kaffeekrise, die bereits Ende der 80er Jahre einsetzte, traf die Kleinbauern deshalb umso härter. Neben mehreren aufeinanderfolgenden Ernteausfällen sank der Kaffeepreis innerhalb weniger Jahre auf etwa ein Viertel und erreichte etwa das Preisniveau von Reis. Gleichzeitig stiegen die durch den verstärkten Maschineneinsatz ohnehin schon hohen Produktionskosten weiter an, denn die zunehmend ausgelaugten Böden erforderten inzwischen, um gute Erträge erzielen zu können, den Einsatz von Düngemitteln, deren Preis in den Zeiten der Inflation aufgrund der nationalen Agrarpolitik ins Unermeßliche gestiegen war.

Die damit verbundenen erheblichen Einkommenseinbußen zwangen die Kaffeebauern zu drastischen Maßnahmen. Völlig frustriert von den Mißerfolgen in der Kaffeeproduktion rissen viele Siedler ihre Sträucher aus und behielten meist nur noch einen kleinen Bestand der Pflanzung, der fast ausschließlich der Eigenversorgung diente, bei. Bereits 1991 hatten 232 Betriebe in Quatro Marcos ihre Kaffeeanbaufläche erheblich reduziert, 171 Betriebe planten, die Kaffeeproduktion völlig aufzugeben. Während die Zahl der Kaffeesträucher im Munizip um mehr als die Hälfte auf rund 1,4 Millionen sank, fiel der Rückgang in Salvação noch extremer aus. Hier blieb mit etwa 38.000 Sträuchern weniger als ein Viertel des Bestandes der 80er Jahre erhalten, wobei 14 der 24 Betriebe die Kaffeeproduktion vollständig aufgaben.

Der örtliche Pfarrer - ein Franzose der nach zwölf Jahren in Paraná seit 1977 in Quatro Marcos lebte - versuchte den Niedergang des Kaffees aufzuhalten, indem er für den Anbau der klimatisch weniger anspruchsvollen Kaffeesorte *Coffea robusta* warb und selbst Setzlinge dafür produzierte. Die Kaffeebauern lehnten dies aber ab, da die Qualität der Sorte *robusta* - und damit ihr Prestige - sehr viel schlechter war und die Pflanzung ganz andere Bearbeitungsmethoden erforderte. Außerdem war sie gegen Schädlinge besonders anfällig, so daß die Bauern wieder Ernteeinbußen befürchten mußten.

Anstatt also an der Verbesserung der Kaffeeproduktion zu arbeiten, folgten die Kaffeebauern von Salvação den Beispielen in der ganzen Region und bauten Baumwolle und Kautschuk an. Aber auch damit konnten sie die wirtschaftliche Situation ihrer Betriebe nicht verbessern. Im Gegenteil: Für den Anbau beider Alternativprodukte mußten die Betriebe viel Kapital für Setzlinge bzw. Saatgut, neues Gerät und andere Vorleistungsgüter investieren und sich teilweise sogar verschulden. Jedoch blieben die Ernteerträge aufgrund von Schädlingsbefall und anderen Produktionsproblemen sehr niedrig oder fielen völlig aus.

Nach diesen Mißerfolgen wandte sich mehr als die Hälfte der Betriebe der Milchviehhaltung zu und entließ die Pächterfamilien. Da aber mit dieser Extensivierung der Flächennutzung die kleinen Betriebe den Lebensunterhalt großer Familien nicht mehr erwirtschaften konnten, verließen einige Betriebseigentümer Salvação, um nach Cuiabá oder in ihre Herkunftsgebiete - in den Südosten Brasiliens - abzuwandern. Die anderen Familien suchten nach ergänzenden Einkommensquellen. Fünf Betriebseigentümer beauftragten eine Pächterfamilie, die wenigen Milchkühe auf ihrem Betrieb zu betreuen, zogen in die Stadt Quatro Marcos und gingen dort einer städtischen Arbeit nach. Um ihre Schulden zu begleichen, verkauften einige Siedler kleine Teilstücke ihrer Betriebe, so daß es zu einer Minifundisierung der Betriebsgrößenstruktur kam (siehe Abb. 51).

Einige Betriebe in Salvação verfolgten eine völlig andere Strategie. Bereits Ende der 80er Jahre begannen sie mit dem Anbau von Frischobst und Gemüse - einem Produktionszweig, der heute sowohl wirtschaftlich als auch sozial eine große Bedeutung für nahezu alle Familien in der *comunidade* hat (siehe die Ausführungen in Kapitel V.3.2). Auch in anderen Bereichen der landwirtschaftlichen Produktion suchen Präfektur, EMPAER und COOPCAFÉ häufig in Zusammenarbeit mit dem örtlichen Pfarrer nach Einkommensalternativen für kleinbäuerliche Familien. Gerade der Pfarrer brachte dabei immer wieder neue Ideen ein, die er bei seinen jährlichen Treffen mit Ordensbrüdern in São Paulo kennenlernte. Allerdings scheiterte die Umsetzung beispielsweise der Seidenraupenzüchtung oder der Einführung von Treibhäusern zum Gemüseanbau bisher an mangelhafter Planung, an der Notwendigkeit sehr hoher Investitionen oder an Vermarktungsproblemen.

Mit dem langsamen Anstieg des Kaffeepreises wird in den letzten Jahren für die Kleinbauern von Quatro Marcos der Kaffeeanbau wieder attraktiv. Um die Reaktivierung der Kaffeewirtschaft zu unterstützen, versucht die COOPCAFÉ, neue Kaffeesorten einzuführen, die an die lokalen ökologischen und sozioökonomischen Verhältnisse besser angepaßt sind. Mit Hilfe des in Campinas im Bundesstaat São Paulo ansässigen Agrarforschungsinstituts IAC (*Instituto de Agronomia de Campinas*), zu dem ein Mitglied der COOPCAFÉ über persönliche Kontakte Zugang bekommen hat, wird in Quatro Marcos mit der neuen Kaffeevarietät *catucaí* experimentiert. Neben einer größeren Resistenz gegenüber den wichtigsten Krankheiten und Schädlingen der Kaffeepflanzen weist sie dieselbe Produktivität wie *Coffea arabica* auf, ist aber sehr kleinwüchsig und kann deshalb im sogenannten *sistema adensado* mit geringeren Abständen zwischen den Kaffeesträuchern angebaut werden. Die damit erreichte höhere Flächenproduktivität ist besonders für Klein- und Kleinstbetriebe, wie sie in Quatro Marcos vorherrschen, von großer Bedeutung. In Quatro Marcos fand diese neue Anbaumethode jedoch bisher nur wenig Anklang. Weniger als 40.000 Kaffeesträucher der neuen Sorte wurden bisher von den Kleinbauern gepflanzt - in Salvação war es nur ein Betrieb, der 1.300 Sträucher pflanzte. Aus den schlechten Erfahrungen des vergangenen Jahrzehnts ist das Mißtrauen der kleinbäuerlichen Familien gegenüber dem Kaffeeanbau noch zu groß und damit die Risikobereitschaft zu gering, um sich rasch euphorisch an den technologischen Neuerungen zu beteiligen.

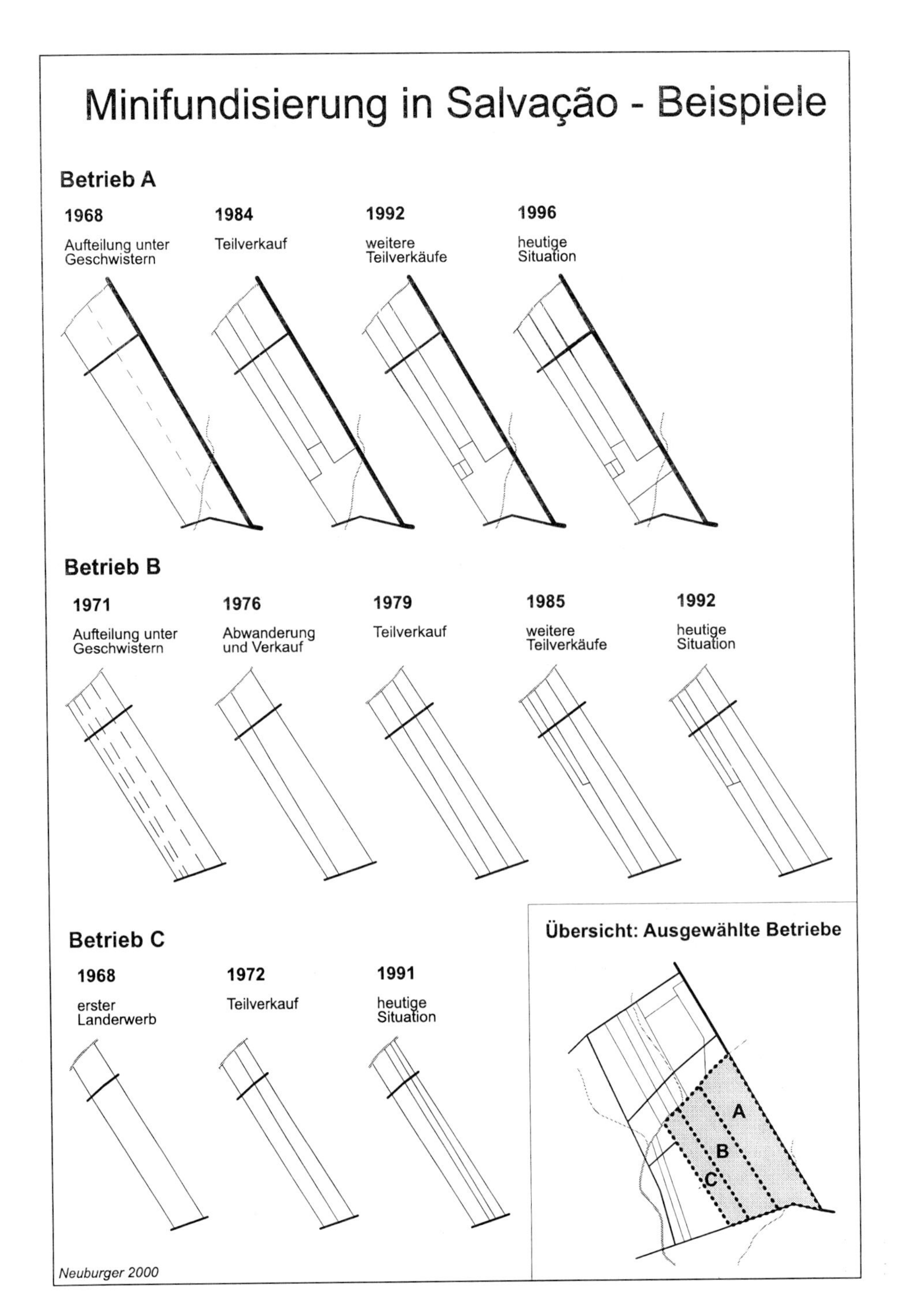

Abbildung 51

3.2 Einführung innovativer Produkte als Strategie der Krisenbewältigung

Der Frischobst- und Gemüseanbau in Salvação nahm seinen Anfang im Jahr 1985, als der Eigentümer des Betriebes A erste Anbauversuche mit Ananas machte (siehe auch die Ausführungen in Kapitel V.3.2.1). Trotz anfänglicher Mißerfolge in der Produktion und vor allem in der Vermarktung hielt er an diesem neuen Produktionszweig - er baute in den Anfangsjahren vor allem Ananas und Papaya an - fest. Ohne Unterstützung der staatlichen Agrarberatungsbehörde EMPAER konnte er nach wenigen Jahren schließlich beachtliche Erfolge vorweisen.

Diese Erfolge machten in Salvação Schule. Auch andere Betriebe erkannten die Produktion von Frischobst als zukunftsfähige Einkommensalternative und stiegen im Laufe der folgenden Jahre in den Obstbau ein (siehe Abb. 52). Da die örtliche EMPAER keine Erfahrungen in diesem Bereich hatte - die ersten in Mato Grosso gedruckten Broschüren dazu kamen erst in den 90er Jahren heraus - berieten sich die Produzenten gegenseitig. Durch Fachliteratur und Telefonate mit entsprechenden Stellen des staatlichen Agrarforschungsinstituts EMBRAPA (*Empresa Brasileira de Pesquisa Agropecuária*) eigneten sie sich weitere Kenntnisse über Anbaumethoden und Schädlingsbekämpfung an. Heute entwickeln sie sogar selbst neuartige Produktionsmethoden, die an die eigenen Bedürfnisse angepaßt sind. Ihr Hauptaugenmerk gilt dabei der Steuerung der Reifezeit, um auch außerhalb der Haupterntezeit produzieren und damit die jeweilige Hochpreisphase[1] ausnutzen zu können. Bei Ananas, Limonen und Papaya waren sie damit bereits erfolgreich, bei Mango befinden sie sich noch in der Experimentierphase.

Aufgrund dieser Erfolge avancierte der Frischobstanbau zu einem heute sehr wichtigen Faktor in der wirtschaftlichen Entwicklung von Salvação. Die Produktpalette wird beständig erweitert, und die Anbauflächen dehnen sich aus (siehe Abb. 53). Da die eigenen Betriebsflächen häufig nicht ausreichen, pachten einige Betriebe kleinere Parzellen auf den Nachbarbetrieben und in den Nachbarsiedlungen hinzu. Insgesamt sechs der 24 in Salvação ansässigen Betriebe produzieren heute Frischobst. Bei den Obstbaubetrieben handelt es sich in der Regel um Kleinbauern, die sich zu Zeiten der Kaffeehochproduktion einen gewissen Kapitalstock ansparen konnten, denn für den Einstieg in den Frischobstanbau sind vergleichsweise hohe Kosten für Saatgut bzw. Setzlinge, Düngemittel und Pestizide verbunden. Gleichzeitig stellt die Produktion von Frischobst aber auch für besonders kleine Betriebe mit sehr geringem Kapital eine Alternative zur Abwanderung dar. Gerade bei Kleinstbetrieben können die Familien durch die beständig wachsende Personenzahl kaum langfristig ihren Lebensunterhalt bestreiten. Die Erträge reichen meist nicht aus, so daß zumindest ein Teil der Familie abwandern muß. Durch die Intensivierung der Flächennutzung in Form des Frischobstanbaus konnten einige Familien von Salvação dieses Problem lösen (siehe auch die Ausführungen in Kapitel V.3.2.2).

---

1 Die Preise für Frischobst können extrem schwanken. Beispielsweise steigt der Preis von Limonen in der Zwischenerntezeit auf das Zehnfache der Haupterntezeit, bei Maracuja auf das Sechsfache, bei Ananas auf das Dreifache.

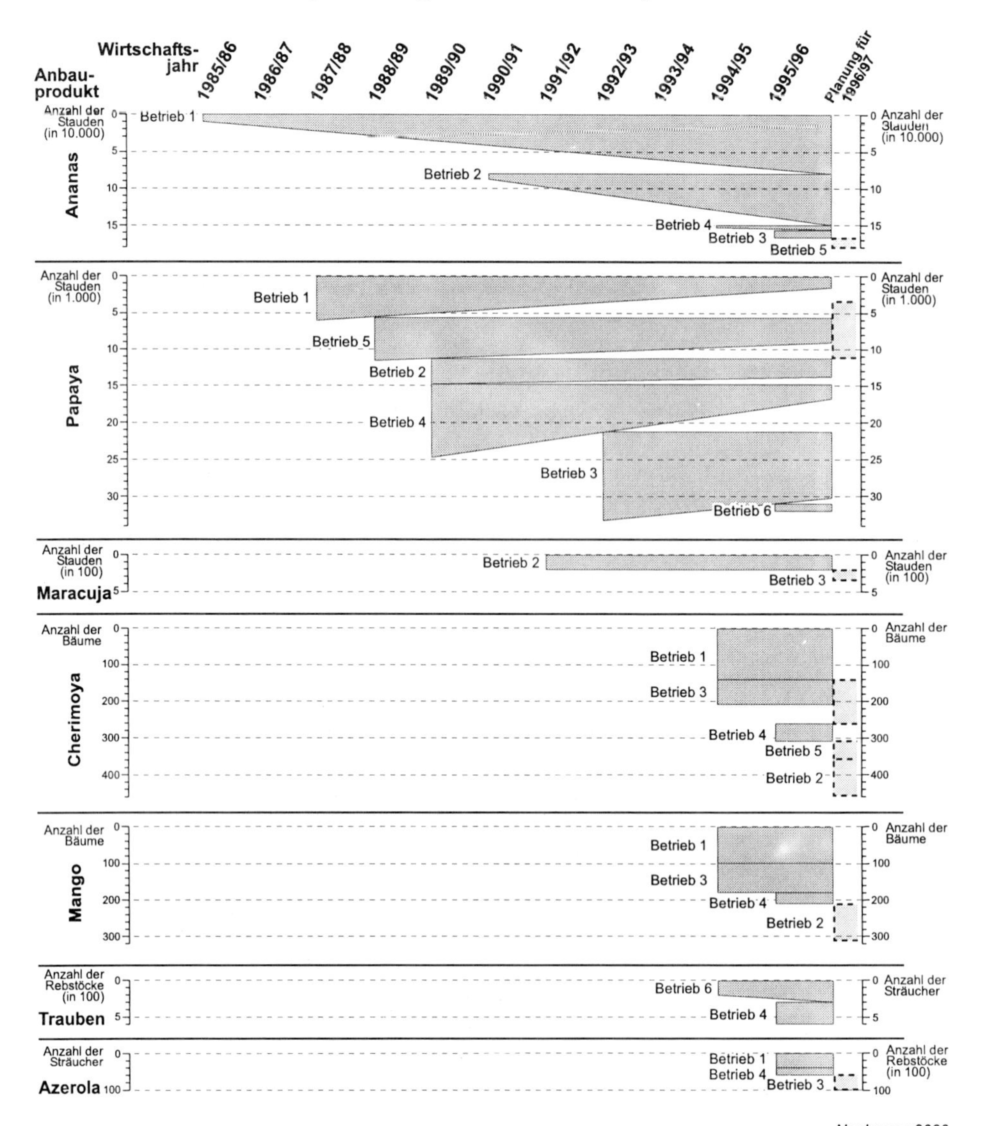

Abbildung 52

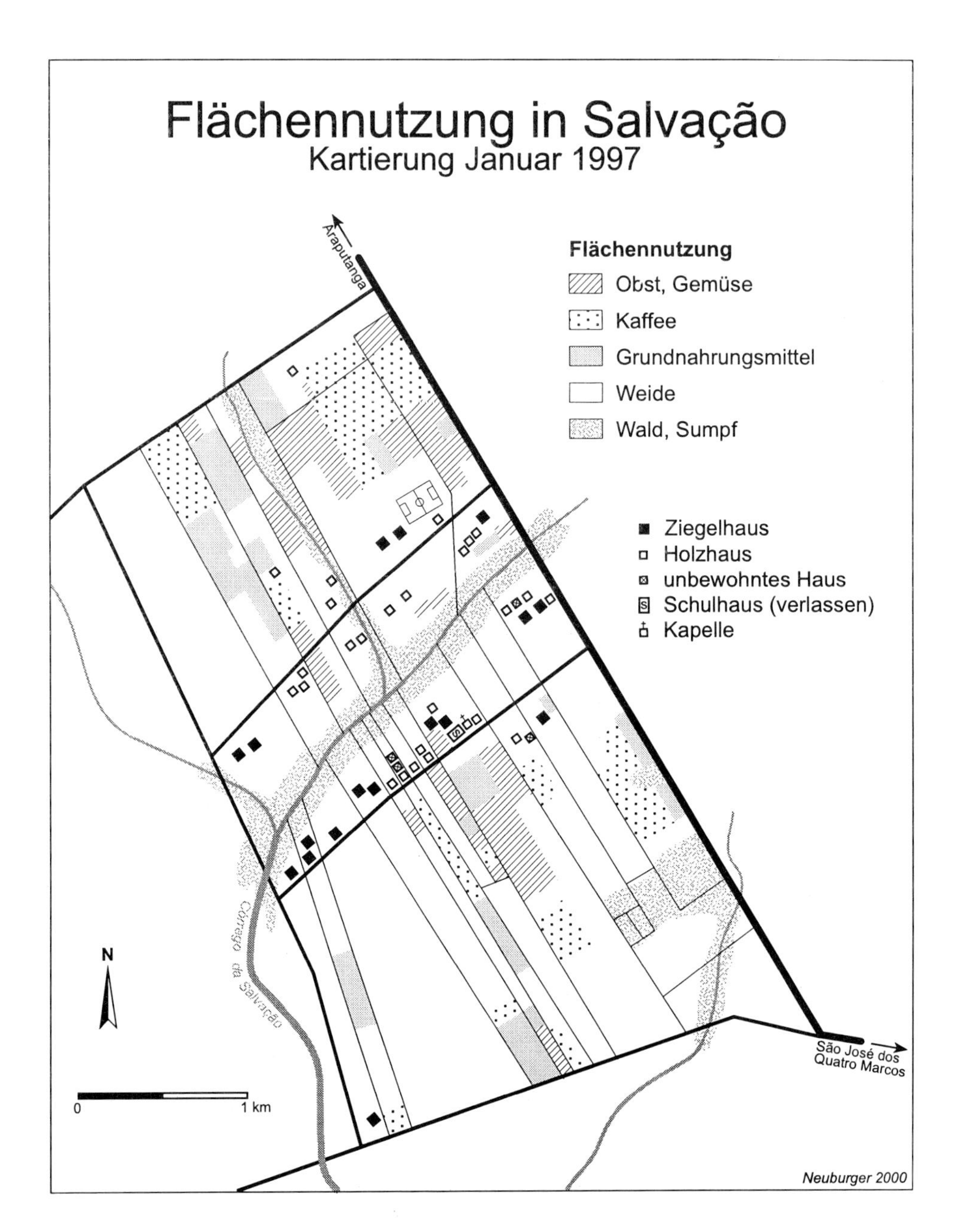

Abbildung 53

Über seine ökonomische Bedeutung hinaus und trotz der geringen Anzahl von sechs Obstbaubetrieben hat der neue Produktionszweig in Salvação auch eine hohe soziale Relevanz. Durch den großen Arbeitskräftebedarf konnten die Obstbaubetriebe ihre Pächter trotz Kaffeekrise weiter beschäftigen. Von den 19 Pächterfamilien in Salvação leben acht auf den sechs Obstbetrieben. Insgesamt 19 Familien auf diesen sechs Betrieben - Pächter und Eigentümer - bestreiten ihren Lebensunterhalt vorwiegend aus der Frischobstproduktion. Darüber hinaus benötigen die Obstbaubetriebe die Arbeitskräfte aus sechs weiteren Pächterfamilien der *comunidade* für die Bewältigung von Arbeitsspitzen (siehe Abb. 54). Die Arbeiten in der Obstproduktion werden entweder im Teilpachtsystem - ähnlich wie zuvor beim Kaffee, lediglich mit anderer Gewinnbeteiligung - oder als Tagelohnarbeiten vergeben. Trotz der zeitlichen Begrenzung ihrer Tätigkeit und der fehlenden vertraglichen Absicherung verfügen die Pächterfamilien in Salvação über ein relativ gesichertes Einkommen, denn die Obstproduzenten sind daran interessiert, im Frischobstanbau möglichst erfahrene Arbeitskräfte einzusetzen. Eine falsche und unvorsichtige Handhabung würde die Qualität der Produkte beeinträchtigen und damit zu Einkommenseinbußen führen. Somit ist es nicht verwunderlich, daß ein großer Teil der Pächter bereits seit vielen Jahren in der *comunidade* lebt.

Durch den Anbau von Frischobst veränderte sich auch die Arbeitsorganisation der jeweiligen Betriebe. Die Arbeitsspitzen, die sich zuvor im wesentlichen auf die Monate der Regenzeit September bis Mai konzentriert hatten, verteilen sich je nach Zusammensetzung der Anbauprodukte des jeweiligen Betriebes relativ gleichmäßig auf das ganze Jahr. Somit verfügen heute die Pächterfamilien in Salvação, die diese Arbeiten in der Regel verrichten, über ein ganzjähriges Einkommen.

Um nun die Handlungslogiken der einzelnen Frischobstproduzenten detaillierter analysieren zu können, wurden beispielhaft zwei Betriebe ausgewählt, deren Betriebsgeschichte im folgenden dargestellt wird.

3.2.1 Der Betrieb A: Pionier der Frischobstproduktion in Salvação

Der Eigentümer des Betriebes A, heute 51 Jahre alt, kann als Pionier in der Frischobstproduktion in Salvação bezeichnet werden. Er führte nicht nur die ersten neuen Anbauprodukte ein, sondern ist bis heute derjenige, der Neuerungen im gesamten Bereich vorantreibt.

Die Betriebsgeschichte verlief zunächst wie bei vielen anderen Familien, die sich in Quatro Marcos niedergelassen haben, der Pionierfront folgend in Migrationsetappen über São Paulo und Minas Gerais nach Mato Grosso. Der 33 ha große Betrieb von A in Salvação ging aus der Teilung des 1980 erworbenen größeren elterlichen Betriebes unter drei Söhnen hervor. Neben 10.000 Kaffeesträuchern und Weideland verfügte das Grundstück von A 1980 noch über 11 ha Waldreserve. Der junge Eigentümer A rodete den gesamten Wald, um weitere 9.000 Kaffeesträucher zu pflanzen. Die hohe Produktivität der Kaffeepflanzung, die er mit drei Pächterfamilien bewirtschaftete, bescherte ihm so große Gewin-

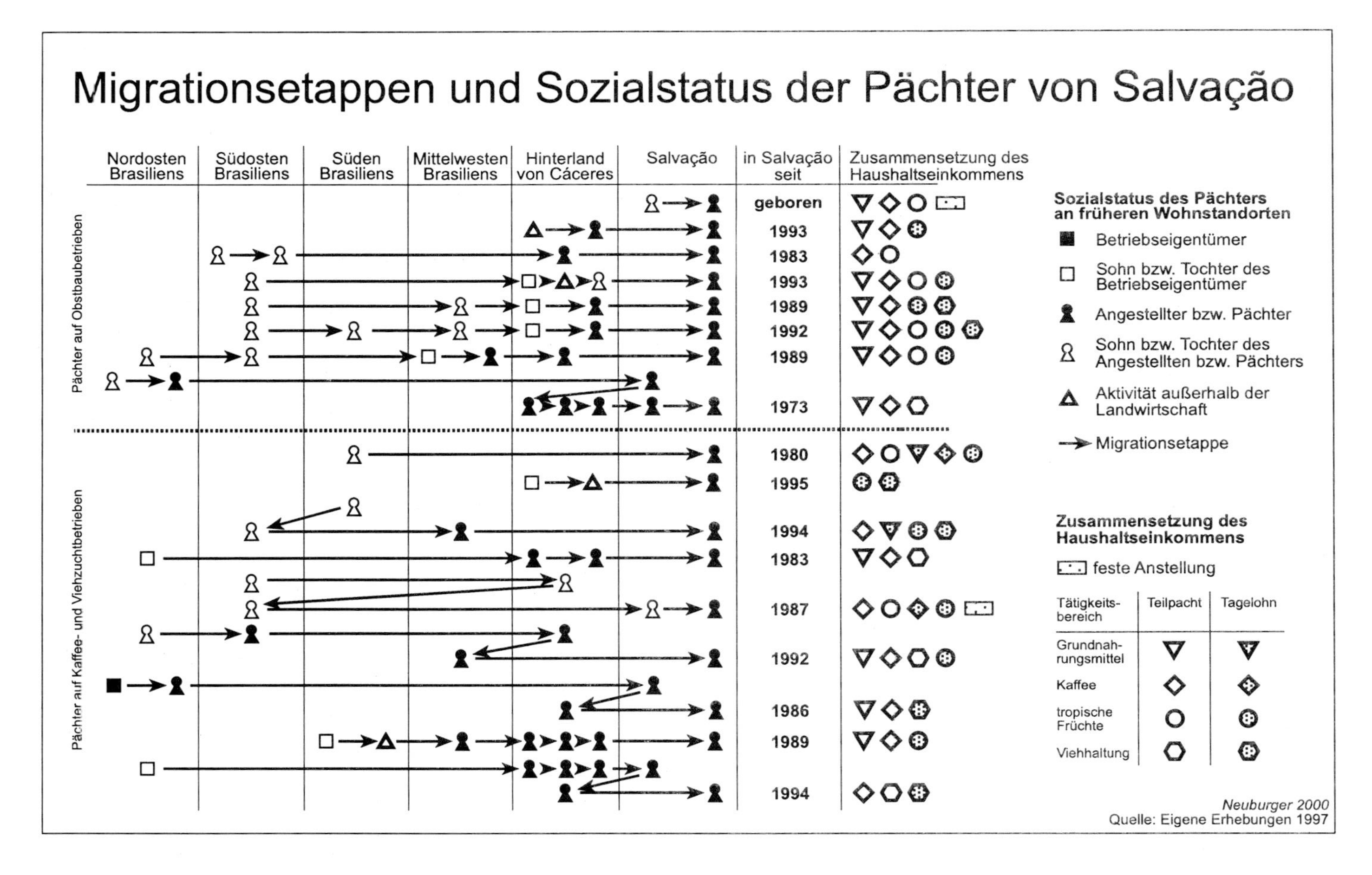

Abbildung 54

ne, daß er 1986 in Verbindung mit einer Erbschaft ein weiteres Grundstück von 33 ha im Munizip Cáceres erwerben konnte. Auch die Milchproduktion - er war Mitglied der COOPNOROESTE - trug zum Familieneinkommen bei. Als aber 1985 die Produktivität der Kaffeesträucher merklich zurückging, riß er die alten Sträucher des vorherigen Eigentümers im Laufe mehrerer Jahre aus, auch um freie Flächen für den Frischobstanbau zu gewinnen.

Mit den sinkenden Ernteerträgen des Kaffees sorgte sich der Bauer A um den langfristigen Bestand seines Betriebes. Mit der Migration nach Salvação hatte er die Hoffnung verbunden, einen endgültigen Wohnsitz gefunden zu haben, an dem auch die nächste Generation eine Zukunftsperspektive haben sollte. Enttäuscht über die sinkenden Ernteerträge seiner neuen Kaffeepflanzung und frustriert über die späteren Mißerfolge bei den von der EMPAER empfohlenen und beratend begleiteten Versuchen im Baumwoll- und Kautschukanbau, suchte der Bauer A deshalb nach tragfähigen Produktionsalternativen. Wie viele Kleinbauern in der Region versuchte er 1984 zunächst Tomaten und Wassermelonen anzubauen. Jedoch zerstörten Krankheiten und Schädlinge einen Großteil der Ernte, und der Verkauf der Produkte auf Märkten und als fliegender Händler an den Durchfahrtsstraßen der Städte entpuppte sich als extrem schwierig.

Trotz dieses Mißerfolgs, wollte er nicht aufgeben. Sein geringes Kapital, das er in Zeiten hoher Kaffeeproduktivität angespart hatte, erlaubte ihm einen weiteren Versuch. Aus der Beobachtung des Frischobstangebots in den örtlichen Supermärkten, das ausschließlich durch Lieferungen aus Südbrasilien gedeckt wurde, und mit ersten Kenntnissen über die entsprechenden Anbaumethoden, die er in seinem Herkunftsgebiet in Minas Gerais kennengelernt hatte, entschloß er sich 1985 Ananas anzubauen. Da die Agraringenieurin des örtlichen EMPAER-Büros über den Ananasanbau keinerlei Kenntnisse hatte und ihn dabei nicht beraten konnte, unterstützte sie den innovationswilligen Bauern wenigstens mit der Beschaffung von entsprechenden Informationsmaterialien und Broschüren. Weitere Kenntnisse über die Ananas beschaffte sich der Betriebseigentümer über Bücher, Fachzeitschriften und Fernsehsendungen. Durch die gute Vorbereitung wurde dieser Anbauversuch zum Erfolg, die Produktivität war zufriedenstellend. Allerdings mußte der Ananasproduzent feststellen, daß die Vermarktung die sehr viel größere Hürde zur Gewinnerwirtschaftung darstellte. Innerhalb der Erntezeit von wenigen Wochen mußte er versuchen, die gesamte Ernte zu verkaufen. Ohne jegliche Erfahrung in der eigenständigen Vermarktung konnte er als fliegender Händler in Cuiabá kaum Früchte verkaufen. Er verlor praktisch die gesamte Produktion.

Erst im folgenden Anbaujahr lernte er die Methode der sogenannten *indução* kennen. Hierbei handelt es sich um die hormonelle Behandlung der Ananaspflanzen vor der Entwicklung der Blütenstandes, mit der der Zeitpunkt von Blüte und Reife bestimmt werden kann. Seitdem steuert der Bauer A Erntemenge und -zeitpunkt wochengenau, so daß die Quantität nicht die Nachfrage auf dem lokalen und regionalen Markt übersteigt. Auch in der Vermarktung lernte der Ananasproduzent hinzu. Statt weiterer Vermarktungsversuche in Cuiabá, wo der Frischobstmarkt von Produkten aus Südbrasilien bereits gesättigt war, beschränkte er sich auf den Verkauf auf den Wochenmärkten in Araputanga, Mirassol und Quatro Marcos, wobei er bei ersterem die hohen Qualitätsansprüche der Bediensteten der damals dort ansässigen Bergbaugesellschaft Manati[1] mit einem entsprechenden Angebot ausgewählter Früchte ausnutzte. Bald darauf gehörten auch die Supermärkte der Region zu seinen Kunden. Einige Jahre später konnte er schließlich mit einer Varietät, die sich für die Saftproduktion besonders eignete, zusätzlich die südbrasilianischen Märkte für seine Produkte öffnen, so daß er seine Ananaspflanzungen immer mehr ausweiten konnte.

Durch diese Erfolge angespornt suchte der Betriebseigentümer A nach weiteren Frischobstsorten, die sich für den Anbau in der Region eigneten. Mit Saatgut aus São Paulo begann der Betrieb A mit dem Anbau von Papaya. Unterstützung fand er bei einem Pächter, der auf einem Nachbarbetrieb ebenfalls Papaya anpflanzte. Er stammte aus der Obstbauregion Jales in São Paulo und hatte bereits in Bahia langjährige Erfahrungen im Papayaanbau gesammelt. Mit ihm konnte der Betriebsleiter A die anfänglichen Probleme des für ihn neuartigen Anbaus lösen. So erreichte die Produktivität der Pflanzung ein hohes Niveau. Auch die komplette Vermarktung der Ernte in Campinas über einen bekannten LKW-Fahrer stellte kein Problem dar. Damit wollten sich der Bauer A und sein Cousin, der inzwischen auch in die Papayaproduktion eingestiegen war, nicht zufriedengeben. Die Abhängigkeit von einem einzigen Abnehmer schien zu riskant. Deshalb versuchten sie erfolgreich, mittels unzähliger Telefonate mit Großhändlern in Südbrasilien und der Verschickung von Probelieferungen neue Kunden zu gewinnen. Damit wurde der Papayaanbau zum wichtigsten Produktionszweig beider Betriebe.

Trotz dieser Erfolge im Frischobstanbau war Bauer A immer auf eine möglichst große Diversifizierung bedacht. Zur Streuung sowohl des Produktions- als auch der Vermarktungsrisikos behielt er den Kaffee- und Grundnahrungsmittelanbau bei (siehe Abb. 55). In den 90er Jahren kamen darüber hinaus weitere Produkte wie Limonen, Maracuja, Mango etc. hinzu. Bei allen Früchten verwendet er bis heute möglichst eine qualitativ hochwertige Varietät, die durch ihre Exklusivität besonders hohe Preise pro Frucht erzielt und auch in anderen Teilen des Landes vermarktet werden kann. Ist dies nicht möglich, experimentiert er mit verschiedenen Produktionsmethoden, um die Reifephase zu verzögern und die allgemeine Erntesaison mit Niedrigstpreisen zu umgehen. Bis 1997 konnte er bei Limonen bereits Erfolge vorweisen: Mit Hilfe eines sehr einfachen selbstgebastelten Bewässerungssystems in Kombination mit Hormongaben gelang es ihm, die Blütezeit der Bäume um einige Monate zu verschieben.

Ähnliches plant er für die Mangoproduktion. Dabei scheut er die Zusammenarbeit mit der EMPAER. Zum einen kann er wenig von ihr profitieren, da das Personal des Agrarberatungsbüros keinerlei Erfahrung damit hat, und auch der Experimentalbetrieb der EMPAER in Quatro Marcos macht keine Anstrengungen, in diese Richtung zu forschen. Zum anderen befürchtet der Bauer A, daß bei einem eventuellen Erfolg der Experimente die EMPAER dazu verpflichtet wäre, die neue Produktionsmethode an alle anderen Betriebe

1 Siehe dazu die Ausführungen in Kapitel IV.2.2.3.2.2.

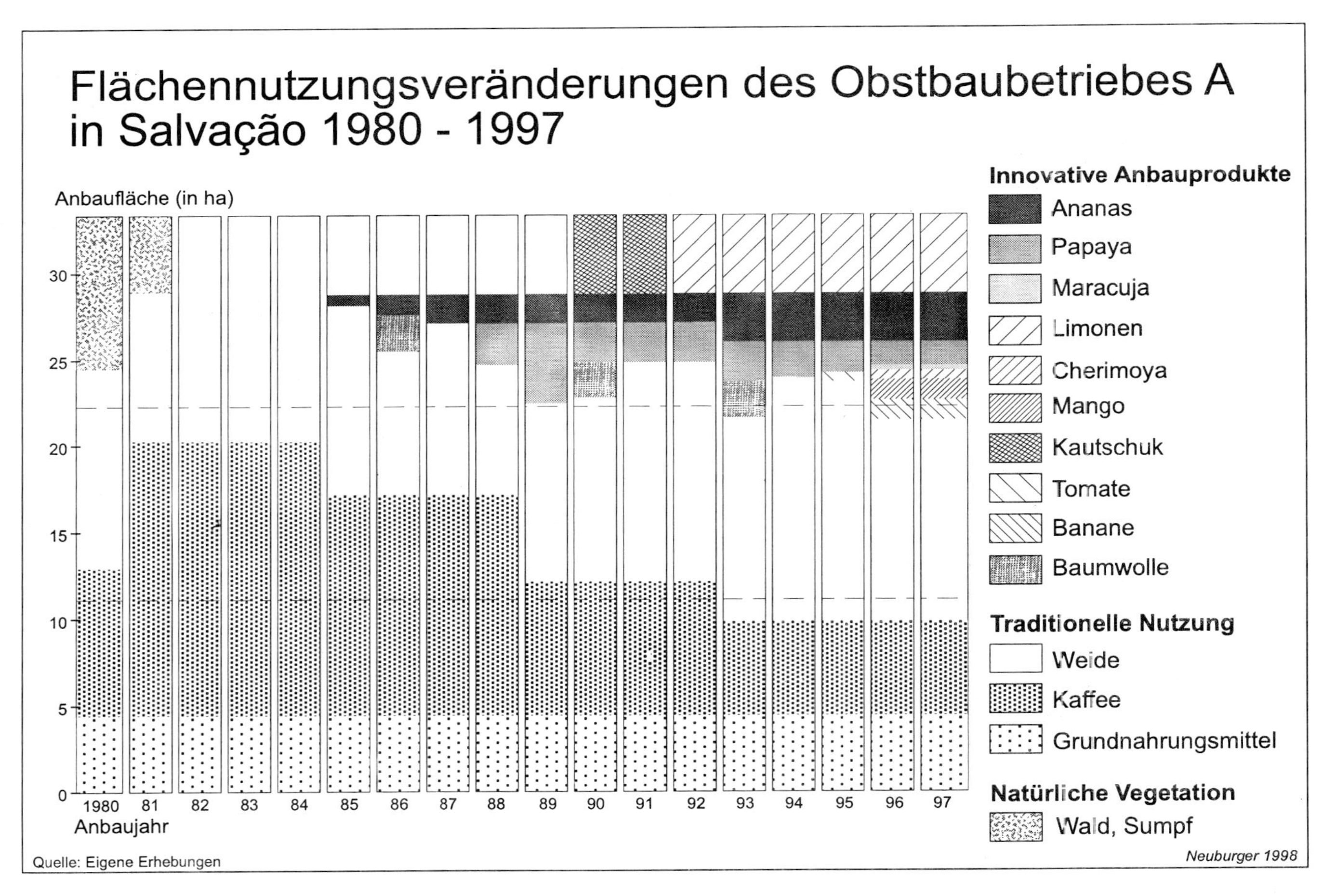

Abbildung 55

der Region weiterzuvermitteln, so daß der 'Technologievorsprung', den der Betrieb A gewonnen hätte, dadurch rasch wieder durch die Konkurrenz der anderen zunichte gemacht werden würde.

Inzwischen verfügt der Betrieb A über das größte Produktionsvolumen und über die breiteste Produktpalette in der ganzen Region. Sein Einkommen setzt sich heute zu rund 70 % aus den Gewinnen der Frischobstproduktion zusammen. Durch seine langjährige Erfahrung wird er immer wieder von anderen Produzenten um Rat gefragt. Er verfügt über Lieferverträge mit den größten und anspruchvollsten Supermärkten in der Region und in Cuiabá sowie mit zahlreichen nationalen Großhändlern, wo er abhängig vom jeweiligen Produkt durchschnittlich 30 bis 100 % seiner Produktion vermarktet. Der übrige Ernteanteil wird über die Handelsgesellschaft Bandeirante, dessen Gründung er selbst initiiert hat, verkauft. Ohne jemals einen Kredit aufzunehmen, konnte er Geräte und andere Vorleistungsgüter kaufen. Darüber hinaus erwarb er zusammen mit seinem Bruder einen rund 195 ha großen Betrieb im Nachbarmunizip Porto Esperidião, den er mit 120 Stück Vieh zur Rindermast nutzt.

Zusammenfassend kann die Betriebsgeschichte der Familie A als erfolgreich bezeichnet werden. Mit unternehmerischem Geist trieb der Betriebseigentümer die Einführung neuer Anbauprodukte, neuer Produktionsmethoden und Vermarktungsstrategien voran und ließ sich von den anfänglichen Mißerfolgen nicht entmutigen. Eine entscheidende Rolle spielten dabei nicht nur Risikobereitschaft, Engagement und persönliche Kontakte in die Herkunftsgebiete, in denen ebenfalls Frischobstanbau betrieben wurde. Nicht zu unterschätzen ist auch die Bedeutung der wirtschaftlich günstigen Situation des Betriebes. Ohne einen gewissen Kapitalstock, durch den er die nach den ersten Fehlversuchen verlorenen Investitionen verkraften konnte, wäre eine Weiterführung des Obstbaus nicht möglich gewesen.

3.2.2 Der Betrieb B: Frischobstproduktion als Überlebensstrategie

Mit völlig anderen Voraussetzungen stieg der Betrieb B in die Frischobstproduktion ein. Schon die Betriebsgeschichte unterscheidet sich in wesentlichen Punkten von der des Betriebes A. Die Familie B stammt aus Palmeira d'Oeste, dem nordwestlichsten Kaffeeanbaugebiet im Bundesstaat São Paulo. Als Teilpächter arbeitete sie auf einem Kaffeebetrieb, baute aber auch Baumwolle und Erdnüsse an, da durch die zehn teilweise schon erwachsenen Kinder das Arbeitskräftepotential der Familie sehr groß war.

Mitte der 60er Jahre, nach dem Tod des Vaters, kaufte die Familie ein 63 ha großes Grundstück in Salvação. Bereits nach wenigen Jahren waren 50 % des Grundstücks gerodet, um Freiflächen für den Kaffeeanbau zu schaffen. Allerdings mußte die Familie feststellen, daß sich die Parzelle nur bedingt für die landwirtschaftliche Nutzung eignete.

Mangels Alternative pflanzte die Großfamilie trotz aller Einschränkungen insgesamt 13.000 Kaffeesträucher, deren Bewirtschaftung sie je nach Bedarf und Arbeitskapazität unter den einzelnen Familienmitgliedern aufteilten. Im mittleren Bereich des Grundstückes ließen sie rund 20 ha des Primärwaldes bestehen, da dort in der Regenzeit der Grundwasserspiegel stark anstieg und damit nicht nutzbar war (siehe Abb. 56). Die übrige Betriebsfläche nutzten die inzwischen entstandenen jungen Familien größtenteils als gemeinsame Weide für die wenigen Milchkühe. Zum Anbau von Grundnahrungsmitteln für den Eigenbedarf wurde darüber hinaus zu Beginn des Wirtschaftsjahres jeder Familie eine Parzelle zugeteilt, die sie in Eigenregie nutzen konnte. Solange noch Primärwald zur Verfügung stand, wurden Reis, Mais und Bohnen als Rodungskultur angepflanzt. Danach dienten sie als Rotationskulturen nach mehrjähriger Weidenutzung.

Bis Ende der 70er Jahre war die Produktivität der Kaffeesträucher sehr hoch. Aus den Gewinnen des vergleichsweise kleinen Betriebes konnten die wachsenden Familien ihren Lebensunterhalt verdienen. Für jede Familie konnte ein eigenes Haus gebaut werden. Traktoren und andere Geräte sowie ein großer Pritschenwagen wurden gekauft. Außerdem konnten vier Familien jeweils zu zweit einen weiteren viehwirtschaftlich genutzten Betrieb hinzukaufen - einen 20 ha großen im Westen des Munizips Quatro Marcos und einen von 56 ha Größe im Munizip Porto Esperidião. Anfang der 80er Jahre gingen die Ernteerträge des Kaffees so stark zurück, daß die Familien zwischen 1982 und 1985 alle Kaffeesträucher ausrissen. Der Versuch, mit dem Anbau von Baumwolle und Mais die Einkommenseinbußen zu kompensieren, scheiterte an den in derselben Periode sinkenden Preisen dieser Produkte. Diesen Mißerfolgen hielten zwei der Brüder mit ihren Familien sowie die Familien der beiden Schwestern nicht mehr stand und wanderten in die Stadt Quatro Marcos oder in die Metropole São Paulo ab. Somit lebten auf dem Betrieb nur noch drei der ursprünglich acht Familien. Allerdings war inzwischen die junge Generation zu Erwachsenen herangewachsen, einer davon hatte bereits eine eigene vierköpfige Familie.

Da keine der noch heute dort lebenden Familien den Betrieb in Salvação verlassen und ein neues Leben an der Pionierfront oder in einer der nahen Städte beginnen wollte, mußten Produktionsalternativen gefunden werden, mit Hilfe derer auf kleinen Flächen mit hoher Arbeitsintensität hohe Gewinne erzielt werden konnten. Sie folgten dem Beispiel des Betriebes A und stiegen in den Anbau von Gemüse und Frischobst ein. Im Jahr 1988 pflanzten sie erstmals Tomaten an. Um in der Trockenzeit produzieren zu können, bewässerten sie die rund 10.000 Tomatenstauden mit dem Motor des Traktors und einem einfachen Grabensystem. Die Produktion verkauften sie auf den Wochenmärkten der umliegenden Städte. Bis heute sind Tomaten das Hauptprodukt des Betriebes B.

Ermutigt durch die Erfolge in der Tomatenproduktion begannen sie 1991 mit Unterstützung der ebenfalls bereits Frischobst produzierenden Nachbarbetriebe Papaya anzubauen. Für die Pflanzung von 12.000 Papayastauden mußten sie aus Platzmangel auf dem eigenen Betrieb auf das Nachbargrundstück ausweichen. Sie pachteten dort die entsprechenden Flächen hinzu. Auch dieses Anbauprodukt brachte gute Gewinne ein. Seitdem gehört Papaya zum festen Bestandteil ihrer Produktion.

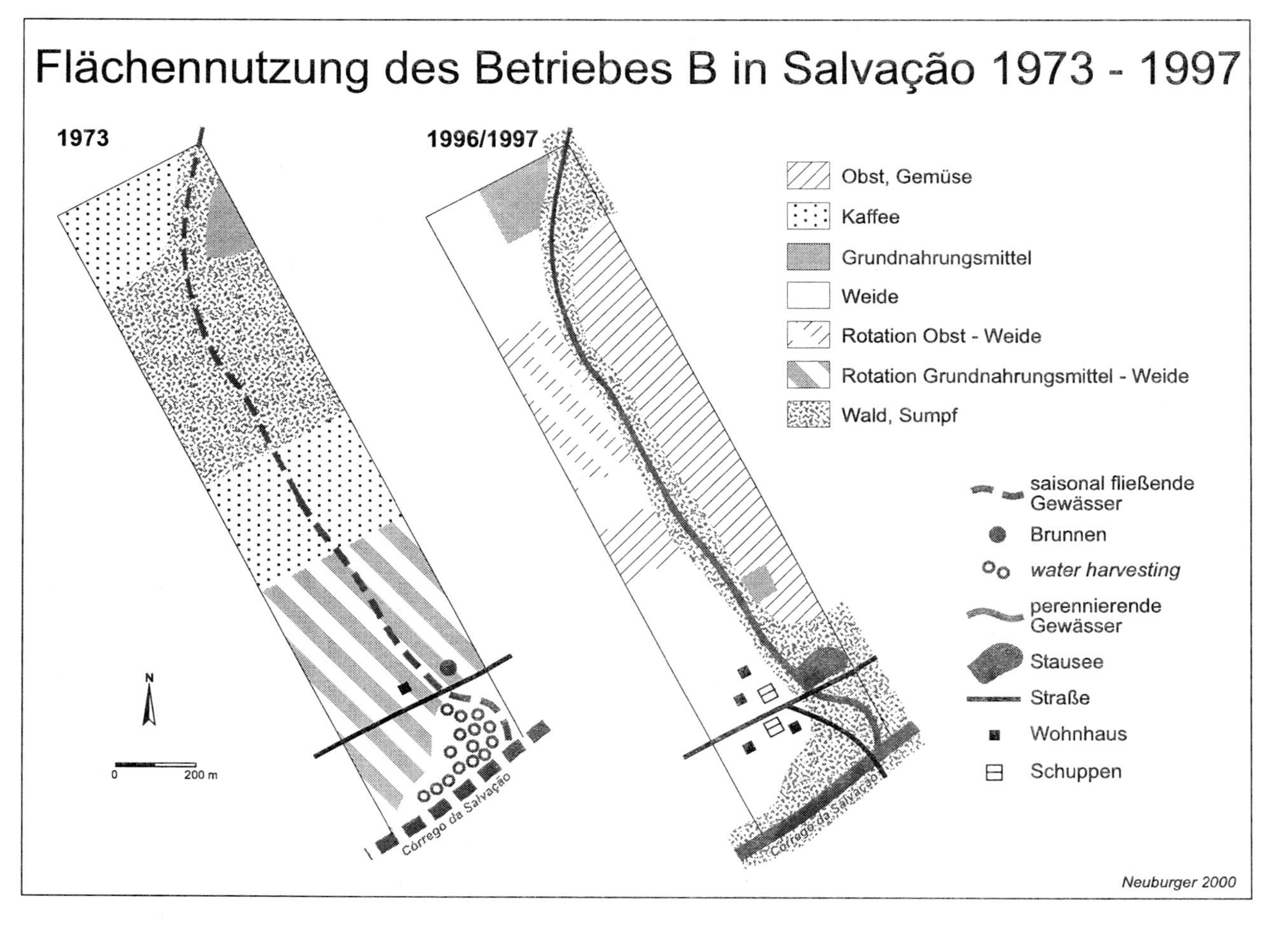

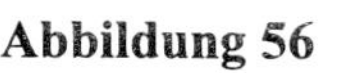
Abbildung 56

Seit 1995 erweitern sie beständig ihre Produktpalette (siehe Abb. 57). Dabei blieb die innerfamiliäre Regelung des Anbaus bis heute bestehen. Nach wie vor wird die Betriebsfläche zu Beginn jedes Wirtschaftsjahres unter den einzelnen Familien aufgeteilt. Da diese Fläche aber bei weitem nicht mehr ausreicht, werden zusätzlich Flächen außerhalb des eigenen Betriebes hinzu gepachtet, um die Familienarbeitskräfte auszulasten und ausreichend hohe Gewinne zur Versorgung der Familien zu erwirtschaften. Eine der drei Familien baut darüber hinaus für die 1994 gegründete Handelsgesellschaft Bandeirante (siehe Kapitel V.3.2.3) rund 3 ha Papaya mit einer Gewinnbeteiligung von 50 % an. Trotz ihrer großen Zahl von Familienmitgliedern müssen auch die Familien des Betriebes B für die Arbeitsspitzen Pächter und Tagelöhner anstellen.

Wie die Geschichte des Betriebes B zeigt, stellt der Frischobstanbau auch für Familien mit relativ geringen finanziellen Ressourcen eine mögliche Strategie zur Krisenbewältigung dar. Im vorliegenden Fall ist sie sogar die einzige Alternative zur Abwanderung. Dabei darf allerdings nicht übersehen werden, daß der Einstieg in diesen innovativen Produktionszweig erst durch die 'Pionierarbeit' des Betriebes A und seine beratende Unterstützung möglich war, denn damit sank das Risiko für den Betrieb B auf ein für ihn akzeptables Niveau.

3.2.3 Firmengründung zur Organisation von Verarbeitung und Vermarktung

Bereits zu Beginn der Frischobstproduktion in Salvação stellte die Vermarktung ein besonders großes Problem für die Betriebe dar. Konnte der Betrieb A diese Aufgabe für seine anfänglich geringe Produktion noch alleine lösen, drohte durch den Einstieg der anderen Betriebe eine verstärkte Konkurrenz und damit ein Preisrückgang. Bald wurde klar, daß der unkoordinierte Verkauf jedes einzelnen Produzenten auf den Wochenmärkten der Region nicht mehr ausreichte, um das in Salvação produzierte Obst zu vertretbaren Preisen zu vermarkten. Außerdem hatten inzwischen weit mehr Betriebe in Quatro Marcos mit dem Anbau von Frischobst begonnen, so daß das Vermarktungsproblem immer virulenter wurde.

Durch den Kontakt zu den Betrieben in Salvação, die von allen anderen Frischobstproduzenten der Region zu Beratungszwecken aufgesucht wurden, wurde der Betrieb A zusammen mit zwei weiteren Betrieben aus Salvação mit der Vermarktung von Papaya beauftragt. Sie konnten durch ihre nunmehr schon langjährigen Kontakte zu den südbrasilianischen Großhändlern den Verkauf der gesamten Produktion nach Londrina und Campinas, später auch nach Goiânia und Caxias do Sul organisieren. Allerdings brach dieser Markt 1993 für die matogrossenser Produzenten zusammen, da inzwischen Großbetriebe im Bundesstaat São Paulo billiger und mit sehr niedrigen Transportkosten konkurrenzlos produzieren konnten.

Mit der wachsenden Bedeutung der Frischobstproduktion in Quatro Marcos versuchte auch die Gemeindeverwaltung, diesen Produktionszweig zu unterstützen. Im 1992 in

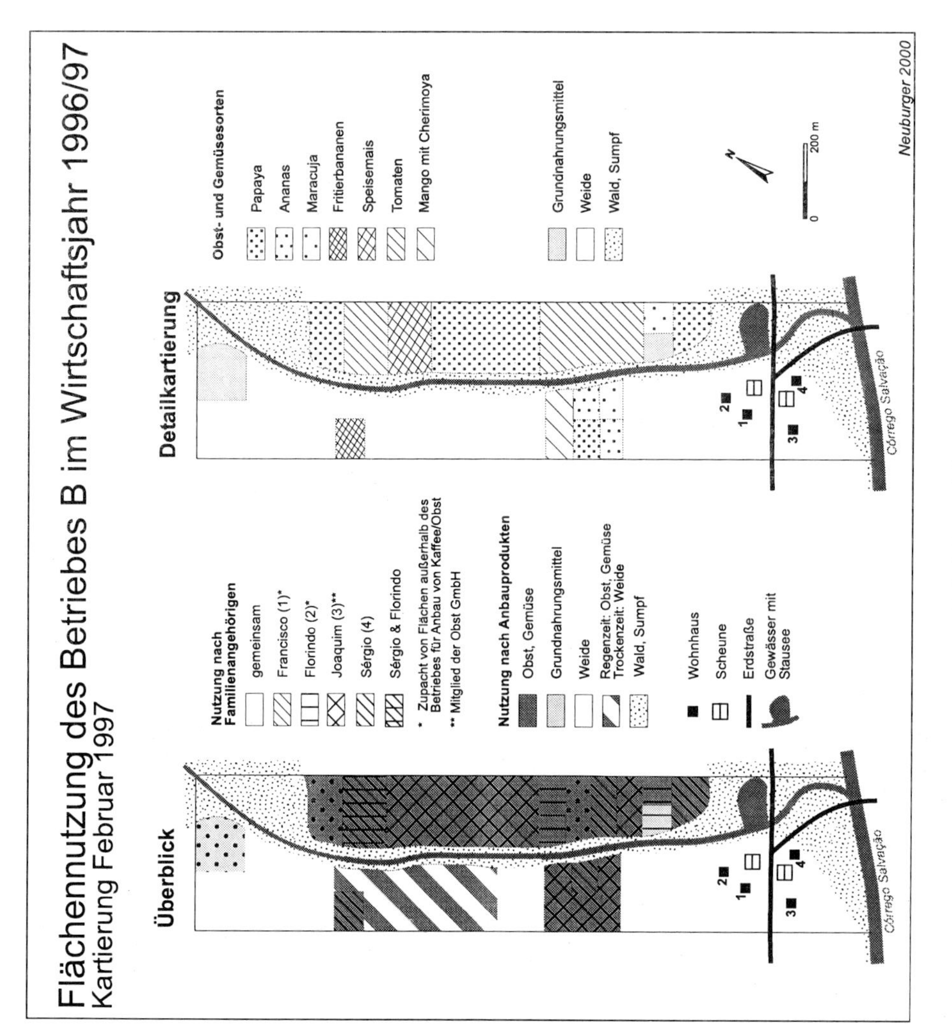

Abbildung 57

Várzea Grande neu errichteten Frischwarengroßhandel pachtete die Präfektur einen Verkaufsstand, wo rund 30 Betriebe von Quatro Marcos ihre Obstproduktion vermarkten konnten. Allerdings lockte der Großmarkt aufgrund der ungünstigen Lokalisation und des sehr eingeschränkten Warenangebotes nur wenige Kunden an. Die Mehrzahl der Betriebe zog sich deshalb aus der gemeinsamen Vermarktung zurück. Die meisten versuchen seitdem, bei verschiedenen Supermärkten und Einzelhändlern der umliegenden Städte ihre Produkte zu verkaufen, konkurrieren dabei aber gegenseitig und drücken somit das Preisniveau. Ohne feste Verträge können diese Betriebe meist nur einzelne Lieferungen verkaufen und müssen den Großteil der Ernte auf den Wochenmärkten der Region zu sehr niedrigen Preisen absetzen. Nicht selten machen sie dabei Verluste.

Die Vermarktung von Obst in den Einzelhandelsgeschäften der Region ist besonders schwierig. Insbesondere die Supermärkte in den Städten des Hinterlandes von Cáceres und in Cáceres selbst kaufen zu einem sehr geringen Anteil Frischwaren aus der Region (siehe Tab. 3). Ihre Anforderungen nach immer gleichbleibender Qualität und nach ganzjähriger Lieferung können die Kleinbauern der Region aufgrund ihres geringen Produktionsumfanges nicht erfüllen. Auch im Preis können die Produzenten der Region nicht konkurrieren. Im Süden werden die Früchte meist von Großbetrieben teilweise in mechanisierter Form sehr viel billiger als von den Kleinbetrieben in Mato Grosso produziert, so daß auch die Transportkosten nur sehr bedingt ins Gewicht fallen. Die Einzelhändler im Hinterland von Cáceres ziehen deshalb feste Lieferverträge mit den südbrasilianischen Großhändlern, die mit einem kurzen Telefonat geschlossen sind[1], vor. Lediglich zur Erntezeit können die Kleinbetriebe der Region vereinzelt kleinere Lieferungen an die Supermärkte verkaufen.

Herkunft der Frischwaren in den Supermärkten im Hinterland von Cáceres

Supermarkt	Herkunft der Frischwaren (in %) Hinterland von Cáceres	Süd-/Südost-Brasilien	Ausland	Anmerkung
Cáceres				
Miura	80	15	5	geringe Auswahl und schlechte Qualität der Produkte
Sacolão	5	95	0	
Juba	30	70	0	Verteilung an die Filialen in Rio Branco und Araputanga
Trevo	10	90	0	
São José dos Quatro Marcos				
Verdurão	20*/80**	80*/20**	0	größter Anbieter in Quatro Marcos (zwei Standorte in der Stadt)
Tolon	40	60	0	
City	40	60	0	Kauf der Frischwaren aus Süd-/Südost-Brasilien über Verdurão
Mirassol d'Oeste				
Favorito	10	90	0	

* Zahlen gültig für die Zwischenerntezeit in Mato Grosso (Oktober - März)
** Zahlen gültig für die Erntezeit in Mato Grosso (April - September)

Quelle: Eigene Erhebungen November 1996 *Neuburger 2000*

Tabelle 3

1 Wie in den meisten ländlichen Regionen Brasiliens besitzen auch kleinbäuerliche Betriebe im Hinterland von Cáceres nur in den seltensten Fällen einen Telefonanschluß.

Da den Betrieben von Salvação diese Schwierigkeiten in der Vermarktung bekannt waren, entschlossen sie sich 1994 zur Gründung der kleinen Handelsgesellschaft Bandeirante, über die der Verkauf abgewickelt werden sollte. Fünf der sechs Obstbaubetriebe - darunter der Betrieb A und eine Familie des Betriebes B - und ein Betrieb der Nachbarsiedlung schlossen sich zusammen und pachteten einen Verkaufsstand im traditionellen Frischwarengroßhandel am cuiabaner Hafen. Durch ihr großes Produktionsvolumen und ihr Verhandlungsgeschick konnten sie verschiedene Lieferverträge mit cuiabaner Supermärkten schließen. Als jedoch gegen Ende der Erntezeit die Qualität der Früchte nachließ und die Liefermengen nicht mehr eingehalten werden konnten, hatten einige Supermärkte nach drei Monaten Lieferausfall in der Zwischenerntezeit kein Interesse mehr an neuen Verträgen für die folgende Ernte. Um weitere Vertragsverluste zu verhindern, garantierten die Produzenten von Salvação für die folgenden Jahre eine ganzjährige Lieferung. Seitdem kaufen sie in der Zwischenerntezeit die entsprechenden Produkte aus anderen Regionen auf, um ihre Lieferverträge - wenn auch mit Verlusten - erfüllen zu können. Dies wollen sie allerdings künftig möglichst vermeiden. Seit dem Jahr 1997 werden deshalb die Papayapflanzungen bewässert, so daß auch in der Zwischenerntezeit produziert werden kann.

Mit dem Umzug des cuiabaner Großhandels in ein neues Gebäude konnte die Firma 1995 auch ihre Infrastruktur verbessern. Sie pachtete vier Verkaufsstände, um ausreichend Platz für die Produktion zu haben. Nachdem ein Teilhaber 1995 ausgestiegen ist, hat die Firma heute sechs Mitglieder. Vier davon sind Obstproduzenten aus Salvação, einer aus der Nachbarsiedlung Barreirão. Der sechste Teilhaber produziert nicht selbst. Er ist gleichzeitig Angestellter der Firma und arbeitet im Verkaufsstand in Cuiabá. Mit dem LKW holt er die Produktion in Salvação ab, lagert sie in Cuiabá, sortiert und verpackt sie und beliefert die Supermärkte. Darüber hinaus verkauft er auch am Stand direkt an kleinere Einzelhändler, die ihre Ware selbst abholen.

Die Teilhaber der Firma Bandeirante sind bis heute in der Region die Hauptinitiatoren für Innovationen im Obstbau. Neben Experimenten zur Herstellung von Saatgut und Setzlingen erweiterten sie im Jahr 1997 ihre Produktpalette entscheidend um einen neuen Produkttyp, indem sie eine erste Verarbeitungsstufe einführten. Sie hatten im Lauf der Jahre beobachtet, daß durch ihre Bemühung um bestmögliche Qualität des gelieferten Frischobstes ein großer Teil der Ernte nicht verkauft werden konnte, weil die Früchte zu klein waren oder durch kleinere Schäden bzw. unregelmäßigen Wuchs nicht das notwendige ansprechende Aussehen hatten. Um die in ihrem Geschmack nicht beeinträchtigten Früchte dennoch verwerten zu können, entschlossen sie sich zur Herstellung von tiefgekühltem Fruchtfleisch - in Brasilien ein beliebter weil unverderblicher Grundstoff für die Herstellung von Säften.

Zunächst gründeten die Teilhaber der Bandeirante erneut eine Firma, da die räumliche Entfernung zwischen Cuiabá und Salvação - so die Meinung der Produzenten - für eine gemeinsame Buchhaltung zu groß ist. Beim Kauf der sogenannten *despolpadeira* - eine Art große Püriermaschine, die die Früchte zu Brei verarbeitet - und der Kühlanlagen sowie beim Bau des Produktionsgebäudes konnten die Betriebe einen vergünstigten Kredit aus dem staatlichen Förderprogramm PRONAF[1] bekommen.

Im Januar 1997 ist die Produktion angelaufen. Die aufwendige Vorbereitung der Früchte - Säubern, Schälen und Entkernen geschieht in Handarbeit - sowie das Abfüllen des Fruchtfleisches in kleine 100 g Tütchen erfordert einen relativ hohen Arbeitskräfteeinsatz. Bisher wird in der Erntezeit an zwei Tagen pro Woche in zwei Schichten von je fünf Personen ganztags Fruchtfleisch produziert. In der Regel ist dies Aufgabe der Frauen und Kinder. Nur während der Schulzeit springen die Männer ein.

Erste Verkaufsversuche der noch kleinen Mengen in Supermärkten, Bäckereien und Bars in der Region verliefen so erfolgreich, daß die Nachfrage nicht gedeckt werden konnte. Um diese Marktnische entsprechend ausfüllen zu können und um die *despolpadeira* besser auszulasten, planen die beteiligten Familien eine Ausweitung der Produktion sowohl in Quantität als auch in Diversität. Durch eine breite Geschmackspalette sollen weitere Kunden gewonnen werden. Dazu diversifizieren die Betriebe in den nächsten Jahren einerseits ihre Anbauprodukte. Andererseits wollen sie Frischobst anderer Betriebe zukaufen, ohne sie in die Firma als Teilhaber aufzunehmen. Künftige Märkte sehen die Frischobstproduzenten von Salvação vor allem weiter im Westen, in Porto Esperidião, Pontes e Lacerda und Tangará da Serra. Für die Vermarktung in Cuiabá ist der Produktionsumfang der Firma viel zu gering und die Entfernung aufgrund der hohen Transportkosten mit Kühlwagen zu groß. Außerdem ist die Konkurrenz von Produkten aus Südbrasilien sehr viel größer, so daß kein guter Preis erzielt werden könnte.

Die Funktionsfähigkeit beider Firmen basiert auf dem absoluten Vertrauen der Teilhaber untereinander. Dies bezieht sich nicht nur auf die Zuverlässigkeit bei der Erfüllung der Verträge und Quoten oder auf die Ehrlichkeit der Beteiligten. Ebenso wichtig ist das Bemühen jedes Einzelnen um den Erfolg der Firmen. Die Betriebseigentümer versuchen dabei, Produkte möglichst hoher Qualität zu erzeugen, während der für die Vermarktung zuständige Teilhaber sich für bestmögliche Lieferverträge und Preise einsetzt. Diese Vertrauensbasis verhindert - bislang zumindest - Argwohn und Neid - sonst eines der größten Probleme in Bauernvereinigungen und Kooperativen. Aus diesem Grund scheuen die Teilhaber die Erweiterung der Firmen und die Aufnahme neuer Mitglieder. Vor allem Frischobstproduzenten aus Salvação, die bei der Gründung wegen des hohen Risikos nicht einsteigen wollten, zeigen jetzt ihr Interesse an einer Firmenbeteiligung.

---

1 PRONAF (*Programa Nacional de Fortalecimento da Agricultura Familiar*) ist ein nationalstaatliches Förderprogramm, das kleinbäuerliche Betriebe mit angepaßten Krediten unterstützen soll (siehe dazu auch die Ausführungen in Kapitel IV.2.3).

3.2.4 Perspektiven der Frischobstproduktion

Die Erfolge der Obstbaubetriebe von Salvação und ihrer Firmen animierten auch andere Betriebe im Munizip Quatro Marcos zum Einstieg in die Frischobstproduktion. Bis 1996 waren es bereits 60 Betriebe, die den Obst- und Gemüseanbau sowie andere innovative Produktionszweige eingeführt hatten, so daß der Obst- und Gemüseanbau in Quatro Marcos bereits eine große Bedeutung erreicht (siehe Abb. 58). Dazu tragen seit Anfang der 90er Jahre vor allem eigens dafür eingerichtete Kreditlinien und staatliche Förderprogramme bei, denn gerade diese Sonderkulturen wurden ebenso wie die Fisch- und Kleintierzucht als Lösung der Produktionsprobleme für die kleinbäuerliche Landwirtschaft entdeckt. Allerdings beschränken sich die vergünstigten Kredite beispielsweise im Rahmen des PRODEAGRO- und des PRONAF-Programms auf die Finanzierung von Investitionen - also die Einrichtung von Teichen, den Bau von Hühner- und Schweineställen oder den Kauf von Bewässerungsanlagen oder Treibhäusern. Für den Kauf von Saatgut bzw. Setzlingen, Düngemitteln und Pestiziden können diese Gelder nicht verwendet werden. Die dennoch große Bedeutung des Obst- und Gemüsebaus vor allem in Quatro Marcos und Mirassol verdeutlicht, daß gerade in diesen Munizipien im Vergleich zum übrigen Hinterland von Cáceres die Betriebe durchschnittlich über ein relativ hohes Einkommen bzw. über einen gewissen Kapitalstock verfügen, der ihnen die eigenständige Finanzierung der hohen Produktionskosten auch ohne Kredit erlauben.

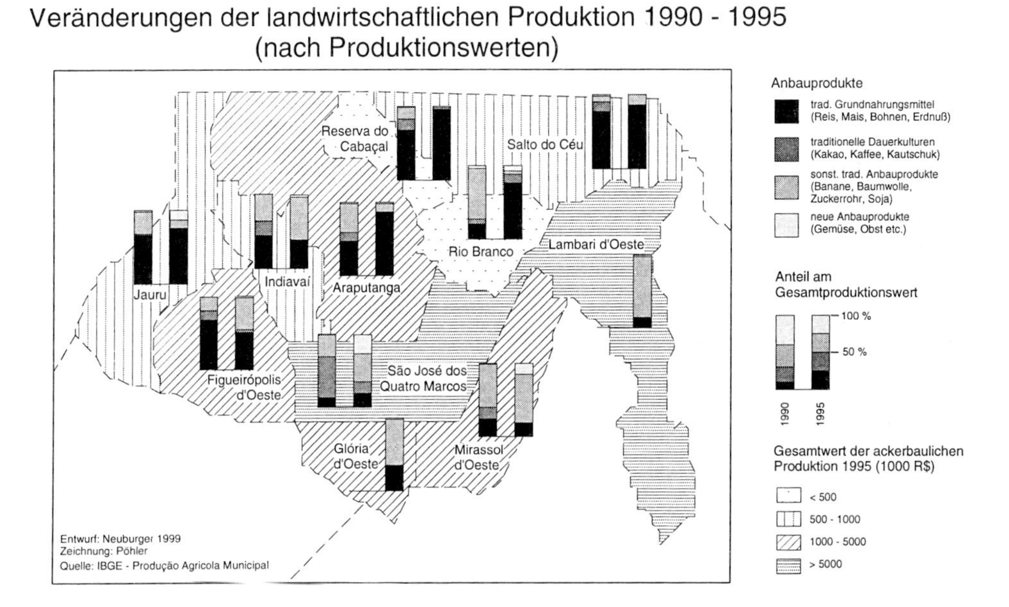

Abbildung 58

Auf der Basis der neuen Kreditmöglichkeiten hat sich im Laufe der 90er Jahre der Anbau von Sonderkulturen in ganz Mato Grosso ausgebreitet. Insbesondere in der Region Rondonópolis hat er inzwischen eine große Bedeutung. Hier sind es allerdings vor allem Sojabetriebe mittlerer Größe, die in der Obst- und Gemüseproduktion eine ergänzende Alternative zum sehr krisenanfälligen Sojaanbau sehen. Inzwischen wurde bereits ein matogrossoweit agierender Obstbau-Verein gegründet, der seit 1996 Seminare zu Anbau und Vermarktung veranstaltet. Auch die lokale Presse wirbt mit den unterschiedlichsten Produkten, indem die entsprechenden Anbau- und Produktionsmethoden vorgestellt werden. Trotz all dieser Aktivitäten bestehen aber auch für diese Produzenten die größten Probleme in der Vermarktung, die bei der Entscheidungsfindung sowie in der Anbauphase meist völlig ignoriert werden, häufig aber zu einem frühen Scheitern des Obstbaus führen.

Darüber hinaus darf nicht übersehen werden, daß gerade der intensive Obst- und Gemüseanbau mit einem extrem hohen Einsatz von Agrochemikalien verbunden ist. Ohne jegliche Bedenken und meist ohne Schutzkleidung gehen die Bauern mit den Giften um und gefährden damit ihre Gesundheit und die der Konsumenten. Während durch den Anbau von Dauerkulturen Bodenerosion zwar weitgehend verhindert wird, schädigen vor allem die hohen Pestiziddosen das ökologische Gleichgewicht zwischen Schädlingen und Nützlingen. Bereits in den ersten Jahren des Anbaus können die Obstbauern deshalb einen erhöhten Schädlingsbefall und eine größere Anfälligkeit der Pflanzen gegenüber Krankheiten feststellen. Auch völlig neuartige ökologische Probleme können sich einstellen: Die Maracujaproduktion wird beispielsweise durch die Einführung der Honigproduktion[1] in den Nachbarsiedlungen beeinträchtigt, da die europäische Honigbiene die größere amerikanische Biene, die zur Bestäubung der großen Maracujablüten notwendig ist, verdrängt. Die Bestäubung muß deshalb in Handarbeit vom Produzenten selbst erledigt werden.

3.3 Fazit: Produktinnovation und Firmengründung als Ausweg aus der Krise

Am Beispiel der Obstbaubetriebe von Salvação wurde gezeigt, daß auch kleinbäuerliche Betriebe unter bestimmten Voraussetzungen Innovation und Spezialisierung trotz des hohen Risikopotentials als Strategie zur Krisenbewältigung benutzen. Die Kleinbauern von Salvação folgen dabei prinzipiell keiner für kleinbäuerliche Familien untypischen Handlungslogik, denn auch ihre Strategie basiert auf dem Grundgedanken der Risikominimierung. Jedoch darf nicht übersehen werden, daß hier im Vergleich zu vielen anderen kleinbäuerlichen *comunidades* im Hinterland von Cáceres die Ausgangsbedingungen relativ günstig waren.

Bereits die lokal-spezifischen Voraussetzungen bei der Ansiedlung in Salvação bildeten die Basis für vergleichsweise stabile Produktions- und Lebensbedingungen. Die Familien hatten ausreichend Kapital, um ein Grundstück im ökologischen Gunstraum des Hinter-

1 Auch die Honigproduktion ist einer der von staatlichen Förderprogrammen unterstützten Produktionszweige für die kleinbäuerliche Landwirtschaft.

landes von Cáceres zu erwerben und verfügten damit über staatlich abgesichertes Landeigentum. Wenn auch die Fläche der einzelnen Betriebe selten 100 ha Größe überstieg, so bot doch die hohe natürliche Bodenfruchtbarkeit die Möglichkeit zumindest mittelfristig erfolgreich Kaffee anzubauen. Durch seine anfänglich hohe Produktivität konnten selbst ärmliche Familien einen gewissen Kapitalstock ansparen, um auch in der Krise noch handlungsfähig zu sein.

Durch die extreme Spezialisierung der Kleinbauern von Salvação auf die Kaffeeproduktion waren sie gegenüber Produktivitätseinbruch und Preisrückgang besonders verwundbar. Die einsetzende Krise führte zu einer lokalen Faktorenkonstellation aus geringfügigem Kapital, knapper Betriebsfläche und einem Überangebot an Arbeitskräften. Darüber hinaus hatte sich bei den Siedlern durch ihre Erfahrungen der Etappenmigration die Überzeugung durchgesetzt, daß die wiederholte Abwanderung keine langfristige Perspektive bieten würde. Gerade für die 'Pionierbetriebe' des Obstbaus, die durch ausreichend vorhandene Ressourcen eine erhöhte Risikobereitschaft an den Tag legten, bot sich in dieser Situation der Frischobstanbau als anpassungsfähige Innovation an (BRAUN 1996, BRET 1993, LAMARCHE 1993).

Trotz fehlender staatlicher Förderung und Beratung konnten die Kleinbauern das mit der Frischobstproduktion verbundene Risiko senken, indem sie sich mit allen ihnen verfügbaren Mitteln - Fachliteratur, Telefonate, persönliche Kontakte - Zugang zu den relevanten Informationen über Anbau und Vermarktung verschafften. Darüber hinaus behielten sie in den meisten Fällen zumindest in den ersten Jahren die traditionellen Produktionszweige - Kaffee- und Grundnahrungsmittelanbau - bei, um wenigstens ein geringes Familieneinkommen zu sichern. Mit der wachsenden Erfahrung im Obstbau hat das Produktionsrisiko inzwischen ein geringeres Niveau als im früheren Kaffeeanbau erreicht, denn durch die Bewässerung sind die Pflanzungen von der Witterung weitgehend unabhängig. Nicht zu unterschätzen sind allerdings nach wie vor die ökologischen Probleme. Einerseits beeinträchtigen Schädlinge und Krankheiten die Produktion, andererseits birgt der Einsatz von Agrochemikalien noch unbekannte Gefahren für Gesundheit und Ökosystem - Faktoren, die wiederum die Verwundbarkeit der Kleinbauern erhöhen.

Eines der größten Risiken des Frischobstanbaus stellt die Vermarktung dar. Durch ihre absolute Abhängigkeit vom Markt sind die Obstbaubetriebe gegenüber Marktschwankungen und großer Konkurrenz besonders verwundbar. Da dies vor allem für den nationalen und überregionalen Markt gilt, beschränken sich die Kleinbauern von Salvação weitgehend auf den lokalen und regionalen Markt, wo persönliche Kontakte und kurze Wege große Bedeutung haben. Auf dem schwerer zugänglichen Markt Cuiabá senken sie das Verkaufsrisiko, indem sie sich den Marktgesetzen anpassen und dieselben Strategien wie größere Produzenten anwenden. Darüber hinaus versuchen sie, bestimmte Nischen auszunutzen und ihre Produktpalette zu diversifizieren.

Voraussetzung für die Umsetzung dieser Strategie war dabei der Zusammenschluß mehrerer Kleinproduzenten (RUBEN 1999). Dabei wählten die Obstbauern von Salvação nicht die übliche Form der Kooperative - ein entsprechender Versuch der Gemeindeverwaltung war zuvor bereits gescheitert - sondern gründeten eine Gesellschaft mit beschränkter Haftung. Durch die geringe Anzahl der Teilhaber, die teilweise miteinander verwandt oder zumindest gut bekannt sind, können firmenrelevante Entscheidungen rasch und unbürokratisch getroffen werden. Die bestehende breite Vertrauensbasis der Teilhaber untereinander ist dabei unabdingbare Grundlage für die Funktionsfähigkeit beider inzwischen gegründeten Firmen.

Mit Innovation, Produktdiversifizierung trotz Spezialisierung und Firmengründung konnten die Betriebe von Salvação ihre Verwundbarkeit gegenüber Krisen senken. Sie wählten damit eine an die lokalen Verhältnisse und ihre Bedürfnisse angepaßte Strategie. Dabei darf natürlich nicht übersehen werden, daß gerade diese Betriebe von relativ günstigen Ausgangsbedingungen ausgehen konnten. Die Pionierarbeit einiger weniger gut strukturierter Betriebe ermöglichte aber auch für kleinere kapitalärmere Betriebe die Adaption der Innovation. Letztere konnten von den Erfahrungen der 'Pioniere' profitieren und durch die Integration in die Firmen ihre Verwundbarkeit ebenfalls entscheidend senken.

4 Neue Organisationsformen und Netzwerkbildung als Überlebensstrategie der Frauen von Rancho Alegre

Das Fallbeispiel Rancho Alegre kann ebenfalls als erfolgreiche Form der Überlebenssicherung kleinbäuerlicher Gruppen im Hinterland von Cáceres gewertet werden. Hier sind es die Frauen der *comunidade*, die durch die Stärkung ihrer sozialen Netzwerke eine Erleichterung in der Alltagsbewältigung und eine Verbesserung des Krisenmanagements erreichen. Da solche geschlechtsspezifischen *coping strategies* in ein besonderes gesellschaftliches Umfeld eingebettet sind, werden im folgenden der Darstellung der empirischen Ergebnisse einige allgemein-theoretische Vorüberlegungen zu *gender*-Fragen vorangestellt.

4.1 Allgemeine Vorüberlegungen zu Verwundbarkeit und Überlebensstrategien von Frauen

In den letzten zwei Jahrzehnten der entwicklungspolitischen Diskussion wurde die Rolle der Frauen für die Regionalentwicklung zunehmend thematisiert. Bereits Anfang der 70er Jahre hatten sich weltweit Frauen zu Wort gemeldet, um auf ihre benachteiligte Situation in der Gesellschaft aufmerksam zu machen. Dies schlug sich unter anderem in der UN-Deklaration der Frauendekade von 1975 bis 1985 nieder, in der alle Mitgliedsländer aufgefordert wurden, vor allem die rechtliche Gleichstellung der Frau voranzutreiben (RANDZIO-PLATH 1995a). Darüber hinaus bildeten die drei Weltfrauenkonferenzen in diesen Jahren ein internationales Forum, das der Diskussion von Frauen untereinander und von verschiedensten Interessenvertretungen diente. Die bis dahin erarbeiteten Forderungen nach der Gleichberechtigung der Frau wurden bei der 1995 stattfindenden UN-Frauenkonferenz in Peking durch die Erklärung der uneingeschränkten Geltung der Menschrechte für Frauen erweitert (siehe KLINGEBIEL 1996).

Auch in die Diskussionen um die Entwicklungszusammenarbeit ging der *gender*-Aspekt ein, wurde bisher aber nur halbherzig von den Industrieländern in die Praxis umgesetzt. Noch in den 50er und 60er Jahren hatten modernisierungsorientierte Entwicklungspolitiken die Frauen weitgehend ignoriert. In den 70er Jahren wurden dann die Frauen im Zuge der ländlichen Regionalentwicklung und der Orientierung auf Armutsbekämpfung und Grundbedürfnisbefriedigung zwar als entwicklungspolitisch relevante Zielgruppe entdeckt und ihre Schlüsselrolle in der Ernährungssicherung erkannt, Kompetenz und Entscheidungsgewalt in Projektplanung und -management wurden ihnen aber nicht übertragen (BAUD & SMYTH 1997, MONK & MOMSEN 1995, TEKÜLVE 1993, SEF 1990). Auch weltweit agierende Hilfsorganisationen nahmen ähnliche Strategien in die Zusammenarbeit mit Ländern der Dritten Welt auf, weil neben anderen Faktoren häufig die soziokulturellen Bedingungen in den Entwickungsländern keine umfangreichere Einbindung der Frauen erlaubten (DRAKE 1991, S. 5). So mußte der Versuch scheitern, mit solchen Politiken die Gleichberechtigung der Frau auf allen Ebenen durchzusetzen. Seit den 80er Jahren wird deshalb mit Hilfe der sogenannten *empowerment*-Politik versucht, die wirtschaftliche und soziale Stellung von Frauen in der Gesellschaft wenigstens zu stärken (TEKÜLVE 1993, UNFPA 1994, RODENBERG 1995).

Parallel zu dieser Entwicklung auf der politischen Ebene gewann die Berücksichtigung von *gender*-Aspekten auch in der Wissenschaft rasch an Bedeutung. In der Geographie begannen zunächst Wissenschaftlerinnen aus dem angelsächsischen Raum und aus Kanada in den 70er Jahren Frauenstudien durchzuführen, während man in Deutschland erst seit den 80er Jahren von der Entstehung einer feministischen bzw. frauenbezogenen Forschung sprechen kann (BOCK et al. 1989, TEKÜLVE 1993). Den Anfang in der deutschsprachigen Geographie bildeten beschreibende Situationsanalysen, die mit dem bereits bestehenden methodischen und theoretischen Instrumentarium Bedeutung und Benachteiligung der Frau in der Gesellschaft untersuchten. Während in der angelsächsischen Forschung als konzeptionelle Weiterführung des feministischen Forschungsansatzes die sogenannten Dekonstruktions- und Rekonstruktionsanalysen, in denen eben diese theoretischen Begrifflichkeiten hinterfragt und auf der Basis einer feministischen Gesellschaftstheorie neu definiert werden, bereits diskutiert werden, sind sie in Deutschland noch von geringer Bedeutung (GILBERT 1987 und 1993, BÄSCHLIN & MEIER 1995, DOMOSH 1998). Auch thematisch setzen die Studien der verschiedenen Sprachräume unterschiedliche Schwerpunkte. Die deutschsprachige Geographie setzt sich insbesondere mit Problemen von Frauen unterschiedlichster sozialer Gruppen in Deutschland - und hier vor allem in Städten bzw. in der Stadtplanung - auseinander. Indessen widmen sich zahlreiche US-amerikanische Studien der Situation von Frauen in der Dritten Welt.

Allen feministisch-geographischen Forschungsergebnissen gemein ist die Feststellung, daß Frauen weltweit gesellschaftlich, politisch und wirtschaftlich benachteiligt sind (siehe UNO 1995, UNFPA 1994 und 1997). In diesem Zusammenhang werden immer wieder die statistischen Zahlen des UNO-Berichtes von 1980 genannt (zitiert nach MONK & MOMSEN 1995, S. 214): Während Frauen knapp die Hälfte der Weltbevölkerung ausmachen, leisten sie zwei Drittel der Arbeitsstunden, stellen aber nur ein Drittel der formellen Arbeitskräfte und verdienen nur rund 10 % des Welteinkommens. Darüber hinaus verfügen sie nur über 1 % des Welteigentums, obwohl sie rund 30 % aller Haushalte vorstehen. Diese weltweiten Durchschnittswerte, zu denen es bis heute keinen vergleichbaren aktuellen Daten gibt (Werte zu einzelnen Ländern siehe UNO 1995), verwischen aber die bestehenden großen regionalen Unterschiede.

Aus diesem Grund entwickelte das UNDP spezifische Indices, den *Gender-related Development Index* GDI und die *Gender Empowerment Measure* GEM, um für die einzelnen Länder der Staatengemeinschaft Aussagen über die geschlechtsspezifischen Disparitäten machen zu können (siehe zur genauen Definition und Berechnung der Indices UNDP 1997, S. 151ff). Allgemein kann für das Jahr 1997 festgestellt werden (UNDP 1997, S. 46ff), daß vor allem in den schwarz-afrikanischen Ländern, die ohnehin zu den ärmsten der Welt zählen, die Frauen in zweifacher Hinsicht unter Armut und Unterentwicklung - nämlich im Sinne des HDI (*Human Development Index*) und des GDI - leiden, während die Industrieländer die Spitze der HDI- und GDI-Liste anführen und die Länder Lateinamerikas, Südostasiens, der GUS und die arabischen Staaten das Mittelfeld bilden. Für die GEM-Werte sieht das Bild ähnlich aus. Dabei entspricht in der Regel der Rang eines Landes in der HDI-Liste mit nur geringer Abweichung der Position bei den GDI- und GEM-Werten. Eine Ausnahme bilden dabei erwartungsgemäß die islamisch geprägten Staaten, in denen im Vergleich zur HDI-Einstufung des Landes die Frauen in extremer Form - in den GDI- und GEM-Rangfolgen liegen diese Länder weit unter ihren HDI-Werten - benachteiligt werden.

Diese Indices belegen somit zwar die allgemeine Benachteiligung der Frauen. Sie können aber lediglich Aussagen über nationale Durchschnittswerte geben, nicht aber über räumlich und sozial differenzierte Strukturen oder gar über Ursachen und Bestimmungsfaktoren dieser Disparitäten. Aus diesem Grund ist eines der Hauptanliegen der in den letzten Jahrzehnten durchgeführten Fallstudien, diese sehr verallgemeinernden statistischen Daten auf unterschiedlichen Maßstabsebenen zu konkretisieren. Insbesondere der Analyse von Machtstrukturen und geschlechtsspezifischer Arbeitsteilung innerhalb von Haushalten sowie von Veränderungen der Rollenzuweisungen im Lebenszyklus einer Frau kommt in neuerer Zeit eine immer größere Bedeutung zu (HARRISS 1995, DOMOSH 1998, LAWSON 1998).

Zahlreiche Studien, die die Ursachen der Diskriminierung zu analysieren suchen, kommen zu dem Ergebnis, daß die Benachteiligung der Frau ein Resultat der ihr gesellschaftlich zugeschriebenen Rolle ist. In diesem Zusammenhang spricht man auch von Geschlecht bzw. *gender* als einer sozialen Kategorie, die gleichzusetzen ist mit Klasse, Kaste und Rasse bzw. Ethnie. Die Stellung einer Person in der Gesellschaft wird demnach in Abhängigkeit von sozio-kulturellen Rahmenbedingungen durch ihr Geschlecht - sei es männlich oder weiblich - bestimmt. In den zahlreichen Fallstudien aus den unterschiedlichsten Kulturräumen, besonders aber in den Entwicklungsländern, basiert die Rollenzuschreibung der Frau auf einer in der Regel religiös begründeten Unterordnung der Frau unter den Mann (RANDZIO-PLATH 1995c, S. 85). Diese Unterordnung drückt sich in der Kontrolle des Mannes über den Lebensweg - zum Beispiel über Eigentum, Einkommen und Bildung - und den Alltag der Frau - zum Beispiel über Arbeitsteilung und Konsum - aus (GAMESON 1991, S. 25, RADCLIFFE 1992, S. 36, HARRISS 1995, HERBERS 1995, S. 239). In islamisch geprägten Gesellschaften kommt *gender* als Determinante für die sozio-kulturelle und wirtschaftliche Stellung von Frauen in besonderer Form zum Tragen. Dieser Tatsache widmen sich bereits zahlreiche feministisch-geographische Studien (siehe vor allem Arbeiten zu Pakistan wie beispielsweise HERBERS 1995, FELMY 1993, ASCHENBRENNER 1993 und ALFF 1997 oder zum Iran MIR-HOSSEINI 1996, AFSHAR 1996).

Über die gesellschaftliche Stellung werden auch Aktionsräume von Frauen definiert, die wiederum mit geschlechtsspezifischen Machtassymmetrien verbunden sind (DAVIDSON 1996, S. 115, LAWSON 1998, GILBERT 1987). Allgemein werden diese Aktionsräume in einen Produktions- und einen Reproduktionsbereich und - in Entsprechung dazu - in eine öffentliche und eine private Sphäre gegliedert. Als weitere Unterteilung läßt sich die Reproduktionsarbeit in die sogenannte generative - wie beispielsweise Geburt und Kindererziehung - und die tägliche Reproduktion - wie Nahrungszubereitung, Wasser- und Brennholzbeschaffung oder Waschen und Putzen - differenzieren, während sich der Produktionsbereich in eine Subsistenz- und eine Marktproduktion gliedert (GAMESON 1991, S. 24). In der Regel dominiert der Mann den öffentlichen Raum und ist für die Produktion - vor allem die Marktproduktion - zuständig, während sich die Frau vorwiegend im privaten Raum der Reproduktion und der Subsistenz widmet (siehe allgemein UNO 1995, Beispiele dazu in CEBOTAREV 1984, MENCHER 1993 und BAGCHI 1993), obwohl nur ein sehr kleiner Teil der generativen Reproduktionsarbeit aus rein biologischen Gründen von der Frau übernommen werden müßte. Die Aufteilung der übrigen Arbeiten geht somit auf sozio-kulturelle und politische Wertesysteme zurück.

Unzählige Studien zur Arbeitsteilung innerhalb von Familien und Haushalten zeigen, daß die Aufgabenbereiche von Frauen sehr vielfältig sind. Neben der Versorgung der Kinder und der Haushaltsarbeit sind sie auch für einen großen Teil der Subsistenzproduktion zuständig. Hierzu zählen vor allem Aktivitäten in der Nähe des Hauses oder der Hofstelle wie beispielsweise Gemüse- und Obstanbau, Hühner- und Schweinezucht sowie die Verarbeitung bzw. Konservierung dieser Produkte. All diese Tätigkeiten dienen nicht primär der Erwirtschaftung monetären Einkommens - nur die meist geringe Überproduktion wird vermarktet - so daß Frauen nur selten über eigene Einkünfte verfügen. Durch diesen räumlich stark eingeschränkten Aktionsraum von Frauen beschränken sich auch ihre sozialen Beziehungen auf den eigenen Haushalt und das nachbarschaftlich-lokale Umfeld. Diese sozialen Netzwerke spielen im Alltagsleben eine entscheidende Rolle bei der Bewältigung von Problemen und bei der Überbrückung von Krisensituationen, da die Frauen in Ermangelung finanzieller Mittel auf Hilfe und Austauschbeziehungen innerhalb der lokalen Gemeinschaft angewiesen sind. Besonders in ländlichen Regionen der Dritten Welt mit geringer Bevölkerungsdichte, mit weiten Entfernungen zwischen den Siedlungen oder auch zwischen den einzelnen Hofstellen und häufig schlechter Erreichbarkeit haben somit familiäre und dörfliche soziale Netzwerke eine besonders große Bedeutung für Frauen (HERBERS 1995, MEERTENS & SEGURA-ESCOBAR 1996, S. 171, WERNER-ZUMBRÄGEL 1997, S. 104/105). Allerdings können diese sozialen Sicherungssysteme durch Modernisierungs-, aber auch Marginalisierungsprozesse gestört werden (siehe Beispiele in WANGARI et al. 1996 und SHIELDS et al. 1996).

Der weiblich-dominierten Privatsphäre, in der vorwiegend *use values* produziert werden, stehen Produktionsbereich und dazugehöriger öffentlicher Raum als männlich dominierte Sphäre, in der die Produktion von *exchange values* stattfindet, gegenüber (MEERTENS 1993, S. 268). Ihr wird ein sehr viel größeres Machtpotential zugeschrieben als dem Reproduktionsbereich. Dort nämlich findet der Waren- und Informationsaustausch mit anderen gesellschaftlichen Gruppen, aber auch mit staatlichen Institutionen statt (MEHTA 1996). Männer können damit ihre Machtposition in Wirtschaft und Gesellschaft sichern, was sich weltweit in entsprechenden Zahlen über die Besetzung von politischen und wirtschaftlichen Führungspositionen widerspiegelt (siehe UNO 1995, RANDZIO-PLATH 1995a, S. 213f).

Aus der somit als allgegenwärtig konstatierten Benachteiligung der Frau, einer länder-, ja sogar kontinentübergreifenden Gemeinsamkeit aller Frauen, die eine gewisse identitätsstiftende Wirkung hat, erwuchs eine weltweite Solidarisierung, wie sie sich in den Weltfrauenkonferenzen der UNO 1975, 1980, 1985 und zuletzt in Peking 1995 manifestierte. Allerdings kann sie nicht darüber hinwegtäuschen, daß die Ungleichheiten zwischen Frauen unterschiedlicher sozialer Schichten erheblich sind und sich die Definition gemeinsamer Interessen einer Frauenbewegung als sehr schwierig erweist (TEKÜLVE 1993, MONK & MOMSEN 1995, VARGAS 1995, SOARES 1995). Dies gilt vor allem für die Länder der Dritten Welt, wo die sozialen Disparitäten besonders groß sind und Frauen der wirtschaftlichen und politischen Eliten als Ausbeuterinnen der Frauen aus der Unterschicht agieren.

Frauen der armen Bevölkerungsschichten in Entwicklungsländern gelten in diesem Zusammenhang als besonders benachteiligt. Meist haben sie keine schulische, geschweige denn eine berufliche Ausbildung, da sie schon im Kindesalter im Haushalt oder bei der Feldarbeit helfen müssen. Darüber hinaus sind ihre Handlungsspielräume meist durch ihre familiäre Situation stark eingeschränkt (BÄHR 1994). Sie heiraten in der Regel sehr jung, bekommen Kinder und brechen deshalb ihre Ausbildung, falls sie je die Möglichkeit dazu hatten, früh ab (RAMOS, L. & SOARES 1994, CHASE 1985). Durch das relativ niedrige Bildungsniveau haben diese Frauen geringe Chancen, einen qualifizierten, gut bezahlten Arbeitsplatz zu erhalten. Gerade in solchen von Armut geprägten gesellschaftlichen Gruppen aber verschieben sich die geschlechtsspezifischen Grenzen zwischen Reproduktions- und Produktionsbereich, zwischen privater und öffentlicher Sphäre als Folge von Marginalisierung, aber auch von Modernisierung (DANKELMAN & DAVIDSON 1990, DRAKE 1991, DAVIDSON 1996, S. 115, als konkretes Beispiel siehe AHMED-GHOSH 1993). Wie zahlreiche Studien zum Zeitbudget von Frauen belegen, erhöht sich die Arbeitsbelastung von Frauen erheblich bei hoher Kinderzahl oder großer Armut und zwingt sie dazu, durch

Subsistenzproduktion die Lebenshaltungskosten zu senken oder durch Lohnarbeit im Dienstleistungsbereich bzw. im informellen Sektor[1] zum Familieneinkommen beizutragen (siehe allgemein UNO 1995, S. 116, verschiedene Beispiele in GAMESON 1991, RADCLIFFE 1992, CHANT 1992b, MENCHER 1993, MONK & MOMSEN 1995, TOWNSEND 1995, MEERTENS & SEGURA-ESCOBAR 1996). Im ländlichen Raum arbeiten die weiblichen Familienmitglieder dann verstärkt auf dem eigenen Betrieb in der Marktproduktion[2] mit oder verdingen sich als Arbeitskräfte außerhalb des eigenen Betriebes. Eine parallele Entlastung der Frau im Reproduktionsbereich - etwa in Form der Übernahme von Haushaltsarbeiten durch den Mann - findet hingegen selten statt (siehe allgemein RODENBERG 1995, UNO 1995, Beispiele aus WERNER-ZUMBRÄGEL 1997, S. 67). Gerade in den ländlichen Räumen der Entwicklungsländer, wo noch traditionelle Familienstrukturen vorherrschen, und hier besonders im kleinbäuerlichen Milieu, das durch die optimale Ausnutzung aller verfügbaren Familienarbeitskräfte gekennzeichnet ist, tragen somit Frauen in ungleich höherem Maße die Kosten von wachsender Armut (DAVIDSON 1996, S. 116).

Geschlechtsspezifische Ungleichheiten werden also überlagert von allgemeingesellschaftlichen Strukturen. Sozialstatus, Aktionsräume sowie politische und wirtschaftliche Machtposition sind entscheidende Faktoren, die den Zugang zu Ressourcen - Landeigentum, Einkommen, Bildung, Gesundheit etc. - bestimmen. Über diese Verfügungsrechte wiederum wird auch die Verwundbarkeit von Individuen bzw. sozialen Gruppen entscheidend beeinflußt (siehe zur allgemeinen Definition von Verwundbarkeit Kapitel II.3). Wie die oben genannten weltweiten Durchschnittswerte belegen, sind Frauen im allgemeinen durch ihre gesellschaftlich-kulturell bestimmte Rolle in einer spezifischen Form verwundbar. Ihr eingeschränkter Zugang zu Ressourcen, ihre begrenzten Verfügungsrechte und ihre schwache politische Machtposition machen sie nicht nur anfällig gegenüber sozioökonomischen und ökologischen Risiken. Sie limitieren auch ihre Handlungsspielräume zur Bewältigung solcher Krisen (TOWNSEND 1995, ROCHELEAU et al. 1996, WANGARI et al. 1996, RANDZIO-PLATH 1995a und 1995d). Auch ihre Zuständigkeit für den sensiblen Bereich der Reproduktion und ihre Verantwortung für mehrere Personen im Haushalt - meist Kinder und Alte - bestimmen die spezifische Form der Verwundbarkeit von Frauen (BAUD & SMYTH 1997). Bei der Differenzierung geschlechtsspezifischer Verwundbarkeiten muß allerdings berücksichtigt werden, daß sie je nach Sozialstatus, Lebens- und Wirtschaftsweise der jeweiligen Familien variieren können. Im kleinbäuerlichen Milieu beispielsweise sind die *gender*-bestimmten Unterschiede durch die enge Verzahnung von Produktions- und Reproduktionsbereich relativ gering. Aussagen zur Verwundbarkeit von Frauen müssen also in den jeweiligen sozialen Kontext gestellt werden.

---

1 In der Regel handelt es sich in Städten um schlecht bezahlte Anstellungen als Wäscherin, Putzfrau oder Hausangestellte, in ländlichen Regionen um Tagelöhnertätigkeiten bei saisonalen Arbeitsspitzen in der Landwirtschaft.

2 Es handelt sich dabei meist um manuelle Tätigkeiten, während die 'moderne' Arbeit mit größeren Geräten, mit Maschinen und Agrochemikalien den Männern vorbehalten bleibt (DANKELMAN & DAVIDSON 1990, DRAKE 1991, RADCLIFFE 1992, MENCHER 1993, SCHOLZ, U. 1998a, S. 535).

Dennoch können einige allgemeine Charakteristika für geschlechtsspezifische Verwundbarkeiten genannt werden. So sind Frauen durch ihre geringere Einbindung in Markt- und Wirtschaftskreisläufe häufig nur in indirekter Form von der Verschlechterung der ökonomischen Rahmenbedingungen betroffen. Führt diese Krise aber zur überlebensbedrohenden Senkung des Familieneinkommens - wie es bei Familien, die an der Armutsgrenze leben, der Fall ist - so müssen Frauen häufig ihre Bedürfnisse und ihren Konsum stärker einschränken, da die Versorgung der Kinder in der Regel größere Priorität besitzt und die Kontrolle über die Verwendung der Einkünfte dem Mann obliegt (DANKELMAN & DAVIDSON 1990, MEHTA 1996, WERNER-ZUMBRÄGEL 1997, S. 71).

Eine Krise im sozialen Umfeld betrifft hingegen Frauen in der unmittelbaren Überlebenssicherung für die Familie. Ihre Tätigkeiten in den Bereichen Ernährung, Gesundheit, Erziehung und Bildung werden durch die Verschlechterung der Versorgungsinfrastruktur erschwert. Außerdem beeinträchtigen Migration und Abwanderung die Funktionsweise sozialer Netzwerke, die für Frauen zur Bewältigung von Engpaßsituationen von zentraler Bedeutung sind. Die mit der Zerstörung dieser informellen Netzwerke verbundenen Risiken bedrohen vor allem die Überlebenssicherung von Frauen ressourcenschwacher Bevölkerungsgruppen in Entwicklungsländern. Gerade dort haben die Modernisierungs- und Globalisierungsprozesse der letzten Jahre und Jahrzehnte zur Verdrängung und Abwanderung und somit zur Zerstörung gewachsener Sicherungssysteme geführt. Ins uferlose wachsende städtische Elendsviertel und das Anschwellen der marginalisierten Bevölkerung im ländlichen Raum zeugen davon.

Eine ökologische Krise - wie beispielsweise Wasserverschmutzung und -knappheit oder Abholzung der umliegenden Wälder - beeinträchtigt ebenfalls die Arbeit von Frauen im Reproduktionsbereich (UNO 1995). Nicht nur die Beschaffung von Trinkwasser, Brennholz und Sammlerprodukten - Beeren, Wurzeln etc. - wird dadurch erschwert. Schlechtere Wasserqualität und geringere Diversifizierung der Ernährung gefährden auch den Gesundheitszustand der Familienmitglieder und erhöhen somit den Arbeitsaufwand für die Frauen. Sozioökonomische Faktoren - zunehmendes Bevölkerungswachstum und Verarmung sind dabei die meistgenannten - und ihre Wechselwirkung mit ökologischen Prozessen, die in den letzten Jahrzehnten vor allem in den Trockengebieten der Erde Umweltkrisen hervorriefen, werden für diese Probleme verantwortlich gemacht (REARDON 1993, RANDZIO-PLATH & MANGOLD-WEGNER 1995, SHIVA 1989).

Diesen geschlechtsspezifischen Aspekten von Betroffenheit gegenüber Krisensituationen entsprechen charakteristische Überlebensstrategien. Frauen beteiligen sich in der Regel im häuslichen Bereich an der Unterhaltssicherung und tragen mit ihren Überlebensstrategien zur Verbesserung bzw. Erhaltung der Lebensbedingungen - hierzu zählen auch die Bereiche Bildung und Gesundheit - und zur Erleichterung der täglichen Reproduktionsarbeit bei (WANGARI et al. 1996, HERBERS 1995). So senkt beispielsweise die verstärkte Nutzung von Heilkräutern des eigenen Gartens die Kosten für die medizinische Versorgung der Familienmitglieder und erleichtert die Behandlung leichterer Erkrankungen. Außerdem tragen die Erhöhung und Diversifizierung der Gemüse-, Obst- und Kleintierproduktion sowohl zur Verbesserung der Ernährungssituation als auch - durch Veredelung und Verkauf - zur Erhöhung des Familieneinkommens bei. Das erwirtschaftete eigene Einkommen der Frauen - dies gilt natürlich auch für die Einkünfte aus Lohnarbeit - hat häufig auch Konsequenzen für die familieninternen Strukturen und Entscheidungsprozesse, da die Frauen darüber eine neue Machtposition erlangen (UNO 1995, BAGCHEE 1993). Allerdings ist es gerade in traditionell strukturierten Gesellschaften keine Seltenheit, daß die Männer auch über die Einkünfte der Frauen verfügen und somit ihre Emanzipation verhindern (DAVIDSON 1996, S. 117). Unabhängig davon zieht die Erhöhung ihrer Arbeitsbelastung eine größere Verwundbarkeit der Frauen nach sich. Zum einen werden die Frauen durch die größere körperliche Anstrengung gesundheitlich geschwächt. Zum anderen können sie auf zukünftige Engpaßsituationen nicht mehr in ausreichender Weise flexibel reagieren, wenn sie bereits an den Grenzen ihrer Belastbarkeit angelangt sind.

Im Zuge von Verarmungs- und Marginalisierungsprozessen verlassen Frauen häufig den Reproduktionsbereich und versuchen über Lohnarbeit das Familieneinkommen zu erhöhen. Während sie im städtischen Raum meist leichter als Männer eine Arbeitsstelle finden - als Hausangestellte, Wäscherin, Putzfrau, Büroangestellte etc. -, ist durch den höheren Bedarf an Arbeitskräften für schwere körperliche Tätigkeiten - Rodungs- und Weidesäuberungsarbeiten, Einzäunung, Viehversorgung etc. - das Verhältnis im ländlichen Raum häufig umgekehrt (UNO 1995, S. 113). Allerdings kommt gerade in den Städten der durchschnittlich schlechtere Bildungsstand von Frauen zum Tragen, da vor allem Frauen von Armutsgruppen nur äußerst schlecht bezahlte, sozial in keinster Weise abgesicherte Jobs erhalten.

Eine der wichtigsten Überlebensstrategien von Frauen bildet der Aufbau bzw. der Erhalt von sozialen Netzwerken. Regelmäßige Treffen dienen zum Informations- und Ideenaustausch etwa zur Schädlingsbekämpfung im Garten, zur besseren Ernährung oder zur Behandlung von Krankheiten. Auch über informelle Austauschbeziehungen helfen sich die Frauen in Enpaßsituationen gegenseitig sei es durch Mithilfe in Hausarbeit und Kinderbetreuung, sei es mit Lebensmitteln und kleineren Geldbeträgen oder auch 'nur' durch psychische Unterstützung und Trost (HERBERS 1995). Diese sozialen Beziehungen basieren in der Regel auf einem engen Vertrauensverhältnis der Frauen untereinander und folgen bestimmten Regeln - beispielsweise der Reziprozität -, auch wenn sie meist informeller Natur sind und nur unregelmäßig im Bedarfsfall zum Tragen kommen (HOLMÉN 1994, SHIELDS et al. 1996, LACHENMANN 1997).

In neuerer Zeit haben die im Zuge der Strukturanpassungspolitiken zunehmenden Krisensituationen die Frauen vermehrt dazu veranlaßt, sich stärker - teilweise mit der Unterstützung von NGOs - zu organisieren, um gezielt ihre Lebensbedingungen und ihren Ausbildungsstand zu verbessern sowie eigene Einkünfte zu erzielen (DANKELMAN & DAVIDSON 1990, TOWNSEND 1995, konkrete Beispiele dazu in MUSENDEKWA & MARGIYANTI 1995, MOONESINGHE 1995, OLARTE & BESSER 1995, ROCHELEAU et al. 1996, WANGARI et al. 1996). Darüber hinaus hat in den letzten Jahren die zunehmende Bewußtseinsbildung der Frauen und ihr Bedeutungszuwachs als Ansprechpartner und Zielgruppe für entwicklungspolitische Maßnahmen dazu geführt, daß sich vermehrt formelle Frauengruppierungen und -organisationen bilden, die ihre Rechte unabhängig von eventuell existierenden Männerorganisationen einfordern. Vielerorts konnten so Frauen in Entwicklungsländern politische Bedeutung erlangen. Während besonders in den großen Städten der Organisationsgrad von Frauen enorm stieg, gingen die Frauenorganisationen im ländlichen Raum meist aus von Männern dominierten Vereinigungen hervor und sind bis heute von ihnen abhängig. Dies hängt einerseits eng mit den dortigen traditionellen Strukturen und Wertemustern zusammen, die den Frauen eine passive Rolle zuschreiben. Andererseits erlaubt die extreme soziale Kontrolle kein Ausscheren aus der Norm, so daß es selbst beim Wunsch nach Emanzipation viel Mut erfordert, um diese sozialen Vorgaben zu durchbrechen (TOWNSEND 1995, siehe ein konkrete Beispiele dazu in RODENBERG 1995, WERNER-ZUMBRÄGEL 1997). Deshalb findet die Netzwerkbildung von Frauen in ländlichen Regionen häufig in gesellschaftlich allgemein akzeptierten Aktionsräumen, wie beispielsweise in kirchlichen Gruppen, statt und beschränkt sich meist auf informelle Beziehungen, die der Überlebenssicherung, nicht aber der politischen Interessenvertretung dienen.

Pionierfrontregionen, um die es in der vorliegenden Arbeit geht, sind im Laufe ihrer Entwicklung durch charakteristische Krisensituationen gekennzeichnet, die wiederum Verwundbarkeit und Überlebensstrategien von Frauen beeinflussen. In der Erschließungsphase einer Pionierfront befinden sich gerade die in die Zuständigkeit der Frauen fallenden Bereiche in einem äußerst prekären Zustand (TOWNSEND 1995, MEERTENS 1993): Das Wohnen in einer provisorischen Behausung aus Plastikfolie, Palmenblättern und Ästen macht es für die Frauen fast unmöglich, ein Minimum an Hygiene beizubehalten. Auch bietet das Haus keinerlei Schutz vor Insekten, die häufig Krankheiten übertragen. Die Trinkwasserbeschaffung gestaltet sich als sehr schwierig und aufwendig, wobei das Wasser meist von sehr zweifelhafter Qualität ist (GURUNG 1994, S. 334). Diese Gesundheitsrisiken führen an Pionierfronten rasch zu lebensbedrohenden Situationen, da eine medizinische Versorgung vor Ort noch völlig fehlt und die nächste Krankenstation weit entfernt und über schlechte Verkehrswege nur schwer erreichbar ist. Unter diesem Gesichtspunkt muß der vielzitierte Pionierfront-Mythos, der einer Heroisierung der Pionierfront gleichkommt (siehe dazu COY 1988, S. 21f), als männlich geprägte Sichtweise der *frontier* relativiert werden. Mit der Konsolidierung der Pionierfront verbessern sich im allgemeinen die Lebensbedingungen, da die Infrastruktur ausgebaut wird und sich das unmittelbare Wohnumfeld stabilisiert. Allerdings gilt dies für Familien der kleinbäuerlichen Unterschichten nur in begrenztem Maße, da sie nur teilweise Zugang zur Versorgungsinfrastruktur haben und mangels finanzieller Mittel ihre Hofstellen wenig verbessern können. In einer späteren Phase der Pionierfrontentwicklung verschlechtert sich in der Regel die Infrastrukturausstattung wieder, da die entsprechenden Einrichtungen in den ländlichen Siedlungen bei Rückgang der Bevölkerung durch Landflucht meist geschlossen werden. Außerdem ist die Infrastruktur in der nahen Kleinstadt durch das starke Stadtwachstum meist völlig überlastet, und den Gemeinden fehlen die finanziellen Mittel, um sie dem steigenden Bedarf entsprechend auszubauen.

Im Laufe der Entwicklungsprozesse an Pionierfronten verändern sich die Produktionsschwerpunkte der Siedler und somit auch die geschlechtsspezifische Arbeitsteilung innerhalb der Familie (MEERTENS 1993, MOMSEN 1993, TOWNSEND 1993, HERBERS 1995, CHASE 1985). In den ersten Monaten und Jahren sind die Tätigkeiten aller Familienmitglieder auf die unmittelbare Überlebenssicherung ausgerichtet. Auch die Frau arbeitet neben der umfangreichen Haushaltsarbeit in der Produktion von Grundnahrungsmitteln und ist so größeren Belastungen ausgesetzt. Mit einer ersten Konsolidierung und eventuellen Mechanisierung der Produktion oder aber mit dem Heranwachsen der Kinder verringert sich der Arbeitsaufwand der Frauen im Produktionsbereich. Die Agrarkrise der Stagnations- und Degradierungsphase an der Pionierfront hebt allerdings diese Verbesserung vor allem in kleinbäuerlichen Familien wieder auf. Mit der Umstellung des Betriebes auf Viehzucht verrringert sich zwar der Arbeitsaufwand in der Landwirtschaft, aber die damit einhergehende Verringerung des Familieneinkommens zwingt die Familien häufig dazu, Zusatzeinkommen zu erwirtschaften (TOWNSEND 1995, RADCLIFFE 1992, S. 36). Während die Männer in der Regel Gelegenheitsarbeiten auf Nachbarbetrieben annehmen, versuchen die Frauen, durch Tätigkeiten wie beispielsweise Anfertigung und Verkauf von Kunsthandwerk Einkommen zu erzielen. Darüber hinaus arbeiten gegebenenfalls alle Familienmitglieder - auch Kinder - als Tagelöhner bei Erntearbeiten auf den benachbarten Großbetrieben. Die Senkung der Lebenshaltungskosten und die Verbesserung der Ernährungssituation erreichen die Frauen vor allem durch die Erhöhung der Subsistenzproduktion beispielsweise durch die Anlage von Gemüsegärten oder das Sammeln von Früchten und Wurzeln. Allerdings wird dies durch mangelnde Kenntnisse über das lokale Ökosystem, das meist durch die große Entfernung zum Herkunftsgebiet der Siedler naturräumlich völlig andere Charakteristika aufweist, erschwert. Außerdem schränkt die zunehmende Rodung im Laufe der Pionierfrontentwicklung die extraktive Nutzung ein.

An Pionierfronten sind vor allem der Migrationsvorgang und seine Folgen für Frauen von besonderer Bedeutung. Durch die Wanderung werden die für sie wichtigen sozialen Netzwerke zerstört und auf die eigene Kernfamilie beschränkt (MEERTENS & SEGURA-ESCOBAR 1996, S. 171, SHIELDS et al. 1996). Dies gilt in Pionierfrontregionen in zwei unterschiedlichen Phasen der Entwicklung: Zum einen bestehen in der Erschließungsphase von Pionierfronten noch keine sozialen Bindungen, da - abgesehen von Familien, die aufgrund von Empfehlungen bereits dort lebender Bekannter oder Verwandter dorthin wandern - die ankommenden Familien in der Regel unterschiedlicher Herkunft und sich daher fremd sind (D'INCAO 1995). Soziale Netzwerke und Vertrauensbeziehungen müssen also erst langsam aufgebaut werden, was sich durch die häufig große Entfernung zwischen den einzelnen Hofstellen als besonders schwierig erweist (LISANSKY 1979). Krisenanfälligkeit und Verwundbarkeit steigen dadurch. Aus diesem Grund halten Frauen häufig noch lange nach der Wanderung den Kontakt zur Herkunftsregion, bis neue soziale Bindungen in der Zielregion aufgebaut sind (CHANT & RADCLIFFE 1992, CHANT 1992a, LAWSON 1998). Allerdings gestaltet sich dies gerade an neuen Pionierfronten als besonders schwierig, da die Verkehrswege nicht ausreichend ausgebaut sind und die Kommunikationsinfrastruktur etwa wie Post und Telefon erst sehr spät eingerichtet wird (TOWNSEND 1995). Zum anderen beeinträchtigt die massive Abwanderung in der späteren Phase der Pionierfrontentwicklung, die meist von Verdrängung und Stagnation geprägt ist, mühsam aufgebaute soziale Beziehungsgeflechte, da wichtige Funktionsträger der Netzwerke verschwinden. Frauen, die auf solche persönlichen Beziehungen bauen, um Alltagsprobleme zu lösen und Krisen zu bewältigen, sind vom Zusammenbruch dieser sozialen Sicherungssysteme besonders betroffen (TOWNSEND 1995).

Die vorangegangenen Ausführungen zeigen, daß sich die sozioökonomischen Rahmenbedingungen für Verwundbarkeit und Überlebensstrategien von Frauen im Laufe der Pionierfrontentwicklung sehr stark verändern. Die Erschließungsphase birgt für kleinbäuerliche Familien gerade in den Zuständigkeitsbereichen der Frauen überlebensbedrohende Risiken. Dabei können die Frauen noch keine sozialen Sicherungssysteme aufbauen, um auf entsprechende Krisen zu reagieren. Diese prekäre Situation verbessert sich in der Konsolidierungsphase. Die Verwundbarkeit von Frauen sinkt, und ihre Reaktionsmöglichkeiten erweitern sich. Erst in der Stagnationsphase verschlechtern sich die Lebensbedingungen wieder, so daß dem Erhalt bzw. dem Wiederaufbau sozialer Netzwerke eine entscheidende Bedeutung zukommt. Darüber hinaus verschiebt sich der Tätigkeitsbereich der Frauen in die Produktion hinein, so daß Arbeitsbelastung und Verwundbarkeit wieder steigen. Insgesamt darf bei der Analyse der Verwundbarkeit von Frauen im Zuge der Pionierfrontentwicklung aber nicht übersehen werden, daß trotz der genannten Überlebensstrategien für viele Familien die Abwanderung in die Stadt oder an neue Pionierfronten die einzige Reaktionsmöglichkeit darstellt. Die Migrationsentscheidung wird zwar in der Regel von den Männern in ihrer Funktion als Haushaltsvorstand gefällt - Frauen würden häufig aufgrund der mühsam aufgebauten sozialen Netzwerke die Abwanderung verzögern -, jedoch ist die Migration für die Mehrzahl der kleinbäuerlichen Familien der einzige Ausweg aus der Krise - wohlwissend, daß sie an der neuen Pionierfront wieder denselben Risiken ausgesetzt sind, bzw. in der trügerischen Hoffnung, daß in der Stadt bessere Überlebenschancen bestehen (siehe Beispiele für die Veränderung der Lebenswelt von Frauen durch Land-Stadt-Migration in LISANSKY 1979, CHASE 1985, CHANT 1992b, DAVIDSON 1996).

4.2 Frauenbewegung und *gender*-Fragen in Brasilien

Gerade in Brasilien, wo der *machismo* das Geschlechterverhältnis bestimmt, gehören Frauen zu den besonders benachteiligten und verwundbaren Gruppen. Die Unterordnung der Frau unter die Entscheidungsgewalt des Mannes und die starre geschlechtsspezifische Arbeitsteilung mit der nahezu ausschließlichen Zuständigkeit der Frau für den Reproduktionsbereich und die Subsistenzproduktion hat in Brasilien eine bereits Jahrhunderte währende Tradition, die von den europäischen Kolonialherren eingeführt wurde und die bis heute nicht vollständig aus der brasilianischen Rechtsprechung verschwunden ist (zur traditionellen Rolle der Frau in Brasilien siehe COSTA, D. Martins & NEVES 1995, zur rechtlichen Situation siehe MADLENER 1995, S. 287ff, STUCKE 1995). Allerdings überlagerten schon damals soziale Disparitäten die geschlechtsspezifischen Unterschiede in starkem Maße: So waren Frauen der sozialen Unterschichten meist neben der Hausarbeit zur

Lohnarbeit in 'typisch weiblichen' Berufen gezwungen, während sich Frauen der Mittel- und Oberschicht auf die häusliche Arbeit konzentrieren konnten. Erst mit dem Aufkommen moderner Lebensformen im Zuge der Industrialisierung und der Modernisierung der Landwirtschaft sowie der damit meist einhergehenden zunehmenden Verarmung der Unterschichten wurde die geschlechtsspezifische Arbeitsteilung langsam aufgeweicht (GUIMARÃES & BRITO 1987, TELES 1993, SILVA, M.A. 1997).

Die Frauen der sozial bessergestellten Gruppen legen in neuerer Zeit zunehmend Wert auf eigene Einkünfte, um größere Unabhängigkeit gegenüber ihren Ehemännern zu erzielen. Dazu erlangen Frauen, die den wirtschaftlichen, sozialen und politischen Eliten angehören, meist eine höhere Bildung bzw. Ausbildung und finden so vorwiegend im Bereich relativ hochrangiger Dienstleistungen - beispielsweise als Ärztinnen, Anwältinnen, Universitätsprofessorinnen oder auch als Inhaberinnen von Boutiquen etc. - eine Beschäftigung. Im ländlichen Raum sind Frauen der Ober- und Mittelschicht nur wenig vertreten, da die Eigentümerfamilien von größeren Betrieben meist als Absentisten nicht auf dem eigenen Betrieb sondern in der Stadt leben und sich für sie somit ebenfalls die städtischen Beschäftigungsmöglichkeiten ergeben.

Am anderen Ende der sozialen Skala hingegen werden im Zuge der Modernisierung sowohl Frauen als auch Kinder bei wachsender Armut durch den Zwang zur Überlebenssicherung noch stärker in den Arbeitsmarkt integriert (GUIMARÃES & BRITO 1987, OLIVEIRA, M.C. Ferreira Albino de 1981). In den Städten finden Frauen noch heute vorwiegend im informellen Sektor bei extrem schlechter Bezahlung eine Beschäftigung (STUCKE 1995, ABREU et al. 1994, HIRATA 1988). Auch in den ländlich geprägten Gebieten sind kleinbäuerliche und landlose Familien seit den 70er Jahren durch den erhöhten Konkurrenz- und Preisdruck in der Landwirtschaft gezwungen, ihr sinkendes Familieneinkommen entweder durch Lohnarbeit außerhalb des eigenen Betriebes oder durch die Einführung aller Familienmitglieder in den Arbeitsmarkt zu erhöhen (SCARPARO 1996, LAVINAS 1988, BOTELHO 1995, BRUMER & GIACOBBO 1993). Dies bringt nicht nur eine größere Arbeitsbelastung insbesondere für Frauen mit sich, sondern senkt darüber hinaus ihr gesellschaftliches Ansehen, da es nach traditionellen Normen, die in ländlichen Regionen noch heute von großer Relevanz sind, nur arme Familien nötig haben, auch die weiblichen Familienmitglieder in den öffentlichen Raum zur Lohnarbeit zu entsenden (FONSECA, C. 1997, MOTTA-MAUÉS 1994, FISCHER & ALBUQUERQUE 1996). Auf der anderen Seite erlangen die Frauen mit der Erwirtschaftung eines eigenen Einkommens ein neues Selbstbewußtsein, das sich seit den 80er Jahren in ihrer zunehmenden Mobilisierung und der Einrichtung von Frauenabteilungen und -vertretungen in den einzelnen Landarbeiter- und Landlosenbewegungen äußert (GIULANI 1997). Allerdings kann dies nicht darüber hinweg täuschen, daß auch im ländlichen Raum die Löhne der Frauen bei gleicher Arbeit sehr viel niedriger sind als die der Männer. Darüber hinaus verfügen Frauen nur selten über einen Landtitel und bleiben auch heute noch bei der Landvergabe beispielsweise bei Agrarreform- und Kolonisationsprojekten unberücksichtigt (FERRANTE 1995, TOWNSEND 1993, CHASE 1985). Ohne Landtitel aber haben Frauen weder Zugang zu Krediten, noch werden sie bei staatlichen Fördermaßnahmen, die in der Regel auf landwirtschaftliche Betriebe zugeschnitten sind, berücksichtigt (UNO 1995).

Auch bei Betrieben mittlerer Größe verändert sich die interne Arbeitsorganisation durch die Modernisierung der Landwirtschaft und den Einsatz von Maschinen und Agrochemikalien, da Frauen von Arbeiten mit modernen Geräten ausgeschlossen bleiben, so daß sich dort ihre Arbeitsbelastung in der Regel verringert (siehe dazu DANKELMAN & DAVIDSON 1990, SCHOLZ, U. 1998a, S. 535). Diese eigentlich positive Entwicklung, die in der Vergangenheit auch in Industrieländern zu beobachten war (siehe beispielsweise zu Deutschland INHETVEEN & BLASCHE 1983), wird häufig mit negativer Konotation als Hausfrauisierung bezeichnet, da Frauen durch die Modernisierung zunehmend aus der Produktion gedrängt werden und so einen Teil ihrer wirtschaftlichen Unabhängigkeit verlieren (UNO 1995, TOWNSEND 1993, TEKÜLVE 1993, Beispiele aus Brasilien siehe LISANSKY 1979 und CHASE 1985).

Diese geschlechtsspezifischen, räumlichen und sozialen Disparitäten werden von weiteren Faktoren überlagert, die die Unterschiede meist noch verstärken und die Sozialgruppe 'Frauen' in Brasilien als extrem heterogen erscheinen läßt. Bereits Durchschnittswerte zum Pro-Kopf-Einkommen von Frauen unterschiedlicher ethnischer Zugehörigkeit zeigen dies sehr deutlich. So verfügten beispielsweise im Jahr 1990 'nicht-weiße' Frauen über das geringste Pro-Kopf-Einkommen im nationalen Durchschnitt - etwa zwei Drittel weniger als weiße Frauen und vier Fünftel weniger als weiße Männer. Zieht man das Bildungsniveau als Kriterium zur Differenzierung der Durchschnittseinkommen heran, so verdienten Frauen mit weniger als vier Jahren Schulbesuch etwa ein Drittel des Einkommens von Frauen mit acht bis zwölf Jahren Schulbesuch und ein Achtel des Einkommens von Frauen mit Hochschulabschluß (LAVINAS 1996, S. 467/468). Dabei ist der Zugang zu Schulbildung allgemein für Frauen im ländlichen Raum Brasiliens besonders schwierig, da dort die schulische Infrastruktur - besonders im Nordosten - nur sehr mangelhaft ausgestattet ist (siehe Abb. 59). Die geschlechtsspezifischen Unterschiede sind im Vergleich zu diesen räumlichen Disparitäten sehr gering: In Brasilien insgesamt genießen Frauen auf der einen Seite durchschnittlich eine höhere Schulbildung als Männer: Während 1996 rund 37 % aller Frauen fünf Jahre und mehr die Schule besucht haben, verfügten lediglich 35 % der Männer über eine entsprechende Schulbildung (eigene Berechnungen auf der Basis von IBGE 1996a). Die Unterschiede zwischen städtischem und ländlichem Raum sind hingegen umso krasser: Nur wenig mehr als 20 % der ländlichen Bevölkerung in ganz Brasilien - hier gibt es kaum Unterschiede zwischen Männern und Frauen - hatten 1996 die Schule länger als vier Jahre besucht, in der Stadt waren es 53 %. Diese Zahlen verdeutlichen die Virulenz eines zentralen Problems für zahlreiche Familien im ländlichen Raum. Häufig wandern Frauen aus diesem Grund mit ihren Kindern in die nahe Kleinstadt ab, um der jungen Generation eine entsprechende Schulbildung zu ermöglichen und auch selbst eine Arbeitsstelle im informellen Sektor zu suchen, während die Männer wegen besserer Verdienstmöglichkeiten auf dem Land bleiben (siehe zu Brasilien LISANSKY 1979, CHASE 1985, zu Entwicklungsländern allgemein UNO 1995).

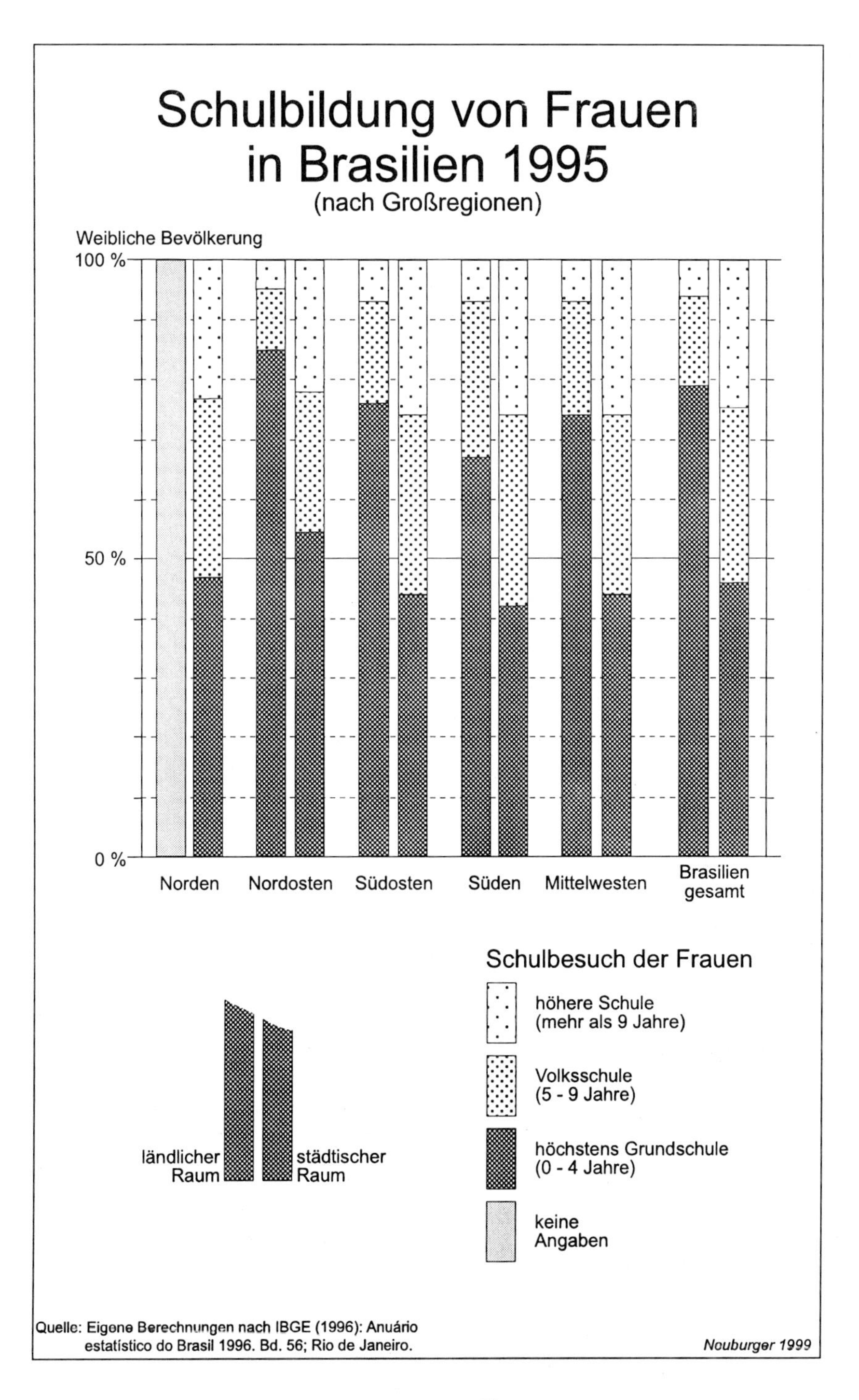

Abbildung 59

Vor dem Hintergrund dieser disparitären sozioökonomischen Ausgangsbedingungen ist die Formierung sehr unterschiedlicher Frauenorganisationen in Brasilien zu sehen, die auf eine lange Geschichte zurückblicken können. Die Frauenbewegungen in ganz Lateinamerika gehen auf einen gemeinsamen Ursprung in den starken Gewerkschaftsbewegungen zurück (BESSER 1995). So kämpften bereits Anfang des 20. Jahrhunderts die Minenarbeiterinnen in den Andenstaaten um ihre Rechte. Ihre Forderungen beschränkten sich allerdings auf die jeweilige spezifisch-lokale Situation und hatten deshalb kaum weitreichende oder langfristige Folgen. Erst mit der Erstarkung der Gewerkschaften im Zuge der Industrialisierung und der Einführung des Wahlrechts für Frauen in den 40er und 50er Jahren - Paraguay führte 1961 als letztes lateinamerikanisches Land das Frauenwahlrecht ein - erlangten die Frauenbewegungen eine größere Kontinuität und eine umfassendere Wirkung (OLAMENDI 1998). Auch die Basiskirchen, die als eine der wichtigsten Anlaufstellen für Frauen fungierten, spielten dabei ein große Rolle (GOGOLOK 1996). In den 60er und 70er Jahren noch begnügten sich die Frauen mit der Agitation aus den Gewerkschaften heraus und blieben von diesen abhängig. Seit den 80er Jahren entstehen aber zunehmend selbständige Frauenorganisationen, die ihre Forderungen auch und gerade gegen die Interessen der Männer stellen (STERNBACH et al. 1994).

In Brasilien entstand die Frauenbewegung im wesentlichen in den 70er Jahren, als sich der Widerstand gegen die Militärdiktatur formierte (HEILBRON 1989, STUCKE 1991, TELES 1993, RIBEIRO, A.M. Rodrigues 1994). Die gemeinsame Opposition gegen die politische Repression drängte zunächst die Unterschiedlichkeit der Bedürfnisse der einzelnen Frauengruppen in den Hintergrund. Erst in den 80er Jahren mit der politischen Öffnung wurde die Heterogenität der brasilianischen Frauenbewegung deutlich (SCHUMAHER & VARGAS 1993). Die beteiligten Frauen entstammten einem sozioökonomisch sehr differenzierten Umfeld und verfolgten deshalb unterschiedliche Interessen. Auf der einen Seite forderten Frauen der städtischen Mittelschichten, die auf eine ökonomisch gesicherte Basis zurückgreifen konnten, die Erweiterung ihrer individuellen, materiellen und kulturellen Entfaltungsmöglichkeiten, während auf der anderen Seite die Frauen der Unterschichten in Stadt und Land um die bloße Befriedigung ihrer Grundbedürfnisse kämpften. Letztere waren bereits vor der Politisierung der Frauenbewegung in den 70er Jahren in Basisorganisationen - Stadtteilgruppen, Landlosenbewegungen, Kleinbauernvereinigungen und Frauenclubs (*clubes de mães*) - aktiv und wurden vor allem in ländlichen Regionen von progressiven Kräften der katholischen Kirche unterstützt (LOBO 1989). Ihre Arbeit stellt noch heute meist eine Kombination aus Selbsthilfe und Kampf um Gleichberechtigung dar.

In den Metropolen des Landes ist der Politisierungsgrad der Frauenbewegungen sehr viel höher als in ländlichen Regionen, wo sich die Frauen weitgehend auf die Verbesserung der alltäglichen Lebensbedingungen beschränken und politische Aktivitäten allenfalls als Mittel zur Durchsetzung ihrer Ziele gegenüber den politischen Autoritäten, nicht aber zur Erlangung eigener politischer Macht benutzen (REZENDE 1989). Wie die Gründung der *Associação dos Movimentos das Mulheres Trabalhadoras Rurais* (Vereinigung der Landarbeiterinnen-Bewegungen) in Pernambuco in neuerer Zeit zeigt, beginnen jedoch aktive Frauenorganisationen im Zuge des Bedeutungszuwachses der Landlosenbewegung Brasiliens in Regionen mit besonders gravierenden sozialen Problemen um die Verbesserung der Lebensbedingungen und um politische Rechte zu kämpfen (FRÖHLICH & HILLINGSHÄUSER 1991). Ländliche Frauengruppen, die nicht auf eine durch ihren Ursprung in einer Landlosen- oder Widerstandsbewegung geprägte, derart politisierte Vergangenheit zurückblicken können - und das gilt für die Mehrheit - gehen meist auf die Initiative der staatlichen Agrarberatungsbehörden zurück. Mit dem staatlich erklärten Ziel zur Förderung kleinbäuerlicher Familien sollte die Arbeit mit Frauengruppen zur Verbesserung im sozialen Bereich beitragen. Allerdings erreichten die dafür angestellten Sozialarbeiterinnen aufgrund mangelnden Interesses - auch seitens der Sozialarbeiterinnen selbst, die häufig nur aus klientelistischen Gründen eine Anstellung erhalten hatten - oder fehlender Vertrauensbasis selten eine aktive Mitarbeit der Frauen in den sogenannten *grupos de mulheres* oder *grupos de senhoras*, so daß zahlreiche Gruppen über das Stadium der formalen Gründung nicht hinaus kamen und ohne Wirkung blieben. Außerdem lähmten die negativen wirtschaftlichen Rahmenbedingungen, die den kleinbäuerlichen Familien jegliche Zukunftsperspektive raubten bzw. nur noch die der Abwanderung ließen, die Arbeit der Organisationen in vielen Regionen.

4.3 Der regionale Kontext: Die Alltagswelt der Frauen in Mato Grosso

In Mato Grosso lassen sich ähnliche Entwicklungen feststellen. Auch hier entstand die Frauenbewegung, deren Aktionsradius sich zunächst auf Cuiabá beschränkte, bereits in den 70er Jahren (RIBEIRO, A.M. Rodrigues 1994). Sie löste sich allerdings in den 80er Jahren wieder auf, bis Anfang der 90er Jahre vor allem von Professorinnen der staatlichen Universität UFMT initiiert und getragen kleine Forschungszentren entstanden, die sich mit der Gleichberechtigung der Frau beschäftigten. Nach wenigen Jahren bezogen sie auch die Bewußtseinsbildung von Frauen in ihre Arbeit mit ein und suchten den Kontakt zu Basisorganisationen - vor allem Stadtteilbewegungen - in Cuiabá. Angespornt und unterstützt von intellektuellen Gruppen bildeten sich nun auch Selbsthilfegruppen, die um die Verbesserung der Versorgungsinfrastruktur in den cuiabaner Stadtvierteln kämpften. Im ländlichen Raum Mato Grossos ist der Organisationsgrad von Frauen bis heute sehr gering. Auch hier wurden wie in ganz Brasilien die an die Kleinbauernvereinigungen angegliederten Frauengruppen gegründet, die aber auch hier praktisch ohne Wirkung blieben. Wenn auch in den letzten Jahren durch die Besetzung der leitenden Positionen in den Büros der Agrarberatungbehörde mit Personen aus linksorientierten Gruppen die Förderung der Frauenarbeit größere Bedeutung erlangt hat, so haben nach wie vor informelle soziale Netzwerke für die Alltagswelt von Frauen vor allem der ländlichen wie städtischen Unterschichten eine sehr viel größere Bedeutung (siehe dazu ein konkretes Beispiel in SCHIER 1994 und 1996).

Dieser geringe Organisationsgrad der Frauen in Mato Grosso hängt mit der historischen Entwicklung und mit den daraus hervorgegangenen vorherrschenden sozialen Strukturen zusammen. Das heutige Sozialgefüge ist einerseits geprägt von traditionellen Gruppen, die bereits im 18. und 19. Jahrhundert in die Region kamen. Hierzu zählen beispielsweise die

Großgrundbesitzer des Pantanal (REMPPIS 1995), die heute neben den Händlern die traditionellen städtischen Eliten bilden (siehe Cuiabá als Beispiel in COY 1997), die *ribeirinhos*, die sowohl im ländlichen als auch - nach der Abwanderung - im städtischen Bereich heute zu den marginalisierten Gruppen zählen (Beispiele siehe NEUBURGER 1996 und SCHIER 1994), und traditionelle *garimpeiros* (siehe Beispiele in PASCA 1995, BARROZO 1997). Ihre Sozialräume beschränken sich auf den Süden von Mato Grosso (COY & LÜCKER 1993, S. 58). Traditionen und patriarchale Denkstrukturen sind dort noch sehr stark verankert und lassen den Frauen nur geringe Spielräume für ihre Entfaltung. Darüber hinaus ist die Arbeitsbelastung der Frauen durch die überdurchschnittlich große Kinderzahl in den Familien - im traditionell geprägten Munizip Barão de Melgaço (Mikroregion Alto Pantanal) beispielsweise bestehen 39 % aller Familien aus sechs Personen und mehr (eigene Berechnungen auf der Basis von IBGE 1991)[1] - extrem hoch (RAMOS, L. & SOARES 1994), so daß sie nur über wenig Gestaltungsmöglichkeiten im Alltagsleben verfügen (siehe Abb. 60). Auch die vorherrschenden Großfamilienstrukturen, in denen zwar die anfallende Arbeit gemeinschaftlich getragen wird, andererseits aber die Versorgung der Alten zusätzlich den Frauen obliegt, bringen hier keine entscheidende Erleichterung. Allenfalls im Zuge der Marginalisierung einzelner Gruppen löst sich die familieninterne geschlechtsspezifische Arbeitsteilung auf. Dies bringt allerdings in der Regel eine zusätzliche Arbeitsbelastung für die Frauen in Form von Lohnarbeit mit sich. Eine Übernahme von Hausarbeiten im Gegenzug ist für die Männer unvorstellbar.

Dieser traditionellen Bevölkerung stehen von modernen Lebens- und Produktionsformen geprägte Gruppen gegenüber, die seit den 60er, besonders aber seit den 70er und 80er Jahren in die Region drängen. Hier sind sowohl die aus dem Süden Brasiliens stammenden Sojafarmer zu nennen, die sich vor allem im Südosten und mittleren Westen Mato Grossos angesiedelt haben (siehe Beispiele in BLUMENSCHEIN 1995) als auch die Eigentümer von Großbetrieben der Rinderweidewirtschaft, die sich im Norden des Bundesstaates konzentrieren, zu nennen. Beide Gruppen sind auch in den Städten als neue Eliten neben Spekulanten und Immobilienmaklern vertreten (siehe für Städte unterschiedlicher Größenordnungen in Mato Grosso COY 1997, FRIEDRICH 1999 und RITTGEROTT 1997). Hier haben moderne Werte und Verhaltensmuster wie beispielsweise formale Schulbildung und kleine Familiengrößen Einzug in das Bewußtsein gehalten. So liegt gerade in den 'Soja'-Munizipien der Mikroregion Parecis wie Campo Novo do Parecis (33 %) und Diamantino (36 %), auch in Nova Mutum (35 %) (Mikroregion Alto Teles Pires) und in Rondonópolis (39 %) (Mikroregion Rondonópolis) der Anteil der Personen, die weniger als vier Jahre die Schule besucht haben, weit unter dem matogrossenser Durchschnitt (44 %). Gleichzeitig sind die Familien in diesen Munizipien relativ klein. Beispielsweise bestehen in den südöstlichen Mikroregionen, einer vor allem durch den modernisierten Sojaanbau geprägten Region, durchschnittlich nur 15 % der Familien aus mindestens sechs Personen, in Campo Novo do Parecis, einem "Soja"-Munizip im Westen Mato Grossos, sind es sogar nur 11 % (vergleiche dazu den Durchschnitt von Mato Grosso: 19 %).

---

1 Die im folgenden aufgeführten statistischen Zahlen zu Pro-Kopf-Einkommen, Bildung und Familiengröße basieren alle auf eigenen Berechnungen nach IBGE (1991).

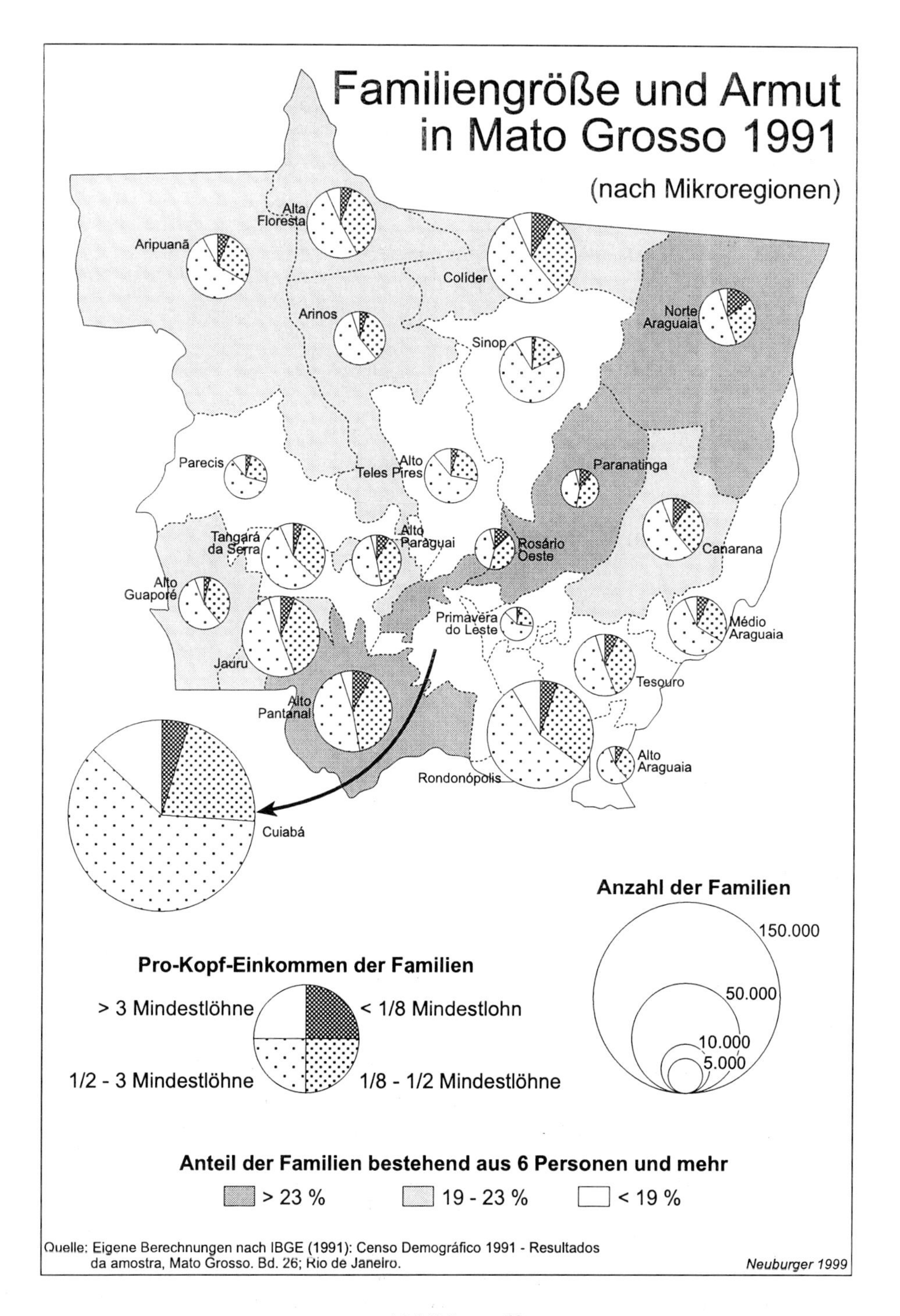

Abbildung 60

Ähnliche räumliche Strukturen lassen sich bei der Verteilung der Armut in den jeweiligen Munizipien erkennen (siehe die Durchschnittswerte für die Mikroregionen in Abb. 60). So liegt der Anteil der Familien, die über weniger als ein Achtel Mindestlohn pro Person verfügen[1], besonders in den 'Soja'-Regionen unter dem matogrossenser Durchschnitt (35 %)[2]. Die Sozialstrukturen sind dort insgesamt zwar geprägt von weniger Armut, doch sind die Unterschiede zwischen reich und arm sehr viel größer als in den traditionell geprägten Regionen. Im 'Soja'-Munizip Campo Novo do Parecis beispielsweise verfügten nur 19 % aller Familien über weniger als einen halben Mindestlohn pro Kopf. In Diamantino (29 %) und Nova Mutum (25 %) liegen die Werte ähnlich niedrig. Lediglich in den 'Soja'-Munizipien mit größeren Städten wie Rondonópolis (32 %) und Tangará da Serra (33 %) nähert sich das Armutsniveau dem matogrossenser Durchschnitt, da dort ähnliche Marginalisierungsprozesse zu beobachten sind wie in Mittelstädten Brasiliens allgemein (siehe zu Rondonópolis FRIEDRICH 1999, zu Cuiabá und Pionierstädten des Mittelwestens COY 1997 und 1996a, sowie zu anderen Mittelstädten in Brasilien COY et al. 1997, KOHLHEPP 1993). Aufgrund dieser sozio-kulturellen Rahmenbedingungen ist die Situation der Frauen in diesen Regionen insgesamt relativ am besten in Mato Grosso. Dies gilt sowohl hinsichtlich ihrer Arbeitsbelastung durch geringere Armut und niedrigere Kinderzahlen als auch durch ihre durchschnittlich höhere Schulbildung.

Ebenfalls in der zweiten Hälfte dieses Jahrhunderts entstanden in Mato Grosso zahlreiche klein- und mittelbäuerliche Pionierfronten, in denen noch heute von Armut geprägte Produktionsformen - kleinbäuerliche Subsistenz- oder Milchwirtschaft - vorherrschen. Sowohl die bereits in den 50er und 60er Jahren erschlossenen Gebiete im Süden des Bundesstaates, als auch die seit den 70er Jahren besiedelten Regionen im nördlichen Mato Grosso zählen dazu. Hier gestalten sich die sozio-kulturellen Rahmenbedingungen für das Alltagsleben der Frauen besonders negativ. Im Südwesten - also der Großregion Cáceres - und im Nordosten ist die Armut im Vergleich zu anderen matogrossenser Regionen am größten. Rund 40 % der Familien verfügen dort über weniger als einen halben Mindestlohn pro Kopf. Spitzenwerte über 50 % erreichen dabei die Munizipien Porto Alegre do Norte (56 %) und Santa Terezinha (54 %) in der nördlichen Mikroregion Norte Araguaia und Porto Esperidião (54 %), Reserva do Cabaçal (51 %) und Salto do Céu (54 %) in der südlichen Mikroregion Jauru, wobei das Munizip Jauru mit 63 % einen absoluten Höchstwert erreicht. Hier muß allerdings berücksichtigt werden, daß gerade im kleinbäuerlich-

---

1 Im Jahr 1991 betrug ein Mindestlohn etwa 80 US$, wobei die Kaufkraft aus Inflationsgründen sehr stark schwankte. Aus dem monatlichen Pro-Kopf-Einkommen von 1/8 Mindestlohn, also 10 US$, errechnet sich pro Kopf ein Jahreseinkommen von 120 US$, das noch unter der vom IDA festgelegten Grenze absoluter Armut von 150 US$ liegt (NOHLEN 1991, S. 57). Familien mit einem Pro-Kopf-Einkommen unter einem halben Mindestlohn können der ländlichen Unterschicht zugerechnet werden, da dies in etwa dem Wert der von der UNDP definierten internationalen Einkommensarmut entspricht. Für Lateinamerika liegt die Armutsgrenze doppelt so hoch (UNDP 1997).

2 Diese niedrigen Werte können natürlich nicht darüber hinweg täuschen, daß die Armut auch in diesen Regionen ein großes Problem ist. Zwar werden viele Arbeiten in der modernisierten Landwirtschaft aufgrund des hohen Technologieeinsatzes von spezialisierten gutbezahlten Arbeitskräften verrichtet, dennoch leben zahlreiche Familien als Tagelöhner in extremer Armut.

ländlichen Milieu der Subsistenzgrad der Familien sehr hoch ist und monetäres Einkommen eine geringere Bedeutung für die Überlebenssicherung der Familien hat. Dennoch prägt die Armut das soziale Gefüge in diesen Regionen. Die schlechte Schulbildung verstärkt diese prekäre Situation vor allem in der Mesoregion Sudoeste, die aus den Mikroregionen Alto Guaporé, Jauru und Tangará da Serra besteht, wo durchschnittlich 54 % der Bevölkerung weniger als vier Jahre die Schule besucht haben. Gerade in dieser Region sind auch die Familien relativ groß. Rund 21 % aller Familien bestehen dort aus mindestens sechs Personen. Hohe Kinderzahlen, geringe Schulbildung und weit verbreitete Armut wirken sich als soziale Rahmenbedingungen besonders nachteilig auf die Situation von Frauen in den genannten kleinbäuerlich geprägten Gebieten aus.

Gerade in der Großregion Cáceres, in der mehrere Ungunstfaktoren aufeinandertreffen, engen hohe Arbeitsbelastung, geringes Einkommen und niedriges Bildungsniveau die Handlungsspielräume der Frauen stark ein (siehe Tab. 4). Dies gilt in besonderem Maße für die Munizipien Jauru, Reserva do Cabaçal und Salto do Céu, in denen alle drei Faktoren durch sehr hohe Werte auffallen. Im Munizip Jauru kann dies vor allem auf die sozialen Verhältnisse im Invasionsgebiet Mirassolzinho zurückgeführt werden, in dem die *posseiro*-Familien besonders stark verarmt sind. Auch in den Munizipien Reserva do Cabaçal und Salto do Céu prägt die prekäre soziale Situation das Alltagsleben der Familien, insbesondere der Frauen.

Sehr viel besser stellen sich die Rahmenbedingungen im Munizip Mirassol d'Oeste dar. Die Munizipsdurchschnittswerte verwischen allerdings die Disparitäten zwischen städtischem und ländlichem Raum. So haben nach Einschätzung der Kulturdezernentin von Mirassol beispielsweise rund 40 % der Familien im ländlichen Bereich mehr als vier Kinder, wobei die großfamiliären Strukturen häufig noch intakt sind. Andererseits ist die

Sozialindikatoren im Hinterland von Cáceres 1991

Munizip	Familien > 6 Personen	Personen mit < 4 Jahre Schulbesuch	Familien mit Pro-Kopf-Einkommen		Gini-Index der Einkommens-verteilung
			< 1/8 Mindestlohn	1/8 - 1/2 Mindestlohn	
Araputanga	20%	50%	5%	32%	0,56
Figueirópolis d'Oeste	25%	54%	8%	39%	0,52
Indiavaí	17%	55%	4%	35%	0,61
Jauru	29%	64%	9%	54%	0,50
Mirassol d'Oeste	17%	48%	3%	26%	0,54
Reserva do Cabaçal	27%	60%	11%	40%	0,53
Rio Branco	22%	59%	10%	35%	0,64
Salto do Céu	25%	66%	4%	50%	0,47
S.J. dos Quatro Marcos	18%	53%	5%	41%	0,54
Mikroregion Jauru	21%	55%	6%	38%	0,55
Mesoregion Sudoeste	21%	54%	5%	35%	0,56
Mato Grosso	19%	44%	6%	29%	0,60

Quelle: Eigene Berechnungen nach IBGE 1991

Tabelle 4

Schulbildung der städtischen Unterschichten sehr viel schlechter als die der ländlichen, da die relativ hohen Lebenshaltungskosten - Subsistenzproduktion in der Stadt ist nur sehr begrenzt möglich - den Einsatz aller Familienmitglieder, auch der Kinder, als Arbeitskräfte erfordern. Meist verlassen die Kinder deshalb für mehrere Wochen die Schule, um als Tagelöhner bei der Baumwoll- und Zuckerrohrernte zu arbeiten. Danach kehren sie in der Regel nicht mehr zum Schulunterricht zurück. Auch die Einkommensverteilung stellt sich im ländlichen und städtischen Raum unterschiedlich dar. Während im Muniziphauptort die Sozialstruktur sehr große Disparitäten aufweist, da sich einerseits in der noch heute bedeutendsten Stadt der Region die regionale wirtschaftliche Elite - sofern sie überhaupt noch vorhanden ist - angesiedelt hat, andererseits aber auch große städtische Marginalsiedlungen entstanden sind, liegt das Einkommensniveau der ländlichen Bevölkerung insgesamt sehr viel niedriger. Trotz dieser räumlichen Disparitäten innerhalb des Munizips Mirassol d'Oeste gehört die gesamte Gemeinde sicherlich aufgrund der sozialräumlichen Herkunft der Siedler, der anfänglich vorherrschenden Kaffeewirtschaft und der trotz allem noch bedeutenden Wirtschaftssektoren von Industrie und Handel zu den sozial ausgewogensten der Region.

Die gravierenden Unterschiede zwischen den einzelnen Munizipien hinsichtlich der sozialen Verhältnisse und der Siedlungsstruktur schlagen sich auch im Organisationsgrad der ländlichen Bevölkerung nieder (siehe Tab. 5). Dabei existieren die von Männern geführten Kleinbauernvereinigungen, abgesehen von wenigen Ausnahmen, nur auf dem Papier und entwickeln kaum Aktivitäten. Auch bei den Frauenorganisationen sind nur wenige Gruppen aktiv, so daß die Sozialarbeiterinnen der staatlichen Agrarberatungsbehörde EMPAER über mangelnde Beteiligung und geringe Bereitschaft zur Aufnahme von Innovationen klagen. Dies hängt einerseits sicherlich mit der Persönlichkeit und dem Engagement der jeweiligen Sozialarbeiterin sowie mit dem Vertrauen bzw. Mißtrauen, das die örtlichen Frauen in die jeweilige Person haben, zusammen. Andererseits engt das ungünstige soziale Umfeld den Handlungsspielraum von Frauen ein. Dies gilt besonders für die Frauengruppen der Munizipien Salto do Céu und Rio Branco, wo ein niedriges Bildungsniveau, große Familien und noch heute anhaltende extrem starke Landflucht bzw. große Armut[1] den Frauen im Überlebenskampf jeden Freiraum rauben (siehe zur Situation der Kleinbauern von Rio Branco in Kapitel V.2).

Lediglich in den Munizipien Mirassol d'Oeste und Lambari d'Oeste haben die Frauengruppen eine eigene Dynamik entwickelt. Dies läßt sich auf das Zusammenspiel verschiedener Faktoren zurückführen. In Mirassol hatte die wirtschaftliche Krise der 80er Jahre besonders gravierende Folgen, da der zuvor dominierende Kaffeeanbau, der gute Gewinne eingebracht hatte, in wenigen Jahren völlig zusammenbrach (siehe weitere Ausführungen dazu in Kapitel IV.2.2). Diese extremen Einkommensverluste zwangen zahlreiche Familien zu Landflucht und Abwanderung, so daß die ländliche Bevölkerung zwischen

1 In Salto do Céu sank die ländliche Bevölkerung zwischen 1980 und 1996 um 73 % von rund 8.700 auf 2.400. Rio Branco weist in der Region den höchsten Gini-Index (0,64), also eine besonders ungleiche Einkommensverteilung, auf.

Organisationen im ländlichen Raum des Hinterlandes von Cáceres (1996)

Munizip	Veränderung der ländlichen Bevölkerung		Anzahl der ländlichen Siedlungen	Anzahl der Kleinbauern-vereinigungen	Anzahl der Frauen-gruppen
	1980 - 1991	1991 - 1996			
Araputanga	- 54 %	- 40 %	22	5 (1)	5
Figueirópolis d'Oeste	- 23 %	- 18 %	24	4 (0)	0
Indiavaí	14 %	- 41 %	0	0	0
Glória d'Oeste	-	-	?	?	?
Jauru	18 %	- 23 %	17	?	?
Lambari d'Oeste	-	-	8	4 (1)	1*
Mirassol d'Oeste	- 55 %	27 %***	18	6 (1)	10*
Reserva do Cabaçal	- 73 %	- 15 %	14	1 (0)	1
Rio Branco	- 18 %	- 5 %	15	6 (3)	4
Salto do Céu	- 45 %	- 51 %	24	12 (?)	5
S.J. dos Quatro Marcos	- 36 %	- 19 %	39	14 (0)	0

* Davon eine formal eigenständige Frauenvereinigung
** Zahl in Klammern: Anzahl der aktiven Organisationen
*** Der hohe positive Wert kommt durch zwei große *assentamentos* des INCRA im Jahr 1995 zustande.

Quelle: Eigene Berechnungen nach EMPAER 1996; IBGE 1997

Tabelle 5

1980 und 1991 um 55 % von rund 11.000 auf knapp 5.000 sank. Nachdem die von den Männern getragenen produktionsorientierten Strategien - hier ist vor allem der Baumwollanbau zu nennen - zur Bewältigung der Krise nicht beitragen konnten wie beispielsweise in São José dos Quatro Marcos (siehe Kapitel V.3), kamen die von den Frauen ausgehenden sozialen Strategien zum Tragen. So entstanden in Mirassol mehr Frauengruppen als Kleinbauernvereinigungen, eine in der Region einmalige und landesweit eher seltene Entwicklung (siehe Abb. 61). Die Gründung und aktive Mitarbeit in den Frauengruppen wurde durch die gegebenen sozialen Rahmenbedingungen wie vergleichsweise kleine Familien, geringere Armut und relativ hohes Bildungsniveau ermöglicht. Auch die relativ dichte Siedlungsstruktur, in der sich die ländlichen Siedlungen im Umkreis von rund 20 km um den Muniziphauptort konzentrieren, erleichtert die Kommunikation der Frauen untereinander. Die Frauengruppe im Munizip Lambari d'Oeste, die sich bereits als formale Frauenvereinigung etabliert hat, kann gleichsam als Ableger der mirassolenser Frauengruppen betrachtet werden, da in der *Gleba Canaã*, in der sich die Frauen organisiert haben, sehr viele Familien aus Mirassol stammen - ein Zeichen dafür, daß die Frauen diese Strategie auf ihre neue Lebenssituation übertragen konnten (zu den sozioökonomischen Rahmenbedingungen in der *Gleba Canaã* siehe KLEIN 1998).

4.4 Die *Associação da Mulher Rural de Rancho Alegre* (AMURA) als einzige formale Frauenvereinigung im Munizip Mirassol d'Oeste

Vor diesem Hintergrund ist das folgende Fallbeispiel der *comunidade* Rancho Alegre im Munizip Mirassol d'Oeste zu sehen, an dem exemplarisch die Folgen der Krisensituation

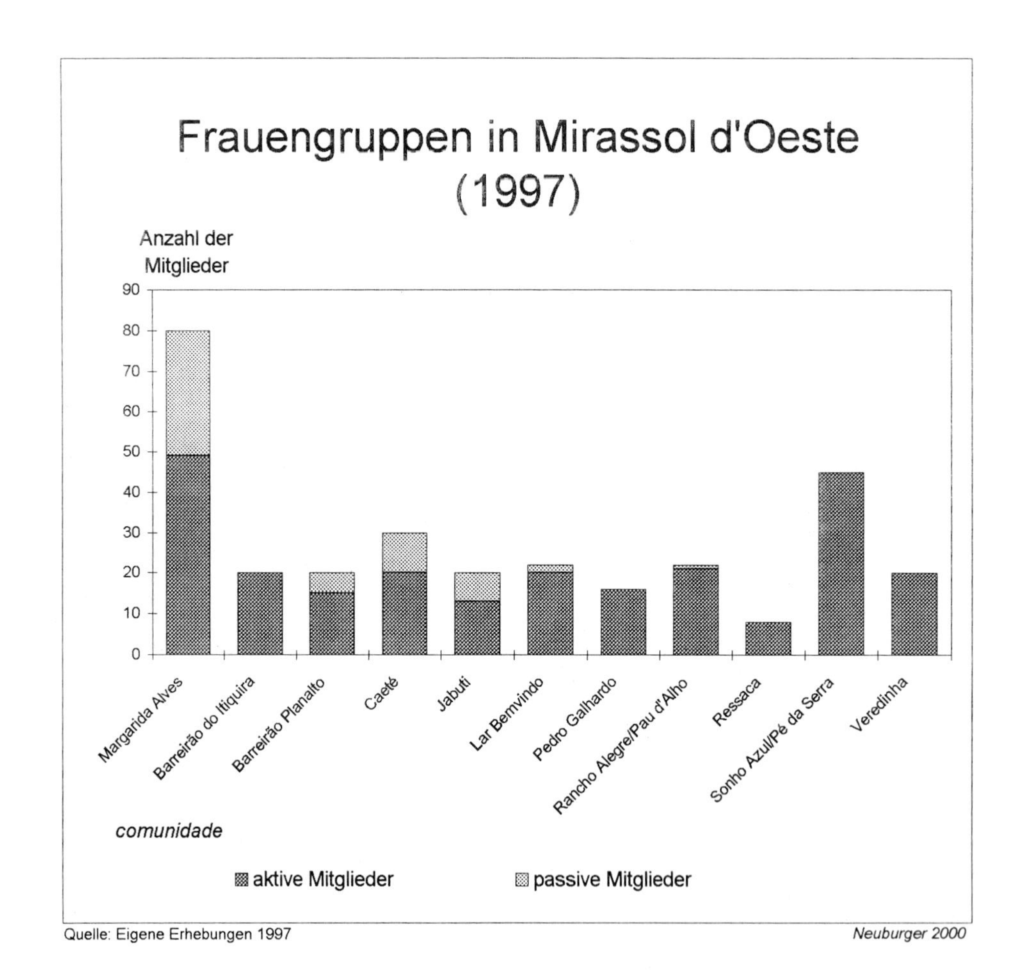

Abbildung 61

auf das Alltagsleben der Frauen verdeutlicht wird. Die formale Frauenvereinigung AMURA (*Associação da Mulher Rural de Rancho Alegre*) stellt dabei eine besondere Organisationsform unter den aktiven Frauengruppen des Munizips dar und konnte mit ihren Aktivitäten Erfolge in der Verbesserung der Situation der Frauen erzielen. Die Voraussetzungen und Impulse für die verschiedenen Strategien, aber auch ihre Probleme und Risiken, werden hier exemplarisch analysiert.

4.4.1 Die Folgen der Krisensituation für das Alltagsleben der Frauen in Rancho Alegre

Die kurz aufeinander folgenden Produktionskrisen von Kaffee und Baumwolle (siehe dazu Kapitel IV.2.2.2 und IV.2.2.3) hatten gravierende Folgen für die Situation der Frauen. Bereits in der Kaffeekrise Anfang der 80er Jahre waren die ressourcenschwächsten Familien - das heißt vor allem die der Pächter oder kinderreiche Familien mit kleinen, im Erbfall nicht teilbaren Betriebsflächen - dazu gezwungen, ihren Betrieb aufzugeben und die *comunidade* zu verlassen. Andere Betriebe, die zuvor über eine bessere wirtschaftliche Basis verfügt hatten, rutschten näher an die Armutsgrenze. Noch in dieser Phase, rund zehn Jahre nach dem Kolonisationsbeginn, konnten soziale Netzwerke, die erst in der Entstehung waren, nicht zu einer Linderung der Krisensituation beitragen. Wenige Jahre später verschlechterte sich die wirtschaftliche Situation der Betriebe noch weiter, da sie sich für die Finanzierung des Baumwollanbaus verschuldet hatten und nach wiederholten Mißernten die Kredite nicht zurückbezahlen konnten, so daß sie häufig ihre Betriebe aufgeben und abwandern mußten. Je nach Wanderungsziel gestaltete sich der Alltag dieser Familien völlig neu.

In den Familien, die nicht abwandern mußten, sank die Arbeitsbelastung der Frauen im Bereich der Marktproduktion, da die von Männern und Frauen gleichermaßen ausgeführten Arbeiten im Kaffeeanbau entfielen und die neuen Aufgaben im Baumwollanbau etwas weniger aufwendig waren. Während die teilweise maschinelle Feldvorbereitung und Aussaat sowie das Ausbringen von Agrochemikalien von den Männern erledigt wurde, gehörten das Jäten und die Ernte zu den gemeinsamen Aktivitäten aller Familienmitglieder. Mit der vollständigen Umstellung der Betriebe auf Milchviehhaltung schließlich wurden die Frauen vollständig aus der Marktproduktion verdrängt, da die Milchproduktion ausschließlich Aufgabe der Männer ist.

Parallel zu dieser Entlastung, die einer völligen Hausfrauisierung gleichkommt, unterlag das Alltagsleben der Frauen je nach wirtschaftlicher Basis der jeweiligen Familie - Viehbestand, Größe der Betriebe, Verschuldungssituation - weiteren, unterschiedlich großen Veränderungen. War wegen der gravierenden Einkommensverluste der Geldbedarf der Familie beispielsweise für die Rückzahlung der Kredite oder für die eigene Versorgung nicht mehr gesichert, so mußten mit Hilfe entsprechender Strategien ergänzende Finanzmittel aus anderen Bereichen für die Ratenzahlungen bereitgestellt werden, indem beispielsweise die Lebenshaltungskosten der Familie gesenkt wurden. Dies ging meist zu Lasten der Frauen, da dieses Ziel einerseits durch die Einschränkung des Konsums - in Form von Einsparungen im Gesundheits- und Bildungsbereich sowie beim Nahrungsmittelkauf bzw. bei der Nahrungszubereitung - erreicht wurde. Andererseits fiel die Erhöhung der Subsistenzproduktion - Kleintierhaltung, Grundnahrungsmittel- und Gemüseanbau etc. - als weitere Strategie ebenfalls zu einem großen Teil in die Zuständigkeit der Frauen. Reichten diese Maßnahmen nicht aus, um das Überleben des Betriebes zu sichern oder den gewünschten Lebensstandard zu halten, mußten die Familien alternative Einkommensquellen erschließen. Auch hier wurden die Frauen in besonderer Weise eingebunden. Während sich alle Familienmitglieder - häufig auch die Kinder - auf Großbetrieben in den benachbarten Munizipien zur Baumwoll- und Zuckerrohrernte als Tagelöhner verdingten, wurden die Frauen darüber hinaus von ihren Männern dazu angehalten, über den Eigenbedarf hinaus Handarbeitsartikel - beispielsweise Näharbeiten etc. - und hausgemachte Lebensmittel - Käse und Süßspeisen - aus Produkten des eigenen Betriebes herzustellen, um durch ihren Verkauf weitere Einkünfte zu erzielen.

Neben der Verschlechterung der allgemein wirtschaftlichen Situation der einzelnen Betriebe seit den 80er Jahren beeinträchtigten auch die Veränderungen der sozioökonomischen Rahmenbedingungen die Lebensqualität der Frauen. Dies gilt besonders für die Infrastrukturausstattung des Munizips. Im Gesundheitswesen wurde zwar Mitte der 80er Jahre unter anderem mit Mitteln des POLONOROESTE-Programms das bereits bestehende Versorgungsnetz erheblich erweitert. Allerdings wurde aufgrund der lang anhaltenden Landflucht und der schwierigen Finanzlage des Munizips, aber auch des Bundesstaates, in der ersten Hälfte der 90er Jahre gerade die Basisinfrastruktur in den ländlichen Gebieten wieder abgebaut. Da heute lediglich in der *comunidade* Planalto eine minimale Versorgung durch eine einfache Krankenstation zur Verfügung steht, muß sich die gesamte ländliche Bevölkerung im Muniziphauptort medizinisch behandeln lassen. Gerade dort aber sind die Gesundheitseinrichtungen völlig überlastet, da trotz wachsender Bevölkerung[1] die Infrastruktur auch hier langsam abgebaut wird. Gerade für Frauen der ländlichen Unterschichten, die sich keine private Gesundheitsversorgung leisten können, bringt diese Situation eine enorme Zusatzbelastung mit sich, denn bei der Begleitung kranker Familienmitglieder - Kinder und Alte gehören zu den gesundheitlich anfälligsten Gruppen - müssen sie weite Wege in die Stadt zurücklegen und in den Ambulanzen lange Wartezeiten - häufig auch über Nacht - in Kauf nehmen.

Die Mittelkürzungen im sozialen Bereich, die seit Anfang der 90er Jahre im Zuge der Strukturanpassungsmaßnahmen auf allen politisch-administrativen Ebenen vorgenommen werden, schlugen sich auch im Schulwesen von Mirassol d'Oeste nieder. Auch hier wurden zunächst in den 80er Jahren mit Hilfe von POLONOROESTE-Geldern nahezu alle *comunidades* mit Grundschulen ausgestattet. Selbst auf entlegenen Großbetrieben wurden Schulen eingerichtet. Über die Hälfte der 25 im Jahr 1991 noch bestehenden Schulen im ländlichen Raum fiel jedoch bis 1997 den Sparmaßnahmen zum Opfer, da stark rückläufige Schülerzahlen[2] die Aufrechterhaltung einer derart großzügigen Ausstattung nicht mehr rechtfertigen konnten.

Die bereits seit 1973 bestehende Schule in Rancho Alegre konnte zwar bis 1997 noch erhalten werden. Allerdings droht ihr wegen Schüler- wie Lehrermangels die Schließung. Noch Anfang der 80er Jahre wurden in der Schule bis zu 90 Schüler verteilt auf sechs

1 Die Bevölkerung der Stadt Mirassol stieg von etwa 7.700 im Jahr 1980 auf knapp 20.000 im Jahr 1996.

2 Nach Unterlagen der Präfektur von Mirassol sank von 1981 bis 1996 die Zahl der Schüler im ländlichen Raum von rund 1.500 auf knapp über 300.

Klassenstufen unterrichtet. Durch die starke Landflucht sank die Schülerzahl jedoch auf 39, so daß nur noch die Klassen 1 bis 4 zustande kamen. Im Jahr 1996 schließlich waren es nur noch drei Klassenstufen. Neben der niedrigen Schülerzahl stellt aber auch die Suche nach einer Lehrerin für diese Schule ein gravierendes Problem dar. Wie in anderen ländlichen Gegenden ist es auch hier sehr schwierig, für entgelegene Schulen ausreichend Personal zu finden. Meist bleibt den Gemeindeverwaltungen in diesem Fall nur die Möglichkeit eine dort lebende Frau - diese Aufgabe übernehmen fast ausschließlich Frauen - notdürftig mit Hilfe von kurzen Einführungskursen auf ihre Lehrtätigkeit vorzubereiten, was die Qualität des Unterrichts noch zusätzlich verschlechtert. Gerade dieses Problem stellt sich auch für die Schule in Rancho Alegre, da die bisherige ortsansässige Lehrerin ihre Stellung in naher Zukunft kündigen will. Wird keine Nachfolgerin in der *comunidade* gefunden, muß die Schule - so die Ankündigung der Gemeindeverwaltung - geschlossen werden.

4.4.2 Die Strategien der Frauen von Rancho Alegre zur Verbesserung ihrer Lebensbedingungen

Die kontinuierliche Verschlechterung der Lebensbedingungen und die wiederholten Mißerfolge der von den Männern initiierten wirtschaftlichen Bewältigungsstrategien - auch die Gründung der Kleinbauernvereinigung *Associação dos Produtores Rurais de Rancho Alegre* hatte keine Verbesserungen bewirken können - erforderte in anderen Bereichen innovative Aktivitäten zur Überwindung bzw. Linderung der Folgen der Krisensituation, da die Fortsetzung der bisherigen Strategien lediglich die aktuellen Probleme verschärfte und die Verwundbarkeit der Familien erhöhte (siehe allgemein dazu RAUCH 1996, WISNER 1993 sowie ein konkretes Beispiel in TEKÜLVE 1997).

Ein Zusammenspiel verschiedenster Faktoren veranlaßte die Frauen der *comunidade* dazu, die Initiative zu ergreifen. Parallel zu den wachsenden Problemen der Alltagsbewältigung hatten die Frauen in den nunmehr rund zwanzig Jahren des Zusammenlebens in der *comunidade* informelle von Vertrauen geprägte soziale Netzwerke aufgebaut. Innerhalb dieser Beziehungsgeflechte etablierten sich sogenannte *líder*[1], die, meist verbunden mit ihrer starken Persönlichkeit, ein großes Engagement für die Gemeinschaft entwickelten und sich auch außerhalb der *comunidade* für sie einsetzten. In wiederholten Gesprächen über die Verschlechterung ihrer Lebensbedingungen entwickelten die Frauen zunehmend ein Bewußtsein für die Probleme der *comunidade* und den Willen, diese Situation zu ändern. Ihre Überzeugung, daß dieses auch ohne Hilfe der Männer möglich sei, stärkten die zwei Sozialarbeiterinnen des mirassolenser Büros der staatlichen Agrarberatungsbehörde EMPAER. Diese begleiteten die Entwicklung seit 1982 und hatten durch ihre langjährige Arbeit das Vertrauen der Frauen gewinnen können. Hinzu kamen Ende der 80er Jahre neue

1 Als *líder* werden im folgenden die Frauen bezeichnet, die durch ihr Engagement für die Dorfgemeinschaft eine gewisse leitende Funktion bei den Aktivitäten der Gruppe einnahmen und als *opinion leader* fungierten.

Förderungsmöglichkeiten für Kleinbauern aus dem Regionalentwicklungsprogramm POLONOROESTE. Zwar intensivierten die Sozialarbeiterinnen durch die damit verbundene Aufstockung der EMPAER-Mittel ihre Betreuung in den *comunidades*, allerdings konnten nur formal organisierte Vereinigungen in den Genuß von Finanzierungshilfen kommen, die für die Förderung der ländlichen Entwicklung vorgesehen waren. Somit hatten die lediglich an die Kleinbauernvereinigungen angegliederten, nicht selbständigen Frauengruppen keine Möglichkeit zur Beantragung, während die Kleinbauernvereinigungen selbst kaum Eigeninitiative zeigten.

Aus diesem Dilemma heraus entstand die Idee zur Gründung einer eigenen Frauenvereinigung auch gegen den Willen der Männer, die nur Kritik und Spott dafür aufbrachten. Die Innovation wurde vor allem von Frau P., der *líder* in Rancho Alegre, getragen, die aufgrund ihrer persönlichen Situation günstige Voraussetzungen dafür hatte. Sie war bereits 1972 als Kind mit ihren Eltern nach Rancho Alegre gekommen. Während ihre Familie später in den Norden Mato Grossos abwanderte, erwarb sie nach ihrer Heirat 1980 eine kleine Parzelle von nur 900 m² am Eingang der Siedlung, wo sie zusammen mit ihrem Mann und zwei, Ende der 80er Jahre noch kleinen Kindern eine Bar betrieb. So wurde einerseits ihr Zeitbudget nicht durch die landwirtschaftliche Produktion belastet. Andererseits hatte sie durch die Arbeit in der Bar trotz ihres auf die Nachbarschaft begrenzten Aktionsraums zahlreiche Kontakte über die *comunidade* hinaus, war den Umgang mit fremden Menschen gewohnt und nahm passiv und aktiv an lokalpolitischen Diskussionen teil. Zusammen mit der *líder* der Nachbarsiedlung Pau d'Alho leistete sie viel Überzeugungs- und Aufklärungsarbeit bei den Familien, bis sich schließlich 19 Frauen aus den *comunidades* Rancho Alegre und Pau d'Alho im Jahr 1989 zur formalen Gründung der *Associação da Mulher Rural de Rancho Alegre* (AMURA) einfanden. Als Basis der formalen Gründung lassen sich noch heute an der Zusammensetzung der AMURA-Mitglieder die zuvor bestehenden informellen sozialen Netzwerke und Verwandtschaftsbeziehungen erkennen: Von den heute elf Mitgliedern aus Rancho Alegre leben sieben bereits seit der Erschließungsphase der 60er und 70er Jahre in der *comunidade* und kennen sich gewissermaßen von Kindesbeinen an. Wiederum sechs davon gehören zu einer Großfamilie. Für den Schritt in die Formalisierung bauten die Frauen auf die Unterstützung der EMPAER-Sozialarbeiterinnen. So konnten die relativ komplizierten bürokratischen Hürden zur Registrierung als Vereinigung gemeistert und die folgenden Ziele der AMURA in den Statuten festgelegt werden:

- Förderung der **ländlichen Entwicklung** durch die Unterstützung bei Konzeption und Realisierung von Projekten, die den Frauen in den von ihnen als prioritär und dringlich definierten Bereichen zugute kommen und die aus eigenen Ressourcen, Schenkungen oder Anleihen finanziert werden,

- Förderung der **Emanzipation der Frau** durch die Schaffung von Diskussionsforen und die Durchführung von Informationsveranstaltungen zur rechtlichen Situation der Frau sowie durch Entscheidungshilfen in Familie, Dorfgemeinschaft und Gesellschaft,

- **Erhöhung des Familieneinkommens** durch Vorschläge und Kurse zur Schaffung neuer Einkommensquellen sowie zur effektiven Ressourcennutzung,

- **Stärkung des Gemeinschaftslebens** durch die Förderung der Bewußtseinsbildung über die Potentiale der Dorfgemeinschaft, durch gemeinsame kulturelle und soziale Aktivitäten sowie durch Kooperation, Integration und gegenseitige Hilfe bei Problemen in Familie und Dorfgemeinschaft,

- **Vertretung der Dorfgemeinschaft** gegenüber der Gemeindeverwaltung und anderen öffentlichen und privaten Institutionen zur Durchsetzung der Forderungen der Frauen.

Auf der Basis dieser hehren, teilweise sehr abstrakten Ziele entwickelten die Frauen bereits in den ersten nunmehr monatlich stattfindenden Mitgliederversammlungen konkrete Projektvorschläge für das Jahr 1990. So sollten bereits im ersten Jahr des Bestehens der AMURA Nähmaschinen angeschafft, die örtliche Schule an das Stromnetz angeschlossen, ein Gemeindezentrum gebaut und eine Krankenstation eingerichtet werden. Die große Anzahl der meist sehr kostspieligen Vorhaben zeugt von der anfänglichen Begeisterung der Frauen und vom Glauben an die eigene Kraft, diese auch verwirklichen zu können. Das neue Selbstbewußtsein, das die Frauen durch die Realisierung der formalen Gründung ihrer eigenen Vereinigung gewonnen hatten, wurde jedoch zunächst getrübt, da alle Anträge auf staatliche Bezuschussung abgelehnt wurden. Dennoch hielt die AMURA an ihrem Maßnahmenkatalog fest und suchte nach alternativen Finanzierungsmöglichkeiten. Mit Hilfe von Mitgliedsbeiträgen und Veranstaltungen - Tombolas, Dorffeste etc. zugunsten der AMURA (siehe Abb. 62) - sowie durch den Verkauf von Handarbeiten konnte ein gewisser Kapitalstock angespart werden, der durch Gemeinschaftsarbeit und die Unterstützung von Politikern - diese konnten in Wahlkampfzeiten leicht für solche Aktionen gewonnen werden - ergänzt wurde. So konnten die Frauen von Rancho Alegre in wenigen Jahren fast alle Projekte realisieren. Lediglich die Krankenstation wurde nicht eingerichtet.

Neben der Verwirklichung dieser Projekte entwickelte die AMURA weitere Aktivitäten, deren Schwerpunkte sich im Laufe der Jahre ihres Bestehens verlagerten. Einerseits bot die *associação* zur Bewußtseinsbildung der Frauen in regelmäßigen Mitgliederversammlungen ein Forum zur Diskussion der Probleme in der *comunidade*, die auch gegenüber politischen Vertretern vorgebracht wurden. Auch der Austausch mit anderen sozialen Gruppen und Interessenverbänden - Gewerkschaften, Kleinbauernvereinigungen etc. - hatte dabei vor allem in der ersten Hälfte der 90er Jahre eine große Bedeutung. Andererseits forderten die Frauen zunehmend das Angebot von Kursen, in denen sie Fähigkeiten zur Verbesserung der Lebensqualität - beispielsweise zu Gesundheitsfragen und Ernährungslehre - oder zur Erwirtschaftung von Einkommen - vor allem durch Anfertigung und Verkauf von Kunsthandwerk oder Süßspeisen und Likören aus Produkten des eigenen Betriebes - erlernten. Die Kurse wurden in Zusammenarbeit mit der EMPAER veranstaltet, die das Lehrpersonal stellte und bei auswärtigen Kräften meist die Kosten für Unterbringung und Verpflegung übernahm. Die notwendigen Materialien finanzierte meist die Frauenvereinigung, während benötigte Geräte gegebenenfalls die Agrarberatungsbehörde

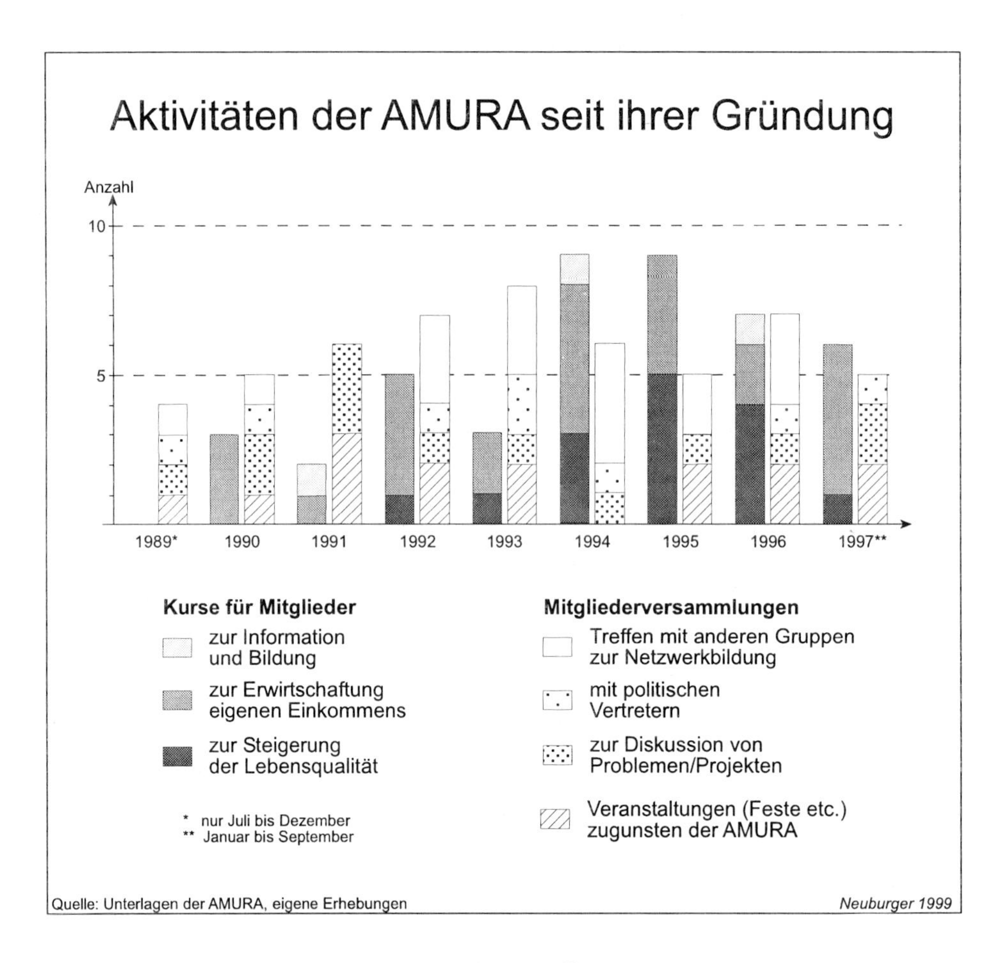

Abbildung 62

zur Verfügung stellte. Durch ihre verbesserte finanzielle Situation - die Veranstaltungen und Feste zugunsten der *associação* waren meist ein großer Erfolg - kann die AMURA seit Mitte der 90er Jahre zahlreiche Kurse finanzieren. Allerdings zeigen teure Kurse wie beispielsweise das Räuchern von Schweinefleisch, die Verarbeitung von Schafwolle oder die Anfertigung von Gebinden aus künstlichen Blumen nur wenig Wirkung über die eigentliche Kursdauer hinaus, da sich die meisten Frauen weder die teuren Materialien leisten können, noch über die notwendigen Gerätschaften verfügen. Dennoch werden solche Veranstaltungen in den letzten Jahren immer häufiger abgehalten. Die anderen, weniger aufwendigen Arbeiten nutzen die Frauen zur Verschönerung des eigenen Hauses oder als Geschenke, um ihre sozialen Netzwerke zu erhalten, aber auch zum Verkauf in der Stadt an Geschäfte oder Privathaushalte. Somit haben die Kurse mehrere Funktionen:

- Stärkung der Dorfgemeinschaft durch regelmäßige Kommunikation bei informellen Treffen in ungezwungener Atmosphäre,
- Stärkung der Identifikation durch Verschönerung des Wohnumfeldes,
- Sicherung informeller sozialer Netzwerke durch Geschenke,
- Senkung der Lebenshaltungskosten durch bessere Ausnutzung der Produkte des eigenen Betriebes und
- Erhöhung des Familieneinkommens bzw. Schaffung eines eigenen Einkommens für die Frau durch Verkauf der Produkte.

Ein besonderer Schwerpunkt in der Arbeit der AMURA liegt im Gesundheitsbereich, da die Einrichtung einer Krankenstation nicht erreicht werden konnte. Zum einen organisiert die *associação* mit Unterstützung von EMPAER und Präfektur regelmäßig Erste-Hilfe-Kurse für die *líder* aller Frauengruppen des Munizips, um in Notfallsituationen eine bessere, wenn auch laienhafte Versorgung zu gewährleisten. Zum anderen konnte sie zusammen mit den anderen Frauengruppen erreichen, daß die Präfektur seit 1994 kostenlos homöopathische Medikamente aus der gemeindeeigenen, 1993 gegründeten Medikamentenfabrik FAMEM in monatlich zusammengestellten Paketen an die *líder* je nach Bedarf in der jeweiligen Siedlung verteilt. Die *líder*, die einen begleitenden Kurs zur richtigen Anwendung der Medikamente besucht haben, geben die Mittel an die Familien weiter, so daß bei leichteren Erkrankungen der weite Weg zur Stadt und die langen Wartezeiten in der Ambulanz vermieden werden können. Auch bei schwereren Krankheitsfällen, bei denen nach wie vor die städtische Infrastruktur genutzt werden muß, erreichten die Frauengruppen eine Verbesserung: Zum Transport in die Stadt können Kranke mit einer von der *líder* unterschriebenen Bescheinigung den sonst nur für Schüler kostenlosen Gemeindebus nutzen. Darüber hinaus kann die *líder* für Patienten ihrer *comunidade* mit den Ärzten feste Termine auch außerhalb der öffentlichen Sprechstunden vereinbaren, so daß mehrfache Fahrten in die Stadt und lange Wartezeiten nicht nötig sind. Selbst bei kostspieligen Behandlungen durch einen Privatarzt kann die *líder* häufig Preisnachlässe erreichen.

Zur Verbesserung des allgemeinen Gesundheitszustands der Familien in Rancho Alegre, gewissermaßen als präventive Maßnahme, initiierte die AMURA zusammen mit der EMPAER Anlage und Ausbau der häuslichen Gemüsegärten[1]. Mit Hilfe einer Erhebung zum Zustand der Gemüsegärten konnten die Sozialarbeiterinnen der Agrarberatungsbehörde bereits 1985 entscheidende Defizite sowohl bei Größe und Pflege der Gärten als auch in der geringen Diversifizierung der Anbauprodukte feststellen (siehe Abb. 63). Die wenigen bereits existierenden Gärten waren relativ klein und schlecht gepflegt, da die Frauen im Laufe der vielen Migrationsetappen durch die unterschiedlichsten Ökosysteme Gewohnheit und Kenntnisse über den Gemüseanbau verloren hatten. Zudem maßen sie diesem aufgrund fehlenden Wissens über den Zusammenhang zwischen Ernährung und Gesundheit wenig Bedeutung bei, ein Phänomen, das nicht nur in dieser Region beobachtet

1 Zur wachsenden Bedeutung von Gemüse- bzw. Hausgärten als Überlebensstrategie von Frauen weltweit, vor allem im städtischen Raum, und zu ihrer entwicklungspolitischen Relevanz siehe HERBERS 1995, TOWNSEND 1995, DRESCHER 1996, CARNEY 1996, HARTOCH 1996 und MEHTA 1996.

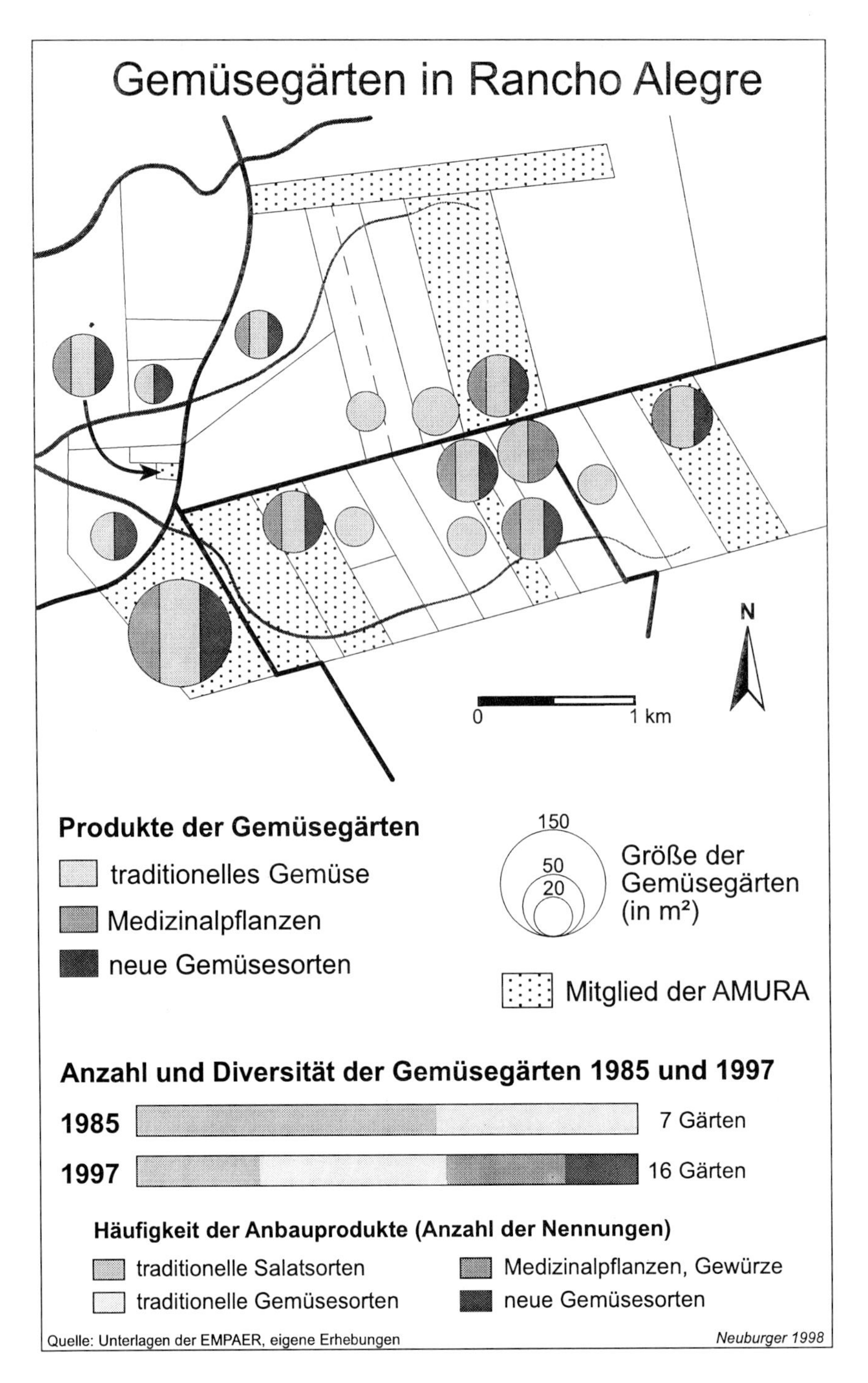

Abbildung 63

werden kann (siehe dazu WERNER-ZUMBRÄGEL 1997). So wurden die Anbauprodukte ausschließlich nach Kriterien wie Pflegeaufwand und Eßgewohnheiten ausgewählt, so daß nur die traditionellen Salat- und Gemüsesorten wie beispielsweise Kopfsalat, Endivie, Grünkohl und grüne Bohnen produziert wurden, die von relativ geringem ernährungsphysiologischem Wert sind.

Ziel der Sozialarbeiterinnen, die in diesen Jahren mit Mitteln des POLONOROESTE-Programms rechnen konnten, war es daher, die Frauen zur Vergrößerung und Diversifizierung ihrer Gemüsegärten zu bewegen. Nach anfänglich geringem Zulauf können sie seit Anfang der 90er Jahre zunehmend die Begeisterung der Frauen gewinnen, da zum einen jährlich von der EMPAER veranstaltete Wettbewerbe - es geht um den gepflegtesten, diversifiziertesten und mit ökologischen Anbaumethoden bewirtschafteten Garten - zur Teilnahme animieren. Zum anderen stellt die Präfektur seit 1990 das Saatgut kostenlos zur Verfügung. Außerdem fand die Arbeit in der Anfangsphase die Untersützung der neu gegründeten Frauenvereinigung. So verdoppelte sich die Anzahl der Gärten bis 1997 in Rancho Alegre. Außerdem führte die EMPAER neben Medizinalpflanzen, die auch in der FAMEM verarbeitet werden, neue Gemüsesorten wie beispielsweise Spinat, Rote Beete, Broccoli und Blumenkohl ein. Die begleitende Beratung mit Pflanz- und Pflegetips, neuen Kochrezepten und Aufklärung über den Nährwert der verschiedenen Gartenprodukte gewährleisten seitdem eine gute Ausnutzung dieses Potentials. In diesem Bereich zeigt sich die positive Wirkung der Frauengruppe besonders deutlich: Obwohl Saatgut und technische Beratung allen Familien in gleichem Maße zur Verfügung stehen, wurde der innovative Gemüseanbau vor allem von den Mitgliedern der AMURA übernommen, so daß diese nicht nur über die diversifiziertesten, sondern auch über die größten Gärten in der *comunidade* verfügen (siehe Abb. 63). Der Bedarf und die Einsicht in die Notwendigkeit einer ausgewogenen Ernährung ist so groß, daß selbst bei einer Verdoppelung der Gartenfläche - zuvor maßen die Gärten nur in Ausnahmefällen mehr als 20 m² - keine Familie über den Eigenbedarf hinaus Produkte vermarktet. Dies zeigt, daß selbst die sonst sehr schwierige Veränderung der Ernährungsgewohnheiten erreicht werden konnte.

Eine der zentralen Aufgaben der AMURA neben der Verbesserung der Lebens- und Einkommensverhältnisse der Mitgliedsfamilien besteht in der Stärkung der Dorfgemeinschaft insgesamt. So veranstaltet die AMURA zahlreiche Feste, an denen nahezu alle Familien partizipieren. Selbst die Männer der *comunidade*, die die Aktivitäten der Frauen bisher mit Mißtrauen und Argwohn beobachtet haben, beteiligen sich wenn auch zögerlich an ihren Veranstaltungen. Auch die Teilnahme an den verschiedenen Kursen ist nicht den Mitgliedern der *associação* vorbehalten, so daß die gesamte *comunidade* von der Arbeit der *associação* profitiert (siehe Abb. 64). Außerdem leistet die AMURA Hilfe in sozialen Härtefällen, auch wenn kein Familienmitglied der Frauenvereinigung angehört. So finanzierte sie beispielsweise im Jahr 1997 die Arztkosten für die Behandlung eines schwer kranken Jugendlichen und stellte die tägliche Milchration für die Kleinkinder der drei ärmsten Familien der *comunidade* zur Verfügung.

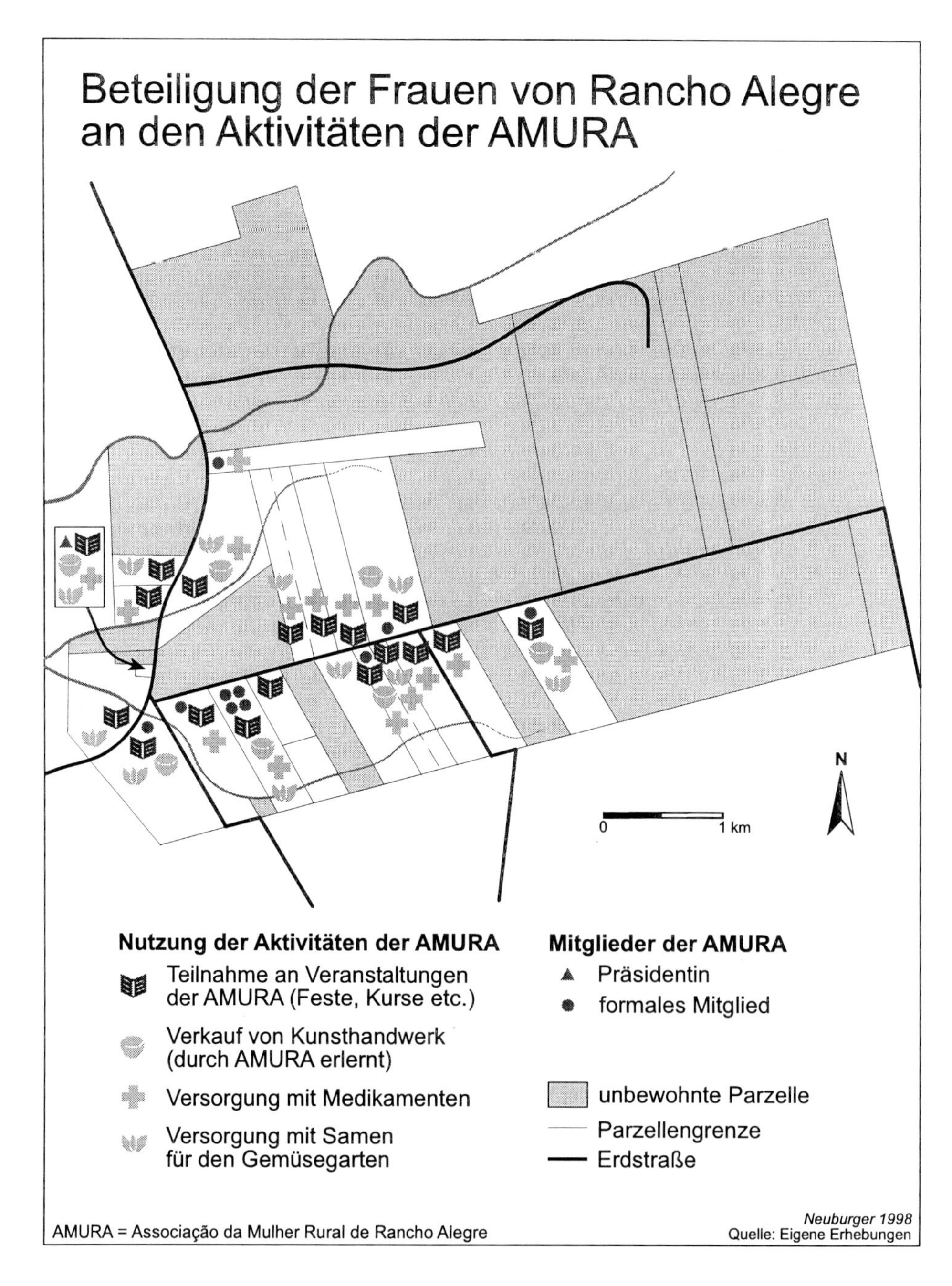

Abbildung 64

Neben diesen unmittelbar mit der Verbesserung der Lebensbedingungen zusammenhängenden Aktivitäten, ergriff die AMURA auch weitergehende Maßnahmen, um ihren Forderungen vor allem gegenüber der Gemeindeverwaltung mehr Nachdruck verleihen zu können. Zu diesem Zweck intensivierte die AMURA den Kontakt zu den anderen Frauengruppen, um mit Hilfe eines sehr viel umfassenderen Netzwerkes in kollektiven Aktionen mehr Durchsetzungsvermögen zu entwickeln. Gemeinsame Versammlungen, Kurse und Feste dienen zur allgemeinen Vertrauensbildung in ausgiebigen, meist informellen Gesprächen und Diskussionen über die Probleme in den einzelnen Siedlungen sowie zur Entwicklung und Umsetzung gemeinsamer Aktivitäten.

Diesen Bemühungen kam 1993 die offizielle Einführung des Amtes der *líder* entgegen, die, gewählt durch die Mitglieder der jeweiligen Frauengruppe, deren Interessen gegenüber Dritten - auch gegenüber der 'Männer'-*associação* - vertreten soll. Bereits seit 1992 treffen sich die *líder* einmal monatlich zum gegenseitigen Informationsaustausch. Auch die Sozialarbeiterinnen der EMPAER und Vertreterinnen der Gemeindeverwaltung - neben der Frau des Bürgermeisters sind es in der Regel die Dezernentinnen für Soziales und Gesundheit - nehmen daran teil. In diesem Gremium werden die aktuellen Probleme des ländlichen Raumes diskutiert und Überlegungen zu ihrer Lösung - Finanzierungsmöglichkeiten, Zusammenarbeit mit anderen Gruppen etc. - angestellt. Darüber hinaus ist die Planung und Abstimmung der Aktivitäten untereinander ein zentraler Punkt der Tagesordnung. Dabei basiert die Stellung der *líder* in den häufig auch sehr kontrovers verlaufenden Verhandlungen auf ihrer Funktion als *opinion leader* in der jeweiligen Dorfgemeinschaft. Durch ihr großes persönliches Engagement genießt die *líder* ein hohes Ansehen und Vertrauen innerhalb ihrer *comunidade* und hat somit eine große Bedeutung in der lokalen Meinungsbildung. In Zusammenhang damit verleiht der hohe Organisationsgrad der Frauen im ländlichen Raum - nahezu alle Siedlungen verfügen über gewählte Vertreterinnen - der *líder* ein politisches Gewicht, das die Durchsetzung ihrer Forderungen vor allem gegenüber der Gemeindeverwaltung, die sich in Zeiten der Finanzkrise gegen jegliche Art von Zusatzkosten sträubt, erleichtert.

4.4.3 Die Unterstützung der Frauen durch Gemeinde und Staat

Für den Erfolg der Arbeit der AMURA und der anderen Frauengruppen ist die Unterstützung von Gemeinde und Staat von besonderer Bedeutung. Diese unterliegt allerdings je nach parteipolitischer Zugehörigkeit der jeweiligen Personen und Institutionen auf den unterschiedlichen Ebenen starken Schwankungen, da selbst einzelne Mittelzuweisungen meist an politische Freundschaften und Koalitionen gebunden sind. So konnten beispielsweise Präfektur und EMPAER im Zuge des POLONOROESTE-Programms Ende der 80er Jahre mit umfangreicher finanzieller Unterstützung rechnen, da der damalige Präfekt einer Partei der matogrossenser Regierungskoalition angehörte. Aus dem Regionalentwicklungsprogramm PRODEAGRO hingegen fließen aufgrund der veränderten politischen Konstellationen seit Anfang der 90er Jahre nur spärlich Mittel nach Mirassol. Außerdem geht die Zielsetzung des Programms an den Bedürfnissen der Frauenorganisationen vorbei, da vor allem produktionsorientierte, agroindustrielle Kleinstprojekte gefördert werden. Dies erschwert die Arbeit der Sozialarbeiterinnen der EMPAER erheblich, die seitdem zur Fortsetzung ihrer intensiven Tätigkeit auf die Zusammenarbeit mit der Präfektur angewiesen sind.

Während die Arbeit der EMPAER in Mirassol durch das Engagement der Angestellten und durch die hohe personelle Kontinuität - dies ist in der gesamten Region einmalig - geprägt ist, bestimmt der alle vier Jahre stattfindende Wechsel der Gemeindeverwaltung die Aktivitäten auf kommunaler Ebene. Dabei werden nicht nur das Amt des Bürgermeisters[1] und die höchsten Führungspositionen neu besetzt, sondern in der Regel wird das gesamte Verwaltungspersonal ausgetauscht. Damit ist häufig ein Richtungswechsel in Zielsetzung und Konzeption der Gemeindepolitik verbunden, der eine kontinuierliche, konstruktive Zusammenarbeit erschwert. Darüber hinaus entscheiden auch persönliches Engagement und Kooperationsfähigkeit der jeweiligen Zuständigen in den kommunalen Gremien über Fortschritt und Effizienz der Sozialarbeit. Dies zeigte sich besonders deutlich beim Bürgermeisterwechsel 1997. Während der vorherige Präfekt aufgrund seiner beruflichen Perspektive als Arzt vor allem in den sozialen Bereichen, insbesondere in die Gesundheitsversorgung, investierte und mit den Frauengruppen zusammenarbeitete, legt der neue Präfekt die Schwerpunkte seiner Politik stärker auf den Ausbau der Verkehrsinfrastruktur und die Förderung der Industrie. Auch die derzeit für das Sozialwesen Zuständigen zeigen im Vergleich zu ihren Vorgängerinnen nur wenig persönliches Engagement und einen begrenzten Willen zur Kooperation mit den Frauengruppen. Sie verweigern mit dem Vorwand der finanziellen Krise in der Gemeinde ihre Unterstützung und komplizieren die bisher auf unbürokratische und unkonventionelle Handlungsweisen aufbauenden Aktivitäten der Frauen durch eine verstärkte Formalisierung.

Auch der Bundesstaat Mato Grosso tritt in den letzten Jahren verstärkt für die Förderung des ländlichen Raumes ein. Allerdings sind die Programme und Projekte, die meist in Zusammenarbeit mit Präfektur oder EMPAER angeboten werden, häufig nicht an die Bedürfnisse der Familien und *comunidades* angepaßt. So wurden im Jahr 1997 produktionsorientierte Kurse eingerichtet, die zwar inhaltlich die aktuellen Probleme der Kleinbauern aufnahmen - beispielsweise die Herstellung von Milchderivaten zur Verbesserung des Einkommens trotz fallender Milchpreise -, in der Durchführung aber in Form eines zweiwöchigen ganztägigen Kurses die zeitliche Disponibilität dieser Familien bei weitem überstiegen. Auch der Versuch, die bezahlte Stelle einer *agente comunitária* - eine Art ambulante Sozialarbeiterin - mit Aufgaben in der Gesundheitsversorgung der einzelnen Siedlungen einzuführen, schlug fehl, da die Mindestbevölkerungsdichte von 100 Familien im Umkreis von 8 km viel zu hoch angesetzt wurde.

Die immer weiter zurückgehende Unterstützung verbunden mit dem anhaltenden Mißerfolg in der Antragstellung von Finanzierungshilfen für ihre Projekte demotiviert die Frau-

---

1 Bis zur Verfassungsänderung im Jahr 1997 war in Brasilien die Wiederwahl von Präfekten, Gouverneuren und auch die des Staatspräsidenten unmöglich.

en in Mirassol zunehmend, so daß sie bereits damit drohen, ihre Arbeit für die *comunidades* einzustellen. Gleichzeitig versucht die AMURA angesichts des Stillstands in der örtlichen Kleinbauernvereinigung und der veränderten Zielsetzungen des PRODEAGRO-Programms, ihre Aktivitäten auf die landwirtschaftliche Produktion auszudehnen. Zum einen fordert sie einen an die lokalen Gegebenheiten angepaßten Kurs zu Milchverarbeitung. Zum anderen beantragt sie die Finanzierung einer Anlage zur Fruchtfleischgewinnung aus Obst. Letzteres Projekt ist meines Erachtens allerdings zum Scheitern verurteilt, da lediglich auf einem Betrieb in Rancho Alegre Ananas in größerem Umfang angebaut wird[1].

4.4.4 Probleme und Perspektiven der Arbeit der AMURA

Trotz dieser ungünstigen politischen Rahmenbedingungen hat die AMURA mit ihrer Arbeit entscheidend zur Erleichterung der Alltagslebens und somit zur Verbesserung der Lebensqualität in Rancho Alegre beigetragen. Allerdings machen sich seit Anfang der 90er Jahre die sozioökonomischen Wandlungsprozesse in der *comunidade* in der Zusammensetzung der Mitglieder in negativer Weise bemerkbar. Während noch vor der Gründung der AMURA nahezu alle Familien in Rancho Alegre im Besitz eines Grundstücks waren und dieses auch bewirtschafteten, nimmt die Zahl der bewohnten Parzellen bei steigender Familienzahl ab. So lebten 1983 noch 25 Familien - fünf davon waren Pächter - auf ebensovielen Betrieben. Bereits im Jahr 1997 war die Zahl der bewohnten Parzellen auf 20 gesunken, gleichzeitig die Zahl der dort lebenden Familien aber auf 32 - Alleinstehende mitgerechnet - gestiegen (siehe Abb. 65). Zehn zum großen Teil junge Familien gehören dabei einer Großfamilie an und teilen sich drei Parzellen, während vier alte Ehepaare ohne dort lebende Nachkommen je einen eigenen Betrieb bewirtschaften. Insgesamt ist der Anteil der jungen Familien, die typischerweise an jungen Pionierfronten vorherrschen, gesunken: Kamen 1983 noch 111 Kinder[2] auf 50 Erwachsene bzw. Jugendliche, so waren es 1997 nur noch 42 Kinder auf 62 Erwachsene bzw. Jugendliche. Die aktuelle sehr viel differenziertere Haushaltszusammensetzung in Rancho Alegre ist Resultat der selektiven Migration, in der vor allem junge Erwachsene und Familien mit Kindern abgewandert sind.

Aufgrund dieses Abwanderungsverhaltens verlor die Frauenvereinigung zahlreiche Mitglieder, da gerade Frauen aus jungen Familien unter den größten Arbeitsbelastungen leiden und deshalb die Hauptzielgruppe der AMURA sind (siehe Abb. 66). Die jungen Familien, die in den letzten Jahren zugewandert sind, bewirtschaften entweder die Betriebe als Pächter und bleiben nur wenige Jahre in der *comunidade* oder orientieren sich zur Stadt Mirassol hin, in der bereits verwandtschaftliche Beziehungen bestehen. Sie treten deshalb selten der *associação* als Mitglied bei, sondern beteiligen sich eher unregelmäßig an ihren

---

1 Zur Problematik des Einstiegs in die Obst- und Fruchtfleischproduktion siehe das Fallbeispiel der Kleinbauern von Salvação (Kapitel V.3).

2 Als Kinder wurden lediglich Schulkinder mit hohem Betreuungsaufwand und ohne Beitrag zum Familieneinkommen gezählt.

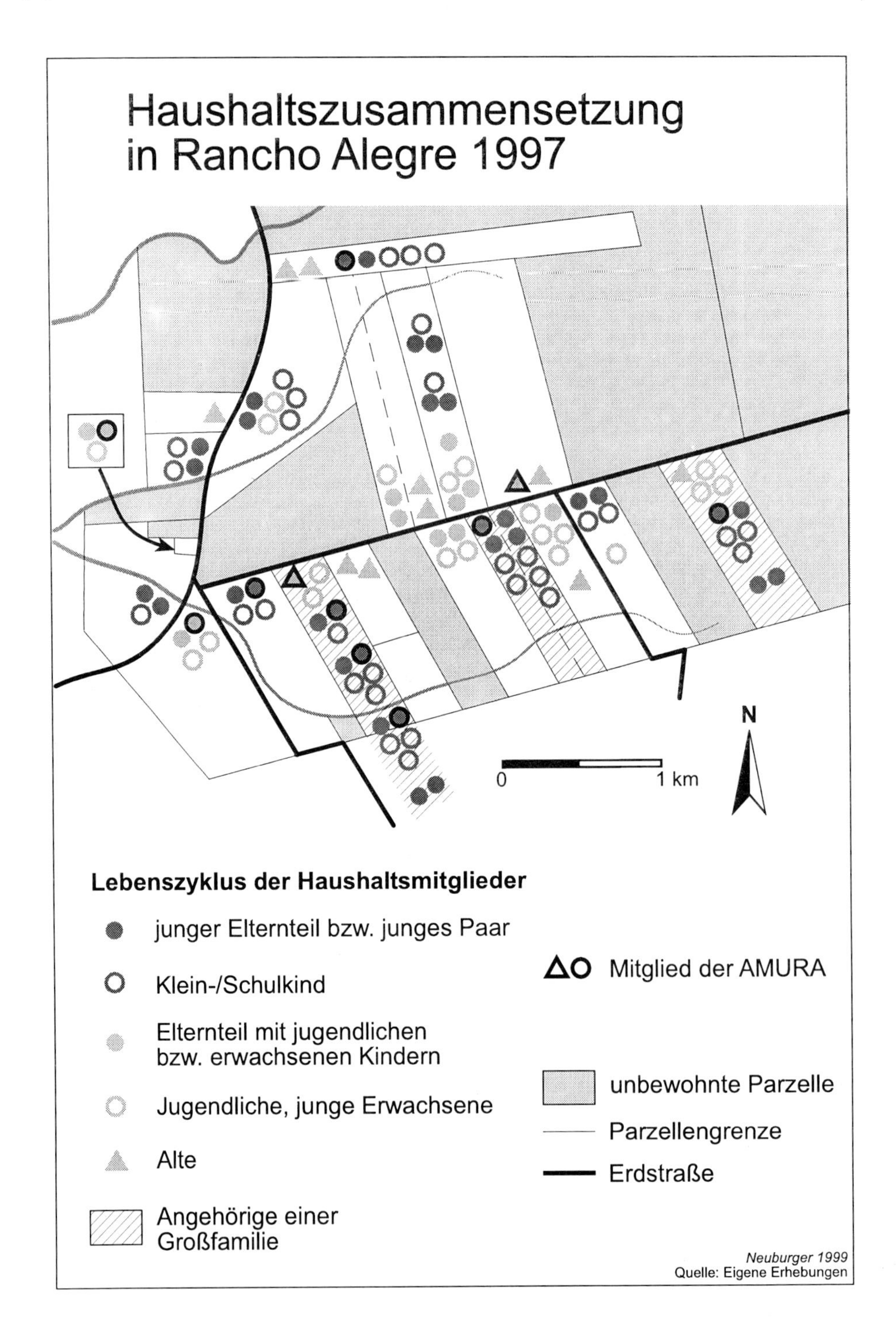

Abbildung 65

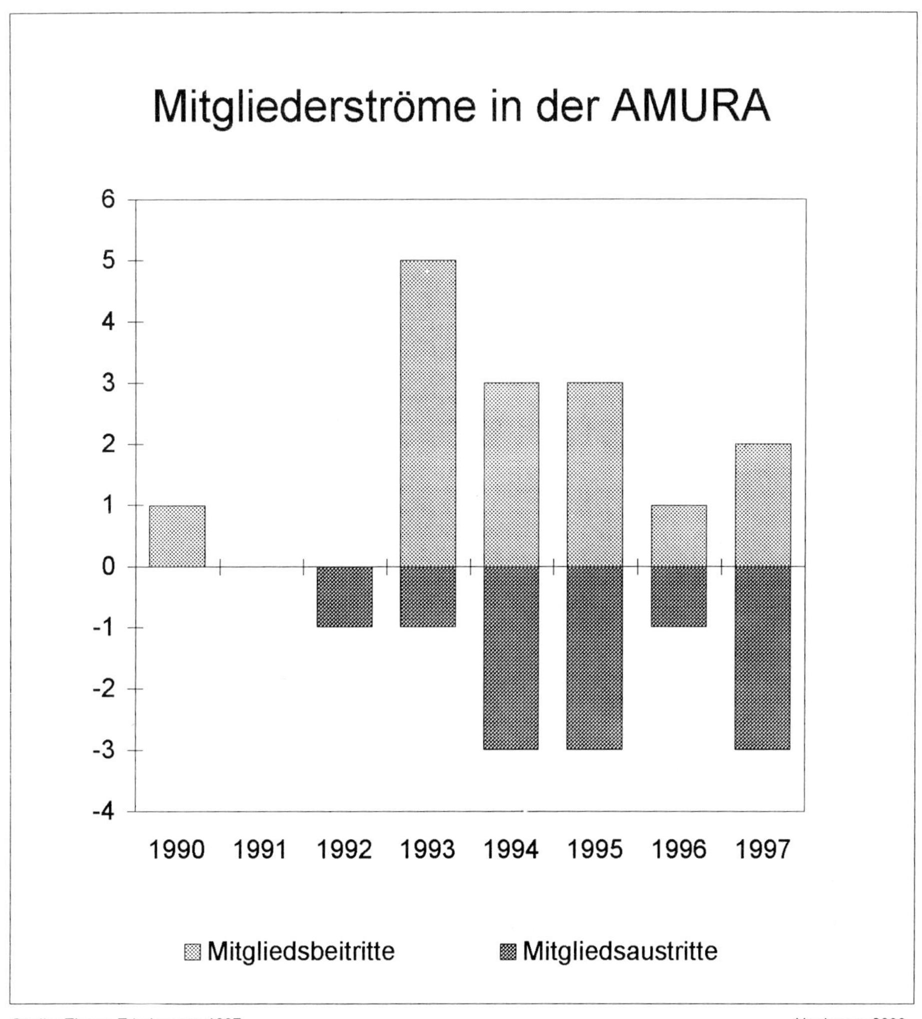

Quelle: Eigene Erhebungen 1997 *Neuburger 2000*

Abbildung 66

Veranstaltungen. Um dem zunehmenden Mitgliederschwund zu begegnen, erlaubt die AMURA seit wenigen Jahren auch die Mitgliedschaft junger Frauen ab dem 18. Lebensjahr, auch wenn sie noch keine eigene Familie gegründet haben. Damit droht die Organisation aber langsam zu einer Vereinigung von Mitgliedern einiger weniger Großfamilien zu werden und würde somit ihr Ziel der Netzwerkbildung auch über die bestehenden Verwandtschaftsverhältnisse hinaus verfehlen.

Ausgelöst durch die knapper werdenden Mittel, die Gemeinde und Staat zur Unterstützung der AMURA zur Verfügung stellen, ist die *associação* zunehmend gezwungen, ihre Leistungen auf ihre formalen Mitglieder zu beschränken und andere Frauen von der Teilnahme an ihren Veranstaltungen auszuschließen. Die AMURA erhofft sich dadurch den Beitritt derjenigen, die weiterhin von ihrer Arbeit profitieren wollen, zumal der Mitgliedsbeitrag sehr gering ist. Diese Maßnahme zeigte bisher allerdings noch nicht die gewünschte Wirkung, sondern führte eher zu einer Entsolidarisierung der Frauen untereinander.

Trotz allem wird die Arbeit der AMURA insgesamt von allen Frauen als gut und notwendig bewertet. Die weitgehende Beteiligung aller Frauen an den Aktivitäten der *associação* zeigt dies ebenso, wie die Tatsache, daß ehemalige Mitglieder, die vor wenigen Jahren aus der Region abgewandert sind, die Idee der engen Zusammenarbeit zwischen den Frauen einer *comunidade* in ihre neue Heimat übertragen. Sie bauen am Zielort ihrer Migration nach dem Vorbild der AMURA meist eine aktive Frauengruppe auf.

4.5 Fazit: Potentiale und *constraints* von Frauenorganisationen in sozioökonomisch und ökologisch degradierten Räumen

Zusammenfassend können am Fallbeispiel Rancho Alegre verschiedene Aspekte von Verwundbarkeit und Überlebensstrategien von Frauen in degradierten Räumen aufgezeigt werden (siehe Abb. 67). Frauen in ländlichen Räumen sind in die sozioökonomischen und ökologischen Wandlungsprozesse einer Pionierfront in besonderer Weise eingebunden. In der Anfangsphase der Erschließung prägen prekäre Bedingungen des unmittelbaren Lebensumfeldes, soziale Isolation, wirtschaftliche Unsicherheit und mangelhafte bzw. nicht existente öffentliche Infrastruktur den Alltag der Frauen. Dies gefährdet vor allem die Befriedigung ihrer praktischen Bedürfnisse. Mit der wirtschaftlichen Konsolidierung und dem Ausbau der Infrastruktur in einer weiteren Phase der Pionierfrontentwicklung können diese kurzfristigen, unmittelbar für das Überleben wichtigen Interessen zunehmend gewahrt werden. Darüber hinaus schützt im vorliegenden Fallbeispiel der große Arbeitsaufwand bzw. der geringe Mechansierungsgrad des Kaffeeanbaus die Frauen zunächst vor einer Verdrängung aus dem Produktionsbereich.

Erst mit der Verlagerung hin zu weniger arbeitsintensiven bzw. besser mechanisierbaren Anbauprodukten - hier Baumwolle - in der beginnenden Degradierungsphase findet eine fast vollständige Hausfrauisierung statt. Die Frauen verlieren somit vor allem haushaltsintern an Macht und Selbstbewußtsein und sehen ihre strategischen Interessen bedroht. Diese sogenannten strategischen Bedürfnisse, die langfristig die Stärkung der Frauen in soziopolitischen und ökonomischen Bereichen zum Ziel haben[1], werden im ländlichen Raum mit vorherrschenden traditionellen Rollenzuweisungen von wenigen Frauen als Eigeninteresse bewußt wahrgenommen und als solches explizit genannt (PANDEY 1995).

1 Zur Definition von praktischen und strategischen Bedürfnissen siehe FRIEDMANN 1992, S. 112 sowie TEKÜLVE 1993, S. 312 und TOUWEN 1996, S. 18.

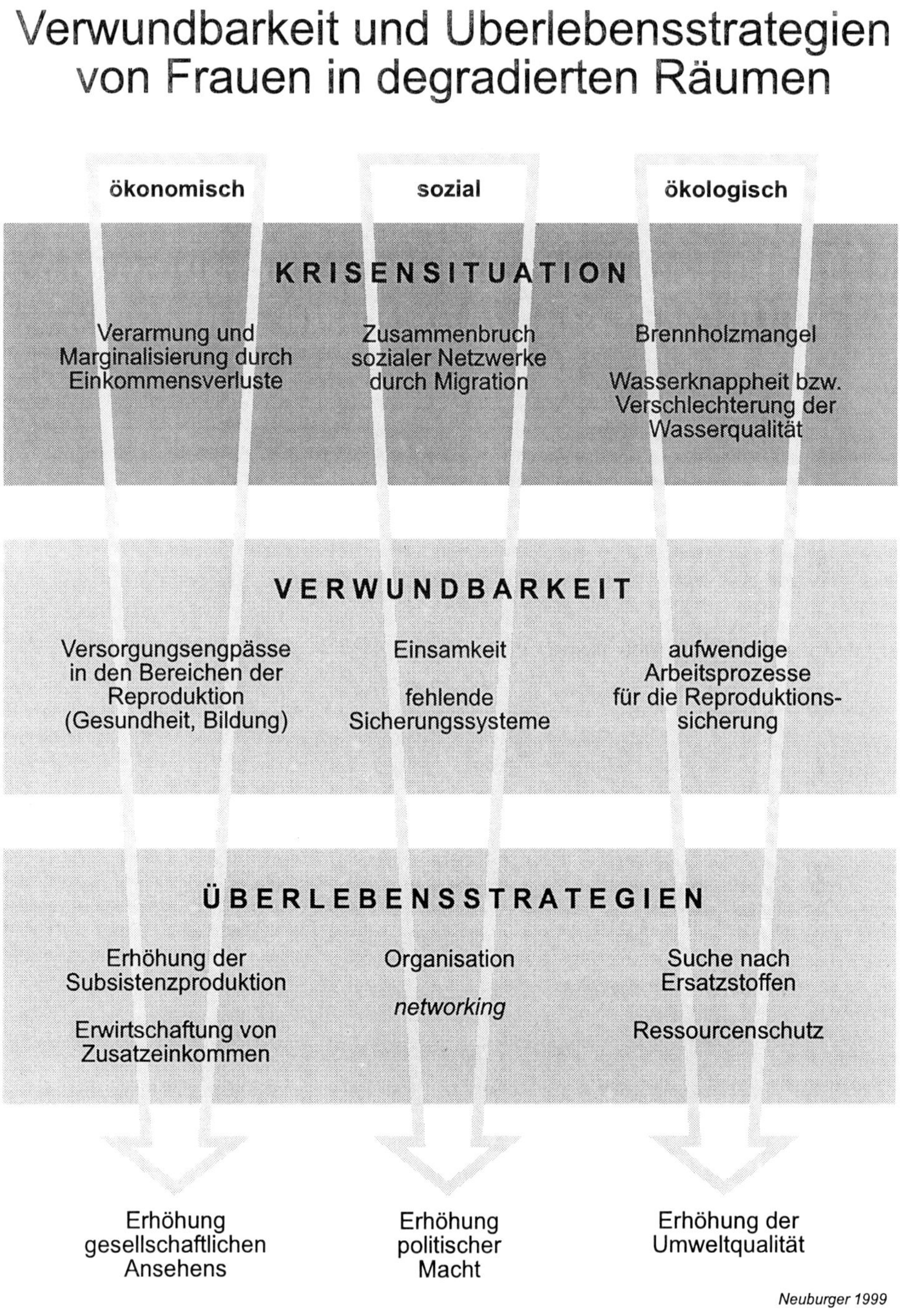

Verwundbarkeit und Uberlebensstrategien von Frauen in degradierten Räumen

ökonomisch | sozial | ökologisch

KRISENSITUATION

Verarmung und Marginalisierung durch Einkommensverluste

Zusammenbruch sozialer Netzwerke durch Migration

Brennholzmangel

Wasserknappheit bzw. Verschlechterung der Wasserqualität

VERWUNDBARKEIT

Versorgungsengpässe in den Bereichen der Reproduktion (Gesundheit, Bildung)

Einsamkeit

fehlende Sicherungssysteme

aufwendige Arbeitsprozesse für die Reproduktionssicherung

ÜBERLEBENSSTRATEGIEN

Erhöhung der Subsistenzproduktion

Erwirtschaftung von Zusatzeinkommen

Organisation

networking

Suche nach Ersatzstoffen

Ressourcenschutz

Erhöhung gesellschaftlichen Ansehens

Erhöhung politischer Macht

Erhöhung der Umweltqualität

Neuburger 1999

Abbildung 67

Dadurch laufen sie aber um so mehr Gefahr, in den Bemühungen um eine Verbesserung der Lebensbedingungen keine Berücksichtigung zu finden (siehe dazu MEARES 1997). Verschlechtern sich die Einkommensverhältnisse der Familien noch weiter - so zum Beispiel durch Umstellung der Produktion auf die relativ arbeitsextensive Milchviehhaltung - so bleiben die Frauen zwar weiterhin aus der landwirtschaftlichen Produktion des eigenen Betriebes ausgeschlossen. Sie sind aber dazu gezwungen, in anderen Bereichen wie der Lohnarbeit oder der Herstellung von hauswirtschaftlichen Produkten zur Erhöhung der Familieneinkommens beizutragen. Während dadurch die Frauen wieder eine Stärkung ihrer Stellung in Familie und Gesellschaft erfahren, verschlechtern sich die Rahmenbedingungen der praktischen Bedürfnisbefriedigung durch die Überlastung der öffentlichen Infrastruktur im Zuge der wirtschaftlichen und sozialen Krise in der Region. Gleichzeitig bieten die inzwischen bestehenden sozialen Netzwerke ein Potential zur Linderung der negativen Auswirkungen, die allerdings durch die anhaltende Abwanderung gefährdet sind.

Hier setzen die Strategien der Frauen von Rancho Alegre an. Die sozialen Beziehungen bieten ihnen, unterstützt durch die staatliche Agrarberatungsbehörde EMPAER, ein Forum zur Diskussion ihrer Probleme vor allem im Bereich der praktischen Bedürfnisbefriedigung. Im Erfahrungsaustausch werden die Ursachen der Krise deutlich und das Bewußtsein der Frauen wächst, die alltäglichen Lebensbedingungen durch eigenständige Aktionen verbessern zu können. Diese zum größten Teil von den Frauen selbst getragene Initiative kann als erster und entscheidender Schritt hin zum *self-empowerment* gewertet werden (siehe zur Definition von *empowerment* allgemein FRIEDMANN 1992). Gerade in der Diskussion um die Rolle der Frauen im Entwicklungsprozeß wird die kognitive Komponente des *empowerment*-Ansatzes, der die 'Begriffsfähigkeit' der Frauen - also die Bewußtseinsbildung für die eigene Problemlage - hervorhebt, und ihre Kombination mit der psychologischen Komponente, die die Steigerung von Selbstbewußtsein und Selbstvertrauen beinhaltet, immer wieder als zentrale Voraussetzung einer erfolgreichen Umsetzung dieses Konzeptes in der Frauenförderungspolitik genannt (siehe dazu LAZO 1993, STROMQUIST 1993, RODENBERG 1995, PANDEY 1995 und TOUWEN 1996). Dieser Prozeß ist aber von außen nur äußerst schwer in Gang zu setzen und stellt entwicklungspolitische Akteure häufig vor schier unlösbare Probleme. Typischerweise beschränken sich die Aktivitäten von Frauengruppen - so auch die der AMURA - anfänglich auf ihre praktischen Bedürfnisse wie Zeitersparnis in der Hausarbeit, Gesundheit, Bildung und Einkommenserhöhung. Dabei kommt der Verbesserung des Zeitmanagements eine Schlüsselrolle zu, denn nur wenn Frauen über ausreichend Zeit verfügen, um sich mit anderen Frauen zu treffen und über ihre Alltagsprobleme zu reden, kann ein *empowerment*-Prozeß - gleichwohl von außen wie von 'innen' - initiiert werden (siehe dazu FRIEDMANN 1992). Diese Annahme bestätigt das Beispiel der Frauen von Rancho Alegre, deren verfügbare Zeit sich schrittweise ausdehnt einerseits durch die Umstellung der Betriebe auf arbeitsextensivere Produktionszweige und die allmähliche Verdrängung der weiblichen Arbeitskraft aus diesem Bereich und andererseits durch das Heranwachsen der Kinder und dem damit verbundenen Rückgang des Betreuungsaufwandes. Nicht zuletzt aus diesen Gründen in Kombination mit den vergleichsweise günstigen sozialen Rahmenbedingungen (siehe Kapitel V.4.3) ist der Organisationsgrad der Frauen im Munizip Mirassol d'Oeste besonders hoch.

Auf der Basis der Bewußtseinsbildung schließen sich Frauen häufig - auch die von Mirassol d'Oeste - in informellen, aber auch formellen Organisationen zusammen, um als wichtige Voraussetzung von *empowerment* die Erweiterung ihrer Handlungsspielräume zu erreichen. Die Aktivitäten solcher Zusammenschlüsse beschränken sich zunächst weitgehend auf zwei Zielsetzungen: die Verbesserung in den Bereichen Gesundheit und Bildung einerseits und die Erwirtschaftung eigenen Einkommens bzw. die Erhöhung des Familieneinkommens andererseits (siehe konkrete Beispiele in MUSENDEKWA & MARGIYANTI 1995, OLARTE & BESSER 1995, MOONESINGHE 1995, MITRA 1997). Die Betonung ausschließlich praktischer Bedürfnisse hat in erster Linie die Stärkung von Familie und Dorfgemeinschaft zum Ziel, das heißt, daß die Frauen ihre persönlichen Interessen - vor allem die strategischen - zurückstellen (PANDEY 1995). Dennoch ergibt sich aus der durch eigenes Einkommen erreichten zumindest partiellen wirtschaftlichen Unabhängigkeit meist eine Stärkung der haushaltsinternen Stellung der Frau. Diese strategische Errungenschaft erleichtert den Frauen, insbesondere im Falle einer formell organisierten Gruppe, den Zugang zu *productive resources* wie Land, Kapital, Kredite etc., einem der zentralen Elemente einer *empowerment*-Strategie (PANDEY 1995, LAZO 1993, STROMQUIST 1993). Gerade dies konnten die Frauen von Rancho Alegre als einzige Frauengruppe des Munizips erreichen, somit ihre Handlungsspielräume entscheidend erweitern und umfassendere Aktivitäten entwickeln. Allerdings zeigt gerade der wiederholte Mißerfolg in der Beantragung von Krediten, daß neben der Formalisierung der Frauengruppe auch die Schulung zur Bewältigung bürokratischer Hürden von entscheidender Bedeutung ist.

Die Frauen der AMURA vollzogen darüber hinaus einen weiteren entscheidenden Schritt, der zur Stärkung ihrer sozio-politischen Stellung führte: Sie forcierten die Netzwerkbildung mit anderen sozialen Gruppen, insbesondere mit den von den jeweiligen Kleinbauernvereinigungen abhängigen Frauengruppen von Mirassol d'Oeste. So konnten sie auch eine gewisse politische Macht erlangen, die das Kernstück des *empowerment*-Konzeptes darstellt (FRIEDMANN 1992, STROMQUIST 1993, TOUWEN 1996). Allerdings bleibt im vorliegenden Fallbeispiel das *networking* auf das lokale Niveau beschränkt und hat somit nur einen relativ begrenzten Wirkungsgrad. Außerdem ist diese ohnehin nur geringfügige Verschiebung des Machtgefüges in den *comunidades* und im Munizip sehr labil, so daß bereits kleinste Störmanöver beispielsweise ausgehend von der neuen Gemeindeverwaltung drohen, den Kampf der Frauen um ihr politisches Mitspracherecht zu behindern. Gerade die Durchsetzung der strategischen Interessen würde aber eine kontinuierliche Arbeit in einem langfristigen Prozeß erfordern (FRIEDMANN 1992, LACHENMANN 1997). Eine überregionale, nationale oder gar internationale Netzwerkbildung von Frauenorganisationen könnte dies zwar unterstützen (DANKELMAN & DAVIDSON 1990, PURUSHOTHAMAN 1998), sie ist aber für derart basisbezogene *bottom-up*-initiierte und -strukturierte Gruppen, die ihre Mitglieder aus den ländlichen Unterschichten rekrutieren und keine Unterstützung von vernetzten NGOs erhalten, aufgrund von kommunikativ-logistischen - beispielsweise Telefonanschluß oder Internetzugang - und finanziellen Defiziten - beispielsweise zur Finanzierung von Kontaktreisen - unerreichbar.

In dieser Situation, ohne Unterstützung von NGOs oder von übergeordneten Frauenorganisationen, ist eine Förderung durch lokale Akteure besonders wichtig. Nicht zuletzt aus diesem Grund sind gerade im Munizip Mirassol d'Oeste die Frauengruppen sehr aktiv. Einerseits verfügt die Gemeindeverwaltung durch ihren in der Region vergleichsweise großen Reichtum zumindest in der Vergangenheit über ausreichend Mittel, um sie im Sozialbereich einzusetzen. Andererseits ermöglicht die langjährige Kontinuität und das große Engagement der Sozialarbeiterinnen der EMPAER eine vertrauensvolle und konstruktive Zusammenarbeit zwischen den Frauen und der matogrossenser Behörde. Diese Unterstützung von kommunaler und bundesstaatlicher Seite ist in anderen Munizipien praktisch nicht vorhanden, in Mirassol droht sie im Zuge der allgemeinen finanzwirtschaftlichen Krise ebenfalls zurückzugehen.

Die Verschlechterung der politischen Rahmenbedingungen, die als eine Auswirkung der wirtschaftlichen Degradierung in der Region betrachtet werden kann, stellt für die Handlungsspielräume der Frauengruppen eine der wichtigsten Einschränkungen dar (siehe Abb. 68). Parallel zu diesen wirtschaftlichen *constraints* hemmen auch soziale Faktoren, die in Zusammenhang mit den sozialen Degradierungserscheinungen während der Pionierfrontentwicklung stehen, die Aktivitäten von Frauen. Dazu zählen vor allem die stark schwankende, aber anhaltende Abwanderung und die daraus resultierende Auflösung der Dorfgemeinschaft sowie die zunehmende soziale Polarisierung der Gesellschaft, die eine Solidarisierung von Frauen aus unterschiedlichen sozialen Schichten erschwert und in Krisensituationen selbst Frauen gleichen Sozialstatus' in Konkurrenz zueinander treten läßt (siehe dazu auch PANDEY 1995). Darüber hinaus hängt auch die ökologische Degradierung mit den Lebensbedingungen der Frauen und ihren Bewältigungsstrategien zusammen. So hat die zunehmende Entwaldung, wie es in der Untersuchungsregion der Fall ist, die Wasserversorgung zwar erleichtert, die Beschaffung von Brennholz wird allerdings erheblich erschwert. Dies gilt besonders für *comunidades* in großer Entfernung vom Muniziphauptort oder in schlecht zugänglichem Gebiet, da dort der Ersatz von Brennholz durch Gas äußerst schwierig ist. Schließlich sind auch kulturelle *constraints* für die Einengung der Handlungsspielräume der Frauen verantwortlich: Durch die Migration kommen die Familien in ökologisch meist völlig anders strukturierte Gebiete, so daß die Frauen ihr Wissen über das Ökosystem der Herkunftsregion beispielsweise bei der Anlage von Gemüsegärten oder bei Sammeltätigkeiten nicht anwenden können.

An diesen vielfältigen *constraints* muß eine problemorientierte, zielgerichtete Frauenförderung gerade auch in degradierten Räumen ansetzen. Neben der Unterstützung des *networkings* von Frauengruppen muß statt eines Abbaus staatlicher und kommunaler Unterstützung - eine zunehmend sich durchsetzende Praxis im Zuge der Strukturanpassungsmaßnahmen der letzten Jahre - die Arbeit von Behörden unterschiedlicher administrativer Ebenen auf die Kontinuität der Zusammenarbeit mit Frauen ausgerichtet sein. Dabei ist die personelle Stabilität und ein großes persönliches Engagement der involvierten Akteure auf beiden Seiten für vertrauensvolle und konstruktive Arbeit von entscheidender Bedeutung (LAZO 1993, STROMQUIST 1993, PANDEY 1995). Vor allem auf kommunaler Ebene kann dies geleistet werden, denn der notwendige persönliche Kontakt und ausreichende Kennt-

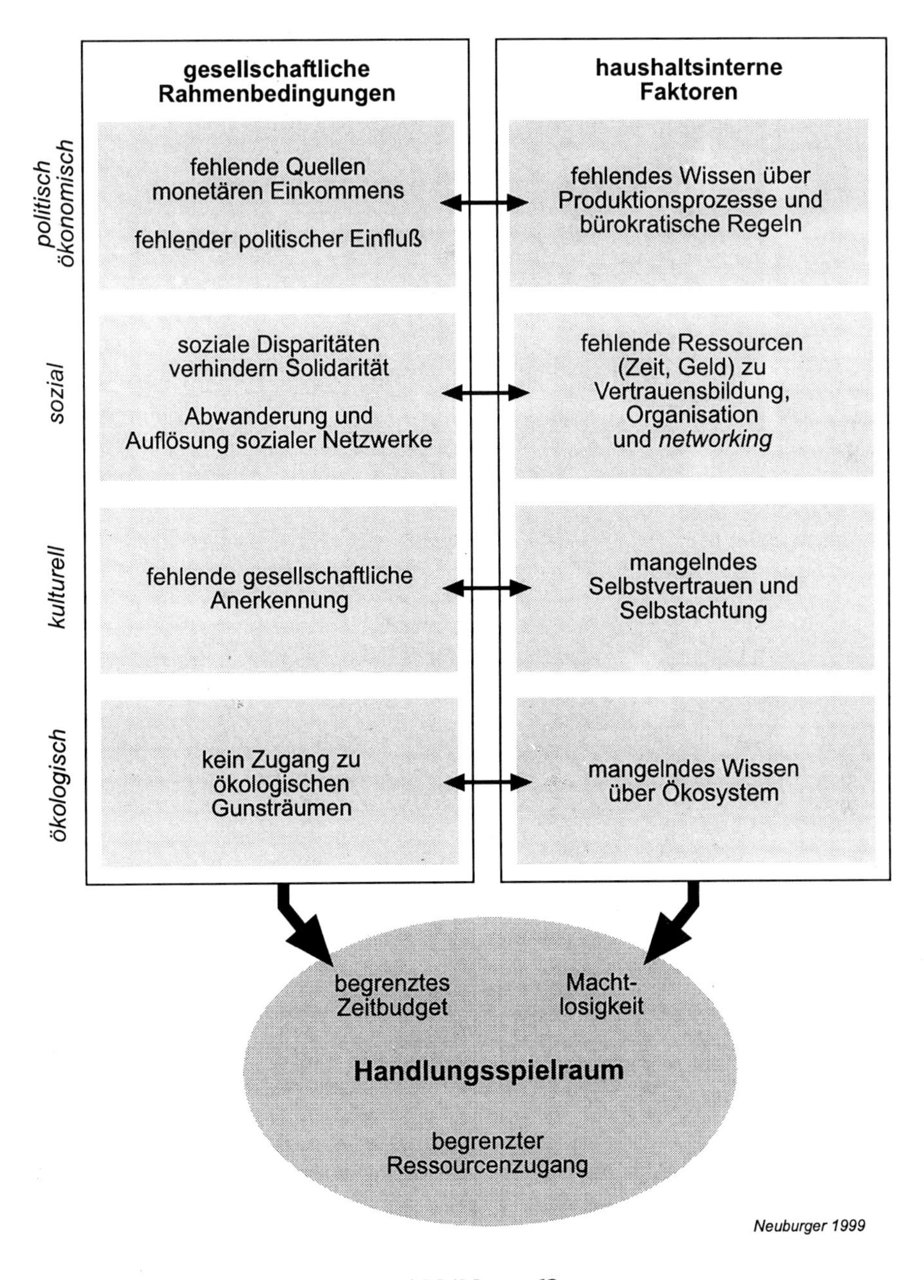

Abbildung 68

nisse über die lokalen Gegebenheiten sind hier vorhanden, auch wenn häufig bestehende klientelistische und sozio-politische Strukturen die Entstehung solcher Kooperationen erschweren (COSTA, D. Martins & NEVES 1995).

Als eine zentrale Voraussetzung für die Initiierung von Frauengruppen wurde bereits die Bewußtseinsbildung für die eigene Problemlage - sozioökonomisch, politisch und ökologisch - und die Förderung des Selbstvertrauens in der Zielgruppe genannt, etwa durch die Schaffung von Freiräumen zur ausführlichen und ungezwungenen Diskussion. Dies gilt nicht nur in räumlicher, sondern auch in zeitlicher Hinsicht. Gegebenenfalls muß erst ausreichend frei verfügbare Zeit für die Frauen geschaffen werden, die unter besonders großen Arbeitsbelastungen zu leiden haben (STROMQUIST 1993, MITRA 1997). Erst auf dieser Basis lassen sich erfolgversprechende Fördermaßnahmen entwickeln, bei deren Konzeption und Umsetzung sich die Frauen durchgängig aktiv beteiligen sollten, um eine angepaßte Projektplanung zu ermöglichen.

Dies erfordert wiederum eine enorme Flexibilität im Ablauf des entsprechenden Projektes (LAZO 1993, PANDEY 1995). Gerade dieses leisten aber zahlreiche Frauenförderungsprogramme nicht, weder auf regionaler, noch auf nationaler und internationaler Ebene, und verfehlen so ihr Ziel bzw. bewirken das Gegenteil und schwächen die Position der Frauen (siehe dazu ausführlicher STROMQUIST 1993, TEKÜLVE 1993, GURUNG 1994, TOUWEN 1996, MITRA 1997). Um solche negativen Effekte zu verhindern ist die Berücksichtigung der praktischen und strategischen Bedürfnisse von Frauen in Kombination mit Zielsetzungen der Nachhaltigkeit im Sinne einer langfristigen sozioökonomischen, politischen und ökologischen Entwicklung unablässig.

Besonders in den degradierten Räumen der Entwicklungsländer leiden Frauen der sozialen Unterschichten zusätzlich unter den ungünstigen sozioökonomischen und ökologischen Rahmenbedingungen. Darüber hinaus schränkt häufig das kulturell geprägte Verständnis über die Rolle der Frau ihre Handlungsspielräume ein (PANDEY 1993, TOWNSEND 1995, MITRA 1997). Isolierte Maßnahmen zur Frauenförderung können deshalb nur begrenzte Wirkung zeigen, solange diese gesamtgesellschaftlichen Bereiche nicht verändert werden. Aus diesem Grund ist neben der Durchführung reiner 'Frauenprojekte' die Einbeziehung von frauenspezifischen Aspekten in umfassender angelegte Projekte unabdingbar (TEKÜLVE 1993, TOUWEN 1996).

5 Verwundbarkeiten und Überlebensstrategien kleinbäuerlicher Gruppen im Vergleich

Anhand der detailliert dargestellten Fallbeispiele kleinbäuerlicher Gruppen konnte gezeigt werden, wie groß die Bandbreite der Verwundbarkeiten sowie der daraus resultierenden Überlebensstrategien von Kleinbauern ist. Gleichzeitig wurden aber auch zahlreiche Ähnlichkeiten und Überschneidungen deutlich. Diese werden nun im einzelnen vergleichend einander gegenüber gestellt und analysiert.

Entstehung und Faktoren der Krisensituationen in den einzelnen Fallstudien-*comunidades* ähneln sich sehr stark. Die zentralen Elemente der Krisen liegen zum einen im ökonomisch-ökologischen Bereich, dem Verfall der Produktpreise und dem meist gleichzeitigen Rückgang der Produktivität als Folge zunehmender Bodenerschöpfung. Auch der Versuch, auf Alternativprodukte wie Baumwolle, Kautschuk oder Milch umzusteigen, scheitert an produktionstechnischen Problemen oder am Preisverfall auch dieser Produkte. Damit erleiden alle kleinbäuerlichen Gruppen einen empfindlichen Einkommensverlust, der nur sehr schwer auszugleichen ist. Auch im sozialen Bereich verschärfen vergleichbare Prozesse die Krise, denn in allen drei *comunidades* lösen sich die sozialen Netzwerke aufgrund der massiven Abwanderung auf und schränken die Fähigkeit der jeweiligen Gruppen zur Krisenbewältigung ein. Selbst die Verschlechterung der institutionell-politischen Rahmenbedingungen - Verschlechterung von Infrastruktureinrichtungen oder fehlende Unterstützung durch die lokalen politischen Eliten - ist ebenfalls in allen Fällen in ähnlicher Form strukturiert. Die Entstehung einer ökonomischen und sozialen Krisensituation wird dabei graduell unterschiedlich von ökologischen Degradierungsprozessen begleitet.

Trotz der vergleichbaren Charakteristika der jeweils relevanten Krisenfaktoren reagieren die einzelnen kleinbäuerlichen Gruppen je nach lokalen sozio-politischen, ökonomischen und ökologischen *constraints* sehr unterschiedlich auf die Verschlechterung ihrer Lebensbedingungen. Die Kleinbauern von Baixo Alegre, deren Existenz durch die Krise essentiell bedroht wird, da überlebenswichtige Bereiche davon betroffen sind, verfügen zweifelsfrei über den geringsten Handlungsspielraum bei der Wahl ihrer Überlebensstrategien. Qualitativ wie quantitativ unzureichende wirtschaftliche Ressourcen - sowohl Kapital als auch Land -, fehlende soziale Netzwerke, die durch nichts ersetzt werden können, und ökologisch äußerst ungünstige Bedingungen lassen ihnen nur den Rückzug in die Subsistenz und - in letzter Konsequenz - die Abwanderung. In Salvação können die kleinbäuerlichen Familien mit besseren ökonomischen und ökologischen Voraussetzungen ihre Überlebensstrategien wählen und für Innovation, Spezialisierung und Firmengründung optieren, um Nischen im regionalen und nationalen Markt zu nutzen. In Rancho Alegre schließlich nutzen die Frauen ihren Handlungsspielraum im für Männer tabuisierten Reproduktionsbereich, bauen dabei auf die Reste ihrer sozialen Netzwerke auf und erweiterten sie gezielt mit der Unterstützung staatlicher Stellen durch die Bildung neuer Organisationsformen. Die Funktionen dieser Vereinigung gehen bald weit über die bei der Gründung zunächst anvisierten Bereiche - Haushalt, Erziehung, Gesundheit - hinaus und tragen zur wirtschaftlichen und politischen Emanzipation bei.

Die Anwendung derart unterschiedlicher Formen von Überlebensstrategien erklärt sich aus den jeweiligen Handlungslogiken der einzelnen Gruppen, die wiederum auf der Abwägung von Risiken unter Einbeziehung der eigenen Verwundbarkeit basieren. Entsprechend unterschiedlich sind auch die Verwundbarkeitsverläufe der einzelnen kleinbäuerlichen Typen im Laufe der Pionierfrontentwicklung ausgeprägt. Für die Kleinbauern von Baixo Alegre entwickelt sich die Verwundbarkeit besonders ungünstig. Durch ihren extrem geringen ökonomischen Spielraum - sie leben während des gesamten Zeitraums nur knapp über dem Existenzminimum - bedrohen bereits geringe Einkommenseinbußen ihr Überleben. Dieses große wirtschaftliche Risiko wird noch erhöht durch die hohe ökologische Fragilität des ihnen zur Verfügung stehenden Landes, das einen raschen Produktivitätsrückgang zur Folge hat. Damit erreicht bereits ihre Basisverwundbarkeit ein sehr hohes Niveau. Die insgesamt ungünstigen Rahmenbedingungen bilden im Falle der kleinbäuerlichen Familien von Baixo Alegre die Hauptfaktoren ihrer *exposure* gegenüber einer Krise und lassen die akute Verwundbarkeit auf ein überlebensbedrohendes Niveau ansteigen. Sie stellen gleichzeitig aber auch die wichtigsten *constraints* bei der Wahl ihrer Überlebensstategien dar, so daß die Familien nur begrenzt auf die jeweilige Krisensituation reagieren können. Ihr extrem stark einschränkter Handlungsspielraum läßt nur solche Strategien zu, die ihre Basisverwundbarkeit noch zusätzlich erhöhen, denn gerade die Erhöhung der Subsistenzproduktion verursacht die rasche Degradierung des Bodens - also einer überlebensnotwendigen Ressource. Darüber hinaus bringt die Suche nach äußerst instabilen außerlandwirtschaftlichen Einkommensquellen eine weitere Verunsicherung der wirtschaftlichen Situation der Familie mit sich. Gleichzeitig tragen die politisch-institutionellen Strukturen zu einer Destabilisierung der kleinbäuerlichen Lebensbedingungen bei. Damit verkehrt sich die Regenerationsphase, die sich nach der Krise für diese Gruppe einstellen sollte, ungewollt in eine kontinuierliche Verschlechterung ihrer Überlebenschancen und führt somit unweigerlich in die Katastrophe - letztendlich in die absolute Marginalität.

In der *comunidade* von Salvação können die Kleinbauern auf ungleich bessere Ausgangsbedingungen zurückgreifen. Die Kaffeewirtschaft bietet zu Beginn aufgrund der geringen laufenden Produktionskosten bei relativ hohen Gewinnen gute Möglichkeiten zur Kapitalakkumulation und gibt den Familien eine relativ große wirtschaftliche Sicherheit. Auch die ökologisch günstige Faktorenkonstellation garantiert zunächst hohe Produktivitätsraten. Die Krise des Kaffees bedroht deshalb vor allem das Überleben der schwächsten Glieder der Gesellschaft: das der Pächterfamilien, die in den meisten Fällen in die Marginalität entlassen werden. Die kleinbäuerlichen Landeigentümer befürchten hingegen eine Beeinträchtigung ihres Lebensstandards und der Zukunft der jungen Generation und sehen sich zum Handeln gezwungen. Ökonomisch wie ökologisch stehen ihnen jedoch vergleichsweise große Handlungsspielräume zur Verfügung, da einerseits die Familien durch das angesparte Eigenkapital eventuelle Mißerfolge einzelner Bewältigungsstrategien verkraften können und damit ihre Risikobereitschaft steigt und andererseits die günstigen naturräumlichen Rahmenbedingungen eine fast freie Wahl eines neuen Produktionszweiges zulassen. Darüber hinaus fördert die bereits langjährige Einbindung der Betriebe in die nationale Kaffeewirtschaft sowie die Notwendigkeit rationaler Betriebsleitungspraktiken in einem vergleichsweise komplexen Betrieb mit mehreren Pächterfamilien unternehmerisches Denken und betriebswirtschaftliches Planen. Soziale Netzwerke und funktionierende politisch-institutionelle Fördermechanismen verlieren damit an Bedeutung für die Erfolgsaussichten der Strategien der Kleinbauern von Salvação. Bei der Suche von Marktnischen versuchen die kleinbäuerlichen Familien dennoch, das Risiko einer erneuten Krise - in Produktion und Vermarktung - möglichst gering zu halten. Sie diversifizieren ihre Produktion, eigenen sich möglichst umfangreiches Know-how in Produktionsfragen an und beschränken sich bei der Kommerzialisierung weitgehend auf den regionalen, überschaubaren und teilweise durch sie selbst beeinflußbaren Markt. Damit verringert sich ihre Verwundbarkeit gegenüber Marktschwankungen sowie gegenüber Produktionseinbrüchen beispielsweise aufgrund unbekannter Pflanzenkrankheiten und Schädlinge.

Die Frauen von Rancho Alegre schließlich greifen auf vollkommen andere Ressourcen zurück. Da ihnen der Zugang zum Produktionsbereich verwehrt ist und damit zunächst keinerlei Möglichkeiten offenstehen, eine rein wirtschaftliche Bewältigungsstrategie zu wählen, beschränken sie ihre Aktivitäten auf den Reproduktionsbereich. Jedoch besteht ihre Verwundbarkeit nicht nur in diesem Bereich. Neben der Verschlechterung der Versorgungsinfrastruktur sowie der Auflösung der bestehenden sozialen Netzwerke - Entwicklungen, die die Alltagsbewältigung der Frauen in Erziehung und Gesundheit erschweren - beeinträchtigen auch die Einkommenseinbußen ausgelöst durch die Kaffeekrise ihren Handlungsspielraum. Als einzige Reaktionsmöglichkeit bleibt ihnen die Aktivierung und Stärkung der noch bestehenden sozialen Beziehungen, die zunächst nur zur Verbesserung der sozialen und familiären Situation beitragen sollen. Erst mit der Entdeckung ihrer eigenen gewichtigen Rolle in der lokalen Gesellschaft schaffen sie - mit staatlicher Unterstützung - den Sprung in den Produktionsbereich und erlangen darüber hinaus politische Bedeutung. Diese Emanzipation eröffnet den Frauen von Rancho Alegre neue - allerdings äußerst labile - Handlungsspielräume und senkt ihre Verwundbarkeit gegenüber Krisen.

Aus den dargestellten Überlebensstrategien der einzelnen kleinbäuerlichen Gruppen lassen sich Elemente herausarbeiten, die im Sinne einer nachhaltigen Entwicklung auch für die Umsetzung in Planungskonzepte der Regionalentwicklung als zukunftsfähige Aspekte relevant sind. Gerade für kapital- und ressourcenarme gesellschaftliche Gruppen, die unter besonders ungünstigen sozio-kulturellen, politisch-ökonomischen und ökologischen Rahmenbedingungen leiden, können solche Strategien zu einer Senkung ihrer Verwundbarkeit beitragen, wenn sie an die lokalen, regionalen und nationalen Verhältnisse angepaßt sind sowie Risiken und *constraints* der Handlungslogik der betroffenen Gruppen mit einbeziehen.

Im ökonomischen Bereich kann für verwundbare Gruppen allgemein die Diversifizierung der Einkommensquellen bzw. der Produktionszweige als eine der wichtigsten Bewältigungsstrategien genannt werden, denn je diversifizierter sich das Einkommen einer Familie zusammensetzt, desto weniger ist sie von der Krise eines einzelnen Bereiches - deren Verlauf sie meist nicht beeinflussen kann - in existenzbedrohender Weise betroffen. Eventuelle Verluste können damit meist durch das Einkommen aus anderen wirtschaftlichen Aktivitäten ausgeglichen werden. Gleichzeitig sind diejenigen Einkommensquellen, die aus einem regional-lokal überschaubaren Bereich stammen, prinzipiell sicherer, denn persönliche Kontakte und Beziehungen, kurze Kommunikationswege, die Möglichkeit zur raschen und flexiblen Reaktion auf spezielle Wünsche des Kunden bzw. Arbeitgebers bringen für beide Seiten Vorteile und erhöhen den Einfluß des Einzelnen auf die Entwicklung des Arbeitsverhältnisses bzw. der Vermarktungsmöglichkeiten. Dadurch wird auch das Aufspüren von Marktnischen, die zusätzliche Einkommensquellen eröffnen können, vereinfacht. Eine weitere wichtige Strategie im ökonomischen Bereich besteht in der

Erhöhung der Subsistenzproduktion. Dadurch können Familien eine Mindestversorgung sichern, selbst wenn das monetäre Einkommen stark schwankt oder - im Krisenfall - ganz ausfällt.

Diese wirtschaftlichen Strategien müssen ergänzt werden durch Aktivitäten im sozialen Bereich. Dazu gehört vor allem die Zusammenarbeit mehrerer Familien - ob in Nachbarschaftsverbänden, Bauernvereinigungen, sonstigen formellen oder informellen Zusammenschlüssen - zur Problem- und Krisenbewältigung. Um die Wirksamkeit einer solchen Vereinigung zu erhöhen, muß bei der Wahl der jeweiligen Organisationsform berücksichtigt werden, daß die gegründete Vereinigung einerseits an die lokalen sozioökonomischen und politischen Verhältnisse der beteiligten Gruppen sowie andererseits an die aktuellen Erfordernisse von Gesellschaft und Wirtschaft angepaßt ist. Die Funktionalisierung traditionell-klientelistischer Strukturen kann dabei ebenso sinnvoll und effektiv sein wie die Nutzung moderner Kommunikationsmedien oder die Anwendung flexibler Vermarktungsstrategien. Unabdingbare Voraussetzung für die Funktionsfähigkeit solcher Organisationen ist allerdings das gegenseitige Vertrauen der Mitglieder bzw. Beteiligten untereinander. Die Stärkung der sozialen Netzwerke, die Vertiefung der persönlichen Kontakte und ähnliches sind dabei zentrale Elemente einer Strategie, die eine gemeinschaftliche Krisenbewältigung ermöglichen.

Schließlich darf auch die ökologische Komponente bei Strategien zur Senkung der Verwundbarkeit sozial schwacher Gruppen nicht vernachlässigt werden. Landwirtschaftliche Nutzungsformen, städtische Lebensweisen etc. müssen an die naturräumlichen, aber auch an die agro- und stadtökologischen Verhältnisse angepaßt sein und eine langfristige Beibehaltung der gewählten Strategien ermöglichen. Dabei sind nicht nur potentielle Degradierungsprozesse des natürlichen Umfeldes, sondern auch eventuelle gesundheitliche Schäden der Bevölkerung zu berücksichtigen.

Die genannten Elemente von Überlebens- und Bewältigungsstrategien verwundbarer Gruppen sind für sozioökonomische Zusammenhänge sowohl im ländlichen als auch im städtischen Raum relevant. Sie in die Planung von Entwicklungskonzepten aufzunehmen erfordert nicht nur äußerst fundierte Kenntnisse der jeweiligen lokalen, regionalen und nationalen Strukturen. Erfindungsreichtum - der in vielen Fällen von den Betroffenen selbst an den Tag gelegt wird - und Fingerspitzengefühl sind notwendig, um in komplexen gesellschaftlichen Zusammenhängen - wie sie in Entwicklungsländern sehr häufig bestehen - Entwicklungen in Gang zu setzen, die Nachhaltigkeitskriterien genügen. Grundsätzlich gilt, dass Strategien, die eine weitgehende Umwälzung und Umstrukturierung der bisherigen Lebenszusammenhänge verwundbarer Gruppen mit sich bringen, nur selten von diesen aufgegriffen werden, da sie ein erhöhtes Risiko in sich bergen und somit nicht ihrer Handlungslogik entsprechen. Lediglich sehr behutsame Veränderungen sind deshalb möglich und müssen in dieser Form auch in entsprechende Entwicklungskonzepte aufgenommen werden. Dabei besteht die schwierigste Aufgabe der Planung und Umsetzung in der Regel darin, Vertrauen zwischen allen Beteiligten zu schaffen und die Eigeninitiative der Zielgruppe zur gemeinschaftlichen Durchsetzung der eigenen Interessen zu fördern.

VI Pionierfrontentwicklung und kleinbäuerliche Verwundbarkeit: Zusammenfassung und Ausblick

Die Ergebnisse der empirischen Untersuchungen im Hinterland von Cáceres und in den einzelnen Fallstudien-*comunidades* zeigen einerseits, wie komplex die gesellschaftlichen, wirtschaftlichen und politischen Prozesse sind, die die Entwicklung an Pionierfronten bestimmen, und verdeutlichen andererseits die auf krisenhafte Faktoren, verfügbare Ressourcen und existierende *constraints* sehr differenziert abgestimmte Handlungsrationalität kleinbäuerlicher Gruppen. Um dem politisch-ökologischen Ansatz in der Analyse von *frontier*-Prozessen gerecht zu werden, müssen jedoch nicht nur die regionalen und lokalen Zusammenhänge - wie in den Kapiteln IV und V geschehen - untersucht werden. Auch die nationale und international-globale Ebene - wie in Kapitel III bereits dargestellt - muß Berücksichtigung finden (siehe dazu allgemein GEIST 1992, KRINGS 1994a und 1996). Neben den unterschiedlichen Maßstabsebenen ist darüber hinaus die zeitliche Dimension - in die jeweiligen Kapitel mit Hilfe der entsprechenden historischen Darstellungen eingebracht - von hoher Relevanz. Schließlich verlangt eine politisch-ökologische Analyse die Darstellung der Verflechtungen zwischen den einzelnen Sektoren der Gesellschaft - der Wirtschaft, der Politik, der Kultur - sowie der Ökologie.

Um diese äußerst komplexen Zusammenhänge für das vorliegende Fallbeispiel in ihrer Verknüpfung betrachten zu können, werden anhand eines analytischen Modells die entscheidenden dreidimensionalen - zeitlichen, sektoralen und räumlichen - Strukturen und Prozesse im Laufe der *frontier*-Entwicklung dargestellt (siehe Abb. 69). Dabei ist zu berücksichtigen, daß die sektoralen Entwicklungen - im Modell aus Gründen der Darstellbarkeit in einzelne Zeilen getrennt - auf den jeweiligen Maßstabsebenen eng miteinander verknüpft sind.

Ausgehend von der Analyse globaler Rahmenbedingungen ist zu beobachten, daß in nahezu allen Bereichen der direkte Einfluß der international-globalen Ebene auf die regional-lokale immer weiter zunimmt. Während noch in den 50er und 60er Jahren der brasilianische Nationalstaat zwar in internationale Verflechtungen eng eingebunden ist, mit seinen die amazonische Peripherie betreffenden Politiken aber auf interne Probleme - reagiert, nimmt in den späteren Jahrzehnten die direkte Bedeutung globaler Prozesse für die einzelnen regionalen und lokalen Geschehnisse immer weiter zu, um schließlich in den 90er Jahren teilweise sogar größer zu sein als der nationale Einfluß (siehe dazu auch CLEARY 1994, COY 1996b und 2001). Gleichzeitig sind nach jahrzehntelangen einseitigen Beziehungen des Ressourcenentzuges in jüngerer Zeit erstmals Ressourcenströme in die entgegengesetzte Richtung zu beobachten: Beispielsweise fließen Know-how und Finanzmittel für den Umwelt- und Naturschutz von der globalen Ebene auf die lokale an der Peripherie zurück. Mit diesen Ressourcentransfers, die nicht primär mit ökonomischen Zielsetzungen verbunden sind, engagieren sich meist internationale - teilweise auch nationale - Akteure aufgrund ihrer Sorge um das globale ökologische Gleichgewicht, verfolgen damit gleichzeitig zweifelsohne aber auch Eigeninteressen wie politisches Prestige bzw. Machterhalt und schaffen wiederum neue Formen der politischen Einflußnahme sowie der wirtschaftlichen Abhängigkeit. Dieser wachsende politische Einfluß - sei es von seiten internationaler politischer Institutionen oder einzelner Regierungen, sei es

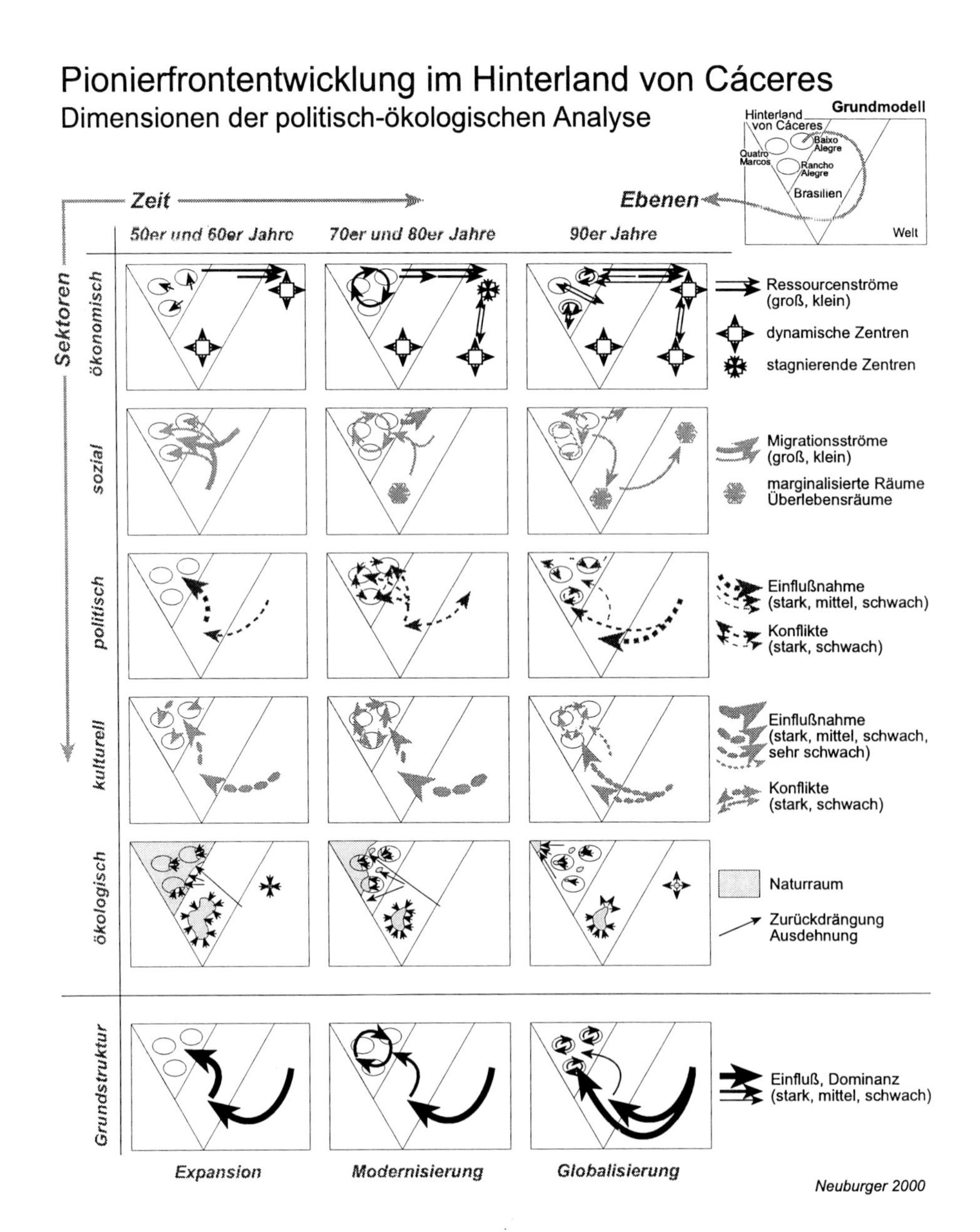

Abbildung 69

über international agierende NGOs - umgeht häufig die nationalen Steuerungszentralen. Die Bedeutung der modernen Kommunikationsmedien - ganz besonders des Internets - ist dabei nicht zu unterschätzen, denn sie ermöglichen nicht nur den direkten Kontakt lokaler und globaler Akteure. Sie transportieren auch kulturelle Werte und Normen - meist der westlichen Welt - in extrem periphere Gebiete wie beispielsweise das Hinterland von Cáceres.

Im Gegensatz zur Entwicklung auf globaler Ebene nehmen die Einflußmöglichkeiten der nationalen immer weiter ab. Bestimmen noch in den 50er und 60er Jahren die sozialen, politischen und wirtschaftlichen Prozesse in Gesamtbrasilien - insbesondere aber in den wirtschaftlichen Zentren des Landes - die Einzelsituationen auf regionaler und lokaler Ebene, so gewinnen die regionsinternen Strukturen in den folgenden Jahrzehnten zunehmend an Eigendynamik. Der nationale Einfluß wird schließlich in den 90er Jahren immer weiter zurückgedrängt. Initiiert zum Beispiel noch in der 50er und 60er Jahren die brasilianische Politik des *Marcha para Oeste* als Reaktion auf interne agrarsoziale Probleme die Erschließung der amazonischen Peripherie - und damit auch des Hinterlandes von Cáceres - und leitet somit umwälzende Entwicklungen in dieser Region ein, so zieht sich der Nationalstaat in den letzten Jahren immer weiter aus der Regionalplanung zurück und überläßt die Steuerung regionaler und lokaler Prozesse entweder lokalen Institutionen - beispielsweise den Munizipsverwaltungen -, zivilgesellschaftlichen Organisationen und Interessenvertretungen - beispielsweise dem MST (*Movimento dos Trabalhadores Rurais sem Terra*) - oder internationalen Akteuren - beispielsweise Weltbank und EU im Rahmen des PP-G7 (siehe dazu KOHLHEPP 1998a und HALL 1997). Auch wirtschaftlich betrachtet gewinnen die Ressourcenströme in direkter Verbindung mit dem internationalen Markt - Fleisch, Soja, Edelhölzer etc. - an Bedeutung, während die Vermarktung von Produkten auf nationaler Ebene - vor allem von Grundnahrungsmitteln - zurückgeht.

Die Entwicklung auf regional-lokaler Ebene verläuft entsprechend differenziert ab. Je nach Spielraum, den die nationalen und internationalen Rahmenbedingungen zulassen, kann sich dort eine eigene Dynamik entfalten. In der Erschließungsphase ist die nationale Einflußnahme besonders groß. Sie bestimmt das gesamte Geschehen - Ressourcenzufuhr, Zuwanderung, politische Entscheidungen etc. - in der Region. Erst in der Differenzierungsphase in den 70er und 80er Jahren bilden sich wirtschaftliche und politische Eliten, die regionsintern agieren und zunehmend die lokalen und regionalen Prozesse steuern. Kommunikation und Austausch, aber auch soziale und politische Konflikte verstärken sich. In den 90er Jahren schließlich beschränkt sich die Bedeutung der nationalen Rahmenbedingungen aufgrund der Deregulierungsprozesse auf wenige Bereiche, während der Einfluß internationaler und globaler Akteure zunimmt. Gleichzeitig sind auf regionaler Ebene sozioökonomische wie ökologische Degradierungserscheinungen zu beobachten, die den regionsinternen Austausch reduzieren. Damit gewinnen vor allem lokale Zusammenhänge und Verflechtungen an Bedeutung.

Bei der zusammenfassenden Betrachtung der allgemeinen Strukturen, die die Pionierfrontentwicklung prägen, wird der Wandel der Einflußmöglichkeiten unterschiedlicher Ebenen in Bedeutung und Richtung sichtbar. In der ersten Phase unterliegen die Prozesse auf regionaler und lokaler Ebene eindeutig der Dominanz der nationalen Entscheidungsträger, die ihrerseits unter internationalem Einfluß stehen. Die Region selbst stellt dabei einen absoluten Passivraum dar und fungiert als Überlebens- und Rückzugsraum für marginalisierte gesellschaftliche Gruppen. In der zweiten Phase formieren sich durch Zuwanderung und wirtschaftliche Entwicklung regionsinterne Strukturen, deren Eigendynamik zu einem regen Austausch auf regionaler Ebene führt und die Bedeutung nationaler Einflüsse zurückdrängt, während gleichzeitig der internationale Druck auf die nationalen Akteure zunimmt. Schließlich geht in einer dritten Phase die nationale Einflußnahme auf die Geschehnisse der regionalen und lokalen Ebene bis auf ein sehr niedriges Niveau zurück. Gleichzeitig verstärkt sich im Sinne des *global-local-interplay* die direkte Wirkung globaler Prozesse auf die unteren Maßstabsebenen. Parallel dazu verkürzen sich die regionalen Verflechtungen durch die allgemeine sozioökonomische und ökologische Degradierung auf lokale Zusammenhänge.

Auf dieser Abstraktionsebene ist das vorgestellte Modell auch auf die Entwicklung der Peripherie in Brasilien allgemein - insbesondere auf Amazonien - übertragbar. Die Dominanz der nationalen Ebene in den 50er und 60er Jahren drückt sich in der offensiven Erschließungspolitik der damaligen brasilianischen Regierung aus, die in den 70er und vor allem in den 80er Jahren bereits langsam an Einfluß verliert[1]. Die parallele Bedeutungszunahme globaler Entscheidungsprozesse und Akteure für die *trajectories* einzelner Regionen und Lokalitäten zeigen die unterschiedlichsten Beispiele etwa in den Einzelprojekten des PP-G7, in verschiedenen dokumentierten Fällen von Biopiraterie, in der Entwicklung des Sojaanbaus und der modernisierten Rinderweidewirtschaft sowie in vielem mehr[2]. Der konkrete Ablauf gesellschaftlicher und ökologischer Prozesse auf lokaler Ebene hängt jedoch nicht nur von den nationalen und internationalen Rahmenbedingungen ab, sondern ganz entscheidend auch von der jeweiligen Phase der Pionierfrontentwicklung im regionalen Kontext. Die einzelnen Phasen - Erschließung, Differenzierung und Degradierung - können dabei durch die Einflüsse übergeordneter Maßstabsebenen verkürzt, aber auch verlängert werden.

Unabhängig davon fungieren kleinbäuerliche Pionierfronten zunächst als Überlebensraum für indigene Gruppen und - mit dem Beginn der Erschließung - für Kleinbauern. In der Phase der Differenzierung, in der sich die sozioökonomischen Strukturen konsolidieren, wird die *frontier*-Region in übergeordnete wirtschaftliche und gesellschaftliche Prozesse

---

1 Der Bedeutungsrückgang der nationalen Ebene bereits in den 70er Jahren gilt lediglich für die frühesten *frontier*-Gebiete der 50er und 60er Jahren in den Randbereichen Amazoniens, in Goiás, in Mato Grosso do Sul und im Süden Mato Grossos. Die Erschließung zentralerer Bereiche in Rondônia, Pará sowie im Norden Mato Grossos standen entsprechend ihrer Phasenverschiebung als Folge-*frontiers* erst in späteren Jahren unter dem Einfluß nationaler staatlicher wie privater Akteure (siehe dazu COY 1988 und COY & LÜCKER 1993).

2 Siehe dazu Fallstudien beispielsweise in KOHLHEPP 1998a, HALL 1997, PASCA 1998, BLUMENSCHEIN 1995 und REMPPIS 1998.

inkorporiert. Soziale Disparitäten und politische Machtstrukturen der wirtschaftlichen Zentren reproduzieren sich und führen zu einer Überlappung von Überlebens- und funktionalisierten Ausbeutungsräumen - eine Entwicklung, in der bereits die besonders verwundbaren Gruppen aus der Region verdrängt werden. Als Folge dieser Integration in nationale oder internationale Wirtschaftskreisläufe sind in der letzten Phase schließlich sozioökonomische und vor allem ökologische Degradierungserscheinungen zu beobachten. Durch die Einbindung der regionalen Akteure in den Markt sind sie dazu bereit bzw. gezwungen, die natürlichen Ressourcen über den Eigenbedarf hinaus auszubeuten, anstatt ihre Wirtschaftsformen nach Kriterien wie die langfristige Erhaltung der Lebensgrundlage - des Naturraumes - und die Risikominimierung zu wählen. Auch die Handlungslogik regionsexterner Akteure folgt gewinnorientierten Zielsetzungen, so daß die natürlichen Ressourcen der *frontier*-Region zur Kapitalakkumulation genutzt werden, häufig ohne Rücksicht auf die Folgeschäden. In derart degradierten Räumen bleiben für kleinbäuerliche Gruppen lediglich räumliche, soziale, wirtschaftliche und ökologische Nischen, die sich meist nicht zur Kapitalakkumulation eignen und damit einerseits uninteressant für die Eliten bleiben sowie andererseits den sozialen und wirtschaftlichen Aufstieg der marginalisierten Gruppen verhindern. Erst in jüngerer Zeit bieten die Tendenzen der Globalisierung gerade auch für marginalisierte Gruppen in peripheren Gebieten neuartige Möglichkeiten der Entwicklung, auch wenn die weitgehend negativen Auswirkungen - beispielsweise durch die Expansion von weltmarktorientierter Soja- und Rinderweidewirtschaft - noch bei weitem überwiegen.

Um nun anhand dieser politisch-ökologischen Darstellung der *frontier*-Entwicklung den Brückenschlag zur akteurs- und handlungsorientierten Analyse der Handlungslogik des *land managers* leisten zu können und Aussagen über die Verwundbarkeiten der beteiligten sozialen Gruppen - insbesondere der Kleinbauern - zu machen, muß nochmals auf die Ebene der konkreten Fallbeispiele zurückgegriffen werden. Wie die Fallstudie des Hinterlandes von Cáceres sowie die Beispiele der drei kleinbäuerlichen Siedlungen zeigen, sind Kleinbauern in den jeweils unterschiedlichen Entwicklungsphasen der Pionierfront verschiedenen Risiken ausgesetzt. Wie an den Fallbeispielen aufgezeigt, können Krisensituationen sehr vielfältige Ursachen haben, gegenüber denen die kleinbäuerlichen Gruppen in unterschiedlicher Weise verwundbar sind. Ökonomische, soziale und ökologische Krisen können dabei als die wichtigsten Formen betrachtet werden. Je nach Krisenverlauf verändert sich die Verwundbarkeit im Laufe der Pionierfrontentwicklung abhängig von den jeweiligen sozioökonomischen, politischen, kulturellen und ökologischen Voraussetzungen der einzelnen Gruppen bzw. Familien. Aufgrund der Komplexität von Entstehung und Verlauf der Verwundbarkeit der untersuchten kleinbäuerlichen Gruppen erscheint es sinnvoll, unterschiedliche Verwundbarkeiten zu definieren, deren Summe die Verwundbarkeit einer Gruppe insgesamt ergibt (siehe Abb. 70). Damit wird natürlich nicht unterstellt, daß sich Verwundbarkeit rechnerisch ermitteln ließe. Vielmehr bietet die graphisch getrennte Darstellung die Möglichkeit, bestimmte Tendenzen zu erkennen und allgemeine Aussagen zu treffen.

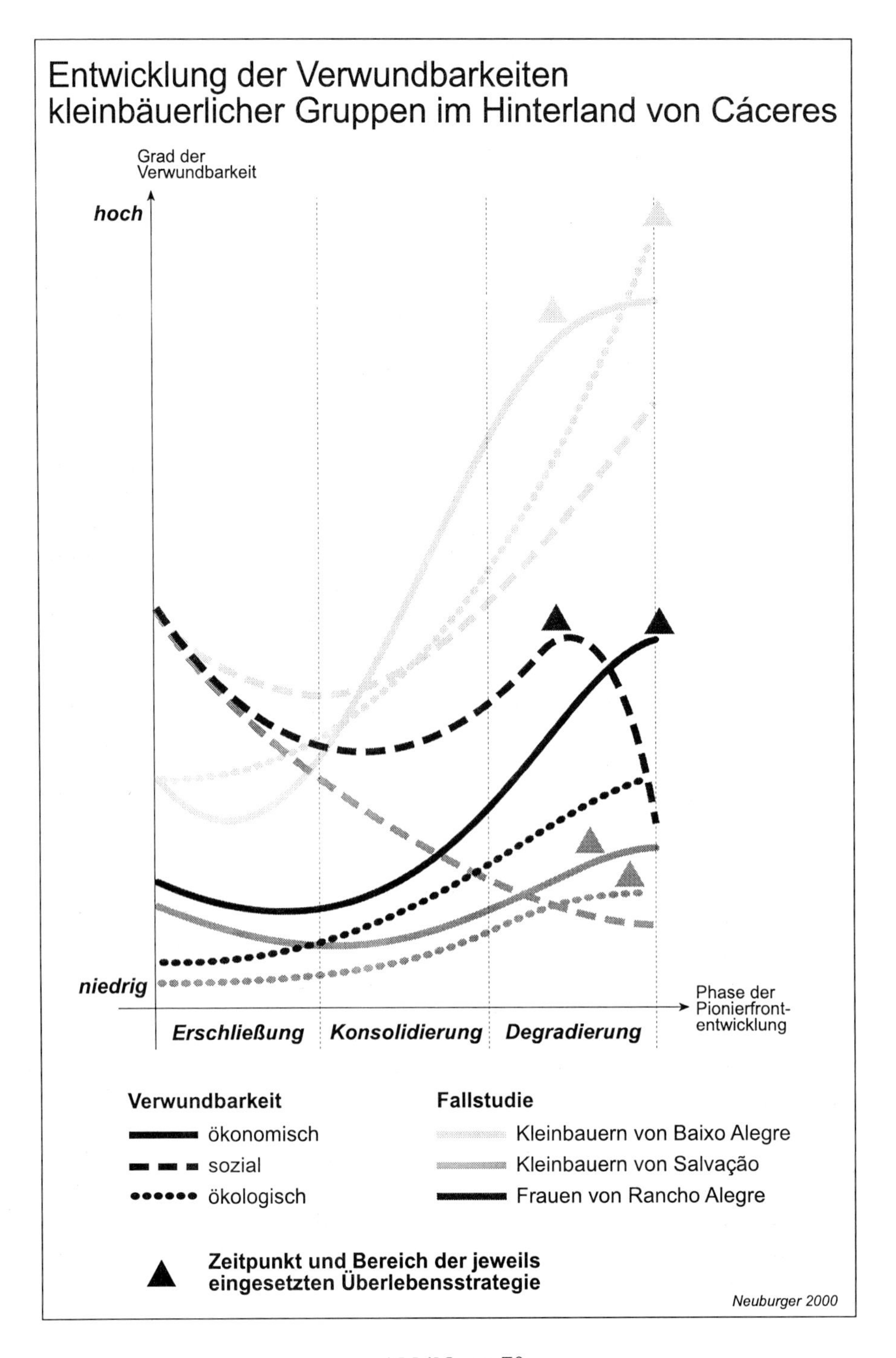

Abbildung 70

Die Kleinbauern von Baixo Alegre zählen zu den Verlierern der Pionierfrontentwicklung. Entsprechend verlaufen ihre Verwundbarkeitskurven besonders ungünstig. Die ökonomische Verwundbarkeit sinkt zwar zunächst in der Erschließungsphase, da die Produktivität der neuen Rodungsflächen vergleichsweise hoch und damit das Familieneinkommen gesichert ist. Jedoch steigt sie aufgrund des raschen Rückgangs der Erträge bereits in den folgenden Phasen steil an. Erst mit dem weitgehenden Rückzug der Familien in die Subsistenzproduktion flacht die Verwundbarkeitskurve langsam ab. Sehr ähnlich verläuft die Verwundbarkeit gegenüber sozialen Krisen. In der Erschließungsphase stehen keinerlei infrastrukturelle Einrichtungen in den Bereichen Gesundheit und Bildung zur Verfügung, die die Gefahren der anfänglichen prekären Lebensbedingungen abfangen könnten. Auch soziale Netzwerke, die bei der Bewältigung des Alltags unterstützend wirken würden, können erst im Laufe einiger Jahre aufgebaut werden. Die Senkung der sozialen Verwundbarkeit durch den Aufbau von Infrastruktur und sozialen Beziehungen hält jedoch nur kurze Zeit an, da einerseits die massive Abwanderung - meist als Antwort auf die wachsende ökonomische Verwundbarkeit - die aufgebauten Beziehungsgeflechte wieder zerstört und andererseits Schulen und Gesundheitseinrichtungen aufgrund der Überlastung zunehmend degradieren. Die Verwundbarkeit der Kleinbauern von Baixo Alegre gegenüber ökologischen Krisen verläuft besonders dramatisch. Der für die landwirtschaftliche Nutzung völlig ungeeignete Naturraum weist eine extrem hohe Fragilität auf, so daß bereits eine extensive Nutzung jede Folgenutzung nahezu unmöglich macht. Trotz dieser Situation sind die Familien gezwungen, Grundnahrungsmittel anzubauen und eine beschleunigte Erosion zu riskieren. Damit steigt die ökologische Verwundbarkeit exponentiell und übertrifft somit alle anderen Verwundbarkeiten. Die einzige Strategie zur Bewältigung dieser Verwundbarkeit besteht unter den gegebenen Umständen in der Abwanderung in neue *frontier*-Gebiete mit Primärvegetation.

Für die kleinbäuerlichen Familien von Salvação liegt das Niveau der Verwundbarkeiten deutlich unter dem der Kleinbauern von Baixo Alegre. Die Kaffee- und späteren Obstbauern können insgesamt von sehr viel günstigeren Voraussetzungen ausgehen. Durch die Verfügbarkeit eines gewissen Kapitalstocks beginnt ihre ökonomische Verwundbarkeit bereits relativ niedrig und sinkt durch die anfänglichen Erfolge in der Kaffeeproduktion noch weiter ab. Erst mit dem Rückgang der Produktivität erleiden die Familien Einkommensverluste und sehen damit vor allem die Zukunft der jüngeren Generation bedroht. Mit dem Einstieg in die Obst- und Gemüseproduktion erreichen sie zwar teilweise sogar ein höheres Einkommensniveau als mit der Produktion von Kaffee, jedoch handelt es sich um einen extrem riskanten, unstabilen und deshalb krisenanfälligen Wirtschaftszweig, so daß ihre ökonomische Verwundbarkeit tendenziell weiter ansteigt. Die soziale Verwundbarkeit der Familien von Salvação verläuft entgegengesetzt. Ohne soziale Netzwerke und funktionierende Infrastruktur sind auch sie in der Erschließungsphase extrem verwundbar. Auch hier bilden sich im Laufe der Jahre soziale Beziehungen innerhalb der *comunidade* heraus, die durch die geringe Abwanderung der Eigentümerfamilien vergleichsweise stabil bleiben. Gleichzeitig bringt die Kaffeewirtschaft einen relativ großen Reichtum für das Munizip mit sich, so daß auch die infrastrukturellen Einrichtungen in einem vergleichsweise guten Zustand bleiben und die Verwundbarkeit gegenüber sozialen Krisen kontinuierlich sinkt. Die ökologische Verwundbarkeit der Familien entwickelt sich etwa parallel zur ökonomischen. Sie beginnt auf einem sehr niedrigen Niveau, da der Naturraum besonders gute Voraussetzungen für die landwirtschaftliche Nutzung bietet. Mit der schleichenden Erosion und der allmählichen Auslaugung der Böden steigt das Risiko der fortgesetzten Degradierung und damit die Verwundbarkeit leicht an. Auch die innovative Obstproduktion birgt neue Gefahren unbekannter Pflanzenkrankheiten und -schädlingen. Erst mit dem langsamen Erwerb von Know-how sinkt die ökologische Gefährdung wieder.

Im Fallbeispiel von Rancho Alegre schließlich liegen die Verwundbarkeiten auf einem mittleren Niveau. Ähnlich wie in Salvação ist die ökonomische Verwundbarkeit zunächst sehr niedrig, da ein geringer Kapitalstock zur Verfügung steht und die anfänglich ertragreiche Kaffeeproduktion die Gefahr einer wirtschaftlichen Krise senkt. Die Einkommensverluste in den Folgejahren werden hier allerdings nicht durch neue Produktionszweige aufgewogen. Vielmehr erwirtschaften die Frauen Gewinne durch den Verkauf von Kunsthandwerk und hausgemachten Speisen. Obwohl das damit erzielte Einkommen relativ gering ist, bietet es eine große ökonomische Sicherheit, da die Verkäufe über die bestehenden stabilen sozialen Netzwerke organisiert sind und nicht von externen Krisen abhängen. In sozialer Hinsicht sind die Frauen von Rancho Alegre besonders erfolgreich. Wie in allen Fallstudien-*comunidades* beginnt die soziale Verwundbarkeit zwar auf einem hohen Niveau, sinkt mit der Bildung sozialer Netzwerke ab, um in der Folgezeit aufgrund der Abwanderung wieder zuzunehmen. Allerdings fällt die Verwundbarkeitskurve mit der Gründung und Festigung der Frauenorganisation AMURA steil nach unten, denn selbst die mit Überlastung und Verfall der öffentlichen Infrastruktur verbundenen Risiken können die Familien damit zumindest teilweise ausgleichen. Die ökologische Verwundbarkeit schließlich verläuft ähnlich wie in Salvação, jedoch - da der Naturraum fragiler ist - auf einem etwas höheren Niveau. Auch in Rancho Alegre stellen sich im Laufe der Jahre Degradierungserscheinungen ein, die allerdings mit der Einführung der Rinderweidewirtschaft eingedämmt oder zumindest gestoppt werden, so daß das Risiko weiterer Degradierung rückläufig ist.

Bei der Betrachtung der Verwundbarkeitskurven für die einzelnen Fallstudien-*comunidades* wird der Zusammenhang zwischen Krisensituation, Verwundbarkeit und den jeweils gewählten Überlebensstrategien klar, so daß allgemeine Aussagen über die Handlungsrationalität der Familien möglich sind. Sowohl die Kleinbauern von Baixo Alegre und Salvação als auch die Frauen von Rancho Alegre wählen Überlebensstrategien in denjenigen Bereichen, in denen die jeweils höchste Verwundbarkeit besteht. Gleichzeitig ist unabdingbare Voraussetzung dafür, daß die für die Anwendung der jeweiligen Strategien notwendigen Ressourcen verfügbar sind. So sind beispielsweise die Familien von Baixo Alegre zunächst vor allem durch massive Einkommensverluste und später durch ökologische Degradierung bedroht. Ihre Wahl von Überlebensstrategien unterliegt dabei besonders vielen *constraints*, da sie zu den ressourcenärmsten Familien gehören, denn sie besitzen kein Kapital, und der Naturraum läßt kaum Managementmöglichkeiten zu. Dennoch reagieren sie in den beiden Bereichen größter Verwundbarkeit mit den ihnen verfügbaren Mitteln: Sie erhöhen zunächst die Subsistenzproduktion und verbessern dadurch tatsächlich ihre wirtschaftliche Situation zumindest geringfügig. Jedoch erhöht sich gleichzeitig aufgrund der größeren Belastung des Naturraums trotz der Anwendung der 'Direktsaat' ihre ökologische Verwundbarkeit. Übersteigt diese dann die ökonomische, so ändern die Familien ihre Strategien entsprechend. Die einzige Möglichkeit, das ökologische Risiko zu senken besteht in der Migration, denn nur durch die Abwanderung an neue Pionierfronten können sie auf weniger degradierte Naturräume - meist Primärvegetation - ausweichen. Dieser erneute Rückzug in einen Überlebensraum bringt allerdings im allgemeinen eine Erhöhung der Basisverwundbarkeit mit sich, da es sich bei den neu erschlossenen Gebieten meist ökologisch wie ökonomisch um noch marginalere Räume handelt als die Herkunftsgebiete.

In der *comunidade* Salvação besteht die Krise vor allem in einer ökonomischen Verschlechterung der betrieblichen Situation, allerdings auf einem sehr viel niedrigeren Niveau als im Fallbeispiel Baixo Alegre. Hier geht es nicht um das unmittelbare Überleben der Familien, sondern um den Ausgleich von Einkommensverlusten, damit der Bestand des jeweiligen Betriebes nicht nur für die eigene Generation, sondern auch für die kommende gesichert ist. Die Wahl der wirksamen, verwundbarkeitssenkenden Bewältigungsstrategie - des Einstiegs in die Obstproduktion - ist nur durch die Verfügbarkeit eines geringen Kapitalstocks und durch die Existenz eines ausreichenden lokalen Arbeitskräftepotentials möglich.

Die Frauen von Rancho Alegre schließlich leiden aufgrund der massiven Abwanderung unter einer tiefen sozialen Krise. Die Degradierung der öffentlichen sozialen Infrastruktureinrichtungen sowie der Zusammenbruch der sozialen Netzwerke, die für die Bewältigung des Alltags von großer Relevanz waren, bedrohen die Lebensqualität der Familien. Ihre Überlebensstrategie im sozialen Bereich - die Stärkung der Netzwerke durch neue Organisationsformen - entspricht damit einerseits der Senkung des größten Risikopotentials und andererseits den einzigen Ressourcen, über die die Frauen verfügen. Ist das Ziel der sozialen Sicherung erreicht und entwickelt sich die wirtschaftliche Situation zum größten Risikofaktor, reagieren die Frauen ebenfalls darauf, indem sie in den Produktionsbereich drängen und dort selbst aktiv werden.

Aus diesen analytischen Ergebnissen werden die wichtigsten Bestimmungsfaktoren der Handlungsrationalität kleinbäuerlicher Gruppen deutlich. Je nach Entwicklung einer Krisensituation, die sich meist aus einem komplexen Geflecht unterschiedlicher Faktoren ergibt, reagieren die betroffenen Familien jeweils auf die aus ihrer Sicht größten Risiken. Die Wahl der entsprechenden Bewältigungsstrategien hängt dabei unmittelbar von den verfügbaren Ressourcen ab. Diese Verfügbarkeit wird - wie im Konzept der Verwundbarkeit definiert - von gesamtgesellschaftlichen und haushaltsinternen bzw. persönlichen Faktoren bestimmt. Häufig ist es den Familien unmöglich, entsprechend dem Ziel der allgemeinen Risikominimierung auf eine langfristige Senkung der Verwundbarkeit insgesamt hin zu arbeiten. Vielmehr lassen ihnen die zahlreichen vorhandenen *constraints* nur die Möglichkeit einer kurzfristigen Eindämmung der jeweils höchsten Verwundbarkeit, während sich die Verwundbarkeiten in anderen Bereichen teilweise sogar erhöhen.

Entwickelt sich im Laufe einer Krise nach der Bewältigung eines Risikos ein weiteres auf ein bedrohendes Niveau zu, so ändern die Familien - immer unter der Voraussetzung, daß die notwendigen Ressourcen vorhanden sind - ihre Strategie und widmen sich der Überwindung der neuen Situation. Trotz der großen Differenzierung innerhalb der Palette der jeweils gewählten Bewältigungsstrategien ist allen gemein, daß sie möglichst wenig Abweichungen von den bisherigen relativ stabilen Alltagsabläufen erfordern. Da jede Form der Veränderung ein Risiko in sich birgt, indem es neue häufig völlig unbekannte Handlungsmuster, Denkweisen, Beziehungsgeflechte, räumliche Orientierungen etc. notwendig macht, gehört diese Persistenz zu der wichtigsten Methode der Risikominimierung. Erst wenn keine dieser Strategien mehr greift, werden gravierende Modifikationen der Lebens- und Wirtschaftsformen - beispielsweise durch Migration - in Kauf genommen.

In der Verknüpfung der Analyse der Pionierfrontentwicklung und der Untersuchung von Verwundbarkeit und Überlebensstrategien kleinbäuerlicher Gruppen wird deutlich, in welchem Maße sich sozioökonomische und politisch-kulturelle Strukturen und Prozesse auf den unterschiedlichen Maßstabsebenen und in den verschiedenen Zeitabschnitten gegenseitig bedingen und beeinflussen (siehe dazu auch RAUCH 1996, EHLERS 1998). Die *land manager* 'Kleinbauern' reagieren auf die für sie häufig ausschließlich wahrnehmbaren lokalen Krisen, die ihrerseits aber durch vielfältige Faktoren auf globaler, nationaler und regionaler Ebene bestimmt werden. In neuerer Zeit sind es vor allem die allgemeinen Tendenzen der Globalisierung, die auf die Entwicklung einwirken. Sie spalten die Entwicklungsländer - in Industrieländern sind ähnliche Prozesse beobachtbar - in zentrale, in globale Prozesse 'inkludierte' Bereiche einerseits und in periphere 'exkludierte', in denen marginalisierte Gruppen einen Überlebensraum finden, andererseits auf. Trotz der allgemein negativen Auswirkungen der genannten Fragmentierungsprozesse für diese Bevölkerungsschichten können gerade sie durch den Bedeutungszuwachs der lokalen Handlungsebene neue Aktionsräume hinzugewinnen. Gelingt es ihnen dabei - teilweise mit Unterstützung globaler Akteure - ihre Überlebensstrategien an die lokalen Situationen anzupassen, den gesellschaftlichen und wirtschaftlichen Anforderungen zu entsprechen und Nischen auszunutzen, können auf der Mikroebene soziale und politische Emanzipation sowie wirtschaftlicher Erfolg erreicht werden. Sowohl die Kleinbauern von Salvação als auch die Frauen von Rancho Alegre stehen dafür, auch wenn nicht darüber hinweggesehen werden darf, daß sie bei der Wahl ihrer Bewältigungsstrategien auf ein gewisses Mindestmaß an Ressourcen zurückgreifen konnten. Wie das Fallbeispiel Baixo Alegre aber zeigt, dominieren heute noch immer Szenarien unüberwindbarer *constraints*, unwirksamer Bewältigungsstrategien und steigender Verwundbarkeit die *trajectories* peripherer Gebiete.

Gerade an diesen Problembereichen müssen Bemühungen und konkrete Maßnahmen der Entwicklungsförderung - seien sie privater oder staatlicher, regionaler, nationaler oder internationaler Provenienz - ansetzen. Planung und Umsetzung erfordern dabei die Berücksichtigung einiger zentraler Aspekte, die sich aus der in der vorliegenden Arbeit geleisteten Analyse von Fallbeispielen verschiedener Maßstabsebenen ableiten lassen. Anhand der politisch-ökologischen Untersuchungen wurde deutlich, daß sowohl in der Vorbereitung und Planung als auch in der Umsetzung gesellschaftliche Prozesse niemals von den parallel verlaufenden naturräumlichen Veränderungen getrennt betrachtet werden dürfen (HOLLING 1980, EDEN & PARRY 1996b, BRYANT & WILSON 1998). Dabei gilt es nicht nur, den Naturraum als schützenswertes Gut zu betrachten. Von ebenso großer Relevanz ist seine Funktion als Ressourcenquelle - sei es für die Eliten, deren Ziel seine Ausbeutung im Sinne der Gewinnmaximierung ist, sei es für marginalisierte Gruppen, die seine Ressourcen für ihr eigenes Überleben benötigen - mit all seinen Implikationen für die Einschätzung der jeweils aktuellen Situation. Seit den 80er Jahren wird in der Praxis zwar versucht, Umweltaspekte in Konzeption, Umsetzung und Evaluierung der Entwicklungsplanung zu integrieren, indem Potentiale und Risiken einer geplanten Nutzung abgeschätzt werden (siehe beispielsweise BLISS 1999, SCHRÖDER, J.-M. 1997, MEURER et al. 1994, FITZGERALD 1994, HARTJE 1994, KRINGS 1994b, OODIT & SIMONIS 1993). Allerdings scheitern solche Vorhaben häufig an den ungenügenden Kenntnissen der Beteiligten sowie am Fehlen eines umfangreichen Instrumentariums zum *monitoring*, das eine genaue Beobachtung und sogar Vorhersage der ökologischen Folgeprozesse erlauben würde (SIMMONS 1997, EDEN 1996c). Aufgrund finanzieller Hindernisse ist eine entsprechende begleitende detaillierte Beobachtung der umgesetzten Maßnahmen und der durch sie ausgelösten Prozesse sowie eine ständige Überarbeitung und Anpassung der Maßnahmen nicht im notwendigen Umfang möglich. Neben diesen eher technischen Problemen liegt den Mißerfolgen der Entwicklungsplanung darüber hinaus eine völlige Fehlinterpretation des Mensch-Umwelt-Verhältnisses zugrunde, denn meist wird außer acht gelassen, daß der Naturraum in seiner Eigenschaft als Ressourcenquelle ein politisch besetzter Begriff ist (JANSEN 1998, BRYANT & BAILEY 1997, PEET & WATTS 1996b, CHAMBERS 1988, BLAIKIE & BROOKFIELD 1987f). Verschiedene soziale Gruppen, staatliche Stellen und internationale Akteure stehen im Widerstreit um die Verfügungsgewalt über diesen Raum. Gesellschaftliche, politische und wirtschaftliche Mechanismen steuern dabei den Ablauf der Konflikte. Dies bei der Entwicklungsplanung zu ignorieren bedeutet, einen der wichtigsten Bestimmungsfaktoren von Umweltveränderung und -degradierung zu unterschlagen und eine verzerrte Ursachenanalyse in Kauf zu nehmen.

Neben diesem sehr allgemeinen Aspekt der Integration von Gesellschaft, Individuum und Natur, der für alle Bereiche der Entwicklungsplanung gelten kann, sind vor allem für die Armutsbekämpfung einige weitere Grundregeln zu beachten. Wurde Entwicklung - vor allem im ländlichen Raum - bis in die 70er Jahre hinein als angebotsorientierte Produktionssteigerung betrachtet, gewinnen seit den 80er Jahren Konzepte zielgruppenorientierter Grundbedürfnisbefriedigung und Partizipation an Bedeutung (BMZ 1998, HAMMER 1998, ENTWICKLUNG + LÄNDLICHER RAUM 1993, RAUCH 1996, JANVRY & SADOULET 1996, SCHOLZ, F. & MÜLLER-MAHN 1993). Aber auch diesen Ansätzen fehlt der politische Aspekt. Zwar werden neuerdings vor allem institutionelle Mängel als Hauptursachen für Fehlentwicklungen betrachtet, jedoch stehen dabei technisch-administrative Maßnahmen, die informelle disparitäre institutionelle Regelungen vernachlässigen, meist im Vordergrund (MUMMERT 1999, GLASSMAN & SAMATAR 1997, BUTCHER 1988). Gerade diese informellen Regelwerke, häufig in Form von sozio-kulturellen Normen und Werten tradiert, bestimmen aber entscheidend die Handlungsrationalität sozialer Gruppen. Geplante Maßnahmen, die diese Mechanismen ignorieren, können nicht greifen und laufen ins

Leere oder tragen gar zu einer Verschlechterung der Lebensbedingungen der Zielgruppen bei. Einen geeigneten Ansatz, dies zu vermeiden, stellt das Konzept des *empowerment* dar (FRIEDMANN 1992, SERAGELDIN 1993, PANDEY 1995). Die zentrale Zielsetzung, bei politisch und sozial marginalisierten Gruppen ein kritisches Bewußtsein für die eigene Situation zu bilden sowie Selbstvertrauen und Organisationsgründung zur Durchsetzung der eigenen Interessen gegenüber den Eliten zu stärken, kann für die Armutsgruppen einen Zugang zu politischer Macht sowie zu wirtschaftlichen und sozialen Ressourcen schaffen.

Hier klingt bereits ein weiterer zentraler Bestandteil von Entwicklungsplanung an: die Handlungslogik der Zielgruppen. Sie beinhaltet einerseits ihre Wahrnehmung sozioökonomischer, politischer und ökologischer Strukturen und Prozesse als Potentiale oder *constraints* für das eigene Handeln bzw. als Ursachen für Krisensituationen. Andererseits wird die Verfügbarkeit von Ressourcen in die jeweiligen Handlungsentscheidungen miteinbezogen (KREUZER 1997, HERBON 1993). Die aktive Partizipation der Zielgruppen an der Projektplanung, die Akzeptanz von Maßnahmen und die Wirksamkeit von Entwicklungsprojekten allgemein hängt davon ab, inwiefern der vorgesehene Maßnahmenkatalog der Handlungsrationalität der jeweiligen Gruppen entspricht. Dabei gilt besonders bei Armutsgruppen die Priorität der Risikominimierung (RAUCH 1996). Impliziert ein geplantes Projekt eine völlige Änderung der bisherigen Lebensformen der Zielgruppen und eine Mißachtung jeglicher wirtschaftlicher Strukturen, kultureller Normen und sozialer Beziehungen, widerspricht dieser ebenso der Hauptstrategie der Risikominimierung wie die Verwendung von Ressourcen, die entweder durch andere Zwecke gebunden sind oder aber von dritter Stelle - etwa von Banken oder vom Staat selbst, denen marginalisierte Gruppen in der Regel mißtrauen - beschafft werden müssen. Um eine entsprechende Fehlplanung zu umgehen und die Erfolgsaussichten von Entwicklungsmaßnahmen zu erhöhen, könnten durch Beobachtung und Analyse der bisher von der beteiligten Akteuren angewendeten Überlebensstrategien die wichtigsten Faktoren ihrer Handlungslogik erfaßt und in die Planung integriert werden, denn gerade die auf Risikominimierung ausgerichteten Bewältigungsstrategien, die marginalisierte Gruppen zur Überwindung von ökologischen und sozioökonomischen Krisen anwenden, beinhalten Elemente und Entwicklungspotentiale, die zur Konzeption von Entwicklungsmaßnahmen beitragen könnten (RAUCH 1996).

Abschließend bleibt festzustellen, daß Entwicklungsplanung ohne detaillierte Kenntnisse über gesellschaftliche wie naturräumliche Strukturen und Prozesse auf den unterschiedlichen Maßstabsebenen nur begrenzten Erfolg haben kann. Bedauernswerterweise sind allerdings gerade für die notwendigen Studien und Vorarbeiten selten ausreichend Mittel und Zeit vorhanden, um eine Förderung nachhaltiger Entwicklungsansätze in degradierten Räumen angepaßt zu gestalten und Mißerfolge zu vermeiden. Dieser Ressourcenmangel rührt nicht zuletzt vom fehlenden politischen Willen der maßgeblichen Eliten auf regionaler, nationaler und internationaler Ebene her. Sie sind in der Regel an einer grundsätzlichen Veränderung der bestehenden sozialen, ökonomischen und politischen Strukturen nicht interessiert und fürchten - wahrscheinlich zurecht - Macht- und Legitimitätsverluste (EDEN 1996a). Trotz aller genannten *constraints* zeigen vereinzelte - häufig auf die lokale Ebene beschränkte - Bemühungen in diese Richtung, daß Ideen und Konzepte für die

Realisierung von Nachhaltigkeit weltweit diskutiert werden, um zukunftsfähige Perspektiven auch für marginalisierte Gruppen in degradierten Räumen zu erarbeiten[1].

---

1 Nicht zuletzt die knapp 500 Projekte der EXPO 2000 in Hannover, die zukunftsweisend nachhaltigen Zielsetzungen folgend weltweit als vorbildlich ausgewählt wurden, dokumentieren ein breites Spektrum vielversprechender Ansätze und zeigen vielfältige Perspektiven im Sinne der Nachhaltigkeit auf (siehe dazu EXPO 2000).

VII Literatur

ABREU, A. Rangel de Paiva et al. (1994): Desigualdade de gênero e raça - O informal no Brasil em 1990. In: Estudos Feministas, (número especial), S. 153-178.

ADAMS, W.M. & MORTIMORE, M.J. (1997): Agricultural intensification and flexibility in the Nigerian Sahel. In: Geographical Journal, 163 (2), S. 150-160.

AFSHAR, H. (1996): Women and the politics of fundamentalism in Iran. In: AFSHAR, H. (Hrsg.): Women and politics in the Third World; London, New York. S. 121-141.

AGUIAR, V. de Almeida (1998): Perfil social dos canavieiros cortadores de cana-de-açúcar da Bacia do Alto Rio Paraguai. In: BASSEGIO, L. (Hrsg.): O fenômeno migratório no limiar do terceiro milênio - Desafios pastorais; Petrópolis. S. 286-316.

AGUIAR, V. de Almeida et al. (1994): Espaço físico da Bacia do Alto Rio Paraguai (= Fase I: Diagnóstico, 2); Cuiabá, Tübingen.

AHMED-GHOSH, H. (1993): Agricultural development and work pattern of women in a North Indian village. In: RAJU, S. & BAGCHI, D. (Hrsg.): Women and work in South Asia - Regional patterns and perspectives; London, New York. S. 180-195.

AJARA, C. (1989): População. In: DUARTE, A. Capdeville (Hrsg.): Geografia do Brasil. Band 1: Região Centro-Oeste; Rio de Janerio (IBGE). S. 123-148.

ALBALADEJO, Ch. & TULET, J.-Ch. (Hrsg.) (1996): Les fronts pionniers de l'Amazonie brésilienne - La formation de nouveaux territoires; Paris, Montréal.

ALBERTI, V. (1990): História oral - a experiência do Cpdoc; Rio de Janeiro.

ALFF, Ch. (1997): Die Lebens- und Arbeitsbedingungen von Frauen im ländlichen Punjab, Pakistan - Eine empirische Fallstudie aus der Division Bahawalpur (= Abhandlungen - Anthropogeographie, 56); Berlin.

ALMEIDA, A.W. Berno de (1992): O intransitivo da transição - O Estado, os conflitos agrários e a violência na Amazônia (1965-1989). In: LÉNA, Ph. & OLIVEIRA, A. Engrácia de (Hrsg.): Amazônia - A fronteira agrícola 20 anos depois. 2. Aufl.; Belém. S. 259-290.

ALMEIDA, A.W. Berno de (1994): Universalização e localismo - Movimentos sociais e crise dos padrões tradicionais de relação política na Amazônia. In: D'INCAO, M.A. & SILVEIRA, I. Maciel da (Hrsg.): Amazônia e a crise da modernização; Belém. S. 521-537.

ALMEIDA, M.G. de (1987): A problemática do extrativismo e da pecuária no estado do Acre. In: KOHLHEPP, G. & SCHRADER, A. (Hrsg.): Homem e natureza na Amazônia (= Tübinger Geographische Studien, 95); Tübingen. S. 221-235.

ALMEIDA, O. Trinidade de (Hrsg.) (1996): A evolução da fronteira amazônica - Oportunidades para um desenvolvimento sustentável; Porto Alegre, Belém (IMAZON).

ALTVATER, E. (1987): Consequências regionais da crise do endividamento global no exemplo do Pará. In: KOHLHEPP, G. & SCHRADER, A. (Hrsg.): Homem e natureza na Amazônia (= Tübinger Geographische Studien, 95); Tübingen. S. 169-187.

ALTVATER, E. (1992): Der Preis des Wohlstandes oder Umweltplünderung und neue Welt(un)ordnung; Münster.

ANDA, G.G. de (1996): The reconstruction of rural institutions. In: FAO (Hrsg.): Land reform; Rom. S. 99-119.

ANDREAE, B. (1983): Agrargeographie - Strukturzonen und Betriebsformen in der Weltlandwirtschaft. 2. Aufl.; Berlin, New York.

ANGLADE, C. & FORTIN, C. (1990): Accumulation, adjustment and the autonomy of the state in Latin America. In: ANGLADE, C. & FORTIN, C. (Hrsg.): The state and capital accumulation in Latin America. Band 2; Houndmills. S. 211-340.

ARAGÓN, L.E. (1981): Mobilidade geográfica e ocupacional no norte de Goiás - Um exemplo de migração por sobrevivência. In: MOUGEOT, L.J.A. & ARAGÓN, L.E. (Hrsg.): O despovoamento do território amazônico - Contribuições para a sua interpretação (Cadernos NAEA, 6); Belém. S. 89-118.

ARAGÓN, L.E. (1986): Uso potencial das redes de parentesco como alternativa metodológica para o estudo da migração. In: ARAGÓN, L.E. & MOUGEOT, L.J.A. (Hrsg.): Migrações internas na Amazônia - Contribuições teóricas e metodológicas (= Cadernos NAEA, 8); Belém. S. 91-111.

ARAGÓN, L.E. (Hrsg.) (1991): A desordem ecológica na Amazônia (= Série Cooperação Amazônica, 7); Belém.

ARAGÓN, L.E. (Hrsg.) (1994): What future for the Amazon region? Proceedings of the International Symposium in Stockholm; Stockholm.

ARANTES, N.E. & SOUZA, P. Itamar de Mello de (Hrsg.) (1993): Cultura da soja nos cerrados; Piracicaba.

ARGENT, J. & O'RIORDAN, T. (1995): The North Sea. In: KASPERSON, J.X. et al. (Hrsg.): Regions at risk - Comparisons of threatened environments; Tokio, New York, Paris. S. 367-419.

ARNDT, H.W. (1988): Transmigration in Indonesia. In: OBERAI, A.S. (Hrsg.): Land settlement policies and population redistribution in developing countries - Achievements, problems and prospects; New York, Westport, London. S. 48-88.

ARYAL, M. (1992): What's in it for me? In: Himal, (März/April), S. 24-25.

ASCHENBRENNER, J. (1993): Women and families' economic organisation in a Punjabi village, Pakistan. In: RAJU, S. & BAGCHI, D. (Hrsg.): Women and work in South Asia - Regional patterns and perspectives; London, New York. S. 224-236.

ASHTON, P.S. (1988): A question of sustainable use. In: DENSLOW, J.S. & PADOCH, C. (Hrsg.): People of the tropical rainforest; Berkley. S. 185-196.

AUBERTIN, C. & PINTON, F. (1996): De la réforme agraire aux unités de conservation - Histoire des réserves extractivistes de l'Amazonie brésilienne. In: ALBALADEJO, Ch. & TULET, J.-Ch. (Hrsg.): Les fronts pionniers de l'Amazonie brésilienne - La formation de nouveaux territoires; Paris, Montréal. S. 207-233.

BACKHAUS, N. (1996): Globalisierung, Entwicklung und traditionelle Gesellschaft - Chancen und Einschränkungen bei der Nutzung von Meeresressourcen auf Bali, Indonesien (= Südostasien, 6); Münster.

BACKHAUS, N. (1997): Garnelenzucht und Globalisierung - Soziale und ökologische Probleme durch Intensivzuchten auf Bali. In: Geographische Rundschau, 49 (12), S. 730-734.

BACKHAUS, N. (1998): Meeresnutzung auf Bali - Optionen oder Einschränkungen für Unterprivilegierte durch Globalisierung? In: Die Erde, 129 (4), S. 273-284.

BAGCHEE, A. (1993): Women in agricultural resource management. In: SRIVASTAVA, J.P. & ALDERMAN, H. (Hrsg.): Agriculture and environmental challenges. Proceedings of the Thirteenth Agricultural Sector Symposium; Washington, D.C. (Weltbank). S. 167-174.

BAGCHI, D. (1993): The household and extrahousehold work of rural women in a changing resource environment in Madhya Pradesh, India. In: RAJU, S. & BAGCHI, D. (Hrsg.): Women and work in South Asia - Regional patterns and perspectives; London, New York. S. 137-157.

BÄHR, J. (1994): Frauen in der Weltbevölkerung. In: Geographische Rundschau, 46 (3), S. 174-180.

BÄHR, J. & MERTINS, G. (1995): Die lateinamerikanische Großstadt - Verstädterungsprozesse und Stadtstrukturen (= Erträge der Forschung, 288); Darmstadt.

BAN, A.W. van den & HAWKINS, H.S. (1996): Agricultural extension. 2. Aufl.; Oxford, London.

BANCO DO BRASIL (1994): Programas de financiamento - Fundo Constitucional de Financiamento do Centro-Oeste (FCO); Brasília.

BARCELLOS, M.M. & COSTA, W.I. Sendim (1991): População. In: HAMMERLI, S. Machado & FREDRICH, O.M. Buarque de Lima (Hrsg.): Geografia do Brasil. Band 3: Região Norte; Rio de Janeiro (IBGE). S. 169-211.

BARGATZKY, Th. (1986): Einführung in die Kulturökologie - Umwelt, Kultur und Gesellschaft; Berlin.

BARROSO, C. & AMADO, T. (1986): Cidadania e saúde da mulher. In: ABEP (Hrsg.): Anais do V. Encontro Nacional de Estudos Populacionais. Band 2; Águas de São Pedro. S. 1087-1108.

BARROW, Ch. & PATERSON, A. (1994): Agricultural diversification - The contribution of rice and horticultural producers. In: FURLEY, P.A. (Hrsg.): The forest frontier - Settlement and change in Brazilian Roraima; London, New York. S. 153-184.

BARROZO, J.C. (1997): Em busca da pedra que brilha como estrela - Um estudo sobre o garimpo e os garimpeiros do Alto Paraguai - MT; Araraquara (unveröff. Diss.).

BÄSCHLIN, E. & MEIER, V. (1995): Feministische Geographie - Spuren einer Bewegung. In: Geographische Rundschau, 47 (4), S. 248-251.

BATTERBURY, S. et al. (1997): Environmental transformations in developing countries - Hybrid research and democratic policy. In: Geographical Journal, 163 (2), S. 126-132.

BAUD, I. & SMYTH, I. (1997): Searching for security - Women's responses to economic transformations. In: BAUD, I. & SMYTH, I. (Hrsg.): Searching for security - Women's responses to economic transformations; London, New York. S. 1-9.

BEBBINGTON, A. (1997): Social capital and rural intensification - Local organizations and islands of sustainability in the rural Andes. In: Geographical Journal, 163, (2), S. 189-197.

BECK, H. (1982): Große Geographen - Pioniere, Außenseiter, Gelehrte; Berlin.

BECK, L. et al. (1997): Bodenbiologie tropischer Regenwälder. In: Geographische Rundschau, 49 (1), S. 24-31.

BECKER, B.K. (1987): Estratégia do Estado e povoamento espontâneo na expansão da fronteira agrícola em Rondônia - Interação e conflito. In: KOHLHEPP, G. & SCHRADER, A. (Hrsg.): Homem e natureza na Amazônia (= Tübinger Geographische Studien, 95); Tübingen. S. 237-251.

BECKER, B.K. (1990a): Amazônia (= Série Princípios, 192); São Paulo.

BECKER, B.K. (1990b): Grandes projetos e produção de espaço transnacional - Uma nova estratégia do estado na Amazônia. In: BECKER, B.K. et al. (Hrsg.): Fronteira amazônica - Questões sobre a gestão do território; Brasília, Rio de Janeiro. S. 179-196.

BECKER, B.K. (1990c): Fragmentação do espaço e formação de regiões na fronteira - Um poder territorial? In: BECKER, B.K. et al. (Hrsg.): Fronteira amazônica - Questões sobre a gestão do território; Brasília, Rio de Janeiro. S. 165-178.

BECKER, B.K. (1990d): Fronteira e urbanização repensadas. In: BECKER, B.K. et al. (Hrsg.): Fronteira amazônica - Questões sobre a gestão do território; Brasília, Rio de Janeiro. S. 131-144.

BECKER, B.K. (1992): Gestão do território e territorialidade na Amazônia - A CVRD e os garimpeiros em Carajás. In: LÉNA, Ph. & OLIVEIRA, A.E. de (Hrsg.): Amazônia - A fronteira agrícola 20 anos depois. 2. Aufl.; Belém. S. 333-350.

BECKER, B.K. (1994): Estado, nação e região no final do século XX. In: D'INCAO, M.A. & SILVEIRA, I. Maciel da (Hrsg.): Amazônia e a crise da modernização; Belém. S. 103-109.

BECKER, B.K. (1995): Undoing myths - The Amazon, an urbanized forest. In: CLÜSENER-GODT, M. & SACHS, I. (Hrsg.): Brazilian perspectives on sustainable development of the Amazon region (= Man and the Biosphere Series, 15); Paris (UNESCO). S. 53-89.

BECKER, B.K. (1996): Brazil's frontier experience and sustainable development - A geopolitical approach. In: GRADUS, Y. & LITHWICK, H. (Hrsg.): Frontiers in regional development; London. S. 73-98.

BENCHERIFA, A. (1990): Die Oasenwirtschaft der Maghrebländer - Tradition und Wandel. In: Geographische Rundschau, 42 (2), S. 82-87.

BERDICHEWSKY, B. (1979): Anthropology and the peasant mode of production. In: BERDICHEWSKY, B. (Hrsg.): Anthropology and social change in rural areas (= World Anthropology); The Hague, Paris, New York. S. 5-39.

BERGAMASCO, S.M. Pessoa Pereira (1994): Assentamentos rurais - Reorganização do espaço produtivo e processos de socialização. In: MEDEIROS, L. et al. (Hrsg.): Assentamentos rurais - Uma visão multidisciplinar; São Paulo (UNESP). S. 225-235.

BERGAMASCO, S.M. Pessoa Pereira (1997): A realidade dos assentamentos rurais por detrás dos números. In: Estudos Avançados, 11 (31), S. 37-49.

BERLIN, E.A. (1989): Adaptive strategies in a colonist community - Socio-cultural and ecological factors in dietary resource utilization. In: SCHUMANN, D.A. & PARTRIDGE, W.L. (Hrsg.): The human ecology of tropical land settlement in Latin America; Boulder, Landon. S. 378-406.

BERTRAN, P. (1988): Uma introdução à história econômica do Centro-Oeste do Brasil; Brasília (CODEPLAN).

BESSER, A. (1995): Feminismus ist keine Erfindung aus Europa - Frauenbewegungen in Lateinamerika. In: RANDZIO-PLATH, Ch. & MANGOLD-WEGNER, S. (Hrsg.): Frauen im Süden - Unser Reichtum - ihre Armut (= Dietz-Taschenbuch, 66); Bonn. S. 231-236.

BLAIKIE, P. (1995): Changing environments or changing views? - A political ecology for developing countries. In: Geography, 80 (3), S. 203-214.

BLAIKIE, P. & BROOKFIELD, H. (1987a): Approaches to the study of land degradation. In: BLAIKIE, P. & BROOKFIELD, H. (Hrsg.): Land degradation and society; London, New York. S. 27-48.

BLAIKIE, P. & BROOKFIELD, H. (1987b): Decision-making in land management. In: BLAIKIE, P. & BROOKFIELD, H. (Hrsg.): Land degradation and society; London, New York. S. 64-83.

BLAIKIE, P. & BROOKFIELD, H. (1987c): Defining and debating the problem. In: BLAIKIE, P. & BROOKFIELD, H. (Hrsg.): Land degradation and society; London, New York. S. 1-26.

BLAIKIE, P. & BROOKFIELD, H. (1987d): Management, enterprise and politics in the development of the tropical rain forest land - From forest and grass into cropland. In: BLAIKIE, P. & BROOKFIELD, H. (Hrsg.): Land degradation and society; London, New York. S. 157-164.

BLAIKIE, P. & BROOKFIELD, H. (1987e): Retrospect and prospect. In: BLAIKIE, P. & BROOKFIELD, H. (Hrsg.): Land degradation and society; London, New York. S. 239-250.

BLAIKIE, P. & BROOKFIELD, H. (Hrsg.) (1987f): Land degradation and society; London, New York.

BLAIKIE, P. et al. (1994): At risk - Natural hazards, people's vulnerability and disasters; London, New York.

BLISS, F. (1999): Waldnutzung und Entwicklungshilfe - Zielgruppe Frauen. In: Geographische Rundschau, 51 (3), S. 139-141.

BLOTEVOGEL, H.H. et al. (1989): "Regionalbewußtsein" - Zum Stand der Diskussion um einen Stein des Anstoßes. In: Geographische Zeitschrift, 77 (2), S. 65-88.

BLUMENSCHEIN, M. (1995): Die modernisierte Landwirtschaft des *cerrado* und ihre Bedeutung für eine nachhaltige Entwicklung der Pantanal-Region. In: KOHLHEPP, G. (Hrsg.): Mensch-Umwelt-Beziehungen in der Pantanal-Region von Mato Grosso/Brasilien (= Tübinger Geographische Studien, 114); Tübingen. S. 221-246.

BLUMENSCHEIN, M. et al. (1996): O espaço rural na Bacia do Alto Rio Paraguai - A. Transformações sócio-espaciais (= Fase I: Diagnóstico, 8A); Cuiabá, Tübingen.

BMZ (BUNDESMINISTERIUM FÜR WIRTSCHAFTLICHE ZUSAMMENARBEIT UND ENTWICKUNG) (1998): Journalistenhandbuch Entwicklungspolitik 1998; Bonn.

BOCK, S. et al. (Hrsg.) (1989): Frauen(t)räume in der Geographie - Beiträge zur Feministischen Geographie (= Urbs et Regio, 52); Kassel.

BOECKH, A. (1993): Entwicklungstheorien - Eine Rückschau. In: NOHLEN, D. & NUSCHELER, F. (Hrsg.): Handbuch der Dritten Welt. Band 1: Grundprobleme, Theorien, Strategien. 3. Aufl.; Bonn. S. 110-130.

BOFF, L. (1991): Nova evangelização - Perspectiva dos oprimidos. 3. Aufl.; Fortaleza.

BOHLE, H.-G. (1989): Zwanzig Jahre "Grüne Revolution" in Indien - Eine Zwischenbilanz mit Dorfbeispielen aus Südindien. In: Geographische Rundschau, 41 (2), S. 91-98.

BOHLE, H.-G. (1992a): Hungerkrisen und Ernährungssicherung. In: Geographische Rundschau, 44 (2), S. 78-87.

BOHLE, H.-G. (1992b): Hungersnöte, Unterernährung und staatliches Krisen-Management in Südasien. In: Geographische Rundschau, 44 (2), S. 98-104.

BOHLE, H.-G. (1993): The geography of vulnerable food systems. In: BOHLE, H.-G. et al. (Hrsg.): Coping with vulnerability and criticality (= Freiburg Studies in Development Geography, 1); Saarbrücken, Fort Lauderdale, S. 15-29.

BOHLE, H.-G. (1994): Dürrekatastrophen und Hungerkrisen - Sozialwissenschaftliche Perspektiven geographischer Risikoforschung. In: Geographische Rundschau, 46 (7-8), S. 400-407.

BOHLE, H.-G. (1998): Strategien der Überlebenssicherung und Verwundbarkeit in Entwicklungsländern. In: Rundbrief Geographie, (149), S. 13-16.

BOHLE, H.-G. (1999): Grenzen der Grünen Revolution in Indien - Wasser als kritischer Faktor in der Agrarentwicklung. In: Geographische Rundschau, 51 (3), S. 111-117.

BOHLE, H.-G. & ADHIKARI, J. (1998): Bergbauern auf dem Weg zum Markt - Die Rolle der Agrarvermarktung für die Lebenssicherung in peripheren Bergregionen Nepals. In: KOHLHEPP, G. & COY, M. (Hrsg.): Mensch-Umwelt-Beziehungen und nachhaltige Entwicklung in der Dritten Welt (= Tübinger Geographische Studien, 119); Tübingen. S. 195-208.

BOHNSACK, R. (1999): Rekonstruktive Sozialforschung - Einführung in Methodologie und Praxis qualitativer Forschung. 3. Aufl.; Opladen.

BOLAND, G.M. (1997): Farmers' organizations, poverty and the environment in the Sertão, North-East Brazil (= Nijmegen Studies in Development and Cultural Change, 25); Saarbrücken.

BORCHERDT, Ch. (1996): Agrargeographie (= Teubner Studienbücher der Geographie); Stuttgart.

BORGES, F.T. de Miranda (1991): Do extrativismo à pecuária - Algumas observações sobre a história econômica de Mato Grosso 1870 - 1930; Cuiabá.

BORN, M. (1989): Die Entwicklung der deutschen Agrarlandschaft (= Erträge der Forschung, 29). 2. Aufl.; Darmstadt.

BOTELHO, M.I. Vieira (1995): Impactos sociais da modernização no cotidiano dos trabalhadores. In: SCOPINHO, R.A. & VALARELLI, L. (Hrsg.): Modernização e impactos sociais - O caso da agroindústria sucro-alcooleira na região de Ribeirão Preto (SP); Rio de Janeiro. S. 115-140.

BRAND, K.W. (Hrsg.) (1997): Nachhaltige Entwicklung - Eine Herausforderung an die Soziologie (= Soziologie und Ökologie, 1); Opladen.

BRANDÃO, C.R. & RAMALHO, J.R. (1986): Campesinato goiano - Três estudos (= Coleção Documentos Goianos, 16); Goiânia.

BRASIL, A.E. & ALVARENGA, S.M. (1989): Relevo. In: DUARTE, A. Capdeville (Hrsg.): Geografia do Brasil. Band 1: Região Centro-Oeste; Rio de Janerio (IBGE). S. 53-72.

BRAUN, M. (1996): Subsistenzsicherung und Marktpartizipation - Eine agrargeographische Untersuchung zu kleinbäuerlichen Produktionsstrategien in der Province de la Comoé, Burkina Faso (= Heidelberger Geographische Arbeiten, 105); Heidelberg.

BRAUNS, Th. & SCHOLZ, U. (1997): Shifting cultivation - Krebsschaden aller Tropenläder? In: Geographische Rundschau, 49 (1), S. 4-10.

BRAZÃO, J.E.M. et al. (1993): Vegetação e recursos florísticos. In: CALDEIRON, S. Sirena (Hrsg.): Recursos naturais e meio ambiente - Uma visão do Brasil; Rio de Janeiro (IBGE). S. 59-68.

BREMAEKER, F.E.J. de (1996): Limites à criação de novos municípios - A emenda constitucional número 15. In: Revista de Administração Municipal, 43 (219), S. 118-128.

BRET, B. (1993): L'innovation agricole. In: GREEN, R.H. & SANTOS, R. Rocha dos (Hrsg.): Brésil - Un système agro-alimentaire en transition; Paris. S. 209-232.

BRONGER, A. (1998): Ökologische Probleme in Entwicklungsländern - Entwaldung in Indien. In: Geographische Rundschau, 50 (3), S. 173-180.

BROOKFIELD, H. et al. (1990): Borneo and the Malay Peninsula. In: TURNER II, B.L. (Hrsg.): The Earth as transformed by human action - Global and regional changes in the biosphere over the past 300 years; Cambridge. S. 495-512.

BROOKFIELD, H. et al. (1995): In place of the forest - Environmental and socio-economic transformation in Borneo and the Eastern Malay Peninsula (= UNU Studies on Critical Environmental Regions); Tokio, New York, Paris.

BROWDER, J.O. (Hrsg.) (1989): Fragile lands of Latin America - Strategies of sustainable development; Boulder.

BROWDER, J.O. & GODFREY, B.J. (1997): Rainforest cities - Urbanization, development, and globalization of the Brazilian Amazon; New York.

BROWN, L.A. et al. (1994): Urban-system evolution in frontier settings. In: Geographical Review, 84 (3), S. 249-265.

BROWN, L.A. et al. (1996): Urban system development, Ecuador's Amazon region, and generalization. In: GRADUS, Y. & LITHWICK, H. (Hrsg.): Frontiers in regional development; London. S. 99-124.

BRUENIG, E.F. (1991): Der tropische Regenwald im Spannungsfeld "Mensch und Biosphäre". In: Geographische Rundschau, 43 (4), S. 224-230.

BRUMER, A. & GIACOBBO, E.O. (1993): A mulher na pequena agricultura modernizada. In: Humanas, 16 (1), S. 139-156.

BRUMER, A. et al. (1993): A exploração familiar no Brasil. In: LAMARCHE, H. (Hrsg.): A agricultura familiar - Comparação internacional. Band 1: Uma realidade multiforme; Campinas. S. 179-234.

BRYANT, R.L. & BAILEY, S. (1997): Third World political ecology; London, New York.

BRYANT, R.L. & WILSON, G.A. (1998): Rethinking environmental management. In: Progress in Human Geography, 22 (3), S. 321-343.

BUCHHOFER, E. (1988): Wirtschaftsgeographische Grundlagen der Stadtentwicklung im ekuadorianischen Amazonas-Tiefland. In: Geographische Zeitschrift, 76 (3), S. 149-164.

BÜCHNER, G. (1991): Gender, environmental degradation, and development - Modifying the New Household Economic Model. In: BÜCHNER, G. et al. (Hrsg.): Gender, environmental degradation and development (= LEEC Paper, DP 91-04); London. S. 18-23.

BUDIARDJO, C. (1986): The politics of Transmigration. In: The Ecologist, 16 (2-3), S. 111-116.

BUSCH-LÜTY. Ch. & DÜRR, H.-P. (1996): Ökonomie und Natur - Versuch einer Annäherung im interdisziplinären Dialog. In: WEHRT, H. (Hrsg.): Humanökologie - Beiträge zum ganzheitlichen Verstehen unserer geschichtlichen Lebenswelt (= Wuppertal Texte); Berlin, Basel, Boston. S. 96-128.

BUTCHER, D. (1988): Human and institutional development. In: CONROY, C. & LITVINOFF, M. (Hrsg.): The greening of aid - Sustainable livelihoods in practice; London. S. 195-209.

CAMPOS, I. (1994): Pequena produção familiar e capitalismo - Um debate em aberto (= Paper do NAEA, 16); Belém.

CANNON, T. (1994): Vulnerability analysis and the explanation of "natural" disasters. In: VARLEY, A. (Hrsg.): Disasters, development and environment; Chichester, New York. S. 13-30.

CARNEY, J.A. (1996): Converting the wetlands, engendering the environment - The intersection of gender with agrarian change in Gambia. In: PEET, R. & WATTS, M. (Hrsg.): Liberation ecologies - Environment, development, social movements; London, New York. S. 165-187.

CARREIRA, M.E. de P.C. de Sá & GUSMÃO, R. Pinto de (1990): As transformações na agriculture brasileira e suas consequências no meio ambiente. In: GUSMÃO, R. Pinto de et al. (Hrsg.): Diagnóstico Brasil - A ocupação do território e o meio ambiente; Rio de Janeiro (IBGE). S. 97-127.

CARTAY, R. (1999): Estrategias de sobrevivencia de los pequeños caficultores en tiempos de crisis. In: Agroalimentaria (Merida), 9, S. 77-82.

CARVALHO, A.L. de & PODESTÁ FILHO, J.A. de (1989): Solos. In: DUARTE, A. Capdeville (Hrsg.): Geografia do Brasil. Band 1: Região Centro-Oeste; Rio de Janerio (IBGE). S. 91-105.

CARVALHO, S.M. Schmuziger (1992): Chaco: Encruzilhada de povos e "melting pot" cultural - Suas relações com a bacia do Paraná e o sul mato-grossense. In: CUNHA, M. Carneiro da (Hrsg.): História dos índios no Brasil; São Paulo (FAPESP). S. 457-474.

CARVALHO FILHO, J.J. de (1997): Reforma agrária - De eleições a eleições. In: Estudos Avançados, 11 (31), S. 99-109.

CASTELLANET, Ch. et al. (1997): Une nouvelle gestion des ressources naturelles - Le Programme Agroécologique de la Transamazonienne (PAET). In: THÉRY, H. (Hrsg.): Environnement et développement en Amazonie brésilienne; Paris. S. 124-137.

CASTRO, S. Pereira et al. (1994): A colonização oficial em Mato Grosso - "A nata e a borra da sociedade" (= Cadernos do NERU, número especial); Cuiabá.

CEBOTAREV, E.A. (1984): A organização do tempo de atividades domésticas e não-domésticas de mulheres camponesas na América Latina. In: AGUIAR, N. (Hrsg.): Mulheres na força de trabalho na América Latina - Análises qualitativos; Petrópolis. S. 45-78.

CHAMBERS, R. (1988): Sustainable rural livelihoods - A key strategy for people, environment and development. In: CONROY, C. & LITVINOFF, M. (Hrsg.): The greening of aid - Sustainable livelihoods in practice; London. S. 1-17.

CHAMBERS, R. (1994): The poor and the environment - Whose reality counts? (= IDS-Paper); Brighton.

CHAMPION, A.G. (1983): Land use and competition. In: PACIONE, M. (Hrsg.): Progress in rural geography; London. S. 21-45.

CHANT, S. (1992a): Conclusion - Towards a framework for the analysis of gender-selective migration. In: CHANT, S. (Hrsg.): Gender and migration in developing countries; London. S. 197-206.

CHANT, S. (Hrsg.) (1992b): Gender and migration in developing countries; London.

CHANT, S. & RADCLIFFE, S.A. (1992): Migration and development - The importance of gender. In: CHANT, S. (Hrsg.): Gender and migration in developing countries; London. S. 1-29.

CHASE, J. Rhea (1985): Migração e trabalho na fronteira agrícola - Mudança e continuidade entre mulheres em Conceição do Araguaia; Belo Horizonte (unveröff. Dipl.).

CHRUSCZ, D. (1992): Kulturökologisches Denken nach Marvin Harris. In: GLAESER, B. & TEHERANI-KRÖNNER, P. (Hrsg.): Humanökologie und Kulturökologie - Grundlagen, Ansätze, Praxis; Oladen. S. 177-190.

CIM (CENTRO INFORMAÇÃO MULHER) & CEDI (CENTRO ECUMÊNICO DE DOCUMENTAÇÃO E INFORMAÇÃO) (Hrsg.) (1992): Mulher e meio ambiente; São Paulo, Rio de Janeiro.

CLEARY, D. (1993): After the frontier - Problems with political economy in the modern Brazilian Amazon. In: Journal of Latin American Studies, 25 (2), S. 331-349.

CLEARY, D. (1994): Problemas na interpretação da história moderna da Amazônia. In: D'INCAO, M.A. & SILVEIRA, I. Maciel da (Hrsg.): Amazônia e a crise da modernização; Belém. S. 159-165.

CODEMAT (COMPANHIA DE DESENVOLVIMENTO DO ESTADO DE MATO GROSSO) (1995): Evolução fundiária do núcleo colonial criado pelo decreto 1.598 de 22/05/53 e sua situação fundiária atual; Cuiabá (unveröff. Manuskript).

COHEN, J.E. (1995): How many people can the earth support? New York.

COLCHESTER, M. (1986a): Banking on Disaster - International support for Transmigration. In: The Ecologist, 16 (2-3), S. 61-70.

COLCHESTER, M. (1986b): The struggle for land - Tribal people in the face of the Transmigration Programme. In: The Ecologist, 16 (2-3), S. 99-110.

CORLETT, R.T. (1995): Tropical secondary forests. In: Progress in Physical Geography, 19 (2), S. 159-172.

CORRÊA FILHO, V. (1922): Matto Grosso; Rio de Janeiro.

CORRÊA FILHO, V. (1939): Mato Grosso. 2. Aufl.; Rio de Janeiro.

CORRÊA FILHO, V. (1994): História de Mato Grosso (= Coleção Memórias Históricas, 4). Facsimile; Várzea Grande (Fundação Júlio Campos).

COSTA, D. Martins & NEVES, M. da Graça R. das (1995): Nem tanto ao mar nem tanto à terra - Uma perspectiva das ações municipais voltadas para a mulher. In: Revista de Administração Municipal, 42 (215), S. 9-28.

COSTA, F. de Assis (1995): Agricultura familiar em transformação na Amazônia - O caso de Capitão Poço e suas implicações para a política e planejamento agrícolas regionais (= Paper do NAEA, 49); Belém.

COSTA, J.M. Monteiro da (Hrsg.) (1979): Amazônia - Desenvolvimento e ocupação (= Monografia, 29); Rio de Janeiro (IPEA, INPES).

COSTA, J.M. Monteiro da (Hrsg.) (1992): Amazônia - Desenvolvimento ou retrocesso (= Coleção Amazoniana, 2); Belém.

COSTA, J.M. Monteiro da (1994): Grandes projetos e o crescimento da indústria na Amazônia. In: D'INCAO, M.A. & SILVEIRA, I. Maciel da (Hrsg.): Amazônia e a crise da modernização; Belém. S. 413-425.

COSTA E SILVA, P. Pitaluga & FERREIRA, J.C.V. (1994): Breve história de Mato Grosso e de seus municípios; Cuiabá.

COVERT, H.H. (1998): Fighting for agrarian reform in Brazil - An analysis of the strategies and dialogue of the *Sem Terra* movement. In: Latinamericanist, 33 (2), S. 1-7.

COY, M. (1980): Umsiedlung und Kolonisation in Ländern der Dritten Welt - Unter besonderer Berücksichtigung des Bevölkerungsproblems dargestellt am Beispiel der Länder des insularen Südostasien; Frankfurt am Main (unveröff. Diplomarbeit).

COY, M. (1988): Regionalentwicklung und regionale Entwicklungsplanung an der Peripherie in Amazonien - Probleme und Interessenkonflikte bei der Erschließung einer jungen Pionierfront am Beispiel des brasilianischen Bundesstaates Rondônia (= Tübinger Geographische Studien, 97); Tübingen.

COY, M. (1991): Sozioökonomischer Wandel und Umweltprobleme in der Pantanal-Region Mato Grossos (Brasilien). In: Geographische Rundschau, 43 (3), S. 174-182.

COY, M. (1990): Pionierfront und Stadtentwicklung - Sozial- und wirtschaftsräumliche Differenzierung der Pionierstädte in Nord-Mato Grosso. In: Geographische Zeitschrift, 78 (2), S. 115-134.

COY, M. (1995a): Sozio-ökonomische und ökologische Probleme der Pionierfrontentwicklung in Amazonien - Beispiele aus Rondônia und Nord-Mato Grosso. In: BRIESEMEISTER, D. & ROUANET, S.P. (Hrsg.): Brasilien im Umbruch. Akten des Berliner Brasilien-Kolloquiums 1995 (= Biblioteca Luso-Brasileira, 2); Frankfurt am Main. S. 141-163.

COY, M. (1995b): Von der Interiorstadt zur Regionalmetropole - Stadtverfall, Stadterweiterung und Konzepte einer Stadterneuerung in Cuiabá. In: KOHLHEPP, G. (Hrsg.): Mensch-Umwelt-Beziehungen in der Pantanal-Region von Mato Grosso/Brasilien (= Tübinger Geographische Studien, 114); Tübingen. S. 279-314.

COY, M. (1996a): Cidades pioneiras e desenvolvimento sustentável na Amazônia brasileira - Transformação sócio-econômica e desafios para o planejamento nas frentes pioneiras. In: Geosul, 10 (19/20), S. 51-67.

COY, M. (1996b): Frentes pioneiras perante a globalização - Dinâmica interna e reorganização do espaço social na Amazônia brasileira. I. Congreso Europeo de Latinoamericanistas, Salamanca, Juni 1996 (unveröff. Manuskript, 23 S.).

COY, M. (1997): Stadtentwicklung an der Peripherie Brasiliens - Wandel lokaler Lebenswelten und Möglichkeiten nachhaltiger Entwicklung in Cuiabá (Mato Grosso); Tübingen (unveröff. Habilitationsschrift).

COY, M. (1998): Sozialgeographische Analyse raumbezogener nachhaltiger Zukunftsplanung. In: HEINRITZ, G. et al. (Hrsg.): Nachhaltigkeit als Leitbild der Umwelt- und Regionalentwicklung in Europa. Band 2; Stuttgart. S. 56-66.

COY, M. (2000): Zwischen Globalisierung und Regionalisierung - Modernisierungsfolgen, Interessenkonflikte und Bestimmungsfaktoren nachhaltiger Entwicklung im ländlichen Raum Brasiliens. In: KOHLHEPP, G. et al. (Hrsg.): Brasilien - Modernisierung und Globalisierung; Frankfurt am Main (in Druck).

COY, M. (2001): Regionalentwicklung im südwestlichen Amazonien - Sozial- und wirtschaftsräumlicher Wandel an der brasilianischen Peripherie zwischen Globalisierung und Nachhaltigkeit. In: KOHLHEPP, G. (Hrsg.): Brasilien - Entwicklungsland oder tropische Großmacht im 21. Jahrhundert; Tübingen (in Druck).

COY, M. & FRIEDRICH, M. (1998): Migração na periferia brasileira - Tendências atuais e consequências para o desenvolvimento regional. In: MERTINS, G. & SKOCZEK, M. (Hrsg.): Migraciones de la población latinoamericana y sus efectos socio-económicos; Warschau. S. 141-164.

COY, M. & LÜCKER, R. (1993): Der brasilianische Mittelwesten - Wirtschafts- und sozialgeographischer Wandel eines peripheren Agrarraumes (= Tübinger Geographische Studien, 108); Tübingen.

COY, M. & NEUBURGER, M. (1999): As frentes pioneiras na Amazônia brasileira entre globalização e sustentabilidade. In: CEHU (CENTRO DE ESTUDIOS ALEXANDER VON HUMBOLDT) (Hrsg.): Primer Encuentro Internacional Humboldt; Buenos Aires (CD-Rom).

COY, M. et al. (1994): Questão urbana na Bacia do Alto Rio Paraguai (= Fase I: Diagnóstico, 10); Cuiabá, Tübingen.

COY, M. et al. (1997): Town and countryside in the Brazilian Midwest - Modernization and urbanization of a pioneer region. In: LINDERT, P. van & VERKOOREN, O. (Hrsg.): Small towns and beyond - Rural transformation and small urban centres in Latin America (= Thela Latin American Series, 6); Amsterdam. S. 31-52.

CRAWSHAW, B. (1993): Can traditional strategies be used as a means to deliver development assistance? - Lessons from food aid. In: BOHLE, H.-G. (Hrsg.): Worlds of pain and hunger - Geographical perspectives on disaster vulnerability and food security (= Freiburg Studies in Development Geography, 5); Saarbrücken, Fort Lauderdale, S. 209-218.

CRONON, W.J. (1993): Foreword - The turn toward history. In: MCDONNELL, M.J. & PICKETT, S.T.A. (Hrsg.): Humans as components of ecosystems - The ecology of subtle human effects and populated areas; New York. S. i-x.

CRUSH, J.S. (1980): On theorizing underdevelopment. In: Tijdschrift voor Economische en Sociale Geografie, 71 (6), S. 343-350.

CRUZ, M.C.J. (1993): Economic stagnation and deforestation in Costa Rica and the Philippines. In: SRIVASTAVA, J.P. & ALDERMAN, H. (Hrsg.): Agriculture and environmental challanges. Proceedings of the Thirteenth Agricultural Sector Symposium; Washington, D.C. (Weltbank). S. 216-234.

CUNHA, A. dos Santos (1986): Política agrícola para pequenos produtores. In: SOBER (SOCIEDADE BRASILEIRA DE ECONOMIA RURAL) (Hrsg.): Anais do XXIV Congresso Brasileiro de Economia e Sociologia Rural, Campos; Brasília. S. 193-241.

D'INCAO, M.A. (1995): Sobre o amor na fronteira. In: ÁLVARES, M.L. Miranda & D'INCAO, M.A. (Hrsg.): A mulher existe? Uma contribuição ao estudo da mulher e gênero na Amazônia; Belém (GEPEM). S. 175-198.

D'INCAO, M.A. & SILVEIRA, I. Maciel da (Hrsg.) (1994): A Amazônia e a crise da modernização; Belém.

DANIELZYK, R. & OßENBRÜGGE, J. (1993): Perspektiven geographischer Regionalforschung - "Locality Studies" und regulationstheoretische Ansätze. In: Geographische Rundschau, 45 (4), S. 210-216.

DANIELZYK, R. & OßENBRÜGGE, J. (1996): Globalisierung und lokale Handlungsspielräume - Raumentwicklung zwischen Globalisierung und Regionalisierung. In: Zeitschrift für Wirtschaftsgeographie, 40 (1/2), S. 101-112.

DANKELMAN, I. & DAVIDSON, J. (1990): Frauen und Umwelt in den südlichen Kontinenten; Wuppertal.

DANTAS, B.G. et al. (1992): Os povos indígenas no Nordeste brasileiro - Um esboço histórico. In: CUNHA, M. Carneiro da (Hrsg.): História dos índios no Brasil; São Paulo. S. 431-456.

DAVID, M.B. de Albuquerque et al. (1997): Atlas dos beneficiários da reforma agrária. In: Estudos Avançados, 11 (31), S. 51-68.

DAVIDSON, G.M. (1996): The spaces of coping - Women and "poverty" in Singapore. In: Singapore Journal of Tropical Geography, 17 (2), S. 113-131.

DAVIS, G. (1988): The Indonesian transmigrants. In: DENSLOW, J.S. & PADOCH, C. (Hrsg.): People of the tropical rainforest; Berkeley. S. 143-154.

DAVIS, M. (1999): Ökologie der Angst - Los Angeles und das Leben mit der Katastrophe; München.

DAYRELL, E.G. (1974): Colônia Agrícola Nacional de Goiás - Análise de uma política de colonização na expansão para o Oeste; Goiânia (unveröff. Diplomarbeit).

DEAN, W. (1996): A ferro e fogo - A história e a devastação da mata atlântica brasileira; São Paulo.

DEL'ARCO, J. Oliveira & BEZERRA, P.E. Leal (1989): Geologia. In: DUARTE, A. Capdeville (Hrsg.): Geografia do Brasil. Band 1: Região Centro-Oeste; Rio de Janerio (IBGE). S. 35-51.

DELGADO, M.B.G. (1992): As mulheres trabalhadoras, o sindicalismo e o meio ambiente. In: CIM (CENTRO INFORMAÇÃO MULHER) & CEDI (CENTRO ECUMÊNICO DE DOCUMENTAÇÃO E INFORMAÇÃO) (Hrsg.) (1992): Mulher e meio ambiente; São Paulo, Rio de Janeiro. S. 32-34.

DENEVAN, W.M. (1989): The geography of fragile lands in Latin America. In: BROWDER, J.O. (Hrsg.): Fragile lands of Latin America - Strategies of sustainable development; Boulder. S. 11-24.

DIÁRIO OFICIAL DE MATO GROSSO, Jahrgänge 1951 bis 1965; Cuiabá.

DICKENSON, J. (1995): The recent frontier in Brazil - Geographical perspectives. Studie vorgestellt beim Symposium "The frontier in question", Department of History, University of Essex, Colchester (unveröff. Manuskript).

DICKENSON, J. et al. (1996): A geography of the Third World. 2. Aufl.; London, New York.

DIEGUES, A.C. (Hrsg.) (1993): A dinâmica social do desmatamento na Amazônia - Populações e modos de vida em Rondônia e sudeste do Pará; São Paulo (NUPAUB).

DIEZINGER, A. et al. (Hrsg.) (1994): Erfahrung mit Methode - Wege sozialwissenschaftlicher Frauenforschung (= Forum Frauenforschung, 8); Freiburg.

DITTRICH, Ch. (1995): Ernährungssicherung und Entwicklung in Nordpakistan (= Freiburg Studies in Development Geography, 11); Saarbrücken.

DOM MÁXIMO BIENNÈS, T.O.R. (1987): Uma igreja na fronteira; São Paulo.

DOMOSH, M. (1998): Geography and gender - Home, again? In: Progress in Human Geography, 22 (2), S. 276-282.

DOPPLER, W. (1994): Landwirtschaftliche Betriebssysteme in den Tropen und Subtropen - Genesis, Entwicklungsprobleme und Entwicklungspotential. In: Geographische Rundschau, 46 (2), S. 65-71.

DRAKE, V.C. (1991): The gender bias issue in environment and development - Fact or fiction. In: BÜCHNER, G. et al. (Hrsg.): Gender, environmental degradation and development - The extent of the problem (= LEEC Paper, DP 91-04); London. S. 4-9.

DRESCHER, A.W. (1996): Die Hausgärten der wechselfeuchten Tropen des südlichen Afrika - Ihre ökologische Funktion und ihr Beitrag zur Ernährungssicherung (Fallstudien aus Sambia) (= APT-Berichte, 4); Freiburg.

DREW, D. (1994): Processos interativos homem - meio ambiente. 3. Aufl.; Rio de Janeiro.

DÜNCKMANN, F. (1998): Die Landfrage in Brasilien. In: Geographische Rundschau, 50 (11), S. 649-654.

DURHAM, W.H. (1995): Political ecology and environmental destruction in Latin America. In: PAINTER, M. & DURHAM, W.H. (Hrsg.): The social causes of environmental destruction in Latin America; Ann Arbor. S. 249-264.

DÜRR, H. (1995): Umweltflüchtlinge - Bedrohung für die Industrieländer? In: Geographische Rundschau, 47 (10), S. 596-600.

EDEN, M.J. (1996a): Forest degradation in the tropics - Environmental and management issues. In: EDEN, M.J. & PARRY, J.T. (Hrsg.): Land degradation in the tropics - Environmental and policy issues; London. S. 41-47.

EDEN, M.J. (1996b): Land degradation - Environmental, social and policy issues. In: EDEN, M.J. & PARRY, J.T. (Hrsg.): Land degradation in the tropics - Environmental and policy issues; London. S. 3-18.

EDEN, M.J. (1996c): Environmental degradation and forest renewability in Amazonia. In: EDEN, M.J. & PARRY, J.T. (Hrsg.): Land degradation in the tropics - Environmental and policy issues; London. S. 48-60.

EDEN, M.J. & PARRY, J.T. (1996a): Land degradation in the tropics - The way ahead. In: EDEN, M.J. & PARRY, J.T. (Hrsg.): Land degradation in the tropics - Environmental and policy issues; London. S. 277-281.

EDEN, M.J. & PARRY, J.T. (Hrsg.) (1996b): Land degradation in the tropics - Environmental and policy issues; London.

EHLERS, E. (1984): Die agraren Siedlungsgrenzen der Erde - Gedanken zu ihrer Genese und Typologie am Beispiel des kanadischen Waldlandes (= Erkundliches Wissen, 69); Wiesbaden.

EHLERS, E. (1998): Global Change und Geographie. In: Geographische Rundschau, 50 (5), S. 273-277.

EISEL, U. (1992): Individualität als Einheit der konkreten Natur - Das Kulturkonzept der Geographie. In: GLAESER, B. & TEHERANI-KRÖNNER, P. (Hrsg.): Humanökologie und Kulturökologie - Grundlagen, Ansätze, Praxis; Opladen. S. 107-151.

EITEN, G. (1994): Vegetação do cerrado. In: PINTO, M. Novaes (Hrsg.): Cerrado - Caracterização, ocupação e perspectivas; Brasília. S. 17-73.

ELAZAR, D.J. (1996): The frontier as chain reaction. In: GRADUS, Y. & LITHWICK, H. (Hrsg.): Frontiers in regional development; London. S.173-190.

ELLIS, F. (1988): Peasant economics - Farm households and agrarian development (= Wye Studies in Agricultural and rural development); Cambridge.

ELSENHANS, H. (1989): Zur Theorie und Praxis bürokratischer Entwicklungsgesellschaften. In: KRÖNER, H. (Hrsg.): Zur Analyse von Institutionen im Entwicklungsprozeß und in der internationalen Zusammenarbeit; Berlin. S. 109-139.

EMATER (EMPRESA DE ASSISTÊNCIA TÉCNICA E EXTENSÃO RURAL) (1981): Estudo da realidade da área de atuação da Unidade Operativa de Mirassol d'Oeste; Mirassol d'Oeste.

EMATER (EMPRESA DE ASSISTÊNCIA TÉCNICA E EXTENSÃO RURAL) (1989): História da cultura da seringueira em Mato Grosso (= Série Histórica, - 25 Anos, 4); Cuiabá.

EMPAER (EMPRESA MATOGROSSENSE DE PESQUISA, ASSISTÊNCIA E EXTENSÃO RURAL) (1996a): Estudo da realidade do município de Rio Branco, MT; Rio Branco.

EMPAER (EMPRESA MATOGROSSENSE DE PESQUISA, ASSISTÊNCIA E EXTENSÃO RURAL) (1996b): Estudo da realidade municipal de Reserva do Cabaçal, MT; Reserva do Cabaçal.

EMPAER (EMPRESA MATOGROSSENSE DE PESQUISA, ASSISTÊNCIA E EXTENSÃO RURAL) (1996c): Estudo da realidade municipal de Lambari d'Oeste, MT; Lambari d'Oeste.

EMPAER (EMPRESA MATOGROSSENSE DE PESQUISA, ASSISTÊNCIA E EXTENSÃO RURAL) (1996d): Estudo da realidade de Araputanga, MT; Araputanga.

EMPAER (EMPRESA MATOGROSSENSE DE PESQUISA, ASSISTÊNCIA E EXTENSÃO RURAL) (1996e): Estudo da realidade municipal de Salto do Céu, MT; Cuiabá.

EMPAER (EMPRESA MATOGROSSENSE DE PESQUISA, ASSISTÊNCIA E EXTENSÃO RURAL) (1996f): Estudo da realidade do município de Jauru, MT; Jauru.

EMPAER (EMPRESA MATOGROSSENSE DE PESQUISA, ASSISTÊNCIA E EXTENSÃO RURAL) (1996g): Estudo da realidade municipal de São José dos Quatro Marcos, MT; São José dos Quatro Marcos.

EMPAER (EMPRESA MATOGROSSENSE DE PESQUISA, ASSISTÊNCIA E EXTENSÃO RURAL) (1996h): Estudo da realidade municipal de Figueirópolis d'Oeste, MT; Figueirópolis d'Oeste.

EMPAER (EMPRESA MATOGROSSENSE DE PESQUISA, ASSISTÊNCIA E EXTENSÃO RURAL) (1996i): Estudo da realidade municipal de Mirassol d'Oeste, MT; Mirassol d'Oeste.

ENTWICKUNG + LÄNDLICHER RAUM (1993), 27 (2): Schwerpunkt: Ländliche Entwicklungskonzepte.

ENTWICKUNG + LÄNDLICHER RAUM (1997), 31 (3): Schwerpunkt: Beratung - Ein Feld ohne Grenzen?

ENTWICKUNG + LÄNDLICHER RAUM (1999), 33 (2): Schwerpunkt: Organisationen im ländlichen Raum.

ESCOBAR, A. (1996): Constructing nature - Elements for a poststructural political ecology. In: PEET, R. & WATTS, M. (Hrsg.): Liberation ecologies - Environment, development, social movements; London, New York. S. 46-68.

ESTADO DE MATO GROSSO (1972): Diagnóstico da colonização no Estado de Mato Grosso; Cuiabá.

ESTADO DE MATO GROSSO (1977): Monografias municipais; Cuiabá.

ESTADO DE MATO GROSSO (1980a): Diagnóstico sócio-econômico - Microregião Alto Guaporé - Jauru; Cuiabá.

ESTADO DE MATO GROSSO (1980b): Diagnóstico sócio-econômico - Novos municípios; Cuiabá.

ESTADO DE MATO GROSSO (1984a): Perfil do município de Rio Branco; Cuiabá.

ESTADO DE MATO GROSSO (1984b): Perfil municipal de Araputanga; Cuiabá.

ESTADO DE MATO GROSSO (1984c): Perfil do município de Jauru; Cuiabá.

ESTADO DE MATO GROSSO (1984d): Perfil municipal de Quatro Marcos; Cuiabá.

ESTADO DE MATO GROSSO (1984e): Perfil municipal de Salto do Céu; Cuiabá.

EVANS, P. (1992): The state as problem and solution - Predation, embedded autonomy, and structural change. In: HAGGARD, S. & KAUFMAN, R.R. (Hrsg.): The politics of economic adjustment; Princeton. S. 139-181.

EVERS, H.-D. (1987): Subsistenzproduktion, Markt und Staat. In: Geographische Rundschau, 39 (3), S. 136-140.

EXPO 2000 HANNOVER GMBH (2000): Projects around the world of EXPO 2000 - International projects. 2 Bände; Hannover.

E+Z (ENTWICKLUNG UND ZUSAMMENARBEIT) (1999a), 40 (1): Schwerpunkt: Entwicklungspolitik als Friedenspolitik.

E+Z (ENTWICKLUNG UND ZUSAMMENARBEIT) (1999b), 40 (4): Schwerpunkt: Krisenprävention als Ziel der Politik.

FAISSOL, Sp. (1994): O espaço, território, sociedade e desenvolvimento brasileiro; Rio de Janeiro (IBGE).

FALESI, Í.C. (1991): Impactos regionais da exploração econômica recente da Amazônia brasileira e transformações possíveis. In: ARAGÓN, L.E. (Hrsg.): A desordem ecológica na Amazônia (= Série Cooperação Amazônica, 7); Belém (UNAMAZ). S. 287-292.

FALESI, Í.C. (1992): Efeitos da queima da biomassa florestal nas características do solo da Amazônia. In: COSTA, J.M. Monteiro da (Hrsg.): Amazônia - Desenvolvimento ou retrocesso (= Coleção Amazoniana, 2); Belém. S. 140-162.

FARINA, E.M.M. Querido (1996): Política pública e evolução recente da pecuária leiteira no Brasil. In: DELGADO, G. Costa et al. (Hrsg.): Agricultura e políticas públicas. 2. Aufl.; Brasília (IPEA). S. 433-513.

FATHEUER, Th. (1997): Die Wiederkehr des Verdrängten - Agrarreform und soziale Bewegungen in Brasilien. In: GABBERT, K. et al. (Hrsg.): Land und Freiheit (= Lateinamerika - Analysen und Berichte, 21); Bad Honnef. S. 66-80.

FAUSTO, B. (1996): História do Brasil (= Didática, 1); São Paulo.

FCR (FUNDAÇÃO DE PESQUISAS CÂNDIDO RONDON) (1988): Anuário Estatístico do Estado de Mato Grosso 1986; Cuiabá.

FEARNSIDE, Ph.M. (1986): Human carrying capacity of the Brazilian rainforest; New York.

FEARNSIDE, Ph.M. (1992): Desmatamento e desenvolvimento agrícola na Amazônia brasileira. In: LÉNA, Ph. & OLIVEIRA, A.E. de (Hrsg.): Amazônia - A fronteira agrícola 20 anos depois. 2. Aufl.; Belém. S. 207-222.

FEARNSIDE, Ph.M. (1993): Deforestation in Brazilian Amazonia - The effect of population and land tenure. In: Ambio, 22 (8), S. 537-545.

FEARNSIDE, Ph.M. (1997): Transmigration in Indonesia - Lessons from its environmental and social impacts. In: Environmental Management, 21 (4), S. 553-570.

FEDER, G. et al. (1985): The impact of agricultural extension - A case study of the training and visit system in Haryana, India (= World Bank Staff Working Papers, 756); Washington, D.C.

FEITELSON, E. (1997): The second closing of the frontier - An end to open-access regimes. In: Tijdschrift voor Economische en Sociale Geografie, 88 (1), S. 15-28.

FELMY, S. (1993): Division of labour and women's work in a mountain society - Hunza Valley in Pakistan. In: RAJU, S. & BAGCHI, D. (Hrsg.): Women and work in South Asia - Regional patterns and perspectives; London, New York. S. 196-208.

FERES, J.B. (1989): The struggle for land in Brazil. In: PEPERKAMP, G. & REMIE, C.H.W. (Hrsg.): The struggle for land world-wide (= Nijmegen Studies in Development and Cultural Change, 1); Saarbrücken, Fort Lauderdale. S. 139-159.

FERNANDES, B. Mançano (1996): MST - Formação e territorialização em São Paulo; São Paulo.

FERNANDES, B. Mançano (1997): Formação, espacialização e territorialização do MST. In: STÉDILE, J.P. (Hrsg.): A reforma agrária e a luta do MST; Petrópolis. S. 133-155.

FERRANTE, V.L. Botta (1994): Diretrizes políticas dos mediadores - Reflexões de pesquisas. In: MEDEIROS, L. et al. (Hrsg.): Assentamentos rurais - Uma visão multidisciplinar; São Paulo (UNESP). S. 127-144.

FERRANTE, V.L. Botta (1995): Las trabajadoras *bóias frias* en al lucha por la tierra en Brasil. In: FLORES, S.M.L. (Hrsg.): Jornaleras, temporeras y *bóias frias* - El rostro femenino del trabajo rural en América Latina; Caracas. S. 193-207.

FERRAZ, J. (1995): Rehabilitation of capoeira, degradad pastures and mining sites. In: CLÜSENER-GODT, M. & SACHS, I. (Hrsg.): Brazilian perspectives on sustainable development of the Amazon region (= Man and the Biosphere Series, 15); Paris (UNESCO). S. 149-156.

FERREIRA, A. Duarte (1993): Agriculture et réseau agro-alimentaire - Le rôle de la contractualisation. In: GREEN, R.H. & SANTOS, R. Rocha dos (Hrsg.): Brésil - Un système agro-alimentaire en transition; Paris (IHEAL). S. 147-182.

FERREIRA, B. (1994): Estratégias de intervenção do estado em áreas de assentamento - As políticas de assentamento do governo federal. In: MEDEIROS, L. et al. (Hrsg.): Assentamentos rurais - Uma visão multidisciplinar; São Paulo (UNESP). S. 29-47.

FERREIRA, F. Poley Martins (1995): Estagnação econômica em áreas de fronteira agrícola e problemas intraurbanos - O caso do município de Araguacema, Tocantins; Brasília (unveröff. Diplomarbeit).

FERREIRA, J.C.V. (1993): Municípios de Mato Grosso - Jauru; Várzea Grande (Fundação Júlio Campos).

FERREIRA, J.C.V. (1995): Mato Grosso - Política contemporânea; Cuiabá.

FIEDLER, K.P. (1988): Kommunale Defizite in Zentralamerika - Zu den Seminaren der Deutschen Stiftung für Internationale Entwicklung in El Salvador und Guatemala. In: Der Städtetag, 41 (10), S. 673-678.

FIEDLER, K.P. (1990): Zentralamerikanische Kommunen in der Krise - Zur Lage der Gemeinden in Guatemala und Honduras. In: Der Städtetag, 43 (11), S. 769-775.

FISCHER, I. & ALBUQUERQUE, L. (1996): O assalariamento da força de trabalho feminina rural. In: Cadernos do CEAS, (162), S. 56-65.

FITZGERALD, M. (1994): Environmental education in Ethiopia - A strategy to reduce vulnerability to famine. In: VARLEY, A. (Hrsg.): Disasters, development and environment; Chichester, New York. S. 125-138.

FLITNER, M. (1998): Konstruierte Naturen und ihre Erforschung. In: Geographica Helvetica, 53 (3), S. 89-95.

FLORES, S.M.L. (Hrsg.) (1995): Jornaleras, temporeras y *bóias frias* - El rostro femenino del trabajo rural en América Latina; Caracas.

FONSECA, C. (1997): Ser mulher, mãe e pobre. In: PRIORE, M. Del & BASSANEZI, C. (Hrsg.): História das mulheres no Brasil; São Paulo. S. 510-553.

FONSECA, M. Pinto da (1980): Padrões de colonização e o desenvolvimento regional - O caso paranaense e o caso matogrossense; Belo Horizonte (unveröff. Diplomarbeit).

FOWERAKER, J. (1981): The struggle for land - A political economy of pioneer frontier in Brazil from 1930 to the present day; Cambridge.

FRANCO, R.M. (1995): Development and management plans for the Amazon region - Lessons from the past, proposals for the future. In: CLÜSENER-GODT, M. & SACHS, I. (Hrsg.): Brazilian perspectives on sustainable development of the Amazon region (= Man and the Biosphere Series, 15); Paris (UNESCO). S. 23-51.

FRASER, A.I. (1998): Social, economic and political aspects of forest clearance and land-use planning in Indonesia. In MALONEY, B.K. (Hrsg.): Human activities and the tropical rainforest - Past, present and possible future (= GeoJournal Library, 44); Dordrecht, Boston, London. S. 133-150.

FREI BETTO (1997): Sem Terra e cidadania. In: STÉDILE, J.P. (Hrsg.): A reforma agrária e a luta do MST; Petrópolis. S. 215-122.

FREI GÖRGEN, S. (1997). Religiosidade e fé na luta pela terra. In: STÉDILE, J.P. (Hrsg.): A reforma agrária e a luta do MST; Petrópolis. S. 279-292.

FREITAS, M. de L. Davies de (1987): Projeto Ferro Carajás - Reflexões ambientais. In: KOHLHEPP, G. & SCHRADER, A. (Hrsg.): Homem e natureza na Amazônia (= Tübinger Geographische Studien, 95); Tübingen. S. 347-352.

FRIEDMANN, J. (1992): Empowerment - The politics of alternative development; Cambridge, Oxford.

FRIEDMANN, J. (1996): Borders, margins, and frontiers - Myths and metaphor. In: GRADUS, Y. & LITHWICK, H. (Hrsg.): Frontiers in regional development; London. S. 1-20.

FRIEDRICH, M. (1999): Stadtentwicklung und Planungsprobleme von Regionalzentren in Brasilien - Cáceres und Rondonópolis, Mato Grosso: ein Vergleich (= Tübinger Geographische Studien, 126); Tübingen.

FRIEDRICHS, J. (1980): Methoden empirischer Sozialforschung (= WV Studium, 28). 13. Aufl.; Braunschweig.

FRÖHLICH, Ch. & HILLINGSHÄUSER, D. (1991): Aus der Isolation zum Kampf für die Agrarreform - Eine Frauenbewegung der Landarbeiterinnen im Nordosten. In: CAIPORA (Hrsg.): Frauen in Brasilien - Ein Lesebuch; Göttingen. S. 49-51.

FURLEY, P.A. (Hrsg.) (1994): The forest frontier - Settlement and change in Brazilian Roraima; London, New York.

FURTADO, C. (1975): Die wirtschaftliche Entwickung Brasiliens (= Beiträge zur Soziologie und Sozialkunde Lateinamerikas, 13); München.

GAMESON, T. (1991): The gender issue in the Third World and the constraints of economic theory. In: BÜCHNER, G. et al. (Hrsg.): Gender, environmental degradation and development - The extent of the problem (= LEEC Paper, DP 91-04); London. S. 24-28.

GARINE, I. de (1993): Coping strategies in case of hunger of the most vulnerable groups among the Massa and Mussey of Northern Cameroon. In: GeoJournal, 30 (2), S. 159-166.

GARRIDO FILHA, I. (1987): Garimpos e lavras mecanizadas - Questões sociais e uso dos recursos minerais na Amazônia brasileira. In: KOHLHEPP, G. & SCHRADER, A. (Hrsg.): Homem e natureza na Amazônia (= Tübinger Geographische Studien, 95); Tübingen. S. 427-432.

GEIPEL, R. (1994): IDNDR und Hazardforschung am Beispiel des Friaul. In: Geographische Rundschau, 46 (7-8), S. 393-399.

GEIST, H. (1992): Die orthodoxe und politisch-ökologische Sichtweise von Umweltdegradierung. In: Die Erde, (123), S. 283-295.

GEIST, H. (1994): Politische Ökologie von Ressourcennutzung und Umweltdegradierung - Das Beispiel der Unteren Casamance, Senegal. In: Geographische Rundschau, 46 (12), S. 718-128.

GEIST, H. (1998): Tropenwaldzerstörung durch Tabak - Eine These erörtert am Beispiel afrikanischer Miombowälder. In: Geographische Rundschau, 50 (5), S. 283-290.

GEOGRAPHISCHE RUNDSCHAU (1994), 46 (7-8): Naturkatastrophenforschung.

GERTEL, J. (1993): Krisenherd Khartoum - Geschichte und Struktur der Wohnraumproblematik in der sudanesischen Hauptstadt (= Freiburg Studies in Development Geography, 2); Saarbrücken, Fort Lauderdale.

GILBERT, A.-F. (1987): Frauen und sozialer Raum (= Forschungspolitische Früherkennung, A, 53); Zürich.

GILBERT, A.-F. (1993): Feministische Geographien - Ein Streifzug in die Zukunft. In: BÜHLER, E. et al. (Hrsg.): Ortssuche - Zur Geographie der Geschlechterdifferenz (= Schriftenreihe des Vereins Feministische Wissenschaft); Zürich, Dortmund. S. 79-107.

GIULANI, P. Cappellin (1997): Os movimentos de trabalhadoras e a sociedade brasileira. In: PRIORE, M. del & BASSANEZI, C. (Hrsg.): História das mulheres no Brasil; São Paulo. S. 640-667.

GLAESER, B. & TEHERANI-KRÖNNER, P. (Hrsg.) (1992): Humanökologie und Kulturökologie - Grundlagen, Ansätze, Praxis; Opladen.

GLAS, M. van der (1998): Gaining ground - Land use and soil conservation in areas of agricultural colonization in South Brazil and East Paraguay; Utrecht.

GLASSMAN, J. & SAMATAR, A.I. (1997): Development geography and the Third World state. In: Progress in Human Geography, 21 (2), S. 164-198.

GLAZOVSKY, N.F. (1995): The Arals Sea basin. In: KASPERSON, J.X. et al. (Hrsg.): Regions at risk - Comparisons of threatened environments; Tokio, New York, Paris. S. 92-139.

GOEDERT, W.J. (Hrsg.) (1986): Solos dos cerrados - Tecnologias e estratégias de manejo; São Paulo, Brasília (EMBRAPA).

GOGOLOK, O. (1996): Kirche und Frau in Lateinamerika. In: BRIESEMEISTER, D. & ROUANET, S.P. (Hrsg.): Brasilien im Umbruch. Akten des Berliner Brasilien-Kolloquiums 1995; Frankfurt am Main. S. 341-349.

GOHN, M. da Glória (1997): Os Sem-Terra, ONGs e cidadania - A sociedade civil brasileira na era da globalização; São Paulo.

GOHN, M. da Glória (1999): MST e mídia. In: Cadernos do CEAS, (179), S. 11-29.

GOLDIN, I. & REZENDE, G. Castro de (1990): Agriculture and economic crisis - Lessons from Brazil; Paris (OECD).

GOODLAND, R. & IRWIN, H. (1975): A selva amazônica - Do inferno ao deserto vermelho? (= Reconquista do Brasil, 30); São Paulo.

GOUDIE, A. (1994): Mensch und Umwelt - Eine Einführung; Heidelberg, Berlin, Oxford.

GOW, D. (1989): Development of fragile lands - An integrated approach reconsidered. In: BROWDER, J.O. (Hrsg.): Fragile lands of Latin America - Strategies of sustainable development; Boulder. S. 25-43.

GRADMANN, R. (1901a): Das mitteleuropäische Landschaftsbild nach seiner geschichtlichen Entwicklung. In: Geographische Zeitschrift, 7 (7), S. 361-377.

GRADMANN, R. (1901b): Das mitteleuropäische Landschaftsbild nach seiner geschichtlichen Entwicklung. In: Geographische Zeitschrift, 7 (8), S. 435-447.

GRADUS, Y. & LITHWICK, H. (Hrsg.) (1996): Frontiers in regional development; London.

GRAINGER, A. (1996): Degradation of tropical rain forest in Southeast Asia - Taxonomy and appraisal. In: EDEN, M.J. & PARRY, J.T. (Hrsg.): Land degradation in the tropics - Environmental and policy issues; London. S. 61-75.

GRENAND, P. (1996): L'éspace indigène face au front pionnier au Brésil. In: ALBALADEJO, Ch. & TULET, J.-Ch. (Hrsg.): Les fronts pionniers de l'Amazonie brésilienne - La formation de nouveaux territoires; Paris, Montréal. S. 191-206.

GRIMSHAW, R.G. et al. (1993): Technical considerations for sustainable agriculture. In: SRIVASTAVA, J.P. & ALDERMAN, H. (Hrsg.): Agriculture and environmental challenges. Proceedings of the Thirteenth Agricultural Sector Symposium; Washington, D.C. (Weltbank). S. 17-33.

GRZYBOWSKI, C. (1994):Movimentos populares rurais no Brasil - Desafios e perspectivas. In: STÉDILE, J.P. (Hrsg.): A questão agrária hoje; Porto Alegre. S. 285-297.

GUANZIROLI, C. (1994): Reforma agrária - Viabilidade econômica no contexto de uma política agrícola em transformação. In: MEDEIROS, L. et al. (Hrsg.): Assentamentos rurais - Uma visão multidisciplinar; São Paulo (UNESP). S. 261-269.

GUIDON, N. (1992): As ocupações pré-históricas do Brasil. In: CUNHA, M. Carneiro da (Hrsg.): História dos índios no Brasil; São Paulo. S. 37-52.

GUIMARÃES, L.S.P. & BRITO, S. (1987): De camponesa a bóia-fria - Transformação do trabalho feminino. In: IPPUR & UFRJ (Hrsg.): Mulher rural - Identidades na pesquisa e na luta política; Rio de Janeiro. S. 419-466.

GUPTA, A. (1998): Ecology and development in the Third World. 2. Aufl.; London, New York.

GURUNG, S. Manandhar (1994): Gender dimension of eco-crisis and resource management in Nepal. In: ALLEN, M. (Hrsg.): Anthropology of Nepal - Peoples, problems and processes; Kathmandu. S. 330-338.

GUSMÃO, R. Pinto de (Hrsg.) (1990): Diagnóstico Brasil - A ocupação do território e o meio ambiente; Rio de Janeiro (IBGE).

GUSMÃO, R. Pinto de (1995): A expansão da agricultura e suas consequências no meio ambiente. In: IBGE (INSTITUTO BRASILEIRO DE GEOGRAFIA E ESTATÍSTICA) (Hrsg.): Brasil - Uma visão nos anos 80; Rio de Janeiro. S. 323-332.

HAFFNER, W. (1995): Positive Aspekte von Erosionsprozessen. In: Geographische Rundschau, 47 (12), S. 733-739.

HALL, A. (1994): Social movements for productive conservation in Brazilian Amazonia. In: ARAGÓN, L.E. (Hrsg.): What future for the Amazon region? Proceedings of the International Symposium in Stockholm; Stockholm. S. 110-125.

HALL, A. (1997): Sustaining Amazonia - Grassroots action for productive conservation; Manchester, New York.

HAMMER, Th. (1998): Erfolgsfaktoren ländlicher Entwicklungsstrategien im westafrikanischen Sahel. In: Zeitschrift für Wirtschaftsgeographie, 42 (1), S. 22-21.

HANDELMANN, H. (1987): Geschichte von Brasilien; Zürich.

HANTSCHEL, R. & THARUN, E. (1980): Anthropogeographische Arbeitsweisen (= Das Geographische Seminar); Braunschweig.

HARRIS, M. (1989): Kulturanthropologie; Frankfurt am Main.

HARRISS, B. (1995): The intrafamily distribution of hunger in South Asia. In: DREZE, J. et al. (Hrsg.): The political economy of hunger; Dhaka. S. 224-297.

HARTJE, V. (1994): Internationale Umweltpolitik und multilaterale Vereinbarungen zum Umwelt- und Artenschutz. In: Geographische Rundschau, 46 (12), S. 692-697.

HARTOCH, E. (1996): Gärten in brasilianischen Ballungsräumen - Beispiel São Paulo; Mettingen.

HATTI, N. & RUNDQUIST, F.-M. (1994): Co-operatives as instrument of rural development. In: HOLMÉN, H. & JIRSTRÖM, M. (Hrsg.): Ground level development - NGOs, co-operatives and local organizations in the Third World (= Lund Studies in Geography, 56); Lund. S. 63-82.

HAUSER-SCHÄUBLIN, B (1985): Frau mit Frauen - Untersuchungen bei den Iatmul und Abelam, Papua Neuguinea. In: FISCHER, H. (Hrsg.): Feldforschungen - Berichte zur Einführung in Probleme und Methoden; Berlin. S. 179 - 201.

HEBEL, A. (1995): Bodendegradation und ihre internationale Erforschung. In: Geographische Rundschau, 47 (12), S. 686-691.

HÉBETTE, J. et al. (1996): Parenté, voisinage et organisation professionnelle dans la formation du front pionnier amazonien. In: ALBALADEJO, Ch. & TULET, J.-Ch. (Hrsg.): Les front pionniers de l'Amazonie brésilienne - La formation de nouveaux territoires; Paris, Montréal. S. 279-301.

HECHT, S.B. (1984): Cattle ranching in Amazonia - Political and ecological considerations. In: SCHMINK, M. & WOOD, Ch.H. (Hrsg.): Frontier expansion in Amazonia; Gainesville. S. 366-398.

HEILBRON, M. (1989): Faces da mesma moeda. In: Tempo e presença, 11 (248), S. 4-5.

HEIN, W. (1998): Unterentwicklung - Krise der Peripherie - Phänomene, Theorien, Strategien (= Grundwissen Politik, 20); Opladen.

HEIN, W. (Hrsg.) (1993): Umweltorientierte Entwicklungspolitik. 2. Aufl.; Hamburg.

HEINRITZ, G. (1999): Ein Siegeszug ins Abseits. In: Geographische Rundschau, 51 (1), S. 52-56.

HENKEL, K. (1994): Agrarstrukturwandel und Migration im östlichen Amazonien (Pará, Brasilien) (= Tübinger Geographische Studien, 112); Tübingen.

HENNESSY, A. (1978): The frontier in Latin American history; London.

HERBERS, H. (1995): Ernährungssicherung in Nord-Pakistan - Der Beitrag der Frauen. In: Geographische Rundschau, 47 (4), S. 234-239.

HERBON, D. (1993): Coping strategies - Ways of handling crisis in rural developing societies. In: Quarterly Journal of International Agriculture, 32 (1), S. 71-79.

HERFORT, J. (1995): Agroforstwirtschaft als Versuch einer nachhaltigen kleinbäuerlichen Landwirtschaft - Am Beispiel der FASE in Pontes e Lacerda. In: KOHLHEPP, G. (Hrsg.): Mensch-Umwelt-Beziehungen in der Pantanal-Region von Mato Grosso/Brasilien (= Tübinger Geographische Studien, 114); Tübingen. S. 157-187.

HETTNER, A. (1927): Die Geographie - Ihre Geschichte, ihr Wesen und ihre Methoden; Breslau.

HEWITT, K. (1997): Regions of risk - A geographical introduction to disasters; Herlow.

HIRATA, H. (1988): O trabalho da mulher e a crise econômica. In: Cadernos da CUT, (Sept.), S. 17-27.

HOGAN, D.J. (1991): Crescimento demográfico e meio ambiente. In: Revista Brasileira de Estudos de População, 8 (1-2), S. 61-71.

HOGAN, R. (1990): Class and community in frontier Colorado; Kansas.

HOLLING, C.S. (Hrsg.) (1980): Adaptive environmental assessment and management (International Series on Applied Systems Analysis, 3); Chichester, New York, Brisbane, Toronto.

HOLMÉN, H. (1994): Co-operatives and the environmental challenge - What can local organizations do? In: HOLMÉN, H. & JIRSTRÖM, M. (Hrsg.): Ground level development - NGOs, co-operatives and local organizations in the Third World (= Lund Studies in Geography, 56); Lund. S. 37-62.

HOLMÉN, H. & JIRSTRÖM, M. (1994a): Old wine in new bottles? - Local organizations as panacea for sustainable development. In: HOLMÉN, H. & JIRSTRÖM, M. (Hrsg.): Ground level development - NGOs, co-operatives and local organizations in the Third World (= Lund Studies in Geography, 56); Lund. S. 7-36.

HOLMÉN, H. & JIRSTRÖM, M. (Hrsg.) (1994b): Ground level development - NGOs, co-operatives and local organizations in the Third World (= Lund Studies in Geography, 56); Lund.

HOMMA, A. Kingo Oyama (1992): A (ir)racionalidade do extrativismo vegetal como paradigma de desenvolvimento agrícola para a Amazônia. In: COSTA, J.M. Monteiro da (Hrsg.): Amazônia - Desenvolvimento ou retrocesso (= Coleção Amazoniana, 2); Belém. S. 163-207.

HUBER, J. (1995): Nachhaltige Entwicklung - Strategien für eine ökologische und soziale Erdpolitik; Berlin.

HUMBOLDT, A. von (o.J.): Studienausgabe. 7 Bände; Darmstadt (Hrsg. von H. Beck).

HUNTINGTON, S.P. (1996): Kampf der Kulturen. Die Neugestaltung der Weltpolitik im 21. Jahrhundert; München.

HURST, Ph. (1990): Rainforest politics - Ecological destruction in South-East Asia; London.

HURTIENNE, Th. (1994): O que significa a Amazônia para a sociedade global? In: D'INCAO, M.A. & SILVEIRA, I. Maciel da (Hrsg.): Amazônia e a crise da modernização; Belém. S. 155-158.

HURTIENNE, Th. (1998): Tropical ecology and peasant agriculture in the Eastern Amazon - A comparison of results of socio-economic research on agrarian frontiers with diverse historical and agro-ecological conditions. In: LIEBEREI, R. et al. (Hrsg.) (1998): Proceedings of the Third SHIFT-Workshop Manaus; Geesthacht. S. 203-217.

HURTIENNE, Th. & NITSCH, M. (1987): O quadro político e econômico do desenvolvimento e subdesenvolvimento na Amazônia. In: KOHLHEPP, G. & SCHRADER, A. (Hrsg.): Homem e natureza na Amazônia (= Tübinger Geographische Studien, 95); Tübingen. S. 143-157.

IANNI, O. (1979): A luta pela terra - História social da terra e da luta pela terra numa área da Amazônia. 2. Aufl.; Petrópolis.

IBGE (INSTITUTO BRASILEIRO DE GEOGRAFIA E ESTATÍSTICA) (1979): Áreas de atração e evasão populacional no Brasil no período 1960 - 1970 (= Estudos e pesquisas, 4); Rio de Janeiro.

IBGE (INSTITUTO BRASILEIRO DE GEOGRAFIA E ESTATÍSTICA) (1980): Censo Demográfico de Mato Grosso 1980 - Dados distritais; Rio de Janeiro.

IBGE (INSTITUTO BRASILEIRO DE GEOGRAFIA E ESTATÍSTICA) (1991): Censo Demográfico 1991 - Resultados da amostra Mato Grosso. Band 26; Rio de Janeiro.

IBGE (INSTITUTO BRASILEIRO DE GEOGRAFIA E ESTATÍSTICA) (1996a): Anuário estatístico do Brasil 1996. Band 56; Rio de Janeiro.

IBGE (INSTITUTO BRASILEIRO DE GEOGRAFIA E ESTATÍSTICA) (1996b): Censo Agropecuário 1996 in http://www.ibge.org.

IBGE (INSTITUTO BRASILEIRO DE GEOGRAFIA E ESTATÍSTICA) (1997): Contagem da população 1996. Band 1; Rio de Janeiro.

IBRAHIM, F.N. (1992): Hunger am Nil. In: Geographische Rundschau, 44 (2), S. 94-97.

IBRAHIM, F.N. et al. (1993): The poor and the extremely poor - A case study of the Egyptian fellahin. In: BOHLE, H.-G. (Hrsg.): Worlds of pain and hunger - Geographical perspectives on disaster vulnerability and food security (= Freiburg Studies in Development Geography, 5); Saarbrücken, Fort Lauderdale. S. 71-86.

IEA (INSTITUTO DE ESTUDOS AVANÇADOS) (1997): Terras passíveis de desapropriação. In: Estudos Avançados, 11 (31), S. 91-94.

INCRA (INSTITUTO NACIONAL DE COLONIZAÇÃO E REFORMA AGRÁRIA) (1976): Sistemas e programas de colonização na Amazônia brasileira. V. Reunião Interamericana de Executivos de Reforma Agrária; Assunção.

INCRA (INSTITUTO NACIONAL DE COLONIZAÇÃO E REFORMA AGRÁRIA) (1999): PRONAF. In http://www.incra.gov.br.

INCRA (INSTITUTO NACIONAL DE COLONIZAÇÃO E REFORMA AGRÁRIA) et al. (1997): Primeiro censo da reforma agrária. In: Estudos Avançados, 11 (31), S. 7-36.

INHETVEEN, H. & BLASCHE, M. (1983): Frauen in der kleinbäuerlichen Landwirtschaft; Opladen.

JÄGER, H. (1994): Einführung in die Umweltgeschichte; Darmstadt.

JAKOBEIT, C. (1992): Schuldentausch gegen Naturschutzverpflichtung - Wie sinnvoll sind Debt-For-Nature Swaps? In: HEIN, W. (Hrsg.): Umweltorientierte Entwicklungspolitik (= Schriften des Deutschen Übersee-Instituts Hamburg, 14). 2. Aufl.; Hamburg. S. 195-205.

JANSEN, K. (1998): Political ecology, mountain agriculture, and knowledge in Honduras (= Thela Latin America Series, 12); Amsterdam.

JANVRY, A. de & SADOULET, E. (1996): Seven theses in support of successful rural development. In: FAO (Hrsg.): Land reform 1996; Rom.

JEPMA, C.J. (1995): Tropical deforestation - A socio-economic approach; London.

JOCKENHÖVEL, A. (Hrsg.) (1996): Bergbau, Verhüttung und Waldnutzung im Mittelalter. Ergebnisse eines internationalen Workshops (= Vierteljahrschrift für Sozial- und Wirtschaftsgeschichte - Beihefte, 121); Stuttgart.

JODHA, N.S. (1995): The Nepal middle mountains. In: KASPERSON, J.X. et al. (Hrsg.): Regions at risk - Comparisons of threatened environments; Tokio, New York, Paris. S. 140-185.

JUNK, W.J. & MELLO, J.A.S. Nunes de (1987): Impactos ecológicos das represas hidrelétricas na bacia amazônica brasileira. In: KOHLHEPP, G. & SCHRADER, A. (Hrsg.) (1987): Homem e natureza na Amazônia (= Tübinger Geographische Studien, 95); Tübingen. S. 367-385.

KAGEYAMA, A. & REHDER, P. (1993): O bem-estar rural no Brasil na década de oitenta. In: Revista de Economia e Sociologia Rural, 31 (1), S. 23-44.

KAGEYAMA, A. et al. (1996): O novo padrão agrícola brasileira - Do complexo rural aos complexos agroindustriais. In: DELGADO, G. Costa et al. (Hrsg.): Agricultura e políticas públicas. 2. Aufl. (=IPEA, 127); Brasília (IPEA). S. 113-223.

KARP, B. (1987): Agrarkolonisation, Landkonflikte und disparitäre Regionalentwicklung im Spannungsfeld ethno-sozialer Gruppen und externer Einflußfaktoren in West-Paraná, Brasilien. In: KOHLHEPP, G. (Hrsg.): Brasilien - Beiträge zur regionalen Struktur- und Entwicklungsforschung (= Tübinger Geographische Studien, 93); Tübingen. S. 39-69.

KASPERSON, J.X. et al. (Hrsg.) (1995): Regions at risk - Comparisons of threatened environments; Tokio, New York, Paris.

KASPERSON, R.E. et al. (1995): Critical environmental regions - Concepts, distinctions, and issues. In: KASPERSON, J.X. et al. (Hrsg.): Regions at risk - Comparisons of threatened environments; Tokio, New York, Paris. S. 1-41.

KASTENHOLZ, H.G. et al. (Hrsg.) (1996): Nachhaltige Entwicklung - Zukunftschancen für Mensch und Umwelt; Heidelberg.

KATES, R.W. & CHEN, R.S. (1993): Poverty and global environmental change. In: International Geographical Union - Bulletin, 43 (1-2), S. 5-14.

KEARNEY, M. (1996): Reconceptualizing the peasantry - Anthropology in global perspective (= Critical Essays in Anthropology); Boulder.

KEBSCHULL, D. (1984): Transmigration - Indonesiens organisierte Völkerwanderung (= Analysen aus der Abteilung Entwicklungsländerforschung, 118); Bonn (Friedrich-Ebert-Stiftung).

KEBSCHULL, D. (1987): Transmigrasi - Das indonesische Umsiedlungsprogramm. In: Internationales Asienforum, 18 (1-2), S. 95-109.

KEENAN, S.P. & KRANNICH, R.S. (1997): The social context of perceived drought vulnerability. In: Rural Sociology, 62 (1), S. 69-88.

KELLMAN, M. & TACKABERRY, R. (1997): Tropical environments - The functioning and management of tropical ecosystems; London, New York.

KISHK, M. Atif (1993): Rural poverty in Egypt - The case of landless and samll farmers' families. In: BOHLE, H.-G. (Hrsg.): Worlds of pain and hunger - Geographical perspectives on disaster vulnerability and food security (= Freiburg Studies in Development Geography, 5); Saarbrücken, Fort Lauderdale. S. 55-70.

KLEIN, F. (1998): Concepts, possibilities and limitations of sustainable development planning in a peripheral region - The World Bank's PRODEAGRO Project in Mato Grosso, Brazil (= Kleinere Arbeiten aus dem Geographischen Institut der Universität Tübingen, 19); Tübingen.

KLINGEBIEL, R. (1996): Weltfrauenkonferenz in Beijing 1995 - Aktion für Gleichberechtigung, Entwicklung und Frieden? In: MESSNER, D. & NUSCHELER, F. (Hrsg.): Weltkonferenzen und Weltberichte - Ein Wegweiser durch die internationale Diskussion; Bonn. S. 215-225.

KOEL, J. (1997): Developing milk manufacturing opportunities in developing markets. In: entwicklung + ländlicher raum, (6), S. 24-25.

KOHLHEPP, G. (1969): Types of agricultural colonization on subtropical Brazilian campos limpos. In: Revista Geográfica, 70, S. 131-155.

KOHLHEPP, G. (1974): Staatliche Produktionssteuerung und gelenkte Diversifizierung der Landnutzung im Bereich tropischer Monokulturen - Am Beispiel des Kaffeeanbaus in Brasilien. In: EICHLER, H. & MUSALL, H. (Hrsg.): Hans Graul-Festschrift (= Heidelberger Geographische Arbeiten, 40); Heidelberg. S. 429-442.

KOHLHEPP, G. (1975): Agrarkolonisation in Nord-Paraná - Wirtschafts- und sozialgeographische Entwicklungsprozesse einer randtropischen Pionierzone Brasiliens unter dem Einfluß des Kaffeeanbaus (= Heidelberger Geographische Arbeiten, 41); Heidelberg.

KOHLHEPP, G. (1976): Planung und heutige Situation staatlicher kleinbäuerlicher Kolonisationsprojekte an der Transamazônica. In: Geographische Zeitschrift, 64 (3), S. 171-211.

KOHLHEPP, G. (1979): Brasiliens problematische Antithese zur Agrarreform - Agrarkolonisation in Amazonien, Evaluierung wirtschafts- und sozialgeographischer Prozeßabläufe an der Peripherie im Lichte wechselnder agrarpolitischer Strategien. In: ELSENHANS, H. (Hrsg.): Agrarreform in der Dritten Welt; Frankfurt am Main, New York. S. 471-504.

KOHLHEPP, G. (1982): Rolândia, Nord-Paraná 1932-1982 - Zur Entstehung und wirtschaftlichen Entwicklung der deutschen Siedlungsgründung in Brasilien. In: Deutsch-Brasilianische Hefte, 21 (4), S. 220-229.

KOHLHEPP, G. (1987a): Amazonien (= Problemräume der Welt, 8); Köln.

KOHLHEPP, G. (1987b): Problemas do planejamento regional e do desenvolvimento regional na área do Programa Grande Carajás no leste da Amazônia. In: KOHLHEPP, G. & SCHRADER, A. (Hrsg.): Homem e natureza na Amazônia (= Tübinger Geographische Studien, 95); Tübingen. S. 313-345.

KOHLHEPP, G. (1989a): Umweltprobleme in der Dritten Welt - Das Beispiel Amazonien. In: GORMSEN, E. & THIMM, A. (Hrsg.): Ökologische Probleme in der Dritten Welt (= Interdisziplinärer Arbeitskreis Dritte Welt, Veröffentlichungen, 2); Mainz. S. 99-125.

KOHLHEPP, G. (1989b): Strukturwandlungen in der Landwirtschaft und Mobilität der ländlichen Bevölkerung in Nord-Paraná, Südbrasilien. In: Geographische Zeitschrift, 77 (1), S. 42-62.

KOHLHEPP, G. (1989c): Raumwirksame Tätigkeit ethnosozialer Gruppen in Brasilien - Am Beispiel donauschwäbischer Siedler in Entre Rios, Paraná. In: ROTHER, K. (Hrsg.): Europäische Ethnien im ländlichen Raum der Neuen Welt (= Passauer Schriften zur Geographie, 7); Passau. S. 31-46.

KOHLHEPP, G. (1989d): Die Vernichtung der tropischen Regenwälder Amazoniens Zur Problematik von Regionalentwicklung und Umweltpolitik in der Dritten Welt. In: Eichholz-Brief, (1), S. 36-53.

KOHLHEPP, G. (1989e): Ursachen und aktuelle Situation der Vernichtung tropischen Regenwälder im brasilianischen Amazonien. In: BÄHR, J. et al. (Hrsg.): Die Bedrohung tropischen Wälder - Ursachen, Auswirkungen, Schutzkonzepte (= Kieler Geographische Schriften, 73); Kiel. S. 87-110.

KOHLHEPP, G. (1990): Landnutzungs-Sukzessionen im nördlichen Paraná (Südbrasilien) - Am Beispiel regionaler und betrieblicher Strukturwandlungen. In: MOHR, B. et al. (Hrsg.): Räumliche Strukturen im Wandel. Teil B: Beiträge zur Agrarwirtschaft der Tropen (= Freiburger Geographische Hefte, 30); Freiburg. S. 45-68.

KOHLHEPP, G. (1991): Regionale Entwicklungsplanung und Umweltzerstörung in Amazonien - Interessenkonflikte um eine ökologisch orientierte Regionalentwicklung. In: SCHOLZ, U. (Hrsg.): Tropischer Regenwald als Ökosystem (= Gießener Beiträge zur Entwicklungsforschung, I/19); Gießen. S. 103-109.

KOHLHEPP, G. (1992): Desenvolvimento regional adaptado - O caso da Amazônia brasileira. In: Estudos Avançados, 6 (16), S. 81-102.

KOHLHEPP, G. (1993): Die Mittelstädte Brasiliens in ihrer Bedeutung für die Regionalentwicklung; Tübingen (unveröff. Projektbericht).

KOHLHEPP, G (1994): Strukturprobleme des brasilianischen Agrarsektors. In: BRIESEMEISTER, D. et al. (Hrsg.): Brasilien heute - Politik, Wirtschaft, Kultur; Frankfurt am Main. S. 277-292.

KOHLHEPP, G. (1995a): El Programa Piloto internacional para la Amazonia - Un modelo de desarrollo regional sostenible. In: HEINEBERG, H. (Hrsg.): Investigaciones alemanas de geografía en América Latina; Münster, Tübingen. S. 9-30.

KOHLHEPP, G. (Hrsg.) (1995b): Mensch-Umwelt-Beziehungen in der Pantanal-Region von Mato Grosso, Brasilien (= Tübinger Geographische Studien, 114); Tübingen.

KOHLHEPP, G. (1995c): The International Pilot Programme for Amazonia - An approach to sustainable regional development. In: International Geographical Union - Bulletin, 45, S. 17-30.

KOHLHEPP, G. (1995d): Raumwirksame Staatstätigkeit in Lateinamerika - Am Beispiel der Sukzessionen staatlicher Regionalpolitik in Brasilien. In: MOLS, M. & THESING, J. (Hrsg.): Der Staat in Lateinamerika; Mainz. S. 195-210.

KOHLHEPP, G. (1998a): Das internationale Pilotprogramm zum Schutz der tropischen Regenwälder Brasiliens - Globale, nationale, regionale und lokale Akteure auf dem Weg zu einer Strategie der nachhaltigen Entwicklung. In: KOHLHEPP, G. & COY, M. (Hrsg.): Mensch-Umwelt-Beziehungen und nachhaltige Entwicklung in der Dritten Welt (= Tübinger Geographische Studien, 119); Tübingen. S. 51-86.

KOHLHEPP, G. (1998b): Regenwaldzerstörung im Amazonasgebiet Brasiliens - Entwicklungen, Probleme, Lösungsansätze. In: Geographie Heute, 162, S. 38-42.

KOHLHEPP, G. & COY, M. (1998): Socio-economic structure and environmental impact in the Upper River Paraguai Basin - A synthesis of project results. In: LIEBEREI, R. et al. (Hrsg.): Proceedings of the Third SHIFT-Workshop Manaus; Geesthacht. S. 531-547.

KOHLHEPP, G. & SCHRADER, A. (Hrsg.) (1987): Homem e natureza na Amazônia (= Tübinger Geographische Studien, 95); Tübingen.

KOHLHEPP, G. & WALSCHBURGER, A.Ch. (1987): Agrarkolonisation in Kolumbien und Ecuador. In: Geographische Rundschau, 39 (2), S. 107 - 113.

KONINCK, R. de (1995): The peasantry as the territorial spearhead of the state - The case of Vietnam. Studie vorgestellt beim Symposium "The frontier in question", Department of History, University of Essex, Colchester (unveröff. Manuskript).

KONOLD, W. (Hrsg.) (1996): Naturlandschaft - Kulturlandschaft - Die Veränderung der Landschaften nach der Nutzbarmachung durch den Menschen; Landsberg.

KRÄTKE, S. (1995): Globalisierung und Regionalisierung. In: Geographische Zeitschrift, 83 (3/4), S. 207-221.

KREUZER, A. (1997): Landwirtschaft und Sozialstruktur in Rwanda - Möglichkeiten und Grenzen bäuerlichen Wissens und Handelns als Entwicklungspotential (= Sozioökonomische Prozesse in Asien und Afrika, 2); Pfaffenweiler.

KRINGS, Th. (1992): Die Bedeutung autochtonen Agrarwissens für die Ernährungssicherung in den Ländern Tropisch Afrikas. In: Geographische Rundschau, 44 (2), S. 88-93.

KRINGS, Th. (1994a): Theoretische Ansätze zur Erklärung der ökologischen Krise in der Sahelzone Afrikas. In: Zeitschrift für Wirtschaftsgeographie, 38 (1-2), S. 1-10.

KRINGS, Th. (1994b): Probleme der Nachhaltigkeit in der Desertifikationsbekämpfung. In: Geographische Rundschau, 46 (10), S. 546-552.

KRINGS, Th. (1996): Politische Ökologie der Tropenwaldzerstörung in Laos. In: Petermanns Geographische Mitteilungen, 140 (3), S. 161-175.

KRINGS, Th. (1998): Zerstörung der Tropenwälder - Ein globales Problem am Beispiel von Laos. In: Geographische Rundschau, 50 (5), S. 291-298.

KUBE, R. (1994): Primeiras experiências com sistemas agroflorestais na Amazônia Oriental (= Paper do NAEA, 17); Belém.

KUHLMANN, E. (1954): A vegetação de Mato Grosso - Seus reflexos na economia do Estado. In: Revista Brasileira de Geografia, 16 (1), S. 77-122.

LACHENMANN, G. (1997): Informal social security in Africa from a gender perspective. In: BAUD, I. & SMYTH, I. (Hrsg.): Searching for security - Women's responses to economic transformations; London, New York. S. 45-66.

LAMARCHE, H. (Hrsg.) (1993): A agricultura familiar; Campinas.

LAMBERT, J. (1967): Os dois Brasis. 2. Aufl. (= Brasiliana, 335); São Paulo.

LAVINAS, L. (Hrsg.) (1987): A urbanização da fronteira. 2 Bände (= Série Monográfica, 5); Rio de Janeiro (IPPUR, UFRJ).

LAVINAS, L. (1988): O trabalho feminino na área rural. In: Cadernos da CUT, (Sept.), S. 28-41.

LAVINAS, L. (1996): As mulheres no universo da pobreza - O caso brasileiro. In: Estudos Feministas, 4 (2), S. 464-479.

LAWSON, V.A. (1998): Hierarchical households and gendered migration in Latin America - Feminist extensions to migration research. In: Progress in Human Geography, 22 (1), S. 39-53.

LAZO, L. (1993): Einige Überlegungen zum "Empowerment" von Frauen. In: Nord-Süd aktuell, 7 (2), S. 267-278.

LEDEC, G. & GOODLAND, R. (1989): Epilogue - An environmental perspective on tropical land settlement. In: SCHUMANN, D.A. & PARTRIDGE, W.L. (Hrsg.): The human ecology of tropical land settlement in Latin America; Boulder, London. S. 435-467.

LEITE, A. Pereira (1995): História poesia; Passo Fundo.

LEITE, J.C. (199[illegible]). Relatório da visita ao projeto de assentamento Gleba Mirassolzinho, Jauru, agosto de 1990; Cuiabá (unveröff. Bericht).

LEITE, J.C. (1994): Movimento social camponês no sudoeste de Mato Grosso - Aspectos educativos da luta pela terra. In: TORRES, A. (Hrsg.): Mato Grosso em movimentos - Ensaios de educação popular; Cuiabá. S. 201-223.

LÈNA, Ph. & OLIVEIRA, A.E. de (Hrsg.) (1992): Amazônia - A fronteira agrícola 20 anos depois. 2. Aufl.; Belém.

LÈNA, Ph. & SILVEIRA, I. Maciel da (1993): Uruará - O futuro das crianças numa área de colonização (= Série Pobreza e Meio Ambiente na Amazônia, 1); Belém (UNAMAZ).

LEONEL, M. (1992): Colonos contra amazônida no POLONOROESTE - Uma advertência às políticas públicas. In: LÉNA, Ph. & OLIVEIRA, A.E. de (Hrsg.): Amazônia - A fronteira agrícola 20 anos depois. 2. Aufl.; Belém. S. 319-329.

LEROY, J.-P. (1991): Uma chama na Amazônia; Rio de Janeiro (FASE).

LÉTOLLE, R. & MAINGUET, M. (1993): Der Aralsee - Eine ökologische Katastrophe; Berlin, New York.

LÉVI-STRAUSS, C. (1971): Strukturale Anthropologie; Frankfurt am Main.

LÉVI-STRAUSS, C. (1988): Traurige Tropen. 6. Aufl.; Frankfurt am Main.

LEWIS, R.A. (Hrsg.) (1992): Geographical perspectives on Soviet Central Asia; London, New York.

LIEBEREI, R. et al. (Hrsg.) (1998): Proceedings of the Third SHIFT-Workshop Manaus; Geesthacht.

LINS, M. (1998): Uma agenda atual das política públicas. In: COSTA, L.F. Carvalho & SANTOS, R. (Hrsg.): Política e reforma agrária; Rio de Janeiro. S. 185-204.

LISANSKY, J. (1979): Women in the Brazilian frontier. In: Latinamericanist, 15 (1). S. 1-3.

LISANSKY, J. (1990): Migrants to Amazonia - Spontaneous colonization in the Brazilian frontier; Boulder.

LISBÔA, M. da Graça Cavalcanti (1994): O cerrado em Mato Grosso - Uma realidade social; Porto Alegre.

LITTLE, P.D. & HOROWITZ, M.M. (1987): Lands at risk in the Third World - Local-level perspectives; Boulder, London.

LOBO, E. Souza (1989): Uma nova identidade. In: Tempo e presença, 11 (248), S. 8-9.

LÔBO, G. (1993): Notas sobre a parceria pecuária do médio Amazonas paranaense (= Paper do NAEA, 24); Belém.

LOHNERT, B. (1995): Überleben am Rande der Stadt - Ernährungssicherungspolitik, Getreidehandel und verwundbare Gruppen in Mali, das Beispiel Mopti (= Freiburg Studies in Development Geography, 8); Saarbrücken.

LOPES, J.R. Brandão (1981): Do latifúndio à empresa - Unidade e diversidade do capitalismo no campo (= Cadernos CEBRAP, 26). 2. Aufl.; Petrópolis, São Paulo.

LOPEZ, M.E. (1987): The politics of lands at risk in a Philippine frontier. In: LITTLE, P.D. & HOROWITZ, M.M. (Hrsg.): Land at risk in the Third World - Local-level perspectives; Boulder, London. S. 230-248.

LOUREIRO, V. Refkalefsky (1985): Os parceiros do mar - Natureza e conflito social na pesca da Amazônia; Belém.

LOUREIRO, V. Refkalefsky (1992): Amazônia - Estado, homem, natureza (= Coleção Amazoniana, 1); Belém.

LÜCKER, R. (1986): Agrarräumliche Entwicklungsprozesse im Alto-Uruguai-Gebiet (Südbrasilien) - Analyse eines randtropischen Neusiedlungsgebietes unter Berücksichtigung von Diffusionsprozessen im Rahmen modernisierter Entwicklung (= Tübinger Geographische Studien, 94); Tübingen.

MA (MINISTÉRIO DA AGRICULTURA E DO ABASTECIMENTO) et al. (1996): Manual operacional do PRONAF - Programa Nacional de Fortalecimento da Agricultura Familiar; Brasília.

MAAßEN, M. (1993): Biographie und Erfahrung von Frauen - Ein feministisch-theologischer Beitrag zur Relevanz der Biographieforschung für die Wiedergewinnung der Kategorie Erfahrung (= FrauenForschung, 2); Münster.

MACHADO, L. Osório (1987): A Amazônia brasileira como exemplo de uma combinação geoestratégica e cronoestratégica. In: KOHLHEPP, G. & SCHRADER, A. (Hrsg.): Homem e natureza na Amazônia (= Tübinger Geographische Studien, 95); Tübingen. S. 189-204.

MACHADO, L. Osório (1990): Significado e configuração de uma fronteira urbana na Amazônia. In: BECKER, B.K. et al. (Hrsg.): Fronteira amazônica - Questões sobre a gestão do território; Brasília, Rio de Janeiro. S. 115-130.

MACHADO, L. Osório (1995): A fronteira agrícola na Amazônia brasileira. In: BECKER, B.K. et al. (Hrsg.): Geografia e meio ambiente no Brasil (= Geografia - Teoria e Realidade, 28); São Paulo, Rio de Janeiro. S. 181-217.

MACHADO, L. Osório (1997): O controle intermitente do território amazônico. In: Território, 1 (2), S. 19-32.

MADLENER, K. (1995): Zur Lage der Menschenrechte in Brasilien. In: SEVILLA, R. & RIBEIRO, D. (Hrsg.): Brasilien - Land der Zukunft? Bad Honnef. S. 275-310.

MADRUGA, L. Camargo (1992): Processo de ocupação do município de Jauru, MT; Cuiabá (unveröff. Diploamarbeit).

MALONEY, B.K. (1998a): The long-term history of human activity and rainforest development. In: MALONEY, B.K. (Hrsg.): Human activities and the tropical rainforest - Past, present and possible future (= GeoJournal Library, 44); Dordrecht, Boston, London. S. 65-85.

MALONEY, B.K. (Hrsg.) (1998b): Human activities and the tropical rainforest - Past, present and possible future (= GeoJournal Library, 44); Dordrecht, Boston, London.

MANSHARD, W. (1998): Bevölkerung, Landnutzung und Umweltwandel in den Tropen. In: Geographische Rundschau, 50 (5), S. 278-282.

MANSHARD, W. & MÄCKEL, R. (1995): Umwelt und Entwicklung in den Tropen - Naturpotential und Landnutzung; Darmstadt.

MARGOLIS, M. (1977): Historical perspectives on frontier agriculture as an adaptive strategy. In: American Ethnologist, 4 (1), S. 42-67.

MARGOLIS, M.L. (1998): An invisible minority - Brazilians in New York City (= New Immigrants Series); Boston, London.

MARIN, R.E. Acevedo & PONTE, T. Ximenes (1994): Evolução das estruturas camponesas e da agricultura nas Antilhas-Guiana - Pontos de comparação com a região Nordeste do Pará, Brasil (= Paper do NAEA, 27); Belém.

MARTINE, G. (1987): Êxodo rural, concentração urbana e fronteira agrícola. In: MARTINE, G. & GARCIA, R. Coutinho (Hrsg.) (1987): Os impactos sociais da modernização agrícola; São Paulo. S. 59-79.

MARTINE, G. (1991): Os impactos sociais e ambientais dos Grandes Projetos na Amazônia. In: ARAGÓN, L.E. (Hrsg.): A desordem ecológica na Amazônia (=Série Cooperação Amazônica, 7); Belém (UNAMAZ). S. 271-279.

MARTINE, G. (1996a): A demografia na questão ecológica - Falácias e dilemas reais. In: MARTINE, G. (Hrsg.): População, meio ambiente e desenvolvimento - Verdades e contradições. 2. Aufl.; Campinas. S. 9-19.

MARTINE, G. (1996b): População, meio ambiente e desenvolvimento - O cenário global e nacional. In: MARTINE, G. (Hrsg.): População, meio ambiente e desenvolvimento - Verdades e contradições. 2. Aufl.; Campinas. S. 21-41.

MARTINE, G. & GARCIA, R. Coutinho (Hrsg.) (1987): Os impactos sociais da modernização agrícola; São Paulo.

MARTINS, J. de Souza (1984): The state and the militarization of the agrarian question in Brazil. In: SCHMINK, M. & WOOD, Ch.H. (Hrsg.): Frontier expansion in Amazonia; Gainesville. S. 463-490.

MARTINS, J. de Souza (1986): Não há terra para plantar neste verão - O cerco das terras indígenas e das terras de trabalho no renascimento político do campo; Petrópolis.

MARTINS, J. de Souza (1987): O poder de decidir no desenvolvimento da Amazônia - Conflitos de interesses entre planejadores e suas vítimas. In: KOHLHEPP, G. & SCHRADER, A. (Hrsg.): Homem e natureza na Amazônia (= Tübinger Geographische Studien, 95); Tübingen. S. 407-413.

MARTINS, J. de Souza (1990): Os camponeses e a política no Brasil - As lutas sociais no campo e seu lugar no processo político. 4. Aufl.; Petrópolis.

MARTINS, J. de Souza (1994): O poder do atraso - Ensaios de sociologia da história lenta; São Paulo.

MARTINS, J. de Souza (1995): The time of the frontier - A return to the controversy concerning the historical periods of the expansion frontier and the pioneer frontier. Studie vorgestellt beim Symposium "The frontier in question", Department of History, University of Essex, Colchester (unveröff. Manuskript).

MARTINS, J. de Souza (1997a): Fronteira - A degradação do outro nos confins do humano; São Paulo.

MARTINS, J. de Souza (1997b): A questão agrária brasileira e o papel do MST. In: STÉDILE, J.P. (Hrsg.): A reforma agrária e a luta do MST; Petrópolis. S. 11-76.

MARTINS, P. do Carmo et al. (1988): O Estado e o setor de leite e lacticínios. In: SOBER (Hrsg.): Anais do XXVI Congresso Brasileiro de Economia e Sociologia Rural, Fortaleza. Band 1; Brasília. S. 367-379.

MATHEWSON, K. (1998): Cultural landscapes and ecology, 1995-96 - Of oecumenics and nature(s). In: Progress in Human Geography, 22 (1), S. 115-128.

MCDONNELL, M.J. & PICKETT, S.T.A. (Hrsg.) (1993): Humans as components of ecosystems - The ecology of subtle human effects and populated areas; New York.

McGuffie, K. et al. (1998): Modelling climatic impacts of future rainforest destruction. In: Maloney, B.K. (Hrsg.): Human activities and the tropical rainforest - Past, present and possible future (= GeoJournal Library, 44); Dordrecht, Boston, London. S. 169-193.

Meadows, D. et al. (1972): Die Grenzen des Wachstums - Bericht des Club of Rome zur Lage der Menschheit; Stuttgart.

Meares, A.C. (1997): Making the transition from conventional to sustainable agriculture - Gender, social movement participation, and quality of life on the family farm. In: Rural Sociology, 26 (1), S. 21-47.

Meertens, D. (1993): Women's roles in colonization - A Colombian case study. In: Momsen, J.H. & Kinnaird, V. (Hrsg.): Different places, different voices - Gender and development in Africa, Asia and Latin America; London, New York. S. 256-269.

Meertens, D. & Segura-Escobar, N. (1996): Uprooted lives - Gender, violence and displacement in Colombia. In: Singapore Journal of Tropical Geography, 17 (2), S. 165-178.

Mehta, M. (1996): "Our lives are no different from that of our buffaloes" - Agricultural change and gendered spaces in a central Himalayan valley. In: Rocheleau, D. et al. (Hrsg.): Feminist political ecology - Global issues and local experiences; London, New York. S. 180-208.

Mencher, J.P. (1993): Women, agriculture and the sexual division of labour. In: Raju, S. & Bagchi, D. (Hrsg.): Women and work in South Asia - Regional patterns and perspectives; London, New York. S. 99-117.

Mensching, H.G. (1990): Desertifikation - Ein weltweites Problem der ökologischen Verwüstung in den Trockengebieten der Erde; Darmstadt.

Mensching, H.G. (1993): Die globale Desertifikation als Umweltproblem. In: Geographische Rundschau, 45 (6), S. 360-365.

Menzel, U. (1992): Das Ende der Dritten Welt und das Scheitern der großen Theorie; Frankfurt am Main.

Mertins, G. (1991): Ausmaß und Verursacher der Regenwaldrodung in Amazonien - Ein vorläufiges Fazit. In: Scholz, U. (Hrsg.): Tropischer Regenwald als Ökosystem (= Gießener Beiträge zur Entwicklungsforschung, I/19); Gießen. S. 15-24.

Mertins, G. (1996): Bodenrechtsordnung und Bodenrechtsformen in Lateinamerika - Strukturen, Probleme, Trends: Ein Überblick; Marburg (unveröff. Gutachten).

Mesquita, O.V. (1989): Agricultura. In: Duarte, A. Capdeville (Hrsg.): Geografia do Brasil. Band 1: Região Centro-Oeste; Rio de Janerio (IBGE). S. 149-170.

Mesquita, O.V. (1990): Estrutura do espaço regional. In: Mesquita, O.V. (Hrsg.): Geografia do Brasil. Band 2: Região Sul; Rio de Janeiro (IBGE). S. 375-415.

Mesquita, O.V. & Silva, S. Tietzmann (1993): Agricultura - A urgência de uma reordenação. In: Mesquita, O.V. & Silva, S. Tietzmann (Hrsg.): Geografia e questão ambiental; Rio de Janeiro (IBGE). S. 115-132.

Mesquita, O.V. & Silva, S. Tietzmann (1995): A agricultura brasileira - Questões e tendências. In: IBGE (Instituto Brasileiro de Geografia e Estatística) (Hrsg.): Brasil - Uma visão geográfica nos anos 80; Rio de Janeiro. S. 87-125.

Messerli, B. (1992): Umwelt im Wandel - Dynamik und Risiken von der lokalen bis zur globalen Ebene. In: Geographische Rundschau, 44 (12), S. 727-731.

Messner, D. & Nuscheler, F. (Hrsg.) (1996): Weltkonferenzen und Weltberichte - Ein Wegweiser durch die internationale Diskussion; Bonn.

MEURER, M. & BUTTSCHARDT, T.K. (Hrsg.) (1997): Geoökologie in Lehre, Forschung, Anwendung (= Karlsruher Schriften zur Geographie und Geoökologie, 7); Karlsruhe.

MEURER, M. et al. (1994): Umweltforschung und ihre Umsetzung in der Entwicklungszusammenarbeit - Ein Beispiel aus dem Norden von Benin. In: Geographische Rundschau, 46 (6), S. 328-334.

MILBORN, C. (1999): Subsistenz gegen Ausbeutung - Widerstandsgemeinden in Guatemala. In: BENNHOLDT-THOMSEN, V. et al. (Hrsg.): Das Subsistenzhandbuch - Widerstandskulturen in Europa, Asien und Lateinamerika; Wien. S. 61-73.

MIR-HOSSEINI, Z. (1996): Women and politics in post-Khomeini Iran - Divorce, veiling and emerging feminist voices. In: AFSHAR, H. (Hrsg.): Women and politics in the Third World; London, New York. S. 142-170.

MIRANDA, E.E. de (1992): Avaliação do impacto ambiental da colonização em floresta amazônica. In: LÉNA, Ph. & OLIVEIRA, A.E. de (Hrsg.): Amazônia - A fronteira agrícola 20 anos depois. 2. Aufl.; Belém. S. 223-238.

MIRANDA, M. (1990): Colonização e reforma agrária. In: BECKER, B.K. et al. (Hrsg.): Fronteira amazônica - Questões sobre a gestão do território; Brasília, Rio de Janeiro. S. 63-74.

MITRA, J. (1997): Women and society - Equality and empowerment; New Delhi.

MOMSEN, J.H. (1991): Women and development in the Third World; London, New York.

MOMSEN, J.H. (1993): Women, work and the life course in the rural Caribbean. In: KATZ, C. & MONK, J. (Hrsg.): Full circles - Geographies of women over the life course; London, New York. S. 122-137.

MONBEIG, P. (1984): Pioneiros e fazendeiros de São Paulo; São Paulo.

MONK, J. & MOMSEN, J.H. (1995): Geschlechterforschung und Geographie in einer sich verändernden Welt. In: Geographische Rundschau, 47 (4), S. 214-221.

MOONESINGHE, B. (1995): Frauen schaffen Arbeitsplätze in Sri Lanka. In: RANDZIO-PLATH, Ch. & MANGOLD-WEGNER, S. (Hrsg.): Frauen im Süden - Unser Reichtum - ihre Armut (= Dietz-Taschenbuch, 66); Bonn. S. 166-170.

MORAN, E.F. (1974): The adaptive system of the Amazonian caboclo. In: WAGLEY, Ch. (Hrsg.): Man in the Amazon; Gainesville. S. 136-159.

MORAN, E.F. (1984): Colonization in the Transamazon and Rondônia. In: SCHMINK, M. & WOOD, Ch.H. (Hrsg.): Frontier expansion in Amazonia; Gainesville. S. 285-303.

MORAN, E.F. (1988): Social reproduction in agricultural frontier. In: BENNETT, J.W. (Hrsg.): Production and autonomy - Anthropological studies and critiques of development (= Monographs in Economic Anthropology, 5); Lanham. S. 199-212.

MORAN, E.F. (1989): Adaptation and maladaptation in newly settled areas. In: SCHUMANN, D.A. & PARTRIDGE, W.L. (Hrsg.): The human ecology of tropical land settlement in Latin America; Boulder, San Francisco, London. S. 20-39.

MORAN, E.F. (1990): A ecologia humana das populações da Amazônia; Petrópolis.

MORAN, E.F. (1991): Ecologia humana, colonização e manejo ambiental. In: ARAGÓN, L.E. (Hrsg.): A desordem ecológica na Amazônia (= Série Cooperação Amazônica, 7); Belém. S. 129-147.

MORAN, E.F. (1994): Adaptabilidade humana - Uma introdução à antropologia ecológica; São Paulo.

MOREIRA, R.J. (1998): Metodologias da reforma agrária - O Censo e o Projeto Lumiar. In: COSTA, L.F. Carvalho & SANTOS, R. (Hrsg.): Política e reforma agrária; Rio de Janeiro. S. 205-220.

MOTTA-MAUÉS, M.A. (1994): Quando chega essa "visita"? In: D'INCAO, M.A. & SILVEIRA, I. Maciel da (Hrsg.): Amazônia e a crise da modernização; Belém. S. 227-240.

MOUGEOT, L.J.A. & ARAGÓN, L.E. (Hrsg.) (1981): O despovoamento do território amazônico - Contribuições para a sua interpretação (= Cadernos NAEA, 6); Belém.

MOUGEOT, L. & LÉNA, Ph. (1994): Forest clearance and agricultural strategies in Northern Roraima. In: FURLEY, P.A. (Hrsg.): The forest frontier - Settlement and change in Brazilian Roraima; London, New York. S. 111-152.

MOURA, A. Eustáquio de (1994): Gleba Canaã - Estudo das práticas econômicas e sociais de camponeses posseiros no Sudoeste do Estado de Mato Grosso; Porto Alegre (unvröff. Diplomarbeit).

MOURA, S. Corrêa (1983): Aspectos da pequena produção em Mato Grosso - O caso de Jaciara e Juscimeira; Rio de Janeiro (unveröff. Diplomarbeit).

MST (MOVIMENTO DOS TRABALHADORES RURAIS SEM TERRA) (1997): Bilanz von Landwirtschaftspolitik und Agrarreform des Jahres 1996. In: Brasilien Nachrichten, (121), S. 17-19.

MUELLER, Ch.C. (1992): Dinâmica, condicionantes e impactos sócio-ambientais da evolução da fronteira agrícola no Brasil (= Documento de Trabalho, 7); Brasília (ISPN).

MULDAVIN, J.S.S. (1997): Environmental degradation in Heilongjiang - Policy reform and agrarian dynamics in China's new hybrid economy. In: Annals of the Association of American Geographers, 87 (4), S. 579-613.

MÜLLER, J. (1984): Brasilien (= Klett-Länderprofile); Stuttgart.

MÜLLER, P.M. (1993): Tragfähigkeitsveränderung durch Bevölkerungsverlust: Beispiel Provinz Vallegrande, Bolivien. In: Geographische Rundschau, 45 (3), S. 173-179.

MÜLLER, P.M. (1999): Koka-Wirtschaft und alternative Entwicklung in Chapare, Bolivien. In: Geographische Rundschau, 51 (6), S. 334-340.

MÜLLER-BÖKER, U. (1995): Ethnoökologie - Ein Beitrag zur geographischen Entwicklungsforschung. In: Geographische Rundschau, 47 (6), S. 375-379.

MÜLLER-BÖKER, U. et al. (1998): Indigenous Knowledge System-Forschung. In: Rundbrief Geographie, (149), S. 16-18.

MUMMERT, U. (1999): Wirtschaftliche Entwicklung und Institutionen - Die Perspektive der Neuen Institutionenökonomik. In: THIEL, R.E. (Hrsg.): Neue Ansätze zur Entwickungstheorie (= Themendienst der Zentralen Dokumentation, 10); Bonn. S. 300-311.

MUSENDEKWA, H. & MARGIYANTI, L. (1995): Frauen züchten Ziegen. In: RANDZIO-PLATH, Ch. & MANGOLD-WEGNER, S. (Hrsg.): Frauen im Süden - Unser Reichtum - ihre Armut (= Dietz-Taschenbuch, 66); Bonn. S. 114-116.

MUSTAFA, D. (1998): Structural causes of vulnerability to flood hazard in Pakistan. In: Economic Geography, 74 (3), S. 289-305.

NAVARRO, Z. (1997): Sete teses equivocadas sobre as lutas sociais no campo, o MST e a reforma agrária. In: STÉDILE, J.P. (Hrsg.): A reforma agrária e a luta do MST; Petrópolis. S. 111-132.

NEIMAN, Z. (1989): Era verde? Ecossistemas brasileiros ameaçados. 11. Aufl.; São Paulo.

NEUBURGER, M. (1995): Traditionelle Flußufer-Gemeinden im Umbruch - Das Beispiel Santo Antonio de Leverger am Nordrand des Pantanal. In: KOHLHEPP, G. (Hrsg.): Mensch-Umwelt-Beziehungen in der Pantanal-Region von Mato Grosso, Brasilien - Beiträge zur angewandten geographischen Umweltforschung (= Tübinger Geographische Studien, 114); Tübingen. S. 65-87.

NEUBURGER, M. (1996): Santo Antonio de Leverger (Mato Grosso, Brasilien) - Sozial- und wirtschaftsräumlicher Strukturwandel einer traditionellen Gemeinde im Pantanal (= Kleinere Arbeiten aus dem Geographischen Institut der Universität Tübingen, 15); Tübingen.

NEVES, W. (1995): Sociodiversity and biodiversity - Two sides of the same equation. In: CLÜSENER-GODT, M. & SACHS, I. (Hrsg.): Brazilian perspectives on sustainable development of the Amazon region (= Man and the Biosphere Series, 15); Paris (UNESCO). S. 91-124.

NITSCH, M. (1992): Kleinbauern in Amazonien - Das Erfolgsrezept von Uraim. In: Lateinamerika - Analysen, Daten, Dokumentation, (19), S. 55-64.

NITSCH, M. (1998): Peasants in the Amazon - Interrelationships between ecosystems and social systems in the use and the conservation of tropical rain forests. In: LIEBEREI, R. et al. (Hrsg.): Proceedings of the Third SHIFT-Workshop Manaus; Geesthacht (GKSS, BMBF). S. 197-202.

NITZ, H.-J. (1976): Landerschließung und Kulturlandschaftswandel an den Siedlungsgrenzen der Erde - Wege und Themen der Forschung. In: NITZ, H.-J. (Hrsg.): Landerschließung und Kulturlandschaftswandel an den Siedlungsgrenzen der Erde (= Göttinger Geographische Abhandlungen, 66); Göttingen. S. 11-24.

NITZ, H.-J. (1994): Ausgewählte Arbeiten. Band 1: Historische Kolonisation und Plansiedlung in Deutschland (= Kleine Geographische Schriften, 8); Berlin.

NOHLEN, D. (Hrsg.) (1991): Lexikon Dritte Welt - Länder, Organisationen, Theorien, Begriffe, Personen; Reinbek.

NORDLINGER, E.A. (1987): Taking the state seriously. In: WEINER, M. & HUNTINGTON, S.P. (Hrsg.): Understanding political development; Boston. S. 353-390.

NORONHA, R. de (1996): Criação de novos municípios - O processo ameaçado. In: Revista de Administração Municipal, 43 (219), S. 110-117.

NORTCLIFF, St. (1998): Human activity and the tropical rainforest - Are the soils the forgotten component of the ecosystem? In: MALONEY, B.K. (Hrsg.): Human activities and the tropical rainforest - Past, present and possible future (= GeoJournal Library, 44); Dordrecht, Boston, London. S. 49-64.

NOVAES, R (1998): A trajetória de uma bandeira de luta. In: COSTA, L.F. Carvalho & SANTOS, R. (Hrsg.): Política e reforma agrária; Rio de Janeiro. S. 169-180.

NUDING, M. & ELLENBERG, L. (1998): Holzernte und Bewahrung natürlicher Ressourcen am Rand des Korup National Parks in Kamerun. In: KOHLHEPP, G. & COY, M. (Hrsg.): Mensch-Umwelt-Beziehungen und nachhaltige Entwicklung in der Dritten Welt (= Tübinger Geographische Studien, 119); Tübingen. S. 401-424.

NUHN, H. (1997): Globalisierung und Regionalisierung im Weltwirtschaftsraum. In: Geographische Rundschau, 49 (3), S. 136-143.

NUHN, H. (1998): Konzepte für eine umwelt- und sozialverträgliche Entwicklung im Spannungsfeld von Wirtschaftswachstum und Nachhaltigkeit. In: KOHLHEPP, G. & COY, M. (Hrsg.): Mensch-Umwelt-Beziehungen und nachhaltige Entwicklung in der Dritten Welt (= Tübinger Geographische Studien, 119); Tübingen. S. 17-49.

NUSCHELER, F. (1995a): Internationale Migration - Flucht und Asyl (= Grundwissen Politik, 14); Opladen.

NUSCHELER, F. (1995b): Lern- und Arbeitsbuch Entwicklungspolitik. 4. Aufl.; Bonn.

OBERAI, A.S. et al. (1989): Determinants and consequences of internal migration in India; Delhi.

OLAMENDI, L. Baca (1998): Política con visión feminina. In: Perfiles Liberales (57), S. 26-29.

OLARTE, M. de & BESSER, A. (1995): Ein Fest in San José. In: RANDZIO-PLATH, Ch. & MANGOLD-WEGNER, S. (Hrsg.): Frauen im Süden - Unser Reichtum - ihre Armut (= Dietz-Taschenbuch, 66); Bonn. S. 205-209.

OLIVEIRA, A. Umbelino de (1994): O campo brasileiro no final dos anos 80. In: STÉDILE, J.P. (Hrsg.): A questão agrária hoje; Porto Alegre. S. 45-67.

OLIVEIRA, A. Umbelino de (1995a): Amazônia - Monopólio, expropriação e conflitos. 5. Aufl.; Campinas.

OLIVEIRA, A. Umbelino de (1995b): Agricultura brasileira - Transformações recentes. In: ROSS, J.L. Sanches (Hrsg.): Geografia do Brasil (= Didática, 3); São Paulo. S. 465-534.

OLIVEIRA, B.A.C. Castro (1991): Os posseiros da Mirassolzinho; São Paulo (unveröff. Diplomarbeit).

OLIVEIRA, M.C. Ferreira Albino de (1981): A produção da vida - A mulher nas estratégias de sobrevivência da família trabalhadora na agricultura. 2 Bände; São Paulo (unveröff. Diss.).

OODIT, D. & SIMONIS, U.E. (1993): Poverty and sustainable development (= WZB-Papers, FS II 93-401); Berlin.

OTTEN, M. (1986): 'Transmigrasi' - From poverty to bare subsistence. In: The Ecologist, 16 (2-3), S. 71-76.

OVIEDO, F. & ROUX, J.-C. (1996): Fronts pionniers amazoniens de prédation caoutchoutière - Un exemple de transformation des territoires marginaux du Yurua, Purus e Acre (1970 - 1990). In: ALBALADEJO, Ch. & TULET, J.-Ch. (Hrsg.): Les fronts pionniers de l'Amazonie brésilienne - La formation de nouveaux territoires; Paris, Montréal. S. 73-102.

PAINTER, M. (1995): Introduction - Anthropological perspectives on environmental destruction. In: PAINTER, M. & DURHAM, W.H. (Hrsg.): The social causes of environmental destruction in Latin America; Ann Arbor. S. 1-21.

PALM, R. (1994): Erdbebengefährdung in Kalifornien - Einstellungen und Verhaltensmuster. In: Geographische Runschau, 46 (7-8), S. 434-439.

PALMEIRA, M. (1994): Burocracia, política e reforma agrária. In: MEDEIROS, L. et al. (Hrsg.): Assentamentos rurais - Uma visão multidisciplinar; São Paulo (UNESP). S. 49-65.

PANDEY, D. (1995): Empowerment of women - Participatory action research approach; Bombay.

PANDOLFO, C. (1994): Amazônia brasileira - Ocupação, desenvolvimento e perspectivas atuais e futuras (= Coleção Amazoniana, 4); Belém.

PARRY, J.T. (1996): Land degradation in tropical drylands. In: EDEN, M.J. & PARRY, J.T. (Hrsg.): Land degradation in the tropics - Environmental and policy issues; London. S. 91-97.

PASCA, D. (1995): Die *garimpeiros* von Poconé - Soziale Organisation und Umweltbelastung der informellen Goldextraktion am Rande des Pantanal. In: KOHLHEPP, G. (Hrsg.): Mensch-Umwelt-Beziehungen in der Pantanal-Region von Mato Grosso/Brasilien (= Tübinger Geographische Studien, 114); Tübingen. S. 89-123.

PASCA, D. (1998): Nachhaltige Entwicklung versus nachhaltiger Verlust von Ressourcen - Die Rückzugsräume der Indianer in Mato Grosso, Brasilien. In: KOHLHEPP, G. & COY, M. (Hrsg.): Mensch-Umwelt-Beziehungen und nachhaltige Entwicklung in der Dritten Welt (= Tübinger Geographische Studien, 119); Tübingen. S. 167-194.

PEARCE, D. et al. (1990): Sustainable development - Economics and environment in the Third World; London.

PEET, R. & WATTS, M. (1996a): Liberation ecology - Development, sustainability, and environment in an age of market triumphalism. In: PEET, R. & WATTS, M. (Hrsg.): Liberation ecologies - Environment, development, social movements; London, New York. S. 1-45.

PEET, R. & WATTS, M. (Hrsg.) (1996b): Liberation ecologies - Environment, development, social movements; London, New York.

PEDROSSIAN, P. (Hrsg.) (1969): Projeto de estradas vicinais - Estado de Mato Grosso - Projeto de viabilidade técnico-econômica da implantação de um programa de estradas vicinais (2ª etapa); Cuiabá (CODEMAT).

PEIXOTO, R.C.D. (1992): Ação cultural e concepção política entre a igreja católica e os camponeses - Um estudo na região de Marabá. In: LÉNA, Ph. & OLIVEIRA, A. Engrácia de (Hrsg.): Amazônia - A fronteira agrícola 20 anos depois. 2. Aufl.; Belém. S. 145-160.

PERDIGÃO, F. & BASSEGIO, L. (1992): Migrantes amazônicos - Rondônia, a trajetória da ilusão; São Paulo.

PEREIRA, A.C.L. (1992): Garimpo e fronteira amazônica - As tranformações dos anos 80. In: LÉNA, Ph. & OLIVEIRA, A.E. de (Hrsg.): Amazônia - A fronteira agrícola 20 anos depois. 2. Aufl.; Belém. S. 305-318.

PEREIRA, A.W. (1997): The end of the peasantry - The rural labour movement in Northeast Brazil, 1961-1988 (= Pitt Latin American Series); Pittsburgh.

PERRONE-MOISÉS, B. (1992): Índios livres e índios escravso - Os princípios da legislação indigenista do período colonial (séculos XVI a XVII). In: CUNHA, M. Carneiro da (Hrsg.): História dos índios no Brasil; São Paulo. S. 115-132.

PFEFFER, K.-H. (Hrsg.) (1988): Studien zur Geoökologie und zur Umwelt (= Tübinger Geographische Studien, 100); Tübingen.

PFEIFER, G. (1935): Die Bedeutung der "frontier" für die Ausbreitung der Vereinigten Staaten bis zum Mississippi. In: Geographische Zeitschrift, 41 (4), S. 138-158.

PICHÓN, F.J. (1992): Agricultural settlement and ecological crisis in the Ecuadorian Amazon frontier - A discussion of the policy environment. In: Policy Studies Journal, 20 (4), S. 662-678.

PICHÓN, F.J. & MARQUETTE, C.M. (1996): Ecuador's tropical forest frontiers - Some historical and recent aspects of settlement and agricultural expansion. In: Ibero Americana - Nordic Journal of Latin American Studies, 26 (1-2), S. 97-109.

PIERI, Ch. (1993): Soil fertility management for intensive agriculture in the humid tropics. In: SRIVASTAVA, J.P. & ALDERMAN, H. (Hrsg.): Agriculture and environmental challenges. Proceedings of the Thirteenth Agricultural Sector Symposium; Washington, D.C. (Weltbank). S. 81-100.

PINSTRUP-ANDERSEN, P. & PANDYA-LORCH, R. (1999): The role of agriculture to alleviate poverty. In: entwicklung + ländlicher raum, 33 (1), S. 6-9.

PIVETTA, D.L. (1995): Questões indígenas na Bacia do Alto Rio Paraguai - Anotações (= Fase I: Diagnóstico, 5); Cuiabá, Tübingen.

PLANCK, U. & ZICHE, J. (1979): Land- und Agrarsoziologie - Eine Einführung in die Soziologie des ländlichen Siedlungsraumes und des Agrarbereichs; Stuttgart.

POHLE, P. (1992): Umweltanpassung und ökonomischer Wandel im Nepal-Himalaya - Das Beispiel Manangki. In: Geographische Rundschau, 44 (7-8), S. 416-425.

POMPERMAYER, M.J. (1984): Strategies of private capital in the Brazilian Amazon. In: SCHMINK, M. & WOOD, Ch.H. (Hrsg.): Frontier expansion in Amazonia; Gainesville. S. 419-438.

PONTIFÍCIO CONSELHO "JUSTIÇA E PAZ" (1998): Para uma melhor distribuição da terra - O desafio da reforma agrária; São Paulo.

POPP, H. (1997): Oasen - Ein altes Thema in neuer Sicht. In: Geographische Rundschau, 49 (2), S. 66-73.

POSEY, D.A. (1987): Manejo da floresta secundária, capoeiras, campos e cerrados (Kayapó). In: RIBEIRO, D. (Hrsg.): Suma etnológica brasileira. Band 1: Etnobiologia; Petrópolis. S. 172-185.

POSEY, D.A. & BALÉE, W. (Hrsg.) (1989): Resource management in Amazonia - Indigenous and folk strategies (= Advances in Economic Botany, 7); New York.

POSEY, D.A. & OVERAL, W.L. (Hrsg.) (1990): Ethnobiology - Implications and applications. 2 Bände; Belém.

PÓVOAS, L.C. (1985): História de Mato Grosso; Cuiabá.

PÓVOAS, L.C. (1995): História geral de Mato Grosso. Band 2: Da proclamação da República aos dias atuais; Cuiabá.

POWELL, J.M. (1996): "Frontier" development in Australia. In: GRADUS, Y. & LITHWICK, H. (Hrsg.): Frontiers in regional development; London. S. 125-142.

PRITZL, R.F.J. (1997): "Property rights", rent seeking und "institutionelle Schwäche" in Lateinamerika - Zur institutionenökonomischen Analyse der sozialen Anomie. In: Ibero-Amerikanisches Archiv, 23 (3/4), S. 365-407.

PROCÓPIO, A. (1999): O Brasil no mundo das drogas; Petrópolis.

PURUSHOTHAMAN, S. (1998): The empowerment of women in India - Grassroots women's networks and the state; New Delhi, London.

QUEIROZ, M.I. Pereira de (1976): O campesinato brasileiro. 2. Aufl.; Petrópolis.

RABEARIMANANA, G. et al. (1994): Paysanneries Malgaches dans la crise; Paris.

RADCLIFFE, S.A. (1992): Mountains, maidens and migration - Gender and mobility in Peru. In: CHANT, S. (Hrsg.): Gender and migration in developing countries; London. S. 30-48.

RAJU, S. & BAGCHI, D. (Hrsg.) (1993): Women and work in South Asia - Regional patterns and perspectives; London, New York.

RAMOS, A. (1991): A Paranapanema nas terras dos Waimiri-Atroari - Contribuição ao debate. In: ARAGÓN, L.E. (Hrsg.): A desordem ecológica na Amazônia (= Série Cooperação Amazônica, 7); Belém (UNAMAZ). S. 327-328.

RAMOS, L. & SOARES, A.L. (1994): Participação da mulher na força de trabalho e pobreza no Brasil (= Texto para Discussão, 350); Brasília (IPEA).

RANDZIO-PLATH, Ch. (1995a): Meilensteine der Frauenpolitik? Von Nairobi nach Peking. In: RANDZIO-PLATH, Ch. & MANGOLD-WEGNER, S. (Hrsg.): Frauen im Süden - Unser Reichtum - ihre Armut (= Dietz-Taschenbuch, 66); Bonn. S. 213-215.

RANDZIO-PLATH, Ch. (1995b): Die Wälder tragen den Himmel, die Frauen tragen die Erde. In: RANDZIO-PLATH, Ch. & MANGOLD-WEGNER, S. (Hrsg.): Frauen im Süden - Unser Reichtum - ihre Armut (= Dietz-Taschenbuch, 66); Bonn. S. 179-188.

RANDZIO-PLATH, Ch. (1995c): Kinder - nicht Sicherheit, sondern Armut. In: RANDZIO-PLATH, Ch. & MANGOLD-WEGNER, S. (Hrsg.): Frauen im Süden - Unser Reichtum - ihre Armut (= Dietz-Taschenbuch, 66); Bonn. S. 77-89.

RANDZIO-PLATH, Ch. (1995d): Der Tag der Frauen hat niemals ein Ende. - In: RANDZIO-PLATH, Ch. & MANGOLD-WEGNER, S. (Hrsg.): Frauen im Süden - Unser Reichtum - ihre Armut (= Dietz-Taschenbuch, 66); Bonn. S. 139-148.

RANDZIO-PLATH, Ch. & MANGOLD-WEGNER, S. (Hrsg.) (1995): Frauen im Süden - Unser Reichtum - ihre Armut (= Dietz-Taschenbuch, 66); Bonn.

RASIA, J.M. (1993): Système alimentaire et organisation du travail. In: GREEN, R.H. & SANTOS, R. Rocha dos (Hrsg.): Brésil - Un système agro-alimentaire en transition; Paris. S. 95-116.

RAUCH, Th. (1996): Ländliche Regionalentwicklung im Spannungsfeld zwischen Weltmarkt, Staatsmacht und kleinbäuerlichen Strategien (= Sozialwissenschaftliche Studien zu internationalen Problemen, 202); Saarbrücken.

READING, A.J. et al. (1995): Humid tropical environments; Oxford, Cambridge.

REARDON, G. (Hrsg.) (1993): Women and the environment; Oxford.

REGIS, W. Duque Estrada (1993): Unidades de relevo. In: CALDEIRON, S. Sirena (Hrsg.): Recursos naturais e meio ambiente - Uma visao do Brasil; Rio de Janeiro (IBGE). S. 39-46.

REIS, R. Pereira et al. (1993): O mercado de leite - Política de intervenção e estrutura produtiva. In: Revista de Economia e Sociologia Rural, 31 (3), S. 215-229.

REMPPIS, M. (1995): *Fazendas* zwischen Tradition und Fortschritt - Umweltauswirkungen der Reinderweidewirtschaft im nördlichen Pantanal. In: KOHLHEPP, G. (Hrsg.): Mensch-Umwelt-Beziehungen in der Pantanal-Region von Mato Grosso/Brasilien (= Tübinger Geographische Studien, 114); Tübingen. S. 1-29.

REMPPIS, M. (1998): Chancen und Risiken eines liberalisierten Weltagrarmarkts - Perspektiven der Rindfleischproduktion in einem peripheren Raum Brasiliens am Beispiel von Mato Grosso. In: KOHLHEPP, G. & COY, M. (Hrsg.): Mensch-Umwelt-Beziehungen und nachhaltige Entwicklung in der Dritten Welt (= Tübinger Geographische Studien, 119); Tübingen. S. 87-107.

REMPPIS, M. (1999): Brasiliens Rinderweidewirtschaft - Natur zu Fleisch? In: Geographische Rundschau, 51 (5), S. 256-262.

REYNAL, V. de et al. (1997): Des paysans en Amazonie - Agriculture familiale de développement du front pionnier Amazonien. In: THÉRY, H. (Hrsg.): Environnement et développement en Amazonie brésilienne. Paris. S. 76-123.

REZENDE, M.V.V. (1989): Poder dividido, poder multiplicado. In: Tempo e Presença, 11 (248), S. 10-11.

RIBEIRO, A.M. Rodrigues (1994): O movimento de mulheres e a educação. In: TORRES, A. (Hrsg.): Mato Grosso em movimentos - Ensaios de educação popular; Cuiabá (UFMT). S. 161-184.

RIBEIRO, D. (1996): Os índios e a civilização - A integração das populações indígenas no Brasil moderno; São Paulo.

RICARDO, C.A. (Hrsg.) (1996): Povos indígenas no Brasil 1991 - 1995; São Paulo (ISA).

RICH, B. (1998): Die Verpfändung der Erde - Die Weltbank, die ökologische Verarmung und die Entwicklungskrise; Stuttgart.

RITTGEROTT, M. (1997): Die Kleinstadt Mirassol d'Oeste (Mato Grosso, Brasilien) - Auswirkungen der Stagnation der einst kleinbäuerlichen Pionierfront auf die Funktion und innere Struktur der Stadt; Tübingen (unveröff. Dipl.).

ROCHELEAU, D. et al. (1995): The Ukambani region of Kenya. In: KASPERSON, J.X. et al. (Hrsg.): Regions at risk - Comparisons of threatened environments; Tokio, New York, Paris. S. 186-254.

ROCHELEAU, D. et al. (1996): From forest gardens to tree farms - Women, men, and timber in Zambrana-Chacuey, Dominican Republic. In: ROCHELEAU, D. et al. (Hrsg.): Feminist political ecology - Global issues and local experiences; London, New York. S. 224-250.

ROCKWELL, R.C. & MOSS, R.H. (1992): The view from 1996 - A future history of research on the human dimension of global environmental change. In: Environment, 34 (1), S. 12-17, 33-38.

RODENBERG, B. (1995): Mehr als Überlebenspragmatismus - Zur Handlungsrationalität von Frauen in der Ökologiebewegung. In: MERTINS, G. & ENDLICHER, W. (Hrsg.): Umwelt und Gesellschaft in Lateinamerika (= Marburger Geographische Schriften, 129); Marburg. S. 217-227.

ROGGE, J. (1998): Parás Kleinbauernbewegung - Die Kleinbauernbewegung im Nordosten Parás (Brasilien): Geschichte, Selbstverständnis und ökologischer Diskurs (= Aspekte der Brasilienkunde, 18); Mettingen.

RÖNICK, V. (1986): Regionale Entwicklungspolitik und Massenarmut im ländlichen Raum Nordost-Brasiliens - Ursachen des Elends und Hindernisse bei der Erfüllung der Grundbedürfnisse (= Münstersche Geographische Arbeiten, 25); Paderborn.

ROOSEVELT, A. Curtenius (1992): Arqueologia amazônica. In: CUNHA, M. Carneiro da (Hrsg.): História dos índios no Brasil; São Paulo. S. 53-86.

ROSS, J.L. Sanches (Hrsg.) (1995a): Geografia do Brasil (= Didática, 3); São Paulo.

ROSS, J.L Sanches (1995b): A sociedade industrial e o ambiente. In: ROSS, J.L. Sanches (Hrsg.): Geografia do Brasil (= Didática, 3); São Paulo. S. 209-237.

RUBEN, R. (1999): Making cooperatives work - Contract choice and resource management within land reform cooperatives in Honduras (= CEDLA Latin America Studies, 83); Amsterdam (CEDLA).

RUDEL, Th.K. (1993): Tropical deforestation - Small farmers and land clearing in the Ecuadorian Amazon (= Methods and Cases in Conservation Science); New York.

SALAMA, P. (1998): Des nouvelles causes de la pauvreté en Amérique Latine. In: Problèmes d'Amériques Latine, 29 (2), S. 73-98.

SALATI, E. et al. (1990): Amazonia. In: TURNER II, B.L. (Hrsg.): The Earth as transformed by human action - Global and regional changes in the biosphere over the past 300 years; Cambridge. S. 479-493.

SANTOS, J.V. Tavares dos (1993): Matuchos - Exclusão e luta do Sul para a Amazônia; Petrópolis.

SANTOS, J.V. Tavares dos (1994): Assentamentos e colonização - Duas relações com o meio ambiente. In: ROMEIRO, A. et al. (Hrsg.): Reforma agrária - Produção, emprego e renda: O relatório da FAO em debate; Petrópolis, Rio de Janeiro (IBASE, FAO). S. 171-178.

SANTOS, L. Garcia dos (1994): A encruzilhada da política ambiental brasileira. In: D'INCAO, M.A. & SILVEIRA, I. Maciel da (Hrsg.): Amazônia e a crise da modernização; Belém. S. 136-154.

SANTOS, M. et al. (Hrsg.) (1993): O novo mapa do mundo - Fim de século e globalização (= Geografia: Teoria e Realidade, 20); São Paulo.

SANTOS, M. et al. (Hrsg.) (1994):Território - Globalização e fragmentação (= Geografia: Teoria e Realidade, 30); São Paulo.

SANTOS, St.St. Moreira dos (1993): Saneamento básico. In: CALDEIRON, S. Sirena (Hrsg.): Recursos naturais e meio ambiente - Uma visão do Brasil; Rio de Janeiro (IBGE). S. 101-112.

SARASOLA, C. Martinez (1992): Nuestros paisanos los indios - Vida, historia y destino de las comunidades indígenas en la Argentina; Buenos Aires.

SAVITCI, L.A. et al. (1994): Indentificação do potencial da fruta brasileira. In: SOBER (Hrsg.): Anais do XXXII Congresso Brasileiro de Economia e Sociologia Rural, Brasília. 2. Band; Brasília. S. 960-979.

SAWYER, D.R. (1979): Peasant and capitalism on an Amazon frontier; Cambridge (unveröff. Diss.).

SAWYER, D.R. (1984): Frontier expansion and retraction in Brazil. In: SCHMINK, M. & WOOD, Ch.H. (Hrsg.): Frontier expansion in Amazonia; Gainesville. S. 180-203.

SAWYER, D.R. (Hrsg.) (1990): Fronteiras na Amazônia - Significado e perspectivas; Belo Horizonte (unveröff. Forschungsbericht).

SAWYER, D.R. (1991): Campesinato e ecologia na Amazônia (= Documento de Trabalho, 3); Brasília (ISPN).

SCARLATO, F. Capuano et al. (Hrsg.) (1993): O novo mapa do mundo - Globalização e espaço latino-americano (= Geografia: Teoria e Realidade, 22). 2 Aufl.; São Paulo.

SCARPARO, H. (1996): Cidadãs brasileiras - O cotidiano de mulheres trabalhadoras; Rio de Janeiro.

SCHÄFER, R. (1993): Forschung mit Frauengruppen in Sierra Leone - Methodische und praxisbezogene Überlegungen. In: FIEGE, K. & ZDUNNEK, G. (Hrsg.): Methoden - Hilfestellung oder Korsett? (= ASA-Studien, 27); Saarbrücken, Fort Lauderdale. S. 155-164.

SCHIER, M. (1994): Der Alltag von Frauen und ihre Beziehung zur Umwelt - Am Beispiel von zwei Unterschichtsvierteln in Cuiabá, Mato Grosso (Brasilien); Tübingen (unveröff. Diplomarbeit).

SCHIER, M. (1995): Die alltäglichen Umweltbeziehungen im weiblichen Lebenszusammenhang - Am Beispiel des Stadtviertels Jardim Vitória in Cuiabá. In: KOHLHEPP, G. (Hrsg.): Mensch-Umwelt-Beziehungen in der Pantanal-Region von Mato Grosso/Brasilien (= Tübinger Geographische Studien, 114); Tübingen. S. 367-386.

SCHIER, M. (1996): A relação cotidiana com o meio ambiente no contexto de vida feminina - O exemplo do bairro Jardim Vitória em Cuaibá, MT. In: Cadernos do NERU (4), S. 99-122.

SCHLICHTE, K. (1994): Auf dem Weg zum chaotischen Kontinent? Ursachen der Kriege in Afrika. In: Geographische Rundschau, 46 (12), S. 713-717.

SCHLÜTER, O. (1952): Die Siedlungsräume Mitteleuropas in frühgeschichtlicher Zeit (= Forschungen zur deutschen Landeskunde, 63); Hamburg, Frankfurt am Main, München.

SCHMIEDER, O. (1928): Die Entwicklung der Pampa als Kulturlandschaft. In: DEUTSCHER GEOGRAPHENTAG (Hrsg.): Verhandlungen und wissenschaftliche Abhandlungen des 22. Deutschen Geographentages in Karlsruhe 1927; Breslau. S. 76-86.

SCHMINK, M. (1981): A case study of the closing frontier in Brazil (= Amazon research Papers Series, 1); Gainesville.

SCHMINK, M. & WOOD, Ch.H. (Hrsg.) (1984): Frontier expansion in Amazonia; Gainesville.

SCHMINK, M. & WOOD, Ch.H. (1986): The political ecology of Amazonia. In: LITTLE, P.D. & HOROWITZ, M.M. (Hrsg.): Lands at risk in the Third World - Local-level perspectives; Boulder, London. S. 38-57.

SCHMINK, M. & WOOD, Ch.H. (1992): Contested frontiers in Amazonia; New York.

SCHNELLER, T. (1995): Mikroökonomische Auswirkungen von Agrargenossenschaften in Entwicklungsländern - Das Beispiel der kleinbäuerlichen Milchgenossenschaft COMAJUL in Juscimeira, Mato Grosso, Brasilien; Tübingen (unveröff. Diplomarbeit).

SCHOLZ, F. (1995): Nomadismus - Theorie und Wandel einer sozio-ökologischen Kulturweise (= Erdkundliches Wissen, 118); Stuttgart.

SCHOLZ, F. & MÜLLER-MAHN, D. (1993): Entwicklungspolitik der Bundesrepublik Deutschland - Umfang, Strategien, Schwerpunkte, Ziele. In: Geographische Rundschau, 45 (5), S. 264-270.

SCHOLZ, U. (1988): Agrargeographie von Sumatra - Eine Analyse der räumlichen Differenzierung der landwirtschaftlichen Produktion (= Gießener Geographische Schriften, 63); Gießen.

SCHOLZ, U. (1992): Transmigrasi - Ein Desaster? Probleme und Chancen des indonesischen Umsiedlungsprogramms. In: Geographische Rundschau, 44 (1), S. 33-39.

SCHOLZ, U. (1998a): "Grüne Revolution" im Reisanbau Südostasiens - Eine Bilanz der letzten 35 Jahre. In: Geographische Rundschau, 50 (9), S. 531-536.

SCHOLZ, U. (1998b): Die feuchten Tropen (= Das Geographische Seminar); Braunschweig.

SCHRÖDER, J.-M. (1997): Waldprodukte und ihr Potential zur Erhaltung tropischer Feuchtwälder - Fallbeispiele aus Kamerun und Ecuador. In: Geographische Rundschau, 49 (1), S. 39-43.

SCHRÖDER, K.-H. & SCHWARZ, G. (1978): Die ländlichen Siedlungsformen in Mitteleuropa (= Forschungen zur deutschen Landeskunde, 175). 2. Aufl.; Trier.

SCHULTZ, U. (1993): Auf Besuch bei kenianischen Frauen - Methodische Überlegungen anläßlich zweier Forschungsaufenthalte in Kenia. In: FIEGE, K. & ZDUNNEK, G. (Hrsg.): Methoden - Hilfestellung oder Korsett? (= ASA-Studien, 27); Saarbrücken, Fort Lauderdale. S. 131-141.

SCHUMAHER, M.A. & VARGAS, E. (1993): Lugar no governo - Álibi ou conquista? In: Estudos Feministas, 1 (2), S. 348-364.

SCHWARTZ, N.B. (1995): Colonization, development, and deforestation in Petén, Northern Guatemala. In: PAINTER, M. & DURHAM, W.H. (Hrsg.): The social causes of environmental destruction in Latin America; Ann Arbor. S. 101-130.

SCOONES, I. (1997): The dynamics of soil fertility change - Historical perspectives on environmental transformation from Zimbabwe. In: Geographical Journal, 163 (2), S. 161-169.

SEF (STIFTUNG ENTWICKLUNG UND FRIEDEN) (Hrsg.) (1990): Frauen sichern die Ernährung der Welt - Von der Überlebensarbeit der Frauen im Schatten der Weltwirtschaft (= Interdependenz, 1); Bonn.

SEMMEL, A. (1993): Grundzüge der Bodengeographie (= Teubner-Studienbücher der Geographie). 3. Aufl.; Stuttgart.

SERAGELDIN, I. (1993): Agriculture and environmentally sustainable development. In: SRIVASTAVA, J.P. & ALDERMAN, H. (Hrsg.): Agriculture and environmental challenges. Proceedings of the Thirteenth Agricultural Sector Symposium; Washington D.C. (Weltbank). S. 5-16.

SHIELDS, M.D. et al. (1996): Developing and dismantling social capital - Gender and resource management in the Philippines. In: ROCHELEAU, D. et al. (Hrsg.): Feminist political ecology - Global issues and local experiences; London, New York. S. 155-179.

SHIVA, V. (1989): Das Geschlecht des Lebens - Frauen, Ökologie und Dritte Welt; Berlin.

SHRESTHA, N.R. (1997): On "What causes poverty? A postmodern view" - A postmodern view or denial of historical integrity? The poverty of Yapa's view of poverty. In: Annals of the Association of American Geographers, 87 (4), S. 709-716.

SICK, W.-D. (1993): Agrargeographie (= Das Geographische Seminar). 2. Aufl.; Braunschweig.

SIEFKE, K. (1994): Bevölkerung, Umwelt und Entwicklung in der Diskussion der letzten 25 Jahre. In: Nord-Süd aktuell, 7 (3), S. 448-457.

SILVA, C.A.B. Domingues da (1992): Padre Cícero. In: KUNSTHAUS ZÜRICH et al. (Hrsg.): Brasilien - Entdeckung und Selbstentdeckung; Bern. S. 228-229.

SILVA, F.C. Ferreira da (1989): Vegetação. In: DUARTE, A. Capdeville (Hrsg.): Geografia do Brasil. Band 1: Região Centro-Oeste; Rio de Janerio (IBGE). S. 107-122.

SILVA, J.F. Graziano (Hrsg.) (1978): Estrutura agrária e produção de subsistência na agricultura brasileira; São Paulo.

SILVA, J.F. Graziano (1998): Por uma reforma agrária não essencialmente agrícola. In: COSTA, L.F. Carvalho & SANTOS, R. (Hrsg.): Política e reforma agrária; Rio de Janeiro. S. 79-91.

SILVA, L. Osorio (1996): Terras devolutas e latifúndio - Efeitos da lei de 1850; Campinas.

SILVA, M.A. (1997): De Colona a bóia-fria. In: PRIORE, M. Del & BASSANEZI, C. (Hrsg.): História das mulheres no Brasil; São Paulo. S. 554-577.

SILVA, S. (1986): Expansão cafeeira e origens da indústria no Brasil (= Biblioteca Alfa-Omega de Ciências Sociais, Série 1: Economia, 1). 7. Aufl.; São Paulo.

SILVA, S. Tietzmann (1990): Agricultura. In: MESUQITA, O.V. (Hrsg.): Geografia do Brasil. Band 2: Região Sul; Rio de Janeiro. S. 219-259.

SILVEIRA, S. (1993): Transformations in Amazonia - The spatial reconfiguration of systems. Stockholm.

SIMMONS, I.G. (1997): Humanity and environment - A cultural ecology; Essex.

SINGER, P. (1994): Amazônia na sociedade global. In: D'INCAO, M.A. & SILVEIRA, I. Maciel da (Hrsg.): Amazônia e a crise da modernização; Belém. S. 167-174.

SIQUEIRA, E. Madureira (1994): Sinopse histórica da ocupação da Bacia do Alto Paraguai (= Documentos de Trabalho PCBAP, 1); Cuiabá (UFMT, EMBRAPA-CPAP).

SIQUEIRA, E. Madureira et al. (1990): O processo histórico de Mato Grosso. 2. Aufl.; Cuiabá (UFMT).

SKIDMORE, Th. (1982): Brasil - De Getúlio a Castelo. 9. Aufl.; Rio de Janeiro.

SLE (SEMINAR FÜR LÄNDLICHE ENTWICKLUNG) (1997): Indonesian agricultural extension planning at a crossroads (= Schriftenreihe des Seminars für Ländliche Entwicklung, S 174); Berlin.

SMITH, N.J.H. et al. (1995a): Amazonia - Resiliency and dynamism of the land and its people; Tokio, New York, Paris.

SMITH, N.J.H. et al. (1995b): Amazonia. In: KASPERSON, J.X. et al. (Hrsg.): Regions at risk - Comparisons of threatened environments; Tokio, New York, Paris. S. 42-91.

SOARES, V. (1995): O contraditório e ambíguo caminho para Beijing. In: Estudos Feministas, 3 (1), S. 180-190.

SOMMER, Th. (Hrsg.) (1994): Weltbevölkerung - Wird der Mensch zur Plage? (= ZEIT-Punkte, 4); Hamburg.

SORJ, B. (1998): A reforma agrária em tempos de democracia e globalização. In: Novos Estudos, (50), S. 23-40.

SOUZA, C. Gutemberg (1993): Solos - Potencialidade agrícola. In: CALDEIRON, S. Sirena (Hrsg.): Recursos naturais e meio ambiente - Uma visão do Brasil; Rio de Janeiro (IBGE). S. 47-58.

SPIELMANN, H.O. (1989): Agrargeographie in Stichworten (= Hirts Stichwortbücher); Unterägeri.

SPIESS, K. (1980): Periphere Sowjetwirtschaft - Das Bespiel Russisch-Fernost 1897-1970 (= Beiträge zur Kolonial- und Überseegeschichte, 17); Zürich.

SPITTLER, G. (1994): Hungerkrisen im Sahel - Wie handeln die Betroffenen? In: Geographische Rundschau, 46 (7-8), S. 408-413.

SPUHLER, G. et al. (Hrsg.) (1994): Vielstimmiges Gedächtnis - Beiträge zur *oral history*; Zürich.

STADEL, Ch. (1995): Perzeptionen des Umweltstresses durch *campesinos* in der Sierra von Ecuador. In: MERTINS, G. & ENDLICHER, W. (Hrsg.): Umwelt und Gesellschaft in Lateinamerika (= Marburger Geographische Schriften, 129); Marburg. S. 244-262.

STAGL, J. (1991): Religiöse und sozialutopische Siedlungsgemeinschaften in den USA. In: Geographische Rundschau, 43 (7-8), S. 466-472.

STAMM, A. (1997): Handelsliberalisierung - Exportchancen für die Kleinbauern der Dritten Welt? Das Beispiel Zentralamerika. In: Geographische Rundschau, 49 (3), S. 144-149.

STÉDILE, J.P. (1997): A luta pela reforma agrária e o MST. In: STÉDILE, J.P. (Hrsg.): A reforma agrária e a luta do MST; Petrópolis. S. 95-110.

STEINER, D. (1997): Ein konzeptioneller Rahmen für eine allgemeine Humanökologie. In: EISEL, U. & SCHULTZ, H.-D. (Hrsg.): Geographisches Denken (= Urbs et Regio, 65); Kassel. S. 419-465.

STERNBACH et al. (1994): Feministas na América Latina - De Bogotá a San Bernardo. In: Estudos Feministas, 2 (2), S. 255-295.

STOCKING, M. (1987): Measuring land degradation. In: BLAIKIE, P. & BROOKFIELD, H. (Hrsg.): Land degradation and society; London, New York. S. 49-63.

STROMQUIST, N.P. (1993): Praktische und theoretische Grundlagen für "empowerment". In: Nord-Süd aktuell, 7 (2), S. 259-266.

STRUCK, E. (1992a): Persistenz und Wandel des zentralörtlichen Gefüges im brasilianischen Bundesstaat Espírito Santo. In: Zeitschrift für Wirtschaftsgeographie, 36 (4), S. 229-237.

STRUCK, E. (1992b): Mittelpunktsiedlungen in Brasilien - Entwicklung und Struktur in drei Siedlungsräumen Espírito Santos (= Passauer Schriften zur Geographie, 11); Passau.

STUCKE, C. (1991): Frauenbewegung - Nicht eine, sondern viele! In: CAIPORA (Hrsg.): Frauen in Brasilien - Ein Lesebuch; Göttingen. S. 139-143.

STUCKE, C. (1995): Kampf um Gleichberechtigung - Bilanz und Perspektiven. In: SEVILLA, R. & RIBEIRO, D. (Hrsg.): Brasilien - Land der Zukunft? Bad Honnef. S. 357-362.

SUÁREZ, M. (o.J.): Agregados, parceiros e posseiros - A transformação do campesinato no Centro-Oeste; o.O.

SYDENSTRICKER, J.M. & TORRES, H.G. (1992): Mobilidade de migrantes - Autonomia ou subordinação na Amazônia Legal? In: Revista Brasileira de Estudos de População, 8 (1-2), S. 33-54.

TAURINES, M.M. Ribeiro (1983): Ação da igreja na formação do complexo Rio Branco de 1964 a 1973 - Uma experiência de igreja do povo; Cuiabá (unveröff. Diplomarbeit).

TEHERANI-KRÖNNER, P. (1992): Von der Humanökologie der Chicagoer Schule zur Kulturökologie. In: GLAESER, B. & TEHERANI-KRÖNNER, P. (Hrsg.): Humanökologie und Kulturökologie - Grundlagen, Ansätze, Praxis; Oladen. S. 15-43.

TEIXEIRA, E.C. et al. (1992): A política de investimentos agrícolas e seu efeito sobre a distribuição de renda. In: Revista de Economia e Sociologia Rural, 30 (4), S. 291-303.

TEKÜLVE, M. (1993): Die Sichtbarwerdung der Frauen - 20 Jahre Debatte um die Frauen in der Dritten Welt. In: Geographische Rundschau, 45 (5), S. 308-312.

TEKÜLVE, M. (1997): Krise, Strukturanpassung und bäuerliche Strategien in Kabompo, Sambia (= Berliner Abhandlungen - Anthropogeographie, 58); Berlin.

TELES, M.A. de Almeida (1993): Brasil Mulher - Kurze Geschichte des Feminismus in Brasilien; Berlin.

TESORO, L.L. Lopes Martins (1993): Rondonópolis/MT - Um entroncamento de mão única; Rondonópolis.

THÉRY, H. (1995): Le Brésil. 3. Aufl.; Paris.

THÉRY, H. (Hrsg.) (1997): Environnement et développement en Amazonie brésilienne; Paris.

THIÈBLOT, M. (1980): Poaia, ipeca, ipecacuanha - A mata da poaia e os poaeiros do Mato Grosso; São Paulo.

THOMAS, M.F. (1998): Landscape sensitivity in the humid tropics - A geomorphological appraisal. In: MALONEY, B.K. (Hrsg.): Human activities and the tropical rainforest - Past, present and possible future (= GeoJournal Library, 44); Dordrecht, Boston, London. S. 17-47.

THOMPSON, M. (1997): Security and solidarity - An anti-reductionist framework for thinking about the relationship between us and the rest of nature. In: Geographical Journal, 163 (2), S. 141-149.

THOMPSON, P. (1992): A voz do passado - História oral; Rio de Janeiro.

TORRENS, J.C. Sampaio (1994): O processo de construção das linhas políticas do Movimento dos Trabalhadores Rurais sem Terra. In: MEDEIROS, L. et al. (Hrsg.): Assentamentos rurais - Uma visão multidisciplinar; São Paulo (UNESP). S. 145-156.

TOUWEN, A. (1996): Gender and development in Zambia - Empowerment of women through local Non-Governmental Organisations; Groningen.

TOWNSEND, J.G. (1993): Housewifisation and colonization in the Colombian rainforest. In: MOMSEN, J.H. & KINNAIRD, V. (Hrsg.): Different places, different voices - Gender and development in Africa, Asia and Latin America; London, New York. S. 270-277.

TOWNSEND, J.G. (1995): Women's voices from the rainforest; London, New York.

TURNER, F.J. (1966): The significance of the frontier in American history (= March of America Facsimile Series, 100); Ann Arbor.

TURNER II, B.L. & BENJAMIN, P.A. (1994): Fragile lands - Identification and use for agriculture. In: RUTTAN, V.W. (Hrsg.): Agriculture, environment, and health - Sustainable development in the 21st century; Mineapolis, London. S. 104-145.

TURNER II, B.L. et al. (Hrsg.) (1993): Population growth and agricultural change in Africa (= Carter Lectures on Africa); Gainesville.

TURNER II, B.L. et al. (1995): Comparisons and conclusions. In: KASPERSON, J.X. et al. (Hrsg.): Regions at risk - Comparisons of threatened environments; Tokio, New York, Paris. S. 519-586.

UFRJ (UNIVERSIDADE FEDERAL DO RIO DE JANEIRO) (Hrsg.) (1988): Mulher rural - Identidades na pesquisa e na luta política. Anais do seminário; Rio de Janeiro.

UNDP (UNITED NATIONS DEVELOPMENT PROGRAM) (1997): Bericht über die menschliche Entwicklung 1997; Bonn.

UNFPA (UNITED NATIONS POPULATION FUND) (1994): UNFPA - Selbstbestimmung für Frauen ist Schlüssel für die Zukunft. In: Geographische Rundschau, 46 (11), S. 661-663.

UNFPA (UNITED NATIONS POPULATION FUND) (1997): Weltbevölkerungsbericht 1997 - Fehlende Rechte für Frauen mit tödlichen Konsequenzen. In: Geographische Rundschau, 49 (7-8), S. 455-457.

UNO (UNITED NATIONS ORGANIZATION) (1995): Die Frauen der Welt 1995 - Trends und Statistiken (= Sozialstatistiken und Indikatoren, K, 12); New York.

URBAN, G. (1992): A história da cultura brasileira segundo as línguas nativas. In: CUNHA, M. Carneiro da (Hrsg.): História dos índios no Brasil; São Paulo (FAPESP). S. 87-102.

URFF, W. von et al. (1999): Akzente der deutschen Entwicklungszusammenarbeit - Welchen Beitrag kann die Landwirtschaft zur Armutsminderung leisten? In: entwicklung + ländlicher raum, 33 (1), S. 3-5.

VALVERDE, O. (1987): Conflitos e equilíbrio ecológica no povoamento em expansão da faixa próxima à E.F. Carajás. In: KOHLHEPP, G. & SCHRADER, A. (Hrsg.): Homem e natureza na Amazônia (= Tübinger Geographische Studien, 95); Tübingen. S. 415-424.

VALVERDE, O. (Hrsg.) (1989): A organização do espaço na faixa da Transamazônica. 2 Bände; Rio de Janeiro (IBGE).

VANGELISTA, Ch. (1995): Catholic missions and tribal policies in a South American frontier region - Mato Grosso (Brazil) at the turn of the 20th century. Studie vorgestellt beim Symposium "The frontier in question", Department of History, University of Essex, Colchester (unveröff. Manuskript).

VARGAS, V. (1995): Una mirada del proceso hacia Beijing. In: Estudos Feministas, 3 (1), S. 172-179.

VARLEY, A. (1994): The exceptional and the everyday - Vulnerability analysis in the international decade for natural disaster reduction. In: VARLEY, A. (Hrsg.): Disasters, development and environment; Chichester, New York. S. 1-11.

VELHO, O.G.C.A. (1969): O conceito de camponês e sua aplicação à análise do meio rural brasileiro. In: América Latina, 12 (1), S. 96-103.

VELHO, O.G.C.A. (1984): Por que se migra na Amazônia. In: Ciência Hoje, 2 (10), S. 34-39.

VELTMEYER, H. (1993): The landless rural workers movement in contemporary Brazil. In: Labour - Capital and Society, 26 (2), S. 204-225.

VÉRON, R. (1998): Märkte contra nachhaltige Entwicklung? - Cashew- und Ananasanbau in Kerala, Indien. In: KOHLHEPP, G. & COY, M. (Hrsg.): Mensch-Umwelt-Beziehungen und nachhaltige Entwicklung in der Dritten Welt (= Tübinger Geographische Studien, 119); Tübingen. S. 109-132.

VÉRON, R. (1999): Real markets and environmental change in Kerala, India - A new understanding of the impact of crop markets on sustainable development (= SOAS Studies in Development Geography); Aldershot, UK.

VILLA, M.A. (1995): Canudos - O povo da terra; São Paulo.

VOGES, W. (Hrsg.) (1987): Methoden der Biographie- und Lebenslaufforschung; Opladen.

WAECHTER, M. (1995): Turner and 20th century American historians. Studie vorgestellt beim Symposium "The frontier in question", Department of History, University of Essex, Colchester (unveröff. Manuskript).

WAGLEY, Ch. (Hrsg.) (1974): Man in the Amazon; Gainesville.

WAGLEY, Ch. & HARRIS, M. (1955): A typology of Latin American Subcultures. In: American Anthropologist, 57 (3), S. 428-451.

WAIBEL, L. (1928): Die Sierra Madre de Chiapas. In: DEUTSCHER GEOGRAPHENTAG (Hrsg.): Verhandlungen und wissenschaftliche Abhandlungen des 22. Deutschen Geographentages in Karlsruhe 1927; Breslau. S. 87-98.

WAIBEL, L. (1939): White settlement in Costa Rica. In: Geographical Review, 29 (4), S. 529-560.

WAIBEL, L. (1955): Die europäische Kolonisation Südbrasilien (= Colloquium Geographicum, 4); Bonn.

WANGARI, E. et al. (1996): Gendered visions for survival - Semi-arid regions in Kenya. In: ROCHELEAU, D. et al. (Hrsg.): Feminist political ecology - Global issues and local experiences; London, New York. S. 127-154.

WATTS, M. & PEET, R. (1996): Conclusion - Towards a theory of liberation ecology. In: PEET, R. & WATTS, M. (Hrsg.): Liberation ecologies - Environment, development, social movements; London, New York. S. 260-269.

WEHRT, H. (Hrsg.) (1996): Humanökologie - Beiträge zum ganzheitlichen Verstehen unserer geschichtlichen Lebenswelt (= Wuppertal Texte); Berlin, Basel, Boston.

WEICHHART, P. (1990): Raumbezogene Identität - Bausteine zu einer Theorie räumlich-sozialer Kognition und Identifikation (= Erdkundliches Wissen, 102); Stuttgart.

WEICHHART, P. (1992): Humanökologie und Stadtforschung - Lebensräume in Salzburg. In: GLAESER, B. & TEHERANI-KRÖNNER, P. (Hrsg.): Humanökologie und Kulturökologie - Grundlagen, Ansätze, Praxis; Opladen. S. 371-403.

WEIL, J. (1989): Cooperative labor as an adaptive strategy among homesteaders in a tropical colonization zone - Chapare, Bolivia. In: SCHUMANN, D.A. & PARTRIDGE, W.L. (Hrsg.): The human ecology of tropical land settlement in Latin America; Boulder, London. S. 298-339.

WEISCHET, W. (1980): Die ökologische Benachteiligung der Tropen; Stuttgart.

WEISCHET, W. & CAVIEDES, C.N. (1993): The persisting ecological constraints of tropical agriculture; London.

WEIZSÄCKER, E.U. von (1996): Ökologischer Strukturwandel als Herausforderung für die Universität am Ende des 20. Jahrhunderts und die geschichtliche Situation des 21. Jahrhunderts. In: WEHRT, H. (Hrsg.): Humanökologie - Beiträge zum ganzheitlichen Verstehen unserer geschichtlichen Lebenswelt (= Wuppertal Texte); Berlin, Basel, Boston. S. 33-46.

WELCH, B.M. (1996): Survival by association - Supply management landscapes of the Eastern Caribbean; Montreal.

WELTBANK (1992): Weltentwicklungsbericht 1992 - Entwicklung und Umwelt; Washington, D.C.

WERLEN, B. (1993): Handlungs- und Raummodelle in sozialgeographischer Forschung und Praxis. In: Geographische Rundschau, 45 (12), S. 724-729.

WERLEN, B. (1995): Sozialgeographie alltäglicher Regionalisierungen. Band 1: Zur Ontologie von Gesellschaft und Raum (= Erdkundliches Wissen, 116); Stuttgart.

WERLEN, B. (1997a): "Regionalismus" in Wissenschaft und Alltag. In: EISEL, U. & SCHULTZ, H.-D. (Hrsg.): Geographisches Denken (= Urbs et Regio, 65); Kassel. S. 283-310.

WERLEN, B. (1997b): Sozialgeographie alltäglicher Regionalisierungen. Band 2: Globalisierung, Region und Regionalisierung (= Erdkundliches Wissen, 119); Stuttgart.

WERNER-ZUMBRÄGEL, A. (1997): Frauen und Entwicklung in peripheren Bergregionen - Am Beispiel der pommerschen Streusiedlung São Sebastião, Munizip Santa Maria de Jetibá, Espírito Santo (Brasilien); Würzburg (unveröff. Diplomarbeit).

WESCHE, R.J. (1981): A lavoura familiar planejada de floresta húmida ao longo da rodovia Transamazônica do Brasil. In: MOUGEOT, L.J.A. & ARAGÓN, L.E. (Hrsg.): O despovoamento do território amazônico - Contribuições para a sua interpretação (= Cadernos NAEA, 6); Belém. S. 57-70.

WILKIE, J.W. et al. (Hrsg.) (1995): Statistical abstract of Latin America. Band 31, Teil 1; Los Angeles.

WIRTH, E. (1999): Handlungstheorie als Königsweg einer modernen Regionalen Geographie? - Was dreißig Jahre Diskussion um die Länderkunde gebracht haben. In: Geographische Rundschau, 51 (1), S. 57-64.

WISCHNEWSKI, H.-J. (1994): IDNDR - Eine interdisziplinäre Aufgabe für Wissenschaft und Politik. In: Geographische Rundschau, 46 (7-8), S. 392-393.

WISNER, B. (1993): Disaster vulnerability - Geographical scale and existential reality. In: BOHLE, H.-G. (Hrsg.): Worlds of pain and hunger - Geographical perspectives on disaster vulnerability and food security (= Freiburg Studies in Development Geography, 5); Saarbrücken, Fort Lauderdale, S. 13-52.

WÖHLCKE, M. (1987): Umweltzerstörung in der Dritten Welt; München.

WÖHLCKE, M. (1995): Umweltdegradierung und Wanderung - Das Phänomen der Umweltflüchtlinge. In: Geographische Rundschau, 47 (7-8), S. 446-449.

WOLF, E.R. (1955): Types of Latin American peasantry - A preliminary discussion. In: American Anthropologist, 57 (3), S. 452-471.

WOLF, E.R. (1966): Peasants (= Prentice-Hall Foundations of Modern Anthropology Series); Englewood Cliffs.

WOLF, E.R. (1972): Ownership and political ecology. In: Anthropological Quarterly, (45), S. 201-205.

WOLF, E.R. (1991): Die Völker ohne Geschichte - Europa und die andere Welt seit 1400; Frankfurt am Main.

WOOD, Ch.H. & SCHMINK, M. (1981): Culpando a vítima - Pequena produção agrícola em um projeto de colonização na Amazônia. In: MOUGEOT, L.J.A. & ARAGÓN, L.E. (Hrsg.): O despovoamento do território amazônico - Contribuições para a sua interpretação (= Cadernos NAEA, 6); Belém. S. 73-87.

WOOD, Ch.H. & SCHMINK, M. (1993): The military and the environment in the Brazilian Amazon. In: Journal of Political and Military Sociology, 21 (2), S. 81-105.

WOOD, Ch.H. & WILSON, J. (1984): The magnitude of migration to the Brazilian frontier. In: SCHMINK, M. & WOOD, Ch.H. (Hrsg.): Frontier expansion in Amazonia; Gainesville. S. 142-152.

WOODHOUSE, P. et al. (1997): After the flood - Local initiative in using a new wetland resource in the Sourou Valley, Mali. In: Geographical Journal, 163 (2), S. 170-179.

WOORTMANN, E.F. & WOORTMANN, K. (1997): O trabalho da terra - A lógica e a simbólica da lavoura camponesa; Brasília.

YAPA, L. (1996a): Improved seeds and constructed scarcity. In: PEET, R. & WATTS, M. (Hrsg.): Liberation ecologies - Environment, development, social movements; London, New York. S. 69-85.

YAPA, L. (1996b): What causes poverty? - A postmodern view. In: Annals fo the Association of American Geographers, 86 (4), S. 707-728.

YAPA, L. (1997): Reply: Why discourse matters, materially. In: Annals fo the Association of American Geographers, 87 (4), S. 717-722.

ZECH, W. (1997): Tropen - Lebensraum der Zukunft? In: Geographische Rundschau, 49 (1), S. 11-17.

ZIMMERMANN, N. de Castro (1994): Os desafios da organização interna de um assentamento rural. In: MEDEIROS, L. et al. (Hrsg.): Assentamentos rurais - Uma visão multidisciplinar; São Paulo (UNESP). S. 205-224.

ZUMBRUNNEN, C. (1990): Ressources. In: RODGERS, A. (Hrsg.): The Soviet Far East - Geograpical perspectives on development; London, New York. S. 83-113.

Verzeichnis der verwendeten Abkürzungen

AMURA	*Associação da Mulher Rural de Rancho Alegre*, formale Frauenvereinigung in den Siedlungen Rancho Alegre und Pau d'Alho, Munizip Mirassol d'Oeste
APRUGLEM	*Associação dos Produtores Rurais da Gleba Montecchi*, Bauernvereinigung der *Gleba Montecchi* in Rio Branco
BEMAT	*Banco do Estado de Mato Grosso*, Bank des Bundesstaates Mato Grosso
CASEMAT	*Companhia de Armazéns e Silos de Mato Grosso*, bundesstaatliche Institution für die Lagerung und Vermarktung der landwirtschaftlichen Produktion in Mato Grosso
CDH	*Centro dos Direitos Humanos*, Zentrum für Menschenrechte in Cáceres
COOPAF	*Cooperativa Agropecuária de Figueirópolis d'Oeste*, Kooperative der Landwirte von Figueirópolis d'Oeste mit Schwerpunkt in der Vermarktung von Grundnahrungsmitteln
CODEMAT	*Companhia de Desenvolvimento do Estado de Mato Grosso*, 1969 aus der CPP hervorgegangene matogrossensische Regionalentwicklungsbehörde
COHAB	*Companhia de Habitação Popular*, bundesstaatliche Wohnungsbaugesellschaft, oder *Conjunto Habitacional*, durch die staatliche Wohnungsbaugesellschaft errichtete Wohnsiedlung
CONTAG	*Confederação dos Trabalhadores na Agricultura*, nationale Dachorganisation der Landarbeitergewerkschaften
COOPCAFÉ	*Cooperativa dos Cafeicultores d'Oeste Matogrossense*, Kooperative der Kaffeproduzenten von São José dos Quatro Marcos
COOPERB	*Cooperativa Agrícola dos Produtores de Cana de Rio Branco*, Kooperative der Zuckerrohrproduzenten in Rio Branco
COOPNOROESTE	*Cooperativa Agropecuária do Noroeste do Mato Grosso*, landwirtschaftliche Kooperative des Nordwestens von Mato Grosso mit aktuellem Schwerpunkt in der Milchverarbeitung
COOPROCAMI	*Cooperativa Agrícola Regional dos Produtores de Cana de Mirassol d'Oeste*, Kooperative der Zuckerrohrproduzenten in Mirassol d'Oeste

CPP — *Comissão de Planejamento da Produção*, 1951 gegründete matogrossensische Regionalentwicklungsbehörde, die 1969 in die CODEMAT überführt wurde

CPT — *Comissão Pastoral da Terra*, Unterorganisation der katholischen Kirche in Brasilien, die sich für die Rechte der ländlichen Unterschichten einsetzt

CUT — *Central Única dos Trabalhadores*, Dachverband der Gewerkschaften in Brasilien

CVRD — *Companhia Vale do Rio Doce*, halbstaatliche Bergbaugesellschaft in Brasilien

DTC — *Departamento de Terras e Colonização*, 1946 gegründetes matogrossensisches Katasteramt, das aufgrund unzähliger Korruptionsfälle und sich häufender Unregelmäßigkeiten bei der Vergabe von Landtiteln 1966 aufgelöst wurde

EMATER — *Empresa de Assistência Técnica e Extensão Rural*, bundesstaatliche Agrarberatungsbehörde, die Anfang der 90er Jahre in die EMPAER überging

EMBRAPA — *Empresa Brasileira de Pesquisa Agropecuária*, nationale staatliche Agrarforschungsbehörde

EMPA — *Empresa de Pesquisas Agropecuárias*, bundesstaatliche Agrarforschungsbehörde, die Anfang der 90er Jahren mit der EMATER zusammengeschlossen wurde und in die EMPAER überging

EMPAER — *Empresa Mato-Grossense de Pesquisa, Assistência e Extensão Rural*, bundesstaatliche Agrarberatungsbehörde, die Anfang der 90er Jahre aus der EMATER hervorging

FASE — *Federação de Órgãos para Assistência Social e Educacional*, brasilienweit agierende NGO im sozialen Bereich

FCO — *Fundo Constitucional de Financiamento do Centro-Oeste*, staatlicher Fonds zur Finanzierung von vergünstigten Kreditlinien für entwicklungsfördernde Maßnahmen im Mittelwesten

IAC — *Instituto de Agronomia de Campinas*, Agrarforschungsinstitut in Campinas, Bundesstaat São Paulo

IBRA	*Instituto Brasileiro de Reforma Agrária*, die in den 60er Jahren für die Durchführung der Agrarreform zuständige nationale Behörde
IDNDR	*International Decade for Nature Disaster Reduction*, von der UNO deklarierte Entwicklungsdekade (1990 - 1999)
INCRA	*Instituto Nacional de Colonização e Reforma Agrária*, seit den 70er Jahren für die Durchführung von Agrarkolonisation und Agrarreform sowie für die Vergabe von Landtiteln auf zentralstaatlichen Ländereien zuständige nationale Behörde
INDEA	*Instituto de Defesa Agropecuária*, bundesstaatliches Veterinärinstitut
INTERMAT	*Instituto de Terras de Mato Grosso*, matogrossensische Behörde, die seit Ende der 70er Jahre für die Vergabe von Landtiteln sowie für die Durchführung von Ansiedlungsprojekten zuständig ist
LBA	*Legião Brasileira de Assistência*, staatliche Hilfsorganisation in Brasilien
MST	*Movimento dos Trabalhadores Rurais sem Terra*, Landlosenbewegung
PIN	*Programa de Integração Nacional*, Nationalen Entwicklungsprogramm zur Integration Amazoniens
PLANAFLORO	*Plano Agropecuário e Florestal de Rondônia*, mit internationalen Geldern unterstütztes Regionalentwicklungsprogramm der 90er Jahre für Rondônia
PNFC	*Projeto Novas Fronteiras do Cooperativismo*, nationales Förderprogramm zur Unterstützung von Kooperativen
PNRA	*Plano Nacional de Reforma Agrária*, nationaler Plan zur Durchführung der Agrarreform
POLAMAZÔNIA	*Programa de Pólos Agropecuários e Agrominerais da Amazônia*, nationales Programm zur Förderung von landwirtschaftlichen und bergbaulichen Großprojekten in Amazonien
POLONOROESTE	*Programa Integrado de Desenvolvimento do Noroeste do Brasil*, mit internationalen Geldern unterstütztes Regionalentwicklungsprogramm der 80er Jahre für Rondônia und den Südwesten Mato Grossos

PPG7	Pilotprogramm zum Schutz der tropischen Regenwälder Brasiliens, seit 1992 mit der Unterstützung von Weltbank, G7-Staaten und EU durchgeführtes Programm der brasilianischen Regierung
PROÁLCOOL	*Programa Nacional do Álcool*, 1975 von der brasilianischen Regierung eingerichtetes Programm, das den Anbau und die Verarbeitung von Zuckerrohr zu Biotreibstoff förderte, um - als Antwort auf die Ölkrise - die Erdölimporte weitgehend zu substituieren
PROBOR	*Programa de Incentivo à Produção de Borracha Natural*, nationales Programm zur Förderung der Naturkautschukproduktion
PROCERA	*Programa de Crédito Especial para a Reforma Agrária*, staatliche Kreditlinie zur Unterstützung der in *assentamentos* angesiedelten Familien
PRODEAGRO	*Projeto de Desenvolvimento Agroambiental do Estado do Mato Grosso*, mit internationalen Geldern unterstütztes Regionalentwicklungsprogramm der 90er Jahre für Mato Grosso
PRONAF	*Programa Nacional de Fortalecimento da Agricultura Familiar*, nationales Förderprogramm für die kleinbäuerliche Landwirtschaft
PROTERRA	*Programa de Redistribuição de Terras e Estímulo à Agroindústria*, nationales Programm zur Förderung der Landvergabe sowie zur Unterstützung der Agroindustrie
PT	*Partido dos Trabalhadores*, Arbeiterpartei Brasiliens
STR	*Sindicato dos Trabalhadores Rurais*, lokale Landarbeitergewerkschaft
SUDAM	*Superintendência do Desenvolvimento da Amazônia*, nationale Regionalentwicklungsbehörde zur Förderung Amazoniens
SUDECO	*Superintendência do Desenvolvimento do Centro-Oeste*, nationale Regionalentwicklungsbehörde zur Förderung des Mittelwestens
UFMT	*Universidade Federal de Mato Grosso*, Bundesuniversität in Cuiabá
UNEMAT	*Universidade do Estado de Mato Grosso*, bundesstaatliche Universität von Mato Grosso

Zusammenfassung

Ausgehend von der allgemeinen These, daß Umweltkrisen in den unterschiedlichsten Regionen und Ökosystemen der Erde Ausdruck, Ursache und Folge von sozioökonomischen und gesellschaftlich-politischen Ungleichgewichten - also von gesellschaftlichen Krisen - sind, wird am Beispiel des Hinterlandes von Cáceres im brasilianischen Bundesstaat Mato Grosso die Komplexität der Pionierfrontentwicklung einerseits sowie die Verwundbarkeiten kleinbäuerlicher Gruppen in degradierten Räumen andererseits analysiert. Dabei findet die Politische Ökologie als neuer sozialgeographischer Ansatz Anwendung. Er wird verknüpft mit Überlegungen zum Konzept der *frontier* (Kapitel II). Dem politisch-ökologischen Ansatz folgend findet bei der Analyse der *frontier*-Prozesse zunächst die nationale und international-globale Ebene Berücksichtigung (Kapitel III). Im Anschluß daran werden die regionalen und lokalen Zusammenhänge untersucht (Kapitel IV und V). Neben den unterschiedlichen Maßstabsebenen ist darüber hinaus die zeitliche Dimension - in die jeweiligen Kapitel mit Hilfe der entsprechenden historischen Darstellungen eingebracht - von hoher Relevanz. Dabei werden ebenso die Verflechtungen zwischen den einzelnen Sektoren der Gesellschaft - der Wirtschaft, der Politik, der Kultur - sowie der Ökologie in die Analyse mit einbezogen.

Die aktuelle regionale Differenzierung Brasiliens ist geprägt von der Entstehung und Verlagerung von Pionierfronten, deren Entwicklung sich in den einzelnen historischen Phasen durch eine jeweils spezifische Kombination sozioökonomischer und ökologischer Faktoren und Prozesse sowie durch bestimmte Formen der Naturaneignung auszeichnet. Dabei dominiert seit der Kolonialzeit die gewinnorientierte Ausbeutung der natürlichen, aber auch der humanen Ressourcen durch regionsfremde Akteure, die das jeweils betroffene Ökosystem derart schädigen, daß ökologische und - als Folge davon - sozioökonomische Degradierungsprozesse bereits nach wenigen Jahren einsetzen. Lediglich die im Süden Brasiliens entstandene kleinbäuerliche Pionierfront des 19. Jahrhunderts weist zumindest in ihren Anfängen eine subsistenzorientierte ressourcenschonende Wirtschaftsform auf, die von aus Europa verdrängten Familien getragen wird. Die rücksichtslose Ausbeutung natürlicher Ressourcen setzt sich in der Zeit nach 1930 in expansiver Weise in das Landesinnere, nach Amazonien hinein, fort. Ihre ökologischen Auswirkungen sowie die entstehenden sozioökonomischen Disparitäten verstärken und beschleunigen sich nicht zuletzt aufgrund der zunehmenden Modernisierung und Mechanisierung der Nutzungsformen. Dabei haben gerade die flächenhaften Rodungen in den Waldgebieten Amazoniens gravierende Folgen für das Ökosystem, das sich durch seine relativ hohe *fragility* unter den bestehenden Nutzungsansprüchen nur sehr langsam - wenn überhaupt - regenerieren wird. Auch die zur Verfügung stehenden *response systems* sind in Brasilien nur sehr mangelhaft ausgebildet, so daß Amazonien das sozioökonomische und ökologische Degradierungsstadium des *environmental impoverishment* erreicht hat.

In neuerer Zeit lassen sich allerdings Entwicklungen beobachten, die zumindest in begrenztem Maße auf einen positiveren Verlauf der *trajectory* hoffen lassen. Im Zuge der Globalisierung beschränkt sich die globale Inkorporation raum-zeitlich differenziert und fragmentiert auf einzelne gesellschaftliche Gruppen in der Region, während andere aus diesen Prozessen ausgeschlossen und zunehmend marginalisiert werden. Die den Nachhaltigkeitszielen verschriebenen Maßnahmen wirken dieser Entwicklung zwar bisher nur punktuell entgegen, könnten aber durch Diffusionseffekte andere Bereiche beeinflussen und sich somit multiplizieren.

In der Entwicklung der Pionierfrontregionen Brasiliens waren und sind es vor allem die kleinbäuerlichen Familien, die unter den ökologischen und sozioökonomischen Degradierungsprozessen leiden, sie teilweise aber auch selbst verursachen. Im Laufe der *frontier*-Entwicklung wandelt sich ihre Bedeutung innerhalb der Strukturen und Prozesse in den einzelnen Regionen, da sie in der Regel zu den gesellschaftlichen Gruppen gehören, denen das *frontier*-Gebiet zunächst als Überlebensraum dient, die aber durch die folgende Inkorporation der Region in die nationale - teilweise auch internationale - Ökonomie sehr rasch verdrängt werden.

In Brasilien gehören kleinbäuerliche Familien zu den wichtigsten sozialen Gruppen im ländlichen Raum. Gleichzeitig sind sie aber auch diejenigen, die schon seit vielen Jahrhunderten von Verarmung, Verdrängung und Marginalisierung betroffen sind. Die heutige Situation der Kleinbauern in Brasilien basiert somit im wesentlichen auf historischen Wurzeln. Seit der Kolonialzeit unterliegt die Bedeutung der Kleinbauern für die ländliche Entwicklung einem steten Wandel, in dem allerdings einige Grundkonstanten zu beobachten sind, die heute noch die agrarsozialen Strukturen prägen. Das koloniale Erbe von Großgrundbesitz, exportorientierter Monokultur und Sklaverei setzt sich über die Jahrhunderte hinweg in modifizierter Form fort. Die Gegensätze zwischen Latifundium und Minifundium, die Expansion neuer *cash crops* für den Weltmarkt sowie die Abhängigkeitsverhältnisse von Kleinbauern gegenüber *fazendeiros* stehen für diese Kontinuität.

Während kleinbäuerliche Familien noch in der Kolonialzeit dem Großgrundbesitz in Pacht- und Arbeitsverhältnissen untergeordnet werden, werden sie in neuerer Zeit als Lieferanten oder rechtlose Landarbeiter von der Agroindustrie funktionalisiert. Die Prozesse der Verdrängung kleinbäuerlicher Familien in die Marginalität - sowohl räumlich als auch sozioökonomisch und ökologisch - basieren damals wie heute auf Armut, Ausgrenzung sowie Rechtsunsicherheit - hinsichtlich Arbeitsverhältnis und Landtitel - und politischer Ohnmacht. Vor allem ungesicherte Landtitel führen dazu, daß das ungenutzte unerschlossene Land - die *terras devolutas* - den Kleinbauern als Rückzugs- und Überlebensraum dienen muß. Dies beginnt zur Kolonialzeit mit der Besiedlung des Hinterlandes im Nordosten und Südosten durch *índio*- und Sklavenfamilien und mündet im 20. Jahrhundert in die Migration von Landlosen nach Amazonien - der 'letzten' *frontier* Brasiliens. Darüber hinaus verstärken die Modernisierung der Landwirtschaft, die Agrarkrise und der weitgehende Rückzug des Staates aus der Agrarsubventionierung die agrarstrukturellen Disparitäten durch Landbesitzkonzentration und Proletarisierung der Arbeitsverhältnisse sowie die regionalen sozioökonomischen Verzerrungen.

Das Hinterland von Cáceres gehört im Kontext der brasilianischen Pionierfrontentwicklung zu denjenigen Gebieten, die als die zaghaften Anfänge der Erschließung und Inwertsetzung Amazoniens gelten können. Es bildet im Verlagerungsprozeß der brasilianischen Pionierfronten einerseits das Zielgebiet für zahlreiche Migranten aus den Krisengebieten, aber auch aus den wenige Jahre älteren *Colônias Agrícolas* von Goiás und Mato Grosso do Sul. Andererseits gilt es bereits seit den 70er Jahren als eines der wichtigsten Quellgebiete der Siedlerfamilien an den Pionierfronten Rondônias. Die Region bildet somit das Bindeglied zwischen den *frontiers* des Südens und Südostens, die vorwiegend der Expansion gewinnorientierter Wirtschaftsformationen dienen, und den Pionierfronten Amazoniens, die zumindest in den ersten zwei Jahrzehnten vor allem durch subsistenzorientierte Nutzungsformen geprägt

Die detaillierte Analyse der Pionierfrontentwicklung von Cáceres zeigt, daß sozioöko nomische und ökologische Prozesse an einer *frontier* eng miteinander verquickt sind und im allgemeinen phasenhaft ablaufen. Allerdings laufen diese Phasen kleinräumig sehr unterschiedlich ab, so daß eine klare Abgrenzung der einzelnen historischen Abschnitte für die gesamte Region schwierig ist. Vielmehr überlagern sich die Entwicklungsprozesse in den jeweiligen Teilregionen und beeinflussen sich gegenseitig. Die Unterteilung in die drei Phasen der Erschließung, Differenzierung und Degradierung entsprechen dabei der Dominanz unterschiedlicher sozioökonomischer Prozesse.

Die erste Phase, in der noch die Spuren der extraktiven Nutzung zu erkennen sind, ist geprägt von sehr einfachen Strukturen sowohl in der Wirtschaft als auch im Siedlungssystem. Auch die Migrationsströme beschränken sich auf eine eindeutig vorherrschende Richtung: die interregionale Zuwanderung. Dementsprechend ist das Raumsystem noch sehr gut überschaubar. Es besteht aus isolierten Erschließungsstraßen und Rodungsinseln, wenigen hierarchisch kaum gliederbaren Siedlungskernen und einem einseitig ausgerichteten Strom der Ressourcenzufuhr.

In der zweiten Phase der Differenzierung nimmt das Raumsystem an Komplexität zu. Die landwirtschaftliche Produktion steigt an. Gleichzeitig gewinnen auch die wachsenden Städte an Bedeutung sowohl für die Vermarktung der regionalen Produkte als auch für die Versorgung der Regionsbevölkerung. Die regionsinterne Kommunikation nimmt durch den Ausbau des Straßennetzes zu, wobei sich in der entstehenden mehrstufigen Städtehierarchie Mirassol d'Oeste als eindeutig wichtigste Siedlung mit der höchsten Zentralität entwickelt. Diese kleinräumigen Differenzierungsprozesse im Wirtschafts- und Siedlungssystem haben allerdings auch soziale Verdrängungs- und Marginalisierungstendenzen zur Folge, die in Abwanderung und Verdrängungsmigration münden. Darüber hinaus sind auch regionsinterne Migrationsströme zu beobachten. Diese vielschichtigen Prozesse der Differenzierungsphase bestimmen das Raumsystem der 70er und 80er Jahre und gestalten es dadurch unübersichtlich.

Die dritte Phase schließlich ist durch allgemeine Degradierungstendenzen gekennzeichnet. Einerseits verliert das Hinterland von Cáceres an Wirtschaftskraft, da sich die extensive Rinderweidewirtschaft in weiten Teilen durchsetzt und nur noch einige wenige Aktivräume verbleiben. Die Spezialisierung der regionalen Wirtschaft auf Produkte der Viehhaltung machen einen regionsinternen Warenaustausch unmöglich und reduzieren die Wirtschaftsströme auf externe Versorgung und Export. Andererseits nimmt die Bedeutung der Städte als Vermarktungs- und Versorgungsorte auch durch die allmähliche Entleerung des ländlichen Raumes ab. Diesem extremen Zentralitätsverlust steht aufgrund der steigenden Landflucht ein starkes Verelendungswachstum gegenüber. Allerdings sind davon lediglich die größeren Städte betroffen, so daß diese Entwicklung zu einer Polarisierung des Siedlungssystems führt. Diese sozioökonomische Degradierung geht einher mit der Vereinfachung des Raumsystems.

Vor dem Hintergrund der neueren Entwicklungen im Hinterland von Cáceres, die den Kleinbauern kaum eine Überlebenschance lassen, ist es besonders interessant, die Bewältigungsstrategien gerade derjenigen kleinbäuerlichen Familien zu untersuchen, die sich bis heute - inmitten der ungünstigen Rahmenbedingungen - in der Region halten konnten. Aufgrund der differenzierten ökonomischen und sozio-kulturellen Voraussetzungen der einzelnen Familien basieren ihre Überlebensstrategien auf unterschiedlichen Handlungsrationalitäten, denen neben wirtschaftlichen und sozialen Überlegungen auch ökologische Faktoren zugrunde liegen. Neben der Untersuchung der Krisensituationen und Bewältigungsstrategien in den *comunidades* werden innerhalb der jeweiligen Fallstudien auch einzelne Familien bzw. Haushalte näher beleuchtet.

Im ersten Fallbeispiel handelt es sich um die *comunidade* Baixo Alegre im Munizip Rio Branco. Sie geht Anfang der 80er Jahre aus einer Invasion hervor, die in direkter Nachbarschaft zum staatlichen Kolonisationsprojekt *Colônia Rio Branco* liegt. Die besonders kapitalarmen *posseiros*, die bereits aus anderen Kolonisationsprojekten im Hinterland von Cáceres verdrängt worden waren, betreiben heute fast ausschließlich Milchviehhaltung, die häufig nicht über das Subsistenzniveau hinausreicht. Der Grundnahrungsmittelanbau, der in dem stark hügeligen Gelände rasch zu Bodenerosion und Runsenbildung führt, wird notdürftig zur Eigenversorgung aufrechterhalten. Monetäres Einkommen können die Familien nur durch den sporadischen Verkauf landwirtschaftlicher Produkte und durch Gelegenheitsarbeiten außerhalb des Betriebes erwirtschaften. Die Überlebensstrategien dieser kleinbäuerlichen Gruppe, die als Verlierer der Pionierfrontentwicklung bezeichnet werden können, bestehen einerseits in Migration sowie im Rückzug in die Subsistenzproduktion, da der Preisverfall bei praktisch allen landwirtschaftlichen Produkten die Marktproduktion zum Verlustgeschäft macht, und andererseits in der Diversifizierung des spärlich erwirtschafteten Einkommens zur Risikostreuung.

Das zweite Fallbeispiel beschäftigt sich mit der kleinbäuerlichen Siedlung Salvação, die im Munizip São José dos Quatro Marcos liegt. Sie entsteht bereits Ende der 60er Jahre im Zuge des Privatkolonisationsprojektes von Mirassol d'Oeste. Die Siedler stammen vorwiegend aus den Kaffeeanbaugebieten von São Paulo und bringen einen gewissen Kapitalstock mit. Nach einigen Jahren erfolgreichen Kaffeeanbaus geht die Produktivität Mitte der 80er Jahre sehr stark zurück. Gleichzeitig verfällt der Kaffeepreis. Auf die drastischen Einkommenseinbußen reagieren zahlreiche Kleinbauern, indem sie auf Milchviehhaltung umschwenken und die zuvor in den Kaffeepflanzungen beschäftigten Pächterfamilien entlassen. Einige wenige Kaffeebauern, die noch Kontakt zu ihren paulistaner Herkunftsgebieten haben und dort den intensiven Obst- und Gemüseanbau kennenlernen, versuchen, auf der

Basis der besonders günstigen naturräumlichen Voraussetzungen in die Obstproduktion einzusteigen. Nach einigen Anlaufschwierigkeiten in diesem für die Region innovativen Produktionszweig schließen sie sich zu einer Produktionsgemeinschaft zusammen und können sich auf dem regionalen und nationalen Markt etablieren.

Im dritten Fallbeispiel schließlich werden anhand der Siedlung Rancho Alegre im Munizip Mirassol d'Oeste die Bestimmungsfaktoren geschlechtsspezifischer Überlebensstrategien analysiert. Rancho Alegre ist eine *comunidade*, die ebenfalls zum Gebiet der Kolonisationsfirma SIGA in Mirassol gehört. Allerdings müssen die Siedler aufgrund der schlechteren Böden den Kaffeeanbau bereits nach wenigen Jahren aufgeben. Auch der Einstieg in die Baumwollproduktion bringt nur für kurze Zeit eine Entlastung der angespannten wirtschaftlichen Situation, da Schädlinge mehrere aufeinanderfolgende Ernten zunichte machen. Mit der ökonomischen Krise ist auch eine Verschlechterung der allgemeinen Lebensbedingungen verbunden, von der vor allem die Frauen der *comunidade* betroffen sind. Um die negativen Auswirkungen der Krisensituation abzumildern, bauen die Frauen mit der Unterstützung der lokalen Agrarberatungsbehörde ihre sozialen Netzwerke aus und funktionalisieren sie, so daß sie nicht nur zu Verbesserungen im Reproduktionsbereich beitragen, sondern auch zur Einkommenssteigerung dienen. Darüber hinaus gewinnen sie über die Bildung neuer Organisationsformen auf lokaler Ebene auch an politischem Einfluß.

Die Ergebnisse der empirischen Untersuchungen im Hinterland von Cáceres und in den einzelnen Fallstudien-*comunidades* zeigen einerseits, wie komplex die gesellschaftlichen, wirtschaftlichen und politischen Prozesse sind, die die Entwicklung an Pionierfronten bestimmen, und verdeutlichen andererseits die auf krisenhafte Faktoren, verfügbare Ressourcen und existierende *constraints* sehr differenziert abgestimmte Handlungsrationalität kleinbäuerlicher Gruppen.

Summary

Pioneer frontier development in the hinterland of Cáceres (Mato Grosso, Brazil). Ecological degradation, vulnerability and survival strategies of peasants.

Based on the general thesis that environmental crises in different regions and ecosystems of the world are expression, reason and consequence of socio-economic and social-political imbalances and, therefore, a form of social crises, this doctoral thesis analyses the complexity of pioneer frontier development in the hinterland of Cáceres in the Brazilian federal state of Mato Grosso as well as the vulnerability of small farmer groups in the degraded areas of this region. For this end, political ecology as a new social-geographic approach is applied. This approach is linked to considerations about the frontier-concept (chapter II). Following the political-ecological approach, the analysis of the frontier processes starts out with the examination of the national and international-global levels (chapter III). Then, in the following two chapters, the regional and local situation is analysed (chapters IV and V). In addition to the different levels of scale, the temporal dimension, which is included in each chapter with a corresponding historical account, is of very high importance. In the analysis, links between the individual sectors of society - economy, politics and culture - and the ecology are taken into consideration.

Brazil's current regional differentiation is characterised by the emergence and spatial shift of pioneer frontiers, the development of which can be seen as individual historical phases with their specific combination of socio-economic and ecological factors and processes and with certain forms of appropriation of nature. Since colonial times, there is a dominance of profit-oriented exploitation of natural and human resources by actors from outside the region. They ruin the respective ecosystem in such a way that ecological and, consequently, socio-economic degradation processes become visible after just a few years already. Only the smallholder pioneer frontier of the 19th century in the south of Brazil shows - at least in its beginnings - a subsistence-oriented, resource-saving economic system maintained by families coming from Europe. After 1930, the inconsiderate exploitation of natural resources extends expansively into the interior of the country into Amazonia. Its ecological consequences and the developing socio-economic disparities intensify and accelerate with the increasing modernisation and mechanisation of the land use system. Especially the extensive clearings in the Amazonian forests have serious consequences for the ecosystem, which will, due its relatively high fragility, regenerate only very slowly, if at all, under the current conditions of use. The response systems available in Brazil are developed very inadequately, so that Amazonia has reached a socio-economic and ecological state of degradation called *environmental impoverishment.*

Recently, however, new developments can be observed which give at least a little hope for a more positive course of the trajectory. Within the context of globalisation, global incorporation is differentiated and fragmented in time and space and limited to individual social groups within the region, while others are excluded from such processes. Such excluded groups become increasingly marginalised. The measures following along the lines of sustainability taken so far have a limited influence only in certain areas, but they have the potential to influencing other areas through diffusion effects and to multiplying themselves in this way.

During the development of the pioneer frontier regions, it was and is especially the smallholder families who suffer under ecological and socio-economic degradation processes, some of which, however, they create themselves. In the course of the frontier-development, their significance within the structures and processes in the individual regions changes, because they usually belong to those social groups for which the frontier-region, at first, serves as a space for living, but who are then rapidly displaced as a consequence of the incorporation of the region into the national and partly into the international economy.

Smallholders are one of the most important social groups in the rural areas of Brazil. At the same time, however, they have been affected by poverty, displacement and marginalisation for many centuries. Today's situation of the smallholders is, therefore, mainly based on historic reasons. Since the colonial times, the significance of smallholders for rural development is subject to a constant change. In spite of this constant change, a few fundamental elements can be observed which characterise agricultural and social structures until today. The colonial heritage of large-scale land-holding, export-oriented monoculture and slavery continued over the centuries in modified form. The contrast between latifundium and minifundium, the expansion of new cash crops for the world market and the dependence of smallholders on *fazendeiros* stand for this continuation.

While smallholder families have been subordinated to the large-scale land-holding by lease and work contracts in colonial times, in recent times, they are used as suppliers or rural workers without rights by the agro-industry. The processes of displacement into marginalisation of smallholder families - spatial, socio-economic and ecological - are based, then as today, on poverty, exclusion and legal uncertainty with regard to employee-employer relationship and land title as well as on political impotence. Unsecured land titles, above all, lead to the fact that small farmers are forced to go to unused and undeveloped land - the *terras devolutas* - for retreat and survival. This already begins in colonial times with the colonisation of the north-eastern and south-eastern hinterland by *índio* and slave families and ends in the 20th century with the migration of the landless into the Amazon region - the last Brazilian frontier. Moreover, the modernisation of agriculture, the agricultural crisis and the far-reaching retreat of the state from agricultural subsidies increase the agro-structural disparities. Concentration of land ownership, proletarianisation of the employee-employer relationships and regional socio-economic distortions are the consequences.

The hinterland of Cáceres is part of the region that, in the context of the Brazilian pioneer frontier development, was one of the first in Amazonia to be developed and used. On the one hand, it was one of the destinations for countless migrants from regions of crisis within the shift process of the Brazilian pioneer frontiers, but also from the *Colônias Agrícolas* of Goiás and Mato Grosso do Sul, which are only a few years older. On the other hand, it has been one of the most important sources for settlers to the pioneer frontiers in Rondônia since the 70s. The region, therefore, is an important connecting link between the frontiers of the south and the south-east, which are primarily used for the expansion of profit-oriented economic formations, and the pioneer frontiers of Amazonia, which have been characterised, at least in the first two decades, by subsistence-oriented forms of land use.

The detailed analysis of the pioneer frontier development of Cáceres shows that socio-economic and ecological processes are closely related to each other and usually develop in phases. Such phases, however, have a very different development in different areas, so that a clear delimitation of the individual historic sequences is very difficult for the entire region. The development processes of the respective parts of the region overlap and influence each other. The subdivision into the three phases development, differentiation and degradation correspond with the respective dominance of different socio-economic processes.

The first phase, in which the traces of the extraction activity are still visible, is characterised by very simple structures in the economic system as well as in the settlement system. The migration streams are restricted to one clearly dominating direction: interregional immigration. Accordingly, the spatial system is very clear cut. It consists of isolated development roads and clearings, few hierarchically undifferentiated settlement cores and a one-directional stream of resource supply.

In the second phase of differentiation, the spatial system gains in complexity. The agricultural production increases. At the same time, the growing cities also gain significance in terms of marketing of regional products and supply of the regional population. The region-internal communication increases due to the improvement of the road system. In the developing multi-level city hierarchy, Mirassol d'Oeste clearly becomes the most important settlement with the highest degree of centrality. These large scale differentiation processes of the economic system and the settlement system, however, also trigger social displacement and marginalisation processes, which result in emigration and displacement migration. In addition, region-internal migration streams can also be observed. These multi-layered processes of the differentiation phase determine the spatial system of the 70s and 80s and confuse it to a certain degree.

The third phase, finally, is characterised by general tendencies of degradation. On the one hand, the hinterland of Cáceres looses economic power, because a domination of cattle ranching sets in within most areas of the region and only very few dynamic areas remain. The specialisation of the regional economy on animal breeding products makes a region-internal exchange of goods impossible and reduces the economic streams to external supply and export. On the other hand, the significance of the cities as locations for marketing and supply also decreases due to the gradual depletion of the rural areas. Due to the increasing migration from the land, this extreme loss of centrality is opposed by a heavy growth of poverty. Only larger cities, however, are affected by this process, so that this development leads to a polarisation of the settlement system. This socio-economic degradation is combined with a simplification of the spatial system.

Against the background of the recent developments in the hinterland of Cáceres, which leave the smallholders almost without any chance of survival, it is especially interesting to examine the coping strategies of just these smallholder families which have been able to stay in the region - in the midst of adverse framework conditions. Due to the different economic and socio-cultural preconditions of the individual families, their survival strategies underlie different action rationalities, which are, apart from economic and social deliberations, also based on ecological factors. In addition to the investigation into the situations of crises and coping strategies within the *comunidades*, individual families or households are also examined within the framework of the respective case studies.

The first case study deals with the *comunidade* Baixo Alegre in the district of Rio Branco. This community originated in an invasion of the early 80s and is in close proximity to the state colonisation project *Colônia Rio Branco*. The extremely poor *posseiros*, which have been displaced by other colonisation projects in the hinterland of Cáceres already, occupy themselves almost exclusively with diary farming, often without even reaching the level of subsistence. The cultivation of basic food, which leads to soil erosion and the development of gullies in such a mountainous region, is barely maintained for subsistence. Money can only be earned by the families through the occasional selling of agricultural products and through occasional casual jobs. The survival strategies of this smallholder group, which can be described as a loser of the pioneer frontier development, consist of migration and retreat into subsistence on the one hand, because the drop-off in prices makes the market production of practically all agricultural products unprofitable, and of the diversification of the sparse income to reduce the risk on the other.

The second case study focuses on the smallholder settlement of Salvação, which lies in the district of São José dos Quatro Marcos. Its origins lie in the private colonisation project of Mirassol d'Oeste of the late 1960s already. The settlers primarily come from the coffee plantations of São Paulo and have some capital to their disposal. After a few years of successful cultivation of coffee, the productivity strongly decreases in the end 1980s. At the same time, the coffee prices drop off. As a reaction to the dramatic income losses, numerous smallholders react by switching over to diary farming and by dismissing the leaseholder families which have been working in the coffee plantations. A few coffee farmers who still have contacts to their region of origin in São Paulo and get to know the intensive fruit and vegetable cultivation of the region try to go into fruit production on the basis of the especially favourable natural conditions. After some difficulties in the start-up phase with this for the region innovative branch of production, they join together to form a production group (company) and are able to establish themselves on the regional and national market.

In the third case study, the factors of gender-specific survival strategies are analysed in the Rancho Alegre settlement in the district of Mirassol d'Oeste. Rancho Alegre is a *comunidade* which is a part of the area belonging to the SIGA colonisation company in Mirassol as well. Due to the lower soil quality, the settlers, however, have to stop the cultivation of coffee already after a few years again. The involvement in cotton production is only a temporary relief from the strained economic situation, because pests destroy several consecutive harvests. The economic crisis causes a deterioration of the general living conditions, which affect especially the women of the *comunidade*. In order to moderate the negative consequences of the economic crisis, women extend their social networks with help of the local authority for agricultural advice and use them in such a way that not only a contribution to the reproduction sphere is made, but their income is also increased. Moreover, they also gain political power by developing new forms of organisation on the local level.

The results of the empirical studies in the hinterland of Cáceres and in the individual case study *comunidades* show how complex the social, economic and political processes determining the development of pioneer frontiers are. On the other hand, they explain the differing action rationalities of smallholder groups and their dependence on crisis-like factors, available resources and existing constraints.

Resumo

Desenvolvimento da frente pioneira no *Hinterland* de Cáceres (Mato Grosso, Brasil). Degradação ambiental, vulnerabilidade e estratégias de sobrevivência de pequenos produtores rurais.

A área de estudo deste trabalho é o *Hinterland* de Cáceres, no estado de Mato Grosso, Brasil, onde se analiza, por um lado, a complexidade do desenvolvimeto da frente pioneira e, por outro, a vulnerabilidade de grupos de pequenos produtores rurais em áreas degradadas. A análise parte da tese geral de que crises ambientais em diferentes regiões e ecossistemas da terra são, ao mesmo tempo, expressão, causa e efeito de disparidades sócio-econô micas e sócio-políticas, ou seja, de crises da sociedade. No caso, aplicam-se conceitos da ecologia política, na qualidade de nova variante da geografia social, com base nos quais se desenvolvem as reflexões sobre o conceito de *frontier* (Cap.II). Após a abordagem politico-ecológica, segue a análise dos processos fronteiriços. Primeiramente são considerados os níveis nacional e internacional-global (Cap. III); nos capitulos IV e V segue a investigação das relações a nível regional e local. Ao lado dos diferentes níveis de análise, dá-se também especial atenção à dimensão temporal - apresentada em cada capítulo, no âmbito da abordagem histórica correspondente.

A diferenciação regional atual no Brasil é caracterizada pelo surgimento e expansão de frentes pioneiras cujo desenvolvimento se distingue, em cada fase histórica, através de uma específica combinação de fatores econômicos e ecológicos, de processos, assim como através de determinadas formas de apropriação da natureza. Assim, tem se efetuado, desde a época colonial, uma exploração dos recursos naturais e humanos, por parte de atores de outras regiões. Essa exploração causa fortes danos ao meio ambiente e provoca, em um período de poucos anos, processos de degradação ecológica e, por conseqüência deste, também degradação sócio-econômica. Apenas no Sul do Brasil desenvolveu-se, no âmbito da frente pioneira do século dezenove, iniciada por pequenos produtores europeus, uma agricultura de subsistência pelo menos em sua fase inicial menos agressiva à natureza. A exploração descontrolada dos recursos naturais continuou a ser realizada no período após 1930 de modo extensivo no interior do país em direção a Amazônia. Suas conseqüências ecológicas e disparidades sócio-econômicas intensificaram-se e aceleraram-se especialmente em virtude da crescente modernização e mecanização das formas de produção. Desse modo, o desmatamento de grandes áreas da floresta amazônica apresenta graves conseqüências ao ecossistema o qual, devido a sua relativamente alta *fragility* e às exigências do modo de produção lá existente, só se regenara - se é que a regeneração ainda se faz possivel - de forma muito demorada. Também os *response systems* existentes no Brasil se desenvolveram de forma bastante deficiente, de modo que a amazônia atingiu um estado de degradação social e ecológica do *environmental impoverischment.*

Nos últimos tempos observa-se um desdobramento, o qual, pelo menos em escala limidata, aponta para uma perspectiva de evolução positiva. No âmbito da globalização, a incorporação espaço-tempo se dá de forma diferenciada e fragmentada, favorecendo apenas poucos grupos sociais na região enquanto outros são excluídos desse processo e, progressivamente, marginalizados. As medidas introduzidas com a finalidade de atingir os objetivos da sustentabilide têm reagido contra esse desenvolvimento, mas até agora seus resultados são bastante limitados ou pontuais. Espera-se, no entanto, que tais medidas apresentem efeitos difusivos, multilicando-se e influenciando outras áreas.

As familias de pequenos produtores rurais são, em parte, responsáveis pelos processos de degradação ecológica e sócio-econômica desencadeados no âmbito do desenvolvimento das regiões de frente pioneira; ao mesmo tempo, foram e são as mais prejudicadas por esses processos. A importância desses pequenos agricultores varia no decurso da evolução da *frontier* no âmbito das estruturas e processos de cada região. Os mesmos pertencem, em geral, àqueles grupos que, num primeiro momento, utilizam a área da *frontier* como espaço de sobrevivência. No processo de incorporação da região na economia nacional - em parte também na internacional - os pequenos agricultores são todavia rapidamente desalojados.

No Brasil as familias de pequenos agricultores representam um dos grupos sociais mais significativos das áreas rurais; ao mesmo tempo, no entanto, são aqueles que, desde séculos, são atingidos pela pobreza, opressão e marginalização. Assim, a atual situação dos pequenos produtores ruais no Brasil tem base sobretudo em raízes históricas. Desde a época colonial a importância dos pequenos agricultores para o desenvolvimento rural foi submetida a um contínuo processo de transformação no âmbito do qual são observadas algumas constantes básicas que até hoje caracterizam a estrutura agrária. A herança colonial da grande propriedade, da monocultura orientada à exportação e da escravidão ainda continua sendo praticada, séculos depois, de uma forma modificada. As divergências entre latifundio e minifundio, a expansão de novos *cash crops* para o mercado mundial assim como a dependência dos pequenos produtores frente aos fazendeiros comprovam essa continuidade.

Enquanto ainda na época colonial os pequenos produtores rurais, eram subordinados aos grandes proprietários através de relações de parcerias e de outros relacionamentos contratuais, atualmente os mesmos encontram-se integrados na qualidade de fornecedores da agroindustria ou como trabalhadores rurais sem direitos trabalhistas. Os processos de marginalização - tanto espacial como social e ecológica - das familias de pequenos produtores rurais basearam-se no passado, assim como hoje, na pobreza, exclusão e também na falta de seguridade - com respeito aos direitos trabalhistas e de propriedade - e de direitos políticos. Sobretudo títulos de propriedade não assegurados por lei fazem com que os pequenos produtores rurais tenham que utilizar as terras devolutas como espaço de refúgio e de sobrevivência. O processo se iniciou na época colonial com o povoamento do *Hinterland* no Nordeste e no Sudeste por famílias tanto de escravos como de origens indígenas e prossegue no século XX com a migração dos "sem-terras" para a Amazônia - a "última fronteira" do Brasil. Além disso, fatores como modernização da agricultura, crise agrária e a forte diminuição das subvenções estatais à agricultura contribuiram para o aumento das disparidades na estrutura agrária - através da concentração da propriedade da terra e da proletarização dos relacionamentos trabalhistas - e das desigualdades sócio-economico regionais.

No contexto da expansão da frente pioneira brasileira, o *Hinterland* de Cáceres é uma das regiões onde paulatinamente se iniciou o processo de colonização e valorização da Amazônia. No âmbito da expansão da frente pioneira brasileira, esse *Hinterland* tornou-se, por um lado, área de destino para numerosos migrantes de regiões em crise mas também das recentemente fundadas colônias agrícolas de Goiás e de Mato Grosso do Sul. Por outro lado, a maior parte das famílias que migraram para a frente pioneira de Rodônnia desde os anos 70 tem como origem a região de Cáceres. Assim, essa região forma o ponto de ligação entre as fronteiras sul e sudeste - caracterizadas pela expansão de uma economia moderna e a frente pioneira da Amazônia que, pelo menos durante as duas primeiras décadas, tem se caracterizada, sobretudo, pela predominância de economias de subsistências.

Uma análise detalhada da expansão da frente pioneira de Cáceres mostra que processos econômicos e ecológicos em uma *frontier* se encontram estreitamente interrelacionados e se desenvolvem em fases. Contudo, essas fases se diferenciam de lugar para lugar, de modo que a delimitação de cada periodo histórico para a região como um todo se faz muito difícil. Mais comumente os processos de desenvolvimento se superpõem nas respectivas regiões e se influenciam mutuamente. Nesse caso, fez-se uma subdivisão em três fases - colonização, diferenciação e degradação -, as quais caracterizam a predominância de diferentes processos sócio-econômicos.

A primeira fase, na qual elementos da economia extrativista ainda podem ser observados, se caracteriza por uma estrutura bastante simples, tanto no que se refere à economia, como ao sistema urbano da região. Também as correntes migratórias se restringem em uma direção predominante facilmente identificada: a migração interregional. Em conformidade com isso, o sistema espacial ainda é pouco diferenciado. O mesmo é constituído por alguns núcleos urbanos pouco interligados e fracamente hierarquizados, por picadas, por ilhas desmatadas e por um fluxo unidirecional de recursos.

Na segunda fase da diferenciação o sistema espacial se torna mais complexo. A produção agrícola aumenta e, ao mesmo tempo, as cidades ganham importância, tanto para a comercialização dos produtos regionais como para o suprimento da demanda da população regional. A comunicação no interior da região se intensifica com a construção da rede de estradas, enquanto a cidade de Mirassol d`Oeste se desenvolve, destacando-se como a mais importante cidade, com alto grau de centralidade, dentro de um sistema urbano caracterizado por diversos níveis hierárquicos. No entanto, esses processos de diferenciação local no sistema econômico e na estrutura urbana também trazem consigo tendências de desalojamento e marginalização, provocando o êxodo e a migração forçada. Além disso, observa-se ainda correntes migratórias dentro de uma mesma região. O sistema espacial dos anos 70 e 80 é caracterizado por processos de dinâmicas fases de diferenciação, tornando-se, assim, bastante complexo.

A terceira e última fase é caracterizada por tendências gerais de degradação. Por um lado o *Hinterland* de Cáceres tem sua força econômica enfraquecida, uma vêz que a pecuária extensiva se estabelece em grandes partes da região permanecendo somente poucas áreas ativas. A especialização da economia regional em produtos da pecuária impossibilita o intercâmbio de mercadorias no interior da região e reduz o fluxo da economia à importação para a demanda interna e à exportação. Por outro lado, em conseqüência do esvaziamento das áreas rurais, as cidades também perdem em importância como centros de comércio e distribuição de produtos. Ao lado dessa grande perda de centralidade, ocorre, em conseqüência do êxodo rural, um forte crescimento da pobreza. Contudo, esse desenvolvimento atinge apenas as grandes cidades enquanto as pequenas perdem cada vez mais população provocando, assim, uma polarização do sistema urbano regional. Ao mesmo tempo que se desenvolve essa degradação sócio-econômica ocorre uma simplificação do sistema espacial.

Esses novos desenvolvimentos no *Hinterland* de Cáceres oferecem pouquíssimas chances de sobrevivência aos pequenos produtores rurais. Em vista disto, o estudo de suas estratégias de sobrevivência se faz bastante interessante, sobretudo daquelas famílias que, no âmbito de condições bastantes desfavoráveis, até hoje conseguiram se manter na região. Devido às diferentes condições econômicas e sócio-culturais das famílias, suas estratégias de sobrevivência tomam por base lógicas de atuação bastante diferenciadas, as quais, ao lado de refleções econômicas e sociais, também levam em consideração fatores ecológicos. Em ocasião da investigação da sitção de crise e das estratégias de superação por parte das comunidades, se investigou também mais detalhadamente, no âmbito de cada estudo de caso, determinadas famílias e o seu orçamento familiar.

No primeiro caso estudado trata-se da comunidade de Baixo Alegre, no município de Rio Branco. A mesma provem de uma invasão do começo dos anos 80 que fica ao lado do projeto de colonização oficial denominado Colônia Rio Branco. Os posseiros, que em especial padecem da carência de capital, e que já foram expulsos de outros projetos de colonização do *Hinterland* de Cáceres, ocupam-se atualmente quase exclusivamente da pecuária leiteira, a qual, em muitos casos, não supera o nível de subsistência. A produção de alimentos, que nos terrenos fortemente montanhosos provova rapidamente erosão e formação voçorocas, mal é suficiente para suprir as necessidades próprias. As familias adquerem rendimentos monetários somente através da venda exporádica de produtos agrícolas e através de trabalhos ocasionais fora de seu estabelecimento. As estratégias de sobrevivência desses grupos de pequenos produtores - os quais podemos designar como perdedores no processo de desenvolvimento da frente pioneira - consistem, por um lado, na migração assim como no retorno à produção de subsistência - uma vez que a decadência dos preços não compensa a produção direcionada ao mercado - e, por outro lado, na diversificação dos escassos rendimento adquiridos a fim de dispersar os riscos.

O segundo estudo de caso ocupa-se com a colônia de pequenos produtores, denominada Salvação, localizada no município de São José dos Quatro Marcos. A mesma surgiu ainda no final dos anos de 60 em virtude do projeto de colonização privada de Mirassol d`Oeste. Os colonizadores provinham sobretudo das áreas de produção de café do estado de São Paulo e traziam consigo um certo estoque de capital. Durante alguns anos a produção de café foi bastante promissora, mas pela metade dos anos 80 a produtividade caiu drasticamente. Ao mesmo tempo ocorre a queda no preço do café. Contra a drástica redução dos rendimentos, diversos pequenos produtores passam a produzir a pecuária leiteira e, ao mesmo tempo, encerram seus contratos de parcerias com aquelas famílias que antes trabalhavam nas plantações de café. Alguns poucos produtores de café que ainda tinham contatos com suas regiões de origem em São Paulo e que têm experiência na produção intensiva de frutas e legumes, passaram a produzir frutas, uma vêz que as condições naturais são bastante favoráveis. Depois de algumas dificuldades iniciais nesse ramo de produção que é inovador na região, esses produtores passaram a se organizar em uma companhia de comercialização e com isso conseguiram se estabilizar no mercado regional e nacional.

Finalmente, o terceiro estudo de caso trata da comunidade de Rancho Alegre, no município de Mirassol d`Oeste, onde se analisam os fatores que determinam as estratégias de sobrevivência de acordo com o sexo. Rancho Alegre é uma comunidade que pertence a área de colonização de Mirassol. Entretanto, por causa da pouca fertilidade do solo, os colonizadores tiveram que abandonar as plantações de café depois de apenas poucos anos. Também a introdução da plantação de algodão só alivia a tensa situação econômica por um curto periodo de tempo, uma vez que as pragas disseminam as colheitas por vários anos seguidos. Com a crise econômica pioram as condições gerais de vida da população e as mulheres da comunidade são, nesse contexto, as mais prejudicadas. A fim de amenizar as conseqüências da crise, as mulheres constroem, com o apoio das agências locais de assistência agrária, suas redes sociais, as quais permitem não só o melhoramento na área da produção, mas também contribuem para a elevação da renda monetária. Além disso, através da formação de novas formas organizacionais, as mulheres ganham influência na política no nível local.

Os resultados dos estudos empiricos no *Hinterland* de Cáceres e nas comunidades citadas mostram, por um lado, como os processos sociais, econômicos e políticos desencadeados pelo desenvolvimento da frente pioneira são complexos e exclarecem, por outro lado, a racionalidade da atuação dos grupos de pequenos produtores rurais, racionalidade essa que é negociada de acordo com os fatores da crise, recursos disponíveis e *contraints* existentes.

Tübinger Geographische Studien

Heft 1	M. König:	Die bäuerliche Kulturlandschaft der Hohen Schwabenalb und ihr Gestaltswandel unter dem Einfluß der Industrie. 1958. 83 S. Mit 14 Karten, 1 Abb. u. 5 Tab. **vergriffen**
Heft 2	I. Böwing-Bauer:	Die Berglen. Eine geographische Landschaftsmonographie. 1958. 75 S. Mit 15 Karten **vergriffen**
Heft 3	W. Kienzle:	Der Schurwald. Eine siedlungs- und wirtschaftsgeographische Untersuchung. 1958. Mit 14 Karten u. Abb. **vergriffen**
Heft 4	W. Schmid:	Der Industriebezirk Reutlingen-Tübingen. Eine wirtschaftsgeographische Untersuchung. 1960. 109 S. Mit 15 Karten **vergriffen**
Heft 5	F. Obiditsch:	Die ländliche Kulturlandschaft der Baar und ihr Wandel seit dem 18. Jahrhundert. 1961. 83 S. Mit 14 Karten u. Abb., 4 Skizzen **vergriffen**
Sbd. 1	A. Leidlmair: (Hrsg.):	Hermann von Wissmann – Festschrift. 1962. Mit 68 Karten u. Abb., 15 Tab. u. 32 Fotos **€ 14,–**
Heft 6	F. Loser:	Die Pfortenstädte der Schwäbischen Alb. 1963. 169 S. Mit 6 Karten u. 2 Tab. **vergriffen**
Heft 7	H. Faigle:	Die Zunahme des Dauergrünlandes in Württemberg und Hohenzollern. 1963. 79 S. Mit 15 Karten u. 6 Tab. **vergriffen**
Heft 8	I. Djazani:	Wirtschaft und Bevölkerung in Khuzistân und ihr Wandel unter dem Einfluß des Erdöls. 1963. 115 S. Mit 18 Fig. u. Karten, 10 Fotos **vergriffen**
Heft 9	K. Glökler:	Die Molasse-Schichtstufen der mittleren Alb. 1963. 71 S. Mit 5 Abb., 5 Karten im Text u. 1 Karte als Beilage **vergriffen**
Heft 10	E. Blumenthal:	Die altgriechische Siedlungskolonisation im Mittelmeerraum unter besonderer Berücksichtigung der Südküste Kleinasiens. 1963. 182 S. Mit 48 Karten u. Abb. **vergriffen**
Heft 11	J. Härle:	Das Obstbaugebiet am Bodensee, eine agrargeographische Untersuchung. 1964. 117 S. Mit 21 Karten, 3 Abb. im Text u. 1 Karte als Beilage **vergriffen**
Heft 12	G. Abele:	Die Fernpaßtalung und ihre morphologischen Probleme. 1964. 123 S. Mit 7 Abb., 4 Bildern, 2 Tab. im Text u. 1 Karte als Beilage **€ 4,–**
Heft 13	J. Dahlke:	Das Bergbaurevier am Taff (Südwales). 1964. 215 S. Mit 32 Abb., 10 Tab. im Text u. 1 Kartenbeilage **€ 5,–**
Heft 14	A. Köhler:	Die Kulturlandschaft im Bereich der Platten und Terrassen an der Riß. 1964. 153 S. Mit 32 Abb. u. 4 Tab. **vergriffen**
Heft 15	J. Hohnholz:	Der englische Park als landschaftliche Erscheinung. 1964. 91 S. Mit 13 Karten u. 11 Abb. **vergriffen**

Heft 16	A. Engel:	Die Siedlungsformen in Ohrnwald. 1964. 122 S. Mit 1 Karte im Text u. 17 Karten als Beilagen **€ 5,–**
Heft 17	H. Prechtl:	Geomorphologische Strukturen. 1965. 144 S. Mit 26 Fig. im Text u. 14 Abb. auf Tafeln **vergriffen**
Heft 18	E. Ehlers:	Das nördliche Peace River Country, Alberta, Kanada. 1965. 246 S. Mit 51 Abb., 10 Fotos u. 31 Tab. **vergriffen**
Sbd. 2	M. Dongus:	Die Agrarlandschaft der östlichen Poebene. 1966. 308 S. Mit 42 Abb. u. 10 Karten **€ 20,–**
Heft 19	B. Nehring:	Die Maltesischen Inseln. 1966. 172 S. Mit 39 Abb., 35 Tab. u. 8 Fotos **vergriffen**
Heft 20	N. N. Al-Kasab:	Die Nomadenansiedlung in der Irakischen Jezira. 1966. 148 S. Mit 13 Fig., 9 Abb. u. 12 Tab. **vergriffen**
Heft 21	D. Schillig:	Geomorphologische Untersuchungen in der Saualpe (Kärnten). 1966. 81 S. Mit 6 Skizzen, 15 Abb., 2 Tab. im Text und 5 Karten als Beilagen **€ 6,–**
Heft 22	H. Schlichtmann:	Die Gliederung der Kulturlandschaft im Nordschwarzwald und seinen Randgebieten. 1967. 184 S. Mit 4 Karten, 16 Abb. im Text u. 2 Karten als Beilagen **vergriffen**
Heft 23	C. Hannss:	Die morphologischen Grundzüge des Ahrntales. 1967. 144 S. Mit 5 Karten, 4 Profilen, 3 graph. Darstellungen. 3 Tab. im Text u. 1 Karte als Beilage **vergriffen**
Heft 24	S. Kullen:	Der Einfluß der Reichsritterschaft auf die Kulturlandschaft im Mittleren Neckarland. 1967. 205 S. Mit 42 Abb. u. Karten, 24 Fotos u. 15 Tab. **vergriffen**
Heft 25	K.-G. Krauter:	Die Landwirtschaft im östlichen Hochpustertal. 1968. 186 S. Mit 7 Abb., 15 Tab. im Text u. 3 Karten als Beilagen **€ 4,–**
Heft 26	W. Gaiser †:	Berbersiedlungen in Südmarokko. 1968. 163 S. Mit 29 Abb. u. Karten **vergriffen**
Heft 27	M.-U. Kienzle:	Morphogenese des westlichen Luxemburger Gutlandes. 1968. 150 S. Mit 14 Abb. im Text u. 3 Karten als Beilagen **vergriffen**
Heft 28	W. Brücher:	Die Erschließung des tropischen Regenwaldes am Ostrand der kolumbianischen Anden. – Der Raum zwischen Rio Ariari und Ecuador –. 1968. 218 S. Mit 23 Abb. u. Karten, 10 Fotos u. 23 Tab. **vergriffen**
Heft 29	J. M. Hamm:	Untersuchungen zum Stadtklima von Stuttgart. 1969. 150 S. Mit 37 Fig., 14 Karten u. 11 Tab. im Text u. 22 Tab. im Anhang **vergriffen**
Heft 30	U. Neugebauer:	Die Siedlungsformen im nordöstlichen Schwarzwald. 1969. 141 S. Mit 27 Karten, 5 Abb., 6 Fotos u. 7 Tab. **vergriffen**

Heft 31	A. Maass:	Entwicklung und Perspektiven der wirtschaftlichen Erschließung des tropischen Waldlandes von Peru, unter besonderer Berücksichtigung der verkehrsgeographischen Problematik. 1969. VI u. 262 S. Mit 20 Fig. u. Karten, 35 Tab. u. 28 Fotos **vergriffen**
Heft 32	E. Weinreuter:	Stadtdörfer in Südwest-Deutschland. Ein Beitrag zur geographischen Siedlungstypisierung. 1969. VIII u. 143 S. Mit 31 Karten u. Abb., 32 Fotos, 14 Tab. im Text u. 1 Karte als Beilage **vergriffen**
Heft 33	R. Sturm:	Die Großstädte der Tropen. – Ein geographischer Vergleich –. 1969. 236 S. Mit 25 Abb. u. 10 Tab. **vergriffen**
Heft 34 (Sbd. 3)	H. Blume und K.-H. Schröder (Hrsg.):	Beiträge zur Geographie der Tropen und Subtropen. (Herbert Wilhelmy-Festschrift). 1970. 343 S. Mit 24 Karten, 13 Fig., 48 Fotos u. 32 Tab. **€ 13,–**
Heft 35	H.-D. Haas:	Junge Industrieansiedlung im nordöstlichen Baden-Württemberg. 1970. 316 S. Mit 24 Karten, 10 Diagr., 62 Tab. u. 12 Fotos **vergriffen**
Heft 36 (Sbd. 4)	R. Jätzold:	Die wirtschaftsgeographische Struktur von Südtanzania. 1970. 341 S., Mit 56 Karten u. Diagr., 46 Tab. u. 26 Bildern. Summary **€ 17,–**
Heft 37	E. Dürr:	Kalkalpine Sturzhalden und Sturzschuttbildung in den westlichen Dolomiten. 1970. 120 S. Mit 7 Fig. im Text, 3 Karten u. 4 Tab. im Anhang **vergriffen**
Heft 38	H.-K. Barth:	Probleme der Schichtstufenlandschaft West-Afrikas am Beispiel der Bandiagara-, Gambaga- und Mampong-Stufenländer. 1970. 215 S. Mit 6 Karten, 57 Fig. u. 40 Bildern **€ 7,–**
Heft 39	R. Schwarz:	Die Schichtstufenlandschaft der Causses. 1970. 106 S. Mit 2 Karten, 23 Abb. im Text u. 2 Karten als Beilagen **vergriffen**
Heft 40	N. Güldali:	Karstmorphologische Studien im Gebiet des Poljesystems von Kestel (Westlicher Taurus, Türkei). 1970. 104 S. Mit 14 Abb., 3 Karten, 11 Fotos u. 7 Tab. **vergriffen**
Heft 41	J. B. Schultis:	Bevölkerungsprobleme in Tropisch-Afrika. 1970. 138 S. Mit 13 Karten, 7 Schaubildern u. 8 Tab. **vergriffen**
Heft 42	L. Rother:	Die Städte der Çukurova: Adana – Mersin – Tarsus. 1971. 312 S. Mit 51 Karten u. Abb., 34 Tab. **€ 10,–**
Heft 43	A. Roemer:	The St. Lawrence Seaway, its Ports and its Hinterland. 1971. 235 S. With 19 maps and figures, 15 fotos and 64 tables **€ 10,–**
Heft 44 (Sbd. 5)	E. Ehlers:	Südkaspisches Tiefland (Nordiran) und Kaspisches Meer. Beiträge zu ihrer Entwicklungsgeschichte im Jung- und Postpleistozän. 1971. 184 S. Mit 54 Karten u. Abb., 29 Fotos. Summary **€ 12,–**
Heft 45 (Sbd. 6)	H. Blume und H.-K. Barth:	Die pleistozäne Reliefentwicklung im Schichtstufenland der Driftless Area von Wisconsin (USA). 1971. 61 S. Mit 20 Karten, 4 Abb., 3 Tab. u. 6 Fotos. Summary **€ 9,–**

Heft 46 (Sbd. 7)	H. Blume (Hrsg.):	Geomorphologische Untersuchungen im Württembergischen Keuperbergland. Mit Beiträgen von H.-K. Barth, R. Schwarz und R. Zeese. 1971. 97 S. Mit 25 Karten u. Abb. u. 15 Fotos **€ 10,–**
Heft 47	H.-D. Haas:	Wirtschaftsgeographische Faktoren im Gebiet der Stadt Esslingen und deren näherem Umland in ihrer Bedeutung für die Stadtplanung. 1972. 106 S. Mit 15 Karten, 3 Diagr. u. 5 Tab. **vergriffen**
Heft 48	K. Schliebe:	Die jüngere Entwicklung der Kulturlandschaft des Campidano (Sardinien). 1972. 198 S. Mit 40 Karten u. Abb., 10 Tab. im Text u. 3 Kartenbeilagen **€ 9,–**
Heft 49	R. Zeese:	Die Talentwicklung von Kocher und Jagst im Keuperbergland. 1972. 121 S. Mit 20 Karten u. Abb., 1 Tab. u. 4 Fotos **vergriffen**
Heft 50	K. Hüser:	Geomorphologische Untersuchungen im westlichen Hintertaunus. 1972. 184 S. Mit 1 Karte, 14 Profilen, 7 Abb., 31 Diagr., 2 Tab. im Text u. 5 Karten, 4 Tafeln u. 1 Tab. als Beilagen **€ 13,–**
Heft 51	S. Kullen:	Wandlungen der Bevölkerungs- und Wirtschaftsstruktur in den Wölzer Alpen. 1972. 87 S. Mit 12 Karten u. Abb. 7 Fotos u. 17 Tab. **€ 7,–**
Heft 52	E. Bischoff:	Anbau und Weiterverarbeitung von Zuckerrohr in der Wirtschaftslandschaft der Indischen Union, dargestellt anhand regionaler Beispiele. 1973. 166 S. Mit 50 Karten, 22 Abb., 4 Anlagen u. 22 Tab. **€ 12,–**
Heft 53	H.-K. Barth und H. Blume:	Zur Morphodynamik und Morphogenese von Schichtkamm- und Schichtstufenreliefs in den Trockengebieten der Vereinigten Staaten. 1973. 102 S. Mit 20 Karten u. Abb., 28 Fotos. Summary **€ 10,–**
Heft 54	K.-H. Schröder: (Hrsg.):	Geographische Hausforschung im südwestlichen Mitteleuropa. Mit Beiträgen von H. Baum, U. Itzin, L. Kluge, J. Koch, R. Roth, K.-H. Schröder und H.P. Verse. 1974. 110 S. Mit 20 Abb. u. 3 Fotos **€ 9,–**
Heft 55	H. Grees (Hrsg.):	Untersuchungen zu Umweltfragen im mittleren Neckarraum. Mit Beiträgen von H.-D. Haas, C. Hannss und H. Leser. 1974. 101 S. Mit 14 Abb. u. Karten, 18 Tab. u. 3 Fotos **vergriffen**
Heft 56	C. Hanss:	Val d'Isère. Entwicklung und Probleme eines Wintersportplatzes in den französischen Nordalpen. 1974. 173 S. Mit 51 Karten u. Abb., 28 Tab. Résumé **€ 21,–**
Heft 57	A. Hüttermann:	Untersuchungen zur Industriegeographie Neuseelands. 1974. 243 S. Mit 33 Karten, 28 Diagrammen und 51 Tab. Summary **€ 18,–**
Heft 58 (Sbd. 8)	H. Grees:	Ländliche Unterschichten und ländliche Siedlung in Ostschwaben. 1975. 320 S. Mit 58 Karten, 32 Tab. und 14 Abb. Summary **vergriffen**

Heft 59	J. Koch:	Rentnerstädte in Kalifornien. Eine bevölkerungs- und sozialgeographische Untersuchung. 1975. 154 S. Mit 51 Karten u. Abb., 15 Tab. und 4 Fotos. Summary **€ 15,–**
Heft 60 (Sbd. 9)	G. Schweizer:	Untersuchungen zur Physiogeographie von Ostanatolien und Nordwestiran. Geomorphologische, klima- und hydrogeographische Studien im Vansee- und Rezaiyehsee-Gebiet. 1975. 145 S. Mit 21 Karten, 6 Abb., 18 Tab. und 12 Fotos. Summary. Résumé **€ 19,–**
Heft 61 (Sbd. 10)	W. Brücher:	Probleme der Industrialisierung in Kolumbien unter besonderer Berücksichtigung von Bogotá und Medellín. 1975. 175 S. Mit 26 Tab. und 42 Abb. Resumen **€ 21,–**
Heft 62	H. Reichel:	Die Natursteinverwitterung an Bauwerken als mikroklimatisches und edaphisches Problem in Mitteleuropa. 1975. 85 S. Mit 4 Diagrammen, 5 Tab. und 36 Abb. Summary. Résumé **€ 15,–**
Heft 63	H.-R. Schömmel:	Straßendörfer im Neckarland. Ein Beitrag zur geographischen Erforschung der mittelalterlichen regelmäßigen Siedlungsformen in Südwestdeutschland. 1975. 118 S. Mit 19 Karten, 2 Abb., 11 Tab. und 6 Fotos. Summary **€ 15,–**
Heft 64	G. Olbert:	Talentwicklung und Schichtstufenmorphogenese am Südrand des Odenwaldes. 1975. 121 S. Mit 40 Abb., 4 Karten und 4 Tab. Summary **vergriffen**
Heft 65	H. M. Blessing:	Karstmorphologische Studien in den Berner Alpen. 1976. 77 S. Mit 3 Karten, 8 Abb. und 15 Fotos. Summary. Résumé **€ 15,–**
Heft 66	K. Frantzok:	Die multiple Regressionsanalyse, dargestellt am Beispiel einer Untersuchung über die Verteilung der ländlichen Bevölkerung in der Gangesebene. 1976. 137 S. Mit 17 Tab., 4 Abb. und 19 Karten. Summary. Résumé **€ 18,–**
Heft 67	H. Stadelmaier:	Das Industriegebiet von West Yorkshire. 1976. 155 S. Mit 38 Karten, 8 Diagr. u. 25 Tab. Summary **€ 19,–**
Heft 68 (Sbd. 11)	H.-D. Haas	Die Industrialisierungsbestrebungen auf den Westindischen Inseln unter besonderer Berücksichtigung von Jamaika und Trinidad. 1976. XII, 171 S. Mit 31 Tab., 63 Abb. u. 7 Fotos. Summary **vergriffen**
Heft 69	A. Borsdorf:	Valdivia und Osorno. Strukturelle Disparitäten und Entwicklungsprobleme in chilenischen Mittelstädten. Ein geographischer Beitrag zu Urbanisierungserscheinungen in Lateinamerika. 1976. 155 S. Mit 28 Fig. u. 48 Tab. Summary. Resumen **€ 19,–**
Heft 70	U. Rostock:	West-Malaysia – ein Einwicklungsland im Übergang. Probleme, Tendenzen, Möglichkeiten. 1977. 199 S. Mit 22 Abb. und 28 Tab. Summary **€ 18,–**
Heft 71 (Sbd. 12)	H.-K. Barth:	Der Geokomplex Sahel. Untersuchungen zur Landschaftsökologie im Sahel Malis als Grundlage agrar- und weidewirtschaftlicher Entwicklungsplanung. 1977. 234 S. Mit 68 Abb. u. 26 Tab. Summary **€ 21,–**

Heft 72	K.-H. Schröder:	Geographie an der Universität Tübingen 1512-1977. 1977. 100 S. **€ 15,–**
Heft 73	B. Kazmaier:	Das Ermstal zwischen Urach und Metzingen. Untersuchungen zur Kulturlandschaftsentwicklung in der Neuzeit. 1978. 316 S. Mit 28 Karten, 3 Abb. und 83 Tab. Summary **€ 24,–**
Heft 74	H.-R. Lang:	Das Wochenend-Dauercamping in der Region Nordschwarzwald. Geographische Untersuchung einer jungen Freizeitwohnsitzform. 1978. 162 S. Mit 7 Karten, 40 Tab. und 15 Fotos. Summary **€ 18,–**
Heft 75	G. Schanz:	Die Entwicklung der Zwergstädte des Schwarzwaldes seit der Mitte des 19. Jahrhunderts. 1979. 174 S. Mit 2 Abb., 10 Karten und 26 Tab. **€ 18,–**
Heft 76	W. Ubbens:	Industrialisierung und Raumentwicklung in der nordspanischen Provinz Alava. 1979. 194 S. Mit 16 Karten, 20 Abb. und 34 Tab. **€ 20,–**
Heft 77	R. Roth:	Die Stufenrandzone der Schwäbischen Alb zwischen Erms und Fils. Morphogenese in Abhängigkeit von lithologischen und hydrologischen Verhältnissen. 1979. 147 S. Mit 29 Abb. **€ 16,–**
Heft 78	H. Gebhardt:	Die Stadtregion Ulm/Neu-Ulm als Industriestandort. Eine industriegeographische Untersuchung auf betrieblicher Basis. 1979. 305 S. Mit 31 Abb., 4 Fig., 47 Tab. und 2 Karten. Summary **€ 24,–**
Heft 79 (Sbd. 14)	R. Schwarz:	Landschaftstypen in Baden-Württemberg. Eine Untersuchung mit Hilfe multivariater quantitativer Methodik. 1980. 167 S. Mit 31 Karten, 11 Abb. u. 36 Tab. Summary **€ 17,–**
Heft 80 (Sbd. 13)	H.-K. Barth und H. Wilhelmy (Hrsg.):	Trockengebiete. Natur und Mensch im ariden Lebensraum. (Festschrift für H. Blume) 1980. 405 S. Mit 89 Abb., 51 Tab., 38 Fotos **€ 34,–**
Heft 81	P. Steinert:	Góry Stołowe – Heuscheuergebirge. Zur Morphogenese und Morphodynamik des polnischen Tafelgebirges. 1981. 180 S., 23 Abb., 9 Karten. Summary, Streszszenie **€ 12,–**
Heft 82	H. Upmeier:	Der Agrarwirtschaftsraum der Poebene. Eignung, Agrarstruktur und regionale Differenzierung. 1981. 280 S. Mit 26 Abb., 13 Tab., 2 Übersichten und 8 Karten. Summary, Riassunto **€ 13,–**
Heft 83	C.C. Liebmann:	Rohstofforientierte Raumerschließungsplanung in den östlichen Landesteilen der Sowjetunion (1925-1940). 1981. 466 S. Mit 16 Karten, 24 Tab. Summary **€ 27,–**
Heft 84	P. Kirsch:	Arbeiterwohnsiedlungen im Königreich Württemberg in der Zeit vom 19. Jahrhundert bis zum Ende des Ersten Weltkrieges. 1982. 343 S. Mit 39 Kt., 8 Abb., 15 Tab., 9 Fotos. Summary **€ 20,–**
Heft 85	A. Borsdorf u. H. Eck:	Der Weinbau in Unterjesingen. Aufschwung, Niedergang und Wiederbelebung der Rebkultur an der Peripherie des württembergischen Hauptanbaugebietes. 1982. 96 S. Mit 14 Abb., 17 Tab. Summary **€ 7,–**

Heft 86	U. Itzin:	Das ländliche Anwesen in Lothringen. 1983. 183 S. Mit 21 Karten, 36 Abb., 1 Tab. **€ 17,–**
Heft 87	A. Jebens:	Wirtschafts- und sozialgeographische Untersuchungen über das Heimgewerbe in Nordafghanistan unter besonderer Berücksichtigung der Mittelstadt Sar-e-Pul. Ein geographischer Beitrag zur Stadt-Umland-Forschung und zur Wirtschaftsform des Heimgewerbes. 1983. 426 S. Mit 19 Karten, 29 Abb., 81 Tab. Summary u. persische Zusammenfassung **€ 30,–**
Heft 88	G. Remmele:	Massenbewegungen an der Hauptschichtstufe der Benbulben Range. Untersuchungen zur Morphodynamik und Morphogenese eines Schichtstufenreliefs in Nordwestirland. 1984. 233 S. Mit 9 Karten, 22 Abb., 3 Tab. u. 30 Fotos. Summary **€ 22,–**
Heft 89	C. Hannss:	Neue Wege der Fremdenverkehrsentwicklung in den französischen Nordalpen. Die Antiretortenstation Bonneval-sur-Arc im Vergleich mit Bessans (Hoch-Maurienne). 1984. 96 S. Mit 21 Abb. u. 9 Tab. Summary. Resumé **€ 8,–**
Heft 90 (Sbd. 15)	S. Kullen (Hrsg.):	Aspekte landeskundlicher Forschung. Beiträge zur Sozialen und Regionalen Geographie unter besonderer Berücksichtigung Südwestdeutschlands. (Festschrift für Hermann Grees) 1985. 483 S. Mit 42 Karten (teils farbig), 38 Abb., 18 Tab., Lit. **€ 30,–**
Heft 91	J.-W. Schindler:	Typisierung der Gemeinden des ländlichen Raumes Baden-Württembergs nach der Wanderungsbewegung der deutschen Bevölkerung. 1985. 274 S. Mit 14 Karten, 24 Abb., 95 Tab. Summary **€ 20,–**
Heft 92	H. Eck:	Image und Bewertung des Schwarzwaldes als Erholungsraum – nach dem Vorstellungsbild der Sommergäste. 1985. 274 S. Mit 31 Abb. und 66 Tab. Summary **€ 20,–**
Heft 93 (TBGL 1)	G. Kohlhepp (Hrsg.):	Brasilien. Beiträge zur regionalen Struktur- und Entwicklungsforschung. 1987. 318 S. Mit 78 Abb., 41 Tab. **vergriffen**
Heft 94 (TBGL 2)	R. Lücker:	Agrarräumliche Entwicklungsprozesse im Alto-Uruguai-Gebiet (Südbrasilien). Analyse eines randtropischen Neusiedlungsgebietes unter Berücksichtigung von Diffusionsprozessen im Rahmen modernisierender Entwicklung. 1986. 278 S. Mit 20 Karten, 17 Abb., 160 Tab., 17 Fotos. Summary. Resumo **€ 27,–**
Heft 95 (Sbd. 16) (TBGL 3)	G. Kohlhepp und A. Schrader (Hrsg.):	Homem e Natureza na Amazônia. Hombre y Naturaleza en la Amazonía. Simpósio internacional e interdisciplinar. Simposio internacional e interdisciplinario. Blaubeuren 1986. 1987. 507 S. Mit 51 Abb., 25 Tab. **vergriffen**
Heft 96 (Sbd. 17) (TBGL 4)	G. Kohlhepp und A. Schrader (Hrsg.):	Ökologische Probleme in Lateinamerika. Wissenschaftliche Tagung Tübingen 1986. 1987. 317 S. Mit Karten, 74 Abb., 13 Tab., 14 Photos **vergriffen**
Heft 97 (TBGL 5)	M. Coy:	Regionalentwicklung und regionale Entwicklungsplanung an der Peripherie in Amazonien. Probleme und Interessenkonflikte bei der Erschließung einer jungen Pionierfront am Beispiel des brasilianischen Bundesstaates Rondônia. 1988. 549 S. Mit 31 Karten, 22 Abb., 79 Tab. Summary. Resumo **vergriffen**

Heft 98	K.-H. Pfeffer (Hrsg.):	Geoökologische Studien im Umland der Stadt Kerpen/Rheinland. 1989. 300 S. Mit 30 Karten, 65 Abb., 10 Tab. **vergriffen**
Heft 99	Ch. Ellger:	Informationssektor und räumliche Entwicklung – dargestellt am Beispiel Baden-Württembergs. 1988. 203 S. Mit 25 Karten, 7 Schaubildern, 21 Tab., Summary **€ 14,–**
Heft 100	K.-H. Pfeffer: (Hrsg.)	Studien zur Geoökolgie und zur Umwelt. 1988. 336 S. Mit 11 Karten, 55 Abb., 22 Tab., 4 Farbkarten, 1 Faltkarte **vergriffen**
Heft 101	M. Landmann:	Reliefgenerationen und Formengenese im Gebiet des Lluidas Vale-Poljes/Jamaika. 1989. 212 S. Mit 8 Karten, 41 Abb., 14 Tab., 1 Farbkarte. Summary **€ 32,–**
Heft 102 (Sbd. 18)	H. Grees u. G. Kohlhepp (Hrsg.):	Ostmittel- und Osteuropa. Beiträge zur Landeskunde. (Festschrift für Adolf Karger, Teil 1). 1989. 466 S. Mit 52 Karten, 48 Abb., 39 Tab., 25 Fotos **€ 42,–**
Heft 103 (Sbd. 19)	H. Grees u. G. Kohlhepp (Hrsg.):	Erkenntnisobjekt Geosphäre. Beiträge zur geowissenschaftlichen Regionalforschung, ihrer Methodik und Didaktik. (Festschrift für Adolf Karger, Teil 2). 1989. 224 S. 7 Karten, 36 Abb., 16 Tab. **€ 30,–**
Heft 104 (TBGL 6)	G. W. Achilles:	Strukturwandel und Bewertung sozial hochrangiger Wohnviertel in Rio de Janeiro. Die Entwicklung einer brasilianischen Metropole unter besonderer Berücksichtigung der Stadtteile Ipanema und Leblon. 1989. 367 S. Mit 29 Karten. 17 Abb., 84 Tab., 10 Farbkarten als Dias **€ 29,–**
Heft 105	K.-H. Pfeffer (Hrsg.):	Süddeutsche Karstökosysteme. Beiträge zu Grundlagen und praxisorientierten Fragestellungen. 1990. 382 S. Mit 28 Karten, 114 Abb., 10 Tab., 3 Fotos. Lit. Summaries **€ 30,–**
Heft 106 (TBGL 7)	J. Gutberlet:	Industrieproduktion und Umweltzerstörung im Wirtschaftsraum Cubatão/São Paulo (Brasilien). 1991. 338 S. 5 Karten, 41 Abb., 54 Tab. Summary. Resumo **€ 23,–**
Heft 107 (TBGL 8)	G. Kohlhepp (Hrsg.):	Lateinamerika. Umwelt und Gesellschaft zwischen Krise und Hoffnung. 1991. 238 S. Mit 18 Abb., 6 Tab. Resumo. Resumen **€ 19,–**
Heft 108 (TBGL 9)	M. Coy, R. Lücker:	Der brasilianische Mittelwesten. Wirtschafts- und sozialgeographischer Wandel eines peripheren Agrarraumes. 1993. 305 S. Mit 59 Karten, 14 Abb., 14 Tab. **€ 19,–**
Heft 109	M. Chardon, M. Sweeting K.-H. Pfeffer (Hrsg.):	Proceedings of the Karst-Symposium-Blaubeuren. 2nd International Conference on Geomorphology, 1989, 1992. 130 S., 47 Abb., 14 Tab. **€ 14,–**
Heft 110	A. Megerle	Probleme der Durchsetzung von Vorgaben der Landes- und Regionalplanung bei der kommunalen Bauleitplanung am Bodensee. Ein Beitrag zur Implementations- und Evaluierungsdiskussion in der Raumplanung. 1992. 282 S. Mit 4 Karten, 18 Abb., 6 Tab. **€ 19,–**

Heft 111 (TBGL 10)	M.J. Lopes de Souza:	Armut, sozialräumliche Segregation und sozialer Konflikt in der Metropolitanregion von Rio de Janeiro. Ein Beitrag zur Analyse der »Stadtfrage« in Brasilien. 1993. 445 S. Mit 16 Karten, 6 Abb. u. 36 Tabellen **€ 23,–**
Heft 112 (TBGL 11)	K. Henkel:	Agrarstrukturwandel und Migration im östlichen Amazonien (Pará, Brasilien). 1994. 474 S. Mit 12 Karten, 8 Abb. u. 91 Tabellen **€ 23,–**
Heft 113	H. Grees: (Hrsg.):	Wege geographischer Hausforschung. Gesammelte Beiträge von Karl Heinz Schröder zu seinem 80. Geburtstag am 17. Juni 1994. Hrsg. v. H. Grees. 1994. 137 S. **€ 16,–**
Heft 114 (TBGL 12)	G. Kohlhepp (Hrsg.):	Mensch-Umwelt-Beziehungen in der Pantanal-Region von Mato Grosso/Brasilien. Beiträge zur angewandten geographischen Umweltforschung. 1995. 389 S. Mit 23 Abb., 15 Karten und 13 Tabellen **€ 19,–**
Heft 115 (TBGL 13)	F. Birk:	Kommunikation, Distanz und Organisation. Dörfliche Organisation indianischer Kleinbauern im westlichen Hochland Guatemalas. 1995. 376 S. Mit 5 Karten, 20 Abb. und 15 Tabellen **€ 39,–**
Heft 116	H. Förster u. K.-H. Pfeffer (Hrsg.):	Interaktion von Ökologie und Umwelt mit Ökonomie und Raumplanung. 1996. 328 S. Mit 94 Abb. und 28 Tabellen **€ 15,–**
Heft 117 (TBGL 14)	M. Czerny und G. Kohlhepp (Hrsg.):	Reestructuración económica y consecuencias regionales en América Latina. 1996. 194 S. Mit 18 Abb. und 20 Tabellen **€ 13,–**
Heft 118	G. Kohlhepp und K.-H. Pfeffer (Hrsg.):	100 Jahre Geographie an der Universität Tübingen: 2000. 366 S., 8 Tabellen **€ 15,–**
Heft 119 (TBGL 15)	G. Kohlhepp u. M. Coy (Hrsg.):	Mensch-Umwelt-Beziehungen und nachhaltige Entwicklung in der Dritten Welt. 1998. 465 S. Mit 99 Abb. und 30 Tabellen **€ 19,–**
Heft 120 (TGBL 16)	C. L. Löwen:	Der Zusammenhang von Stadtentwicklung und zentralörtlicher Verflechtung der brasilianischen Stadt Ponta Grossa/Paraná. Eine Untersuchung zur Rolle von Mittelstädten in der Nähe einer Metropolitanregion. 1998. 328 S. Mit 39 Karten, 7 Abb. und 18 Tabellen **€ 17,–**
Heft 121	R.K. Beck:	Schwermetalle in Waldböden des Schönbuchs. Bestandsaufnahme – ökologische Verhältnisse – Umweltrelevanz. 1998. 150 S. und 24 S. Anhang sowie 72 Abb. und 34 Tabellen **€ 13,–**
Heft 122 (TBGL 17)	G. Mayer:	Interner Kolonialismus und Ethnozid in der Sierra Tarahumara (Chihuahua, Mexiko). Bedingungen und Folgen der wirtschaftsräumlichen Inkorporation und Modernisierung eines indigenen Siedlungsraumes. 1999. 329 S., 39 Abb., 52 Tabellen **€ 17,–**
Heft 125	W. Schenk (Hrsg.):	Aufbau und Auswertung „Langer Reihen“ zur Erforschung von historischen Waldzuständen und Waldentwicklungen. Ergebnisse eines Symposiums in Blaubeuren vom 26.–28.2.1998. 1999. 296 S. Mit 63 Abb. und 21 Tabellen **€ 17,–**

Heft 126 (TBGL 18)	M. Friedrich:	Stadtentwicklung und Planungsprobleme von Regionalzentren in Brasilien; Cáceres und Rondonópolis / Mato Grosso; ein Vergleich. 1999. 312 S. Mit 14 Abb., 46 Karten, 30 Tabellen **€ 17,–**
Heft 127	A. Kampschulte:	Grenzen und Systeme – Von geschlossenen zu offenen Grenzen? Eine exemplarische Analyse der grenzüberschreitenden Verflechtungen im österreichisch-ungarischen Grenzraum. 1999. 375 S. Mit 8 Karten, 6 Abb. und 99 Tabellen **€ 19,–**
Heft 128	H. Fassel u. Chr. Waack (Hrsg.):	Regionen im östlichen Europa – Kontinuitäten, Zäsuren und Perspektiven. Festschrift des Instituts für donauschwäbische Geschichte und Landeskunde für Horst Förster. 2000. 310 S. Mit 31 Abb. und 27 Tabellen **€ 17,–**
Heft 129 (TGBL 19)	I. M. Theis:	Entwicklung und Energie in Südbrasilien. Eine wirtschaftsgeographische Analyse des Energiesystems des Itajaítals in Santa Catarina. 2000. 373 S. Mit 8 Karten, 35 Abb., 39 Tabellen **€ 19,–**
Heft 131	Stefan Bräker:	Hierarchisierung und Typisierung von Funktionsmechanismen des Landschaftshaushaltes und von Ökosystemen in einem kalkalpinen Karstgebiet. Untersuchungsgebiet Oberjoch, Allgäuer Hochalpen. 2000. 271 S. Mit 34 Abb., 7 Tab., 5 Tafeln, Farbkarte und Anhang **€ 16,–**
Heft 132 (TGBL 20)	D. R. Siedenberg:	Sozioökonomische Disparitäten und regionale Entwicklungspolitik in Rio Grande do Sul. Eine Analyse über Handlungsspielraum, Auswirkungen und Perspektiven endogener Regionalentwicklungsstrategien in Südbrasilien. 2000. 249 S. Mit 2 Karten, 35 Abb., 32 Tabellen **€ 15,–**
Heft 133 (TGBL 21)	M. Blumenschein:	Landnutzungsveränderungen in der modernisierten Landwirtschaft in Mato Grosso, Brasilien. Die Rolle von Netzwerken, institutionellen und ökonomischen Faktoren für agrarwirtschaftliche Innovation auf der Chapada dos Parecis. 376 S. Mit 31 Karten, 29 Abb., 32 Tabellen **€ 19,–**
Heft 134 (TGBL 22)	M. Röper:	Planung und Einrichtung von Naturschutzgebieten aus sozialgeographischer Perspektive. Fallbeispiele aus der Pantanal-Region (Brasilien). 485 S. Mit 60 Abb., 17 Tabellen **€ 23,–**
Heft 135 (TGBL 23)	M. Neuburger:	Pionierfrontentwicklung im Hinterland von Cáceres (Mato Grosso, Brasilien). Ökologische Degradierung, Verwundbarkeit und kleinbäuerliche Überlebensstrategien. 2002. 404 S. Mit 70 Abb., 5 Tabellen **€ 20,–**